“十二五”
国家重点图书

太阳能热发电技术

TAIYANGNENG REFADIAN JISHU

张耀明　邹宁宇　编著

第二版

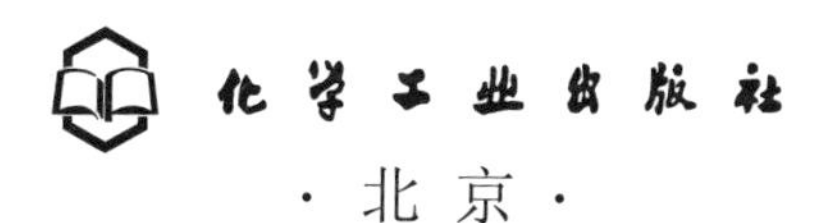

化学工业出版社

·北京·

《太阳能热发电技术》第二版分4篇13章，从能源和能源利用危机的视野入手，讲述了人类利用各种能源的历史，论述了人类现阶段利用太阳能的必然，阐述了太阳能热利用在未来能源中的地位。运用大量篇幅讲述了太阳能热发电专有技术，包括聚光集热与聚光器、日照跟踪技术、接收器（太阳锅炉）、太阳能热储存技术；各类太阳能热发电技术，包括塔式太阳能热发电、碟式/斯特林太阳能热发电、槽式太阳能热发电/线性菲涅尔式太阳能热发电、太阳能热气流发电/太阳能半导体温差发电、太阳池热发电和海水温差发电。最后对太阳能热发电技术的发展趋势进行了阐述。本次修订在上版图书内容的基础上，增加了部分技术发展内容：包括镜场设计、热发电案例、超低温太阳能发电、半导体热电材料、热声发电、热发电站等，内容更加完整。

《太阳能热发电技术》内容翔实，图文并茂，阐述概念清晰，可供太阳能利用领域专业技术人员参考，还可作为太阳能热发电的培训教材，同时可以作为新能源领域技术人员、管理人员的科普读物。

图书在版编目（CIP）数据

太阳能热发电技术/张耀明，邹宁宇编著．—2版．—北京：化学工业出版社，2019.10
ISBN 978-7-122-34953-8

Ⅰ.①太… Ⅱ.①张…②邹… Ⅲ.①太阳能发电 Ⅳ.①TM615

中国版本图书馆CIP数据核字（2019）第154637号

责任编辑：袁海燕　　装帧设计：王晓宇
责任校对：王鹏飞

出版发行：化学工业出版社（北京市东城区青年湖南街13号　邮政编码100011）
印　　刷：三河市航远印刷有限公司
装　　订：三河市宇新装订厂
787mm×1092mm　1/16　印张 27¼　字数 649 千字　2020年1月北京第2版第1次印刷

购书咨询：010-64518888　　售后服务：010-64518899
网　　址：http://www.cip.com.cn
凡购买本书，如有缺损质量问题，本社销售中心负责调换。

定　　价：128.00元

序 努力推广普及太阳能热发电技术

太阳能是取之不尽，用之不竭，没有污染，不会危害环境生态，不需要运输，在全球各处免费使用、安全使用、广泛使用，是真正意义上全体人类的共享能源。

人类社会经历了数万年的天然草木时代，数千年的炭木时代，数百年的煤炭时代，不足百年的石油天然气时代，现在即将进入太阳能时代。

太阳能利用历史久远，既有闻名遐迩的设想，又有引人注目的记载，但是被众多因素制约。直到20世纪中期，太阳能的开发应用才开始奠定于坚实科学基础之上。现在，太阳能时代已初显端倪，太阳能科学的开发与应用，是21世纪左右世界经济、社会和科技发展的重大因素。

太阳能的开发应用代表着人类一种全新生活方式和生产方式。

事实上，新能源产业正孕育着新的经济增长点，也是新一轮国际竞争的战略制高点，各发达国家都已将新能源产业提高到战略产业地位。与新形态的生态文明相结合，以低碳经济的发展模式，创造生态工业文明，是科学发展与传统发展的角力，也是新型文明和现存体制的碰撞。

太阳能热发电对比其他发电技术有难以替代的优势。

例如在巴塞罗那的“欧洲科学开放论坛”上，众多学者呼吁在非洲沙漠建立一系列大型太阳能发电场，通过太阳能电池发电，或者通过汇聚太阳热加热水蒸气进而驱动涡轮机发电，显然，这些一流专家都认为太阳能热发电和太阳能光伏发电各有所长，应根据实际情况酌情选用。

太阳能热发电作为新能源产业的重要组成部分，随着国家相关政策的陆续出台和不断完善，必将在行将到来的低碳革命中扮演重要角色。

可再生能源技术的发展需要大思维、大视野，跳出单纯行业观点和当前利益的窠臼，从规划、系统、方法、技术与管理、政策、法律等多个层面进行努力。需要运用新思路、新技术、多领域交叉和综合战略，建立完整的无碳、低碳能源—经济体系，借此解决制约我国经济和社会发展的能源和环境问题，使中国能源科学走在世界前列。

太阳能热发电系统是多物理过程、非稳态、强非线性耦合的复杂系统，当前制约太阳能热发电的主要障碍是聚光成本高，在不稳定太阳辐照下系统的光学效率和热功转换效率低。注重提高系统效率可靠性和环境适应性是规模化太阳能热发电的基本要求。构建以聚集太阳辐射从光到热的太阳能热发电热力循环理论，认识光、热、功三者耦合规律及热发电系统稳态和动态特性，研究不同传热和储热对系统热力循环特性的影响，可以为太阳能热发电系统的一体化多层次集成建模提供理论基础，可以为提高太阳能热发电的效率提供思路。

从战略和全球角度来看，加速发展太阳能发电，事关中国和世界能源安全、能源与环境和谐发展等重大课题；有助于缓解中国面临的能源、环境压力，有助于提升中国的国际地位和影响力。

张耀明、邹宁宇编著的《太阳能热发电技术》一书，比较全面、系统地介绍了各种类型的太阳能热发电技术的原理、现状及发展趋势，值得关心太阳能科学、关心生态环保的广大读者参考。

张耀明院士的团队，是国内开展太阳能热发电技术研发的先行者之一，他们实现了国内首座 70 千瓦塔式太阳能热发电工程的成功发电，这一成功被推选进入 2005 年我国太阳能行业的十大成果；在槽式太阳能热发电技术中取得了很大进展，他又多方奔走，呼吁重视太阳能热发电技术，建立发电能力能与水利三峡媲美，甚至更胜一筹的阳光三峡，结合沙漠改造、西部开发，在中国西部建立大型太阳能热电站。

本书由张耀明执笔，基于中国科学院院士何祚庥、葛昌纯、蒋民华、干福熹，中国工程院院士徐德龙等 21 名两院院士的提议，旨在加强太阳能热发电技术的研发力度。相信本书有助于读者加深对有关知识的了解。

目前，世界范围内太阳能热发电技术正在高速发展，我国有关技术正面临重大突破。希望在不久的将来，一批世界一流的大型太阳能热发电工程就在我国西部沙漠、高原出现，为富裕、文明、绿色的中国提供源源不断的电力。

中国工程院院士

2015 年 4 月 29 日

前言

《太阳能热发电技术》第一版出版之时，国内只有北京延庆太阳能热电站一枝独秀，处于试验运行、收集整理数据阶段。但仅仅几年时间，中国的太阳能热产业已经走过探索、缓步前行的小路，来到成长通道。在2019年3月9日“两会”期间，全国人大代表热议政府工作报告时指出，我国已经成为“世界太阳能等可再生能源发展的风向标”。重要标志是一座又一座的太阳能热发电站已在沙漠、高原竞相建立。我国东部米粮仓、西部能源谷的美景已初露端倪，而太阳能热发电技术对社会和经济的深刻影响还将继续展现。

美国能源总署统计，世界上一切生产和生活活动（工业、交通、建筑、农业、环境保护）相关的能量，70%以上是以热能的形式出现，热能的作用举足轻重。

热力学定律不仅适用于蒸汽机，也适用于世界万物直至宇宙。这个理论非常简单而且普适，以致爱因斯坦断言它可能“永远不会被推翻”。

热力发电是人类获得电能的重要形式，两个世纪以来，人们对热力发电积累了丰富的经验技术和系统理论。有关技术和理论适用于各类形式的能源，随着燃煤、油气、核能的枯竭和对环境的长远影响，人们已经将更多目光转向没有污染、取之不尽的太阳能，转向人类最早熟悉、最先利用的太阳热能。

以太阳能为代表的可再生能源是真正的绿色清洁能源，而现在的一些热门新能源（包括原子裂变、地热），虽然增速有所降低，但仍在不断增加大气的温室效应，增加了其他形式的污染和安全担忧以及消除隐患和恢复生态的巨大投资。这些能源只能是人类能源向太阳能时代过渡时期的参与者，只能是太阳能光热、光伏发电技术的合作者和参与者。

太阳能热是最有可能替代常规、实现大功率发电的能源，获取太阳能不需毁山开矿，也没有破坏生态的“三废”物质，是最符合“绿水青山就是金山银山”“建设美丽中国”的理念。符合国家对世界减少 CO_2 排放，为降低地球温室效应作出贡献的庄严承诺。

太阳能热发电技术正在呈现群芳争艳的局面，除现在已经成为热点的塔式、槽式、线性菲涅尔式聚光太阳能热发电形式外，各类微型太阳能热发电、太阳能热声发电、太阳池热发电、太阳温室-太阳烟囱自热发电，以海洋为大集热器的太阳能植物、菌藻类的热发电，太阳能海水温差发电等中低温发电技术有的已初露锋芒，有的蓄势待发，我国科技人员也开始了在太空、在月球上建立太阳能发电站的设想。这些技术都极有可能颠覆现有的技术模式，改变现有的能源结构。

太阳能热发电后部工艺蒸汽还有能与其他发电技术良好融合的优势，预计太阳能热发电技术和现有的互补应用在近期会水到渠成得到快速发展，成为向太阳能热发电发展的快捷、便利形式。

我们在再版中适当增加了部分内容。由于新的成果不断涌现，令人目不暇接，我们的介绍可能有所不全，敬请谅解。

太阳能热发电受惠于材料革命和信息革命的成果，冶炼技术、纳米技术、新型机械加工技术、人工智能技术都给予其巨大推动。

太阳能热发电，不仅是单纯利用太阳能替代现有常规能源的发电技术，而是可以同步涉及工业和民用采暖、制冷、海水淡化、城市污水处理、储能、绿色节能技术、大地域的土壤和气候改良等诸多领域。面对太阳能热技术重大突破、重大发展的前景，希望有志从事研究的年轻科技人员勇于探索，努力获得自主知识产权，同时跟踪太阳能发电产业的发展，观察产业对经济、社会生态全方位的影响，对我国建立无碳、低碳的能源-经济体系，提供有建设性的指导意见。为我国在21世纪人类迈向太阳能为代表的可再生能源的征程中走在世界前列，为联合国环境规划署称谓的“世界最大的产业之一和最普遍应用的能源之一”的太阳能发电作出贡献。

编著者

2019 年 5 月

第一版前言

在今后的一二十年，将会发生一场以绿色、智能普惠和可持续为特征的新技术革命和产业革命，将会改变全球产业结构和文明进程。太阳能科学技术是这场革命的组成部分。

从低碳、环保、绿色角度综合考虑，太阳能具有无可争议的优势，尤其是太阳能热发电技术，不仅没有污染，不会排放 CO_2 等加重温室效应的气体和各类粉尘颗粒，还会改良当地气候、生态。太阳能热发电在未来能源结构中将会占据重要位置。

世界太阳能热发电技术经过 16 年的徘徊不前，自 2006 年后进入高速发展阶段，截至 2011 年短短 5 年时间，全球热发电装机容量增幅超过 400%，成为新能源发电群体中引人瞩目的明星。

世界观察研究所报告指出，太阳能市场增长高于石油工业 10 倍，远超风能成为世界发展最快的能源领域，并预言，太阳能将与计算机、信息工程成为 21 世纪的支柱产业。

今天，世界上越来越多的国家开始实施阳光计划，136 个国家和地区正在生产太阳能产品。一些化石能源资源贫缺、生态恶劣的国家和地区通过开发利用太阳能，已经开始取得清洁的能源。一些技术先进的发达国家或资金雄厚的海湾国家，更高度重视太阳能开发利用的科学研究。这些实践和《联合国人类环境宣言》《斯德哥尔摩公约》《21 世纪议程》等文件，尤其是 1996 年联合国世界太阳能高峰会议发表的《哈拉雷太阳能与持续发展宣言》《世界太阳能 10 年行动计划》《国际太阳能公约》《世界太阳能战略规划》等文件，成为推动太阳能产业高速发展的动力，使得太阳能应用成本快速走低。联合国环境规划署也预计“到 2020 年，太阳能发电将成为世界上最大的产业之一和最普遍应用的能源之一。”

目前，从能源供应安全和清洁的角度出发，世界各国正把太阳能的商业开发和利用作为重要的发展趋势。欧盟各国、日本和美国已经把 2030 年以后能源供应安全的重点放在太阳能等可再生能源方面。在这一时期，太阳能科学技术会有突破性进展，地球各处将会出现大型和巨型太阳能工程，太阳能将会成为很多国家和地区的支柱能源产业。预计到 2023 年以后，以太阳能为主体的可再生能源中将占世界电力供应的很大比重，到 2050 年将超过 50%。如果以 1950 年石油、天然气供应能量超过当时世界能源总量一半作为石油时代来临的里程碑，那么到 2050 年，人类将昂首阔步迈入太阳能时代。

现在我国的太阳能热技术正蓄势待发，面临重大突破。由国家科技部等六部委牵头的太阳能光热产业技术创新战略联盟，“高效规模化太阳能热发电的基础研究”973 项目，“太阳能热发电工程设计研究中心”都已启动，在北京、内蒙古、青海和宁夏等地的太阳能热发电实验工程，有的已经取得可喜成果，有的在紧锣密鼓地进行。估计到 2020 年前后在具有迫切需求和理想应用的条件下，中国将会出现具有自我知识产权的一流太阳能热发电工程。作为一个全新的产业，需要向社会宣传介绍它的优势和特点，现在已有很多专家学者开始著书立说，我们也希望本书能够对推广普及太阳能热发电知识产生一些作用。

本书引用许多专家学者的成果和论著，因为文献资料较多，一些未能一一列举，在此谨向有关作者表示衷心感谢。本书中也有一些张耀明院士团队（王军、孙利国、范志林、刘晓晖、安翠翠、刘德有、郭苏、陈强、陈琪、金保升、谷伟、余雷、李小燕、张文进、刘巍、邹宁宇等的一些著作内容，以上名单仅限于部分与院士共同署名者）的成果，特此致谢。

中国工程院院士、南京工业大学校长、国家863领域专家欧阳平凯，一直关心支持太阳能热发电技术，这次又特意为本书写序，在此向欧阳平凯院士表示衷心感谢。

编著者

2015年4月

目录

第1篇　太阳能时代和太阳能热发电

第 2 篇　太阳能热发电专有技术

第3篇 各类太阳能热发电技术

第 4 篇 太阳能热发电技术的发展趋势

第1篇

太阳能时代和太阳能热发电

能源和能源危机

1.1 能源的发展

1801年英国学者托马斯·杨在伦敦国王学院演讲自然哲学时引入能量的概念。他针对当时把质量与速度二次方之积称作活力或上升力的观点，提出用能量（energy）与物体所做的功相联系。托马斯·杨的观点当时没有引起重视，人们仍然认为不同的运动中蕴藏着不同的力，直到能量守恒定律被确认后，人们才认识到能量概念的重要意义。如果把能量定义为“做功的能力”，那么功就可以看成是“能量的体现”。

在爱因斯坦的“相对论”中，能量和另一重要物理概念——质量建立联系，质能关系公式更深刻地揭示了能量的物质属性，使人们认识到宇宙万物都是能量的不同表现形式。现在科学认为，一切形式的质量、能量最终都可以相互转化。能源，顾名思义是能量之源，是提供人类所需能量的相关物质。人们所谓的能源是存在于自然界中，能够转换成为热能、机械能、光能、电能等各种能量的资源。能源是人类活动的物质基础。在某种意义上讲，人类社会的发展离不开优质能源的出现和先进能源技术的使用。时至今日，能源已和材料、信息被视为自然界和人类社会赖以生存发展的源泉，人们生活方式、思维方式，国家生存和兴旺的主要因素，以及经济赖以革新、进步的基础。

在回顾能源发展历史的同时，对人类社会的变迁会有进一步的理解。

1.1.1 火的应用

能够掌握、使用除自身体力之外的任何能源，是人和其他一切生物的根本差别之一。不论是史前恐龙、巨鳄等庞然大物，还是今日飞禽走兽，都不能做出超出自身力量的功。而人类具有这种能力，是从掌握用火开始。

从看见野火燃烧、烟雾弥漫时恐惧，到学会收集电击、森林草原自燃和岩浆波及草木引起的火种，人类至少又花费了一百多万年的时间，最终脱离了动物界。

火的使用是人类第一次群体性的社会运动，它使人类的族群获得了与其他群居动物生存本能的行为模式所不同的生存价值。

学会用火，就可熟食。熟食软柔，更富有营养，缩短了咀嚼和消化的过程和进食时间，从此人类结束了茹毛饮血、生吞活剥的岁月。食物种类和范围扩大，对人类体质和脑的发展产生了巨大的影响。

学会十分原始、可能纯属机遇的用火后，这项逐渐完善的技术经过80万～100万年才波及其他地区。

此后在熊熊燃烧的火光辉映下，人类的生产方式、社会结构、生活方式都发生了翻天覆地的变化。人类社会由蒙昧状态发展到氏族社会，又大步迈进文明门槛。

人类第一次掌握的能源，是易于获取、易于加工的草木能。草木能伴随人类走过漫长的原始社会、农业社会、工业社会初期。

依赖草木能源和风能、水力、畜力配合，人类制作工具，改造山川河流，将亿万亩丛林、碎石的丘陵和平原改造成肥田沃土，利用烘焙、冶炼，将黏土和矿石制成巧夺天工的瓷器和青铜器，修筑了西安、北京、巴格达、罗马等一批在历史上闪闪发光的城市，创建了农业文明的辉煌。直至今日，草木能源在世界各地的乡村仍然扮演着重要角色。

1.1.2 煤炭时代

煤炭的发现和利用可以追溯到远古时代，但煤炭的大规模利用是在蒸汽机发明之后。1765 年，詹姆斯·瓦特成功制作了蒸汽机。18 世纪 50 年代末，英国的焦炭高炉不过 17 座，到 1790 年就达到了 81 座，木炭高炉则减少到 25 座。煤、铁和蒸汽机的时代终于到来了，从而揭开了产业革命时代的序幕。但是到了 19 世纪中叶以后，煤才满足了整个社会所需能量的 50%。美国在 1850 年煤只能提供社会所需能量的 10%，1900 年就占全部所需能量的 70%左右。

14～15 世纪，欧洲开始推广新的高炉炼铁法，进入了自 18 世纪 60 年代英国出现产业革命的汽笛声以来人类使用煤炭能源的时代。珍妮纺纱机和瓦特蒸汽机迅速推广。继英国之后，美国、德国、法国、俄国以及日本都先后创办煤炭工业。从此之后，直到整个 19 世纪和 20 世纪上半期，煤炭代表着整整一个历史时代先进的社会生产力，成为近代工业社会的动力基础。

大机器取代了手工工具，使手工生产发展到机器生产，从而使以机器为主体的工厂制度代替了以手工工具为基础的工场制度，进而使整个国家的生产方式、产业结构、经济结构都发生了巨大变化。到 1900 年，煤炭产量在世界一次能源结构中的比例占到 95%，处于绝对的优势地位。

直至今日，煤炭仍在工业生产和日常生活中发挥重要作用。我国使用的一次能源，仍有约 75%来自煤炭。

1.1.3 油气开发

石油是一种液态的矿物资源，可燃性能好，单位热值比煤高一倍，还具有比煤清洁、运输方便等优点。现在石油不仅是世界工业发达国家的主要能源，而且是重要工业原料；不仅是重要的军用物资，而且是日常生活的必需品。

石油是优质的动力燃料。1kg 石油燃烧可产生约 40000J 热量。现代工业、国防、交通运输对石油的依赖程度是很大的。飞机、汽车、拖拉机、导弹、坦克、火箭等高速度、大动力的运载工具和武器，主要是依靠石油的产品——汽油、柴油和煤油作为动力来源。

石油还是重要的化工原料。人们的衣食住行都离不开石油产品。据统计，目前的石油产品超过 5000 种，已渗透到人类生活的所有领域。比如，三大合成材料——塑料、合成橡胶、合成纤维，都是用石油作原料，经过多次化学加工生产出的产品。

石油的发现虽然可以追溯到远古时代，但是真正作为经济资源被开发和利用，只有 100

多年的历史。19世纪末，英国人首先从石油中提取煤油作为照明燃料。1859年，美国打出第一口油井，开创了世界近代石油工业。面对能效更高，加工、转换、运输、储存和使用更加便利的石油，煤炭工业相形见绌。20世纪初，由于内燃机的推广和汽油发动机的问世，以及随之而来的汽车工业的发展，石油逐渐得到更广泛的应用，并在各国经济、军事等活动中起着越来越重要的作用。

在第二次世界大战中，石油的重要作用尤为突出。据统计，1939～1945年，在战争中使用的4000万辆汽车、15万辆坦克、20万架飞机，都是靠石油产品发动的。在石油和电力作为动力和原料、电动机和内燃机普遍应用的基础上，石油工业、电力工业、汽车工业、航空工业、钢铁工业和化学工业迅猛发展。1940年世界石油产量仅2.5亿吨，1950年增长到5.2亿吨，1960年增长到10.5亿吨，1970年增长到22亿吨，之后平均每年翻一番。欧美、日本、苏联先后进行能源结构改革，以石油代替煤为主要能源。同时，从20世纪50年代开始，以石油为主要原料的合成化学工业也蓬勃发展。石油产量超过世界能源总量的50%。从此，人类进入石油时代。石油作为一种主要的物质资源，在世界各工业国的经济领域以及社会其他领域起着举足轻重的作用。今天，石化能源左右着人们的生活方式。不论是汽车、飞机，还是工业窑炉、燃机的燃料和自然界中不曾出现的机械及装置、性能各异的材料，都受惠于石油。

天然气是蕴藏于地下的一种可燃气体，其主要成分为甲烷。目前，天然气已成为世界主要能源之一，它与石油、煤炭、水力和核能构成了世界能源的五大支柱。公元1667年，英国成为最早利用天然气的欧洲国家，比我国晚了1000多年。在整个19世纪，由于没有找到长距离大量输送的方式，天然气的应用受到限制。随着管线技术（加热、保温、加压、冷冻液化）的发展，大型天然气输送系统投入使用。现在大型输气工程可穿越沙漠、冻土、海底，长达数千甚至上万千米。石油经济给人类带来前所未有的繁华。20世纪是人类历史上经济科技发展最快的一段时间。在100年里，世界人口增加了4倍，工业生产增加了50倍以上，但能源消耗也增长了100多倍。

自从学会收集天然火种和钻木取火，在之后的300万年之间，人类对能源的利用经历了使用天然草木时代、木炭时代、煤炭时代、石油-天然气时代，这些能源都是通过燃烧含碳有机物产生放热的化学反应（其中只有风能和地热能作为少量补充）。直到20世纪50年代，人类才发现大自然中还存在崭新的，可以利用的能源，这就是以太阳能为代表的可再生能源。这一发现又和石化能源密切相关。

1.2 石油能源的危机

1.2.1 石油的重要性

能源是人类生活中最重要的资源，能源问题一再牵动社会的神经，是关乎人们现实和未来生存发展的最为基本同时也是最为核心的动力问题。人类近代史上几次大的飞跃都得益于能源的开发，而几次大的全球危机也都因能源危机而起。在经济全球化、世界政治格局多极化的今天，保障能源持续供应，建立能源安全供应体系已成为当今世界各国能源战略的出发点和核心内容。

从能源的供求分布来看，“不平衡”一词可点破其中的根本特征。也正是这种不平衡，从根本上导致了国际上各种因资源问题而产生的纠纷甚至是战争。从近几十年来国际关系可以看到，石油资源和水资源是国家间发生战争和冲突连续不断的主要因素，特别是谋求对石油资源的控制成为国际斗争的焦点之一。在过去的 20 世纪仅仅由石油引起的冲突就达到 500 多起，其中 20 余起演变为武装冲突。随着石油和水资源的日益紧缺，能源对经济发展的制约作用将更加突出，以各种形式出现的全球能源争夺战也将愈演愈烈。

在工业领域，石油被称为“工业血液”，国际油价上升对多个行业产生重大影响，已经引发电力、煤炭、化纤、棉花、金属、建材等相关制造业原料价格上升，原料价格的上涨会进一步向下游传导，引发成品价格的上升。

受到油价高涨冲击比较大的行业有石化产业、航空产业以及汽车产业，国际原油及航空燃油价格急速攀升，导致世界航空运输行业成本持续大幅上升，而燃油成本占到航空公司总成本的 40%以上。同时，油价高涨对于纺织工业更是雪上加霜。另外，化肥、农药、涂料、燃料、纯碱、塑料、化纤等行业，都或多或少受到高油价的影响。

1.2.2 石油的紧缺

追溯到 19 世纪 60 年代，石油是一种充裕而未能被开发利用的资源。早期的勘探者只需要钻浅油井就可找到大的石油层，使石油在自身的压力下涌上地表。容易得到的石油和天然气的储量已被取尽了，现在的石油公司需要努力寻找新的地下沉积，石油开采井如图 1-1 所示。一般的油井有 3000 多米深，只有大约 1/3 的新井能真正找到石油，石油资源日益紧张的现状使得世界主要经济大国和能源组织纷纷关注地球上到底还存有多少原油。美国《油气杂志》周刊指出，目前全球已探明的原油储量大约为 1.2 万亿桶；而《世界石油》月刊则认为是 1.03 万亿桶。即使按照最高的原油储量计算，照目前的消费速度，再考虑每年 2%～3%的消费增长率，用不了 40 年，现存的原油储备就将枯竭。寻找石油已成为一种费用昂贵的活动，使得当今的勘察者走进了极端的环境里——遥远的沙漠、冰冻的北极，甚至是水下作业。现在阿拉伯海湾、北海和墨西哥海湾的海域出产的石油大约占全球石油的 1/3。把这些远道而来的资源投入生产甚至更加昂贵：挪威国家湾（Statfjord）B 号钻井的栈桥是全球最大、最昂贵的建筑之一。把石油从油井取出输送到炼油厂要经过几千英里的路程，也需要增加很多的费用。

图 1-1 石油开采井

很多学者分析油价大幅波动的原因，如“美元贬值促使油价飙升”“投机性交易推波助澜”“政治、气候因素影响”“采油设备陈旧急待更新”“大国之间能源博弈”“全球通胀加剧”，等等。这些分析都言之有理，但石油危机频频发生，愈演愈烈的国际油价持续攀升的根本原因，在于世界石油资源储量有限和全球消耗量不断增加之间无法克服、难以缓解的矛盾（见图 1-2）。石油、天然气作为不可再生、已经严重消耗的资源，面临着在两三代人之间必然枯竭的黯淡前景。而为争夺这日益减少的资源，有关国家之间纵横捭阖、剑拔弩张，冲突乃至局部战争都不可避免。

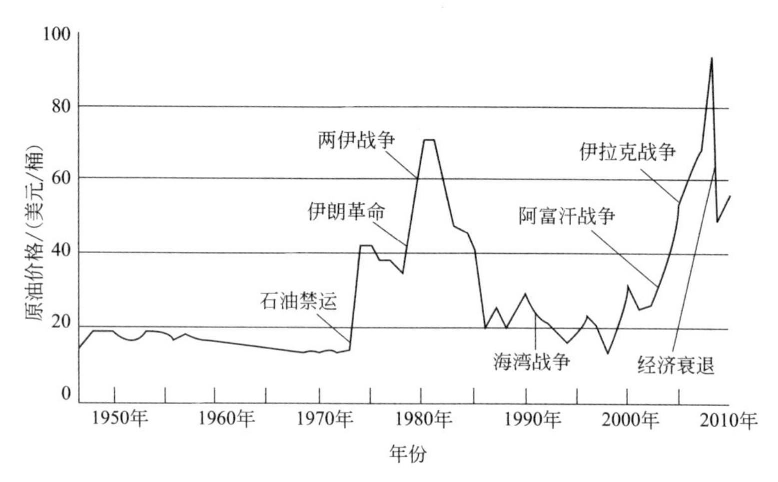

图1-2 原油价格的历史(来源: 美国能源信息署)

按照目前全世界对化石燃料的开采速度计算,石油还可供人类使用40年,天然气还可供人类使用65年,煤炭还可供人类使用162年。

1.3 能源消费对环境的破坏

每利用一份能量,就会得到一定的"惩罚"——把一部分本来可以利用的能量变为退化的能量,而这些退化的能量实际上就是环境污染的代名词。

1.3.1 地球环境的演变

从地球诞生时起,地球环境就早已经受过沧桑之变。地球在大约45亿年前形成时是一个炙热的巨大火球,还没有圈层环境的分化。地球外面包围着原始大气,主要由H_2、CH_4、CO_2、NH_3和水蒸气等组成而不含O_2,是一个还原性的大气圈。像今天这样的地球各种圈层环境,是经历了亿万年的演变和进化才形成的。

生命的起源大约是在38亿年以前。可能是在洪大的暴雨等某种机制的作用下,地球上出现了水并产生了河流、湖泊和海洋。水分的循环降低了地表的温度,为生命的出现创造了最基本的条件。这样,地球上才有了生命的出现。水的出现是地球发育史上的重要条件。如今70%以上的地球表面覆盖着水,大多数生物体内水的含量也是在70%以上。人体和鸟类体中的含水量均为65%,鱼类体中的含水量为80%。医学上所用的生理盐水是浓度为0.9%的NaCl溶液,与原始海水一致。这似乎表明了,现代人身体内流动着的血液与几十亿年前的海洋水有着极其相似之处。在自然界的植物体内,水分含量更高,很多蔬菜类大约为80%,有些甚至高达95%。这一切都充分表明地球上生命的产生和进化离不开水,水是生命的源泉。尽管人们对生命起源的机制观点有种种不同,但一般都认为生命起源于海洋。因为当时还原性的大气圈还不能向地球提供必要的保护,使生命免受太阳辐射产生的强烈紫外线的伤害。原始生命只有处于海洋水层的保护之下方能幸免于这种伤害。

早期细菌通过发酵作用取得能量,并在生命过程中放出CO_2,逐渐改变了原始大气的组成。20 亿年以前，大气圈中 CO_2 的浓度很高，约为今天 CO_2 浓度的 10 倍。到大约 20 亿年前，由原核生物进化成能够进行光合作用的单细胞藻类。正是这种植物体中的叶绿素接受阳光进行了光合作用，把太阳能转变成有机物储存起来并释放出 O_2，地球环境之中才首次出现 O_2。经过大约 4 亿年的积累，还原性的原始大气逐渐向含有 CO_2、H_2O 和 O_3 的氧化性大气转化。到距今 16 亿年以前，大气中 CO_2 的浓度逐渐下降到今天的水平。一个含氧的大气圈终于形成。而且 O_3 在高空的积累逐渐形成了保护地球的臭氧层，为更高等的海洋生物进化和生命登陆创造了条件。

由于生物的出现，将大气圈中大量的 CO_2 转移到岩石圈中，形成数量巨大的碳酸盐岩石，一方面改变了岩石圈的组成，另一方面由于生物与岩石风化物的相互作用，在地表上便逐渐形成了土壤。因此，地球各圈层的发育乃至地球环境的演变是生物界经过漫长的岁月与地球作用的结果。

地球表层物质和能量的循环、转换是靠生命活动实现的。如果没有生命捕获、转移和储存太阳能，就不会有今天的地球环境面貌。生命活动在太阳能的捕获与储存和地球表层物质的迁移转化方面有着超乎人们想象的巨大作用。据粗略估算，地质历史上所有生物的累计总质量是地球质量的 1000 倍以上；如果没有生物吸收大气圈中的 CO_2，则今天大气圈中的 CO_2 将增加 1000 倍，地球环境就会变得不适合于人类和其他一切生物的生存了。地球现代的环境是生命参与历史上各个地质时期亿万年来演变过程的结果。

地球环境一直处于不断的演变和进化之中。在第四纪时期，地球经历了一个冰期和间冰期的交替。在更近一些的 1450～1880 年，地球度过了一个小的冰期。地球的平均温度也是在变化的过程之中。今天的地球实际上是处于一个相对较热的间冰期。地球上的生命也是处于不断地演变之中，不断地有物种的产生和灭绝。6500 万年之前恐龙曾经在地球上兴旺一时以及后来的灭绝就是一个很好的例证。

1.3.2 人类对地球环境的依存

英国地球化学家哈密尔顿（E. Hamilton）等通过对人体脏器血液分析发现，人体血液中 60 多种化学元素的含量和地壳中这些元素含量具有相关性，它很好地说明了地球环境物质与人体物质的和谐统一性。归根到底，人类是地球环境长期演变发展的产物，与地球环境有着千丝万缕的不可分割的联系。这也正是西方很多国家的大学将环境这一学科设置在地球科学这一大类之中的一个原因所在。

地球环境和地球上的生命在以亿年计算的历程里，虽然都一直处于不断地演变和进化之中，但相对于某一物种或者说相对于人类生存时期，地球环境则是保持着一种稳定和平衡的状态。地球环境演变的过程与人一生的寿命相比显得极其漫长。这样便会自然理解环境是人类生存的基本条件，人类的生活和健康与周围环境有着密切的联系。

今天地球下层大气中的主要成分 N_2 的浓度为 78%，O_2 的浓度为 21%，大气圈中各个组分之间保持着精细的平衡。地球今天的环境状态也是靠生物圈中生命活动来调节、控制和维持的。保持这种环境的平衡状态乃是生物圈所必需，破坏这种平衡状态就是破坏生命的基础。

（1）大气温室效应

研究表明，引起温室效应的主要罪魁祸首是使用矿物燃料后排放的 CO_2，当然还包括氯氟化物、CH_4、O_3 和 N_2O 等。经测算，它们对温室效应的“贡献”依次为，CO_2 占 50%、氯氟化物占 20%、CH_4 占 16%、O_3 占 8%、N_2O 占 6%。

上述气体在地球表面形成像温室一样的玻璃罩，它允许阳光中的可见光和红外线通过，但当这些光线从地面向大气层反射时，大气中的 CO_2 等气体会阻止热量的散发，就像地球表面被裹了一层“热的屏障”。这种不妨碍太阳辐射到达地面，但却阻止地球反射热扩散到宇宙空间的作用，叫做温室效应。

工业革命以来，人类活动不断增加大气层中温室气体的含量，还把大气中原来没有的温室气体制造出来，排入大气中，从而加剧了温室效应。与工业化以前相比，CO_2、CH_4、氯氟化物、对流层 O_3、N_2O 等温室气体的浓度，都有了显著的增加。

以 CO_2 为例，地球大气圈中碳的自然循环，使大气中 CO_2 平均含量维持在 300×10^{-6}。由于开采和燃烧矿物能源，以及大规模的砍伐森林和海洋污染，全球 CO_2 浓度严重失衡。

（2）全球变暖潜势（GWP）

目前，大气中的 CO_2 浓度正以每年 0.4%～0.5%的速度增长。根据气象资料和科学家的推测，1 万年以前至产业革命早期，大气中 CO_2 的含量基本保持在 275×10^{-6}左右。产业革命以后，CO_2 的含量急剧上升，1750 年为 280×10^{-6}，1900 年为 300×10^{-6}，1958 年为 315×10^{-6}，1980 年为 340×10^{-6}，1989 年为 354×10^{-6}，1998 年为 360×10^{-6}，20 世纪末达到了 380×10^{-6}，已非常接近可接受的上限 390×10^{-6}。

虽然现在还缺乏有效的定量模型来描述 CO_2 的排放量与全球气候变暖的直接关系，但是，如果仔细对照和分析 4000～8000 年前的地球温度和当时的生态环境与现在的地球温度和生态环境，那么，温度变化对全球生态系统的决定性影响绝非是耸人听闻。

有些气候学家预计，到 2025 年全球平均表面气温将上升 1℃，到 21 世纪中叶将上升 1.5～4.5℃。世界气象组织的测算结果是，到 2030 年，地球平均温度可能增长 4.5℃。

全球气候变暖将导致海水轻微膨胀，以及地球上的冰融化并流入海洋，从而使海水体积增大，全球海平面确实在缓慢上升，其上升速度为每年 1～2mm。在过去 100 年内，世界海平面已上升了 10～15cm，为了子孙后代的利益，人们必须重视这种缓慢上升的累积效应。海水可能淹没许多沿海地区，许多岛屿将会消失，干旱、洪水、暴风等自然灾害将更加频繁地发生。

CH_4 等也是温室气体的重要来源。煤炭常和甲烷气体共生，因此在开采煤炭时总会伴随着甲烷气体的释放。每开采 1t 煤平均要释放出 13kg 的 CH_4。CH_4 气体对气候产生温室效应的作用是 CO_2 的 23 倍。

新近的研究认为，在人类活动所导致的大气温室效应增强作用中，除了 CO_2 的浓度增加这一主要贡献之外，炭黑等大气颗粒物也具有温室效应的作用，它是引起地球气候变化的重要角色。

近年来在印度洋上空进行的国际性测量研究显示，炭黑颗粒物对温室效应的间接作用在于它可以吸收部分太阳辐射，进而减少云的覆盖并引起云中水滴的回暖和蒸发。即通过云的改变而使大气增温。

大气层中的某些气体（CO_2、CH_4、N_2O 等）能够增强大气的温室效应是由于它们能够吸收地球向空间发出的红外辐射的一部分。这种吸收的强度及所涉及的波长则取决于该气体的性质、浓度以及同时存在的其他温室气体。为了评价各种温室气体对温室效应影响的相对能力，人们提出了一个被称为“全球变暖潜势”（Global Warming Potential，GWP）的参数。这是非常有用的参数，利用它人们可以对各种不同气体的气候影响作用进行比较。评价的方式是，计算一定量的某种气体在议定期限内的全球变暖潜势。一般取这种期限为20 年、100 年和 500 年。这种比较值会随着期限的增加而变化。下面取 100 年这个期限来说明此定义。

GWP 是以 CO_2 气体作为评价参考的，即 GWP（CO_2）＝1。对于 CH_4，则有 GWP（CH_4）＝23。这意味着，如果向大气层中排放 1kg 的 CH_4，在未来的 100 年终端时，它会和 23kg 的 CO_2 对气候产生同样的影响。因此，CH_4 是一种气候变暖作用更强的气体。同样道理，N_2O 的 GWP 值为 296，CFCs 的 GWP 值为 5700～11900。对温室效应的作用最大的有害气体是 SF_6，它的 GWP 值为 22200。如果现在来比较一下 GWP 值在所取的不同期限（20 年、100 年和 500 年）的变化，就会发现 CH_4 的 GWP 值对应于 20 年、100 年和 500 年分别为 62、23 和 7 或 CH_4 的 GWP 值显现减少的趋势。而 SF_6 的 GWP 值（对应于 20 年、100 年和 500 年分别为 15100、22200 和 32400）随时间却呈现增加的趋势。这是与该种温室气体的大气寿命相关的。某种气体被消除的能力取决于它的化学活性。化学活性越弱，它在大气层中存在的时间就越长。

（3）低碳温室气体的排放量直接导致“低碳经济”的概念

“低碳经济”这一名词首次出现在 2003 年英国政府发表的《能源白皮书》，题为《我们未来的能源：创建低碳经济》。从此，“低碳经济”成为引起全世界日益广泛关注的热门话题。当时，《能源白皮书》中并没有这一新名词的确切定义以及相关界定方法和标准。目前虽然全球都在谈论“低碳经济”，但其概念仍然不是很明确，而且在不断地更新发展。较为主流的理解是，“低碳经济”指尽可能最小量排放温室气体的经济体。英国首次提出“低碳经济”时，科学界以及公众都比较信服的一个结论就是目前大气中浓度过高的温室气体对全球气候变暖有直接作用，并且证实这些浓度过高的温室气体是人类经济活动、生产、生活的结果。因此，在全球范围内倡导低碳经济是避免灾难性气候变化的必要手段。几乎所有国家都已经认识到急需向低碳经济转型的必要性，各国寻求低碳经济发展已经变成缓解全球变暖长期战略的一个重要组成部分。与此同时，日益枯竭的不可再生型能源资源、不断上升的能源需求以及能源价格，也将推动全球向低碳经济转型。将碳排放量作为一种限定，其含义是“把大气中温室气体浓度稳定在防止全球气候系统受到威胁的水平上”（全球气候公约目标），无论人类选择怎样的发展路径、发展速度、发展规模都必须考虑碳排放量这个约束。“低碳经济”围绕整个经济活动，旨在在生产和消费的各个环节全面考虑温室气体排放，主要体现在对能源生产和消费做更加有效率的选择上，以求达到最小的温室气体排放量。具体来说，“低碳经济”作为一种新型经济模式，与以往的高消耗、低效率和高排放的传统经济有本质上的区别。主要体现在：①工业方面，高效率的生产和能源利用；②能源结构方面，可再生能源生产将占据相当高比例；③交通方面，使用高效燃料，低碳排放的交通工具，公共交通取代私人交通，并且更多地使用自行车和步行；④建筑方面，办公建筑与家庭住房都采用高效节能材料以及节能建造方式。归根结底，都是通过系统地调整体制从而激励节能技术创新、低碳排放技术应用、提高能源使用效率的结果。随着经济不断发展，逐步减少单位 GDP 的碳排放量，打破传统经济增长与温室气体排放总量之间的旧的高度相关关系，建立新的低碳生活环境和生活方式。低碳经济的概念几乎涵盖了所有产业，内涵扩展为低碳生产、低碳消费、低碳生活、低碳城市、低碳旅游、低碳文化、低碳哲学、低碳艺术、低碳生存主义。

1.3.3 大气温室效应增强可能导致的后果

现在的全球地面每日平均气温与第一次工业革命之前相比增加了0.6℃。这种温度升高变化的规模大小相当于地球从一个冰期过渡到一个间冰期所需要的1万～2万年期间所能观察到的温度变化。而人类活动在一百年的时间内就能产生这种相似的变化，将对地球的大部分生态系统和人类社会本身造成一场灾难。远在人类出现在地球上之前就曾经发生过强烈的生态系统巨变。在这种巨变过程中大量的生物物种灭绝，有的灭绝比例高达90%。

气候变暖会产生一系列灾难性的后果，诸如飓风频率和大陆上暴风雨及热浪的增加、海平面的上升、珊瑚礁的消失和厄尔尼诺现象的增强以及干旱和洪涝等灾害的出现频率增加等。生态系统原来脆弱的状况会趋向产生更加严重的灾害，例如农业上的干旱现象有加剧的危险。这种状况的发生尤其是当气候变化的节律加快时会更加显著。除此之外，气候变化还会带来卫生健康方面的问题。疟疾、登革热和出血热等疾病会在一些原来没有发生过这些疾病的温带国家出现并会在原来就发生这些疾病的国家里蔓延。到21世纪末，如全球气温升高5℃，将会导致海平面大幅上升。临海岸的众多城市如纽约、东京、上海、天津、伦敦将遭受海水倒灌的严重威胁。上海市区一半面积将会成为低于海面的洼地，大片人口密集城乡将成为汪洋泽国。太平洋中一些岛国现在已岌岌可危，而至少孟加拉国一地，就会有近1亿人无家可归。如何安顿这些环境难民并弥补大量耕地减少引发的粮食危机，已经成为现在各国政府面前的严峻课题。

1.3.4 臭氧层破坏

最近几十年以来，很多科学家逐渐认识到平流层大气中的臭氧正在遭受着日益严重的破坏。1985年，英国科学家Farmen等根据他们在南极哈雷湾观测站（Halley Bay）的观测结果，发现从1975年以来，那里每年早春总臭氧浓度的减少超过30%（见图1-3）。这一消息震惊了世界各国和社会各界。

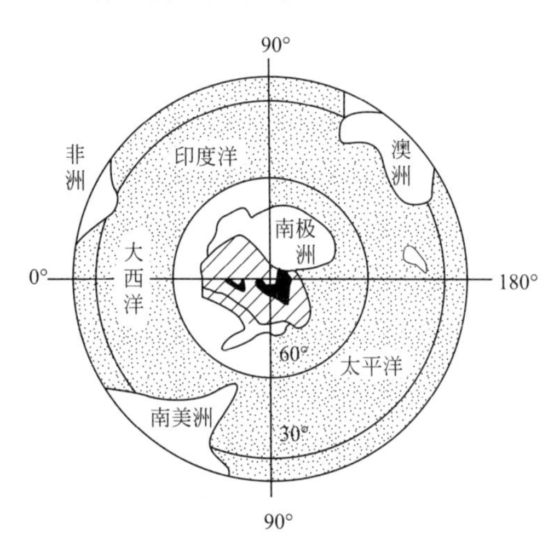

图1-3 南极上空的臭氧空洞

这个臭氧层的破坏，完全像温室效应一样，是一种慢性的、广泛的大气污染的结果。越来越多的科学证据表明，南极臭氧层破坏的根本原因是逸散到大气层之中的人工合成含氯和含溴的物质所造成，最具代表性的化合物是氟氯碳化合物，即氟利昂（CFCs）和含溴化合物哈龙（Halons）。CFCs是20世纪20年代合成的另一种类型的能源物质，被广泛用作液体制冷剂、喷雾剂和发泡剂等。它们在大气中的寿命为几个世纪。人类活动释放的CFCs和Halons化合物在大气对流层里化学性能十分稳定，不易通过一般的大气化学反应去除。经过一定的时间，这些化合物主要在热带地区上空被大气环流带入到平流层，并借助风力从低纬度地区向高纬度地区移动，进而在平流层内均匀分布。

在平流层内，强烈的紫外线照射能够解离CFCs和Halons分子，释放出高活性原子态的氯和溴自由基。氯原子自由基和溴原子自由基就是破坏臭氧层的主要物质，它们对臭氧的破坏是以催化方式的连锁反应进行的，影响很大。臭氧层破坏的过程示意见图 1-4。

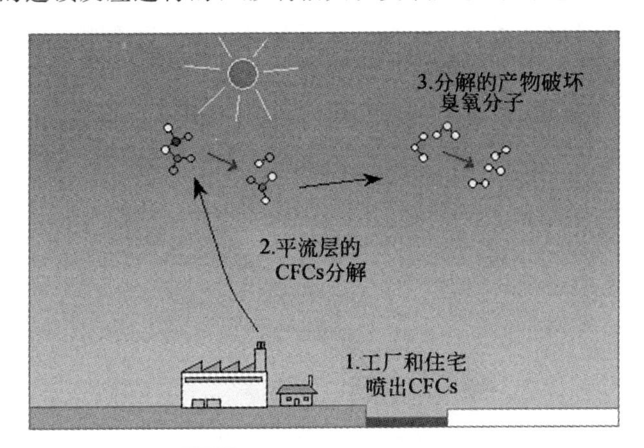

图 1-4 臭氧层破坏的过程示意

来自太阳的紫外辐射中，波长为 280～315nm 的紫外线称为 UV-B 区，其紫外辐射能量高，对人类和地球上的其他生命造成的危害最严重。这一波段的紫外线能被平流层大气完全吸收。臭氧层的破坏，会使其吸收紫外辐射的能力大大减弱，导致到达地球表面 UV-B 区紫外线强度明显增加，给人类健康和生态环境带来严重的危害。一般认为，平流层的臭氧总量减少 1%，到达地球表面的有害紫外线将增加 2%。

1.3.5 酸雨

酸雨已成为当今世界上最严重的区域性环境问题之一。从更广些的范畴而言，酸雨一词可扩展为酸沉降。酸沉降是指大气中的酸通过降水（如雨、雾、雪等）迁移到地面，或在含酸气团气流的作用下直接迁移到地表。一般对酸沉降的研究主要集中在酸雨上面。世界上对雨水的第一次分析监测是在 1850 年。二氧化硫的自然来源是火山喷发。在北半球，由于人为活动排放的二氧化硫的数量大于自然排放量，在南半球的情况则恰恰相反。

通常把 pH 值低于 5.6 的降雨叫做酸雨。这个自然酸性程度在 20 世纪由于人类向大气中排放的污染物的增加而大大增强，pH 值变化为 4～4.5。能形成酸雨的污染物中最主要的是化石燃料在燃烧过程中所排放的 SO_2 和氮氧化物气体。诸如石油提炼业、发电、工业及民用的燃油或燃煤采暖。这些主要的工业生产和能源转换部门是 SO_2 产生和排放的最大来源。需要的能源越多，由此带来的污染越严重。一座 1000MW 的燃煤发电站全年发电 6.6TW·h，要消耗 6.5Mt 的氧和 2.5Mt 的煤炭而释放出 7.8Mt 的 CO_2、40000t 的 SO_2 和 10000t 的 NO_2。

这些气体同水蒸气进行化学反应以后会形成硫酸、硝酸等酸化土壤和水。

酸雨会以不同方式损害水生生态系统、陆生生态系统，酸雨还会加速建筑材料的腐蚀。酸雨使河流和湖泊水体酸化，水生生态系统紊乱。在酸雨最严重的时期，挪威南部约 5000 个湖泊中有 1750 个由于湖水过酸而使鱼虾绝迹；瑞典的 9 万个湖泊中有 2 万个已受到不同程度酸雨的侵害。加拿大和美国有数千个湖泊酸化，已经严重到威胁某些生物生存的程度。美国曾报道至少有 1200 个湖泊已酸化，加拿大抽样调查的 8500 个湖泊已经全部酸化。

在美国国内，工业高度集中的东北部地区酸雨正逐步蔓延到西部人口稠密地区以及重要的自然保护区。美国世界资源研究所和加利福尼亚大学伯克利分校对西部共同进行的酸雨测试表明，“整个西部宝贵的水资源、林业资源、11 个国家公园和数百万英亩的自然区正处在酸雨的淫威之下”。

酸雨还会烧死农作物或使之减产。美国科学家的研究结果表明，授粉后立即遭受酸雨淋过的玉米，结出的颗粒要比未受酸雨淋过的玉米少。而且，雨中所含的酸性成分越多，结出的颗粒越少。有时，一场酸雨过后，可使几百亩的农作物一片枯焦。

酸雨不仅严重危害自然环境，而且已经成为损害人体健康的一大因素。据美国政府的推算，1980 年由于酸雨和硫氧化物污染造成的死亡人数占全国死亡人数的 2%，即相当于全美国有 51000 人死于大气污染。

酸雨的腐蚀作用还加速了建筑物、桥梁、水坝、工业装备、供水管网、水轮发电机和通讯电缆等材料的损坏、使用寿命缩短，并严重损害历史建筑、雕刻等文化古迹（见图 1-5）。

图 1-5　被酸雨损害前后的雕像对比

1.3.6　热污染

在能源的环境效应之中，除了有毒有害的化学污染物、大气的温室效应、放射性物质等之外，热污染也是能源利用过程中的一种生态环境污染。热污染是指人类在广泛利用能源的各种生产和生活活动中所排放的废热造成的环境污染。废热可以污染大气环境和水体环境。

（1）城市热岛效应

所谓“城市热岛效应”是指由于城市区域的人口高度密集、工业集中以及消耗大量的燃料，全部能量最终将转化为热能，进入大气，使城市气温明显高于郊区气温的现象。城市热岛现象于 18 世纪初首先在英国的伦敦市发现。这种大气的热污染造成的城市热岛效应，是人类活动对城市区域气候影响中最典型的特征之一。

热岛气候使一些夏季原本十分炎热的城市变得更加炎热，夏季城市气温过高会诱发冠心病、高血压、中风等，直接损害人体健康。当有热浪袭击时总体死亡率呈上升趋势，例如 1995 年芝加哥的热浪和 2003 年夏季法国的酷暑曾在短时间内引起众多人的死亡。1980 夏季热浪袭击美国圣路易斯市和堪萨斯市，两市商业区死亡率分别增高 57% 和 64%，而附近郊区仅增高 10%。城市热岛效应对这种热浪袭击起着助纣为虐的作用。

城市热岛效应还会导致城市上空的云、雾和降雨的增加，这就是热岛效应带来的所谓“雨岛效应”和“雾岛效应”。城市多雾会严重妨碍水陆交通和飞机的起落等。

（2）水体热污染

使用江河、湖泊水作冷源的火力发电厂、核电站以及煤矿、冶金、石油、化工等工业部门所排放的大量废水温度较高，进入到江河、湖泊等自然水域会引起这些接纳水体局部水温升高，形成水体的热污染。

火电厂和核电站是水体热污染的主要来源。由于所有的热力学机器都不能直接利用热能，因此就会对环境产生热影响。例如核反应堆发电的原理是利用裂变反应放出的热量来产生水蒸气，再将水蒸气用于驱动连接交流发电机的涡轮机。这种系统运行的热力学效率取决于热源与冷源的温度差值。在法国利用这种核反应堆发电的效率是33%。这就是说每生产1GW的电就要浪费2GW的热能。一般一座1000MW的火电厂，每小时就有4.6TJ的热量排放到自然水域中。使用化石燃料、生物质或废弃物的发电站存在着同样的环境问题。

法国吉隆河入海口的布来埃核电站装有4台900MW的机组，每秒钟产生的温水水量为$225m^3$，致使古隆河口数公里范围内的水温升高了5℃。美国每天全部企业冷却用水水量高达4.5亿立方米，其中的80%都是发电厂使用的冷却用水。

热污染会使收纳水体温度升高，影响水生生物的生存，破坏自然水域的生态平衡，危害渔业生产。由于水温升高会导致水中的溶解氧含量减少而处于缺氧状态。同时水温升高会使水中藻类大量繁殖，加速水体的富营养化过程，也会使所有水生生物的代谢率增高而需要更多的溶解氧。这样一来，水中鱼类和其他浮游生物的生长将受到影响。水温升高对于在较低水温中生长的鱼类危害更大，其产卵和孵化受影响而导致繁殖率降低。

此外水体升温还容易滋生一些致病微生物，引起疾病的传播、流行。水体热污染有助于流行性出血热、伤寒、疟疾、登革热等疾病的发生。

1.3.7 生物多样性锐减

生物多样性锐减这一全球性环境问题是由人类行为所导致的，同样亦可视为能源利用的一种负效应。据估计，在20世纪80年代后期，热带雨林的面积正以每秒钟减少两个足球场的速度被毁坏，若继续保持这个速度，几十年以后几乎所有的热带雨林都将被毁灭。从1960年起地球森林面积已有一半遭到破坏。此外，全球变暖导致气候以及自然生态系统在比较短的时间内发生较大变化，这也是全球生物多样性锐减的主要原因之一。

人们已经意识到生物多样性及其组成成分的资源价值，包括在生态、社会、经济、科学、教育、文化等各个领域的价值。生物多样性的资源价值主要体现在两个方面。一方面，地球上的生物多样性以及由此而形成的生物资源构成了人类赖以生存的生命支持系统。人类社会的一切进步和发展都是建立在生物多样性基础之上，人类的生存离不开其他生物。另一方面，生物多样性的资源价值体现在生态系统的生态服务功能上。生态系统调节着地球上的能量流动，保证了自然界的物质循环，从而维持着大气的构成平衡，涵养水源，净化水源，为人类提供休息场所等。生态服务功能的经济价值不低于生态系统的直接经济价值。

有关生物多样性，目前国际上讨论最多的是物种多样性。科学家估计地球上的生物物种大约在500万～1000万种之间，其中经过科学鉴定和记录的生物物种大约有170万种。对研究较多的生物类群来说，从极地到赤道，物种的丰富程度呈增加趋势，其中热带雨林的物种最为丰富。热带森林的考察证明，在潮湿的热带森林中尚未鉴定的昆虫和其他无脊椎动物种类数量十分惊人，可能有上百万种。中国地貌类型丰富，具有北半球所有的生态系统类型，无论在生物资源种类上还是在数量上都占有相当重要的地位，是世界上生物多样性最丰富的8个国家之一。

科学家估计，按照目前每年砍伐1700万平方公里的速度，今后30年内热带雨林可能就会毁掉。栖息地的改变与丢失意味着生态系统多样性、物种多样性和遗传多样性的同时丢失。

当前地球上生物多样性损失速度比历史上任何时候都快。根据生物学家爱德华·威尔逊的估计，自然发生的即与人类行为无关的本底灭绝速率大约是每几年一个物种。而目前每年约有4000～6000的物种濒临灭绝，或者说每天约有10余种。这一灭绝率竟是与人类行为无关的自然灭绝速率的10000倍。联合国环境规划署的评价结论说，在可以预见的未来，5%～20%动植物种群可能受到灭绝的威胁。还有研究表明，依照目前的情况发展下去，在下一个25年间，地球上每10年大约有5%～10%的物种将要消失。

物种的多样性有益于人类，物种的灭绝和遗传多样性的丧失将使生物多样性不断减少，逐渐瓦解人类生存的基础。生物多样性的大量丢失和有限生物资源的破坏已经和正在直接或间接地抑制经济的发展和社会的进步。

1.3.8 大气污染引起的健康危害

人类使用的大量的煤炭、石油等化石能源，在燃烧过程中会产生很多种大气污染物，燃烧被认为是大气污染的第一来源。这些大气污染物会对人体健康和环境产生有害影响。大气污染物按其来源可分为一次污染物和二次污染物。直接由污染源排放的污染物可称为一次污染物，如二氧化硫（SO_2）、氮氧化物（NO_x）和硫化氢（H_2S）等。而在一定条件下，由大气一次污染物参与化学反应而生成的污染物，称为二次污染物，如臭氧（O_3）、过氧乙酰硝酸酯（PAN）和硫酸雾（H_2SO_4）等，二次污染物比一次污染物对人体的危害更为严重。

大气污染物按其在大气中的存在状态则可分为分子状态污染物和粒子状态污染物两大类。常见的分子状态污染物如SO_2、NO_x、CO、O_3等沸点都很低，在常温常压下以气体分子形式分散于大气之中。粒子状态污染物（或颗粒物）是分散在大气中的微小液体和固体颗粒，粒径多在0.01～100μm，是一个复杂的非均匀体系。粒径小于100μm的颗粒物表示为总悬浮微粒物（TSP），粒径小于10μm的颗粒物可以长期漂浮在大气之中，常表示为飘尘（PM_{10}）或可吸入颗粒物（IP）。由于飘尘粒径微小，具有胶体性质，所以又被称为气溶胶。它可被人体直接吸入呼吸道内造成危害，所以是最引人注目的研究对象之一。由化石能源燃烧产生的大气污染主要表现为煤炭型污染和光化学烟雾污染两种类型，它们对人体健康的危害形式亦有所不同。此外还有海洋污染。2004年5月，联合国教科文组织巴黎会议报告：人类用煤炭和石油所排放的CO_2有48%为海洋吸收。这就是说，自19世纪产业革命开始以来，海水中已积聚超过1180亿吨的CO_2，这使海水的酸度增加，从而威胁许多海洋生物的生存。

联合国环境规划署警告：地球海洋中的“死亡地带”正在增加。在过去10年间，海洋死亡地带明显扩大。

1.3.9 能源开发和运输过程所致的环境效应

无论是化石能源还是可再生能源，在开发或运输的过程中都能引起某些种类的环境效应或恶性事故的发生。

（1）煤炭的开采

煤炭是化石能源中数量最多的部分，煤炭也是污染环境最严重的一种能源。煤炭的开采方式可以分为露天开采和地下开采。在全世界露天开采方式约占 1/3，地下开采约占 2/3。煤炭常和甲烷气体（CH_4）共生，因此在开采煤炭时总会伴随 CH_4 气体的释放。每开采 1t 煤平均要释放出 13kg 的 CH_4。CH_4 气体产生的温室效应作用是 CO_2 的 23 倍。

煤炭开采时，工人由于吸入二氧化硅粉尘而导致的硅肺病通常是不可逆转和致命的。在机械化开采时产生的粉尘粒度比手工开采时更细，细粒粉尘可以长驱直入到达人体肺叶深部，因而硅肺的发病率更高。

伴随着煤炭的地下开采还会产生大量的剥离物，在地表形成体积庞大的矸石山。通常每采选 1t 煤炭约产生 0.2t 的煤矸石。例如，我国每年产生的煤矸石数量约为 1 亿吨之多。庞大的矿区矸石山要侵占大量的农田，矸石堆经雨水浸滤可以导致水源污染。其中发热量相对高一些的矸石山还会发生自燃，排放出大量 SO_2、CO 等有害气体，污染大气环境。此外，开采区上方的地面塌陷也是时常可能发生的。

质量较差的煤炭含有很高比例的灰分，在分选时会产生废弃物。存放在煤矿或使用地点附近的煤炭以及煤炭运输时都经常会引起污染。堆积的煤炭会被雨水浸滤或者随风散逸灰尘。鲁索（P. Rousseaux）等估计有 0.05%～0.1%的煤炭会以此种方式散失到环境之中。

煤炭燃烧时产生能增加大气温室效应的 CO_2 气体同时也会产生灰尘。需要的能源越多，由此带来的污染越严重。一座 1000MW 的燃煤发电站全年发电 6.6TW·h，要消耗 6.5Mt 的氧和 2.5Mt 的煤炭，并释放出 7.8Mt 的 CO_2、4 万吨的 SO_2、1 万吨的 NO_2 和 6000t 的粉尘。同时会产生 45 万吨的固体废弃物。

煤炭开采时还会伴有放射性污染的发生。根据产地不同，每吨煤炭含有 1～10g 的放射性元素铀，而含有的放射性元素钍的量大约是铀的 2.5 倍。因此，上述燃煤发电站每年通过大气或粉煤灰向环境中释放平均数量为几十吨的铀和钍。美国的一项研究指出，一座燃煤发电站附近的人群所接受的放射性剂量要比同等功率的核电站附近的人群高百倍。当然，燃煤发电站对人群健康的影响可能更主要来自煤炭燃烧时的化学物质污染。

（2）石油的海洋运输污染

在石油钻探、开采、提炼、运输和使用过程中，都会有一部分石油流失到周围环境中，有些流失是作业过程中难以避免的（见图 1-6）。开采石油时对矿脉中石油的回收率为 30%，采用新技术时回收率可以达到 40%～50%。使用油井勘探和采油时会丢失 0.01%～0.02%的石油。伴随石油开采抽出的大量盐水一般会反注入油井，但有时也会流入表面水体中，特别是在开采海洋石油时。这可以成为影响海洋水体环境的一种因素。通过提炼石油人们可以得到各种烃类化合物、燃料、沥青以及各种石油化工产品。值得注意的是，在各种加工、提炼过程中要耗损掉大约 10%所处理的石油总量。

海洋以其巨大的容量消纳着各种自然来源和人为活动产生的污染物。近几十年来在日益严重的海洋污染之中，最引人注目的是海洋的石油污染。很多石油是经过海洋运输的，大约 50%的海上运输用来发运化石燃料，其中的 30%是原油，11%为石油产品，9%为煤炭。

海洋石油污染给海洋生态带来了一系列有害影响，会引起多种环境效应。污染物中比较重的、不易流动的部分是难以清除的，一般会造成相当严重的环境损害，尤其是当海岸被污染时。烃类化合物对海洋的污染使附近海域的水生生物、海鸟受到极大影响，海滩旅游业蒙受极大损失。

图 1-6 海洋污染——海上溢油

世界海洋已具有明显油膜的分布，每升几微克的低浓度可溶性石油组分已遍布海洋的每个角落。海水表面的油膜能阻碍海水与空气之间的气体交换，导致海水中生物缺氧。由于油膜的影响，海洋藻类光合作用急剧降低，其结果是使海洋产氧量减少，同时也影响其他海洋生物的生长与繁殖，对整个海洋生态系统产生影响。

石油中的某些组分还具有消化道毒性。烃类化合物也同样是一种可以生物降解的有机物质，降解需要的时间或长或短，因此可被称为具有营养性的物质。生物降解的第一阶段会导致水域之内的氮和磷的减少以及溶解氧浓度的降低，继第一阶段之后发生的是水体富营养化和随之而来的被石油污染致死的动物的矿化过程。海面浮油使食物链被包括致癌物质在内的毒物污染。污染海域的鱼、虾及海参体内苯并芘类致癌物浓度明显增高。

此外，被海面浮油浓集的原本分散于海水中的氯烃等农药或者石油中某些组分本身类同于一些海洋生物正常的化学信息物质。由于石油污染造成的这种假信息会影响许多鱼、虾类的觅食、交配、迁徙等行为。试验证明，10^{-9}含量的煤油可以使龙虾离开天然觅食场所游向溢油污染区。这是海洋石油污染对海洋生物极其有害的一种影响。

当海岸被这些称为“黑海潮”的石油污染时，海滩旅游业受到的各种损失极其惨重。昔日繁华绚丽、风景如画的蓝色海岸顿时变得萧条冷落。这种情景近年来屡屡发生在西班牙、法国等国的海滨城市。

1.3.10 能源使用的“误区”——现代高能农业

每一寸肥沃的土壤都是一个复杂的有机系统。在这个系统中，为生命所必需的物质依靠太阳能做周而复始的循环，从植物到动物，到土壤中的细菌，再回到植物中。除了许多其他营养性化学物质外，碳和氮是贯穿整个生态循环过程的两种基本化学成分。在传统农业中，农民对土壤施畜肥，而不是化肥。以这样的方式把有机物质送还到土壤中，使其重新进入生态循环过程。

长期形成的这种生态农业大约在45年前发生了质的变化。农民从使用有机肥转向使用人工合成产品。这对矿物能源资源日益短缺的趋势简直是“火上浇油”。

高能耗农业的主要特征是机械化和能源密集，自动收割机、播种机、灌溉机械以及许多其他农业机器，节省了数亿人的体力劳动。在美国，玉米亩产提高3倍的同时，劳动力却减少了 2/3。但是同时，生产 1 英亩玉米所耗费的能源增加了 4 倍。

过度的“化学疗法”已严重损害土壤和人类的健康，对社会关系以及整个地球生态系统也是极为有害的。

年复一年地种植单一品种的庄稼和使用化学肥料，扰乱了土壤的自然生态平衡。土壤赖以保持湿度的有机物含量不断降低。板结的土壤迫使农民使用功率更大的机器。

自 1945 年以来，美国的化肥使用量增加了 6 倍，杀虫剂的使用量增加了 12 倍，导致目前食品成本的 60%是能源成本。因此，现代农业的基础已经从土地转向石油。

在西方发达国家，整个农业经济体系，包括税制、信用体系和不动产制等，都建立在高能农业的基础上。

高能农业也严重威胁着人类的健康。过度使用化肥和杀虫剂使大量有毒化学品渗入到土壤中，污染地下水并出现在食物中。市场上的杀虫剂可能有半数混有会损害人体自然免疫系统的石油馏出物，另外半数含有致癌物质。

大力推广绿色革命的主要理由是解决世界性粮食短缺问题。但是，深入的研究已经表明，解决世界性粮食匮乏不能全靠技术途径，更需要全面的政治和社会改革。缺乏农业土地不是导致饥饿的唯一原因。

1.3.11 废弃物泛滥成灾

发达国家建立在能源与资源高消耗基础上的生产体系和高消费的生活方式，不仅对资源环境造成极大的压力，同时还产生大量的垃圾和危险废弃物。

据估计，全球每年新增垃圾 100 亿吨，人均 2t 左右，其中发达国家占有很大的比重。在许多国家，垃圾的处理能力远远赶不上垃圾的增长量。

在垃圾中有相当一部分是危险废弃物。由于对危险的定义还未统一，因此，对世界每年产生的危险废弃物的数量没有公认的估计数。可以作为参考的一个估计数是，全世界每年约产生 3.3 亿吨危险废弃物，其中的 80%来自美国、德国、日本、英国、法国和意大利等，发展中国家如巴西、印度以及中国每年也产生大量的危险废弃物。

许多国家政府与国际组织都在设法控制危险废弃物不断引发的问题。但是，由于危险废弃物的性质多种多样，要控制它们极其困难。这些危险废弃物不但严重污染空气、水源和土壤，而且由于各国对危险废弃物的理解不同，管理方式各异，从而使危险废弃物易于通过各种渠道损害人体健康。

在人类的生产活动中，化学工业造成的危险废弃物最多。目前市场上约有七八万种化学品，其中对人体健康和生态环境有危害的约有 3.5 万种。联合国环境署发现，发达国家在地中海的工厂每年向海洋倾倒约 3 万吨有害金属、90t 以上的农药残余物，以及其他污染物质。大量鱼类受到污染，有的已不适于人类食用。类似的污染情况也出现在其他海域。

更加恶劣的是，发达国家为维持其原有的生活和消费方式，同时保护本国的生态环境不受污染，把大量污染严重的工厂转移到发展中国家。如西非海岸外的大西洋现在富含铝、锡、铬、氯化物、氟化物等污染物质，而这些污染物都是发达国家生产铝、钢和其他金属原材料时的伴生物。

1.3.12 水资源短缺

联合国环境与发展大会在《21 世纪议程》第十八章——《保护淡水资源质量和供应：

水资源开发、管理和利用综合性办法》中所提出的建议，确立“世界水日”的决议，旨在使全世界都来关心并解决水资源短缺的问题，不然，水危机很可能会比粮食危机或石油危机更早到来。据联合国提供的数据，至1994年3月，大约有10亿人得不到充足的洁净饮用水供应。在全世界范围内，每天有6000～35000名儿童因缺乏饮用水或因缺水造成的后果而死亡，其中非洲的形势最严峻。

世界气象组织和联合国教科文组织共同为在马拉喀什举行的世界水资源论坛准备的一份文件的序言中写道：“到21世纪，水有可能成为一种罕见之物。”联合国的6个国际机构、一些大的发展银行，还有非政府组织及私营部门的一些代表参加了这次会议。专家们还写道：“必须从现在起就要想办法，以避免因水资源的匮乏而引发的国际冲突。”同时，他们还强调：“在未来50年里，与水资源匮乏及大面积水面受到污染相关的各种问题实际上是与地球上的所有居民都有关系的。”

据联合国统计，21世纪以来，由于人口增长使全世界的淡水消费量增加了7倍。近年来，每年的淡水使用量达到32400亿立方米。目前，全世界大约有15亿人缺乏饮用水。此外，世界各国的淡水消费量相差悬殊，美国人日均消费600L水，欧洲人消费200L，而非洲人只有30L。

在2050年以前，全球人口可能将增加近1倍，而人们对水需求量的增加则比人口的增加快2倍。1998年8月，美国马里兰州约翰·霍普金斯大学公共健康小组发表报告称，到2025年，面临水资源短缺问题的人口会从当时的近5亿增长到28亿，到那时全球人口将达到80亿。目前全球有31个国家存在水资源短缺问题，但到2025年人口压力将使这一数字增加到48个。报告说，1996年人类使用的淡水占全球淡水总量的54%；在未来30年，人口增加将使这一数字增加到70%，甚至更多。

世界气象组织在1997年3月22日“世界水日”时发表报告指出，随着世界人口的急剧增加，21世纪将可能发生淡水危机，各国政府和人民对此应给予高度重视。这份报告说，全世界淡水消耗量自20世纪初以来增加了6～7倍，比人口增长速度高2倍。报告预计世界人均淡水拥有量将从1995年的7300m^3减少到2025年的4800m^3，减幅达1/3。同时，全球缺水地区会越来越多，农业、工业、生活用水相争的形势将更加紧张。报告呼吁人类珍惜只占地球水量2.5%的淡水资源，高度重视迫在眉睫的水危机，制订具体措施，加强对水资源的管理。

人类面临的严峻而复杂的淡水资源问题，首先是水资源分配不均（世界上有40%的居民遭受缺水的痛苦），对水资源的管理不善，浪费严重。据统计，从地下抽取的水有大约70%是用于农田灌溉的，在发展中国家甚至达到90%。有23%的地下水用于工业生产，只有7%是家庭用水。而且由于采用的是传统的灌溉技术，水在到达农作物根部之前就已经变成蒸汽挥发了。城市供水管道漏水率也高达50%。

其次，淡水资源的污染日益严重。据世界卫生组织统计，全世界每年至少有1500万人死于水污染引起的疾病，仅痢疾每年就夺去四五百万儿童的生命。沼泽污水滋生的蚊子传播的疟疾每年传染10亿人，造成270万人死亡，其中非洲儿童占100万。尤其令人警醒的是，造成水资源污染的主要原因不是自然灾害，而是人类的行为。在地球现有的水资源中，地下水资源日趋减少和受污染的状况格外令人担忧。目前全球约有1/2的人饮用或使用地下水，随着人口猛增以及工业化和都市化进程不断加快，人类对地下水的需求与日俱增。人们在无限制地开采地下水的同时，却不重视，也没有足够能力保护地下水资源。结果，人类排放的污染物逐渐渗入厚厚的地层，污染了过去被认为是最安全和最洁净的地下水。目前，世界许多城市的地下水已遭到不同程度的污染，有的已不适合人类饮用。控制地下水的过度开采，防止地下水污染，将成为有关国家今后几年内最迫切的任务之一。

污染及浪费的增加，对地下水的不合理开采使得1950～1990年间美洲大陆水的使用量增加了100%以上，非洲大陆水的使用量增加了300%以上，在欧洲增加了近500%。亚太地区，特别是南亚和东亚地区，水荒日趋严重。以印度为例，目前约有4500万人喝不到洁净水，每年有近100万儿童死于由于饮用不洁水或其他卫生问题而造成的各种疾病。在整个东亚地区，每3个人中只有1个人能喝到经过卫生处理的水。

1.3.13 太多的人口——68亿人的地球

专家们认为，世界人口到2050年将增加到73亿～107亿，2050年最有可能达到的人口总数为90亿左右。从中期看，2020～2025年的年均人口增长总数将降至6400万，到2045～2050年，将大幅下降至3300万。然而，要维持全球90亿人口的生存，地球届时必须能够生产出相当于今天两倍的卡路里。

事实上，目前许多国家已经存在食物供应赶不上人口增长的危机，全球至少有11亿人无法得到安全的饮用水，26亿人缺乏基本的卫生条件。所以，对于未来的世界来说，人口持续增长的挑战是双重的，一方面必须解决现存的贫困和食物短缺问题，另一方面必须考虑长远可能出现的食物供应危机问题。面对食物供应远景中的诸多不确定因素，更现实的态度应当是：与其让人口不加限制地增长，不如采取适当的人口政策，使人口增长稳定下来。

人口的迅速增长使地球资源的消耗加快。美国世界观察研究所指出：1900年世界平均每天只消耗几千桶汽油，而到100年后，人类平均每天消耗7200万桶汽油。1900年人类每天对金属的使用为2000万吨，而现在上升到12亿吨，人类对其他自然资源的消耗也是如此。

1.4 能源危机与中国发展

在介绍能源的环境效益时，尤其要注重中国。这块被誉为居天下之中，如花似锦的土地，这块哺乳过世界最长的连续文明和世界最多人口、现在仍具有巨大发展潜力的土地，正面临巨大能源资源的紧缺和生态环境的破坏。

1.4.1 中国人口

在寻求发展与环境更和谐关系的进程中，人们认识到人类对环境的影响力中存在三个相互关联的成分，可以认为是人口、消耗、技术因素的乘积。

对环境的影响力＝人口×消耗×技术。

而在中国，人口因素首当其冲。

中国长期保持在世界人口中最为密集地区的地位。事实上，中国很多地区从事耕耘的农村人口密度早已高于欧美中小城镇人口密度。由于人口基数庞大，能源需求巨大。一个显而易见的例子，如果用电热水器解决我国13亿人必不可少的洗澡问题，每个人每天用水以50L计，仅此小小需求就超过8个长江三峡工程发电总量。人口问题包括人口数量、人口素质、人口结构、人口分布这四大类问题。从数量、素质、结构、分布来看，中国人口的现状如下。

中国人口规模庞大与人口持续增长的现状将长期并存。在一个人口过多的国度，人们要面对的挑战是要认识到人口既是资源和财富，也是负担和问题。目前，中国处在人口的增长势能尚需较长的时间来释放惯性的增长阶段。当前和今后十几年，中国人口仍将以年均700万～1000万的速度增长。21世纪，中国将先后迎来总人口、劳动年龄人口和老龄人口三大高峰。

庞大的人口数量，一方面为中国经济社会发展提供了丰富的劳动力资源、巨大的国内消费市场；另一方面，人口多也确实给中国的资源环境带来了巨大的、持久的压力，形成了中国特有的人口与发展的三大问题。第一是十几亿人的吃饭问题，第二是十亿人左右的就业问题，第三是几亿人养老的问题。

如果说20世纪80年代以前谈论中国的人口问题，主要在于科学文化素质偏低、健康素质不高，近年来，“人口老龄化”“出生性别比偏高”等问题则已成为人们关注的焦点。

中国科学院国情分析研究小组估测，中国人口承载量应控制在16亿人以内，最适合的人口是7亿左右，这是维持中国人口的生命线。根据生态系统的负荷能力，中国按粮食产量计算，不应该超过12.6亿人；按能源的理想负载，不应该超过11.5亿人；按土地资源，不应该超过10亿人；按淡水供应，不应该超过4.5亿人；按动物蛋白供应，不应该超过2.6亿人。这就是中国人口面临的严峻现实。

1.4.2 水资源

中国人均水资源占有量为2300m^3 左右，相当于世界人均的1/4、美国的1/5，是世界人均水资源极少的13个贫水国之一。中国农业年缺水300亿立方米，城市则缺水60亿立方米。因为缺水，每年工业约有2000亿元的损失，农业约有1500亿元的损失。

根据绿色和平组织的报告，在过去的24年中，中国青藏高原的冰川融化了3000km^2，按照这个速度，到2050年，中国现存的冰川将融化1/2，而到2100年，中国的冰川将全部消失。

根据水利部《21世纪中国水供求》分析：2010年中国工业、农业、生活及生态环境总需水量在中等干旱年为6988亿立方米，供水总量为6670亿立方米，缺水318亿立方米。这表明，2010年后中国将开始进入严重缺水期。

按照国际公认的标准，人均水资源低于3000m^3 为轻度缺水；人均水资源低于2000m^3 为中度缺水；人均水资源低于1000m^3 为重度缺水；人均水资源低于500m^3 为极度缺水。中国660多个城市中，有400个不同程度缺水，100多个重度缺水。在14个沿海开放城市中，有9个重度缺水；在32个百万人口以上的特大城市中，有30个长期受缺水困扰；在46个重点城市中，有45.6%的城市水质较差。

据《中国可持续发展水资源战略研究报告》，到2030年全国城市工业用水和城市生活用水的总量将达到1320亿立方米，比现在增加近700亿立方米；国民经济需水总量将达到7000亿～8000亿立方米；而实际的可用水资源仅有8000亿～9500亿立方米，需水量已接近可利用水量的极限。2009年秋冬至2010年春，中国西南地区持续干旱，昔日碧波荡漾的溪流和湖泊干涸龟裂，亿亩良田严重减产甚至颗粒无收，数千万居民饮水困难。为解决水的短缺，抗旱部队钻井深度已达1400m。

随着地表水源不断枯竭，一些城市只好采用地下水。全国有400多个城市开采利用地下水，在城市用水总量中，地下水占到30%。全国地下水多年平均超采74亿立方米，超采区共有 164 片，超采区面积达 18.2 万平方公里，而地下水水位的逐年下降已经达到极其严重的程度。20 世纪 50 年代，北京的水井在地表下约 5m 处就能打出水来，现北京 4 万口井平均深度达 49m。按照现在的抽水速度，再过 10～15 年，很多地方抽水将抽到基岩，也就意味着城市地下供水的水源会永远消失。

中国的水污染也特别严重，70%的河流都是受到污染的，75%的湖泊遭受了不同程度的富营养化，大约 3 亿人不能饮用洁净水。中国废污水排放总量占世界总量的 10%，单位产值废污水排放量为世界平均水平的 3 倍，且 80%未经适当处理就排入江、河、湖、海。经过对中国 532 条河流的监测，有 436 条河流受到不同程度的污染。七大水系（长江、黄河、淮河、松花江、海河、辽河和珠江）中，长江支流呈轻度污染，黄河及松花江支流出现重度污染，淮河、海河流域为严重污染。七大水系中大约 60%的水被定级为Ⅳ类甚至更差，这意味着不适于人类接触。

污染也恶化了水资源短缺的问题。在以前水资源丰富的珠江三角洲地区和长江三角洲地区，最近几年也出现了水质型水资源短缺，相当数量的水因为严重污染而变得不可使用。污染还扩展到了地下蓄水层，据估计，25%的地下蓄水层正在被污染。

中国近海海域污染也很严重。对 18 个海洋生态监控区的监测表明，主要海湾、河口及滨海湿地生态系统均处于不健康或亚健康状态。全国海域未达到清洁海域水质标准的面积为 13.9 万平方公里，其中，严重污染海域面积约为 2.9 万平方公里。据大连与日本北九州合作对大连湾的监测，共检出有机污染物 220 种，其中 47 种被美国列为优先控制的危险物质。

1.4.3 土地退化

中国是世界上土地沙化最严重的国家之一，目前中国的荒漠化土地面积有 264 万平方公里，占国土面积的 27%（见图 1-7）。土地沙化面积在 20 世纪 50 年代每年扩展 1500km²，70 年代每年扩展 2100km²，1994～1999 年，年均扩展 3436km²，相当于沿海地区每年损失两个中等县的土地面积。据初步测算，新中国成立后的 50 多年，中国土地沙化面积已经扩大超过 10 万平方公里，即相当于一个江苏省的土地面积被完全沙化。如果再不采取积极措施，扭转土地沙化加剧的势头，在今后的 50 年里，还将有成倍面积的土地沙漠化。

图 1-7 中国土地荒漠化

城市经济的快速发展、人口的急剧膨胀、资源的大量消耗，使得部分城市市区原有的自然生态系统破坏严重，地表大部分被建筑物、混凝土路面所覆盖，由此引发了各种各样的环境问题，影响了城市居民的日常生活，制约着城市的健康发展。

1.4.4 中国酸雨状况

我国是以煤炭为主要能源的国家，是世界上最大的煤炭生产和消费大国，煤炭在一次能源结构中占的比重一直在 70%以上。燃煤时排放的 SO_2 是煤炭的含硫组分在燃烧时被氧化而成的。煤炭的含硫量随煤质而异，我国的煤炭平均含硫量为 1.72%。

我国酸雨的化学特征是 pH 值低、离子浓度高，硫酸根、铵和钙离子浓度远远高于欧美，而硝酸根浓度则低于欧美，属硫型酸雨。从 20 世纪 80 年代以来，中国的酸雨污染呈加速发展趋势。在 80 年代，中国的酸雨主要发生在重庆和贵阳等高硫煤使用地区及部分长江以南地区，酸雨区面积约为 170 万平方公里。到 90 年代中期，酸雨区向青藏高原以东及四川盆地扩大。以长沙、赣州等为代表的华中酸雨区为全国酸雨污染之最，其年均降水 pH 值低于 4.0。因酸雨引起的经济损失相当巨大。2004 年我国出现酸雨的城市为 298 个，占统计城市的 1/2 以上。酸雨城市主要分布在华中、西南、华东和华南地区。湖南和江西是华中酸雨污染最为严重的区域。

有数据显示，1949 年以来，我国火电占总发电量的比例一直在 75%以上，1991～2002 年（除 2001 年）10 年间更是保持在 80%以上。火力发电企业排放的 SO_2 成为我国大气污染的主要来源之一。

当前，中国的温室气体排放总量居世界第二位。国务院发展研究中心社会发展部苏杨博士介绍，近几年，随着我国进入重化工业高速增长时期，火力发电行业从 2002 年后进入爆发式增长，2004 年火电机组新装机容量超过 2002 年新装机容量近 100%。显然，这意味着我国温室气体的排放也将可能快速增长。

此外，燃煤发电是山西、内蒙古生态退化的罪魁祸首，也是北京沙尘暴的主要原因。

1.4.5 无处可扔的城市

随着城市化的迅速推进，城市产生的垃圾数量越来越多。目前，城市垃圾总量已占全球垃圾总量的 90%以上，成为当今一大世界性的“公害”。

据国家环境保护总局公布的数字，中国造成环境污染的固体废物中，最多的是生活垃圾和工业废物。目前，生活垃圾年产量约为 2 亿吨，工业废物为 8 亿吨，其中化学品等危险废物近 1000 吨。由于缺乏有效处理，中国历年的垃圾存量已超过 60 亿吨。

随着中国成为世界的工厂，它也正在变成世界的“垃圾场”。联合国环境规划署的一份报告显示，全球每年产生的电子设备废料高达 2000 万～5000 万吨，它是目前世界上增长最快的固体垃圾，其中 80%被运到亚洲，其中又有 90%被弃于中国。近年来，中国每年要容纳全世界 70%以上的电子垃圾，已经成为世界最大的电子垃圾倾倒场。中国电子垃圾的数量还将以每年 5%～10%的速度迅速增加。电子垃圾中含有铅、镉、锂等七百多种物质，其中 50%对人体有害，在回收过程中如果处理不当，将严重污染环境。

目前，中国城市垃圾的年产量超过 2 亿吨，每年还以 8%～9%的速度增长。历年来城市的垃圾堆放存量超过 50 亿吨，全国有 30 多个城市的垃圾堆存量超过 1000 万吨，近 200 个城市已无合适场所堆放垃圾，全国 2/3 的城市处在垃圾包围之中。

全国城市垃圾的产量平均每年增加 10%，而清运量仅占产量的 40%～50%，50%以上的垃圾堆放在城市的一些死角甚至公共场所，大量未经处理的工业废渣和生活垃圾堆放在城郊等地，成为严重的二次污染源，影响环境安全和人体健康。而且，一些垃圾污水由城郊渗入地下，严重地污染了地下水，祸及城郊菜地和果园。

中国城市目前处理生活垃圾的方法除露天堆放外，还有卫生填埋。这种方法避免了露天堆放产生的问题，其缺点是建设的填埋场占地面积大、使用时间短（一般 10 年左右）、造价高，垃圾中可回收利用的资源被浪费了。其次是焚烧，这种方法虽然使垃圾体积缩小了 50%～95%，但烧掉了可回收的资源，释放出有毒气体，如二噁英、电池中的汞蒸气等，并产生有毒有害炉渣和灰尘。第三种是堆肥，这种方法需要人们将有机垃圾与其他垃圾分开，但是它具有很好的发展前景。

城市作为经济和生活中心，污水排放量大，加之中国城市污水的处理水平普遍不高，城市水环境面临的形势十分严峻。

1.4.6 物种减少

国际自然与自然资源保护联合会发布的《2004 濒危物种红名单》，把中国列为世界上生物多样性受到最大威胁的 5 个国家之一。据估计在 3 万种高等生物中有 3000 种处于濒危灭绝状态，而已灭绝的野生动物有高鼻羚羊、白臀叶猴、豚鹿、新疆虎、赤颈鹤、白掌长臂猿等。中国的濒危针叶植物种类占全球第一（34 种，其中 26 种为中国特有）；濒危哺乳类动物种类（82 种，其中 30 种为中国特有）仅次于印度尼西亚和印度而居全球第三位；濒危鸟类种类（85 种，其中 17 种为中国特有）仅次于印度尼西亚、巴西和秘鲁，与哥伦比亚同为全球第四位。中国被列入世界濒危动物“红皮书”的种数共 123 种，列为国家保护名录中的一、二级保护动物有 277 种。

导致中国野生动植物减少的缘由，一是不适度的开发，二是滥捕、滥猎、滥采，三是环境污染。保护中国的动植物资源已经迫在眉睫，应提上各级政府的议事日程。

1.4.7 可持续发展重大阻力

（1）环境

近 30 年来，中国经济获得了前所未有的持续高速增长，但是，由于资源开发的迅速扩大和能源消耗的迅猛增长，中国的生态破坏和环境污染已经达到了十分严重的程度。单位产值所产生的固体废物比发达国家平均高出 10 倍，单位面积国土污水负荷量约为世界平均值的 16.5 倍；污染总量增长率为总产值增长率之数倍；经济波动系数为世界平均水平的 4 倍以上。

中国是世界上空气质量最糟糕的国家之一。中国很快会是世界上第一大温室气体排放国家。

根据环保部的测算，2002 年中国每 1 亿吨燃煤，会排放 115 万吨二氧化硫、68 万吨烟尘，氮氧化物排放强度是经济合作与开发组织国家平均水平的 8 倍。研究表明，中国二氧化硫的环境容量只有 1200 万吨，而中国全年排放二氧化硫 1927 万吨，居世界之首，远超过自身净化能力，使 1/3 的国土受到酸雨侵蚀。中国目前每年燃烧 16 亿吨煤左右，就已经使全国大多数地区乌烟瘴气。若 2020 年要燃烧 30 亿吨煤，每年将排放2750 万～3560 万吨二氧化硫，到那时不仅全中国都会下酸雨，还可能殃及周边国家。

虽然从使用煤部分转向使用石油或天然气减轻了城市中的空气污染，但近些年从使用自行车和公交工具大规模转向驾驶私人轿车已经抵消掉了上述所有的好处，并进一步恶化了环境。

中国环境规划院估计，在中国 13 亿人口中，每年有 40 多万人因患与空气污染相关的疾病而死亡。有 1/3 的国土面积受酸雨的影响，而且集中在东南地区。二氧化硫排放如果不严加控制，土壤几十年后将严重酸化，南方将可能变成不毛之地。

目前，中国城市总体上空气质量较差。影响城市空气质量的主要污染物为燃煤和汽车尾气的颗粒物，而中国城市空气中总悬浮颗粒物浓度早已普遍超标。根据世界卫生组织的报告，在全球污染最严重的10大城市中，中国就占了7个，而且中国的太原市还位列榜首。中国大多数城市总悬浮颗粒物年均值为300mg/m³，大同市为721mg/m³，兰州市为668mg/m³，而世界卫生组织的标准是90mg/m³，令人触目惊心。世界卫生组织通过对中国300个城市的测试得出结论：70%的中国城市不适合居住。

据中国有关部门检测，在342个被检测的城市中，符合国家环境空气质量一级标准的城市不足1%，只有38.6%的城市达到国家环境空气质量二级标准（居住区标准），环境空气质量达不到二级标准城市的居住人口占统计城市人口总数的60.9%。53.2%的城市可吸入颗粒物（PM_{10}）的浓度达到二级标准；74.3%的城市二氧化硫浓度达到二级标准。颗粒物污染较重的城市主要分布在西北、华北、中原和四川东部。

一个典型的大城市每天向大气中排放几千吨空气污染物，如果没有大气的自然净化作用，空气会很快因污染而对人类及动植物造成致命伤害。工业和交通运输业的迅速发展以及化石燃料的大量使用，将粉尘、硫氧化物、氮氧化物、碳氧化物、臭氧等物质排入大气层，使大气质量严重恶化，由此引起的温室效应和臭氧层破坏更是直接地威胁到人类的生存。

中国有的城市长年累月笼罩在烟雾之中，大气能见度极差，本溪市还曾经因烟雾弥漫而被称为“卫星上看不到的城市”。而大气中硫氧化物、氮氧化物严重超标导致了全国大部分地区出现酸雨，宜宾、长沙等城市酸雨出现的频率大于90%，长沙市降雨的平均pH值已达到3.54。酸雨的降落不仅破坏了生态环境，而且加剧了建筑物、铁道、桥梁的腐蚀与破损，给工农业带来巨大的损失。

中国城市的空气污染具有复合型的特点，工业、生活和交通是造成城市空气污染的主要原因。

衡量一个国家真正的富裕程度，国际上已有了新的算法，即要把一个国家的环境与自然资源作为核算的内容之一。在联合国与世界银行公布的世界各国人均财富的报告中，澳大利亚和加拿大因拥有丰富的自然资源而被列为世界的第1、2位，中国则列于世界的第160位之后。与其他发展中国家相比较，墨西哥高出中国12倍，巴西高出中国7.5倍。

医药和卫生专家撰写的分析报告指出，中国的工业化使很多人摆脱了贫困，但同时却严重损害了环境。报告指出，中国城市的空气质量已经进入“世界最差之列”，水污染已经成为对健康的严重威胁。空气和水污染等危险的环境因素是造成中国居民死亡和疾病的重要原因。

专家们提醒说，气候变化会使情况变得更加糟糕，因为气温升高和降水量增多会造成自然灾害的增加。

报告指出，中国人面临新、旧两种环境风险，旧的风险包括卫生条件欠佳和家庭燃烧木炭和煤炭造成的空气污染，每年造成大约42万人早亡。

新威胁是与工业化和城市化密不可分的，包括空气污染和工业废弃物，每年造成130万人死于各种呼吸道疾病。

研究人员指出，空气污染是很多因素造成的，包括将煤炭作为工业燃料、交通运输、工业化学品的排放、建筑粉尘和焚烧农业废料等。

中国的相当一部分湖泊和主要河流都受到严重污染，现存的200条大河中只有1/2可以提供饮用水，28个主要湖泊中具备这一条件的还不到1/4。

由于中国人吸入的危险颗粒物水平最多可达美国的20倍，科学家警告说，中国有可能爆发公共健康危机。被誉为中国空气质量最优的城市——海口，在世界城市空气质量排行榜中排名在200名以后，与空气、水和土壤严重污染相关的癌症（主要是肺癌、胃癌和肝癌）成为摧残中国人健康和生命的主要杀手，很多地区已被认为不适宜人类居住。持续发展更加步履维艰。

$PM_{2.5}$颗粒能沉积在肺里，对人类健康的威胁很大。几个小组的科学家研究了中国（包括香港）的雾霾，至少有两个小组发现了较高浓度的痕量金属。过量的锌和铬能引发从早衰到癌症等一系列问题。在极端情况下，空气中如果含有高浓度的痕量金属，甚至会损害人类的DNA，增加罹患遗传病的风险。

科学家警告说，如果不加强环境管理，高浓度的痕量金属可能会引发公共健康危机。

微小颗粒对健康的损害不光取决于颗粒的数量，也取决于它们的类别。痕量金属是空气中对人类健康危害最大的物质。

在山东泰山上的云雾中，每升水含有105μg铁，在江西庐山的云雾当中，每升水含铁90μg。美国亚利桑那州埃尔登山的数值则仅为5.6μg。

中国空气中的锌浓度甚至更高，在中国的这两座山上，每升水含有200～250μg锌，而埃尔登山的云雾当中则不含有这种金属。氧化之后，锌可以破坏细胞内的DNA结构。有些损害（比如某些痕量金属造成的损害）是无法修复的。

中国空气中发现的其他金属或危险元素包括铜、镁、锂、镍、砷、硒等。

（2）耕地

与和中国国土面积或地形近似的国家相比，中国耕地面积偏少。耕地在全国土地总面积中的比例，中国仅有10%，美国有20%，多山的日本有12%，印度达56%。而中国耕地减少的速度却比其他国家高出2倍。

1996～2003年的7年间，中国耕地面积已由19.5亿亩减少到18.5亿亩，7年减少了1亿亩，平均每年约减少14297亩，比两个海南省的耕地还要多。中国人均耕地只有1.43亩，不足世界平均水平的40%。2003年，在我国31个省、自治区、直辖市中，人均耕地低于0.8亩警戒线的地区已有6个。依照2006年中国进口的棉花、谷物和大豆三种产品总量计算，如果全部在国内生产，需要占用土地2亿亩，而中国只有3100万亩可耕作的余地。与此并存的另一问题是，由于大量使用化肥和污染等原因，现有耕地的质量在逐年下降，耕地后备资源严重不足。

还有研究报告指出，随着富裕程度提高，中国人的饮食重心已经开始从米面转向肉类，这就需要大量饲料。目前中国人均肉类消费水准为美国50%左右，如果达到美国水准，就需要额外增加2.77亿吨饲料粮食及6800万英亩（1英亩=4046.8平方米）耕地。虽然现在人们对转基因食物的安全性还各执一词，争论不息。但是在土地资源日益减少，庞大人口需求不断增加的压力之下，众多有识之士已得出结论。接受转基因食物已是大势所趋，中国迟早将会接受并且成为世界上最大推广转基因食物的国家。

中国森林资源最为匮乏。森林覆盖率为18.21%，仅为世界平均水平的61.3%；单位面积森林蓄积量仅为世界平均水平的84.8%。中国人均森林面积和蓄积量只占世界的134位和122位，中国林产品供需矛盾依然突出。

中国的森林资源消耗十分严重：一是林地非法流失严重，1999～2003年的5年间，全国有1010.68万公顷林地被改变用途；二是超限额采伐林木问题突出，1999～2003年的5年间，全国年均超限额采伐的数量高达7554.21万立方米。目前，中国木材缺口在9578万立方米左右。

纸张需求量猛增是木材消费增长的原因之一，纸张的大量消费不仅造成森林毁坏，而且因生产纸浆排放污水使江河湖泊受到严重污染（中国造纸行业所造成的水污染占整个水域污染的30%以上）。

（3）汽车

中国每千人拥有的小轿车数量与西方发达国家每千人拥有私人轿车400～500辆的水平相差甚巨，也大大低于俄罗斯、东欧以及东南亚和南美洲的欠发达国家，只与印度的水平相当。有人曾预测，如果中国的汽车人均拥有量达到世界平均水平，那么，全世界的石油出口量也不能满足中国的要求；如果中国的汽车发展达到美国那样的水平，全世界的石油产量也不够中国使用。

同时，汽车的过度发展也必将减少中国的耕地。汽车消费需要一系列外部配套条件（如道路、停车场等）才能实现。有关专家计算，如果中国未来汽车保有量达到日本每两人拥有一辆的水平，全国汽车保有量将从目前的2.5亿多辆增加到6.5亿多辆。假定中国平均每辆汽车所耗土地面积与欧洲和日本一样为0.02ha，6.5亿多辆汽车就要耗去1300万公顷（1.95亿亩），这已经超过中国现有2300万公顷（3.45亿亩）水稻田面积的1/2。

交通与交流推动着人类创造了往昔的城市文明，如果21世纪的城市还有希望，它将打开新的交通与交流的天地，那将缔造一个崭新的城市，而不该是一个车流滚滚、拥挤不堪的城市。

（4）矿产资源

中国矿产资源总的特点是人均拥有量低，结构不合理；分布与经济区域不匹配；在部分用量大的支柱性矿产中，贫矿和难选矿多，开发利用难度大。

目前，相当严峻的是，中国已有2/3的国有骨干矿山进入开采的中后期，400多座矿山因资源逐步枯竭濒临关闭，有的已停产闭坑，大量矿工面临下岗。

中国主要矿产品对国际市场的依赖程度将不断提高。

能源对于我国建设和发展具有特别重要的意义。相对发展需求和世界水平而言，我国仅是一个资源小国，主要能源人均可采储量远远低于世界平均水平，石油、天然气分别只有11.1%、4.3%，煤炭稍多，也只有55.4%。能源紧缺已成制约我国经济、社会发展的主要因素。

据中国地质科学院、中国工程院等部门合作进行的研究，2010年我国石油基本消费量在2.7亿～4亿吨，预计我国在2005～2020年石油的产量将在1.8亿～2.1亿吨，每年的缺口为0.7亿～1.8亿吨，对海外原油的依存度将超过30%，也有研究机构预测，2020年我国石油对外依存度将高达60%。

1.5 中国采用新能源的紧迫性

在谈及中国能源的现状和未来发展时，有关能源战略专家表现了极大的忧虑，他们认为中国要满足可持续的能源供应正面临巨大挑战。未来20年，由于工业化和城市化的驱动，中国的电力需求增长200%，大约要占到全球的13%，相当于整个西欧在2020年的发电总量。中国在石油方面的需求已经占到了全球的6.3%，到2020年需求量将达到4.3亿吨，占全球需求量的8.5%。

2005年《中国能源发展报告》指出，我国目前的能源结构是：电力为中心，煤炭是基础，石油、天然气为重点，核能为辅助。其中电力70%左右是以煤炭为原料的火力发电。

我国能源资源少、结构不合理、利用效率低和环境污染重等问题仍然非常突出。到2020年，要实现国内生产总值翻两番，即使能源消费仅仅再翻一番，一次能源消费总量也要达到30亿吨标准煤，需要新增煤炭生产能力约10亿吨。未来我国将承受能源资源耗竭、环境污染和生态破坏的沉重压力。

到2050年我国将成为世界第一能源消费大国，但按现有的能源、资源使用模式，伴随的是严重生态破坏、环境污染。我国已经成为世界水土流失最为严重的国家，水土流失面积已达国土面积的40%以上，沙漠化面积已占国土面积的1/3，草地、耕地退化现象严重，森林覆盖面积远远低于世界平均水平的1/2，并且还在迅速减少。依靠消耗如此巨大的能源资源来支撑我国未来经济增长，是中国现有石化资源无法满足的，也是中国已经极为脆弱的环境无法承受的。

西方发达国家，以不超过10亿的人口总数，依靠占据、掠夺世界90%的能源资源，耗时两个世纪完成了现代化的进程，而我国现有13亿人口，仅仅拥有世界不足10%的能源资源，需要在数十年时间内基本实现现代化，这是一个极为艰巨、复杂的任务。

简单的数学计算和遍地污染的严酷现实，国外势力利用能源供应作为不断要挟、干扰、破坏我国经济发展和社会稳定的恶劣手段，都已证明我国现有的能源使用模式已经亮起红灯。对于某些国家而言，选择使用新的能源是审时度势，可迟可早的事，而对于中国，采用新的能源是迫在眉睫的唯一出路。

我们要牢记习近平总书记的讲话：我们绝不能以牺牲生态环境为代价换取经济的一时发展。我们提出了建设生态文明、建设美丽中国的战略任务，给子孙留下天蓝、地绿、水净的美好家园。

世界能源结构的演变进入一个过渡时期，能源革命的主要特征是用可再生的、储量丰富的、无污染的、无公害的太阳能和其他再生能源逐步代替趋于枯竭的、非再生的、在消费过程中产生污染的化石能源。这个转变时间，需要持续几十年到100年。这段时间正是我国现代化进程的关键时期。摆在我们这代中国人面前的重大课题，是坚持以人为本，坚持经济社会协调发展，大力开发、推广太阳能等新型能源，保护环境，实施阳光经济，缓解我国能源资源危机，进而实现中国现代化的宏伟目标。

2 重归太阳能

2.1 太阳能的基本知识

2.1.1 太阳辐照

对于人类来说，光芒万丈的太阳是宇宙中最重要的天体。没有太阳，地球上就不可能有姿态万千的生命现象，当然也不会孕育万物之灵的人类。太阳给人类光明温暖，它带来日夜和季节的轮回，左右地球冷暖变化，为地球生命提供各种形式的能源。

组成太阳的物质大多是气体，其中氢约占71.3%，氦约占27%，其他元素不足2%。太阳从中央向外可分为核反应区、辐射区和对流区、太阳大气。太阳的大气层像地球的大气层一样，可按不同的高度和不同的性质分成各个圈层，即从内向外分为光球、色球和日冕三层。人们平常看到的太阳表面是太阳大气的最底层，温度约6000℃。它是不透明的，因此人们不能直接看见太阳内部的结构。但是，天文学家根据物理理论和对太阳表面进行各种现象的研究，建立了太阳内部结构和物理状态的模型。这一模型也已经被其他恒星的研究结果所证实，至少在大的方面是可信的。

（1）太阳与太阳辐射

太阳中心温度为1.5×10^{7}K，表面有效温度为5777K。在太阳能-热能转换过程中，往往将太阳视为6000K温度下的黑体辐射源，根据斯忒藩-波耳兹曼定律可推算出太阳辐射的总功率为3.8×10^{23}kW。根据维恩定律，太阳辐射光谱能量最大的波长段在可见光波段。

日地平均距离是1.5×10^{11}m。地球自转轴与地球围绕太阳运行的轨道（称为黄道）平面的法线成23°27′的夹角。黄道的偏心率为±3%。由于太阳本身的特征及它与地球的空间关系，使地球大气层上界的太阳辐射通量几乎是个定值，其数量级为太阳总辐射功率的$1/(20\times10^{8})$。

由于地球是沿一椭圆轨道围绕太阳公转的，所以太阳到地球的距离是随时间（也就是随地球在椭圆轨道上的位置）不同而有所差异的。

在一年当中，日地之间的距离变化可达5×10^{6}km，这个数字的绝对值虽然很大，但是与日地之间的平均距离相比，却只有±3.3%的变化。因此，这种距离变化所引起的到达地球大气上界的太阳能的变化量最多也只有±6.7%。

太阳本身的活动也会引起太阳辐射能的波动。多年来在世界各地的观测结果表明，太阳活动峰值年比太阳活动宁静年的辐射量只不过增大2.5%左右。太阳辐照度可根据不同波长范围能量的大小及其稳定程度划分为常定辐射和异常辐射两类。常定辐射包括可见光部分、近紫外线部分和近红外线部分 3 个波段的辐射，是太阳光辐射的主要部分。它的特点是能量大而且稳定，它的辐射占太阳辐射能的 90%左右，受太阳活动的影响很小。表示这种辐照度的物理量，叫做太阳常数。异常辐射则包括光辐射中的无线电波部分、紫外线部分和微粒子流部分，它的特点是随着太阳活动的强弱而发生剧烈的变化，在极大期能量很大，在极小期能量则很微弱。在一般情况下，可以认为太阳辐射量是比较稳定的。所谓太阳常数，就是指在日地平均距离处垂直于太阳光线的平面上，在单位时间内单位面积上所接收到的太阳辐射能。它的单位可以用 mW/cm^2 或者 W/m^2 表示。1957 年，国际辐射委员会建议在整个国际地球物理年观测资料中，将太阳常数的值定义为 $138.4mW/cm^2$ 或者 $1384W/m^2$。随着测量技术的不断提高，太阳常数的观测值也越来越精确了。近年来，利用人造卫星、火箭和高空气球观测的结果，已将太阳常数的值测定为（1367±7）W/m^2。上述结果表明，太阳常数只具有平均值的意义，而并非通常意义下的“常数”。

所绘制的曲线称为太阳光谱的能量分布曲线。尽管太阳辐射的波长范围很宽，但绝大部分的能量却集中在 0.22～4.0μm 的波段内，占总能量的 99%。其中可见光波段约占 43%，红外波段约占 48.3%，紫外波段约占 8.7%。而能量分布最大值所对应的波长则是 0.475μm，属于蓝色光。

（2）地球表面上的太阳辐射

太阳辐射在穿过大气层到达地球表面的过程中，不仅会被其中的空气分子、水蒸气和尘埃所散射，而且还被大气中的 O_2、O_3、H_2O、CO_2 吸收其相对应波段的能量，致使到达地面上的太阳辐照度减弱，其减弱程度取决于大气质量 m，$m=\sec\theta_2$，θ_2 是天顶角，而且其光谱分布也发生变化。

地球表面上的太阳辐射由直射辐射和漫射辐射两部分组成。直射辐射是指被地球表面接收到的、方向未改变的太阳辐射。漫射辐射是指地球表面接收到的、被大气层反射和散射后方向改变了的太阳辐射。

广义的太阳辐射包括它向外发射的电磁波、粒子流（太阳风和高能粒子流）、中微子，以及重力波、声波和磁流波等多种形式。不过其中电磁波的能流远远超过其他形式的能流。例如太阳风的发射功率约比电磁波小 6 个量级，其他能流小得更多。因此从能流大小的角度看，其他形式的发射能是可以忽略的。若无特殊说明，通常都把太阳辐射理解为太阳电磁波辐射。

太阳电磁波辐射的波长可测范围从 γ 射线、X 射线、紫外光、可见光、红外光，直到射电波段的米波区。然而由于地球大气的吸收，能够到达地面的只有可见光区、红外光区的一些透明窗口，以及射电波段。而紫外光、X 射线和 γ 射线只能在高空测量。通过高空和地面测量，可得未经地球大气吸收的太阳辐射能谱分布。从 γ 射线到射电米波段的太阳辐射强度变化范围为 26 个量级，最强的可见光区量级为 $10^6 erg/(cm^2 \cdot s \cdot \mu m)$（$1erg=10^{-7}J$）。太阳辐射的主要功率集中在可见光和近红外波段，峰值波长为 0.495μm。因此太阳常数必须计及的范围并不太宽。波长在 0.2～10.0μm 之间的辐射能已占太阳常数的 99.9%，其中 0.38～0.70μm 的可见光波段约占总辐射能的 40%，短于 0.38μm 的紫外波段约占 7%，长于 0.7μm 的红外波段约占 53%。X 射线和射电波段对总辐射能的贡献可以忽略。

太阳辐射能谱分布曲线大致与 6000K 的黑体辐射相符，但在紫外波段，由于吸收线密集，辐射强度略低于 6000K 黑体辐射。

不同波段的太阳辐射实际上来自不同的太阳大气层，这些大气层有着各异的物理特性，它们发射的辐射具有不同的光谱特征，而太阳全波段辐射则是它们的综合结果。这个波段连续谱的主要贡献仍是光球（色球的贡献可以忽略，而日冕的连续辐射波长小于 0.1μm），但其强度已经很弱。

（3）太阳辐照的因素

上面所说的太阳辐照度，是指太阳以辐射形式发射出投射到单位面积上的功率。由于大气层的存在，真正到达地球表面的太阳辐射能的大小则要受多种因素影响。一般来说，太阳高度、大气质量、大气透明度、地理纬度、日照时间及海拔高度是影响的主要因素。

① 太阳高度。即太阳位于地平面以上的高度角。常常用太阳光线和地平线的夹角，即入射角 θ 来表示。入射角大，太阳高，辐照度也大；反之，入射角小，太阳低，辐照度也小。

由于地球的大气层对太阳辐射有吸收、反射和散射作用，所以红外线、可见光和紫外线在光射线中所占的比例也随着太阳高度的变化而变化。当太阳高度为 90°时，在太阳光谱中，红外线占 50%，可见光占 46%，紫外线占 4%；当太阳高度为 30°时，红外线占 53%，可见光占 44%，紫外线占 3%；当太阳高度为 5°时，红外线占 72%，可见光占 28%，紫外线则近于 0。

太阳高度在一天中是不断变化的。早晨日出时最低，为 0°；以后逐渐增加，到正午时最高，为 90°；下午又逐渐减小，到日落时，又降低到 0°。太阳高度在一年中也是不断变化的。这是由于地球不仅在自转，而且又围绕太阳公转的缘故。地球自转轴与公转轨道平面不是垂直的，而是始终保持着一定的倾斜。自转轴与公转轨道平面法线之间的夹角为 23.5°。上半年，太阳从低纬度到高纬度逐日升高，直到夏至日正午，达到最高点的 90°。从此以后，则逐日降低，直到冬至日，降低到最低点。这就是一年中夏季炎热、冬季寒冷和一天中正午比早晚温度高的原因。

对于某一地平面来说，由于太阳高度低时光线穿过大气的路程较长，所以能量被衰减得就较多。同时，又由于光线以较小的角度投射到该地平面上，所以到达地平面的能量就较少；反之则较多。

② 大气质量。由于大气的存在，太阳辐射能在到达地面之前将受到很大的衰减。这种衰减作用的大小与太阳辐射能穿过大气路程的长短有着密切的关系。太阳光线在大气中经过的路程越长，能量损失得就越多；路程越短，能量则损失得就越少。通常把太阳处于天顶即垂直照射地面时，光线穿过大气的路程，称为 1 个大气质量。太阳在其他位置时，大气质量都大于 1。例如在早晨 8：00～9：00，大约有 2～3 个大气质量。大气质量越多，说明太阳光线经过大气的路程就越长，受到衰减就越多，到达地面的能量也就越少。因此，人们把大气质量定义为太阳光线通过大气路程与太阳在天顶时太阳光线通过大气路程之比。例如该值为 1.5 时，称大气质量为 1.5，通常写为 AM1.5。在大气层外，大气质量为 0，通常写为 AM0。

③ 大气透明度。在大气层上界与光线垂直的平面上，太阳辐照度基本上是一个常数；但是在地球表面上，太阳辐照度却是经常变化的。这主要是由大气透明程度的不同引起的。大气透明度是表征大气对于太阳光线透过程度的一个参数。在晴朗无云的天气中，大气透明度高，到达地面的太阳辐射能就多些。在天空中云雾很多或风沙灰尘很多时，大气透明度很低，到达地面的太阳辐射能就较少。可见，大气透明度与天空中云量的多少以及大气中所含灰尘等杂质的多少关系很大。

④ 地理纬度。太阳辐射能量是由低纬度向高纬度逐渐减弱的。例如地处高纬度的圣彼得堡（北纬 60°），每年在 $1cm^2$ 的面积上只能获得 335kJ 的能量；而在我国首都北京，由于地处中纬度（北纬 39°57′），则可得到 586kJ 的能量；在低纬度的撒哈拉地区，则可得到高达 921kJ 的能量。正是由于这个原因，才形成了赤道地带的全年气候炎热，四季一片葱绿；而在北极圈附近，则终年严寒，银装素裹，冰雪覆盖，宛如两个不同的世界。

⑤ 日照时间。这也是影响地面太阳辐照度的一个重要因素。如果某地区某日白天有 14h，其中有 6h 是阴天，8h 出太阳，那么，就说该地区那一天的日照时间是 8h。日照时间越长，地面所获得的太阳总辐射量就越多。

⑥ 海拔高度。海拔越高，大气透明度也越高，从而太阳直接辐射量也就越高。

此外，日地距离、地形、地势等，对太阳辐照度也有一定的影响。例如地球在近日点的平均气温要比远日点的平均气温高 4℃。又如在同一纬度上，盆地要比平川气温高，阳坡要比阴坡热。

总之，影响地面太阳辐照度的因素很多，但是某一具体地区的太阳辐照度的大小，则是由上述这些因素综合决定的。

2.1.2 日地关系

（1）太阳能对地球的影响范围

本书侧重于太阳能量对地球的巨大影响。

根据科学家们近 200 年来反复测定计算，太阳每秒释放出的能量达 3.8×10^{26}J（380×10^{24}W）。任何钢筋铁骨的机器在太阳面前也难免灰飞烟灭。

太阳是地球上热的源泉。如果没有太阳和大气，地球只会是一个接近绝对零度的寒冷、死寂世界。是太阳维持地球达 13℃的平均温度，这一温度保证了风吹雨落，万物生长，江河奔流，海洋浩渺。太阳每秒照射到地球表面的能量达 1.73×10^{17}J，换句话说，太阳每秒钟照射到地球上的能量相当于 500 万吨标准煤。图 2-1 是地球上的能流。从图中可以看出，地球上的风能、水能、海洋温差、波浪能和生物质能及部分潮汐都来源于太阳，现在人们赖以生存的各类化石燃料，也是昔日的太阳能，即过去储存起来的太阳能。

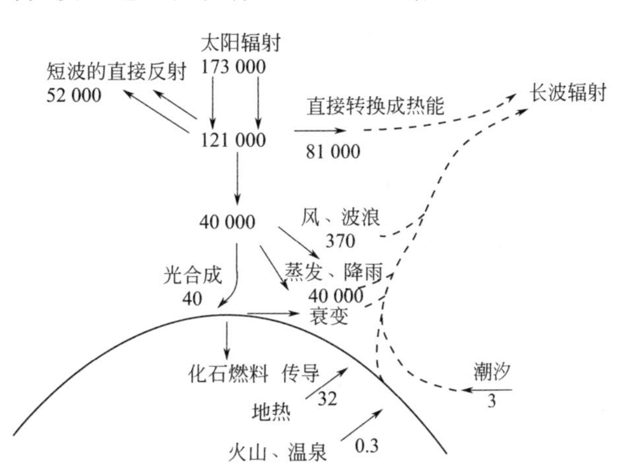

图 2-1 地球上的能流（单位：$\times10^6$MW）

很少有人提及的是，按照爱因斯坦质能公式，地球接受的太阳辐射，相当于每秒增加 2kg 的质量（这里没有考虑地球将太阳光热反射到宇宙太空的能量），但地球已受太阳普照 50 亿年，仅此一项，地球质量的增加应是一个令人瞠目的数字。

实际上每一个人的身体内都有亿万来自太阳的粒子。太阳质量为 2×10^{30}kg，占据太阳系质量的 99.865%。而地球和行星及数以万计围绕太阳运转的天体，总体质量不足千分之一。太阳是太阳系中无可争议的绝对中心。太阳施加给地球的引力达 3.5×10^{21}t，这一力量保证地球 50 亿年的稳定运行。

太阳表面耀斑、黑子、日珥的微小变化,都会引起地球的巨大变化。早有学者指出,如果太阳辐射能量仅仅增加3%,那么地球上就再也不见冰川、雪山,北极将会成为热海,南极会繁衍热带植物。现在,人们已陆续发现植被和庄稼的生长、许多流行疾病都随太阳运行周期波动。

(2) 太阳能的安全性

太阳普照万物,在数十亿年间养育了地球的亿万生命,如果不是人为因素打破日地系统的稳定,这一平衡还能维持很长时间。而只是将太阳辐射到地球的能量重新分配使用,并不会增加地球耗费的能量总量,从而使对环境各类污染、破坏降至最低。

随着石油资源日益紧缺,人们正千方百计寻找各类石油与天然气的替代能源,一些新能源已呼之欲出。未来的能源,可能有各种版本、定义,但其本质只能是可持续发展的能源,只能是有利于地球成为适宜人类生存发展的全新的绿色能源。一些新能源会增加地球温室效应,不符合人类社会对低碳能源的追求,有些会对地球生态产生不可逆转的危害,但还受到某些利益集团的热棒,这种倾向令人担忧。

(3) 新能源的缺陷

还有一点经常为人们有意无意忽视的事实,各类石化能源以及核能、地热能和海洋能等可再生能源,在开发、提取、加工、运输过程中都要耗费大量能量。美国有学者指出,石油天然气在极地、冰原的开采,数千公里管道的挖掘铺设,在数百度高温提炼分解,需要耗费开采能量的20%左右;一些海洋能的开发活动持续100多年,产生的能量一直少于投入的能量,这些都是耗费能量的例子。另外,清除污染还需要大量能量,而且核原料的污染、大气的温室效应和生态破坏是很难消除的。

本书尝试评价一些新能源,这些新能源有的呼声颇高,有的正在推广,它们有可能是未来能源的组成部分,但都具有先天不足的软肋和罩门,它们一些是以太阳能为主体的新能源的配角,一些是过渡时期为缓解能源紧缺迫不得已的补充。

本书重点评论的有生物质能、风能、水能、海洋能、地热能、天然气水合物及煤层气、油液岩和核能。

而其他一些新能源虽然前景看好,但由于受技术、经济成本和地理条件等因素制约,在21世纪不大可能成为惠及全球的主流技术。

比较各类新能源的强项和弱点,可以认定清洁、没有污染、不危害环境、取之不尽的太阳能无可争议地是未来能源的主体。继短促的石油天然气时代以后,人类将毫无悬念地进入太阳能时代,而不是进入核能时代或其他能源时代。

2.2 生物质能

2.2.1 生物质能状况

生物质是世界上列于首位的可再生能源,它不仅可用于取热和发电,而且可用于生产生物燃料。因为它是可再生的,故有助于抑制温室气体排放。生物质的循环见图2-2。

生物质燃料属于生物能源,它是太阳能以化学能形式储存在生物中的一种能量形式,它直接或间接地来源于植物的光合作用,是以生物质为载体的能量。生物质主要指薪柴、农林作物、农作物残渣、动物粪便和生活垃圾等。它用途广泛,比如人们用玉米为原料可加工成

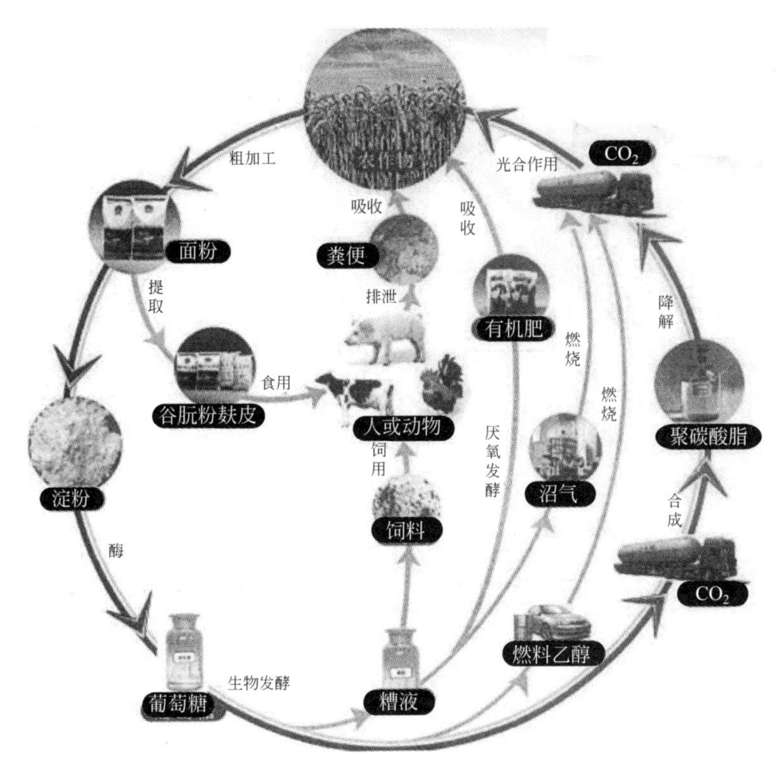

图 2-2 生物质的循环

汽车燃料乙醇等。

目前较为关注的生物质燃料有三大类：一是通过生物质气化，使生物质转化成各种化工产品和车用燃料；二是通过生物发酵途径生产生物乙醇；三是生产生物柴油。

生物质能是仅次于煤炭、石油和天然气而居于世界能源总量第四位的能源。据预计，到21 世纪中叶，采用新技术生产的各种生物质替代燃料将占全球总能耗的相当比例。目前，国外对生物质的利用侧重于把生物质转化成电力和优质燃料。

自然界每年储存的生物质能相当于世界主要燃料的 10 倍，而现在全世界能源的利用量还不到其总量的 1%，因此生物质能将成为 21 世纪的新能源之一。

目前，生物质能源占全球能源利用总量的 11%，但是部分来自不可持续的采伐。预计到 2020 年，全世界生物质能源的商业化利用将达到 1 亿吨油当量，并形成千万吨级规模的生物液体燃料的生产能力。据联合国开发计划署（UNDP）估计，可持续的生物质能潜力巨大，可满足当前全球能源需求量的 65%以上。

地球上每年生物体产生的生物质总量约在 1700 亿吨，目前被人类利用的生物质量只有约 60 亿吨，仅占总量的 3.5%。其中 37 亿吨作为人类的食物，20 亿吨的木材和淀粉是生物质中最主要的成分，它们约占生物质的 65%～85%，也是地球上储量最大的物质。但这些物质不能被微生物直接发酵利用，只有水解成单糖才能被微生物发酵再利用。

2.2.2 制约生物质能应用的因素

中国的生物质能资源虽然非常丰富，但利用率十分低，而且中国农村的生物质资源主要包括农作物秸秆、人畜粪便、农产品加工副产品和能源作物等几大类，主要被作为一次能源在农村使用。生物质能约占农村总能耗的70%，但大部分被直接作为燃料燃烧或废弃，利用水平低，浪费严重，且污染环境。

欧洲生物质工业协会将生物质转化分成四大类：直接燃烧、热化学转化工艺（包括热解和气化）、生物化学工艺（包括厌氧消化和发酵）以及物理化学加工（生产生物柴油的路线）。选用的技术取决于特定的原材料和下游产品的化学成分。

生物质能的不足之处在于各类能源作物的种植需要大片土地。虽然有人争论可以利用不宜种植粮食的地区，但它明显不适于中国这样耕地面积极为稀少、宝贵的国家。欧美一些地区种植“能源植物”已经催高世界粮食价格。根据计算，生产一辆简易四驱车所需的乙醇燃料的粮食，就足够一个人一年食用，严重危害我国粮食安全。事实上中国绝大多数“不适宜耕作”的土地都已通过梯田，种植抗旱作物等方式予以开发。有人提倡的海水养殖较为可行。其次生物质能在燃烧时也会放出CO_2和其他废气，对环境造成污染，直接燃烧会形成大量有毒气体，虽然有人争论生物质能在生长过程会释放氧气，从整体上看CO_2的排放和吸收是平衡的，但是似乎不能将秸秆之类（碳成分占最大比例）视为非碳能源。还有，我国一些地区曾大肆宣扬，匆忙上马生物质秸秆气化发电等项目，但很快因为资源供应中断被迫停产。

在太阳能、风能等不产生CO_2的能源面前，生物质能（其技术至今也未推广）只能起辅助作用。

2.3 风能

2.3.1 风能状况

风能是指由空气流动所产生的动能。风是地球上的一种自然现象，它是由太阳热辐射引起的。太阳照射到地球表面，地球表面各处受热不同，产生温差，从而引起大气的对流运动而形成风。据世界气象组织估计，全球的风能比地球上可开发利用的水能总量还要大10倍。

风能与其他能源相比有其明显的优点：蕴量巨大、取之不尽、用之不竭、可以再生、分布广泛、没有污染。风力发电没有燃料问题，不会产生辐射或CO_2公害；而且从经济角度讲，风力装置比太阳能装置要便宜。合理利用风能，既可减少环境污染，又可减轻越来越大的能源短缺的压力。陆地和海上都能建风力发电装置，见图2-3。

(a) 陆地风力发电

(b) 海上风力发电

图2-3 两种风力发电示意

当前，风电是目前发展速度最快的一种能源，在过去的几年里，风电一直以每年25%～

30%的速度增长。美国风能技术中心的研究人员正在探讨水面 30m 以上的海上风力涡轮的可行性。美国许多人口居住在海岸附近，来自海洋的风力较稳定而且强劲，利用风能有其优势。国家气象局提供的资料显示，中国风能储量大、分布广，陆地和海上可开发的风能资源储量分别为 2.5 亿千瓦和 7.5 亿千瓦，大大超过可利用的 3.78 亿千瓦水能资源。据国家气象研究院公布的测算结果，中国西部内蒙古、新疆等省区因草原、戈壁面积广阔蓄积了大量风能，约占全国陆上风能资源的 80%。内蒙古、新疆等风能资源富集省区风电建设加速，“十一五”期间建设的风电项目总装机容量约 800 万千瓦，相当于“十一五”之前全国风电装机总量的 6 倍左右。

2.3.2 制约风能应用的因素

风能虽然原料成本低，但由于目前风能设备投资成本较高，是煤电的 5～6 倍，而且风能能量较稀少，发电量少，每千瓦时电约为 0.45～0.5 元。随着技术的发展，设备的完善，据预测，在 20 年内，风能投资将比煤电投资便宜。

风电的能量转换路线是太阳辐射加热空气后形成的对流风，风力推动风轮机转动产生电能。权威的数据表明，到达地球的太阳能中约 2%可以转化为风能，部分可经过风力发电机转化为电能。如果直接计算从太阳能到电能的转换效率，则低于 0.5%。根据中国全国陆地上 900 多个气象站分析估算，我国风能资源蕴藏量约 32.26 亿千瓦，但在 10m 高处的可开发利用风电资源为 2.53 亿千瓦，而且主要集中在东南沿海地区风能丰富带、“三北”地区（东北、华北、西北）风能丰富带、内陆局部风能丰富的地区。由于风能本身存在密度低、不稳定、地区差异大、广域分散性、随机性和能量的低密度性等问题，以及风场建设的条件要求高，开发难度很大。风电建设选址对自然环境（风速）要求较高，仅测风阶段就要历时 1 年以上。同时，由于风速的不可控性，可利用时数低，通常只有 2000h/a 左右。

（1）风能具有不可预测成分

“天有不测风云”是自然界的常态。风电厂经常因风速不稳定等各种原因产生“垃圾电”。

（2）风机本身也有污染

现在风机占整个风电投资成本的 75%以上，而质比轻、强度高的 FRP（玻璃纤维、碳纤维增强塑料，俗称玻璃钢）是风机叶片的首选材料。FRP 叶片不燃、不腐、防蛀、不霉，埋藏地下至少数十年或更长时间污染环境，阻止各类植物生长、微生物活动，对其废料处理是一个棘手问题。世界各国都没有很好的解决办法。现在效果最好的是将 FRP 叶片磨成细粉，作为填料，但这又要耗费能量。

（3）风力发电的不良影响

目前一般每平方千米风力发电的装机容量为（0.6～1）万千瓦，相比之下，太阳能发电按目前比较保守的技术水平计算，每平方千米装机容量可达（5～10）万千瓦，高于风能 10 倍。同时考虑我国风能资源丰富带集中于东南沿海发达地区、内蒙古的草原地区，开发风电所需要的大面积土地将是一个非常棘手的难题，一个 100 万千瓦的风电站占地面积超过 $100km^2$，对电网电力输送也将造成困难。而且，根据能量守恒定律，用于发电的能量增加，驱散雾霾、施雨行云的能量就相应减少。根据欧美大力开发风电的经验，风力发电必然对当地的区域生态造成不良影响，阻滞或减缓大气层对流。以中国而言，倘若在东南沿海大范围开发风电，将对给中国大陆带来大量降水的东南季风产生拦截作用，导致大陆降水减少，甚至可能引起内陆水能、植被等生态的连锁损害，沙漠化将进一步加剧。风电会产生连续、有时可能很大的噪声，还会产生电磁干扰。此外，风电设备采用风轮机等机械传动装置，大规模应用的后期维护成本和难度较高。有些生物学家已指出连续百里、千里的风场将严重干扰候鸟迁徙路线，使一些凭借风力做长距离往返的候鸟迁徙困难。一些风电设备难抗严寒引起的冰冻、尘暴、飙风影响，并网发电技术有待提高等。2010 年，内蒙古电力公司发布限电通知，到冬季取暖结束（即 4 月 15 日）风场大风阶段限负荷 85%～100%，春节期间风电（包括地调风电）限制上网，按零兆瓦控制。据统计，某风电公司仅有 30 万千瓦容量的风电机组，2009 年因限负荷造成的电量损失就达 17890 万千瓦时，直接经济损失超 9400 万元。

但在一些场合，风能发电和太阳能发电并行，相互补充，能够相得益彰。

2.4 水能

2.4.1 水能状况

水能是一种可再生能源，是清洁能源，是指水体的动能、势能和压力能等能量资源。广义的水能资源包括河流水能、潮汐水能、波浪能、海流能等能量资源；狭义的水能资源指河流的水能资源。

水电具有资源可再生、发电成本低、生态上较清洁等优越性，成了世界各国大力利用水能的依据。世界上有 24 个国家靠水电为其提供 90%以上的能源，如巴西、挪威等；有 55 个国家依靠水电为其提供 50%以上的能源，包括加拿大、瑞士、瑞典等。

中国水力资源蕴藏量居世界首位。根据 2003 年的水力资源复核成果，中国内地水能蕴藏量在 1 万千瓦以上的河流有 33886 条，水力资源理论蕴藏量相当于 60800 亿千瓦时电量，平均功率为 6.94 亿千瓦，总计约占世界总量的 1/6。其中技术可开发容量 5.42 亿千瓦，年发电量 24700 亿千瓦时，分别占理论平均功率的 78.1%和理论蕴藏电量的 40.6%。

2.4.2 制约水能应用的因素

尽管水电是洁净的，运行中不排放污水，但对社会经济的发展存在着较大的影响。例如按照长江三峡规划修建的巨大水库转移 100 多万人口，淹没 100 个城镇，损坏了许多宝贵的栖息地（水库长度达 630km）。水坝会聚集上游大城市排入水中的污染物质。大型水电急剧改变了当地的生态，气候和地质条件；大量侵占宝贵耕地，增大地震和其他自然灾害发生的可能性，其深远影响也许多年以后才会显现。三峡大坝鸟瞰图见图 2-4。

① 水力发电开发成本巨大。水力发电有尚未开发的巨大潜力。目前，全世界约 700×10^3GW 的发电容量仅是可利用资源的一小部分。如果能利用所有可取得的资源，估计可以产生 300×10^4TW。现在，水力发电的利用正在世界范围增加，但每年仅按 1.5%的比率增加。对水力发电采用的增长速度正在减缓，这是因为担心修建更多的大型水坝和水库，使经济和环境受到影响。

中国拥有世界 17%的小水电资源，可开发的小水电潜力约 1.2 亿千瓦，目前中国小水电每年新增装机容量为 350 万千瓦左右。中国小水电项目的发展通常和农村电气化发展规划相结合，得到政府大力支持。

尽管我国河流水能资源蕴藏量达到 6.75 亿千瓦，其中经济可开发水能资源大约 3.78 亿

图 2-4 三峡大坝鸟瞰图

千瓦，但是其中有近 1/2 的水能资源因在开发过程中要淹没大量良田，以及迁徙大量移民而不具备开发价值，尤其是大型水坝建设关乎生态、环保等诸多问题，导致开发的经济和社会成本大幅增加，例如长江三峡自 20 世纪初开始评估就曾有一些争议，历时数十年，至今仍存不同意见。

② 虽然水力发电过程不会产生污染性废物，属于比较理想的清洁能源，但很有可能对局部生态环境产生危害。水坝曾被认为是解决洪水或水灾灌溉、航运、发电、蓄水问题的首要选择。但今天人们逐渐认识水库中的水会从水表大面积蒸发，或由于带有毒素的藻类过度生长而变成死水，水坝也会切断鱼类迁徙路线。埃及阿斯旺大坝在 20 世纪 70 年代竣工，一度成为埃及的骄傲，近年来人们发现，大坝严重破坏了整个尼罗河流域的生态平衡，引发一系列的生态灾难，突出的有两岸土壤大量盐渍化，严重扰乱整个东地中海海域的鱼存量和渔业，河口三角洲剧烈收缩，血吸虫病广泛流行等。类似的严重问题也出现在肯尼亚的姆韦亚水电站、中国台湾的美浓水库等很多地方。很多来自非洲、南美洲和加勒比海地区的研究报告表明，血吸虫病、疟疾和其他传染病由于建设大坝而开始猖獗。又因大量工业垃圾和生活垃圾沉淀造成了当地居民食物污染。水力发电的“可再生性”受到一些质疑，对生态环境的影响很有必要重新评估。

2.5 海洋能

2.5.1 海洋能状况

海洋能不仅形式多样而且储量巨大。它包括潮汐能、潮流能、海流能、波浪能、温差能、盐差能等，海洋能的全球储量达 1500 亿千瓦，其中便于利用的有 70 亿千瓦。海洋能是一种取之不尽、用之不竭的可再生能源，而且开发海洋能不会产生废水、废气，也不会占用大片良田，更没有辐射污染。因此，海洋能被称为 21 世纪的绿色能源，被许多能源专家看好。许多国家纷纷加快了对海洋能的开发利用研究。目前，随着人类科技水平的日益提高，向大海要能源已变得越来越切实可行。海洋能开发和综合利用已取得明显效益，其规模不断扩大，已达到或接近商业化应用阶段，新的海洋能源产业正在形成和兴起。

迄今为止，浮动装置仅在原型阶段进行了检测。固定装置已为英国、葡萄牙和挪威等被海洋环绕的国家提供电力，在那里高额研制费和安装费会得到长期的偿还。世界能源委员会预测 2TW 能量——世界能量需求的 1/6，就理论上说可以从全球的海洋中获取，但现实的情况是，波浪的能量转换仍处于初期阶段。这种技术有可能在未来的几十年间，在常规能源昂贵的、偏远和多暴风雨的地方，将仅获得一个立足之地。

利用海洋温差发电的概念虽然早在 1881 年提出，但首次提出商业化利用海水温差发电设想的是法国物理学家阿松瓦尔。1981 年，日本在南太平洋的瑙鲁岛建成了一座 100kW 的海水温差发电装置，1990 年又在鹿儿岛建起了一座兆瓦级的同类电站。

据计算，从南纬 20°到北纬 20°之间的海洋洋面，只要将其中 1/2 用来发电，海水水温仅平均下降 1℃，就能获得 600 亿千瓦的电能，相当于目前全世界所产生的全部电能。但实际上，给海洋降温很难实现。

联合国国际开发委员会准备要求各国在海洋温差发电方面开展合作，推进技术改良和降低成本。

2.5.2 制约海洋能应用的因素

① 海洋能开发利用的制约因素有两点。一是海洋能的特点决定了其开发难度大，技术水平要求高。海洋能虽然储量巨大，但其能源是分散的，能源密度很低。例如潮汐能可利用的水头只有数米，波浪的年平均能量只有 300～500kW·h/m。海洋能大部分蕴藏在远离用电中心的大洋海域，难以利用。海洋能的能量变化大，稳定性差，如潮汐的周期变化、波浪能量和方向的随机变化等给开发利用增加了难度。此外，海洋环境严酷，对使用材料及设备的防腐蚀、防污染、防生物附着要求高，尤其是风浪有巨大的冲击破坏力，也是开发海洋能时必须考虑的。二是海洋能的开发由于技术不成熟，一次性投资巨大，经济效益不高，影响了海洋能利用的推广。波浪动力本身比江河流水的能量更难利用。波浪并不总是往相同的方向移动，被设计成在海洋“正常”的状态下发电的任何装置，必须能承受得起猛烈暴风雨周期性的磨损。当波浪靠近浅水域时由于与海洋摩擦，将会丧失 60%的能量。

② 海洋能利用技术是海洋、蓄能、土工、水利、机械、材料、发电、输电等技术的集成，其关键技术是能量转换技术。不同形式的海洋能，其转换技术原理和设备装置都不同。整体上看海洋能开发还处于“刚刚起步，困难多多”的阶段，海洋能开发对生态环境的长期影响，还需观察。

2.6 地热能

2.6.1 地热能状况

在地球深处，由自然发生的放射性元素衰变释放的能量，使地球内部保持高达 7000℃

的温度。由岩石、土壤和海洋组成的绝热层维持着地球表面允许生命活动的环境。这种巨大热量的储存库蔚为奇观，当熔岩（岩浆）通过地球固体外壳的裂缝火山般地喷发，热水和蒸汽到哪里，哪里就成为温泉和喷泉。

地热能是来自地球深处的可再生热能。它起源于地球的熔融岩浆和放射性物质的衰变。地下水的深处循环和来自极深处的岩浆侵入地壳后，把热量从地下深处带至近表层。在有些地方，热能随自然涌出的热蒸汽和水到达地面，自史前起它们就已被用于洗浴和蒸煮。通过钻井，这些热能可以从地下的储层被引入水池、房间、温室和发电站。这种热能的储量相当大。不过，地热能的分布相对来说比较分散。

地热能是储存于地球内部岩石或流体中的热能，通常表现为热水、蒸汽或干热岩，热能储量惊人。仅按10km的深度范围计算，地球所储藏的热能就相当于全球煤炭储藏能量的几千倍。因此，把地球比作一个巨大的"热库"是毫不过分的。

蕴藏在地球内部的热能叫做地热。一般来说，地热能可以分成两种类型：一是以地下热水或蒸汽形式存在的水热型；二是以干热岩体形式存在的干热型。干热岩体热能是未来大规模发展地热发电的真正潜力，但是因为它的勘探和开发利用工艺都比较复杂，所以过去和现在，利用的还是水热型地热资源。

然而，地热这个得"地"独厚的巨大能源，还尚未被广泛地利用。直到1904年，意大利人才首创地热发电，当时虽然容量很小，却开辟了利用地热资源的新时期。到1942年，地热电站的装机容量达到13万千瓦，并开始输出廉价电能，从此，地热资源的开发跨入了工业规模的阶段。

地热资源真正作为有发展远景的新能源是20世纪50年代才开始的，到了70年代，世界各地开发和利用地下热能更加普遍。具体地说，1958年以前，世界地热发电的装机容量以5.22%的年平均增长率发展，到1976年达到136.2万千瓦。到1985年地热发电总装机容量接近1200万千瓦。

近年来，国外一部分石油界人士也跻身于地热资源的开发行列，这种动向一方面说明两种资源开采手段的近似性，另一方面也反映了能源互相替代的趋势。对于地热资源的研究工作，也正在迅速扩大。

地热能赋存于地球内部，是一种巨大的能源。它和煤、石油、天然气及其他矿产一样，也是一种宝贵的矿产资源。

2.6.2 制约地热能应用的因素

① 据科学测试，从地面向下，随着深度增加，地下温度不断上升，一般来说，在地球浅部，每深入100m，温度升高3℃左右，到35km左右的大陆地壳底部，温度可达500～700℃；在100km深的地幔内部，温度达1400℃；到2900km以下的地核，温度可以达到2000～5000℃。有人估算过整个地球大约拥有12×10^{30}J热量，然而，人们是无法将这么庞大的热能全部开发出来的。美国科学家估算了地表10km以内所含热量大约为40×10^{23}～4×10^{26}J，这一数字范围的下限相当于目前世界上煤炭储量所能提供热量的总和。但是，这种估算并不等于可利用的地热资源。因为作为资源，必须包含现代科学技术能够提供的开发手段，和与其相联系的经济合理性。

就目前所知，地温的可观测深度可达5000～7000m（即接近地球半径的1/1000），但绝大多数地温观测深度不超过3000m。所以，在现阶段对地温变化规律的认识也仅限于这个深度。

在地质学里，将地壳中地热的分布分为 3 个带，即可变温度带、常温带及增温带。可变温度带由于受太阳辐射热的影响，其温度有着昼夜、年度、世纪甚至是更长的周期变化，其厚度大多数为 15～20m；常温带，其温度变化幅度等于零，此带一般在地下 20～30m；增温带，在常温带以下，温度随深度增加而升高，其热量主要来自地球内部热能，温度随深度的变化以“地热增温率”（即每深 100m 温度的增加数）来表示。各地的地热增温率差别很大，但一般每深 100m，平均温度升高 3℃，所以把这个增温率称为正常的地热增温率。

假如按正常地热增温率来推算，80℃的地下热水，大致埋藏在 2000～2500m 深的地方，显然要从这样的深度打井取水，无论从技术还是经济方面考虑都是不合理的。为此，人们要想获得地表以及地壳浅部的高温地下热水，就必须在地壳表层寻找“地热异常区”。人们通常所指的地热，主要就是来自这些“地热异常区”的地下热能。

② 在“地热异常区”，地壳断裂发育、火山爆发、岩浆活动强烈。第一个热发电站 1913 年在意大利北部拉尔代雷洛（Lardereilo）投产。今天，地热能是最有前途的可再生资源之一。在美国，它占有 2850MW 发电量——几乎是风能和太阳能总和的 4 倍。在加利福尼亚州间歇泉盖塞斯（Geysers）建有世界上最大的地热发电站，其发电量可以给旧金山和奥克兰提供足够的电力。

来自地球内部的热量能够上升到整个地球的表面，但是只有较少的地方能以一定经济规模集中开发热量。这些地方往往是处在地幔的半液态岩石穿过地壳上升达到地表 1600m 之内，能够形成一个“热点”的地方。

将钻孔穿过地壳打入岩浆来获取热量，并从热熔融岩石抽水来提取能量，理论上是可能的。但是这个冒险的方法很危险，因为熔岩能通过钻孔喷发出来。事实上，大多数商品化的地热能量，是从加热到 150～250℃的地下水提取的。通过地下岩浆汽化为蒸汽，这种蒸汽被用于驱动常规发电站里的汽轮机和发电机，如同在一个通常的发电站那样。如果含水岩层不存在于一个热点上，就要将水抽入岩石裂缝，造一个人工地下水库；以管道输送蒸汽上达地表，从深处提取热能。

使地热能源成为如此具有吸引力的可再生能源的原因在于它集中。不同于分散的风、波浪和太阳能，地热能可以从一个源点低成本地获取。但环境学家指出，随地下蒸汽一起到达地面的污染物，如硫化氢和有毒矿物会污染溪流、江河和湖泊这些能影响生活的地方。评论家还指出，地热设备也排放温室气体 CO_2，但是排放的气体量很小，大约是相同容量的矿物燃料发电站排放量的千分之一。

除技术复杂、投资巨大，通过地热提取能量对地壳活动的长期影响尚不清楚，但已有人指出若触及岩浆区域与火山、地震的相互影响，地下热水除带有很多微量元素可以利用外，也含放射性物质，增大致癌隐患，大规模地下热水应用，放射性危害不容忽视。

2.7 天然气水合物

天然气水合物和核能都受到一些人士的热捧。21 世纪是天然气水合物（可燃冰）时代或核能（原子能）时代的宣传也流行了一段时间，现在还有缕缕余音。但是，由于技术复杂和生态影响，这两种新能源注定也只能在太阳能时代充当配角。

2.7.1 天然气水合物状况

天然气水合物又称可燃冰，广泛分布在大陆、岛屿的斜坡地带，活动和被动大陆边缘的隆起处，极地大陆架以及海洋和一些内陆湖的深水环境。天然气水合物一般形成和保存在永久冻土带，首先是格陵兰和南极地带巨厚的冰川覆盖层下，那里是世界能源库所在地。大约27%的陆地和90%多的海域都含有天然气水合物。陆地上的天然气水合物产在200～2000m深处，洋底之下沉积物中的天然气水合物深埋在500～800m处。许多行星都有天然气水合物。一些天文学家和行星科学家已经认识到在巨大的外层天体（如土星、天王星）及其卫星中，天然气水合物是重要的化合物。这种化合物也很可能存在于包括哈雷彗星在内的彗星头部。所以在未来勘探和开采允许的条件下，人们不仅可以向南北极冻土和深海要能源，还能向太空中的其他星体要能源。

地球上的天然气水合物蕴藏量十分丰富，大约相当于煤炭和常规石油、天然气总量的3倍。那么天然气水合物藏的资源量到底有多少？目前世界上无法准确计算。苏联科学家曾估计大陆上处于水合物状态的天然气资源达到$100\times10^{12}m^3$，而在水域则有$15\times10^{15}m^3$。美国地质学家估算的现代天然气水合物的天然气总资源量为$10^{18}m^3$，大大超过了包括煤炭在内的所有已知可燃矿产储量。据28届国际地质大会的资料，天然气水合物的储量估计可能达到$281\times10^{12}m^3$。2009年，中国宣布在青海地区发现了蕴藏量相当于320亿桶石油的天然气水合物矿，消息举世瞩目。天然气水合物中的潜在天然气资源量显然是极其巨大的。又因为在标准状况下，1单位体积的天然气水合物分解最多可产生164单位体积的甲烷气体，因而天然气水合物是未来一种重要的潜在资源。天然气水合物开采技术方案示意如图2-5所示。

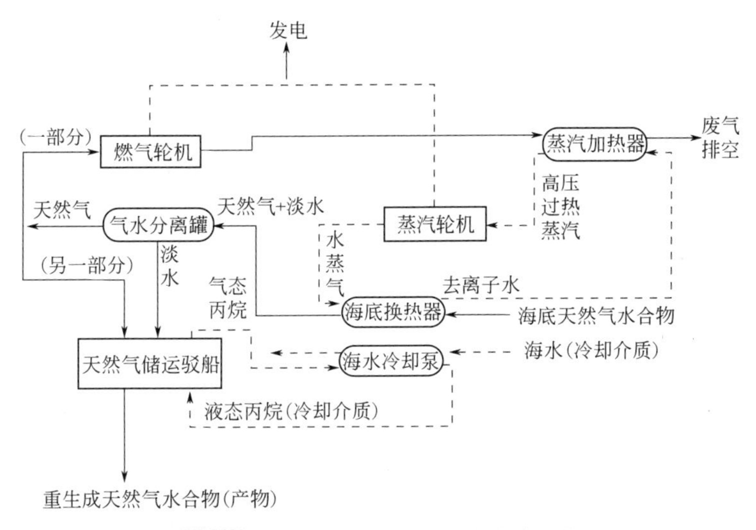

图2-5 天然气水合物开采技术方案示意

2.7.2 制约天然气水合物应用的因素

① 首先是天然气水合物的勘探问题，尽管目前世界上多个国家都在大量投资勘探天然气水合物，并且也使用了多种勘探技术，如地震地球物理探查、电磁探测、流体地球化学探查、海底微地貌勘测、海底视像探查、海底热流探查、海底地质取样、地热方法等，但这些技术手段都不够成熟，有待进一步探索和发展。譬如地震探测中与天然气水合物有密切联系

的“似海底反射层”（英文简称 RSR）位置的精确确定以及水合物顶界面、游离气和水合物分界面、游离气底界面的标定等都是待解决的难题。其次，天然气水合物的开采也是很大的难题。天然气水合物藏的开采原理是先将气水化合物分解成气和水，然后再收集气。自天然气水合物被发现以来，只有苏联的麦索哈天然气水合物藏进入了试验性工业开采。苏联地质学家通过向水合物底部加压输入了甲醇来促进天然气生产，但是加注甲醇的方法无疑增加了投入。近年来出现了热水法开采天然气水合物的想法。

② 即便目前的勘探开发技术是可行的。但是天然气水合物开发中大量的甲烷将给环境带来什么样的影响，会产生何种地质灾害和气候变化都是人们要考虑的问题。天然气水合物决定着沉积的物理特性，因此影响着海底的稳定性。油气生产引起少许压力或温度变化（增高）就可能引起天然气水合物层的断裂，从而引起井喷、海底塌陷和沿岸滑坡。近年墨西哥湾发生的一系列油气勘探事故，就可能是天然气水合物的离解而引起沉积物的移动，以及原来被天然气水合物封压在其下层的气体大量释放造成的。此前世界新闻媒体也曾报道过百慕大三角与天然气水合物有联系的消息，称百慕大三角是野生生物繁殖的热带洋区，故而存在大量的天然气水合物。由于特殊的封存环境，天然气水合物在该环境中极不稳定，有时可能发生爆炸般的分解，轮船、飞机、军舰陷入这种环境会迅速沉入洋底，甲烷云爆炸刹那间可杀死一切有生命的东西。在陆地开采，也会引起山崩地裂，摧毁城市，危害生命。

③ 人们对开发天然气水合物可能造成的环境影响的另一个关注点是其对气候的影响。尽管目前大气中甲烷的含量还很少，但它的温室效应比 CO_2 要大 23 倍。开采天然气水合物将有大量的甲烷气体向大气中释放，这将对气候产生极大的影响，极有可能加剧全球变暖的趋势。这也是许多学者大声疾呼，反对开采，许多政府犹豫不决，不敢投入开采的重要原因。事实上，由于天然气水合物对大气温室效应和污染的影响比现有石化能源大数十倍，它是地地道道的一种高碳能源。使用天然气水合物与现在发展低碳或无碳的能源趋势，和我国及世界主要国家降低 CO_2 排放的庄严承诺背道而驰，它根本没有可能成为 21 世纪主体能源。

从全球范围看，可燃冰（即天然气水合物）一般分布于地球火山地震活动最剧烈、破坏性最大的区域。

海洋天然气水合物的开发技术至少还要几十年才能付诸实施，其中陆地（雪原、冻土地带）的开采可能相对易行，但其应用至少也在十年、二十年之后。

④ 和天然气水合物相类似的还有煤层气。煤层气是煤矿的伴生气体，主要成分也是甲烷，是一种以吸附状态为主，生成并储存在煤系底层中的非常规天然气，俗称瓦斯，主要成分与常规天然气基本相同，两者可以混输、混用。井下抽放的煤层气不需提纯或浓缩就可直接作为电厂原料。全球埋于 2000m 的煤层气资源约为 $240\times10^{12}\,m^3$，是常规天然气探明储量的两倍。煤层气开发可以减少地下矿道内的瓦斯含量，预防矿难发生，具有一定的效益。我国沿“西气东输”管线分布的几个大型煤层气田，不仅资源丰富，而且是目前正在大规模开发的煤矿地区，优先开发这些地区的煤层气资源具有现实性。煤层气开发技术是指将煤层气从煤层中抽出回收并加以利用的技术，回收技术主要有地面开发和井下抽放两种方式，井下抽放还包括本层抽放、邻近抽放和采空区抽放，其中涉及煤层气的资源评价、气藏工程、钻井技术、增产技术等广泛的技术领域，以及涉及运输和综合利用。应该认为，相对于煤矿井下采集，通过抽取获得的煤层气应用是一种进步，是由固体燃料（煤炭）向气体燃料的一种转变。但是煤层气的甲烷含量大于 95%。显而易见煤层气是一种会引起大气温室效应、气候异常、诱发多种疾病的高危能源，同时严重威胁煤矿开采安全，并且导致瓦斯、煤尘爆

炸事故，煤与瓦斯的突发事故。

所以煤层气与天然气水合物一样，没有可能在未来能源中发挥中流砥柱的作用，只能扮演辅助角色。

⑤ 油页岩也是一些富有化石能源思维人士热议的内容。世界油页岩资源庞大是另一原因［估计蕴藏量达（10～15）×10^{18} kJ，约占地球能源 35%］。但是，开发油页岩也意味着对环境的更大破坏，比加工石油、煤炭耗费更多的加工能源，释放更多的 CO_2。2013 年召开了两次大型油页岩国际会议，根据权威统计，现在世界使用干馏技术生产页岩油的国家只有中国、爱莎尼亚、巴西和澳大利亚，估计总产量仅有 140 万吨。美国、德国、加拿大、俄罗斯、约旦、土耳其都在从事新的工艺开发和可行性研究。总的趋势是在探索和观望之中。

2.8 核能

2.8.1 核能状况

西欧许多国家已经冻结了新建核电站的计划安排，瑞典和德国实际上打算停止使用现有的核电设备。在美国，目前核能容量的 1/2 很可能到 2020 年时将会消失，而现有的电站将达到它们 40 年寿命的终结。然而，要写核工业的讣告还为时过早。全世界仍有 440 个反应堆在运转，法国和韩国等国依靠核能发电解决了他们超过 1/2 的电力需要。然而人们更关注核电引起的“重大事故”，例如 1986 年 4 月切尔诺贝利核事故。这种核事故会把大量的辐射物释放到空间，会对大片地区的居民健康和环境造成长期影响。

核能对人类健康具有生态性的危害，造成危害的时间和空间范围极大。这种影响不是立竿见影，却是逐渐发生、不断积累，危险程度节节上升的。放射性物质破坏人体的内环境，带来许多中长期的危害。癌症通常在 10～40 年后发生，遗传性疾病可能出现在后几代人身上。

值得注意的是，与试图让人们相信的宣传相反，在考虑放射性对健康造成的危害时，不存在“安全”级的放射性。医学家普遍认为，不存在低于某一阈值时，放射性可以被确认是无害的证据。即使是最小剂量的放射性也可造成突变和疾病。在日常生活中，人们每天都暴露在低度的环境放射性辐射中，这种放射性几十亿年来一直侵害着地球。来自自然的危险虽然无法避免，但是，增加这些危险就意味着拿健康冒险。

另外，人始终是控制核反应的关键因素，因此，要杜绝核事故非常困难。这类核事故已屡见不鲜。如苏联的切尔诺贝利核电站的核泄漏事故就是一例典型，这一事故至今仍深刻地留在人们的记忆中。据乌克兰官方于 1998 年 6 月 20 日首次公布的数字，自 1986 年4 月 26 日该核电站 4 号核反应堆发生爆炸后，在参与修复和清理工作的约 35 万人中，83%的人已患病，包括甲状腺癌、白血病和心血管疾病等，有超过 1.25 万人已经死亡。另据欧洲委员会 1997 年的报告显示，共有近 300 万人受到核辐射。而因地震造成的日本福岛核电泄漏，大片海洋和陆地遭受严重放射性污染。

无论它多么有效，裂变总有一个大的缺点：废料。一台反应堆每年产生 20t 用过的燃料，这些废料具有危险的放射性可持续 1 万多年。这种只具有 50 年使用价值的高层次废料，目前“暂时”存放在充水的冷却池中，但人们发现这个永久的“家”有许多问题。对拉斯维加斯附近的亚卡山（Yucca Mountain）一个可能的掩埋场所进行的调查研究已历时 20 年，耗资 70 亿美元，然而关于其适合性的决定尚未做出。

核废料的处理也是人们所面临的严峻课题。每个反应堆一年要生产出成吨的、毒性延续上万年的放射性废料。

在放射性副产品中，钚是毒性最大的一种。钚是根据希腊阴间之神普鲁托的名字命名的。不到一百万分之一克的钚就可使人致癌。也就是说，假如把 1lb[1] 钚均匀地撒在地球上，就能够使全世界每一个人都患上肺癌。钚也是放射性持续时间最长的，它的毒性至少可以持续 50 万年（钚-239 的半衰期是 24400 年，即在这个时间之后，钚有 1/2 衰变掉）。这就是说，如果有 1g 钚释放到大气中，50 万年之后还有一百万分之一存在着，数量虽小但仍然有毒。

按照目前人类的技术水平，还造不出可用于这么长时间跨度的安全容器，也始终没有找到处理和存放核废料的永久性安全办法。与此同时，核废料却在不断地增加。虽然军事部门的放射性核废料的准确数量是保密的，但是可以设想，其数量肯定要比民用反应堆所产生的核废料数量大得多。核能还产生许多其他的问题和危害，其中包括尚未解决的反应堆的拆卸问题，或称为反应堆使用完毕后的“退役”问题。

2.8.2 制约核能应用的因素

尽管核能声势逼人，有人甚至提出它应当成为未来代替化石能源的主要能源。然而，核能自身存在先天不足，我国一些著名核物理专家，在对比原核能（原子能）与可再生能源优劣时都毫不犹豫地推荐后者。核能缺陷之处表现在如下几个方面。

（1）安全问题

在为数众多的能源利用中，核能（主要是核电）的安全问题最为突出。人们比较注意核电设置本身和核电运行过程中的安全，在这方面的确在不断进步，但是仍然存在一些问题。除此以外，核燃料的生产、供给和运输过程也存在着安全问题。同时，核废料和退役核电站也存在着安全问题。除了核电站系统的安全问题，还存在核的社会安全、国际安全问题，核电系统的安全问题有可能引发国际社会的安全问题。人们应重视防止恐怖分子的核恐怖行为。核反应堆及核武器随之扩散绝非空穴来风，而是现实威胁，已经成为国际社会的重要问题，乃至重大问题。国际原子能机构总干事巴拉迪说：“如果世界不能建立一个新的国际核技术控制体系，那么，一场核战争将迫在眉睫。如果国际社会不能对核武器进行严格的控制，那么，问题将是严重的；同时，如果国际社会不能对核能的和平利用进行严格的限制，这将是不明智的；仅仅认为核电系统本身的安全系数提高了，就认为发展核电是安全可靠的，这种认识是片面的。”今后，国际社会和发展核电的各国都必须提高警惕，要严格保障核电站的安全，包括防止核材料和核机密的被窃和丢失，严防破坏分子和恐怖分子，否则就会给千百万人造成浩劫。

（2）原料来源

核能不具有再生性，它不是一种可再生能源。核能来自地下矿物，需要开采，需要提炼。因而，核能的来源必然会受到限制，因为其矿物有一定的储量，而且储量并不十分丰

[1] 1lb≈0.4536kg。

富。现在，核电站主要是以铀作为原料，而全世界剩下的铀已经不太多。据专家估测，剩余的铀仅可开采不足70年，虽然可以作为核电燃料的不仅是铀，还有其他材料，但是它们依然也受储量的限制。现在核材料的偷盗、走私已经成为跨国犯罪和恐怖活动的重要内容，对核能矿产的开采、购买，明争暗斗已在世界范围内进行。

（3）环境污染

核电没有像使用化石能源造成的类似环境污染，这是核电的重要优点。但是，核能却存在时效更长，影响更深的对环境的放射性污染。虽然由于技术的提高，核电站在发电过程中已经很有效地防止了核燃料的放射性污染问题，但是问题依然存在。比如，核废料的处理仍然存在着问题，核电站退役后也存在着问题。核电站经过几十年的发电运行以后，不但有千吨级的运行废物待处理，而且各个部位都受过不同程度的放射性核污染，在很长时间内（有人推论达1万年之久）危害到工作人员和周围居民的安全。

（4）发热效应

一切新增加的热源都会向大气释放热量。核能就是这样一种能源。单位质量的核燃料所含热值是标准煤的270万倍，这是核电突出的优势。但必然使大气升温，使气候变暖。核电越发展，在整个发电中占的比重越大，它在气候变暖中的作用就越大。假如说，将来核电成为人类发电的主要方式，核能成为人类的主要能源，那么，人类在大量开发和使用核能的过程中，气候将继续变暖。何况比较先进的核反应堆发电效率仅33%，这意味着向大气排放的热量是发电量的2倍。届时，使人类烦恼、给人类带来各种危害的气候变暖问题不仅没有得到解决，相反还会变本加厉。火力发电厂和核电厂是水体热污染的主要原因。例如，美国发电厂使用的冷却水就占全部排放到自然水域中冷却水的80%。位于法国吉隆河入海口的布来埃核电厂装有4台900MW的机组，每秒钟产生的温水高达225m^3，热量达16.56TJ，致使吉隆河口几公里范围内的水温升高了5℃。另外，采用冷却塔的电厂，由于冷却水蒸发也会使周围空气温度增高，这种温度较高的湿空气对电厂周围的建筑物有强烈的腐蚀作用。例如，德国莱茵河畔的费森海姆核电厂，冷却水塔高达180m，直径为100m，每小时耗水3600t，冷却水的蒸发使周围空气温度升高了15℃。

（5）成本

虽然核电成本已经比较低，但因矿物采集、提炼设备制造及安全措施的提高，它的成本已接近谷底。还有专家认为，对核电的成本和价格分析得不正确，没有充分考虑到核废料的处理费用、核电站退役后的处置费用、核电社会安全方面的成本和费用等。如果充分考虑到这些因素，那么，核电的成本和价格今后具有很大不确定性，这也制约着核电发展。

（6）破坏地表地貌

人类发展的重要目标之一是尽全力保持地表和地貌，保持地球的生态平衡和自然平衡。既然人类和生物都是在地球上长久的、既定的自然环境中经过定向的自然选择进化而来的，那么人类和生物最适应的就是这种既定的自然环境。对地球历史既定的自然环境的任何破坏，都会影响人类和生物的生存和发展。人类已经对地貌进行了很多破坏，这已给人类和生物带来了严重的危害。因此，人类必须停止对地表、地貌的一切开发、破坏活动。从现在开始，就应当有步骤地减少对地表的开发和破坏。尽管人类现在不得不这样做，但是，从长远来说，不能把发展核电作为人类未来能源的主要方向。在弊病越发明显的时候，已不宜再投巨资发展核电。

2.8.3 轻核聚变

使用铀核面临诸多困境，而发展轻核聚变能可能具有远大前景。

研究了太阳内部的聚变反应后，人们设想通过人工控制氘-氚聚变反应产生的能量。分裂能用的铀矿即将枯竭，而轻核聚变的原料氘却取之不尽，地球海水之中含有亿万吨的氘，平均每升海水含有 0.03g 氘，而月球表面尘埃中更是含有极其丰富的氘，这些原料足够满足人类社会长期需要。其次是能量安全，和原子分裂不同，聚变的反应产物是非放射性的。聚变燃料按一定速度和数量加入，所以任何时候在反应室内的燃料都不很多。在进行聚变反应时，即使失控也不会产生严重事故。同时，聚变能的能量消耗环境气体，不会产生大量裂变产物，尤其是半衰期长的锕系元素，反应产物只是非放射性并且不参与生物、化学反应的惰性气体，所产生的放射性物质只是可能泄漏的少量氚和半衰期很短的活化材料。显然聚变能是一种利于人类可持续发展、清洁安全又资源无限的新能源，是一种有可能与太阳能相辅相成，共同成为未来能源主体的能源。

在聚变中，氢原子的核被迫结合在一起，在一个独自的反应中产生氦和大量的能量。在理论上，工业化国家一个人一生所需要的能量只要 25g 核聚变原料就可以得到满足。但核聚变需要克服一个巨大的障碍，那就是要迫使其结合在一起，必须将它们加热到 5000×10^4℃以上，这样才能克服通常会使它们彼此排斥的电斥力。这种情形有点像强使两块巨大的磁铁互相以“错误的”（同极性）磁极接触在一起。尽管从 20 世纪 50 年代以来投资几十亿美元用于聚变研究，但科学家们努力维持的聚变反应仅为几秒钟。

直到现在，模仿太阳内部运行机理，使用聚变能只是一个美好愿望，除了原料的筛选困难（很多学者都建议将采集富氚化合物作为开发月球的一个主要目标）以外，在地球条件实现持续的可控轻核聚变反应，需要强磁场、超导、超低温，条件要求相当苛刻。目前，世界各国尚处探索阶段。另外，聚变能设备投资巨大，也是项目长期踏步不前的原因之一。

实现受控制热核聚变主要有两种途径——磁约束和惯性约束，其中惯性约束更多地与军事相关，保密性强。

早在第二次世界大战期间，美国在研制原子弹时，就已开始关注热核聚变。美国、英国、苏联一直在互相保密的情况下研究用强磁场约束聚变反应的反应物高温等离子的方法。

等离子体具有这样一个性质——强场不可穿过其内部，只可沿着等离子体的边沿绕行，使用这种原理，可以使用磁场将等离子体约束起来，利用运动电荷在磁场中做圆周运动的规律，使核聚变物质与容器隔离。但是在研究和实验过程中人们很快发现，等离子的宏观具有不稳定性，这一重大障碍使得约束方式远比过去预想困难。这一难题使大批科学家束手无策，研究工作踏步不前，全世界悲观情绪蔓延。

即使研究一帆风顺，聚合能商业发电运行时间也在 2050 年以后，太阳能发电的应用技术在时间上显然超前一筹。

此外，为保证聚合反应的持续运行，满足更强磁场、超低温、超导的要求，核能设备结构复杂，是一个大型工程，在机动、灵活、广泛应用方面均难以与太阳能进行竞争。

以上几条，都是核能的弱项，是核能与太阳能对比相形见绌的方面。太阳能归根结底就是将热核反应放置到距离地球 1.5 亿公里之处的安全地带（即太阳产生热核反应），它丝毫没有在地球表面利用核能的种种弊端。安全可靠的太阳能的大规模利用，不仅不会危害环境，甚至会改善当地生态环境。

有的学者认为，一旦聚合反应取得突出进展，就可以开发海水中和月球上取之不尽的核能，但即使如此，核能只能成为以太阳能为主体的能源组成之一。

中国科学院院士、核专家何祚庥在聚光定日镜等太阳能利用技术领域取得了实际成果后，从资源、技术、经济效益，即电价、劳动种类等多种角度，对核能和可再生能源的优点、缺点做了比较（见表 2-1）。

从表 2-1 可以看出，中国不能走“以核为主”的道路，只能走“以可再生能源为主”的道路。

表 2-1 核能和可再生能源的比较

时间	核能		可再生能源		
21 世纪初期（热堆）	资源及装机	现有资源仅能支撑 2500 万千瓦时核电站运行 40 年	21 世纪初期（水电）	资源及装机	约 5.4 亿千瓦，已建1亿千瓦
	技术	已成熟		技术	已成熟
	电价	约为火力发电的一倍		电价	约为火力发电的 1/2，但在崇山峻岭等地区成本较高
	劳动种类	高科技＋高自动化		劳动种类	一般机电技术＋大量普通劳动
21 世纪中期（快堆）	资源及装机	2050 年最多增长到 2.4 亿千瓦	21 世纪中期（风电）	资源及装机	理论上的资源高达 45 亿千瓦。如开发 2/3，将达30亿千瓦装机，且运行时间无限
	技术	未完全成熟，有待进一步研发		技术	5MW 以下大型风机已成熟。10MW 超过大型分级正在研发中
	电价	十分昂贵，很可能是压水堆的 3～4 倍		电价	发达国家大型风机发电成本低于火力发电
	劳动种类	高科技＋高自动化		劳动种类	一般机电技术＋大量普通劳动
21 世纪后期（受控热核反应堆）	资源及装机	资源无限，但离发电还很遥远	21 世纪后期（太阳能）	资源及装机	资源无限，已实现“太阳能光、热发电”，装机＞1500MW
	技术	技术难度极大，谈不上成熟		技术	尚未完全成熟，但已在某些缺电地区推广
	电价	可能是“天文”数字，至少是压水堆电价的 10 倍		电价	昂贵，但有大幅度降价空间，预期将在 2015～2020 年下降到可和火力发电相竞争
	劳动种类	高科技＋高自动化		劳动种类	高科技＋大量普通劳动

2.9 生态灾难

核能可能引发巨大灾难已广为人知，但是一些新能源的开发利用也可能产生危害人类生存的严重后果。

数十年来的多项观测令负责监听地球脉搏的科学家们忧心忡忡，产生对人类行为可能影响地壳活动的担忧，因为不管从时间上看还是从空间上看，譬如深井钻探、开发天然气水合物、水库蓄水等，都与地震存在着某种巧合。

法国对过去500年中有震感的地震都做了很好的记载，自20世纪80年代以来，在法国波城地区测得的包括一些4级以上的地震，都是由于对天然气田进行大规模开采造成的。记载显示，在1969年首次开采天然气的10年之后，地震开始在这个地区出现，从此便不断发生。美国东北部原本是一片地震不活跃的地区，自20世纪80年代以来却发生了一系列地震。对此，研究得出的共识是，其中的1/3都是由深层矿藏的开采、面积巨大的露天采石场以及深入地下的液压井直接造成的。

如果一个地区本身不是地震多发区，就更容易发现该地区的地震与油田开采或水库蓄水之间的联系，在探测地下核试验造成的地震时也是这样。比如2006年10月朝鲜进行的核试验便引发了一场4.2级的地震。和地震活动频繁的地带相反，“平静的”大陆地区发生地震受到人类活动的影响更大，因为这些地区的地震通常都是在地壳浅层发生，处于人类活动的干扰范围之内，所以其平衡更容易受到人类活动的破坏。已有上百年历史的“莫尔·库仑”的岩石力学理论能够描绘断层（地壳中天然存在的断裂带）如何随着所受应力的变化，接近或远离断裂的发生。断层上岩石质量造成的垂直力，地质构造板块运动造成的挤压或扩张的水平力，这是两类互相对立的应力。岩石在这两类应力的作用下发生伸缩变形，直到这些应力超过断层的承受能力，便发生断裂，并释放出它储存的能量——这就是地震。

人类通过修建大型水库，积蓄起质量惊人的水，或者开采出地下几百万吨的矿物或烃类化合物。地热应用通过深井向地下注水，以压力激活小型断层，要么是给地壳压上千钧重担，要么是减轻了它原本承受的重量。这样一来，就改变了断层在自然状态下本来早已适应的应力，再加上地质构造力（板块的运动使地质结构产生变化的力）的作用，就为断层的断裂提供了便利条件。

如果人类能够唤醒沉睡的断层，那就意味着人类同样也有能力与这个星球自身的力量抗衡，这并不是痴人说梦。认识到人类活动具有诱发地震的能力，就再也不能把地震完全看作是一种人类完全无法避免的天灾。有待深入研究的是，人类在多大程度上提前了断层的断裂。如果说，在断层本来就以较高速度接近断裂的那些地区，比如地质板块的边缘（如环太平洋火山带或喜马拉雅山脉），人类的干扰只是把地震的发生提前了几年，那么在断层运动极其缓慢的地区，比如地质板块的中心地带（如南非、澳大利亚或北欧等），人类干扰则可能将地震的发生提前上千年甚至上万年！在这种情况下基本可以断定，如果没有人类的介入，这些地震根本不会发生。

面对如此令人困扰的情形，有人提出了一个问题：既然知道人类活动能够诱发地震，那么人们能否预知地震发生的日期？不幸的是，答案是否定的，不管是自然的地震还是人类诱发的地震都不可能被预测。这是因为一个简单的理由：无法通过观测获知地壳中应力的作用情况。

人类的生存和发展对能源等各类资源的需求与日俱增，因此建造的水库越来越宏伟、钻井的能力越来越强大，人类活动对自然的影响越来越主动。尽管不能断言人类在断层地带进行活动就一定会导致地震，也不可能完全停止相关的活动，但是完全有必要警醒地意识到地壳的脆弱状态，主动限制和减少在地质断裂区域的活动。

2.9.1 三峡工程的生态影响

2014 年 7 月，中国科学院成都山地灾害与环境研究所研究员陈国阶在“三峡工程、水坝建设与环境研讨会”上发言。在其题为“三峡工程环境影响再认识”的发言中，陈国阶从长江珍稀、濒危物种面临灭绝，库区水污染，陆生生态以及地质灾害等多方面，论证分析了三峡工程对周边生态环境的影响。

陈国阶指出，三峡工程对环境的影响具有综合性、流域性、不可逆性、长期性和不确定性的特点。由于这些特点，三峡工程在环境方面已现的效果多呈负面。在大量调查研究的基础上，陈国阶指出长江珍稀、濒危物种面临灭绝，白鳍豚几乎灭绝，白鲟、中华鲟、达氏鲟、江豚、胭脂鱼等也受到极大的冲击，白甲鱼、中华鲟、岩原鲤在渔获物中比例减少。此外，三峡库区水污染加重，城镇岸边污染带、港口、河湾、坝前、支流（如香溪河等）、底泥（汞污染）等污染更突出，库区分布众多化工厂区对库区水质构成巨大威胁，在被调查的 23 条库区支流中，1/2 以上出现水华。再者，三峡工程一个迫在眉睫的危害是坝下冲刷，这对坝下河岸安全构成威胁。调查显示，三峡工程导致荆江南岸塌岸明显增加，部分河段冲刷量为建库前 10 倍，其后果就是河口土地减少、海岸冲刷、海水倒灌、渔场受损。在此，陈国阶提出，三峡工程在未来的最大受害者就是上海，除了随流而下的泥沙冲积消失外，长江污染、海水倒灌、海岸冲刷加剧，对长江口和东海渔业生态系统也造成不利影响。

正视三峡工程的负面效应，思考应对办法，采取实际措施，并在此基础上规划今后一段时间以及未来中、长期的应对方案，这也许是当下必需的选项。即使从最乐观的角度看，三峡工程造成的超大范围的生态系统扰动，要重新形成至一个新的系统性平衡，也要在距今很长时间以后。而三峡工程对库区及其周边地区的整个生态系统如库区水环境、坝下侵蚀、河口生态、气候、山地灾害、地震、河流动力学过程、生物物种、人文资源等方面的负面效应，却是可见并亟须解决的。

亦因此，对三峡工程的负面影响宜早做绸缪。

2.9.2 汶川地震发生的可能原因

山河移位、大地战栗、生离死别、满目疮痍……数万人遇难或失踪、近 40 万人受伤、500 万栋房屋被毁。2008 年 5 月 12 日袭击中国四川省的汶川大地震是近几十年来最具毁灭性的地震之一。这场地震造成的损失与 2004 年 12 月的印度洋海啸和 2005 年 8 月“卡特里娜”飓风相当，并列为历史上最恐怖的自然灾害。在灾难发生后不到一年的时间内，有人就认为汶川大地震可能是人类活动具有潜在破坏力的一个象征。于 2004 年 12 月开始蓄水的紫坪铺水库，大坝高 156m，蓄水量达 10 亿立方米。紫坪铺水库距离造成这场 8 级地震的断层带只有 500m，离震中只有数千米。紫坪铺水库的地理位置恰好是印度板块朝欧亚板块下冲地带，也是青藏高原与四川盆地相接的地带。

也有很多人认为汶川大地震只不过是地质板块构造运动的必然结果。由于无法重复验证，这场纷争将不会最终定论。虽然发生地震的概率很低，但是，人类活动诱发地震是普遍接受的事实。因此，为了避免重大灾难发生，对于钻探、采矿或蓄水等重大工程建设，有必要进行重新审视和科学评估。

接踵而来的自然灾害究竟是偶然，还是地质对人类活动的回应，人们应该静下心来仔细思考。

2.10 重归太阳能

太阳能既是人类最初的选择，也必将是未来最终的选择。

几十亿年来，太阳一直是地球的主要能源来源。在地球的漫长演化过程中，无数生命形式已经完全适应了太阳能。除核能外，人们所使用的一切能源都是以某种形式储存的太阳能。所谓水力能、风能、海洋能、生物质能等所有可再生能源都源于太阳。

如果人类社会的发展能主要依托可再生能源，则将达到能源的经济生产与自然再生产的和谐一致，保证能源的永续开发和利用。

由于矿物能源开发利用过程中的有界性，因此，联合国在 20 世纪 60 年代初就提出了“能源过渡”（energy transition）的概念，即预期从 20 世纪末开始，在世界范围内将出现可再生能源和新能源逐步代替矿物能源的趋势。人们把太阳能、风能、海洋能和地热能等用以替代传统能源的新能源称为第四代能源。人们估计能源过渡约需 100～150 年，即大体在 21 世纪末完成。到那时，煤炭、石油和天然气等矿物能源将不再是能源供应的主要来源。而一些无污染的传统清洁能源，如生物质能和水能等，则将继续发挥作用。图 2-6 以地面运输为例，说明上述能源过渡的进程。

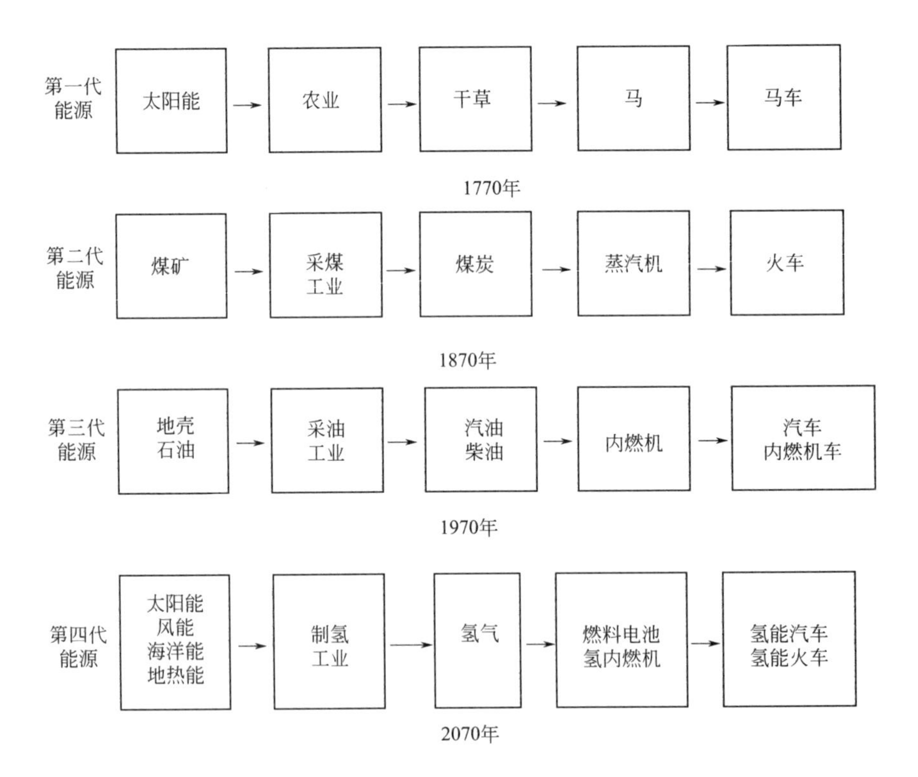

图 2-6 以地面运输为例的能源过渡进程

虽然矿物燃料要到21世纪中期以后才会枯竭，但是，由于它的衰竭所带来的经济、政治和人文方面的影响，现在就能被深切感受。今后数十年的时代特征是从矿物燃料向太阳能的全面过渡，以太阳能提取可再生能源作为动力，这也是人类向使用非碳能源迈出的关键一步。

面对使用石油、煤炭能源，人类社会陷入泥沼、步履维艰的处境，很多学者已将目光转向其他新能源和可再生能源，这其中有风能、水力能，也有新露锋芒的海洋能、天然气水合物等。此外，核能、地热能等属新能源，并非可再生能源，像风能、水力能、海洋能、生物质能等可再生能源，有的人们已经利用的可再生能源都是太阳能在地球各处的不同化身和表现形式，有人称它们为“二次太阳能”，认为也是太阳能时代的组成部分。在本章中，对各种新能源和可再生能源的简单介绍，正是试图说明行将到来的能源时代以太阳能命名和标志是名副其实的。

众多可再生能源，虽然各有所长，但毫无疑问太阳能当之无愧地占据最举足轻重的地位。

① 因为太阳光普照大地，取之不尽，用之不竭，孕育超越其他再生能源总和数倍的巨大能量。据估计，世界上潜在可再生能源为：水能资源4.6TW，可利用资源0.9TW，风能可开发资源2TW，生物质能3TW。而太阳能为120000TW，实际可开发资源600TW。太阳能无疑是人类可能获得的最丰富的可再生能源。

② 太阳能不仅是一种没有污染的能源，而且是一种可以实现零排放的清洁能源，使用时有助于改善沙漠、荒原的生态。

③ 太阳能利用技术限制较小，可以在沙漠、荒原、海洋、极地、高空、大气层外，甚至月球或宇宙空间中获得，是一种不需要运输的能源。

④ 太阳能科学和应用技术已经取得巨大突破，使用成本大幅降低，可与常规能源媲美。

⑤ 在很多场合太阳能和其他一些可再生能源，尤其风能、海洋能可以配合使用。

人类所采用的能源变化，不仅是生存资源的改换，而且是生产方式、生活方式、人际关系和国际关系的变化。马克思1847年在《哲学的贫困》中有一句名言：“手推磨产生的是封建主义的社会，蒸汽磨产生的是工业资本家的社会。”列宁曾经表示非常赞赏这种说法：“蒸汽时代是资产阶级时代，电气时代是社会主义时代。”这两段经典警句表明，随着能源的改换，人类社会如何从封建社会发展到资本主义社会，进而再发展到社会主义社会。

也有学者站在物理理论的基础上观察、思考、探讨人类能源的未来。他们提出的基本观点是：所有物质以及体系的性质、状态都可以最终能量状态予以描述，其变化过程也可以用能量转化的方式描述其特点及性质。为此，狩猎时代可称为动物能源时代，农种时代可称为植物能源时代，工业革命时代可称为石化能源时代，人们即将面临的时代可称之为后石化能源时代。以人类依赖能源的方式、大小及其对人类社会的影响、能量特色、性质及变化方式，用人类主要依赖的能源形式作为这个时代标志。

在实际上，形形色色的可再生能源，除了地热，不过是太阳能比较间接的表现形式而已。而据专家学者估计，行将到来的新能源时代中，太阳能利用将占据最大比重，而其他可再生能源和核能将处于辅助地位，正如石油天然气时代，煤仍然发挥重要作用一样。

因此人们可以认为，人类能源利用历史将名副其实进入太阳能时代（见图2-7）。

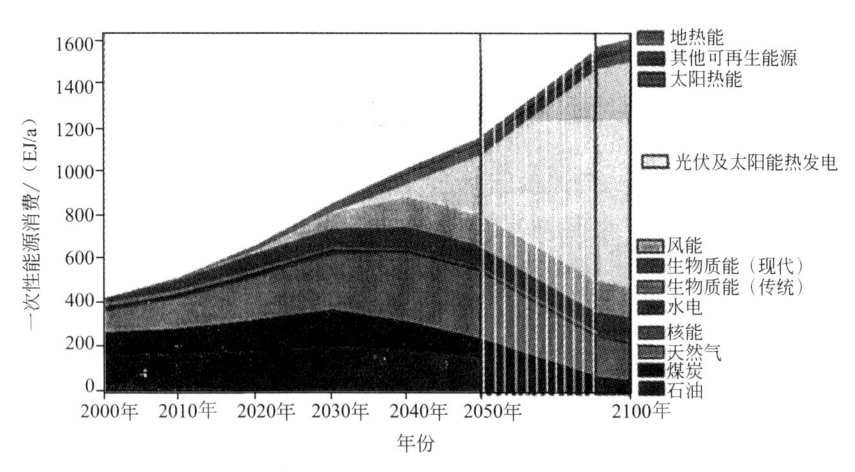

图 2-7 世界未来能源需求结构变化预测

2.10.1 美国太阳能计划

美国学者茨魏贝尔等的呼吁获得广泛认同。他们写道："科学家、工程师、经济学家和政治家们提出了各种各样的方案，用于减少化石燃料使用量，削减污染物和温室气体的排放。但这些措施还远远不够。美国需要实施一个大胆的计划，来摆脱对化石燃料的依赖。分析表明，大规模利用太阳能是明智的选择。技术已经具备，我们因此制订了一个宏大的计划。到 2050 年，太阳能将为美国提供 69%的电力和 35%的总能量（包括交通工具耗能在内）。预计这样的电力能以每度 5 美分的价格出售给消费者，与目前常规电力的电价相当。如果风能、生物质能和地热资源都能得到开发的话，到 2100 年，美国所有的电力供应和所消耗能量的 90%，都将由可再生能源提供。"

要实现这一计划，美国政府需要在未来 40 年内投入 4200 亿美元。投资是巨大的，但回报会更加丰厚。太阳能电站几乎不需要燃料，每年能节省数十亿美元。这些基础设施将取代 300 座大型燃煤电站和 300 多座大型燃气电站，将它们消耗的燃料全部节省下来。这一计划将有效终止美国的所有原油进口，缓解中东紧张局势。

由于太阳能技术几乎没有污染，该计划每年将减少 17 亿吨原本由常规电站排放的温室气体。通过太阳能电网补给燃料的充电式复合动力车也将取代常规汽车，会另外再削减 19 亿吨温室气体。到 2050 年，美国 CO_2 排放量将比 2005 年降低 62%，为缓解全球变暖做出巨大贡献。

太阳能计划还将为美国人创造 300 万个就业岗位，主要集中于太阳能零件制造业。这一数字将比到时候因化石燃料产业萎缩而失去的工作岗位数量大得多。

假设原油价格为 60 美元/桶（2007 年的平均价格高于这一水平），原油进口量的大幅下降，每年可以减少 3000 亿美元的贸易支付差额。太阳能电站一旦建成，就必须进行维修和养护，但阳光永远是免费的，因此节省燃料的效益会年复一年地持续下去。此外，投资太阳能还能增强能源安全性，减少军费开支等财政负担，大大减少污染和全球变暖带来的社会成本，改善从人类健康到海岸线及农场的生态恶化等多方面问题。

宏大的太阳能计划将会降低能量消耗。即使能源需求量每年递增 1%，能量消耗也会从

2006 年的 10×10^{16}Btu[1] 降低到 2050 年的 9.3×10^{16}Btu。

2.10.2 太阳能聚热发电技术

德国科学家在规划 21 世纪能源发展路线图时表示，利用沙漠的太阳光就能够解决全球能源危机。利用一种叫太阳能聚热发电的技术，只要将放大镜覆盖地球上沙漠地带 0.5%的面积就能满足全球的电力需要，而且能够同时给沙漠地区提供丰富的淡化水，让沙漠附近城市享受舒服的空调。而这种技术就像小孩子在物理课上用放大镜令太阳光聚焦在纸上烧一个洞那么简单。

德国科学家建议欧洲、中东和北非应当共同合作，使用太阳能聚热发电（CSP）技术在北非沙漠地带建设占地广阔的太阳能农场。

德国科学家估算了 CSP 发电的成本。CSP 每覆盖 $1km^2$ 每年可以产出相当于 150 万桶石油的生产量。按目前的技术，建一个发电站的成本相当于每桶 50 美元的石油价格。

不过，当巨型镜子的生产能够达到工业化程度时，成本可能降到相当于每桶 20 美元的石油价格。跟如今的石油每桶 60 美元的价格相比，太阳能聚热发电还是很有竞争力的。单纯从发电方面，太阳能聚热发电还无法跟天然气竞争，但是加上淡化水以及空调的功能，CSP 比天然气要便宜，而如果再加上减少 CO_2 排放量的功能，那么完全可与天然气相比拟。

现在，太阳能热发电市场正一路欢歌，2006～2011 年的 5 年间，太阳能热发电装机容量的年平均增长率约为 37%。其中，槽式太阳能热发电主导了热发电的市场。新增装机中的 90%以及几乎全部在运行的项目均为槽式热发电。图 2-8 为全世界和欧洲太阳能热发电装机容量的增长趋势。太阳能热发电市场自 20 世纪 90 年代开始停滞近 16 年。从图可见从 2006 年开始太阳能热发电进入了新一轮快速发展阶段。

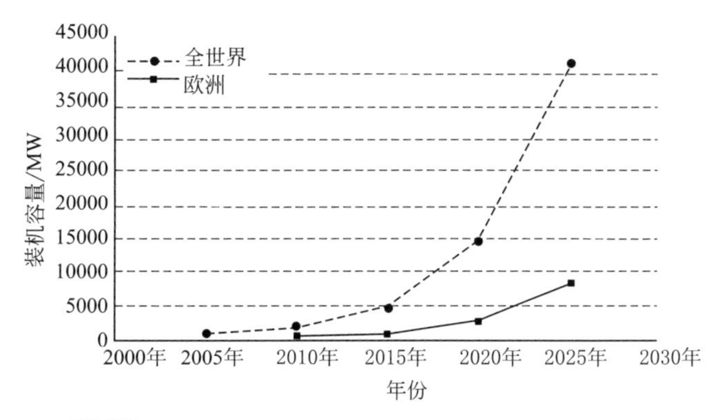

图 2-8 全世界和欧洲太阳能热发电装机容量的增长趋势

[1] 1Btu=1054.35J。

太阳能热利用：太阳能热利用在未来能源中的地位

据专家统计，以热的形式被利用和消耗的能源已超世界能源总量的50%以上。

人类几乎所有的生产活动和生活，从最初始的烹饪、驱动各类交通工具、保温制冷，到提供整个社会运转的工业发电，都伴随着热量的吸收和释放。利用热能完成众多改造物质形态、结构和世界形貌的活动，是人们使用石油、天然气和煤炭的主要用途。

自20世纪开始，人们已开始尝试在一些领域使用太阳能热替代燃烧石化产品生成的热能，并且已经取得不俗进展。这些进展是能源从粗放型利用向技术型转化的过程，是从污染环境到保护环境的提高过程。

利用开发太阳能的出发点：一是致力于提高太阳能的能流密度，技术思路有聚光、跟踪；二是通过能量累聚，把低品位的太阳能转化为高品位的热能，技术思路有太阳能聚热器；三是致力于提高转换效率，技术思路有真空管、热管、选择性吸收性涂层；四是太阳能热的储存，技术思路有显热储存、相变储存、化学储存、热泵跨季节储存；五是实现太阳能热低成本的多层次、多元化的利用。新技术和新材料是太阳能热利用的动力源泉。

太阳能热发电是太阳能热利用的高级形式，吸取了各类太阳能热利用技术的成果。

3.1 太阳能热利用简史

人类利用太阳能的历史悠久。许多外国文献把人类利用太阳能的最早者推为古希腊的著名科学家阿基米德。相传公元前214年，阿基米德让数百名士兵手持磨亮的盾牌面对太阳，使照射在盾牌上的太阳光经过反射而聚焦，对准攻打西西里岛拉修斯港的古罗马帝国的木制战船，阳光使战船燃起大火，使得这支入侵的舰队被烧着而沉没和溃散。

中国是世界上利用太阳能最早的国家之一，中华民族的祖先是人类利用太阳能最早、最杰出的先驱。根据古籍记载，早在公元前11世纪（西周时代），我国就已出现利用铜制凹面镜汇聚阳光点燃艾绒取火的技术，古书上称之为“阳燧”。这是一种原始的太阳能聚光器，在世界科学发明史上占有重要地位，现今在中国博物馆中还收藏着唐、宋等朝代出土的利用太阳能取火的器具——“阳燧”。古籍《周礼》一书中记载：“掌以夫燧取明火于日，以鉴取明水于月”。珍藏于天津艺术博物馆的汉代“阳燧”上面镌有清晰的铭文“五月五，丙午，火燧可取天火，除不祥兮”。春秋战国时代的《墨经》中，更对凹面镜的光学成像原理进行了较系统的分析。西汉（公元前206～公元8年）淮南王刘安写道：“故阳燧见日，则燃而为火”。在距今1000多年又有人进一步发现了凸透镜聚焦的特性。将冰磨成凸透镜，用来使太阳光聚焦而取火。这在张华所著的《博物楚》中有明确地记载："削冰令圆，举以向日，以艾承其影，则得火。"北宋时代（960～1127年），沈括在其《梦溪笔谈》中详细地叙述了用阳燧取火的情况："阳燧面洼，向日照之，光皆聚向内，离镜一二寸，光聚为一点，大如麻菽，着物则火发。"当时使用铜镜，以高超技术，创造了世界上最早的太阳能聚光器，它的原理与现在的旋转抛物面聚光器完全一样。

但是，由于受生产力和科学技术发展水平低下的制约，在人类社会相当长的一个历史时期内，太阳能除用来取火之外，始终处于自然利用的初级阶段，主要用以晾晒谷物、果蔬、肉鱼、衣被、皮革等。直到20世纪下半叶，伴随科学技术和现代工业生产的迅猛发展，在化石能源资源有限性和大量燃用化石燃料对生态环境破坏性日益显现和加剧的大背景下，人们才加强了对于太阳能利用的重视，进入应用现代科学技术利用太阳能的阶段。

人类利用太阳能虽然已有3000多年的历史，但把太阳能作为一种能源和动力加以利用，却只有不到400年的历史。可按照太阳能利用发展和应用的状况，把现代世界太阳能利用的发展过程划分为如下阶段。

（1）探索阶段（1615～1945年）

近代太阳能热利用的历史，一般从1615年法国工程师所罗门·德·考克斯发明世界上第一台利用太阳能驱动的抽水泵算起。这一阶段的主要成果有：1878年法国人皮福森研制出以太阳能为动力的印刷机；1883年美籍瑞典人埃里克森制成太阳能摩托，夏季试验时可驱动一台1.6马力（1马力=735.499瓦）的往复式发动机。这些动力装置，几乎全部采用聚光方式采集阳光，发动机功率不大，工质大都是水蒸气，造价昂贵，实用价值不大。1860年法国人穆肖奉法皇之命研制出世界上第一台抛物镜太阳灶，供在非洲的法军使用。

现代太阳能热利用研究始于1845年，当时奥地利人C. Cunter发明了由许多镜片组成的太阳能锅炉。

1878年，法国工程师在巴黎建造了一座小型太阳能热动力站，采用盘形抛物面反射镜，将阳光聚集到置于其焦点处的蒸汽锅炉，由此产生的蒸汽用于驱动一台很小的交互式蒸汽机运行。1882年，法国数学家A. Mouchot设计建造了一台太阳能装置，通过产生蒸汽推动蒸汽机，将太阳能转换为机械能，带动印刷机工作。1913年，美国工程师研制成36.8kW的太阳能蒸汽机，安装在埃及开罗附近，从尼罗河提水灌溉农田。该装置采用槽形抛物面反射镜，将阳光聚焦在中心加热管上，其聚光比为4.5：1。

这些成果是太阳能科学技术的重要组成，由于都是热能利用，有的成果，如对太阳的跟踪、聚热、换热，为太阳能热利用的高级形式——发电提供了借鉴、参考，或者直接成为太阳能热发电技术的组成，有的成果与太阳能热发电技术相辅相成，配套发展，如海水淡化、太阳能热的蓄存，温室与太阳烟囱等。

1901～1920年采用的聚光方式已多样化，并开始采用平板式集热器和低沸点工质。同时，装置的规模也有扩大，最大者输出功率已达73.55kW，实用价值增大，但造价仍然很高。这一阶段值得提出的主要成果有：1901年美国的伊尼斯在加州建成1台太阳能抽水装置，采用自动追踪太阳的截头圆锥聚光器，功率为7.36kW；1902～1908年维尔斯在美国建造了5套双循环太阳能发动机，其特点是采用氨、乙醚等低沸点工质和平板式集热器。1913年舒曼与博伊斯合作，在埃及开罗以南建造了1台由5个长62.5m、宽4m的抛物槽镜组成的太阳能动力灌溉系统，总采光面积达1250m^2，功率为54kW。

（2）起步阶段（1946～1991 年）

第二次世界大战结束之后的 20 年间，一些有识之士开始注意到石油、天然气等的大量开采利用，其资源必将日渐减少，仅仅依靠资源有限的化石燃料来满足人类日益增长的能源需求终非长久之计，呼吁有关方面早做准备，寻找新的能源，重视太阳能的研究开发。这一阶段，太阳能利用的研究开始复苏，加强了太阳能基础理论和基础材料的研究，取得了太阳能选择性涂层和硅太阳能电池等关键技术的重大突破；平板式集热器有了很大发展，技术上逐渐成熟；太阳能吸收式空调的研究取得进展；建成了一批实验性的太阳房；对技术难度较大的斯特林发动机和太阳能热发电技术等进行了初步研究。主要业绩和成果有：1952 年法国国家研究中心于比利牛斯山东部建成 1 座功率为 50kW 的太阳炉；1954 年 10 月于印度新德里成立了应用太阳能协会，即现在的国际太阳能协会（ISES），并紧接着又于 1955 年 12 月在美国召开了有 37 个国家的约 3 万多名代表与会的国际太阳能会议和展览会；1954 年美国贝尔实验室研制成功光电转换效率为 6％的实用型硅太阳能电池，为太阳能光伏发电技术的应用奠定了基础；1955 年以色列泰伯等在第一次国际太阳能热科学会议上提出选择性涂层的基础理论，并研制成功使用黑镍等的选择性涂层，为太阳能高效集热器的发展创造了条件；1958 年太阳能电池首次在空间应用，装备于美国先锋 1 号卫星；1960 年法勃于美国佛罗里达州用平板式集热器建成世界首套氨-水吸收式太阳能空调系统，制冷能力为 5 冷吨[1]；1961 年 1 台带有石英窗的斯特林发动机问世。

自石油取代煤炭在世界能源构成中居主角之后，它就成了左右世界经济和一个国家生存与发展的重要因素。1973 年 10 月爆发的中东战争，迫使石油输出国组织以石油为武器，采取减产与提价等办法支持中东人民的斗争，维护各产油国的利益。结果，使得依靠从中东大量进口廉价石油的发达国家在经济上遭到沉重打击。于是，这些西方国家的一些人士惊呼，世界发生了“石油危机”。这次危机，在客观上促使人们认识到，现时的能源结构必须改变，应加速向新的能源结构过渡。许多国家，特别是发达国家重新加强了对于太阳能和其他可再生能源的支持，在世界范围再次掀起了开发利用太阳能的热潮。从世界范围来说，真正引起国际社会重视并有组织地对太阳能利用开展较大规模研究开发和试验示范工作，开始于 20 世纪 60 年代初。1961 年联合国在罗马召开的国际新能源会议，把太阳能利用作为主要议题之一。当时，许多国家十分重视在现代科学技术基础上开展的太阳能利用研究。之后，由于石油生产快速发展，对太阳能利用的兴趣一度降低。20 世纪 70 年代初开始的影响全球的石油危机，再次激起人们对太阳能利用的热情，许多国家都以相当大的人力、物力和财力进行太阳能利用的研究，并制订了全国性的近、中、远期规划。1979 年美国总统卡特正式宣布，到 2000 年以太阳能为主的可再生能源要发展到占全国能源构成的 20％。日本政府也制订了著名的“阳光计划”，加速太阳能利用技术的研究开发。欧洲共同体在好几个成员国合资建立了太阳能利用研究试验基地。很多国家建立了太阳能工业。我国于 20 世纪 50 年代末开始现代太阳能利用器件的研究，70 年代初开始把太阳能利用列入国家计划进行安排。自此，有目标、有计划、有步骤地进行太阳能利用的研究开发、试验示范和推广应用在世界范围内展开。经过 30 多年的努力，取得了众多的成果，使现代太阳能利用技术及其产业快速发展，为 21 世纪更加广泛地开发、利用太阳能奠定了坚实的技术基础和产业基础。这一阶段是世界太阳能利用前所未有的大发展时期，具有如下特点。

---

[1] 1 冷吨＝3.517 千瓦。

① 各国加强了太阳能研究工作的计划性，不少国家制订了近期和远期的研究计划，开发利用太阳能成为政府行为，支持力度大大加强。如1973年美国制订了国家太阳能发电计划，太阳能研究资金大幅度增加，并成立了太阳能开发银行，大大促进了太阳能产品的商业化进程。1974年日本公布了政府制订的“阳光计划”，太阳能利用的研究项目有太阳房、工业太阳能系统、太阳能热发电、太阳能电池生产技术、分散型和集中型太阳能光伏发电系统等，投入了大量人力、物力和财力。同时，国际合作十分活跃，一些发展中国家也相继开始参与太阳能利用工作。

② 研究领域不断扩大，研究工作日益深入，取得了一批较为重要的成果，如复合抛物面镜聚光集热器（CPC）、真空集热管、非晶硅太阳能电池、太阳能热发电、太阳池发电、光解水制氢等。

③ 太阳热水器和太阳能电池等产品开始实现商品化，初步建立起太阳能产业，但规模较小，经济效益尚不理想。

④ 这一阶段许多国家制订的太阳能发展计划都存在要求过高、过急的问题，希望在较短的时间取代化石能源，实现太阳能的大规模利用，而对实施过程中遇到的问题和困难估计不足。例如，美国1985年建造1座小型太阳能示范卫星电站和1995年建成1座500万千瓦空间太阳能电站的计划就属此类项目，后来由于经费等原因不得不加以调整。但这一阶段仍有一些研究项目并未中断，并取得了很好的进展。如1981～1991年全世界建造了500kW以上的太阳能热发电站约20多座，其中1985～1991年仅在美国加州沙漠就建造了9座槽式太阳能热发电站，总装机容量达353.8MW；1983年美国建成1MW光伏电站，接着又于1986年建成6.5MW光伏电站。

（3）发展阶段（1992～2020年）

化石能源的大量耗用造成了全球性的环境污染和生态破坏，对人类的生存和发展构成严重威胁。在这样的背景下，联合国于1992年6月在巴西召开了“世界环境与发展大会”，会议通过了《里约热内卢环境与发展宣言》《21世纪议程》《气候变化框架公约》和《关于森林问题原则声明》等一系列重要文件，把环境与发展紧密结合，确立了经济社会走可持续发展之路的模式。会议之后，世界各国加强了对于清洁能源技术的研究开发，把利用太阳能与环境保护紧密结合在一起，使太阳能的开发利用工作走出低谷，逐步得到重视和加强。1996年联合国又在津巴布韦首都哈拉雷召开了“世界太阳能高峰会议”，会上讨论了《世界太阳能10年行动计划（1996～2005年）》《国际太阳能公约》《世界太阳能战略规划》等重要文件，会后发表了《哈拉雷太阳能与持续发展宣言》。这次会议进一步表明了联合国和世界各国对开展利用太阳能的坚定决心和信心，号召全球共同行动，广泛开展太阳能利用。世界环境与发展大会之后，中国政府对环境与发展高度重视，十分强调太阳能等新能源和可再生能源的发展。1992年8月，国务院批准了《中国环境发展十大对策》，明确提出要“因地制宜地开发和推广太阳能、风能、地热能、潮汐能、生物质能等清洁能源”；1994年3月发布了《中国21世纪议程——中国21世纪人口、环境与发展白皮书》，着重指出：“可再生能源是未来能源结构的基础”，要“把开发可再生能源放到国家能源发展战略的优先地位”，“广泛开展节能和积极开发新能源和可再生能源”。1995年国家计委、国家科委、国家经贸委制定并印发了《新能源和可再生能源发展纲要（1996～2010年）》，提出了我国1996～2010年新能源和可再生能源的发展目标、任务及相应的政策与措施。2000年8月国家经贸委制定并印发了《新能源和可再生能源产业发展规划要点（2000～2015年）》，提出了中国新能源和可再生能源产业建设的任务、目标和相关的方针政策与办法措施。2006年我国《可再生能源法》正式实施。所有这些，都为推动中国太阳能事业更快、更好、更健康地发展发挥了重要作用。从总体上来说，1992年以后，世界太阳能利用进入了一个快速发展的新阶段。

到2000年底中国这一最大的发展中国家太阳能热水器保有量达到2600万平方米、被动式太阳房拥有量达到1800万平方米、太阳灶应用量达到33.2万台，均居世界第一位。

太阳能建筑快速发展：主要有被动式太阳能建筑、主动式太阳能建筑和“零能建筑”三种形式。早在20世纪30年代美国就开始太阳房的研究试验，先后建成一批实验太阳房；70年代，一些工业发达国家均将太阳房列入研究计划；到80年代末，世界建成的太阳房已超过万座；90年代后期，世界上又兴起“太阳屋顶”热。美国、欧洲、日本、德国等相继提出“十万屋顶”“百万屋顶”“光伏屋顶”计划，把太阳能建筑的发展推向一个新的阶段。所谓“零能建筑”，就是这种建筑由“太阳屋顶”提供全部建筑所需要的能量，一般在屋顶安装3～5kW并网太阳能电池发电系统。有的建筑还装上太阳集热器，为建筑供热。在2000年世界光伏电池总产量中，约有1/2用于“太阳屋顶”和并网系统。

2007～2020年是太阳能和其他可再生能源发展史上极其重要的转折阶段，由于石化能源造成的严重环境污染和生态破坏，石油、天然气资源紧缺造成的剧烈争夺，世界各国都在财力和人力上加强对太阳能的投入，低碳经济概念深入人心。这一阶段，人们在太阳能热发电、太阳能光伏发电、太阳能制氢及储存技术、太阳能海水淡化、光合作用及能源植物的研制方面将取得一系列的突破。太阳能热发电的成本将会降到每度电4～6美分水平，显示出巨大竞争优势，而光伏生产的年增长率平均达到30%～50%，成为发展最快、生机勃勃的产业。

太阳能电器、太阳能汽车、太阳能飞机、太阳能建筑将步入普及阶段，已在规划的一批大型太阳能开发利用项目（如超大范围的太阳能电网、宇宙太阳能-微波发电、月球太阳能基地等）将步入实施。太阳能和其他可再生能源在世界能源用量中的比例将稳步上升，将在2050年左右超过50%，为人类昂首阔步迈入太阳能时代打下坚实基础。

3.2 我国太阳能资源

中国的疆界，南从北纬4°附近南沙群岛的曾母暗沙以南起，北到北纬53°31′黑龙江省漠河以北的黑龙江江心，西自东经73°40′附近的帕米尔高原起，东到东经135°05′的黑龙江和乌苏里江的汇流处，土地辽阔，幅员广大。中国的国土面积，从南到北，自西至东，距离都在5000km以上，总面积达960万平方公里，为世界陆地总面积的7%。在中国广阔富饶的土地上，有着十分丰富的太阳能资源。全国各地太阳年辐射总量为3340～8400MJ/m^2，中值为5852MJ/m^2。从中国太阳年辐射总量的分布来看，西藏、青海、新疆、宁夏南部、甘肃、内蒙古南部、山西北部、陕西北部、辽宁、河北东南部、山东东南部、河南东南部、吉林西部、云南中部和西南部、广东东南部、福建东南部、海南岛东部和西部以及台湾西南部等广大地区的太阳辐射总量很大。尤其是青藏高原地区最大，这里平均海拔高度在4000m以上，大气层薄而清洁，透明度好，纬度低，日照时间长。例如人们称为“日光城”的拉萨市，1961～1970年的年平均日照时间为3005.7h，相对日照为68%，年平均晴天为108.5d、阴天为98.8d，年平均云量为4.8成，年太阳总辐射量为8160MJ/m^2，比全国其他省区和同纬度的地区都高。全国以四川和贵州两省及重庆市的太阳年辐射总量最小，尤其是四川盆地，那里雨多、雾多，晴天较少。例如素有“雾都”之称的重庆市，年平均日照时数仅为1152.2h，相对日照为26%，年平均晴天为24.7d，阴天达244.6d，年平均云量高达8.4成。其他地区的太阳年辐射总量居中。

（1）中国太阳能资源分布的主要特点

① 太阳能的高值中心和低值中心都处在北纬22°～35°这一带。青藏高原是高值中心，四川盆地是低值中心。

② 太阳年辐射总量，西部地区高于东部地区，而且除西藏和新疆两个自治区外，基本上是南部低于北部。

③ 由于南方多数地区云多、雨多，在北纬30°～40°地区，太阳能的分布情况与一般的太阳能随纬度而变化的规律相反，太阳能不是随着纬度的增加而减少，而是随着纬度的升高而增长的。

（2）太阳总辐射量地区分类

为了按照各地不同条件更好地利用太阳能，20世纪80年代中国的科研人员根据各地接受太阳总辐射量的多少，将全国划分为如下5类地区。

① 一类地区：全年日照时数为3200～3300h。每平方米面积一年内接收的太阳能辐射总量为6680～8400MJ，相当于225～285kg标准煤燃烧所产生的热量。此类地区主要包括宁夏北部、甘肃北部、新疆东南部、青海西部和西藏西部等地，是中国太阳能资源最丰富的地区，与印度和巴基斯坦北部的太阳能资源相当。尤以西藏西部的太阳能资源最为丰富，全年日照时数达2900～3400h，年辐射总量高达7000～8000MJ/m^2，仅次于撒哈拉大沙漠，居世界第2位。

② 二类地区：全年日照时数为3000～3200h。在每平方米面积上一年内接收的太阳能辐射总量为5852～6680MJ，相当于200～225kg标准煤燃烧所产生的热量。此类地区主要包括河北西北部、山西北部、内蒙古南部、宁夏南部、甘肃中部、青海东部、西藏东南部和新疆南部等地，为中国太阳能资源较丰富区，相当于印度尼西亚的雅加达一带。

③ 三类地区：全年日照时数为2200～3000h。在每平方米面积上一年内接收的太阳能辐射总量为5016～5852MJ，相当于170～200kg标准煤燃烧所产生的热量。此类地区主要包括山东东南部、河南东南部、河北东南部、山西南部、新疆北部、吉林、辽宁、云南、陕西北部、甘肃东南部、广东南部、福建南部、江苏北部、安徽北部、天津、北京和台湾西南部等地，为中国太阳能资源的中等类型区，相当于美国的华盛顿地区。

④ 四类地区：全年日照时数为1400～2200h。在每平方米面积上一年内接收的太阳能辐射总量为4190～5016MJ，相当于140～170kg标准煤燃烧所产生的热量。此类地区主要包括湖南、湖北、广西、江西、浙江、福建北部、广东北部、陕西南部、江苏南部、安徽南部以及黑龙江、台湾东北部等地，是中国太阳能资源较差地区，相当于意大利的米兰地区。

⑤ 五类地区：全年日照时数为1000～1400h。在每平方米面积上一年内接收的太阳能辐射总量为3344～4190MJ，相当于115～140kg标准煤燃烧所产生的热量。此类地区主要包括四川、贵州、重庆等地，是中国太阳能资源最少的地区，相当于欧洲的大部分地区。

一、二、三类地区，年日照时数大于2200h，太阳年辐射总量高于5016MJ/m^2，是中国太阳能资源丰富或较丰富的地区，面积较大，约占全国总面积的2/3以上，具有利用太阳能的良好条件。四、五类地区，虽然太阳能资源条件较差，但是也有一定的利用价值，其中有的地方是有可能开发利用太阳能的。总之，从全国来看，中国是太阳能资源相当丰富的国家，具有发展太阳能利用得天独厚的优越条件，只要扎扎实实地努力工作．太阳能利用在我国有着广阔的发展前景。

中国的太阳能资源与同纬度的其他国家相比，除四川盆地及与其毗邻的地区外，绝大多数地区的太阳能资源相当丰富，和美国类似，比日本、欧洲条件优越得多，特别是青藏高原的西部和东南部的太阳能资源尤为丰富，接近世界上最著名的撒哈拉沙漠。

（3）太阳能资源带

太阳能资源的研究计算工作，不能做一次即一劳永逸。近些年的研究发现，随着大气污染的加重，各地的太阳辐射量呈下降趋势。上述中国太阳能资源分布主要是依据20世纪80年代以前的数据计算得出的，因此其代表性已有所降低。为此，中国气象科学研究院根据20世纪末期研究数据又重新计算了中国太阳能资源分布。

太阳能资源的分布具有明显的地域性。这种分布特点反映了太阳能资源受气候和地理等条件的制约。根据太阳年曝辐射量的大小，可将中国划分为4个太阳能资源带，这4个太阳能资源带的年曝辐射指标，见表3-1。

表3-1　太阳能资源带的年曝辐射指标

<table>
<tr><td colspan="10">能量计算简易公式：$太阳电池组件功率=\frac{用电器功率\times用电时间}{当地峰值日照时间数}\times损耗系数(1.6\sim2.0)$
$蓄电池容量=\frac{用电器功率\times用电时间}{系统电压}\times阴天天数\times系统安全系数(1.4\sim1.8)$</td></tr>
<tr><td colspan="10">总辐射量与日平均峰值日照时数间的对应关系</td></tr>
<tr><td>年总辐射量/[kJ/(cm²·a)]</td><td>740</td><td>700</td><td>660</td><td>620</td><td>580</td><td>540</td><td>500</td><td>460</td><td>420</td></tr>
<tr><td>日平均峰值日照时数/h</td><td>5.75</td><td>5.42</td><td>5.10</td><td>4.78</td><td>4.46</td><td>4.14</td><td>3.82</td><td>3.50</td><td>3.19</td></tr>
<tr><td colspan="2">区域划分</td><td colspan="2">丰富区</td><td colspan="2">较丰富区</td><td colspan="2">可利用区</td><td colspan="2">贫乏区</td></tr>
<tr><td colspan="2">年总辐射量/[kJ/(cm²·a)]</td><td colspan="2">≥580</td><td colspan="2">500～580</td><td colspan="2">420～500</td><td colspan="2">≤420</td></tr>
<tr><td colspan="2">全年日照时间/h</td><td colspan="2">≥3000</td><td colspan="2">2400～3000</td><td colspan="2">1600～2400</td><td colspan="2">≤1600</td></tr>
<tr><td colspan="2">地域</td><td colspan="2">内蒙古西部，甘肃西部，新疆南部，青藏高原</td><td colspan="2">新疆北部，东北，内蒙古东部，华北，陕北，宁夏，甘肃部分，青藏高原东侧，海南，台湾</td><td colspan="2">东北北端，内蒙古呼盟，长江下游，两广，福建，贵州部分，云南，河南，陕西</td><td colspan="2">重庆，川、贵、桂、赣部分地区</td></tr>
<tr><td colspan="2">特征</td><td colspan="2">日照时数≥3300h，年照百分率≥0.75%</td><td colspan="2">日照时数2600～3300h，年日照百分率0.6%～0.75%</td><td colspan="2">太阳能丰富区到贫乏区的过渡带</td><td colspan="2">日照时数≤1800h，年日照百分率≤0.4，不建议使用太阳能的地区</td></tr>
<tr><td colspan="2">连续雨天数/d</td><td colspan="2">2</td><td colspan="2">3</td><td colspan="2">7</td><td colspan="2">15</td></tr>
</table>

3.3 太阳能热利用技术

3.3.1 太阳能温室的结构类型

（1）太阳能温室

太阳能温室就是利用太阳的能量，来提高塑料大棚内或玻璃房内的室内温度，以满足植物生长对温度的要求，所以人们往往称之为“人工暖房”（见图 3-1）。太阳能温室除保温外，往往起着太阳能干燥作用，或者本身就是太阳能干燥室的组成部分。

图 3-1 太阳能温室

太阳能温室是根据温室效应的原理加以建造的。所谓“温室效应”就是太阳光透过透明材料加热空气后产生的长波辐射（一般波长大于 5μm）无法散发，能阻挡热量或很少有热量透过玻璃或塑料膜散失到外界的现象。温室的热量损失主要是通过对流（温室内外的空气流动，包括门窗的缝隙中气体的流体）和导热（温室结构的导热物）的热损失。如果人们采取密封、保温等措施，则可减少这部分热损失。

在白天，进入太阳能温室的太阳辐射热量往往超过温室通过各种形式向外散失的热量，这时温室处在升温状态，有时因温度太高，还要人为地放走一部分热量，以适应植物生理需要。如果温室内安装储热装置，这部分多余的热量就可以储存起来。

在夜间没有太阳辐射时，太阳能温室仍然会向外界散发热量，这时温室处在降温状态，为了减少散热，故夜间要在温室上加盖保温层。若温室内有储热装置，晚间就可以将白天储存的热量释放出来，以确保温室夜间的最低温度。

由于太阳能温室能够很好地利用太阳的辐射能并辅加其他能源来确保室内所需的温度，同时对室内的湿度、光照、水分还可以进行人工或自动调节，完全可以满足植物生长发育所必需的各种生态条件，实际上是创造了一个人工的小气候环境，让一些不能在当地生长的植物能正常生长，并可以提前或延长植物的生长期，为农业产业化的市场化运作、提高产品质量开辟了广阔的发展前景。

太阳能温室对养殖业（包括家禽、家畜、水产等）同样具有很重要的意义，它不仅能缩短生长期，对提高繁殖率、降低死亡率都有明显的效果。太阳能温室已成为中国农、牧、渔业现代化发展不可缺的技术装备。

为了提高温室作物的产量，改进温室的性能，很多科技人员分别从水、土、肥、温度等不同角度进行研究，并已取得喜人结果。20 世纪 90 年代前后，人们也相继开展多功能温室薄膜研究。但从防老化、光线调节、防雾滴及保温、防虫病害、防紫外线等方面着手，提高薄膜的光能利用效率的研究起步不久。这是一项集光生物学、光化学、光物理、材料科学和农业科学为一体的工程。高光效膜是继玻璃和聚乙烯塑料等之后第二代温室材料，它有助于提高透光率，利于植物进行光合作用。

（2）太阳能干燥室

温室的功能正在扩大，现在一些大型的太阳能干燥室，太阳能热气流发电的底部塑料棚，都可以看成是一种温室。温室也可以发挥太阳能蒸馏器的作用。

（3）太阳能蒸馏器

在只有咸水和苦水的荒原，如果把太阳能蒸馏器和温室或房屋结合构建太阳能蒸馏器，是改造生态的有效方式。

3.3.2 太阳灶概述

太阳灶和太阳炉原理相同，但由于聚光度的不同造成获得的温度产生巨大差异。在现有的资料中，除高温太阳炉之外的利用太阳光热转换的简单装置统称太阳灶。

太阳灶是利用太阳能辐射进行炊事的装置。利用太阳灶将太阳辐射热能传给食物，增高温度，并加以烹调，使食物产生化学变化以供食用。在广大农村、海岛、荒原的驻军和旅途中，特别是在燃料匮乏地区，具有很大现实意义。

图3-2 太阳能烧水纸板箱——京都箱

2009年6月，据多家媒体报道总价值约合6美元，能利用太阳能煮饭烧水的纸板箱赢得705万美元“应对全球变暖”的创意大奖，这种装置将可能有助于全球30亿贫困人口减少温室气体的排放。这个以《京都议定书》而得名的“京都箱”目的在于消减温室气体的排放，推广目标是数十亿至今还在用木柴做饭的人。实际上，京都箱就是一种简单的箱式太阳灶（见图3-2）。

“京都箱”的发明者约恩·伯默尔是一位挪威人，他在报告中称：“我们在挽救生命，挽救树木。”有报告称，伯默尔将在非洲南部、印度和印度尼西亚等10个国家进行试验，这预示早在中国推广的太阳灶开始在世界更多地区普及。

这里要特别强调一下环保效益，太阳灶在减少植被遭受乱砍滥伐、空气污染、饮食生冷、含菌不安全用水方面都能发挥作用，而且我国除四川、贵州、重庆部分地区外，均是太阳灶大有用武之地的地区。

世界上第一个太阳灶设计者是法国的穆肖，他在1860年奉拿破仑三世之命，研究用抛物面镜反射太阳能集中到悬挂的锅上，供赴非洲的法军使用。1878年，阿塔姆斯曾做了许多研究，此后，印度便有10家工厂生产太阳灶。到了1889年全世界就有许多太阳灶的专利，有各种各样形式的太阳灶。目前，世界上太阳灶的利用已相当广泛，技术也较成熟，它不仅可以节约煤炭、电力、天然气，而且十分干净，毫无污染，是一个可望得到大力推广的太阳能热利用装置。

聚光式太阳灶就是通过镜面的反射作用将阳光汇聚起来进行炊事的太阳灶，它与热箱式太阳灶的原理不同。此类太阳灶由于聚光的方式不同分为菲涅尔反光太阳灶、柱状抛物面太阳灶、旋转抛物面聚光太阳灶、圆锥面太阳灶、球面太阳灶等多种类型。

（1）菲涅尔反光太阳灶

菲涅尔反光太阳灶的镜面可以看成是共一个主光轴，共一个焦点，但焦距不同（从中心起焦距由小到大）的一系列抛物面，被一个垂直主光轴的平面截取而得到的若干个抛物面，对于每一块小反射曲面来说，可以近似地看成是一个斜平面。实际的反光面可以是共一个圆心构成的若干个抛物面圈，也可以是螺旋式抛物面带，但它们的剖面都像是对称的锯齿。这种太阳灶可制成近似的平面结构，质量较轻，方便携带，但由于光带间互相遮光的影响，效率较低，应用范围受到一定的限制。

（2）柱状抛物面太阳灶

当一条抛物母线沿对称轴平行移动时，就形成柱状抛物面，显然，当阳光在平行于主光轴的方向入射时，柱状抛物面不是聚焦为一个点，而是聚焦为一条线，这条线的长短约等于抛物母线平移的距离。利用柱状抛物面制作太阳灶的实例不多，主要是用来烧开水。还有一种是热箱式柱状抛物面聚光太阳灶，即在柱状抛物面的焦线处放置一个与焦线等长的箱体，该箱体采用热箱式太阳灶的原理制作，只是箱底是玻璃窗口，反射光通过玻璃窗口射入箱体，将箱内放置的饭盒加热，将食物煮熟。这种太阳灶，箱内的温度可达300℃，是热箱式太阳灶与聚光式太阳灶的巧妙结合。只是箱底的窗玻璃遇水容易破裂，而且箱内只适合放置多个金属饭盒。

（3）旋转抛物面聚光太阳灶

旋转抛物面聚光太阳灶是一种使用最广泛、效果最好的聚光太阳灶。它利用旋转抛物面的聚光原理，经镜面反射把阳光汇聚到锅底，形成一个炽热的光团，温度可达400～1000℃，同普通炉灶一样，能满足普通家庭的炊事要求。我国目前推广的几十万台太阳灶大都是这种抛物面聚光太阳灶。因为抛物反光面是目前最佳的反射面，最适于太阳灶的应用。

聚光太阳灶反光面是太阳灶最重要的部件。太阳能蒸汽灶包括两个基本组成部分：一是收集太阳能的平板集热器，另一个是烹调食物的蒸汽箱。

（4）储热太阳灶

上述太阳灶不能在室内、晚上或阴天使用。最近，随着储热技术的发展，国外有人研制成功一种储热太阳灶，它是利用化学热泵储热的概念，这种储热装置可以在环境温度下长期储存太阳热而没有热损失，在需要用热时，就可以释放出供炊事用的热量。

整个系统包括两个基本部件：一个是中心太阳能加热器，另一个是储热箱。中心太阳能加热器是由塑料片制成的菲涅尔透镜，安装在一个框架上，其长度足以盖住几个储热箱。

储热箱内有一个化学系统，能吸收、储存太阳能，并在需要时能释放出温度为300℃的热量。化学系统所用材料的选择，如可以选用氯化镁和氯化钙的铵盐体系。储热热管真空管太阳灶是利用热管真空管和箱式太阳灶的箱体结合形成的热管真空管太阳灶。

储热太阳灶是由聚光器、热管储热装置、炊具组成的。将收集的太阳能传递到室内进行炊事工作。储热太阳灶工作原理为：太阳光通过聚光器，将光线聚集照射到热管蒸发段，热量通过热管迅速传导到热管冷凝端，通过散热板再将它传给换热器中的硝酸盐，再用高温泵和开关使其管内传热介质把硝酸盐获得的热量传给炉盘，利用炉盘所达到的高温进行炊事操作。

这类太阳灶实际上是一种室内太阳灶，比室外太阳灶有了很大改进，但技术难度在于研制一种可靠的高温热管以及能够在管道中安全输送和循环的高温介质，而且对工作可靠性要求很高，目前尚无成熟的产品上市。

（5）聚光双回路太阳灶

聚光双回路太阳灶也是一种典型的室内太阳灶，其工作原理是：聚光器将太阳光聚集到吸热管，吸热管所获得的热量能将第一回路中的传热介质（棉籽油）加热到500℃，通过盘臂换热器把热量传给锡，锡熔融后再把热量传给第二回路中的棉籽油，使其达到300℃左右，最后通过炉盘来加热食物。

图3-3 太阳炉（美国）

（6）太阳炉

太阳炉和太阳灶的工作原理基本相同，与碟式太阳热发电系统类似，差别在于太阳聚光比大设备复杂，可以达到数千度高温，这是主要用于炊事的太阳灶望尘莫及的。

大型太阳炉的炉温可达2500℃，用于生产高纯和超纯钛酸铝、锆酸钙、钇铝石榴和二氧化锆等。由于热源来自太阳，没有燃料杂质，太阳炉是理想的高纯金属和特殊材料的熔炼装置（见图3-3）。

太阳炉由凹面反光镜、平面反光镜、控制系统和炉体组成。平面反光镜将阳光反射到凹面反射镜上，经聚光后形成光斑，温度达到了3200℃。图3-4为位于法国比利牛斯山脉Odeillo地区的世界最大的高温太阳炉。

高温太阳炉的特点是温度高、升温和降温快，可用来熔炼金属，还可以用于研究高温材料的熔点、比热容、电导率、热离子发射、高温发反应、高温焊接和高温热处理。

图3-4 法国比利牛斯山脉Odeillo地区的太阳炉

3.4 太阳能干燥概述

太阳能干燥是人类历史上最悠久、最广泛利用太阳能的一种形式。早在几千年前，人们就开始把食品和农副产品直接放在太阳底下进行摊晒，待物品干燥后再保存起来。这种在阳光下直接摊晒的方法一直延续至今。但是，这种传统的露天自然干燥方法存在诸多弊端：效率低，周期长，占地面积大，易受阵雨、梅雨等气候条件的影响，也易受风沙、灰尘、苍蝇、虫蚁等的污染，难以保证被干燥食品和农副产品的质量。

本节介绍的太阳能干燥，是利用太阳能干燥器对物料进行干燥。到如今，太阳能干燥技术的应用范围有了进一步扩大，已从食品、农副产品扩大到木材、中药材、工业产品等的干燥。太阳能干燥棚如图 3-5 所示。

我国在 20 世纪 90 年代之前，太阳能干燥就有了一定程度的发展，主要表现在技术开发和推广应用方面都取得了较大的成绩。

图 3-5 太阳能干燥棚

各地已经报道的太阳能干燥实例很多。在食品、农副产品方面，有各种谷物、蔬菜、水果、鱼虾、香肠、挂面、茶叶、烟叶、饲料等的干燥；在木材方面，有白松、美松、榆木、水曲柳等的干燥；在中药材方面，有陈皮、当归、天麻、丹参、人参、鹿茸、西洋参等的干燥；在工业产品方面，有橡胶、纸张、蚕丝、制鞋、陶瓷泥胎等的干燥。国际上对太阳能干燥的研究开发及实际应用一直都比较重视。在国际能源机构（IEA）太阳能加热和制冷计划（SHC）中，还专门设立了“太阳能干燥农作物”任务组（第 29 项任务），主要成员有加拿大、荷兰、美国等国家。该任务组研究开发的太阳能干燥项目有咖啡、烟叶、谷物、水果、生物质、椰子皮纤维和泥煤等。

太阳能干燥与常规能源干燥相比较，以及与露天自然干燥相比较，都具有许多优点。与常规能源干燥相比较，太阳能干燥的主要优点是能将太阳能转换成热能，可以节省干燥过程所消耗的大量燃料，从而降低生产成本，提高经济效益。

太阳能干燥使用清洁能源，对保护自然环境十分有利，而且可以防止因常规能源干燥消耗燃料而给环境造成的严重污染。与露天自然干燥相比较，太阳能干燥在特定的装置内完成，可以改善干燥条件，提高干燥温度，缩短干燥时间，进而提高干燥效率。

太阳能干燥在相对密闭的装置内进行，可以使物料避免风沙、灰尘、苍蝇、虫蚁等的污染，也不会因天气反复变化而变质。

太阳能干燥与自然晾晒（大气干燥）相比主要优势是能较大幅度地缩短干燥时间和提高产品质量。

各种太阳能干燥装置都采用专门的干燥室，可避免灰尘、忽然降雨等污染和危害，又由于干燥温度较自然干燥高，还具有杀虫灭菌的作用。

太阳能干燥与采用常规能源的干燥装置相比具有以下优势。

① 节省燃料。在 37℃、常压下蒸发 1kg 水，约需要 574kcal 的热量。考虑到物料升温所需热量、炉子燃烧效率等各种因素，有资料估算，干燥 1t 农副产品大约要消耗 1t 以上的原煤，若是烟叶则需耗煤 2.5t。据统计我国烟叶年产量约为 420 万吨，目前大多采用农民自制的土烤房进行干燥，能耗很大。若采用太阳能干燥则节能效果非常明显。我国河南省长葛

市在20世纪70年代末对太阳能烤烟的试验中能有效节约25%～30%的常规能源。泰国在80年代中期在这方面做过大量工作，采用太阳能作为辅助能源干燥烟叶，试验证明能有效地节约30%～40%的常规能源。

② 减少对环境的污染。如前所述，我国大气污染严重，这主要源于煤、石油等燃烧后的废气和烟尘的排放，采用太阳能干燥工农业产品，在节约化石燃料的同时又可以缓解环境压力。

③ 运行费用低。就初投资而言，太阳能干燥与常规能源干燥二者相差不大。但是在系统运行时，采用常规能源的干燥设备燃料费用很高。如某果品食品开发有限公司购买了一台采用燃煤的干燥设备，价值10余万元，一次可干燥800kg梅子，但需耗煤900kg。若采用太阳能干燥，设备投资（初投资）相差不大，但太阳能干燥除风机消耗少量电能外，太阳能是免费的。即使太阳能干燥不能完全取代采用常规能源的干燥手段，通过设计使二者有机结合，使太阳能提供的能量占到总能量消耗的较大比例，同样可节约大量运行费用。

④ 太阳能是间断的多变能源。夜晚和阴雨天气无法利用太阳能。即便晴天，太阳辐射强度也随时间和季节变化，相应的空气温度和湿度也在变化，因而，谷物的干燥速率、干燥周期和干燥装置的热效率也随之变化。

⑤ 太阳能干燥装置的年度运行时间长。以空气作为干燥介质，不存在太阳能热水器中水的冻结问题，一个保温良好的太阳能干燥装置在冬季也能运行，只需有效地防止夜晚和阴雨天气冻坏谷物即可。

⑥ 太阳能干燥装置适用于低温干燥（40～65℃）。各地可结合当地太阳能资源和气候条件、干燥对象的特点，选择合适的干燥装置形式，因地制宜，就地取材，设计施工，以达到较好的干燥效果和较佳的经济效益。

⑦ 季节性使用的太阳能干燥装置应尽量降低成本。

⑧ 全天候使用的太阳能干燥装置，可与常规能源配合使用。

此外，太阳能干燥装置各部分工作温度属中低温，操作简单、安全可靠。

3.5 太阳能海水淡化

海水淡化是源远流长的古老技术，远在2000年前我国《山海经》就提及“弊箄淡卤”现象（蒸饭竹席可吸附盐分）。随着西方航海工业技术的兴起，16世纪英国女王就设置了海水淡化的重奖，19世纪船只上就出现明火直接加热的单效蒸馏装置，随后又出现多效蒸发装置。而到20世纪中叶，伴随科技革命的步伐，蒸馏、冷冻、电渗析和反渗透技术获得很大发展，海水淡化开始走向实际应用时代。图3-6为沙特海水淡化厂。

大型海水淡化项目往往是一个复杂的系统工程，就其主要工艺过程来说，包括海水预处理、淡化（脱盐）、淡化水后处理等。其中预处理是指海水在进入淡化装置之前的必要处理，又包括杀除海洋生物、降低浊度、除悬浮物（对反渗透法），或脱气（对蒸馏法），添加必要的药剂等步骤。脱盐则是通过一定的方法除去海水中的盐分，是整个淡化系统的核心部分。这一过程除要求高脱盐外，往往需要解决设备的防腐与防垢，有些工艺区要求有相应的能量回收措施。后处理则是对不同淡化方法的产品针对不同用户要求所进行的水质调控和储运处理。各类海水淡化工艺都存在着能量的优化利用与回收、设备防垢和防腐，以及浓盐水的正确排放、防止破坏生态的问题。

海水是一个极其复杂的低品位能量体系，要将其所含的财富有效而经济地分离或富集，必须依靠高新技术的支持。现有的海水淡化技术原则上适用于苦水淡化、咸水淡化、污水回收、硬水软化，世界各国众多科研机构直接或间接涉及这一领域。虽然方法众多，但主要可以分为蒸馏法与反渗透法。下面主要讲述可与太阳能结合的蒸馏法。

图 3-6 沙特海水淡化厂

蒸馏（蒸发）方法出自众所周知的瓦特“加热-蒸发-冷凝”过程。设备包括多效蒸发（ME，又分竖管多效蒸发 VTE、水平管多效蒸发 HTE、高温低温多效蒸发 MEI 等）、闪蒸（flash，又分低温单级闪蒸 SSF、多级闪蒸 MSF 等）、压汽蒸馏（VCLQ，又分为机械压汽蒸馏 MVC 和热力压汽蒸馏 TVC）。

电蒸馏海水（同时火力发电本身也需大量用水，一个大型火力发电站的用水量相当于一座数十万人口的中等城市居民用水）又会加剧能源紧缺，造成新的水质和大气污染。按照大协调学、系统学的观点，这是一种只顾局部，忽视整体协调、平衡的决策。利用太阳能与传统海水淡化装置的结合，在设计上、经济上与技术上需要考虑多种因素，主要有：①必须适合于太阳能的应用，如太阳能现阶段主要提供中低温热能；②对给定的太阳能供热装置，海水淡化系统必须有较高的效率；③根据所需要的淡水，确定合适的淡化流程；④必须考虑海水的处理过程；⑤设备投资问题；⑥装置的安装占地面积等。太阳能供热装置可以是集热器，如平板式或真空管式集热器，也可以是太阳池，更可以是太阳能电池发电系统。

目前，世界各地已有许多太阳能与传统海水淡化技术相结合的系统在运行，但在这些系统中，太阳能部分与海水淡化部分基本上还是相互分离的。太阳能集热器只起到了为系统提供能量的作用，还不是完完全全的太阳能海水淡化系统。利用太阳能发电与驱动电渗析淡化技术紧密地结合，两者互相融合渗透，甚至在原理上产生更加新颖的海水淡化系统为人类提供更高质量的服务。

近年来，由于中温太阳能集热器的应用日益普及，例如真空管式、槽式、抛物面式集热器以及中温大型太阳池等，使得建立在较高温度段运行的太阳能蒸馏器成为可能。也使以太阳能作为能源与常规海水淡化系统相结合变成现实，而且正在成为太阳能海水淡化研究中一个很活跃的课题。由于太阳能集热器供热温度的提高，太阳能几乎可以与所有传统的海水淡化系统相结合。

各类海水淡化是解决水源不足的根本措施，都是通过耗能使水分与各种杂质分离。能源利用是海水淡化发展的关键，利用太阳能等清洁能源是海水淡化的方向。聚集能量并使其转化是太阳能利用的难点。能够跟随太阳运行，按照设计需要聚集太阳能的定日镜与现有几种海水淡化技术组合，可取得较理想的效果。

太阳能海水淡化系统与现有海水淡化利用项目相比有许多新特点。首先是可独立运行，不受蒸汽、电力条件限制，无污染，低耗能，运行安全稳定，不消耗石油、天然气、煤炭等常规能源，对能源紧缺、环保要求高的地区还存有很大应用价值。其次是生产规模可有机组织，适应性好，投资相对较少，产水成本低，利于市场竞争。

太阳能海水淡化技术实质上在一定程度上重复了大自然中太阳加热海水，产生风、雨、雷、电，滋润万物的过程，是最经济的拯救环境的新生态技术。

3.6 太阳能建筑理念

传统太阳能建筑理念是不采用特殊的机械设备，而是利用辐射、对流和传导等方法，使热能自然地流经建筑物，并通过建筑设计方法控制热能流向，从而获得采暖或制冷的效果。其显著的特征是：建筑物本身作为系统的组成部件，不仅反映了当地的气候特点，而且在适应自然环境的同时充分利用了自然环境的潜能，在解决建筑物的固有问题方面发挥着重要作用，体现了传统建筑理论的精华。

对比中国节能建筑的定义后，太阳能建筑专业委员会建议，将太阳能等可再生能源利用在建筑能耗中所占比例大于30%或基于现状建筑CO_2排放平均水平上减排贡献率大于30%的建筑称为太阳能建筑。当然，随着技术进步和经济发展，30%的指标将不断提高。

现代太阳能建筑的定义主要基于建筑运营中如何充分利用太阳能，是绿色建筑、可持续建筑的高级阶段，它们更强调建筑全生命周期中的资源循环、与自然的和谐共生等。

太阳能建筑具有开源节流的特点，集成了太阳能光伏发电、太阳能采暖/热水、太阳能制冷空调、太阳能通风降温、可控自然采光等新技术，可与浅层地能、风能、生物质能以及其他低品位能等广义太阳能技术结合，属于科技含量高、资源消耗低、环境负荷小的适宜建筑技术，汇集智能建筑和绿色建筑内容。因此，太阳能建筑将成为我国建筑的主要理念之一。

可喜的是，我国政府对CO_2减排国际义务的承诺和科学发展观的落实，以及不断加强的建筑节能全民意识和日益成熟的房地产市场环境，促进了建筑节能完整利益链与市场化运行机制的形成，为建筑利用太阳能提供了良好机遇。可以肯定，未来的建筑市场将是节能减排的市场，太阳能建筑迎来了快速发展的春天。

早在1999年召开的世界太阳能大会上，有专家就提出当代世界太阳能科技发展的两大趋势：一是光电与光热的结合；二是太阳能与建筑的结合。太阳能建筑系统是绿色能源和新建筑理念两大革命的交叉点。

太阳能与建筑一体化：一是把太阳能的利用融入环境的总体设计，把建筑、技术和美术融为一体，太阳能设施成为建筑的一个部分，相互有机结合，取代传统太阳能结构造成的影响；二是利用太阳能设施完全取代或部分取代屋顶覆盖层和墙体，可减少成本，提高效益；三是可用于平屋顶和斜屋顶，一般对平屋顶而言用覆盖式，对斜屋顶用镶嵌式；四是该技术为一项综合技术，涉及太阳能利用，联合国能源机构最近的调查报告显示，太阳能与建筑一体化将成为21世纪的市场热点、21世纪建筑节能市场的亮点。

太阳能供能设备的非定常性、对气象条件和辐照条件的依赖性等特点，要求人们对建筑用能负荷进行准确预测，才能够在设备与建筑匹配上做出设备投资和节能效益的最佳选择。建筑室内温度及气流的预测方法和预测软件CFD/DNT是太阳能与建筑结合的理论和应用基础、建筑空气调节的重要组成，我国必须加快有关研究。现在太阳能与建筑的发展必须有一定的策略与之相适应，这包括成熟的被动太阳能技术与太阳能光伏光热技术的综合利用、保温隔热的维护结构技术与自然通风采光技术的有机结合、传统建筑构造与现代技术和理念的融合、建筑的初投资与建筑生命周期内投资的平衡、生态驱动设计理念向常规建筑设计的渗透，综合考虑区域气候特征、经济发达程度、建筑特征和人们的生活习惯等相关因素。

与其他建筑相比，太阳能建筑从技术上看，增加了四大系统。它们是太阳能太阳光引入系统、太阳能热利用系统、太阳能储热系统和太阳能发电系统。太阳能热利用系统最初级的就是太阳能热水器。

3.7 太阳能空调的意义

建筑能耗（包括热水、采暖、空调、照明、家电）是人类社会能源消耗的重要部分，现在一些发达国家建筑能耗已占社会能耗总量的50%以上。随着我国大规模的城市化建设、全球气候的逐步变暖和人民生活水平的迅速改善，建筑能耗正在急剧攀高，预计将很快达到并且超过世界平均水平。由于人口基数庞大，我国建筑能耗已经达到极其巨大的数字。

随着人们生活舒适度的日益提高，冬季采暖和夏季制冷已逐步普及，我国每年新增加的空调数已连续超百万台以上，这一迅猛势头仍将持续。空调、取暖占据建筑能耗很大部分，和汽车一同是造成城市热岛效应的主要原因。空调使用的含氟气体是破坏大气臭氧层，造成太阳紫外线辐射剧增、破坏生态、危害人们健康的元凶。普通空调虽发展很快，但耗电大、热岛效应严重，而太阳能空调虽然发展较慢，但它具有不需电能、节约能源、没有污染、工作寿命长等优点。

到2020年，我国15亿人用于热水、采暖、空调（制冷）的能耗会达10亿吨标准煤以上，如此巨大能耗又造成空气污染、气温升高的恶性循环。

在20世纪70年代后期，太阳能空调技术开始出现。人们发现太阳能空调的应用比较合理。当太阳辐射越强，天气越热，人们越需要使用空调时，太阳能空调的负荷越大，制冷效果越好。因而太阳能空调技术引起世界各国广泛关注。

当前，世界各国都在加紧太阳能采暖、制冷技术的开发。已经或正在建立太阳能热储存系统和空调系统的国家和地区有意大利、西班牙、德国、美国、韩国、新加坡、中国香港等，利用太阳能空调，对节约煤炭、石化能源，保护生态环境具有重要意义。

现在太阳能空调的实现方式主要有两种：一是先实现光电转换，再用电力驱动常规压缩式制冷机进行制冷，这种实现方式原理简单，容易实现，但当前成本高，如青岛海尔公司就生产这种太阳能空调；二是利用太阳能热驱动进行制冷，这种技术要求高，但成本低、无污染、无噪声，是本书介绍的主要内容。这种方式的太阳能空调一般又可分为吸附式和吸收式。

吸附式制冷系统实际上是将太阳能集热器与吸附式制冷机结合使用。主要由吸附集热器、吸附式冷凝器、储液器、蒸发器、阀门构成。吸附剂的吸附性能由其化学性能及微孔结构决定。可以把吸附器、发生器合为一体，结构比较简单，多用于冰箱式冷藏。

吸收式制冷技术是利用吸收剂的吸收和蒸发特性进行制冷的技术。根据吸收剂的不同，又分为氨-水吸收式制冷和溴化锂-水吸收式制冷两种。它以太阳能集热器收集太阳能，产生热水和热空气代替锅炉热水输入制冷机中制冷。由于造价、工艺效率等方面原因，这种制冷机不宜做得太小。所以这种技术的太阳能空调系统一般适用于中央空调，系统具有一定规模，如与多层建筑、成片建筑小区的结合，把太阳能空调和太阳能热水器组合成墙壁、屋顶。既具备传统墙壁、屋顶的各项功能，保持室内温度，阻绝热量传导，又能吸收太阳辐射，进行采暖、空调，从而摆脱普通空调使用越多—热岛效应越显著，气温进一步升高—被迫使用更多普通空调—加剧污染的怪圈。

太阳能驱动的空调是生态智能建筑的重要内容，具有常规空调望尘莫及的优点，它可以结合采暖和制冷的双重功能（与热水系统一同使用），节约常规能源，保护自然环境，是各国优先推广的重点项目。现在已有学者呼吁建筑师在设计房屋时要给太阳能空调预留空间，呼吁国家实施鼓励措施。预计在近年间太阳能空调将会得到迅速推广。我国在太阳能空调的应用上已取得重大进展。

3.8 太阳能热水器

应用太阳能热水器系统不消耗任何常规能源，是利用取之不尽、用之不竭的太阳能。太阳能热水器安全可靠，没有爆炸、漏电、漏气等会造成人身伤害的危险，且自动运行，操作简单，基本无维修工作量。太阳能热水器系统没有固体、液体、气体排污，对环境无任何不利影响。太阳能热水器若有辅助加热，可充分发挥其功能，即使夜间或阴雨天以及太阳被云层遮蔽时，也能全天候使用。

目前我国太阳能热水技术发展引人瞩目，既应用到雪域高原的边防哨所，南极科学考察站，更普及到千家万户。我国正在运行的太阳能热水器（系统）数量遥遥领先于世界，占据全球高达 70%的比例。我国太阳能热水技术也大步提高，出现了许多精品工程。

太阳能热水器是太阳能热低温利用的主要产品之一。它是利用温室原理，将太阳的辐射能转变为热能，向水传递热量，从而获得热水的一种装置。太阳能热水器由集热器、储热水箱、循环水泵、管道、支架、控制系统及相关附件组成。可根据使用时间不同，分为季节性太阳能热水器（无辅助热源）和全年使用的全天候太阳能热水器（有辅助热源及控制系统）。

太阳能热水器也称太阳能热水装置，基本上可分为家用太阳能热水器和太阳能热水系统两大类，太阳能热水系统也称太阳能热水工程。根据国家标准 GB/T 18713 和行业标准 NY/T 513的规定，凡储热水箱的容水量在 0.6t 以下的太阳能热水器称为家用太阳能热水器，大于 0.6t 的则称为太阳能热水系统。家用太阳能热水器通常可分为闷晒家用太阳能热水器、平板家用太阳能热水器和真空管家用太阳能热水器。

世界上第一台太阳能热水器是美国的肯普受中东居民用涂黑的泥罐或陶器储水放在阳光下加热的启发于 1891 年发明的，并被命名为“顶峰”。这台“顶峰”热水器问世后，两个加利福尼亚人买下了肯普的专利权，并于 1895 年在加利福尼亚州帕萨迪纳组建了一个太阳能热水器公司。经过两年时间，帕萨迪纳地区 30%的家庭都用上了“顶峰”热水器。当时，在煤、电、石油价格很贵的美国，这成了轰动一时的新闻。1898 年，美国人弗兰克·沃克改进了“顶峰”热水器，设计了一个叫做“沃克”的热水器，并于 1902 年 6 月获得了美国专利，为世界上第二个太阳能热水器专利。无论是“顶峰”热水器，还是“沃克”热水器，一到晚上，热水器中的水就变凉以至无法洗澡。美国一位叫贝利的人，对这一问题产生了极大的兴趣，从此，他便开始研制昼夜提供热水的太阳能热水器。经过他的努力钻研，答案终于找到了。他将热水器分为集热器和储存装置两个部分。由于储存装置是一个密封的绝热性很好的储水装置，所以，被集热器加热了的水可以进入储水装置，留待晚上及次日早晨使用。贝利称他的热水器是“昼夜热水器”。这种热水器曾风行一时，遍及整个南加利福尼亚州。但到了 1913 年，一向比较温暖的南加利福尼亚突然下了一场特大的雪，气温骤然下降到−6℃，贝利的昼夜热水器被冻裂了，人们纷纷要求贝利赔偿损失，迫使贝利下决心要研制出一种防冻热水器。

经过一番努力，贝利终于又研制成功了一种防冻热水器，这个防冻热水器由有两个独立集热器的循环系统与储水箱供水系统构成。集热器的管路与储水箱内的盘管相连，防冻液体（水和酒精的混合物）作为传热介质在集热器和储水箱内的盘管中循环，不断加热储水箱中的冷水。到了1920年，这种热水器一年就销售了1000多台。

随着天然气、石油的大规模开采，油价大幅下降，使热水器的发展在一个相当长的时期内缓慢下来。到了20世纪70年代，随着能源危机的日趋严重，迫使人们对太阳能利用重新重视，许多国家都花了不少投资用于太阳能研究和开发。

20世纪80年代，我国科技人员（最早是清华大学）开始接触到太阳能集热器的知识，并立即开始研究，取得了重大进展。我国突破了太阳能选择性吸收涂层的关键技术，生产出性价比高的3.3硼硅玻璃，形成了配套的产业链，拥有了自主知识产权。30多年以来，我国有关企业、高校和研究院所使太阳热水器生产规模由小到大，迅速成了一个欣欣向荣的产业。在21世纪初，我国太阳能热水器在产品技术上已经接近、达到或超过世界先进水平，出现国际知名品牌和公司，产品行销全球各地，不论年销售量还是保有量均占世界第一，而且远远领先其他国家的总和。

3.9 太阳能光伏发电和太阳能热发电技术比较

在比较太阳能和其他新能源的优劣以后，本节对太阳能光伏发电技术和太阳能热发电技术进行一些比较。太阳能发电分跨太阳能光伏发电和太阳能热发电两大领域。在当前太阳能光伏发电声名日隆而太阳能热发电知者不多的状况下（一些介绍新能源的高校教材，在太阳能部分只有光伏电池内容），这些对比有助于读者对两种技术进行全面了解。

光热之间没有明显分界，在人们心目中，光明和温度总是密切相关，都是太阳辐射能量的组成部分。大规模的太阳能光伏发电和太阳能热发电聚光（热）在原理构造上有很多类似。太阳能热发电同时聚热、聚光，各类聚热器上都光亮耀眼，而太阳能光伏发电同时伴随热量的产生，需要考虑太阳能热对组件的影响和利用方式。

太阳能光伏发电和太阳能热发电不存在孰优孰劣的问题，这是两条不同的技术路线。

两者差别主要表现在如下方面。

（1）工作原理的不同

太阳能光伏发电原理是太阳能电池的光电效应。

太阳能热发电种类较多。如利用太阳热能直接发电，利用半导体、水等液体或金属材料的温差发电，真空器件中的热电子和热粒子发电以及碱金属热电转换和磁流体发电等。这类发电的特点是发电装置本体没有活动部件，也可将太阳热能通过热机带动发电机发电。

从热力学观点，太阳能热发电的原理与常规热力发电厂一样，都符合朗肯循环或布劳顿循环原理，不同之处是所用的一次能源不同。前者是收集太阳能热作为能源，而后者使用矿物燃料，两者表现为收集太阳能热的集热器和燃烧矿物燃料的普通锅炉，这导致在各自设计、结构和解决自身特殊技术上的重大差别。此外，太阳能热发电高效收集太阳能密度很低，昼夜间歇，四季变更，太阳能每日波动。如何能将收集到的太阳能光热汇集投射到集热器中就成了一项与普通锅炉不同的重要研究内容。

另外，由于太阳辐射本身的特点，在太阳能热发电系统中还要设置蓄热子系统或辅助能源子系统。这可在夜晚和日照辐射较差时释放热能，保持汽轮机持续运行，从而保证输出电力的稳定性并增加全负荷发电时数。太阳能热发电还可利用石化燃料进行补偿，实现在夜间和连续阴雨天气持续发电。

（2）应用范围差异

从整体上说，太阳能热发电更适合与常规电力组成大规模联合循环发电系统，太阳能光伏发电更适于建设分布式发电系统。

这种特点保证了太阳能热发电技术可以利用不同自然环境，量体裁衣，开展各具特色的工程。如建设太阳坑热发电、太阳池热发电、太阳能烟筒，尤其在超越整个陆地面积的广袤海洋的温差发电等。在温度变幻悬殊的月球上，太阳能热发电是获取能源的首选技术。太阳能热发电（动力发电）可以一路畅通地进入电网，而光伏发电如果并网，必须使用逆变器将直流电转换成交流电，并且保持两组电源的电压、相位、频率等电气特性一致，避免两组电源彼此充电放电，影响整个电网的内耗和稳定，或者与公共电网同时输送到负载。在光伏发电-蓄电池系统中，有诸多因素影响蓄电池使用，如温度、控制器、放电速度、放电深度等。理论和实践都表明，蓄电池是光伏系统的短板。

（3）从能量转换角度，太阳能热发电占有优势

光伏电池在生产过程中，也要很高能耗。以北京、拉萨、上海三个光照时间不等的地区为例，如按垂直方向安装光伏系统方案（基本方案），光伏电池全寿命周期能耗分别为4339kW·h/kWp、4410kW·h/kWp、4314kW·h/kWp，能量回收期分别为5.03年、3.95年、6.75年。可知拉萨地区虽然运输安装能耗较大，但年发电量最大，故能量回收期较短。而对垂直安装光伏系统的高能耗方案，光伏电池立地全寿命周期能耗分别为5806 kW·h/kWp、5877kW·h/kWp、5781kW·h/kWp，能量回收期则延长到6.72年、5.27年和9.05年。即使按最佳角度系统安装，光伏电池的能量回收期也要在3年以上。除耗能甚大以外，太阳能电池在生产过程中，原料尤其是其中稀有金属必须经过多道化学处理、提纯，污染环境不可避免，这也就是欧美一些发达国家舍近求远从我国大量进口光伏电池组件的根本原因。

另外，光伏电池大多与塑料结合，在使用寿命结束后废品也会产生污染。而如不并网发电，光伏发电必不可少的装置蓄电池的使用寿命一般不足10年，废蓄电池也有较大污染。

中国光伏产业的发展主要得益于国外市场，尤其是欧洲市场的拉动。主要原因是国外政府，如德国、西班牙、意大利等国都对屋顶光伏等给予高电价补贴。2004年，德国将光伏上网电价上调为44欧分/（kW·h），2005年国内的太阳电池产量增长了300%；2007～2009年，我国太阳能电池产量连续3年居世界第一，2009年产量为4011MW，但96%都是出口国外。2012年以后我国采取了一系列措施，激励扩大内需，广泛调整产业布局，已经取得成效。

在环境保护方面，采用改良西门子法生产多晶硅，最关键的工艺就是尾气的回收循环利用。在整个多晶硅提纯氢化过程中只有约25%的三氯氢硅转化为晶体硅，其余大量进入尾气，同时形成副产品四氯化硅。一个年产1000t的晶体硅厂每年副产的四氯化硅约有1万～15万吨。四氯化硅是高危、高污染产品，必须进行回收利用。但目前国内很多多晶硅生产线还达不到闭环生产和物料的循环利用。国内多晶硅企业的技术和设备基本从俄罗斯引进，相比美国、德国、日本的技术并不成熟，能耗和物耗都很高，其中能耗是美国、日本技术的5倍左右。

在成本方面，由于光伏产业起步较早，因此在技术进步、批量生产和学习效应等因素下，太阳能组件成本逐渐下降也是必然趋势。

可再生能源发电面临的主要挑战之一是如何把能量储存起来，实现电力可调节。和光伏发电相比，太阳能热发电的一个显著特点是输出电力稳定，具有可调节性，可以满足尖峰、

中间或基础负荷电力市场需求。太阳能热发电站可以设计蓄热系统，在云遮或日落后，蓄存的热能可以被释放出来，使汽轮机持续运行，从而保证输出电力的稳定性。此外，太阳能热发电站也可以和化石燃料混合发电，提高电力输出的可靠性。在同一天中，光伏电力输出的波动性要比热发电的大。

除了输出电力平稳、吻合电力负荷曲线外，太阳能热发电技术的主要优点是其对环境的负面影响很小。太阳能热发电站（2007 年技术）全生命周期的 CO_2 排放仅为 13～19 g/（kW·h)。我国太阳能科学先驱者之一、能源专家刘鉴民指出：按单位发电能力计算，常规燃煤热力发电厂向环境排放的 CO_2 量是太阳能热动力发电的 45 倍；即使是因为太阳能光伏发电向环境排放的 CO_2 量，也是太阳能热发电的 5 倍，显然太阳能热发电是更为清洁的能源利用方式。

不过，太阳能光伏和热发电都是利用太阳能发电的技术形式，光伏发电由于输出电压较低，因此适用于城市屋顶、土地利用集中的不规则开阔地等区域，并尽量靠近用户侧；终端应用可以是民用、农村电气化、通信、交通应用、路灯、城市光伏建筑一体化（BIPV）等。

太阳能电池的使用寿命约为 25～30 年，废品又会造成污染，回收又需耗费能量；数量微小的稀有金属，作为不可再生资源很难分离、回收。总体考虑光伏电池的能耗、资金回收和废品处理，耗资高于太阳能热发电。

（4）大规模发展太阳能热发电有助于推动可再生能源的整体发展和电力供应结构转型

我国政府提出要推动能源生产和消费革命，发展可再生能源是不可或缺的途径之一。2015 年底我国风电和光伏发电并网装机容量 80％以上为西部、北部大基地集中开发。但由于光伏和风电难以存储，已呈现出严重的限制出力问题，部分地区的限电比例超过 40％。而太阳能热发电可通过技术可行、成本相对低廉的储热装置实现按电力调度需求发电，既可作为基础支撑电源，也具备较为灵活的调峰能力。大规模开发太阳能热发电可缓解西部和北部的风电、光伏限制出力情况，并共同组成清洁发电系统，大幅提高可再生能源在电源结构中的比例。

（5）发展太阳能热发电对经济和相关产业的拉动作用显著

光伏和太阳能热发电的产业链均很长，但与光伏产业链不同的是，太阳能热发电产业链的绝大部分环节为传统制造业，如太阳集热岛所需的大量钢材、玻璃、水泥、镀膜、储热材料等，1 个 5 万千瓦装机配 4～8h 储热的太阳能热发电系统，需要钢材、玻璃、混凝土都在万吨级，发展太阳能热发电可适度缓解我国钢铁、玻璃、水泥等产能过剩问题。此外，汽轮机、发电机也是我国的传统优势产业，太阳能热发电系统集成、运行控制有潜力成为新兴产业。因此，太阳能热发电不仅是提供一种清洁能源供应方案，更为重要的是，其可拉动经济和多项传统、新兴产业的发展。

（6）发电的持续性与稳定性的差异

太阳能热发电技术另一相对光伏发电的优势为：利用熔盐储热技术，太阳能光热电站能够在没有太阳的情况下和夜晚持续发电并始终保持发电的稳定性。

这使太阳能光热发电在替代火电的可能性上拥有超过其他清洁能源的优势。在发电功率上，太阳能热发电也高于光伏电池。

专家指出，在太空发电中，太阳能热发电接受太阳光的面积比相同发电能力的太阳光伏电池低 25％左右。当然，这也意味着汇集太阳能热的反射光斑聚热性能要高，精度偏离会造成较大能量损失。与光伏发电相比，聚光型太阳能热发电具有输出稳定、可承担基础负荷、可与火电形成互补等优点，但同时也有系统建设周期长、后期运行维护技术复杂、需要大量用水的劣势。

常规发电是通过控制燃料的输入，得到可控的电力输出；而可再生能源发电是不可控的能量输入，得到不可控的发电输出，这在电网中只能占很小的比例。如何在不可控的输入条件下得到可控的电力输出，是可再生能源发电的最大难题。太阳能热发电通过热量的收集过程，储存部分热量，调节电力输出，使发电负荷满足电网的需求，是太阳能热发电的最大优势。

（7）应用前景差异

在随机应用方面，当前太阳能电池占据巨大优势。可以应用于微小尺寸，也可以汇集应用于巨大的范围。因为输出电压较低，太阳能电池适用于城市土地利用集中的不规则开阔区域，终端可以是民用、农村、交通。人造地球卫星是太阳能电池最初的应用，效果一鸣惊人。

现在，太阳能电池已应用到汽车，轮船，连续一年不用着陆、补充能量、一直追踪太阳、环绕地球的航天器上。20 世纪 90 年代美国政府提出“百万屋顶”计划以后，太阳能电池开始在建筑上广泛应用。与大型太阳能热发电技术抗衡，在欧美等地都出现了大型太阳能光伏发电工程。如太阳能光伏开发利用进入家电领域后，各种各样的太阳能家电新产品应运而生，例如太阳能庭院灯、太阳能草坪灯、太阳能电扇、太阳能电视、太阳能电话、太阳能空调、太阳能照相机、太阳能电扇凉帽等。其中尤其以太阳能庭院灯和太阳能草坪灯发展最为迅速，并形成了相当的生产规模，国际市场对太阳能草坪灯的需求十分巨大。

微型太阳能电池是太阳能电池家族新宠。例如，美国南佛罗里达大学已研发出超小型太阳能电池。研究人员已从大小仅为一颗米粒 1/4 的电池上获得 11W 的电力。这种电池可放入溶剂，通过喷枪控制大小厚度，也可制成膏状便于涂抹。这种电池可以喷涂在任何接触到阳光的物体表面，如服装、汽车、墙体等，可在衣服表面起装饰作用又提供保暖作用，为各类小型电器提供电力（如给手机、电脑充电）。随着太阳能电池效率的提高，尤其是第二代、第三代太阳能电池的陆续登场，太阳能光伏发电应用领域极为光明。

太阳能电池虽单价较高但安装便利，可以应用于地球的各个角落，从蝇蚊大小的微型机器人到车水马龙的城市，从建筑到玩具、衣裤、手机，都已投入使用太阳能电池，而太阳能热发电如空谷幽兰，场地主要集中在沙漠、高原，加上宣传不足、技术有待完善，这是后者知名度低的主要原因。

面对太阳能光伏发电广泛的应用，太阳能热发电也有很大希望。现在，温差发电也是各国学者研究开发的领域，很有可能在不远的将来取得突破，那时太阳能热半导体温差发电等技术将会与光伏电池展开新的竞争。利用太阳能热水和冷水之间温差发电也会在未来建筑中大有所为。

3.10 我国对太阳能热发电技术的发展规划

我国的地域特点是广阔，可供选择的区域广大，无种植的原始干旱沙漠和丘陵地区多。我国太阳辐射能量的特点是全国太阳辐射强度大、日照条件好的区域大部分纬度偏高，全年辐射变化幅度较大，全年冬夏季温差偏大，全年风沙较大。

国家高度重视太阳能热利用技术的发展。我国政府有关部门和专家学者对此已进行研究规划。2009 年，我国太阳能光热利用行业产值达到 630 亿元，居全球首位。但是大规模、低成本太阳能中高温热利用技术刚刚起步。为了加快产业技术发展、构建产业技术创新链、全面提升我国太阳能热利用产业的国际竞争力，2009 年 10 月，在科技部、财政部、教育部、国务院国资委、中华全国总工会、国家开发银行六部委的共同推动下，30 家国内知名的产、学、研机构共同发起成立了太阳能光热产业技术创新的战略联盟，开展“863 项目”“973 项目”。

“863 项目”的总体目标是建成 1MW 级（发电功率）的塔式太阳能热试验发电站和试验平台，借此发展我国太阳能热发电的技术研究。

项目的主要任务是结合我国国情确定一种较为可行的总体技术方案；建设试验示范电站；开发出太阳能电站总体设计技术；研制低成本定日镜、高温吸热器、储热装置等设备；制备高可靠性玻璃镜、高温传热、储热等材料。

该项目于 2006 年部署启动，共支持 5 项课题，分别对太阳能热发电系统设计与集成、系统核心部件关键技术及太阳能热发电实验平台等项目进行研究。项目已建成占地 221 亩、亚洲最大的太阳能热发电试验基地。该基地拥有 1MW 的定日镜场并可以扩充到 10MW，高度为 118m、设置 3 个实验平台的太阳塔，具备进行 1～10MW 多种不同吸热器的试验能力，建成开展太阳能热发电实验的关键装置和研究平台。通过项目的实施，已基本掌握具有自主知识产权的系统设计技术、定日镜设计和制造技术、定日镜场设计技术、吸热器和蓄热系统设计与制造等关键技术，初步具备自主开发和制造商业化、规模化太阳能热发电站及其关键装备的能力，为我国在太阳能热发电技术领域的持续创新奠定了基础。

“973 项目”课题的名称是“高效规模化太阳能热发电的基础研究”。从 2010 年开始，预计 5 年之内完成。本研究共设 6 个课题：①太阳辐射能高效聚集课题，主要解决光的高效聚集问题；②从光到热的转换及吸热过程课题；③高温传热及蓄热介质课题，寻找新型的传热、蓄热介质，突破目前的使用温度限制条件；④规模化的太阳能热发电系统集成调控课题，旨在解决系统控制策略；⑤高温传热、蓄热材料设计与性能课题，从材料角度解决蓄热的容量和效率问题；⑥太阳能热发电的环境适应性课题，解决新系统的环保排放及系统与环境的良好适应问题。

内蒙古 50MW 项目位于内蒙古鄂尔多斯市杭锦旗内的巴拉贡，项目的可行性研究和项目前期工作由内蒙古绿能新能源有限公司和德国 Solar Millennium 公司组建的合资公司——内蒙古施普德太阳能开发公司完成。

国家能源局启动对该项目的特许权招标，旨在通过摸底的形式，了解在国内的热发电成本，推动热发电技术的发展。

太阳能热发电技术的规划：在国家能源科技“十二五”规划中明确规划要建设大规模太阳能热发电示范工程。规划指出：目标是建设 300MW 级槽式太阳能与火电互补示范电站、50MW 级槽式太阳能热发电示范工程和 100MW 多塔并联太阳能热发电示范电站，解决从聚光集热到热功转换等一系列关键技术问题。

规划提出的 300MW 级槽式太阳能与火电互补示范工程研究内容包括高精度、低成本太阳能集热器及其工艺，太阳能给水加热器，太阳能集热与汽轮机控制运行特性等；50MW 级槽式太阳能热发电示范工程包括高温真空管，高尺寸精度的硼硅玻璃管，高反射率的热弯钢化玻璃，耐高温的高效光学选择性吸收涂料等设备生产工艺；槽式电站设计集成技术示范的 100MW 多塔并联太阳能热发电示范工程包括 5MW 吸热器定日镜，储热装置的现场实验，大规模塔镜场的优先排布技术，多塔集成调控技术，电站调试与运营技术示范。

解决以上规划列举的关键技术，太阳能热发电将实现巨大飞跃。

3.11 太阳能热发电在未来能源结构中的地位

由于未来发展具有不确定性，人们对于未来能源构成的看法有别。有人估计到 2050 年人类对太阳能的利用占总能耗的 50%以上，也有人认为略低于这一比例。但是，专家和权威机构都倾向届时热利用（如太阳能热水、海水淡化、温室、空调等）占据其中最大份额。

何祚庥、黄湘等专家一直关注我国太阳能热发电技术，看好这项技术的未来应用前景，同时也提出了一些建议。

（1）太阳能利用是用土地换能源

根据现有技术推论，两台 300MW 机组按照 5000h 的设备利用计算，每年可发电 30 亿千瓦时，占地约 $30hm^2$（含电站、灰场等），而太阳能电站发同样电量需要 $3000hm^2$ 土地，因而太阳能热发电占地是常规火电机组的 100 倍。假定土地每年每平方公里贡献 1 亿千瓦时的电，则 4 万平方公里的土地年可发电 40000 亿千瓦时，这个数据接近我国 2010 年的总发电量。我国拿出 1 万平方公里的土地，占我国国土总面积的 1/960，就能解决相当 2010 年全国一年中 25% 的电量。根据太阳能热负荷的输出特性，采用储热技术的发电形式是适应电网用电状态的，因而可以接纳全部发出的太阳能发电量。因此，太阳能利用实际上是用土地换能源，可以充分利用我国太阳辐射条件好的戈壁和半沙漠地区。

（2）太阳能发电基地一旦建成，将永久使用

我国电站设计寿命按照 30 年计算，世界上 1910 年制造的汽轮发电机有过 90 年的运行经历。电站运行除了自身寿命外，燃料来源也是重要因素，因此我国很多早期电站到达退役时间后，新电站绝大多数都是另辟新址，而太阳能热发电使用太阳能，又因占地面积太大，因此，电站一旦建成，就永远运行下去。只需要每年进行设备维护、维修和定期更换材料设备，因而延长设备还贷期将大大有利于电价的计算。同时，前期项目不能以一个电站进行项目分析，而要以发电基地的概念进行可行性分析和研究，包括环境分析。

（3）太阳能热发电研究和应用是系统工程

太阳能光伏发电的研究重点在于光电电池效率，建设 1MW 和 10MW 的光伏电站在技术上没有本质不同，而太阳能热发电的难点在于光-热-功-电的转化过程和系统集成，特别需要工程建设和运行实践，才能确证其成功与否。一个周期大约 5 年，而目前不能确定现有的太阳能热发电技术是最佳方案，因此，需要有实验和示范项目的探路，从设备制造、系统整合、调试运行和维护检修等多方实践，才能找到最佳途径，进行下一轮的实践。从示范项目到工程应用项目，必须要经过至少两轮的实践考验才能成熟。国外最早的槽式系统至今已经运行了 25 年，但是目前国际上仍在进行新的太阳能热发电系统研究。

① 太阳能热发电项目的单位造价。由于我国的人工成本和材料费低于国际标准，一般的看法是国内的单位千瓦造价比国际低 20%。对于槽式电站，集热管、抛物面玻璃镜等都属于新产品，国外产品价格高，国内产品需要大量的投资建设，初期产品价格也不可能低。因此示范项目建设的成本较高，但随着规模化的建设，成本将会迅速降低。

② 国家政策的支持方向。在太阳能热发电初期发展中，需要国家的相关政策支持，美国、西班牙的太阳能热发电发展证明了政策支持的重要性。除电价政策外，结合西部开发配套土地政策上的支持非常重要；根据运行年限，太阳能热发电可长期发电，应该对这类项目的贷款期适当延长；太阳能热发电不需要消耗能源，运行成本低，因此应给予税收和贷款优

惠支持政策。

(4) 太阳能热发电在未来能源中的地位

太阳能光伏发电以其特有的属性和政府扶持，近年来迅速成为新能源行业的一颗耀眼明星，而太阳能热发电则养在深闺人未识，未免有点相形见绌。

太阳能热发电技术的特点在于通过光热的转换、集中和储存，利用常规的发电技术，将太阳的辐射能转换为电能。这一电能是常规发电机发出的电力，因此输出电压高、输送距离远，适用于大规模发电。在太阳能量的转换过程中，利用的是钢材、水泥、机械设备等常规材料及设备，特别适合像我国这样的以机械制造为主的大国发展，从而得到长期廉价、无污染的电能。正因为具有其他能源难以替代的优势，太阳能热发电在未来世界能源结构中，尤其是在未来我国能源结构中，将会占据一个极为重要的位置。

太阳能热发电在国外却已具一定规模，太阳能热发电正成为世界范围内可再生能源领域的投资新热点，目前太阳能热发电站遍布美国、西班牙、德国、法国、阿联酋、印度、埃及、摩洛哥、阿尔及利亚、澳大利亚等国家。

太阳能热发电自 20 世纪 80 年代迈入商业化进程以来，已近 40 年的历史，其在全球电力供应结构中的地位逐步提升。截至 2017 年底，据 CSPPLAZA 太阳能热发电网数据，全球太阳能热发电建成装机容量达 5133MW。

随着太阳能热技术经济性日渐趋佳，摩洛哥、沙特阿拉伯、中国、南非等重要的新兴太阳能热市场正在快速崛起。2018 年，光热发电新增装机实现大爆发，多个在建太阳能热电站在 2018 年密集投运。

太阳能热发电主要用于贫瘠或荒漠化土地上大规模的并网发电。太阳能热发电输出电力平稳，吻合电力负荷曲线，具有非常强的与现有火电站及电网系统的相容性优势；生产过程中能耗与污染少，对环境的负面影响很小；年均发电效率比光伏发电高；大规模运行成本低。但一次性建设投资大、维护成本高以及水源问题都是必须面对的难题。

随着我国科技部有关太阳能热发电“863 项目”“973 项目”的实施，亚洲首座兆瓦级塔式太阳能热发电示范电站在北京延庆开始兴建。2010 年国内首个 50MW 级鄂尔多斯太阳能热发电项目高调开闸，从幕后走到前台，拉开了与光伏发电同台相争的帷幕。

目前主流的太阳能光伏发电技术仍是晶体硅太阳能电池技术，并且随着产业规模的扩大，发电成本在迅速下降，在屋顶和地面应用有优势，实现了非完全市场经济条件下的商业化应用。尽管其能量回收期很短，却也无法回避产业链前端多晶硅生产高能耗、技术不过关、易污染的短板。作为晶体硅太阳能电池同门兄弟的薄膜太阳能电池是新生的后备力量。

我国于 2007 年颁布的《可再生能源中长期发展规划》中就提到，未来将在内蒙古、甘肃、新疆等地选择荒漠、戈壁、荒滩等空闲土地，建设太阳能热发电示范项目，到 2020 年，全国太阳能热发电总容量达到 20 万千瓦。虽然短期内，太阳能热发电难以挑战光伏发电的地位，但以内蒙古 50MW 太阳能热发电项目为契机，随着技术创新步伐加快，在国家政策支持下，我国太阳能热发电将有可能成为下一个新能源投资的蓝海。

人们应该客观认识太阳能热发电与太阳能光伏发电各自的优缺点，坚持用两条腿走太阳能发电的低碳发展之路，在各自领域内以创新的力量共同捍卫地球家园的碧水蓝天。而在太阳能发电利用中，太阳能光伏发电和太阳能热发电可能平分秋色，并且实现左提右挈，优势互补。

根据国际能源署（IEA）发布的技术路线图报告预计，到 2050 年，太阳能发电将占全球发电量的 20%～25%，其中太阳能热发电（仅指聚光热发电）供应世界 11%以上电力。

这意味着太阳能热发电在未来能源结构中占据重要地位，将会提供人类所需能源的10%，这是一个相当保守的估计，如果考虑到海洋温差发电、月球发电和其他突破，太阳能热发电对未来能源的贡献更大。而在重视环保生态、太阳能资源丰富的中国，太阳能热发电将会大大超过这个比例。而国内专家认为，到2020年，我国将形成完全自主知识产权的太阳能热发电重大装备设计制造与电站系统集成能力。到2050年，太阳能热利用技术将满足我国电力消费总需求量的18%～25%，即接近1/5～1/4。这意味着太阳能热发电技术在我国未来能源结构中将会扮演举足轻重的角色。

第2篇

太阳能热发电专有技术

4 聚光集热与聚光器

太阳能热发电是将太阳辐射经热能转换为电能的能量转换方式，其中热发电部分与常规热力发电工厂相同或相近，属广泛应用的常规设备，而提高太阳辐射的能流密度，并将其转换为不同温度的热能的部分，如聚光、跟踪、热能接收、转换和储存，是太阳能热利用的专有技术，是太阳能行业多年筚路蓝缕的结果。而人们又针对太阳能热发电的特点，对这些技术进行了升级、创新。本章介绍的是聚光（即聚热）与聚光器。

4.1 聚光集热

4.1.1 聚光集热概念

聚光是将太阳辐射汇聚成焦点（焦线）以提高太阳能集热装置温度的唯一有效方法。我国古代的“阳燧取火”及传说中阿基米德点燃敌军船只用的都是聚光技术。

集热是对吸收太阳能辐射并且将产生的热能传递到传热工质的技术。在习惯上，人们将产生较低温度（可以聚光，也可以不通过聚光）的装置称为集热器。集热器大量用于热水系统。随着技术发展，集热器已用于太阳能建筑、海水淡化、太阳能制冷等，采暖是太阳能市场的主导产品。由于太阳能集热器可以在世界任何角落应用，能够产生 50～200℃ 的热水——蒸汽。这一温度已经高于一些低温发电的温度，太阳能低温发电领域具备现实光明前景。

太阳能集热器可以用多种方法进行分类，例如，按传热工质的类型；按进入采光口的太阳辐射是否改变方向；按是否跟踪太阳；按是否有真空空间；按工作温度范围等。

(1) 按集热器的传热工质类型分类

按集热器的传热工质类型，太阳能集热器可分为两大类型。

① 液体集热器。液体集热器是用液体作为传热工质的太阳能集热器。

② 空气集热器。空气集热器是用空气作为传热工质的太阳能集热器。

(2) 按进入采光口的太阳辐射是否改变方向分类

按进入采光口的太阳辐射是否改变方向，太阳能集热器可分为两大类型。

① 聚光型集热器。聚光型集热器是利用反射器、透镜或其他光学器件收集太阳能，它利用抛物面或凹面镜收集太阳的直射辐射能量。由于吸热面积小于采光面积，热损失小，适用于高温集热。其装置结构可分为跟踪与不跟踪两种。抛物面集热器，是利用若干块抛物面镜组成的反射器来汇聚太阳辐射的非成像集热器。多反射平面集热器，是利用许多平面反射镜片将太阳辐射汇聚到一小面积上或细长带上的聚光型集热器。菲涅尔集热器，是利用菲涅

尔透镜（或反射镜）将太阳辐射聚焦到接收器上的聚光型集热器。

② 平板型太阳能集热器。它的采光面积与吸热面积相等，它不仅可接收直接辐射还可接收散射辐射，因此一般不需要跟踪。

(3) 根据吸收太阳能的工质不同分类

① 工质为液体（水）。工质为液体的太阳能集热器称为液态集热器，太阳能热水器大部分集热器均以水为工质，也有部分集热器采用耐低温防冻介质。

② 工质为气体。称为空气集热器，是太阳能干燥装置的重要部件，其干燥温度范围一般为 40～70℃。

图 4-1 是几类有代表性的平板集热器示意图。

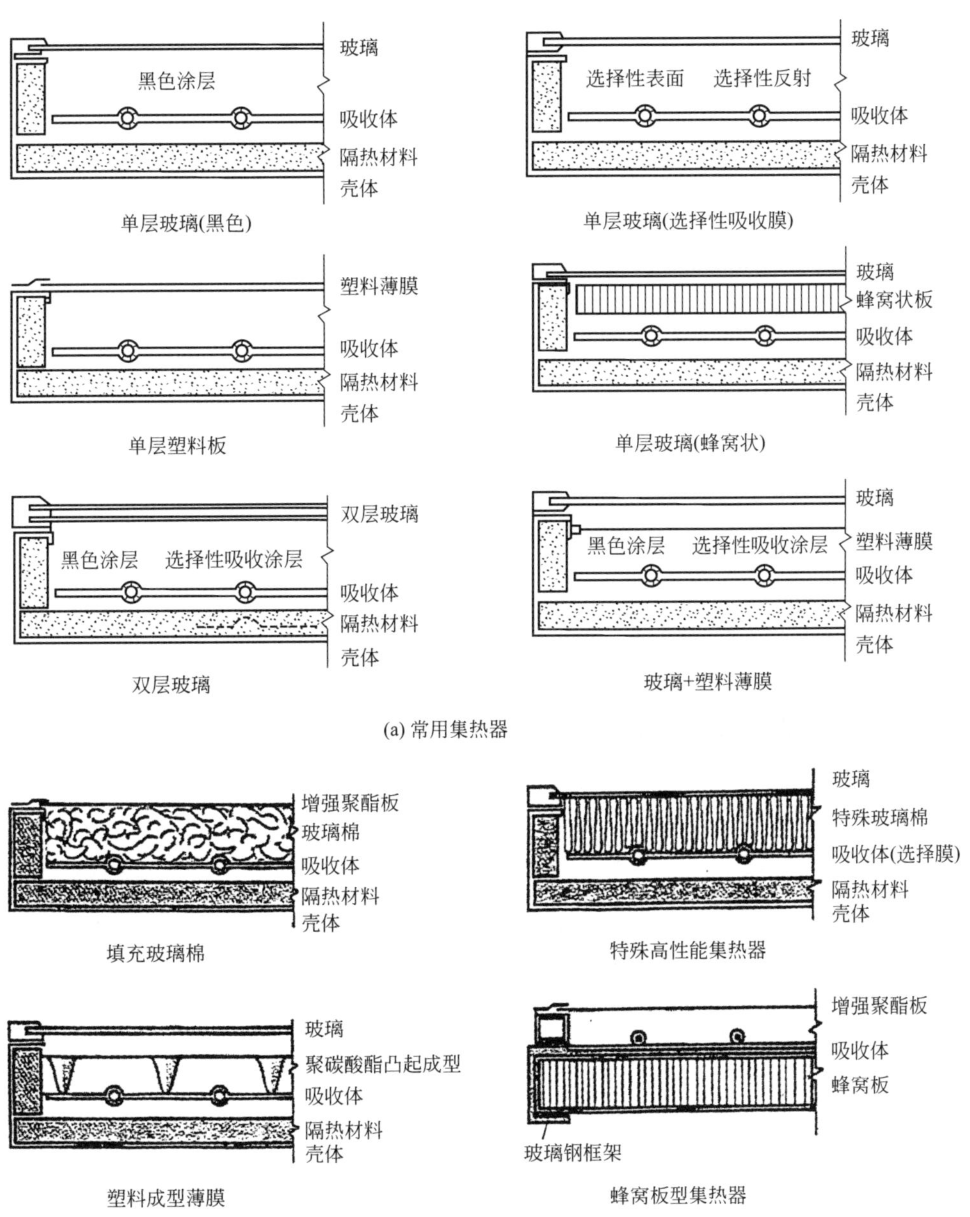

图 4-1 平板型集热器结构

太阳能蒸汽技术就是一种充分利用太阳能真空管在闷晒条件下，不聚焦、不追踪就能获得的高温热能，创新出一种高效换热的真空管蒸汽装置，通过串联增加温度，通过并联增加流量，促使输入的软化水在流动中高效吸收热能，无需额外加热就能迅速实现气液相变，突破了真空管集热器直接产出蒸汽的技术瓶颈。根据云南省特种设备安全检测研究院检测：在日照 1kW/m^2，水温 25℃的条件下，太阳能蒸汽装置可以输出 175℃、0. 8MPa 的饱和蒸汽，转化率为 56. 32%。这种装置可以用于汽轮机和温差发电。

聚光太阳能热发电（或称聚焦型太阳能热发电，Concentrated Solar Power，CSP）是一个集热式的太阳能发电系统。它使用反射镜或透镜，利用光学原理将大面积的阳光汇聚到一个相对细小的集光区中，使太阳辐射能集中，使在发电机上的集光区受太阳光照射而温度上升，由光热转换原理使太阳能转换为热能，热能通过热机（通常是蒸汽涡轮发动机）做功驱动发电机，从而产生电力。聚光集热器的分类如表 4-1 所列，不同类型的聚光器工作原理简图如图 4-2 所示，其中菲涅尔反射镜聚光如图 4-3 所示。美国“太阳一号”塔式太阳能热发电工程投资 1.43 亿美元，其中跟踪聚光装置占总投资额的 52%，在随后各国开展的有关工程中跟踪聚光装置投资比例与其基本相同。

表 4-1　聚光集热器的分类

集热器形式		聚光比	最高运行温度/℃
三维集热器	固定球形聚光(SRTA)	50～150	300～500
	菲涅尔透镜聚光	100～1000	300～1000
	旋转抛物面聚光	500～3000	500～2000
	塔式聚光	1000～3000	500～2000
二维集热器	复合抛物面聚光(CPC)	3～10	100～150
	菲涅尔透镜聚光	6～30	100～200
	抛物面和菲涅尔反射镜聚光	15～50	100～300
	固定镜面聚光(FMSC)	20～50	300

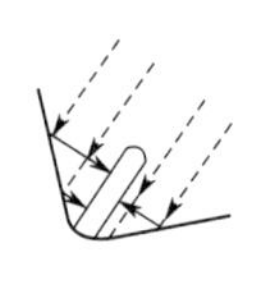
(a) V形聚光器

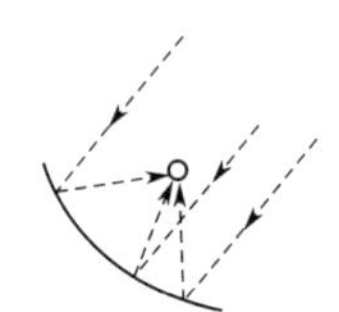
(b) 抛物面聚光器

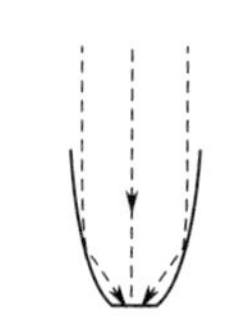
(c) 复合抛物面聚光器(CPC)

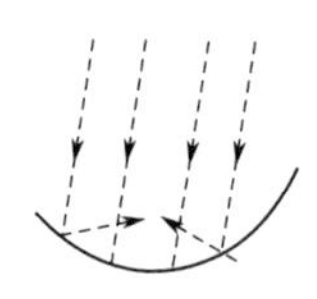
(d) 固定球形(SRTA)聚光器

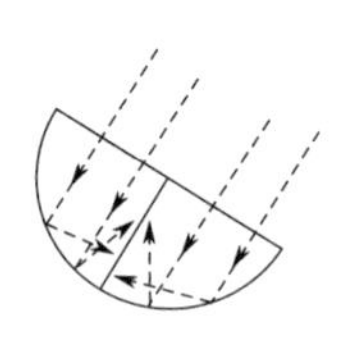
(e) 半圆柱形聚光器

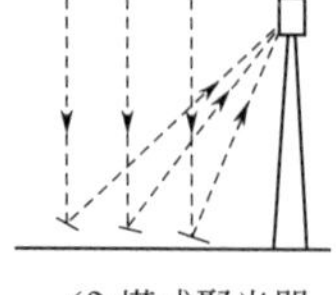
(f) 塔式聚光器

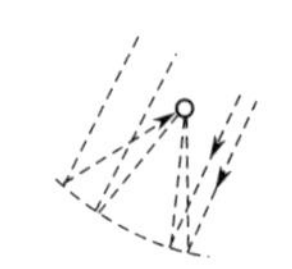
(g) 反射式菲涅尔聚光器

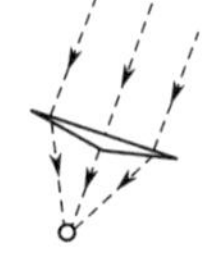
(h) 透镜聚焦聚光器

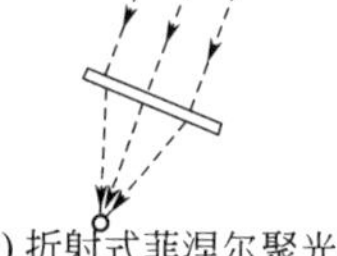
(i) 折射式菲涅尔聚光器

图 4-2　不同类型聚光器工作原理简图

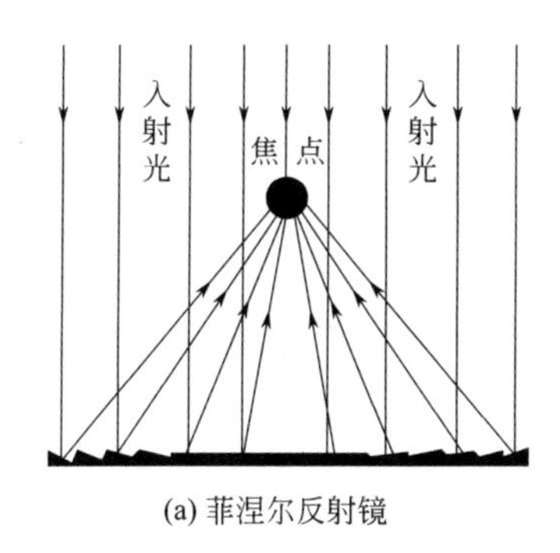

(a) 菲涅尔反射镜

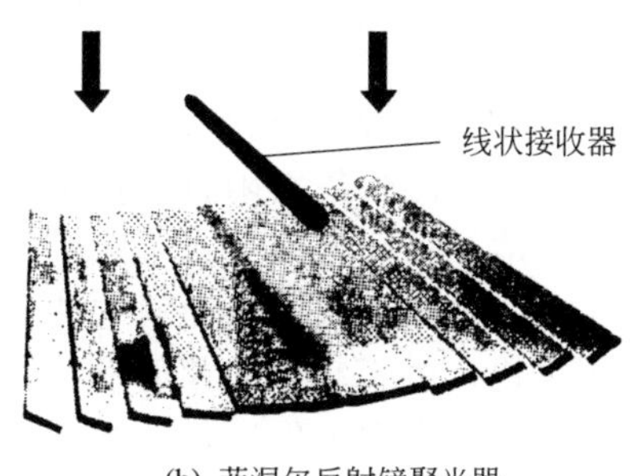

(b) 菲涅尔反射镜聚光器

图 4-3 菲涅尔反射镜聚光

4.1.2 聚光作用

聚光是提高太阳能集热装置温度的唯一有效方法，在达到平衡条件之前，聚光器受到日照，吸收表面的温度是持续上升的。例如，对于平板聚热器，入射辐射为 400W/m^{2}时的平衡温度为：

日照表面温度　　25℃（高于环境温度）；

单层玻璃盖板温度　39℃；

双层玻璃盖板温度　53℃。

若需更高的温度，则需将辐射进行某种形式的光学汇聚。例如，当入射辐射为 630W/m^{2}时，可以达到的平衡温度如下。

平板型：单层玻璃盖板温度　59℃（高于环境温度）；

　　　　双层玻璃盖板温度　71℃。

聚光器：聚光度 5　178℃（高于环境温度）；

　　　　　　　 10　306℃；

　　　　　　　 20　520℃。

聚光度（*Cr*）是垂直于太阳光线的日照面积（即“捕捉面积”）与吸收器上由聚光装置产生的太阳映象面积之比。

聚光装置的优点不仅是产生的温度较高，而且在于从大面积得到热量的同时却仅从小面积（实际的吸收体）损失热量；缺点是只能利用定向的直接辐射能，而不能利用散射辐射能。

透镜可以获得很高的光学精度，但直径在几百毫米以上的透镜十分昂贵。它们只能作为次级聚光器与反射器组合使用。

4.1.3 聚光反射材料

4.1.3.1 改进聚光反射器的原因

聚光反射器对玻璃成型工艺、镜面性能提出更高要求，其中对镜面聚光方式的改进最受关注。

例如在塔式系统中，光热转换效率为 60%左右。在太阳塔上汇聚的光斑在一天之内有很大变化。普通反射镜无法克服由太阳运动产生的像差，同时又由于太阳的盘面效应，各个反射镜在太阳塔上形成的光斑随着镜面与塔距的增加而呈线性增长，这会导致聚光光强的大幅度波动，所以需要对不同的反射镜面采用不同曲率半径的球面，以减少光斑尺寸，这意味着光学设计趋于复杂，制造成本增加。

4.1.3.2 几种典型的聚光集热器的运行原理

由于聚光镜只能聚集太阳直射，所以带聚光镜的集热器必须设置跟踪设备，以保持聚光镜的采光面（即开口）永远与太阳直射相垂直。

聚光比和接收角是太阳聚光镜的两个最主要的参数。聚光比是指聚光镜的采光面积与吸热器的面积之比，由于它只和几何形状有关，故常称几何聚光比。有时也取吸热器面上的辐射通量与聚光镜采光面上的辐射通量之比为聚光比，由于后者除几何因素外还与吸热器的吸收性质有关，所以在热利用中通常用几何聚光比。接收角就是视场，是指一定的角度范围，在此范围内，进入聚光镜开口的太阳辐射经聚光镜反射后都被聚集在吸热器上。

即使是理想的聚光镜（不存在任何由镜面及跟踪误差产生的像差），其聚光比也有一个理论上的极限值，因为若可以将太阳辐射通过聚光镜而聚集到一个任意小的吸热器上，则后者的温度会大于太阳的表面温度，而这是违反热力学第二定律的。

选择何种聚光器主要取决于具体的应用目的，若要求得到温度很高的热能，就必须采用聚光比高的聚光镜，跟踪要求也必须相应提高。

太阳辐射的高密度聚集是太阳能热发电的基本过程。塔式和槽式系统中聚光器的成本占一次投资的45%～70%，聚光场的年平均效率一般为58%～72%。因此聚光过程的研究对系统效率和成本有着巨大影响。

聚光过程的能量损失主要有余弦损失、反射损失、空气传输损失和由于聚光器误差带来的吸热器截断损失等几个方面。另外，在工作环境和寿命的约束下，要保证聚光器的精度，聚光器的成本降低目前受到了很大的限制。综合这两方面中的诸多因素，需要从光学、力学和材料学等方面对光能的收集和高精度聚集进行深入的探索，克服由聚光面形成的像差及跟踪误差等对能流传输效率的影响和由于能流矢量时空分布不满足吸热器的要求导致光热转换效率低的问题，需要建立基于能流高效传输的聚光与吸热的一体化设计方法。

4.1.3.3 聚光用的反射材料

抛物镜采用反射材料的质量是影响集热器效率的一个重要因素。优良的反射材料反射率高达90%以上，而差劣的反射材料反射率不到50%。反射率越高，集热器效率也越高。因此，采用优良的反射材料能将集热器效率大幅度提高。

反射材料必须具有下列特点：反射率高、耐候（温度、湿度）性能好、抗紫外线性能强、耐磨性好、机械强度高、使用方便、成本低廉。

反射材料的种类较多，主要的反射材料有3种。

（1）镀银玻璃镜

镀银玻璃镜是一种传统的反射材料，反射率高达90%以上，具有较高的结构强度，耐候性好，耐磨性好，使用寿命长。它的缺点是易碎。由于镀银玻璃镜市场供应充足，价格低廉，至今还被普遍使用。

现在镀银镜一般有4层结构：①玻璃（沉积镜子的基体）；②银层（反射层）；③铜层（保护金属银同时作为过渡层、降低银和保护漆之间的内应力）；④漆层（形成保护膜）。

镀银玻璃镜要求有平整度，整体镜面曲线精度误差不超过0.1，其中银层由湿化学法或磁控溅射法制备。

（2）阳极氧化铝板

这种反射材料在20世纪50～60年代被广泛采用于太阳能利用技术中，它具有反射率高（可达80%～85%）、耐紫外线性能好、机械强度较高等优点。它的缺点是工艺复杂，成本较高。因此近年应用不够广泛。

(3) 真空镀铝聚酯薄膜

这是一种新颖的反射材料，它具有反射率高（可达 90%左右）、重量轻、可连续加工、成本低的优点。但是聚酯薄膜本身不具有刚性，使用时需要粘贴在具有一定刚性的底材（如金属薄板、塑料板、硬质纸板等）上，底材按照需要的曲面加工成型。

真空镀铝聚酯薄膜是用厚度只有 0.01～0.02mm 的聚酯薄膜在真空镀膜机中镀上一层极薄的致密铝层。但如果铝层直接暴露在空气中，铝层将会很快氧化而使反射率显著降低。

保护铝层的办法有以下 2 种。

① 在粘贴时，将镀好铝层的聚酯薄膜的铝面朝下，用黏结剂粘贴在底材上。使用时，聚酯面朝上作为保护层，避免铝层与空气、水分接触。这种办法工艺简单又无需增添保护材料。但是聚酯薄膜对紫外线的抗老化性能不够好，用这种方法制成的镜面，一般在使用半年后，反射率大幅度下降，严重影响使用寿命。

② 将聚酯薄膜与底材粘贴，在朝上的铝面上再涂覆一层保护层。它必须能与铝层良好地黏附，要具有良好的耐候性、致密性以及经得起阳光暴晒的抗紫外线老化性能。目前已被采用的一种保护涂层称为甲基有机硅树脂。实践证明，这种保护涂层能使真空镀铝聚酯薄膜的使用寿命延长两年以上。

4.1.3.4 镜面清洗

太阳能热发电工程大多选择在干旱、少雨地区，阳光充沛地区，风沙、灰尘附着于镜面会大幅降低聚光集热效率，故各类镜面都必须定期清洗，在扬尘天气过后一般都要进行清洗。

碟式、槽式、线性菲涅尔式镜面形状不同，每个塔式定日镜可达 100 多平方米，清洗是一项费时费水的工作。现在已有专家建议在反射材料表面再喷涂纳米自洁材料，在美国已登陆火星的“勇气号”火星车上，人们研发出一种表面可按需求导通微电流，通过电荷排斥清除火星沙尘暴的玻璃，这使很多研究太阳能热发电聚光装置的专家受到启发。

4.1.3.5 表面镜和背面镜

玻璃镜面以玻璃作基材，在其正面或背面沉积纯金属膜层，然后再在金属膜层上涂 1～2 层保护层，即成玻璃镜面。在太阳能热动力发电工程中常用的玻璃镜面多为镀银膜层。根据其镀银层的沉积面不同，玻璃镜面可以分为表面镜和背面镜，其原理结构示意如图 4-4 所示。

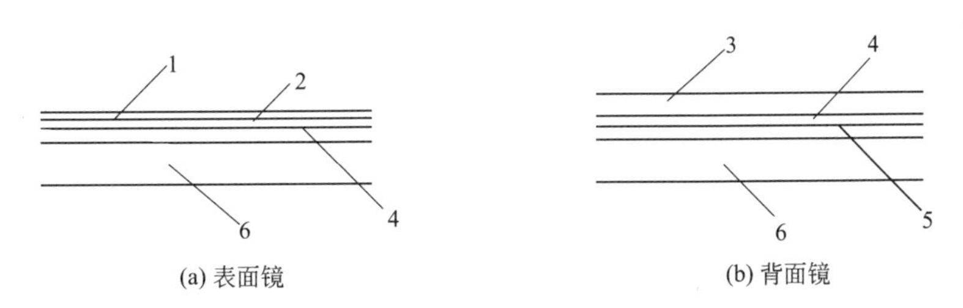

图 4-4 两种不同玻璃镜面结构的原理结构示意

1—面保护膜；2—陶瓷保护层；3—超白玻璃；4—金属反射层；5—黏结剂；6—基底

(1) 表面镜

表面镜就是镜面金属反射层沉积在玻璃基底的上表面，然后再蒸镀一层很薄而透过率极高的陶瓷保护层，最后再涂加一层面保护膜，如图 4-4（a）所示。入射阳光经镜面直接反射，故称为表面镜。

表面镜的有效阳光反射率较高，但其反射层的面保护膜长年暴露在大气环境中，易于受损和老化，故其使用寿命较短，通常为3～5年。

（2）背面镜

背面镜就是镜面金属反射层沉积在超白玻璃的背面，利用黏结剂与基底黏结为一体，如图4-4（b）所示，故称为背面镜。入射到背面镜上的阳光，小部分为玻璃表面反射，其余大部分透过玻璃到达反射层，经反射再透过玻璃投射出去，这里太阳光线两次出入低铁超白玻璃，加大了材料对阳光的吸收损失。

背面镜的有效阳光反射率相对稍低，但其反射层不用面保护膜，即为低铁超白玻璃镜面自身，因此使用寿命较长，多在10年以上。背面镜的加工工艺更为复杂，价格也更高。

4.1.4 聚光集热温度

聚光可以有效地提高接收器的工作温度。不同的聚光集热方式有不同的聚光比和可能达到的最高集热温度，其关系曲线如图4-5所示，图中以接收器受光面的选择性吸收涂层的特征参数 α/ε 为参变量。由图可见，α/ε 比值越大，在相同聚光比的条件下可能达到的集热温度越高。显然，不同的聚光集热方式处于曲线的不同区段。

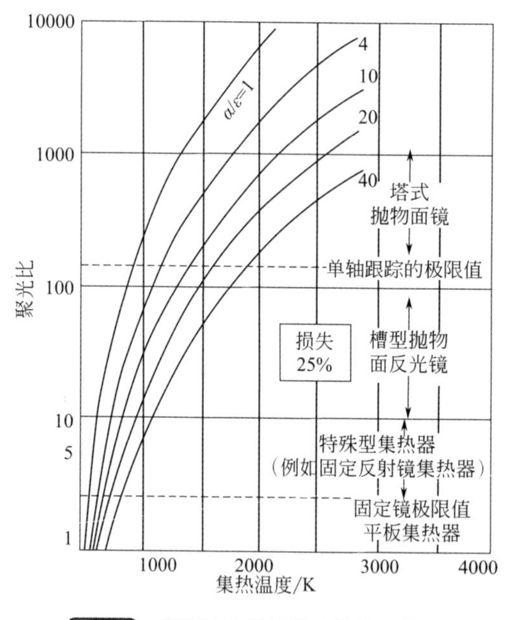

图4-5 聚光比和集热温度的关系曲线

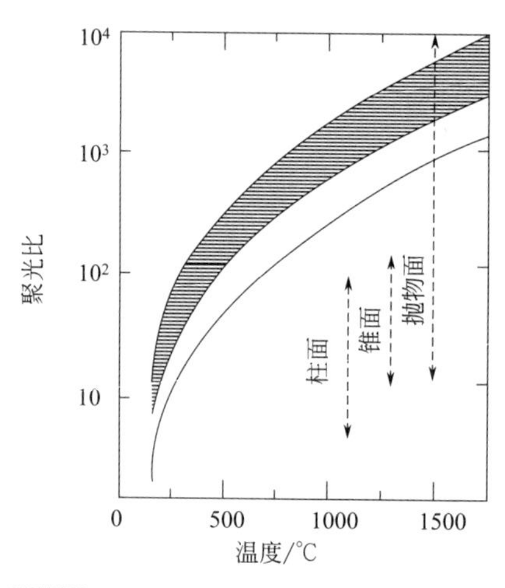

图4-6 聚光比与接收器表面温度的关系

接收器向环境散热的表面与光孔面积之比反映集热器使能量集中的可能程度，是聚焦型集热器的几何特征参数。这有利于减小散热损失。

光学效率表示聚焦型集热器的光学性能。它反映了在聚集太阳辐射的光学过程中，由于集光器不可能达到理想的程度（如形状、表面的光学精度、反射率等各方面的影响）和接收器表面对太阳辐射的吸收也不可能达到理想化程度而引起的光学损失。聚焦型集热器的光学损失要比平板型显著，而且一般只能利用太阳辐射的直射分量，只有聚光比比较低的集热器才能利用一部分散射分量。因此，在聚焦型集热器的能量平衡中，必须考虑散射分量的损失和光学损失。

集热器的集热温度越高，就需要越高的聚光比。图4-6所示为几种集热器在某种条件下计算得到的聚光比与接收器表面温度之间的关系，更确切地说，是到达接收器表面上的平均辐射强度与工作温度的关系。接收器的表面温度越高，热损失就越大。当接收器所获热量与热损失达到平衡时，焦面上的辐射强度或聚光比与平衡温度之间的关系如图 4-6 中实线所示。如果要求在某温度下能够输出可用的能量，则应当提高聚光比。图中阴影区表示集热器效率为 40%～60%的工作范围。

4.1.5 太阳能热发电常用的聚光集热技术

（1）聚光集热技术应用自身存在的制约因素

聚光集热技术的应用，自身存在着以下两个基本制约因素。

① 聚光集热技术只能收集利用太阳直射辐射能，不能收集利用太阳散射辐射能。因此，太阳辐射中的散射辐射能对聚光集热器来说相当于自然能量散失，从而降低了太阳能利用率。太阳直射辐射能量通常在太阳总辐射能中占 50%～90%，所以太阳散射辐射能量在太阳总辐射能中有时占不小的比例，视不同地区与天气情况而定。

② 聚光集热器需要配置价格昂贵的跟踪装置。

（2）4 种聚光集热技术

目前，太阳能热动力发电采用 4 种聚光集热技术，如图 4-7 所示。

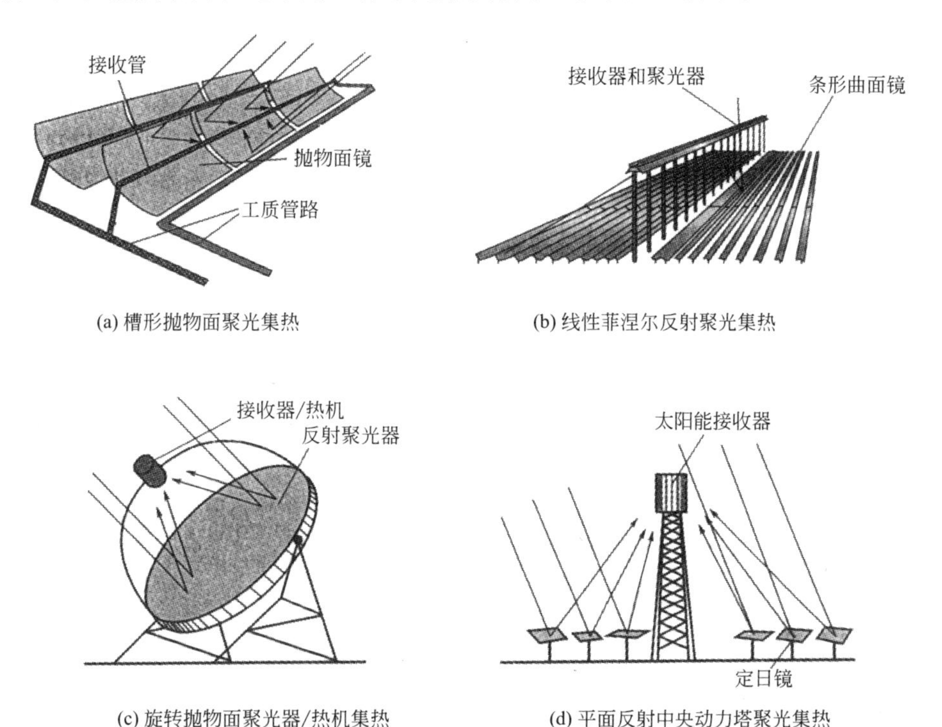

图 4-7 太阳能热动力发电采用的 4 种聚光集热技术原理示意

它们都是反射式聚光系统，能更容易地按比例放大。槽形抛物面聚光集热技术和线性菲涅尔反射聚光集热技术为一维聚光系统，阳光汇集在一条焦线上，一维跟踪太阳视位置，组建朗肯循环发电。旋转抛物面聚光集热（聚光器/热机集热）技术和平面反射中央动力塔聚光集热技术为二维聚光系统，阳光汇集于一个有限尺寸的焦面上，二维跟踪太阳视位置。平面反射中央动力塔聚光集热技术组建朗肯循环发电或布劳顿循环发电，旋转抛物面聚光集热技术组建斯特林循环发电或朗肯循环发电。上述 4 种聚光型太阳能热动力发电站的典型特性参数见表 4-2。

表 4-2　4 种聚光型太阳能热动力发电站的典型特性参数

电站形式	槽式发电	塔式发电	碟式发电	线性菲涅尔平面镜发电
聚光方式	槽形抛物面	平面定日镜	旋转抛物面	
聚光比	30～70	200～1000	1000～4000	35～100
适合组建电站功率/MW	10～200	10～200	0.01～1	10～200
工作温度/℃	395～500	450～1000	600～1200	260～500
额定聚光集热效率/%	70	73	75	70
峰值发电效率/%	21	23	29	21(计划)
年平均发电效率/%	10～25	10～25	10～25	9～17(计划)
年太阳能依存率/%	30～70	25～70		15～25(计划)
镜场价格/(欧元/m^2)	210～250	140～220	约 150	

由表 4-2 可见，高温太阳能聚光集热装置的额定热效率为 70%以上，常规热力循环发电效率为 30%～40%，所以太阳能热动力发电站发电效率为 20%～30%。

对聚光型太阳能热动力发电站，每平方米的镜面面积每年可以收集 1200kW·h 热能，每年可以发电 400～500kW·h。图 4-8 为聚光比与可获温度的关系。

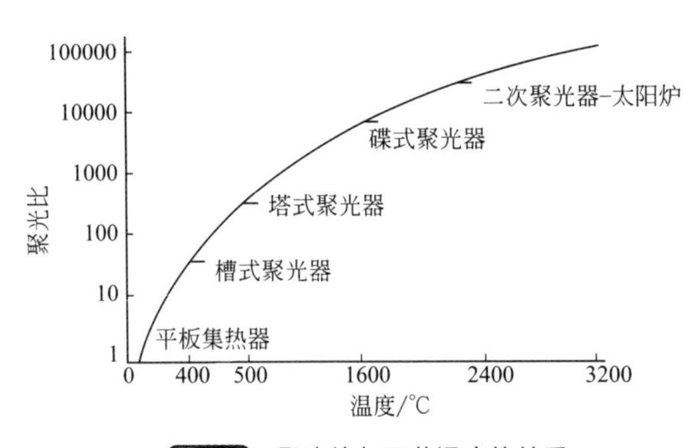

图 4-8　聚光比与可获温度的关系

4.2 聚光器

4.2.1 聚光器的演化

聚光器是由各类反射镜、透射镜与各类固定构件的光学系统组合。聚光器是各类集热型太阳能热发电工程的专有装置。

(1) 聚光器的要求

① 聚光器中的镜面与固定构件（镜架）必须配合，不能因为安装增加镜面各类光学误

差，如若干小镜面组装时产生实际尺寸和名义尺寸不符的型线误差。

② 跟踪装置是聚光器的重要组成，聚光器要能保持平稳转动，保持跟踪精度。

③ 聚光器必须坚固，要能抗击强风暴雨、盐雾、酸雨、干湿、冷热剧变等恶劣气候和大气污染。有的聚光器已经设有遭遇冰雹、沙暴等灾害时自动翻转以保持镜面的功能。

④ 聚光器必须保持稳定，微小位置偏离就会引起集聚光线的很大偏差，影响集热能力和发电效益，要求输出扭矩大、有足够强度、箱体密封性好。

⑤ 聚光器应经久耐用，使用寿命与镜面同步，同时便于拆卸、组装。

⑥ 反射效率要高，安装精度要高。

⑦ 在保证高可靠性的同时尽量降低成本。

（2）聚光器的研发、改进方向

各类聚光器均在不断研发、改进之中，图 4-9 是塔式太阳能热发电工程中特有的聚光装置定日镜的发展过程。由图可见聚光器的反射面积不断增大，而单位面积的质量却不增反减。图 4-10 是位于法国比利牛斯山麓世界最大的太阳炉之一，采用 60 多个平面镜阵列和抛物面镜，二次反射聚光后温度达 3200℃，升温降温快，因没有燃料污染，可用来熔炼纯净金属、高温材料研究、热离子发射、高温焊接与处理等。

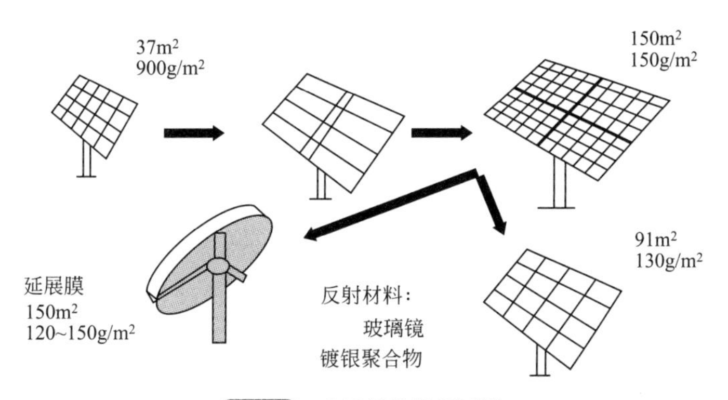

图 4-9 定日镜的发展过程

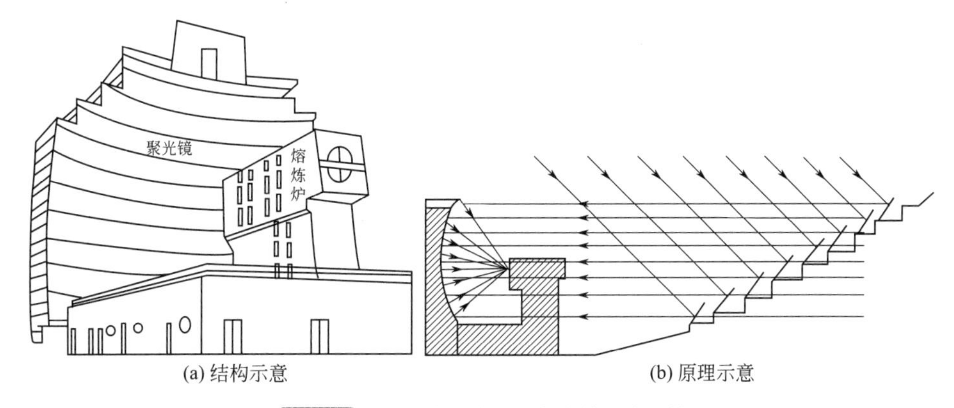

图 4-10 位于法国比利牛斯山麓的太阳炉

① 通过设计和选用新的材料，固定镜面的构件（镜架）重量减轻，跟踪更加灵活。

② 聚光器结构趋向更加复杂，如增加二次反射结构。

③ 聚光器设计更符合环境条件。

4.2.2 几类反射镜

4.2.2.1 厚玻璃抛物面反射镜

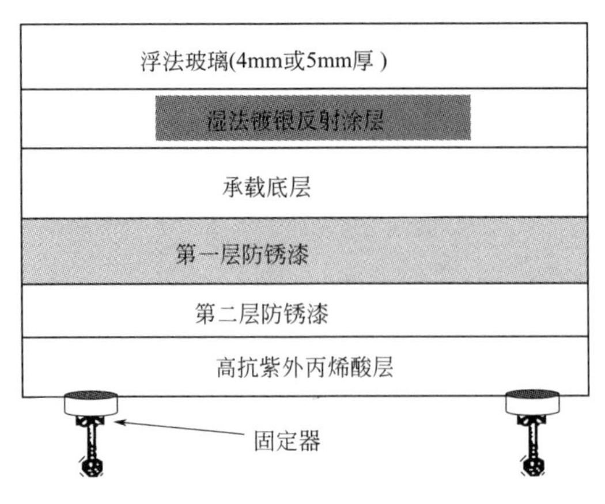

图 4-11 厚玻璃抛物面反射镜的结构组成

LUZ（鲁兹）公司的 LS 系列槽式聚光器一直使用厚玻璃抛物面反射镜作为系统的聚光设备，与桁架结构形成整体聚光器，结构如图 4-11 所示。这种厚玻璃反射镜由 4mm 或 5mm 厚的低铁浮法玻璃（float glass）热成型制成，玻璃的太阳光透射率达 98%以上。该玻璃经过在精确的抛物面模具上用特制的烤炉加热后，制成抛物面形状。然后在抛物面玻璃的阳面镀银，并在银层上喷涂几层保护层，防止银过快氧化。把用于将反光镜固定在支撑机构上的陶瓷垫用特种胶固定在抛物面反射镜上。该反射镜的太阳光谱反射率达 93.5%，能将 98.5%的反射光聚焦到集热管上。

厚玻璃抛物面反射镜的支撑效果较好，能够保持高的反射率。使用 15 年以上还能够清洗到如新产品一样的反射率。通过优化设计，其破碎率大大降低。为降低聚光区边缘地带聚光镜的破碎率，聚光区边缘地带换装 5mm 厚的抛物面反光镜，并开发了新型反光镜固定件，将风载荷转化到支撑钢结构上。考虑到环境问题，反光镜的保护层不含铜和铅。

4.2.2.2 替代型抛物面反射镜

由于厚玻璃反射镜成本昂贵、加工工艺复杂及易破碎的缺点，厚玻璃抛物面反射镜的替代品研究已经进行了 20 多年。以下是较有希望的几种厚玻璃抛物面反射镜的替代品。

（1）SAIC 超薄玻璃镜

SAIC 超薄玻璃镜是一种具有坚硬保护层的前表面反射镜，其材料通过离子束辅助薄膜沉积方法沉积得到一层可清洗、坚硬的密集氧化铝保护层薄膜。该材料可以用聚合底层或钢底层在辊涂机上制得。另外两种硬质保护层用于前表面反射镜，其光学性能、耐久性及使用寿命与 LUZ 公司的 FSM 相似。

（2）铝反射镜

德国安铝公司使用抛光的铝基片、强化铝反射层和一种氧化铝保护表层开发出一种前表面铝反射镜。在现场应用中，该反射镜使用初期的太阳光谱发射率为 93%以上，具有耐磨、耐腐蚀的保护层，使用寿命达 10 年以上。同时，该公司还开发了一种镀银的铝基反射镜，太阳光谱反射率可达 95%。

此外，正在研发中的反射镜替代品还有很多，如薄玻璃反射镜、前表面反射镜、层状全聚合体反射镜、多层银-聚合体反射镜等，由于反射率、户外耐久性等原因，都没有实现大规模的商业应用。

玻璃反射镜表面改善的新思路还有：采用多靶磁控交互溅射技术制备高反射/自洁净复合镀膜玻璃；采用金属银作为功能膜，介质膜拟选金属氧化物（如氧化钛、氧化锡、氧化锌等），TiO_2 基纳米光催化薄膜作为自洁净的膜。图 4-12 为德国 Schott 公司反射镜分层结构。

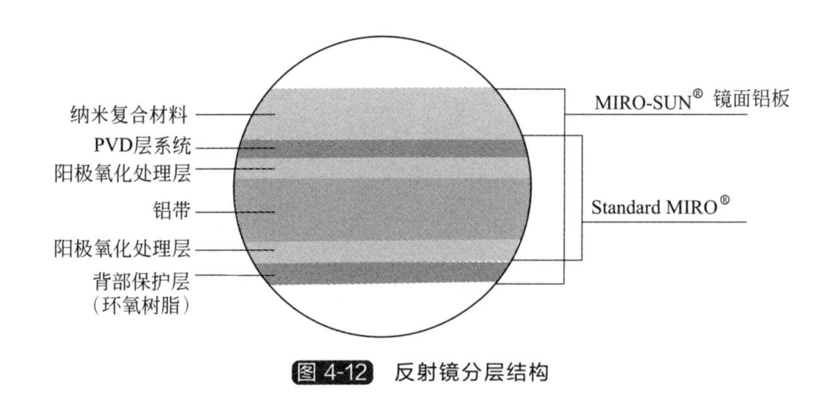

图 4-12 反射镜分层结构

与玻璃反射镜相关的关键技术有：玻璃基体以及不同膜系组成与组合对薄膜耐久性的影响规律；不同工艺参数对膜表面的组成与结构以及对光透过率与光反射率的影响规律；不同膜层的协同作用及薄膜结构（纳米尺度）的控制技术；研究镀膜玻璃在紫外灯或太阳光照射下的光催化活性；通过降解薄膜表面的油污染物，如硬脂酸、油酸等模拟化合物，比较不同表面组成与结构的薄膜的光催化效率的差异。

4.2.3 CPC 聚光器

复合抛物面聚光器（Compound Parabolic Concentrator，CPC）是一种根据边缘光学原理设计的非成像聚光器，由两片槽形抛物面和渐开面组成的聚光镜构成，如图 4-13 所示。

CPC 可将给定接收角范围内的入射光线按理想聚光比收集到接收器上，由于有较大的接收角，因而在工作时只需做季节性调整，无需连续跟踪。它可达到的聚光比一般在 10 以下，当聚光比小于 3 时可做成固定式 CPC。CPC 不但能接收直射太阳辐射，还能很好地接收散射辐射，对聚光面型加工精度要求不是很严格，又无需跟踪机构，有着广泛的应用前景。

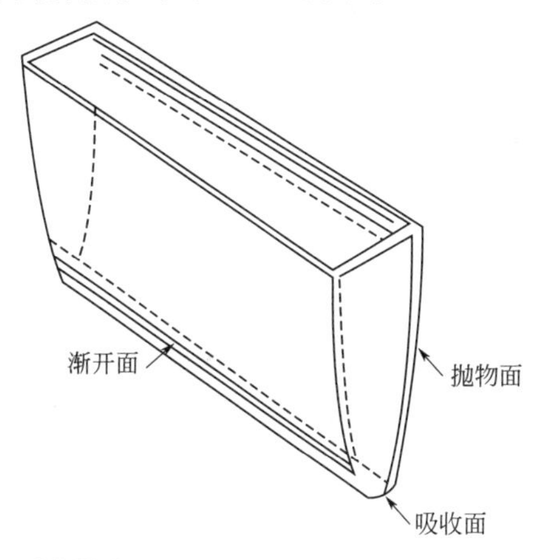

图 4-13 复合抛物面聚光器结构示意

图 4-14 是 CPC 聚光装置的结构及光学原理。由图可知，聚焦的光线在吸收体上分布合理，不易形成焦斑，从而不易损坏集热管。它具有不跟踪太阳也可以接收汇聚光线的功能，故提高了聚光器的光学效率。

CPC 作为聚光器在太阳能集热技术中已得到广泛关注和应用。根据 CPC 在集热管中的位置可分为 CPC 外聚光式集热器和 CPC 内聚光式集热器（集热管），见图 4-15。

CPC 外聚光式集热器由于聚光比的限制以及热量散失的影响，集热温度一般不会很高，所以一般研究对象为内聚光式。

与其他聚光器相比，CPC 具有以下优点：

① 运行不需要随时跟踪太阳位置，只需根据季节调节方位，当聚光比在 3 以下时可做成固定式装置；

② 可以接收直接太阳辐射和部分散射辐射，并能接收一般跟踪聚光器所不能接收的

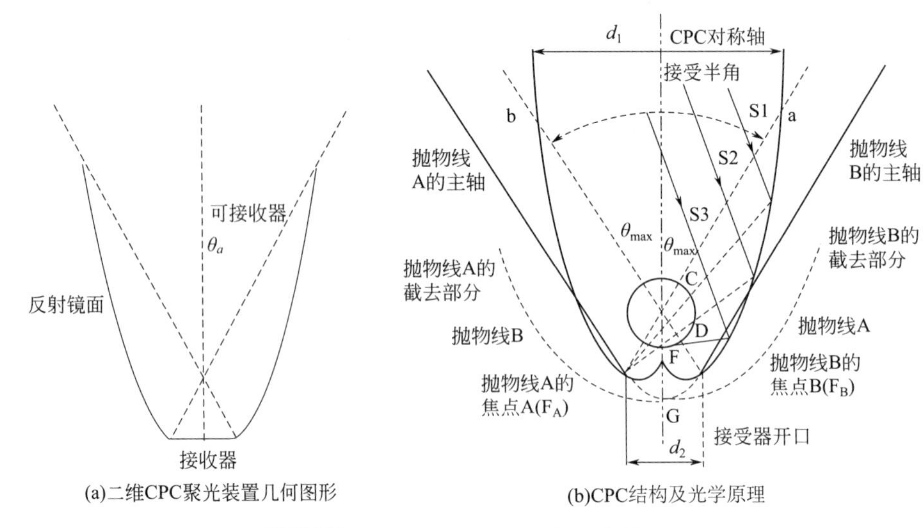

图 4-14 CPC 聚光装置的结构及光学原理

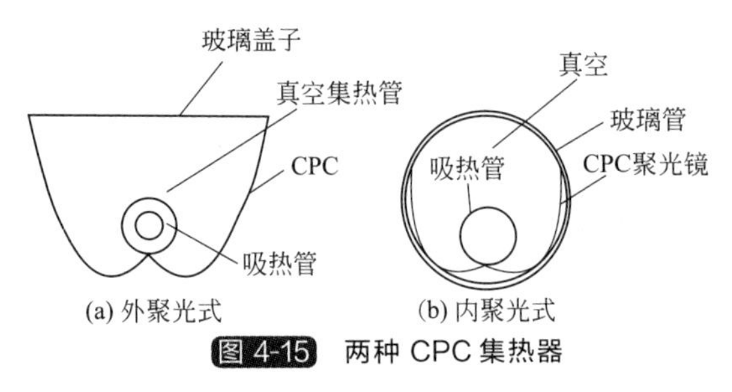

图 4-15 两种 CPC 集热器

“太阳周围辐射”；

③ 结构简单，操作、控制方便；

④ 由其组成的聚光集热器工作温度范围为80～250℃，是具有一定特色的中温聚光集热器；

⑤ 由其组成的 CPC 式真空集热管可应用于槽式太阳能热发电中，起到二次反光的效果，可达更高工作温度。

4.2.4 聚光器种类

上述聚光器是针对一次反射结构而言，聚光器还有其他不同种类，按反射次数分为一次反射结构和二次反射结构。

同塔式太阳能热发电定日镜相比，槽式太阳能热发电聚光器的制作难度要大：一是抛物面镜曲面比定日镜曲面弧度大；二是平放时槽式聚光器迎风面比定日镜要大，抗风要求更高；三是运动性能要求更高。这里主要以槽式太阳能热发电进行介绍。

（1）一次反射结构

太阳光经聚光器聚光后，照射在真空集热管上，由吸收涂层吸收，完成光热转换，结构及工作原理如图 4-16 所示。

（2）二次反射结构

考虑到聚光器的结构复杂性，一次反射的槽式抛物面聚光器的聚光比在 100 以内，要想有更大的聚光比、提高集热温度，必须采用二次反射结构。

① 平面-抛物面反射结构

日本在 20 世纪 80 年代完成的 1MW 槽式电站中采用定日镜-抛物面反射结构，即用一组定日镜将太阳光反射到一台抛物面镜上［见图 4-17（a）］，阳光经二次聚焦后，取得了较大聚光比，从而使系统取得较高的集热温度。

② 抛物面-抛物面反射结构

平面-抛物面反射结构可以取得较大的聚光比，但其一次反射的定日镜和二次聚焦的抛物面镜需要两套传动结构，甚至两套跟踪系统，成本较高。采用抛物面-抛物面反射结构，即在一次聚焦的抛物面镜焦线处放置二次聚焦抛物面镜［见图 4-17（b）］，集热管放置在二次聚焦的抛物面焦线上。阳光经二次聚焦后，反射结构取得了较大聚光比，从而使系统取得较高的集热温度。二次聚光结构放置在同一支架结构上可节省许多材料，降低成本，便于维护。

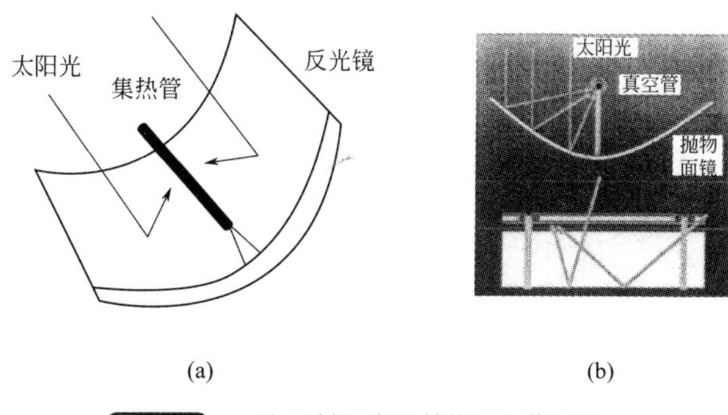

图 4-16 一次反射聚光器结构及工作原理

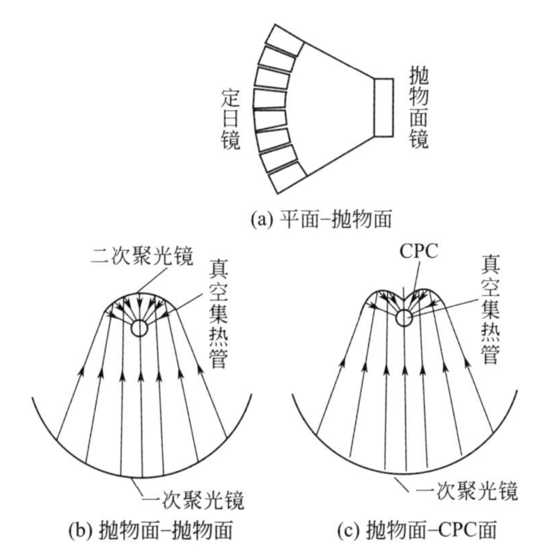

图 4-17 二次反射结构

③ 抛物面-CPC 反射结构

同抛物面-抛物面反射结构不同之处在于，二次聚焦的抛物面镜改为 CPC 面结构［见图 4-17（c）］，集热管放置在 CPC 面的聚光带上（CPC 无焦点）。

4.2.5 透射式聚光器

除现在主流反射式聚光技术外，透射式聚光技术也在改进之中。如近期推出的薄板透镜和塑料基材透镜等。相较球面透镜，棱镜不易发生变形而引起光线散焦，如棱镜一面为球面，另一面为平面，该棱镜的聚焦性能等同于球面透镜，极大地提高了透镜的聚焦比。

棱镜底面由柱面形改为锥面形，如薄板透镜由一系列首尾相接的同心环棱镜组成，离透镜中心轴越远的棱镜其折射角应越大，使所有棱镜的二次折射线全部集中在一个焦点上，所有棱镜的顶角由光的折射公式确定，可精确计算出来。同时，每个棱镜底边应与该处入射光线的一次折射线相重合，该棱镜底边是一个向焦点方向倾斜的锥面，棱镜底边为锥面而不是柱面，离中心轴越远的棱镜底面锥角越大，可用公式精确计算。经此改进，薄板透镜聚光效率比底边为柱面的棱镜至少提高 70%。

镜面加工可采用区块分割法，在具有足够大的截光面积的球冠部用区块分割法将球冠面分割成若干区块（图 4-18 所示球面被分为 25 部分），每一区块单独加工成各种形状的曲面聚光板，其尺寸可按公式精确计算出来。然后将各曲面聚光板依次拼接固定在相应的球冠面状的金属框架上。此举进一步增强了薄板透镜的结构刚度和机械强度，而且可做得很大。

聚光器选用高透光率的塑料作为基材，如有机玻璃 PMMA（透过率大于 92%）、聚碳酸酯 CR-39、PS、AS 或 NAS 等。透明塑料质轻，价廉，易加工，可大规模生产。

塑料透射式太阳能聚光器在太阳能高温应用领域中将有广阔的前景。图 4-19 和图 4-20 分别为应用该技术设计制造的球冠面点焦结构及柱面线焦结构太阳能聚光器。点焦式聚光器现实可实施的直径尺度为 1～30m，焦点热功率为 0.6～400kW。线焦式聚光器其截光面积

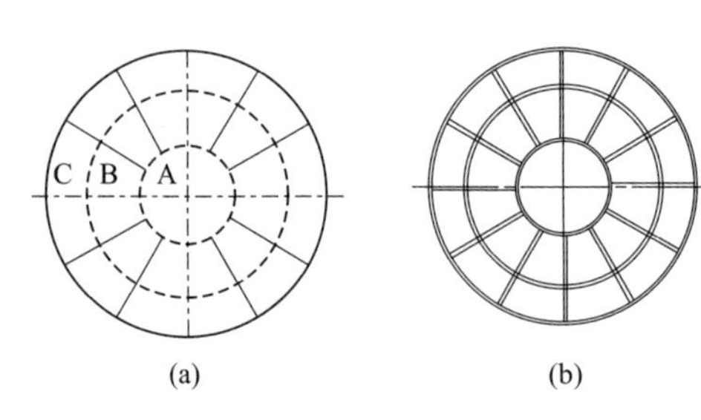

图 4-18 区块分割法示意

更为巨大，还可将数十台巨型线焦式聚光器串联使用，形成“高温太阳能田”。

4.2.6 聚光器的现状

各类聚光器都长年暴露在大气环境之中，为保证镜面与接收器之间的精确跟踪、系统的长期稳定，必须要进行结构载荷设计。结构载荷可分为恒定载荷和变化载荷。恒定载荷源自聚光器自身重量，设计中多选用比较轻便、较高整体刚度、不易变形的结构，如框架结构及轻质高强材料。恒定载荷可以根据结构和材料性质精确计算。而变化载荷则难以定量，自然环境中风力的大小和方向都不稳定，还有温度的升降、积雪厚度及因人为因素或自然因素引起地面可能发生的震动等都会影响变化载荷。

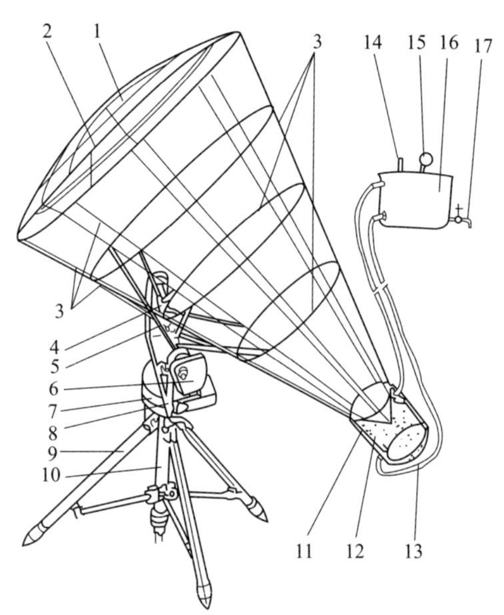

图 4-19 球冠面点焦式太阳能聚光器结构

1—聚光镜面；2—球冠面形金属框架；3—固定式桁架；4—纬向跟踪轴；5—金属框架支撑杆；6—纬向调节刹车；7—经向旋转轴；8—U形支架；9—地面支架；10—经向跟踪轴外套；11,12—光热能吸收装置；13—导热管；14—热能转换装置安全阀；15—热能转换装置安全报警器；16—热能转换装置；17—蒸汽热液放出阀

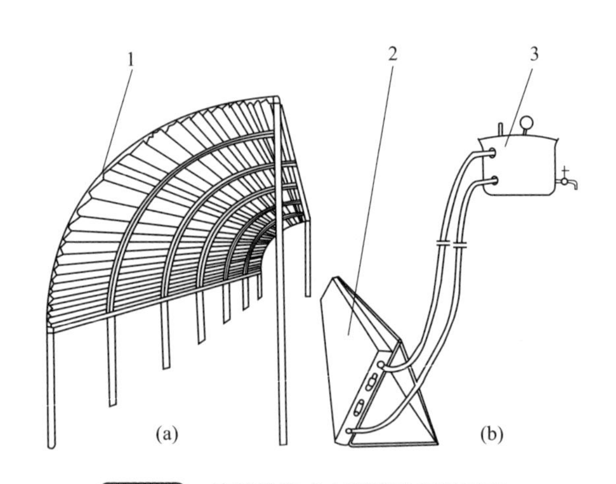

图 4-20 柱面线焦式太阳能聚光器示意

1—拼接成的线焦式聚光镜面；2—光热能吸收装置；3—光热能转换装置

聚光器结构的载荷一般需要进行估算，如按我国西部可达最大风速和积雪厚度计算推力对聚光器转轴产生的扭应力、对聚光器本身产生的弯曲应力。

聚光器结构中产生的热应力按年极限温差（我国西部夏冬气温变化范围可达 50～80℃）计算。

聚光器的动态特性分析主要考虑不稳定风力对其作用产生的振动频率和振幅与设备自身频率相近，以致诱发共振。

影响聚光器动态特性的主要因素是跟踪机构的驱动装置和自然频率。聚光器的状态随太阳视位置产生变化，齿轮变速机构由于齿隙，致使聚光器随风向和风速产生往复运动，支座的力学性能也相应变化。这都要求聚光器的齿轮变速机构和轴承有很高的加工精度和安装精度，要求机械结构有很高的刚度，保持较高的自然频率。

实践表明起伏变化的风和积雪对聚光器性能产生显著影响，设计时必须认真分析聚光器结构强度、刚度及长期稳定性。由于分析计算十分复杂，可对计划在实际应用中的聚光器进行模拟试验，如风洞、冷热变化和添加一定压力的加速老化经验。

4.2.7 定日镜

定日镜是独立跟踪太阳辐射的定向反射镜，是塔式太阳能热发电系统的聚光部分，是塔式太阳能热发电的特有技术。

作为聚光器的一种，定日镜单元由反光镜、支架、传动系统和控制系统 4 个部位构成，如图4-21所示。

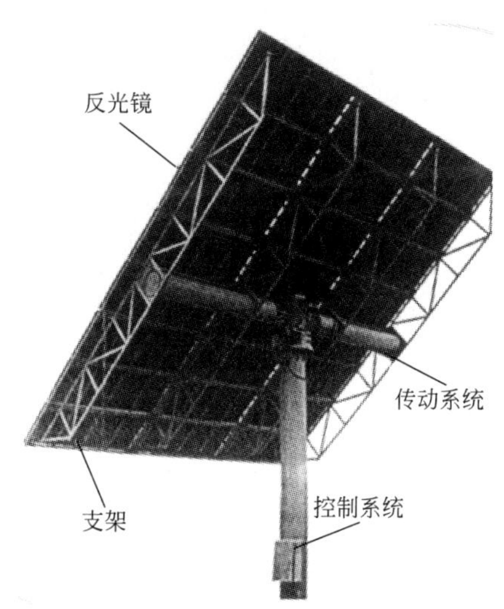

图 4-21 定日镜单元

（1）对定日镜的要求

定日镜是塔式太阳能热发电站的关键部件之一，也是电站的主要投资部分，它占据电站的主要场地，因此对定日镜的性能具有严格要求，具体要求为：①镜面反射率高；②镜面平整度误差小于 16′；③整体机械结构强度高，运行中能抗 8～10 级大风的袭击，箱体有足够强度，密封性好；④运行稳定，定位精度、定位时间符合要求；⑤全天候工作；⑥可以大批量生产；⑦易于安装、拆卸和组装；⑧维护少，工作寿命长。

（2）聚光倍数要求

一个大型塔式太阳能热发电站，其镜场中通常装有几千台定日镜，因此具有很高的聚光倍数。

（3）反光镜

常用的是玻璃反射镜，其优点是质量较轻、抗变形能力较强、反射率高、易清洁，但镀银层需要保护以防迅速退化、尘土等因素会影响镜面反射性能。图 4-22（a）是采用铝或银为反光材料的玻璃背面镜。一台定日镜的反射镜面积通常由若干块小的反射镜面组合而成。美国 Solar Two 塔式电站中部分定日镜的镜面面积为 $98m^2$。由于定日镜距塔顶接收器较远，为了使阳光经定日镜反射后不致产生过大的散焦，以便 95％以上的反射阳光落入塔顶的接收器上，一般镜面是具有微小弧度的平凹面镜。这个微小弧度就是太阳张角 16′。目前已有的大多数塔式太阳能热发电站都采用这种结构的定日镜。小型定日镜结构如图 4-22 所示。图 4-22（b）是采用具有良好反射率薄膜做成的平面反射镜，装在透明薄膜球形罩内。透明薄膜具有很高的阳光透过率。这种定日镜的支撑架很轻，因此跟踪机构的电功率消耗可以很小。也有资料采用金属伸张膜式结构（见图 4-23）。

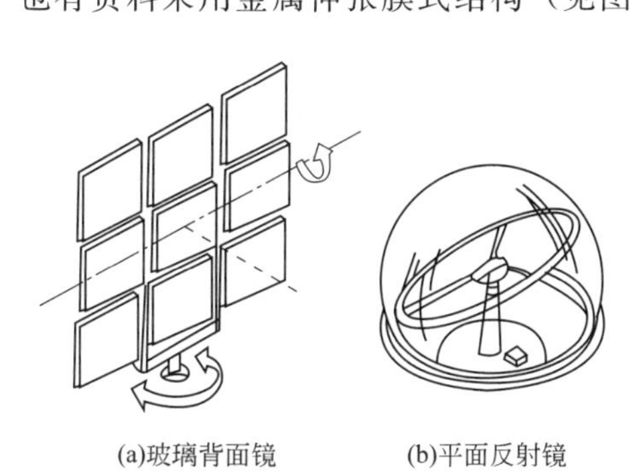

(a)玻璃背面镜　(b)平面反射镜

图 4-22 定日镜结构示意

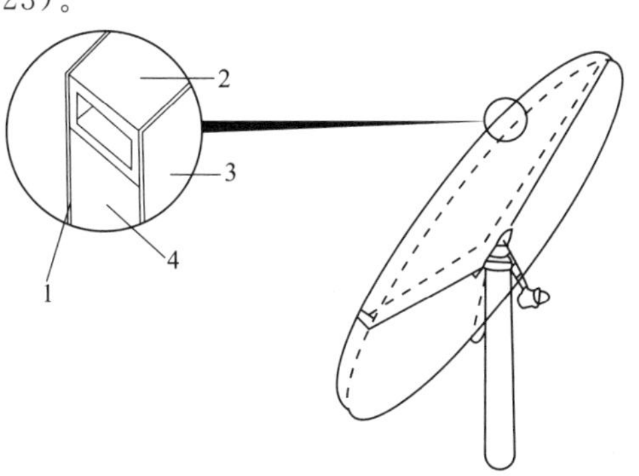

图 4-23 伸张膜式定日镜结构

1—反光前膜；2—支持环；3—后膜；4—压力调节腔

张力金属膜反射镜以0.2～0.5mm的金属（如不锈钢）为材质，由一整面连续金属膜构成，比较容易通过调节反射镜内部压力来调整曲度，缺点是镜体结构复杂，且镜面反射率较低。

（4）镜面尺寸

理论上，单台定日镜的镜面尺寸取决于电站容量。这就是说，电站容量越大，则应采用镜面面积更大的定日镜。但是镜面较小的定日镜比超大型定日镜的造价相对低，而单台镜面面积越大，则要求更高的跟踪精度。因此对镜面尺寸大小的选择需要进行比较分析。研究结果表明，单台定日镜镜面的大小对镜场总性能的影响并不明显，而其他的一些参数，如镜面反射率和跟踪精度，则将显著地影响镜场总性能。镜面面积在150m^2以上的大型定日镜可能具有更好的性价比。

对容量较小的镜场，单台定日镜的镜面面积可以认为与塔顶接收器的入射太阳辐射通量的3倍平方根成正比进行估算。

设定日镜的镜面高度为L、宽度为W，一般高宽比$L/W=0.78$。这里镜面宽度亦即镜面底边的长度。

（5）镜体结构

现代大型塔式电站的定日镜尺寸巨大，小型的镜面面积为30～40m^2，大型的镜面面积约为100m^2，其总镜体最大高度约有12～14m，为降低单位面积造价，现正发展面积为200m^2的超大型定日镜，这样整个镜体将更为高大。所以一台大型定日镜的镜面，结构上由若干小块镜面组合而成。整个镜面按框架结构组配成镜体，支架在一根巨大的水平横轴上，通过跟踪齿轮机构与支座连接，当环境风速超过18m/s以后镜体自动翻转，从而可能抗御风速为36m/s的狂风袭击。

历史上也曾出现过罩式定日镜。这种设计是将整台定日镜罩在透明罩内，使整体得到很好的保护。这样，镜面可以采用表面镜，镜体为轻型结构设计，运行稳定，跟踪机构的功率消耗较小，但光学损失和使用成本增大，难以推广［见图4-22（b）］。

（6）定日镜像散现象

由于像散，致使反射阳光产生扩展，从而在焦点处不可能产生明亮的太阳像。为了对定日镜的这种像散进行校正，理论上在相当于抛物面镜的非光轴部位的定日镜平面中必须沿其径向和切向具有不同的曲率半径。像散现象是定日镜使用过程中需要重点考虑的问题。

（7）性能与评价

定日镜最重要的3个指标是玻璃反光率、跟踪精度、光斑能量密度分布。其中玻璃反光率只需要委托第三方检测即可。

① 跟踪精度：通过实验，让定日镜处于稳定跟踪状态下（即天气连续晴朗条件下，且定位传感器起作用），由光斑在目标靶上的移动范围分析计算得出。

② 光斑能量密度分布：通过设计的光斑图像分析软件，对光斑的能量密度分布进行分析。比较理想的光斑能量分布应该类似高斯曲线。

4.2.8 槽式反射镜

4.2.8.1 槽式反射镜的光学特性

（1）槽式反射镜形成的光路

槽式反射镜形成的光路如图4-24所示。以抛物面顶点为原点、抛物面中心线为纵轴建立直角坐标系，则抛物线过 Q（x，y），设抛物线方程为 $x^2=2py$，将抛物线上已知点坐标带入，可求得焦点到准线的距离 $p=x^2/2y$，设槽形抛物面聚光器开口平面宽度为 L、高度为 h，则焦点坐标为（0，$L^2/16h$）。

抛物线的光学特性为：经焦点的光线与经抛物线反射后的光线平行于抛物线的对称轴。因此，保持入射光线与抛物线的轴线平行，则可将入射光投射到焦点处，即对应槽形抛物面的焦线。

抛物线是唯一可能将平行光聚焦于一点的型线。太阳能工程中经常采用抛物面镜制作各种形式的聚光器，如槽形抛物面聚光器、旋转抛物面聚光器，它们都属于抛物面反射式聚光器，通称抛物面聚光器。

图 4-25 为圆管形接收器槽形抛物面聚光器的光路分析。太阳入射辐射通过光孔进入聚光器，经抛物面镜反射汇集为一条焦线。接收器放置在这条焦线上，吸收太阳辐射能，加热工质。抛物面反射镜的聚光比主要决定于口径比，与吸收器的形状也有一定的关系。

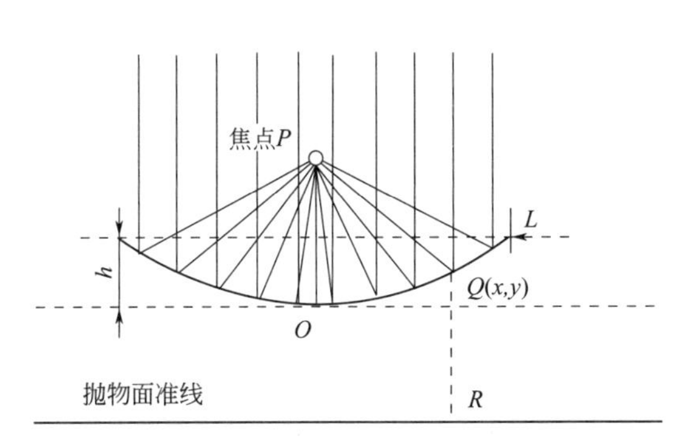

图 4-24 槽式反射镜形成的光路

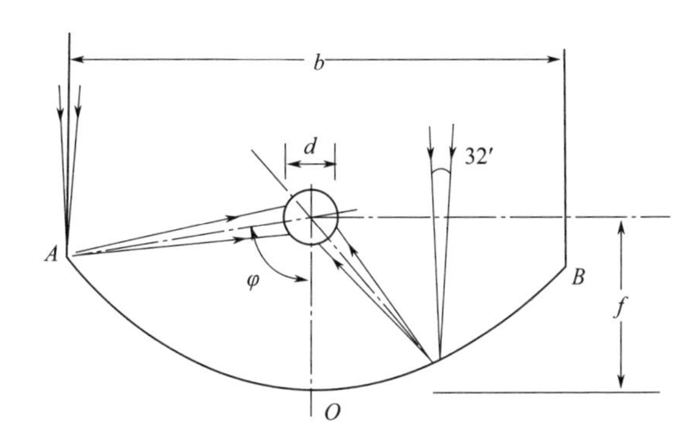

图 4-25 圆管形接收器槽形抛物面聚光器的光路分析

（2）槽形抛物面聚光器的散焦现象

如图 4-26 所示，A 面为与抛物面垂直的平面，B 面为通过抛物线远点和焦点所在直线的面，入射光线在两个平面上的投影为图示两条直线，与 y 轴的夹角分别为 α、β，则当 $\alpha=0$ 时，光线能够被抛物面聚光到集热管上，否则将偏离聚光器的焦线，这就是所谓的散焦现象。

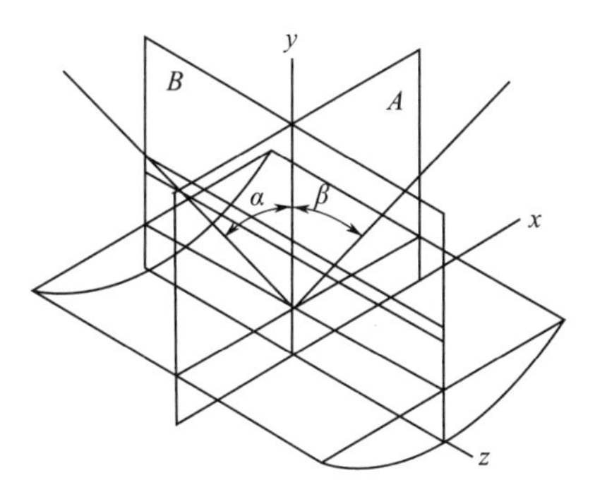

图 4-26 槽形抛物面聚光器散焦现象

当 α 从 0 开始增大时，散焦现象也同时明显。图 4-27 为几何聚光比为 18.33 的聚光器当 α 分别为 1°、2°、3°时的散焦现象。因此，在设计槽式反射镜时，一定要考虑其散焦现象。

抛物面反射装置是将平行于抛物镜面光轴的光线汇聚于焦点的镜面，其聚光比可分为几何聚光比和能流密度聚光比两种。几何聚光比 C 是接收器的开口面积 A_a 和吸收器的表面积 A_r 的比值。能量密度聚光比 C_E 指吸收器表面积上的平均能量密度 I_r 和入射到集热器上的能量密度 I_i 的比值。槽式聚光的接收器可以是平板的，平板宽度与影像直径相等，如图 4-28（a）所示；也可以是圆柱管，如图 4-28（b）所示。

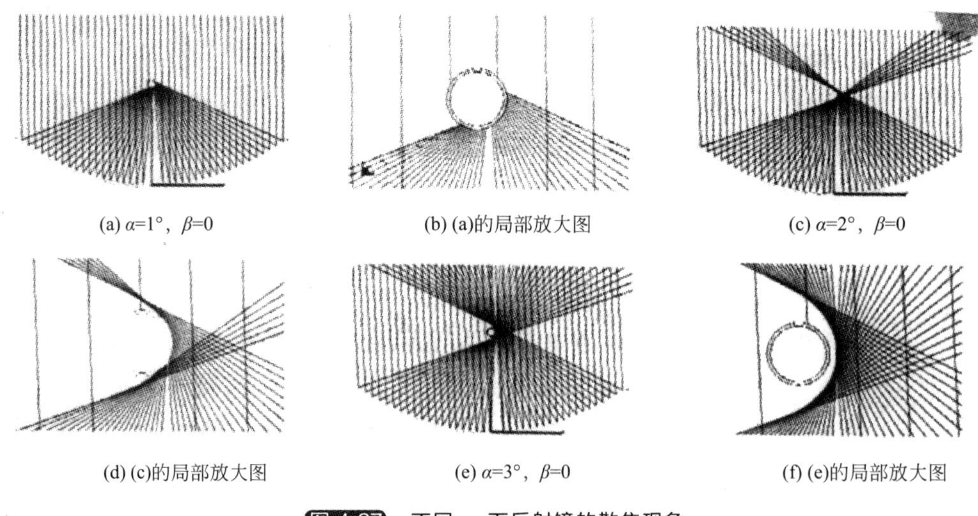

(a) α=1°，β=0　(b) (a)的局部放大图　(c) α=2°，β=0

(d) (c)的局部放大图　(e) α=3°，β=0　(f) (e)的局部放大图

图 4-27　不同 α 下反射镜的散焦现象

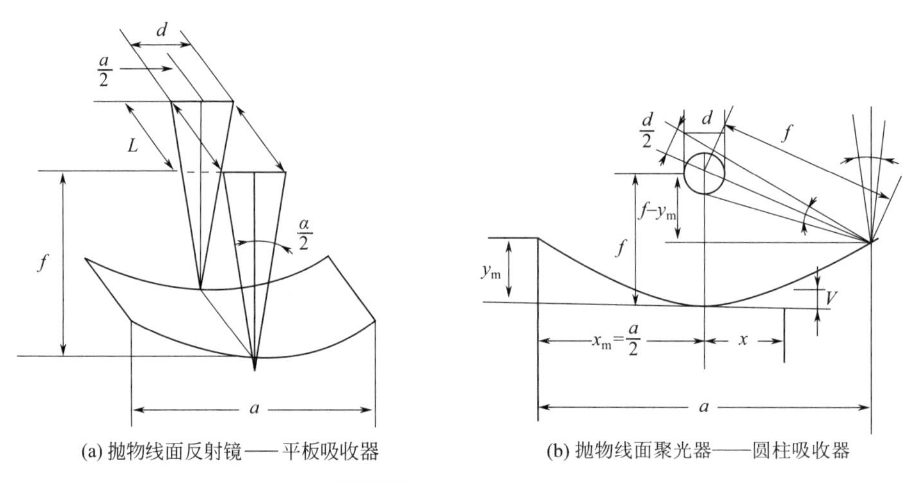

(a) 抛物线面反射镜——平板吸收器　(b) 抛物线面聚光器——圆柱吸收器

图 4-28　槽式聚光接收器

槽式聚光器的镜面结构是由多片玻璃凹面镜片组成的抛物面。这些玻璃凹面镜片按设计要求，由平面精加工而成，再经镀银，构成玻璃背面镜。最后紧固在螺旋面钢管 V 形构架上，以保持组合镜面的精确型线和结构强度。

（3）入射角修正系数

在槽形抛物面聚光集热器中，太阳辐射入射角 $\theta=0$，即太阳辐射垂直投射到光孔平面上，这时集热器的光学效率取最大值。随着太阳视位置的变化，太阳辐射入射角 θ 随之也作相应的变化。这种变化对槽形抛物面聚光集热器的光学效率具有一定的影响。此外，太阳辐射入射角还影响聚光集热器的光学参数，即镜面反射率、选择性吸收涂层的吸收率、光学截取因子、玻璃反射率等，因为它们的特性都不是各向同性的。

（4）光学效率

槽形抛物面聚光集热器的光学效率决定于以下 4 个参数。

① 镜面反射率 ρ_{mir}：典型镀银背面镜的镜面反射率 ρ_{mir} 为 0.93。镜面擦洗干净的槽形抛物面聚光集热器，其产品的镜面反射率为 0.9。镜面积尘或沾污，其反射率将明显下降。

② 光学截取因子 γ_{int}：由于镜面光洁度和型线加工精度不高，综合为镜面误差，使得由镜面反射的太阳直射辐射中的一部分光线不能到达接收管，自然不能为接收管所吸收而构成损失，称为光学截取因子。其典型值为 0.95。

③ 玻璃罩管的透过率 τ：对高真空集热管，若罩管采用低铁白玻璃管，则其透过率 τ 的典型值为 0.93。

④ 集热管吸收涂层的吸收率 α：对陶瓷吸收涂层，其吸收率 α 的典型值为 0.95。黑镍或黑铬涂层的吸收率则稍低。

4.2.8.2 线性菲涅尔反射聚光技术

线性菲涅尔反射聚光技术原理起源于抛物槽式反射聚光技术，如图 4-29 所示。线性菲涅尔反射聚光器主要由主反射镜场、接收器和跟踪装置 3 部分组成。主反射镜场是由平面镜条组成的平面镜阵列，平面镜的长轴（即转动轴）在同一水平面内；跟踪装置使平面镜绕转动轴转动，实现跟踪太阳移动，平面镜的反射光汇聚到接收器的受光口；接收器接收主反射镜的反射光，并使之汇聚到吸收钢管上，使光能转化为热能。

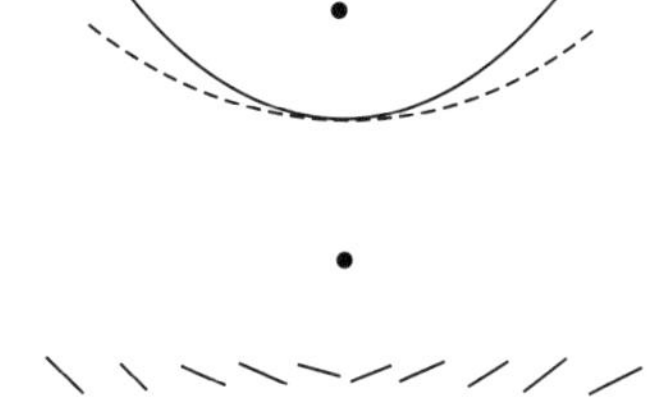

图 4-29 线性菲涅尔反射聚光的演化

在线性菲涅尔式聚光系统的主镜场中，每一列镜面通过单轴跟踪系统实时跟踪入射光线，以一定的角度将入射光反射至集热器，线性集热器悬挂、固定于镜场上方一定的高度处。运行过程中，不同列的镜面与水平面的夹角不同，光路较为复杂，还要避免相邻镜面间的遮挡，系统的几何聚光比波动较大。

线性菲涅尔反射聚光技术介于槽式和塔式定日镜之间，更接近槽式。与抛物槽式反射聚光技术的不同之处如下所列。

① 抛物槽式系统的镜面是曲面且面积很大，不易加工；线性菲涅尔式系统的镜面是平面，镜面相对较小，容易加工，成本较低。

② 线性菲涅尔式系统的每面镜条都自动跟踪太阳，相互之间可用联动控制，控制成本比槽式系统要低。主反射镜采用平直或微弯的条形镜面，二次反射镜与抛物槽式反射镜类似，生产工艺较成熟。

③ 线性菲涅尔式系统镜场之间的光线遮挡较小，场地利用率高。

④ 线性菲涅尔式系统的聚光比比相同场地的槽式系统要高，一般在 10～100。聚光比一般为 10～80，年平均效率为 9%～11%，峰值效率达 20%，蒸汽参数可达 250～500℃，每年 1MW·h 的电能所需土地约 4～6m^2。

⑤ 线性菲涅尔式系统主反射镜较为平整。可采用紧凑型的布置方式，土地利用率较高，且反射镜近地安装，大大降低了风阻，具有较优的抗风性能，选址更为灵活。

⑥ 线性菲涅尔式系统集热器固定，不随主反射镜跟踪太阳而运动，避免了高温高压管路的密封和连接问题以及由此带来的成本增加。

⑦ 由于采用的是平直镜面，线性菲涅尔式系统易于清洗，耗水少，维护成本低。

线性菲涅尔 CPC 聚光原理为由众多平放的单轴转动的反射镜组成的矩形镜场自动跟踪太阳，将太阳光一次反射聚集到平行于镜场高处的线性聚光器内，一部分光直接被吸热器接收；另一部分经过聚光器内置反射面二次反射，然后被吸热器接收（见图 4-30）。

线性菲涅尔式系统使用一系列形状窄长、曲率很小（甚至为一平面）的镜面把光线集中到镜面上方一个或多个线性吸收装置上。因为每个吸热元件的孔径尺寸在使用抛物槽的状况

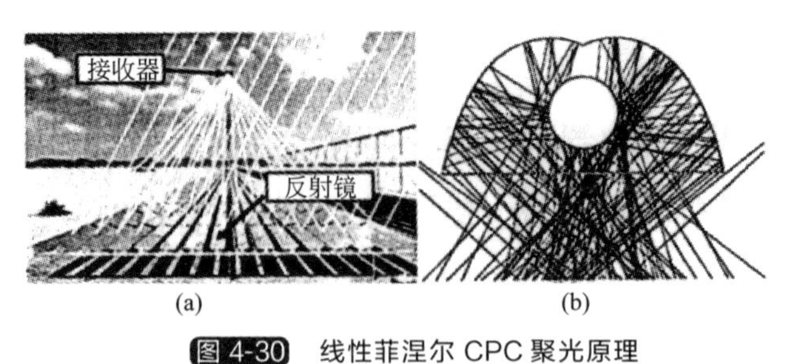

图 4-30 线性菲涅尔 CPC 聚光原理

下不受风荷载的限制，所以对玻璃没有过高要求。一般选择低成本、可以稍加弹性弯曲的平板玻璃，灵活易动，这样可以降低成本。又因为对跟踪太阳要求不严，所以可以提高镜面排列密度。但成本降低的代价是，由于镜面平坦排列，这种系统内在额外光损耗与抛物槽设计相比增加 20％～30％。这需要优化设计才能补偿。

传统的菲涅尔透镜是菲涅尔光学系统的第一聚光形式，它的依据是光透过不同界面时产生折射，达到聚光的目的。设想将众多的条形平面镜，其中心轴按设定的型线排列，例如圆、抛物线或直线，采用跟踪装置使各条形平面镜的镜面跟踪太阳视位置，共同瞄准目标，同样可以达到聚光的目的。若其中心轴按圆排列，具有圆面反射聚光特性；若按抛物线排列，则具有抛物面反射聚光特性；若按直线排列，即成所谓的线性菲涅尔反射聚光。只是这种反射聚光不像抛物面镜那样聚焦为一点或一条焦线，而是汇聚在与条形平面镜宽度相关的焦面上。这就是线性菲涅尔反射聚光原理，称为菲涅尔光学系统的第二聚光形式。如此构成的聚光系统，称为条形线性菲涅尔反射式聚光装置，简称条形聚光装置。

4.2.8.3 聚光集热器的构成

聚光集热子系统由多个聚光集热器 SCA（Solar Collector Assembly）组成，而每个聚光集热器 SCA 又由若干个聚光集热单元 SCE（Solar Collector Elements）构成。聚光集热器包括集热管、聚光器、跟踪机构几个部分，支撑钢结构各个聚光器同轴安装（见图 4-31、图 4-32 和图 4-33）。

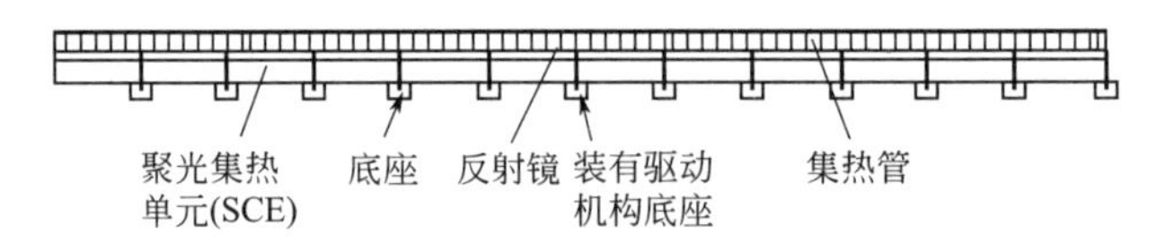

图 4-31 聚光集热器（SCA）

图 4-32 典型槽形抛物面聚光集热器

在太阳能工程应用中，槽形抛物面聚光器可分为短焦距和长焦距两种形式。通常将聚光器焦线位置设计在光孔平面附近的称为短焦距，而将焦线位置设计在光孔平面以外较远处的称为长焦距。

短焦距槽形抛物面聚光器配置高真空集热管，称为短焦距槽形抛物面聚光集热器。

长焦距槽形抛物面聚光器配置空腔集热管或复合空腔集热管，称为长焦距槽形抛物面聚光集热器。

图 4-33 SGX-1聚光器结构（背）

如图 4-34 所示，两者之间没有明确的定义区别。通常把焦点位置在开口平面以内的称为“短焦距”，焦点位置在开口平面以外的称为“长焦距”。

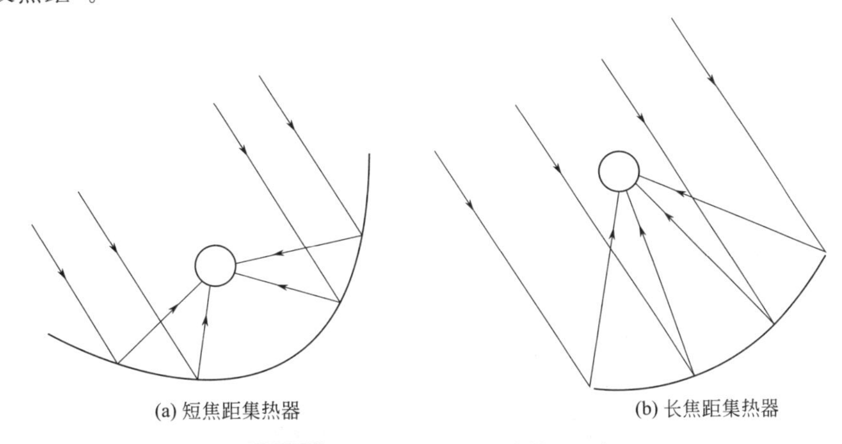

图 4-34 短焦距与长焦距集热器示意

短焦距集热器的优点是不必随着太阳经常调整，但因为反射镜面曲率大，加工难度较大。接收器的表面成圆球形，既可从反射镜的底部又可从镜的外缘获取聚焦能量。因为接收器位于集热器内部，所以能避免部分因通风引起的降温。在某些实际应用中，整个镜面上镀一层透明的塑料薄膜可以更好地保温，减少散热，不过射到反射器上的太阳辐射能量也会随之减弱。

长焦距集热器通常比较容易制作。平底的接收器可以用来代替底部弯曲的接收器，周边和顶部均可绝热。接收器应当有一定的宽度，从而保证来自反射器最外层边缘上聚集到接收器上的光线不会有一部分射不到或者不能完全吸收。研究表明，当焦距等于反射器开口宽度的 1/2 时，效果良好；焦距缩短到约为反射器开口宽度的 1/3 时，效果尤佳。长焦距的缺点是必须随着太阳运动经常调整，笨重的接收器需要用支点远的力臂，构成了机械制造上的困难。

4.2.9 面聚光式聚光器

（1）玻璃小镜面式聚光器

这种聚光器将大量的小型曲面镜逐一拼接起来，固定于旋转抛物面结构的支架上，组成一个大型的旋转抛物面反射镜。美国麦道（McDonnell Douglas）公司开发的碟式聚光器即采用这种形式，该聚光器总面积为 87.7m^2，由 82 块小的曲面反射镜拼合而成，输出功率为 90kW，几何聚光比为 2793，聚光效率可达 88%左右。这类聚光器由于采用大量小尺寸曲面反射镜作为反射单元，因此可以达到很高的精度，而且可实现较大的聚光比，从而提高聚光器的光学效率。

（2）多镜面张膜式聚光器

这种聚光器的聚光单元为圆形张膜旋转抛物面反射镜，将这些圆形反射镜以阵列的形式布置在支架上，并且使其焦点皆落于一点，从而实现高倍聚光。图 4-35 中的多镜面张膜式聚光器是由 12 只直径为 3m 的张膜反射镜组合而成的阵列，其反射镜面积为 85m^2，可提供 70kW 的功率用于热机运转发电。

（3）单镜面张膜式聚光器

如图 4-36 所示，单镜面张膜式聚光器只有一个抛物面反射镜。它采用两片厚度不足 1mm 的不锈钢膜，周向分别焊接在宽度约为 1.2m 的圆环的两个端面，然后通过液压气动载荷将其中的一片压制成抛物面形状，两层不锈钢膜之间抽成真空，以保持不锈钢膜的形状及相对位置。由于是塑性变形，因此很小的真空度即可达到保持形状的要求。

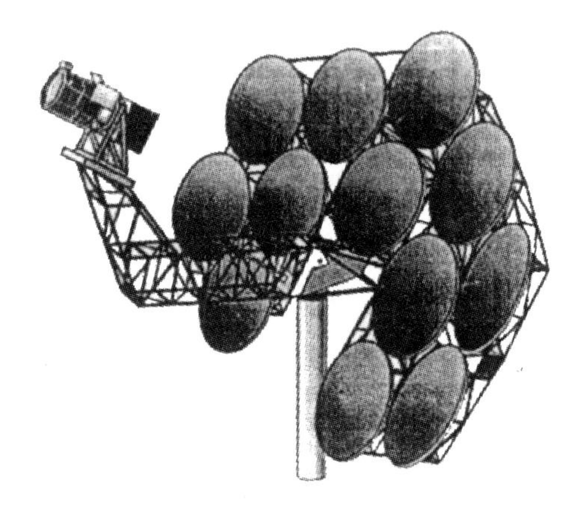

图 4-35 多镜面张膜式聚光器

图 4-36 单镜面张膜式聚光器

由于单镜面和多镜面张膜式聚光镜一旦成形后极易保持较高的精度，以及施工难度低于玻璃小镜面式聚光器，因此得到了较多的关注。

4.2.10 线聚光式聚光器

世界上使用过的槽式聚光集热器共有 7 种：LS-1、LS-2、LS-3、LS-4、DS-1、ET-100 和 ET-150。表 4-3 为其中 5 种聚光集热器参数比较。

表 4-3 聚光集热器参数比较

集热器	LS-1(LUZ)	LS-2(LUZ)	LS-3(LUZ)	ET-100(Euro Trough)	DS-1(Solargenix)
年份	1984 年	1988 年	1989 年	2004 年	2004 年
面积/m^2	128	235	545	545/817	470

续表

集热器	LS-1(LUZ)	LS-2(LUZ)	LS-3(LUZ)	ET-100(Euro Trough)	DS-1(Solargenix)
开口宽度/m	2.5	5	5.7	5.7	5
长度/m	50	48	99	100/150	100
接收管直径/m	0.042	0.07	0.07	0.07	0.07
聚光比	61∶1	71∶1	82∶1	82∶1	71∶1
光学效率	0.734	0.764	0.8	0.78	0.78
吸收率	0.94	0.96	0.96	0.95	0.95
镜面反射率	0.94	0.94	0.94	0.94	0.94
集热管发射率	0.3	0.19	0.19	0.14	0.14
温度/(℃/°F)	300/572	350/662	350/662	400/752	400/752
工作温度/(℃/°F)	307/585	391/735	391/735	391/735	391/735

LUZ公司原计划生产4种型号的聚光集热器，即LS-1、LS-2、LS-3、LS-4，但由于公司破产，LS-4并未真正使用，只是处在研发阶段。LS-4的几个主要参数分别是开口宽度为10.5m、长度为49m、面积为504m²，直接以水作工质。而另3种型号的聚光集热器都在SEGS电站中得以应用，在SEGS Ⅰ 和SEGS Ⅱ上使用的是LS-1和LS-2两种集热装置，LS-2应用于SEGS Ⅲ、SEGS Ⅳ、SEGS Ⅴ和SEGS Ⅵ上，SEGS Ⅶ上应用的是LS-2及LS-3两种，而SEGS Ⅷ和SEGS Ⅸ上应用的是LS-3。

DS-1聚光集热器用于在ASP建造的Saguaro槽式太阳能热电站中，该电站装机容量为1MW，太阳能场面积为10340m²，共使用了24组DS-1，工作温度为300℃，该电站的循环系统为有机液朗肯循环，每年产生电量为2000MW·h。

在西班牙建造的两座50MW槽式太阳能热电站中使用的是由Solel公司生产的ET-150集热器；在PSA建造的DISS电站中也应用ET-100和ET-150集热器。

LS-2与Euro Trough集热器的热损失基本一样，ET集热器角度增加了30°，因而其效率较LS-2提高了很多。并且ET集热器具有更大的风力承载能力。ET集热器由于要用于DSG太阳能热电站中，因而其较LS系列具有耐高压、耐高温的性能，镜子重量也降低了50%，费用也因技术发展而大大降低。

除了上述使用真空集热管的聚光集热器外，目前还有一种菲涅尔式聚光集热器，该类型聚光集热器将辐射光线聚焦到位于几米高的集热管上。该集热管具有二次反射功能，可将所有的入射光线投射到吸收管上。一次反射镜面有一定的弯曲度，该弯曲度是由机械弯曲得到的。二次聚光过程起到加大聚光比，同时对集热管的选择性涂层进行隔离的作用。二次反射器背面涂有不透明的绝缘层，正面装有窗玻璃以减少对流热损失。菲涅尔式聚光集热器无需真空技术，长度也增加了很多，聚光效率是常规抛物线形集热器的3倍，建造费用降低了50%，但是该集热器的工作效率却只有普通集热器的70%，因而还需进一步改进。

4.2.11 聚光集热器的发展方向

(1) 提高效率，延长寿命

Solel公司开发了第6号集热管UVAC，该集热管吸收率大于96%，反射率在400℃时小于 10%，该集热管在吸气部分采用了先进的技术使得集热管玻璃管中的真空度能保持更长的时间，并且集热管寿命也大大增长。Schott 公司研发的新型集热管 PTR70 采用了新的玻璃和金属涂层，玻璃-金属封接方式的改进大大提高了集热管的吸收率及使用寿命，同时也降低了费用及热损失。

(2) 向更长、更轻的方向发展

聚光集热器在长度方面向 150m 方向发展；聚光镜材料采用超薄玻璃或铝板，向更轻方向发展，以降低整机重量。

(3) 采用 DSG 技术

开发能够适用于直接用水作为介质（DSG）的聚光集热器，使系统取消大量换热器，简化系统、提高效率、降低成本。目前，集热器中过热蒸汽工作参数已经达到 400℃/10MPa。

(4) 采用极轴跟踪技术

南北向聚光集热器由原来的水平放置改为面朝南的倾斜轴，充分考虑方位角和高度角的影响，从而更有效地接收太阳辐射能。

结构设计的改变使 LS-3 聚光器在跟踪精度上得到了很大提高，并且在安装时允许有一定的倾角。然而，SEGS 的运行经验显示，任何成本的降低都是以聚光器的使用性能和可维护性为代价。与 LS-2 聚光器相比，LS-3 聚光器的热性能有所降低，聚光器的维护变得更加困难。尽管如此，LUZ 聚光器为新一代聚光器的设计提供了宝贵的经验。

4.2.11.1 Euro Trough 聚光集热器技术

Euro Trough 聚光集热器提出了一种扭矩框聚光器，它消除了 LS-2 和 LS-3 聚光器在生产和运行中产生的许多问题。这种扭矩框设计既实现了 LS-3 聚光器桁架设计概念低成本的目的，又达到了 LS-2 聚光器扭矩管所具有的高扭转刚度和方便调整的优点。

Euro Trough 聚光器的核心部件是一个约 12m 长的空间框架，在其两侧面上固定了用于固定抛物面反光镜的支撑臂。该空间框架由 4 个不同部分组成，可以现场安装、固定，简化了加工过程，降低了加工成本。

由于反光镜支撑臂的设计，Euro Trough 聚光器因自重和风载产生的变形比 LS-3 小，从而减小了聚光器在运行过程中的扭转变形和弯曲变形，提高了聚光器的光学性能。高强度的扭矩框设计方法使单个驱动系统驱动的聚光器长度从 100m 扩展到 150m，降低了驱动系统和转接管（旋转接头或金属软管）的数量，达到了降低聚光区成本和聚光损失的目的。

由于改进了聚光器支撑架设计，聚光器可以 3%的坡度进行安装，大大减少了现场地面处理成本。通过预加工和现场固定架安装结合的方式保证了聚光器的精度。

该设计目的之一是减小聚光器的重量，其总重量相比 LS-3 的设计方案减小了 14%。减少部件的多样性，压缩聚光器结构的重量，使用紧凑的运输方式，这些改进被认为使成本又降低了 10%。

热性能和光学性能的试验结果表明，Euro Trough 聚光器在性能上比 LS-3 聚光器提高了 3%。因此，很多开发商和团体选择了 Euro Trough 聚光器技术。

4.2.11.2 Solargenix 聚光器技术

Solargenix DS-1 聚光器采用全铝空间框架。设计模仿了 LS-2 聚光器实际的尺寸和操作特点，但在结构特性、重量、加工复杂程度、抗腐蚀性、生产成本及安装上都优于 LS-2 聚光器。

新型的 SGX-1 聚光器用有机蛛丝网状套节结构，其结构组成的零件数比 DS-1 聚光器减少了 1/2，重量减轻 30%，聚光器的安装耗时减少了 1/3，并且使用低成本的挤压部件，反光镜无需排列校正，单一铝膜提供了较大的耐久性。目前，SGX-1 聚光器技术应用于 Nevada Solar One 槽式聚光太阳能热发电站中。

4.2.11.3 IST 聚光器技术

IST（Industrial Solar Technology）聚光器起初用于低温工业过程加热。在 NREL 的 USA Trough 计划支持下，IST 聚光器在效率上提高了很多，能够应用于高温太阳能热发电，同时降低了成本。最初 IST 聚光器由铝制成，后来用电镀钢结构代替了铝制结构，用薄的镀银玻璃反射镜取代了镀铝聚合体反射镜，提高了高温条件下集热管选择性涂层的热性能和耐久性。聚光器钢结构和薄玻璃反光镜的改进使系统成本降低了 15%，系统性能提高了 12%，所获得能量的成本降低了 25%。

4.2.11.4 聚光器结构比较

可以看到，在相同风速的作用下，同一点上弯曲和扭转最小的是 Euro Trough 聚光器。

综合以上分析及有限元分析结果，Euro Trough 聚光器在结构设计上具有很大的优势。

尽管目前出现了一些低成本的替代型抛物面聚光器，但真正大规模应用于商业化太阳能热发电站的抛物面聚光器还是厚玻璃抛物面聚光器，主要体现在户外的持久性和高反射率特性。

4.2.11.5 我国聚光器研制

我国聚光器研制也取得突破。由中科院电工所太阳能热发电实验室承担研制的大功率太阳炉聚光器已经在宁夏惠安堡镇竣工，这表明中国科研工作者已掌握了大型高精度聚光器的核心技术和制作工艺。

“太阳能聚集供热方法的研究及成套设备的开发”是国家“973”项目和“863”太阳能制氢课题子课题。大功率太阳炉聚光器经过近 3 年的研制，各项技术参数经过精心调试，已达到合同要求。

该太阳炉系统由 3 个平整度为 1mm 的 120m^2 的正方形定日镜、跟踪控制系统、300m^2 大型高精度抛面聚光器、太阳炉和制氢系统组成。其中，定日镜边长 11m，成三角形排列，后面一座高出前面两座 1.8m。聚光器为旋转抛物面，旋转轴与地面平行，距地 3m。根据惯例，太阳直射辐射按照 1000W/m^2 计算，该太阳炉的总功率 0.3MW。此套系统是中国自主研发的第一台大功率太阳炉聚光器，总聚光面积 300m^2，跟踪精度高于 1mrad，峰值能流密度设计值高达 10MW/m^2。该太阳炉的热功率已排世界前 3 名。

该系统通过将平面定日镜作为反射器把太阳光反射到对面的抛面聚光器上，经过抛面聚光器聚焦至焦点位置的太阳炉中心处，中心高温高达约 3000℃，可在氧化气氛和高温下对试验样品进行观察，不受燃料产物的干扰。该系统平台与西安交通大学的反应器接口已经成功产出氢气。

5 日照跟踪技术

跟踪技术是太阳能热发电聚光系统的重要组成和专有技术，是太阳能聚光器的组成。日照跟踪技术近年受到有关专家关注，涌现出一批具有较好前景的成果。

5.1 日照跟踪技术的意义

古时人们就已熟知自然界中“日月经天”，知道一年之中太阳在空中“行走”的路线（黄道）。古人同样能感受到处于不同位置的太阳倾洒到大地表面的热量有很大差别。旭日初升为世界带来光明和暖意，而到正午太阳直射人们就会感到热浪。秋冬季节，阳光倾斜，气候变得寒冷；盛夏烈日当头，气温走高。对于每天的朝辉夕影，人们都很熟悉。太阳每天同一时刻在天空中的位置都不相同。图 5-1 是太阳每年的视运动图片。这是用一台固定的摄影机，在一年之内每天同一时间对太阳拍照，然后将相片叠加，得到的每年太阳日行迹的“8字形”轨迹（在南半球，轨迹相反）。图 5-1 下部是阿波罗神庙。在希腊神话中，阿波罗是太阳神，也是光明、真理、音乐、诗歌和艺术之神。有关专家特以此为背景拍摄。

自然界的太阳能是按面积分布的低密度能源，要想将其聚拢起来，从物理理论研究的结果看，只有两种方法可供选择：一种方法是设法利用一个强大的引力场（这本身又需要耗费大量能量），在其作用下改变光线的传播方向达到汇聚的目的，其工程特点是可以做到相对较小的工程捕光面积；另一种方法是利用光线在不同的物质界面处产生的折射或反射效果达到聚光的目的，工程特点是需要相对较大的工程捕光面积。

只有后一种方法实际可行，但需要庞大的工程捕光面积。大规模、工业化利用太阳能，必须以大面积采光、大规模聚光为前提。大型日照跟踪设备是工业化开发利用太阳能所必需的基础性技术装备。

聚光装置与相对不断变化的太阳之间的位置直接影响到获得热能的多少，所以聚光装置需要以一定的精度对太阳进行实时跟踪。一般而言，三维聚光系统要求的日照跟踪精度大于二维聚光系统。例如，聚光比为 1000 的塔式系统需要约 0.058°的跟踪精度，而槽式系统的跟踪精度则相对较低，可取 0.5°。

太阳能的开发利用过程大致可以分为阳光采集、能量转换和输变电运营 3 个技术环节。

工业化日照聚光技术与跟踪技术属太阳能开发与利用领域中的采光技术范畴，尤其涉及大规模采光的日照跟踪技术是太阳能利用领域里前端的、基础性的关键技术，是各种太阳能利用形式

图 5-1 太阳视运动

的共享技术，是决定整个开发利用过程的效益基础。跟踪技术服从、保证聚光要求。

太阳光角度与太阳能接收率之间的关系表明：跟踪与非跟踪太阳时能量接收率相差37.7%，精确地跟踪太阳可大大提高接收器的热效率。据国外研究，单、双轴跟踪系统与固定式系统相比分别能增加25%和41%的功率输出。又据实验：精确跟踪太阳的光照可立刻提高现有普通光伏/光热电站的综合效益25%～70%，如图5-2所示。虽然跟踪系统与固定式系统相比更复杂、成本更高，但它可通过增加年输出功率而有效降低成本。

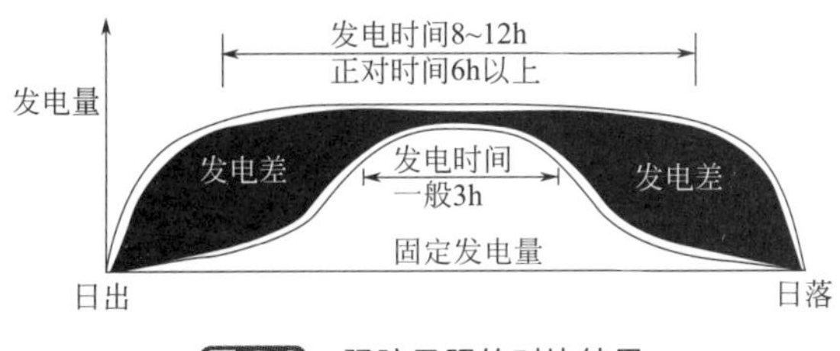

图 5-2 跟踪日照的对比结果

5.2 太阳能自动跟踪装置

太阳跟踪装置由4部分组成：执行系统是太阳跟踪装置的载体；定位系统是探测、瞄准太阳方位的定向器，它及时将太阳的方位信息传送给控制系统；控制系统由信号转换、放大、电机控制3个环节组成；驱动系统由电机、减速器组成，与执行机构联动。

5.2.1 对控制系统的要求

控制系统应满足：①微低能耗；②与非跟踪装置相比较，能大幅提高电站发电量；③适用于风、雨、雪、沙尘等恶劣天气及环境条件；④满足有效日照时间的全程跟踪控制；⑤阴雨天的干扰光源切断（信号弹、礼花炮、高层建筑霓虹灯）；⑥夜间控制系统供电切除，控制系统处于休眠状态，以最大程度节省无效能耗。

5.2.2 太阳位置的计算

跟踪机构要求能承受巨大重量、抗击风沙袭击，一般采用水泥和钢材作为基桩。跟踪机构又要求能灵活转动，不断重复静止-启动过程。

工作平台能够实时对准太阳方位的机电装置称为太阳跟踪装置。按机构自由度数目，太阳跟踪装置分为单轴和双轴两种；按控制系统的控制模式，太阳跟踪装置分为光电传感器跟踪和太阳运行轨迹跟踪两种；按控制系统信息反馈方式分为闭环、开环、混合控制3种。

太阳能聚光热发电系统的跟踪控制趋向于开环控制技术。无论是开环控制或开环、闭环相结合的方式，均离不开太阳位置的计算。利用太阳位置算法，计算出太阳高度角、方位角，然后结合太阳能聚光装置各自的跟踪角计算公式，便可实现聚光装置的跟踪聚光功能。

太阳位置算法在太阳能聚光热发电系统中非常重要，是快速又具有一定精度的简化算法，可直接装载到微型计算机中，使太阳能热发电装置的跟踪控制系统经济实用。

太阳位置的计算在天文学领域早已存在，有非常复杂的天文算法。但该算法并不适用于太阳能跟踪控制的利用。首先是坐标系不同，天文算法更倾向于天球坐标系，而太阳能利用倾向于地平坐标系；其次是对太阳位置计算结果的描述不同，天文学一般用视赤经、视赤纬、时差、蒙气差等参数描述，太阳能利用中一般用高度角、方位角表示。此外最重要的是天文算法复杂、运算缓慢，不利于在微控制器中的移植。

随着太阳能的开发利用，特别是太阳能聚光热发电技术的发展，简单、快速的太阳位置算法也在不断地发展，总体上可分为低精度、高精度两类，分界点为0.01°。无论算法精度的高低，最终均需利用太阳赤纬角、当地太阳时角以及当地纬度计算太阳视位置的地平坐标（高度角、方位角）。

在太阳能应用工程中，太阳方位角一般由中南算起，即午时为0°，向西为正，向东为负，值域为－180°～180°。

太阳赤纬角、太阳时角计算与太阳位置的计算密切相关，其估算精确度直接影响太阳位置的计算精度，所以各种太阳时角算法也就基于这两项参数给出相应的计算方法。

一般来说，在太阳位置精确计算时要考虑的附加因素主要有月亮和其他行星引起的地球轨道摄动、日月岁差、行星岁差、光行差、由大气折射引起的蒙气差以及视差。尽管这些因素对太阳位置计算结果的影响不大，但在高精度的计算需求下，需以一定的附加修正方式考虑上述参数。

现在算法精度已分别达 0.008°（适用年限为 1999～2015 年）、0.0027°（适用年限为 2003～2023 年）、甚至 0.0003°（适用公元前 2000～公元 6000），但算法复杂，工程量大。

5.2.3 太阳跟踪装置

5.2.3.1 跟踪方式与控制

太阳能工程中常说的跟踪，其基本含义是指聚光器的光孔跟踪太阳视位置。跟踪精度取决于聚光系统的容许偏差角。聚光系统越大，对跟踪精度的要求也越高。

聚光系统有一维聚光和二维聚光，因此其跟踪装置也相应有一维跟踪和二维跟踪，或称单轴跟踪和双轴跟踪。

① 一维跟踪：一维聚光系统只要求入射光线在光轴和焦线组成的平面内，因此反射镜面绕一根轴转动即可完全满足要求，称为一维跟踪。槽形抛物面聚光器和条形反射镜，若南北向定位布置，则配置一维跟踪系统。

② 二维跟踪：二维聚光系统必须使入射光线和光轴在 3 个方向上一致，所以聚光面要绕两根轴转动，称为二维跟踪。塔式太阳能热动力发电站的定日镜和盘式太阳能热动力发电装置的旋转抛物面聚光器，均需采用二维跟踪系统。

目前，在太阳能工程中常用的聚光器跟踪控制方法有以下两种。

① 基于太阳视位置天文算法的跟踪控制。根据聚光系统光孔面跟踪太阳视位置求得的运动方程，编程计算由太阳视位置所确定的光孔面的瞬时高度角和方位角，并用电子装置测量旋转轴的角位置，控制跟踪机构。

② 基于太阳辐射传感器的跟踪控制。采用太阳能电池瞬时测量太阳视位置，以此控制跟踪机构的运动。现常使用屏遮光带跟踪控制器和光强跟踪控制器。

目前各类太阳能热发电多采用两者结合方式进行跟踪控制，以编程控制为主，由传感器瞬时测量做反馈修正编程控制的积累误差，减少在多云、阳光变化强烈条件下传感器无法正确定位的缺点。

5.2.3.2 两种跟踪装置

根据机构自由度数目，太阳跟踪装置可分为单轴和双轴两种。

（1）单轴跟踪装置

单轴跟踪装置有 3 种布置方式：①倾斜布置，东西跟踪；②焦线南北水平布置、东西跟踪；③焦线东西水平布置，南北跟踪。图 5-3 中的 3 种方式都是单轴转动的南北向或东西向跟踪，工作原理基本相似。第 3 种跟踪方式的原理是：跟踪装置的转轴（或焦线）东西向布置，根据事先计算的太阳赤纬角的变化，柱形抛物面反射镜绕转轴做俯仰转动跟踪太阳。采用这种跟踪方式，一天之中只有正午时刻太阳光与柱形抛物面的母线相垂直，此时热流最大；而在早上或下午太阳光线都是斜射，所以一天之中热流变化较大。单轴跟踪的优点是结构简单，但是由于入射光线不能始终与主光轴平行，收集太阳能的效果不佳。

（2）双轴跟踪装置

双轴跟踪装置由太阳跟踪、流量控制、温度控制、数据采集、控制信号柜、操作台和工

(a) 南北水平式　　(b) 东西水平式　　(c) 南北地轴式

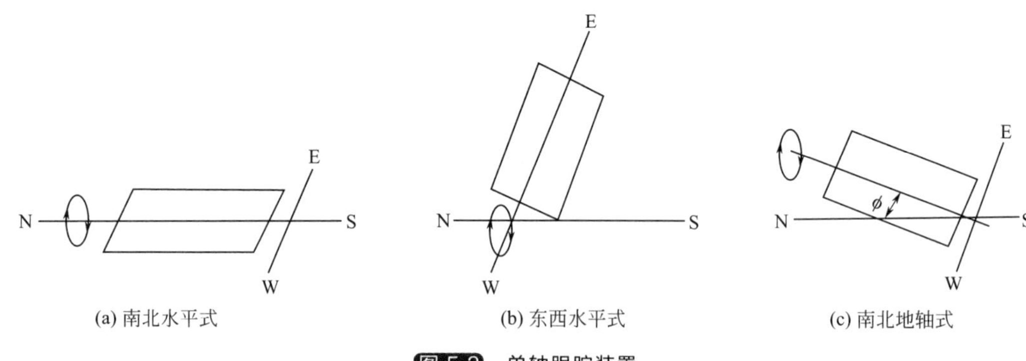

图 5-3　单轴跟踪装置

业 PC 机等子系统构成。

在太阳高度角和赤纬角变化时，如果太阳跟踪装置能够实时跟踪太阳就可以获得更多的太阳能，双轴跟踪装置是为了满足这样的要求而设计的。根据坐标轴的种类不同，双轴跟踪装置可分为极轴式和高度角-方位角式两种方式，见图 5-4。

(a) 极轴式　　(b) 高度角-方位角式

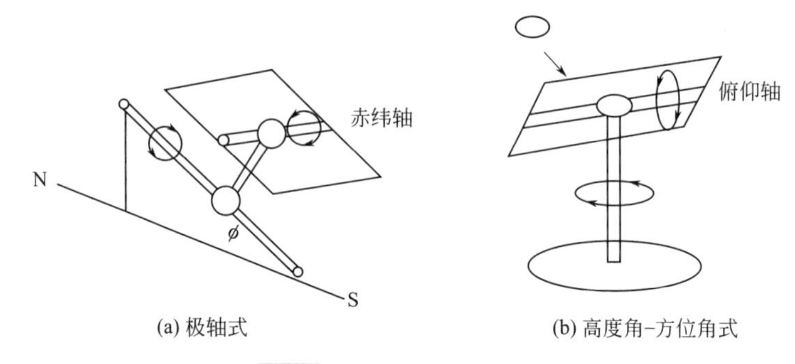

图 5-4　典型的双轴跟踪装置

极轴式跟踪装置：极轴式跟踪装置的原理是，聚光镜的一轴指向天球北极，即与地球自转轴相平行，故称为极轴；另一轴与极轴垂直，称为赤纬轴。工作时反射镜面绕极轴运转，其转速的设定与地球自转角速度大小相同、方向相反，用以跟踪太阳的视日运动；反射镜围绕赤纬轴做俯仰转动是为了适应赤纬角的变化，通常根据季节的变化定期调整。这种跟踪方式并不复杂，但在结构上反射镜的质量重心不通过极轴轴线，极轴支承装置的设计比较困难（见图 5-5）。

高度角-方位角式跟踪装置：此方法又称为地平坐标系双轴跟踪，其原理与其他跟踪装置相似（见图 5-6）。

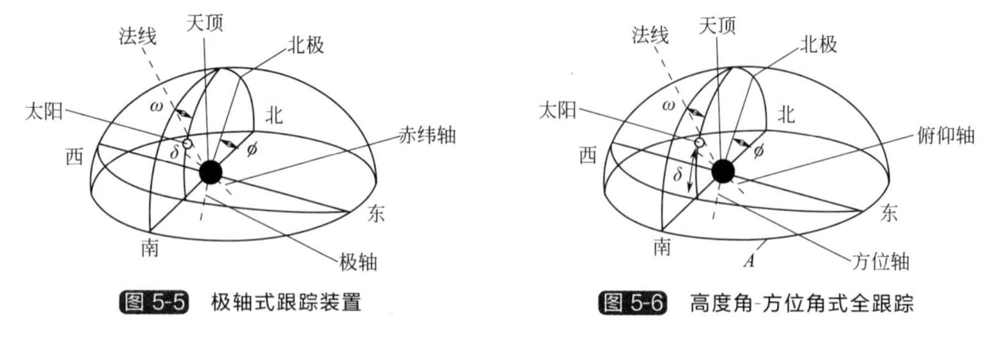

图 5-5　极轴式跟踪装置

图 5-6　高度角-方位角式全跟踪

由图 5-7 可以看出，当太阳跟踪装置所安放的地理纬度确定，每给出一组当前太阳所处的时角和赤纬角，就可以求解出观测时刻该地点的太阳方位角 ω 和高度角 δ 的数据。其中方位角 $\omega=\angle MOS$，高度角 $\delta=\angle MOR$，观测地点的地理纬度为 $\angle NOP$，当前太阳所处的时角为 $180^{\circ}-\angle QOT$，当前太阳所处的赤纬角为 $\angle TOR$。

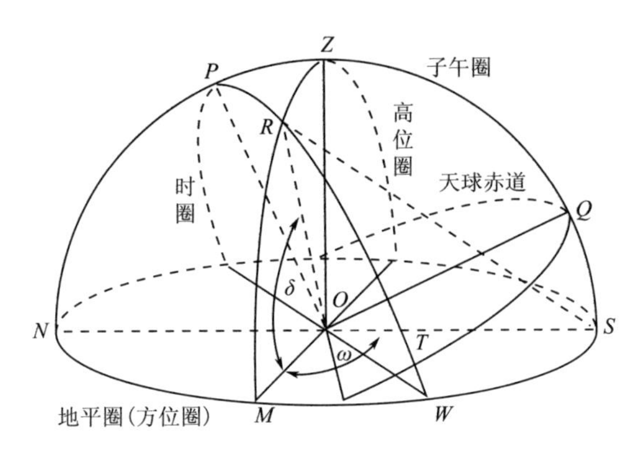

图 5-7 太阳运行轨迹跟踪天球模型

工作台的方位轴 OZ 垂直于地平圈，另一根轴与方位轴垂直，称为俯仰轴 NS。工作时，太阳跟踪装置根据太阳的视日运动绕方位轴转动改变方位角，绕俯仰轴做俯仰运动改变高度角，从而使太阳跟踪装置的主体平面与太阳光线垂直。这种跟踪系统的特点是跟踪精度高，而且装置的承载重量保持在垂直轴所在的平面内，支承结构的设计比较容易。工作台采光面上，当太阳赤纬角、太阳时角和试验地的纬度确定以后，工作台倾角和方位角的值决定了阳光入射角，因此只要控制太阳跟踪装置的角度，使其具有合适的高度角和方位角，就可以保证太阳光线入射角为 0，从而最大限度地收集太阳能。

单轴结构的优点是结构简单，能耗和故障率较少。但是由于入射光线不能始终与主光轴平行，收集太阳能的效果并不理想，且存在着跟踪精度不高、误差累积、绕线等一些问题。在太阳跟踪方面，单轴结构初期投资相对较少，跟踪设备结构简单。目前，单轴跟踪装置在国外的太阳能热发电系统中主要应用于槽式集热系统。

双轴结构能够最大效率地利用太阳辐射能量，自动化程度高，但同时有控制复杂、成本高、耗电量大、系统维护费用高等缺点。双轴跟踪装置可应用于槽式集热系统来提高其运行效率，但在国外的太阳能热发电系统中，主要用于塔式和碟式集热系统。目前，光控或程控的双轴跟踪控制结构被普遍采用。在美国加州建造的发电功率为 300～600MW 的太阳能斯特林电厂中，所有太阳能集热器都采用双轴跟踪控制结构。在有些太阳能设备中，如点聚焦式接收装置，则只能采用双轴结构。1998 年美国加州成功地研发了 ATM 两轴跟踪器，并在太阳能面板上装有集中阳光的菲涅尔透镜，这样可使小块的太阳能面板收集更多的能量，使热接收率进一步提高。

很多学者对固定式、单轴、双轴跟踪控制结构做了对比分析研究。通过理论计算对比了分别采用双轴跟踪、单轴东西跟踪和不跟踪的 3 套控制结构所获得的热接收量，发现采用双轴跟踪比采用单轴东西跟踪和不跟踪所获得的热接收量分别高 5.10％和 50％。通过实验研究了双轴跟踪对复合抛物面聚光器的影响，结果表明，采用跟踪结构比不采用跟踪结构系统的热接收量高 75％。

综上可知，单轴跟踪系统比固定安装的系统得到的太阳辐射利用率高；双轴跟踪系统能够最大效率地利用太阳辐射能量。双轴跟踪系统成本高、耗电量大、系统维护费用高于单轴跟踪系统。

图 5-8～图 5-10 是传动机构及太阳跟踪装置的示意图。

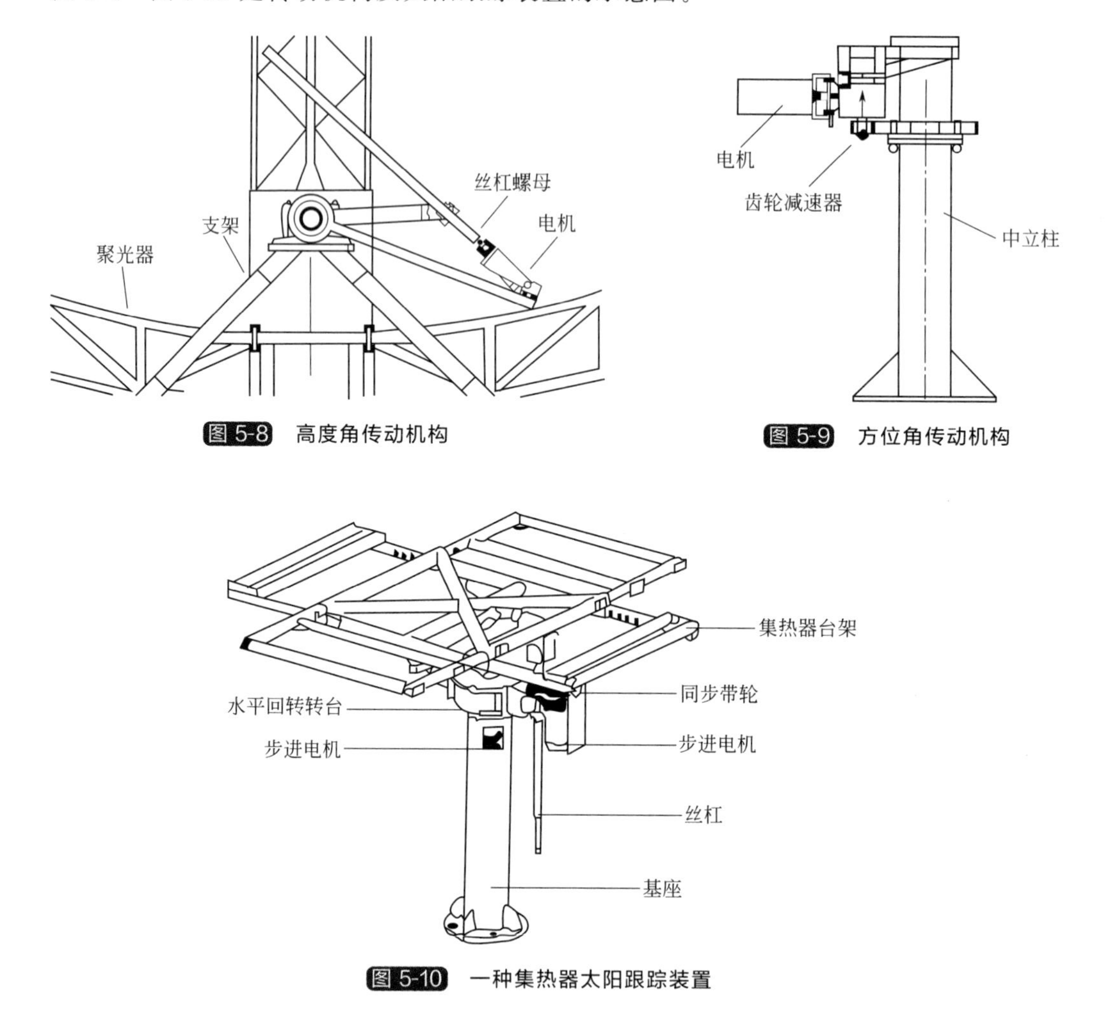

图 5-8 高度角传动机构

图 5-9 方位角传动机构

图 5-10 一种集热器太阳跟踪装置

夏君铁等提出采用储能式结构设计与无源式液压阻尼控制技术相结合，使动力供给与控制执行角色分离；采用大闭环控制策略，跟踪的稳定控制精度可达 0.000001～0.001s、且连续可调。因为设备跟踪利用自身的势能运行，可接受随动跟踪运行质量的增加。单机随动跟踪质量达几十吨至几千吨，支持并可为镜面保洁。聚光器采光面积在几百至几万平方米，为光散热或斯特林电机安装留有空间。其基本原理是每日黎明将聚光器置于轨道高位，根据季节变化调整位置。当日出后，使滑车在自身重量下徐徐前进，并控制其下滑和转动速度，使其与太阳同步。这种思考如能经受实践考验，应有推广价值。其结构原理见图 5-11。

5.2.4 跟踪控制模式

按跟踪控制模式划分，太阳跟踪装置主要有光电传感器跟踪和太阳运行轨迹跟踪两种模式。

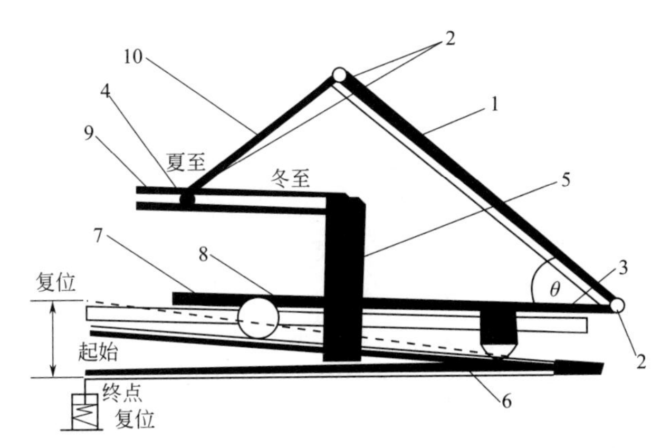

图 5-11 无源式液压阻尼控制技术装备的结构原理示意

1—采光器架或光伏电池板；2—与滑车的铰接点；3—滑车；4—连杆与曲柄的铰接点；
5—轨道中心轴；6—滑车的轨道；7—阻尼缸；8—阻尼曲线的工作面；9—曲柄；10—连杆

(1) 光电传感器跟踪的原理

太阳位置改变时，太阳光照强度的变化引起光电传感器输出电信号的改变，这一改变经过分析、判断、处理，获取的信息结果用以驱动电机运转，以改变太阳跟踪装置位置，使光电传感器达到新的平衡，如此往复。光电传感器大多采用光强跟踪控制器。目前，国内常用的光电跟踪有重力式、电磁式和电动式，这些光电跟踪装置都使用光敏传感器，光电跟踪的光感元器件可以是光电池、半导体器件、光电二极管等，其后续信号处理单元通常是单片机或 PLC（可编程逻辑控制器）等（见图 5-12）。

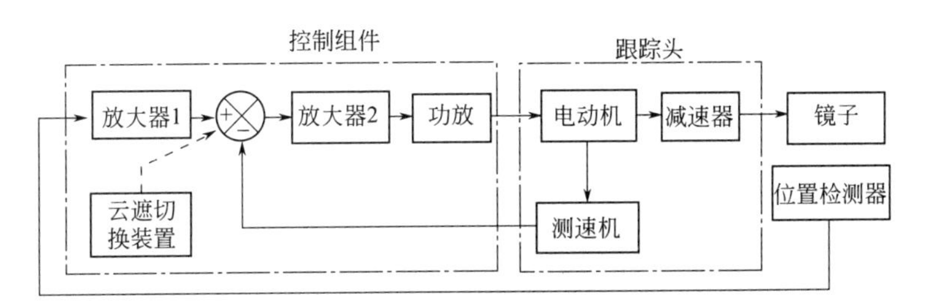

图 5-12 光电传感器跟踪系统原理

传感器跟踪模式的特点：靠光电传感器与太阳运行方位间的信息交互作用实现太阳跟踪，光电传感器实时采集太阳的方位信息，计算机分析比较太阳的光强变化，从而驱动太阳跟踪装置实现追踪太阳。该方式不受太阳跟踪装置安装的地理位置及冬夏时差的影响与限制，装置使用方便、灵活，跟踪精度较高。其主要缺点是在阴天时，太阳辐照度较弱，光电转换器很难响应光线的变化。在多云的天气里，太阳本身被云层遮住，或者在天空中某处由于云层变薄而出现相对较亮的光斑时，光电跟踪方式可能会使跟踪装置误动作，甚至会引起严重事故。通过比较现有的太阳光线检测方式和跟踪方式，并基于图像处理跟踪方法对太阳的定位准确度较高，具有提高跟踪精度等特点。近年来在光控研究方面有人提出以图像传感器代替光敏电阻等光电传感器来实现对太阳光线角度的检测。

(2) 太阳运行轨迹跟踪的原理

利用计算机数据库技术，根据天文学公式求得太阳视位置的运动方程，计算出 1 天中每天日出至日落每一时刻太阳的方位角与高度角数据，储存于计算机中。根据太阳当日当时的指定方位信息，控制电机转动，带动跟踪装置跟踪太阳。

太阳运行轨迹跟踪模式的特点：根据地理位置和时间来确定太阳的位置信息，按太阳跟踪装置所在地当前时日的固有运行轨迹进行约定性跟踪，该方式不受天气状况的影响，但是太阳运行轨迹随跟踪装置安放的地理位置、赤纬度和季节变化而变化，当前跟踪方位是跟踪装置时空的函数，精确跟踪的前提是保证太阳跟踪装置的准确定位和太阳运行轨迹算法；由于运行轨迹受太阳跟踪装置的安装位置约束与限制，该跟踪模式在远距离移动载体上的应用受到限制，如车、船、飞机、移动气象观测站等；为避免机构因回转运动而导致电路绕线问题，需设置机构极限位置限定标识，实现机构预期复位；程控不对阴天、晴天加以区分，只是按程序设定的时间定时启动跟踪装置，跟踪系统的能耗较大；控制时间间隔的限定和机械操作的微小误差会导致长时间的累积误差，并且自身不能消除，造成聚光器偏离太阳方位。一般在太阳辐照度较低，光控难以响应太阳位置的变化时采用程控。

（3）双模式控制系统

即在太阳跟踪装置中两种控制模式并存，根据环境状况，在晴朗天气、太阳辐照度较强时，采用光电传感器跟踪模式；而在阴雨天气、太阳光线较弱时，自动切换为太阳运行轨迹跟踪模式，两种控制模式相互配合，弥补不足，相得益彰，能实现高精度全天候自动跟踪。

5.2.5 开环、闭环、混合控制方式

控制系统对控制量（电机转速、转角等）进行控制时，按被控制量（跟踪装置的位置、转角）对控制量是否产生影响，即太阳跟踪装置控制系统是否存在信息反馈，可以把控制系统划分为3类：开环、闭环和混合控制方式。若存在反馈，称为闭环控制；若不存在反馈，称为开环控制；混合控制就是开环和闭环控制方式的结合。

（1）开环控制方式

开环控制要先确定一个初始位置，根据某时刻太阳相对位置的差值，计算出电机转过该差值所需的脉冲数。该跟踪控制方式又分为时钟跟踪和程序跟踪两种方式。这种方法虽然控制简单，易于实现，但当电机失步和堵转时，跟踪运行不准确；特别在逢连续阴雨天时，系统连续运行还会消耗大量的功率。

① 时钟跟踪式：时钟跟踪式原理如图5-13所示。根据太阳在天空中每分钟的运动角度，计算出跟踪装置工作台每分钟应转动的角度，从而确定出电机的转速，使得工作台根据太阳的当前位置而相应变动，这种方法称为定时法。可以看作对太阳运动的时角进行跟踪，所以也可称为时角跟踪。该方法优点是电路简单，但由于不同季节日出日落时间不同，会降低该系统调整的精确度。

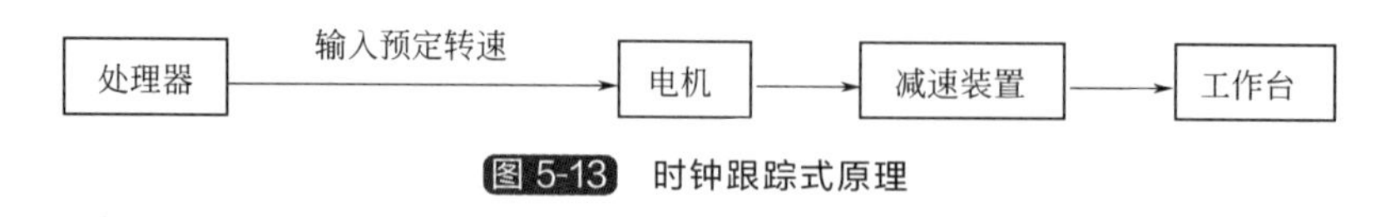

图5-13 时钟跟踪式原理

② 程序跟踪式：程序跟踪式系统原理如图5-14所示。这种跟踪方式是利用预定的算法公式通过计算机算出在给定时间太阳的位置，再计算出跟踪装置要求的位置，最后通过串口送给处理器去控制电机转动装置，实现对太阳高度角和方位角的跟踪。这种方法优点是可以利用计算机的强大计算能力，达到精度非常高的效果，其缺点是系统一直依赖计算机，对于

独立小型系统来说并不现实。

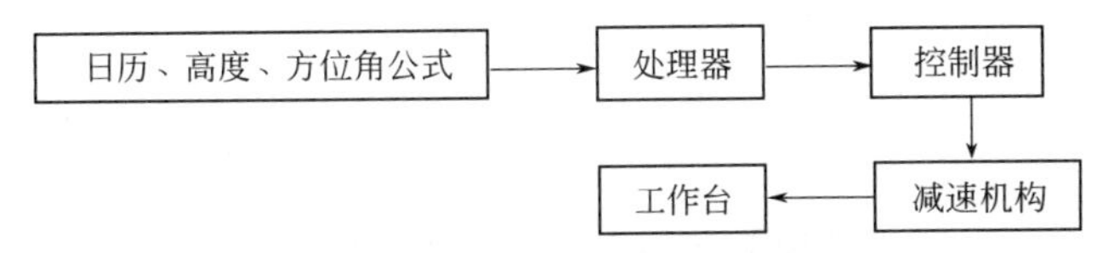

图 5-14 程序跟踪式系统原理

(2) 闭环控制方式

闭环控制方式就是利用传感器来测定入射太阳光线和系统光轴间的偏差，当偏差超过一个阈值时，通过电机驱动机械部分转动减小偏差，直到太阳光线与系统光轴重新平行，实现对太阳高度角和方位角的跟踪，其控制原理如图 5-15 所示。常用的传感器有光电池、光敏电阻、光电管、一维 PSD（位置灵敏探测器）和二维 PSD 光电位置传感器、光电角度探测器等。闭环控制能够克服开环的缺陷，但需要位置检测信号。

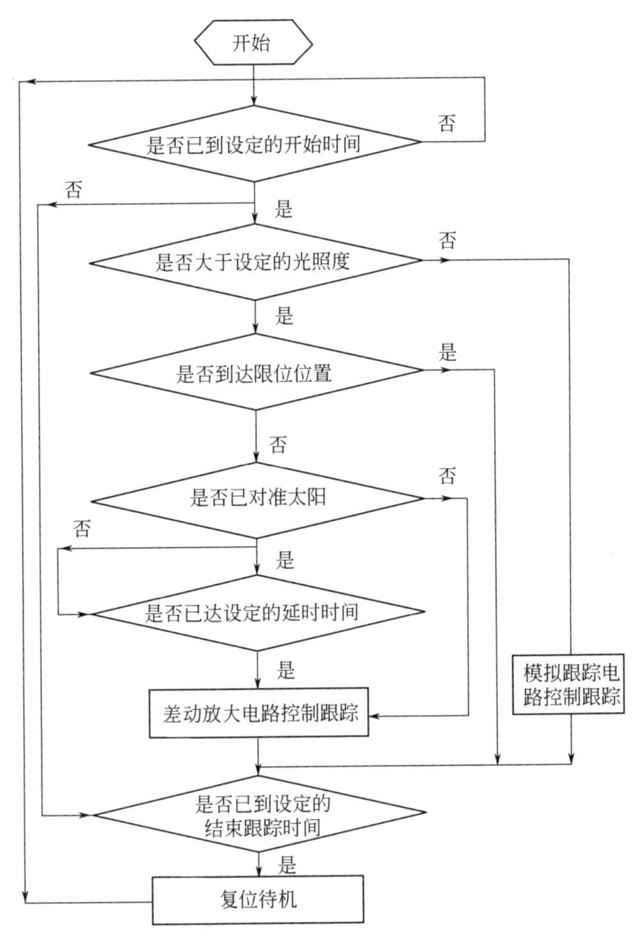

图 5-15 闭环控制方式的原理流程

程序、传感器混合控制方式实际上就是以程序控制为主，采用传感器实时监测作反馈的闭环控制方式，这种控制方式对程序进行了累积误差修正，使之在任何气候条件下都能得到稳定而可靠的跟踪控制。图 5-16 即为闭环控制方式的系统控制原理。

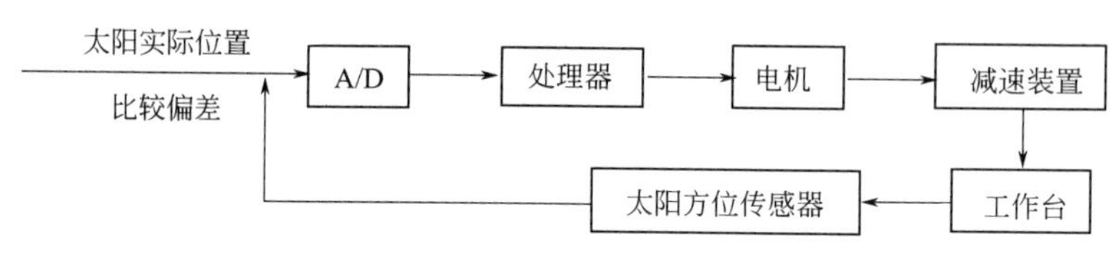

图 5-16 闭环控制方式的系统控制原理

目前广泛采用的跟踪控制方式是开环方式，从 20 世纪 80 年代美国的 Solar One 到 2005 年西班牙的 PS10 均采用了这种控制方式。而以程序控制为主、采用传感器瞬时测量值作反馈的闭环控制方式，虽然在任何气候条件下都能得到稳定而可靠的跟踪控制，由于其成本和可靠性等问题，一直没有被规模化使用。但闭环跟踪控制方式是跟踪系统的一种发展方式。

（3）光控和程控相结合的混合跟踪控制方式

光控和程控相结合的混合跟踪控制方式克服了程控存在累积误差，光控受天气变化影响大的缺点。它通过程序计算聚光镜位置，传感器进行校正，避免累积误差。在无云时使用光控，当云遮挡太阳时，启动程控，直到云过后，再重新使用光控，这样就能够得到最佳的跟踪效果。由于混合跟踪控制具有较高的跟踪精度，在实际应用中越来越多地采用这种联合控制的方法。

传统的混合跟踪方式是在晴天时采用光控、云天时采用程控，虽消除了光控受天气影响较大的问题，但没有解决程控误差累积的问题，人们又提出一些调节方案，如在程控的基础上应用两个高精度角度传感器的跟踪方案。

混合跟踪控制结构是将主、被动结合在一起的跟踪控制系统。混合跟踪结合了两者的优点并克服了两者的缺点，主动和被动跟踪交替控制的混合跟踪能够得到最佳的控制效果，但系统的成本较高。

测得的实验数据显示，双轴式比固定倾斜式多发电 46.46%，混合跟踪与单一的传感器被动式跟踪相比发电量明显增加。可见，采用混合跟踪可有效改善发电效率。

（4）机械式跟踪控制结构

机械式为主动跟踪，其原理是通过程序计算出太阳位置，控制步进电机跟踪太阳。目前国内大多数采用机械式的方式。但这种跟踪方式会存在累积误差，主要原因是采用的太阳位置坐标模型不够精确，由于是开环控制，机械结构变形及电机在执行过程中产生的误差难以消除，跟踪的精度随运行时间的增加而降低。

目前我国国内的跟踪器基本有纯机械式跟踪器和机电一体化跟踪器两大类。根据跟踪维数，机械式跟踪器有机械式单轴和机械式双轴跟踪控制结构两种。机械式单轴跟踪是将固定在极轴上的太阳能集热器以 15°/h 的地球自转角速度转动来跟踪太阳。该方法控制简单，但安装调整困难，初始角度很难确定和调节，受季节等因素影响较大，控制精度较差。机械式双轴跟踪主要是通过电机带动跟踪系统以 15°/h 的恒速绕日轴转动，以跟踪太阳的赤经运动，另一个电机带动跟踪系统以每天 15′的恒速绕季轴转动，从而使太阳能集热器全年与入射阳光相垂直，达到跟踪太阳的目的。主要优点是结构简单，便于制造，且控制系统也十分简单。但由于太阳高度角随季节的变化是不均匀的，因而跟踪精度较低。此外机构采用串联结构，刚度难以保证，且运动空间比较小。

在众多跟踪器中，纯机械式的跟踪器和时钟式的机电跟踪器精度偏低。跟踪的目的在于提高能量密度，如果精度低、跟踪效率低，还额外提高了成本，在设备中添加跟踪器就失去了原来的意义。所以，精度相对较高的光敏电阻控制的光电式跟踪器与机械式跟踪器相比在跟踪精度上具有一定优势。

(5) 光控＋时控＋GPS 跟踪控制方式

碟式太阳能热发电系统提出了一种采用光控＋时控＋GPS 控制高度角-方位角式的新型全跟踪混合控制方式。

碟式太阳能跟踪控制系统由 GPS 接收机、太阳位置传感器、运算控制器、步进电机驱动器、步进电机、机械执行机构和太阳能集热器等组成。该系统里光控＋时控和 GPS 控制的混合控制方式克服了在阴天、多云的情况下使用传感器跟踪控制不稳，而在晴天时时钟跟踪累计误差大的缺点。交替光控、时控和 GPS 控制的混合控制系统将抵消两者偏差信号，提供最准确的控制信号，所以能够得到最佳的控制效果，而且能够实现高精度的全天候太阳的自动跟踪。一种全自动太阳跟踪装置传动系统如图 5-17 所示，定日镜跟踪装置控制系统结构如图 5-18 所示。

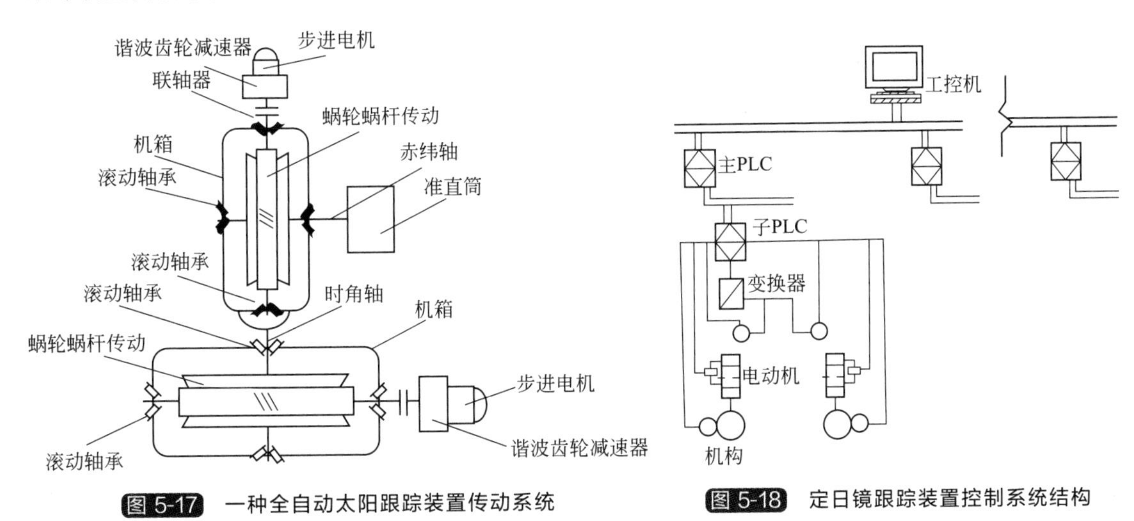

图 5-17 一种全自动太阳跟踪装置传动系统

图 5-18 定日镜跟踪装置控制系统结构

5.2.6 影响聚光跟踪的因素

低成本的大规模跟踪采光、聚光仍是行业的技术短板。没有适用的技术和产品供应，致使大规模工业化、商业化利用太阳能的想法一直不能实现，严重制约了太阳能热发电行业的进一步发展，阻碍了新能源的开发与利用。

太阳能热发电的工业化利用，必须以大面积采光、大规模聚光为前提。采光设施的建设、运营成本高，占整个建站成本的 50%以上，使用寿命短是导致电站总体效益低的主要原因。这里面包含着几个相互制约的技术因素：

① 大面积采光与抗风能力的矛盾；

② 大规模精确跟踪与伺服成本的矛盾；

③ 设备低成本制造与材料成本、工艺成本的矛盾；

④ 长期在野外风沙环境中运行的维护、镜面保洁等运营成本的问题；

⑤ 聚光材料的抗老化问题等。

据各国近十几年的实践证明，现有的跟踪技术不仅技术复杂，材料成本、工艺成本、运营成本高，而且一般只能在野外环境中有效运行 2～3 年就要报废或更新，抗风沙能力差，且不能满足大规模塔式超远程（≥500m）反射式定焦聚光的精度要求。只适合做小规模实验研究或是家庭使用是造成太阳能电站“建不起”“用不住”“效益低”的根本原因。

这一事实表明大型太阳能热发电工程的地点需要选择。世界上最适于太阳能热发电的场合有两个：一个是24h都可以接受高强度太阳辐射的太空；另一个是能接受充沛阳光、空气清新、没有沙尘肆虐的中国西藏，也是未来的太阳能源之乡。

5.3 跟踪装置部分部件

5.3.1 传感器

传感器是与人的感觉器官相对应的元件。国家标准GB 7665—2005对传感器下的定义是：“能够感受规定的被测量并按照一定的规律转换成可用输出信号的器件或装置，通常由敏感元件和转换元件组成。”在现代机器系统的组成中，传感器是实现自动检测和自动控制的首要环节。如果没有传感器对原始的信息进行精确、可靠的捕获和转换，那么一切测量和控制都是不可能实现的。

（1）光电传感器

光电传感器是将光信号转换为电信号的一种传感器，若用这种传感器测量非电量，只要将这些非电量的变化转换成光信号的变化，就可以使非电量的变化转化成电量的变化。光电传感器具有结构简单、精度高、响应速度快、非接触等优点，因此在检测和控制系统中得到广泛应用。常用的光电传感器有光敏电阻、光敏晶体管、光电耦合器、电荷耦合器件、颜色传感器等。光电传感器的物理基础就是光电效应，这种现象是当光照射物体时，物体受到一连串具有能量光子的轰击，于是物体材料中的电子吸收光子能量而发生响应的电效应，如电导率变化、发射电子或产生电动势等。光电效应分为外光电效应和内光电效应。

① 外光电效应：在光线作用下能使电子逸出物体表面的现象称为外光电效应。基于外光电效应的光电元件有光电管、光电倍增管等。

② 内光电效应：在入射光作用下，电子吸收光子能量，从价带激发到导带，过渡到自由状态，同时价带也因此形成自由空穴，致使导带的电子和价带的空穴浓度增大，引起材料电阻率减小，激发出光电子-空穴对，从而使半导体材料产生电效应。内光电效应分为两类：光电导效应和光生伏特效应。基于光电导效应的光电元件有光敏电阻等，基于光生伏特效应的光电元件有光电池、光敏晶体管等。

（2）光敏二极管

光敏二极管中CdS是一种电阻值随光照强度变化而变化的感光电阻，可采用若干个光敏电阻作为传感器来检测天空光线的变化，跟踪太阳的位置。光敏电阻的特性与人眼最为接近，适合可见光的测量。

5.3.2 光电传感器阵列布置

5.3.2.1 对光电传感器的要求

光电传感器作为光控的核心部件，其可达到的精度直接影响跟踪系统的跟踪精度，而其跟踪精度的高低是直接影响太阳能热发电系统发电效率的关键因素之一。决定传感器性能的因素包括可感应范围、跟踪精度、抗干扰能力等。如何设计一个既能准确反应太阳位置又能克服干扰的太阳位置光电传感器就成为一个关键。例如光敏电阻光强比较法，虽然其电路比较简单，但由于光敏电阻的个性差异（光敏电阻阻值、圆筒的长度）及时间长老化等原因，导致控制准确度不够。对光敏电阻的结构设置进行改进优化是改进光敏电阻光强比较法的研究关键之一。近年来有人提出图像传感器对太阳的定位准确度较高，也提高了跟踪精度，但增加了硬件。在图像处理跟踪方法的研究过程中，例如选用高分辨率的图像传感器来进一步提高太阳的定位精度，在这个方面也值得做些研究。

5.3.2.2 光电传感器的阵列布置方式

光电传感器型太阳跟踪系统中，光电传感器的阵列布置形式直接影响传感信号的工作精度和跟踪装置工作的灵敏度，有两种常用阵列布置方式。

（1）平面正交阵列

平面正交光电传感器阵列的构型如图 5-19 所示。将光电传感器组对称布置在 X_1 和 X_2 所连接的矩形平板上，遮光板 $ABCD$ 安装在 X_1 和 X_2 对称轴线上并垂直于 X_1 和 X_2 所在平面。其感光工作原理是：当阳光照射线不垂直于 X_1 和 X_2 所在平面时，由于遮光板 $ABCD$ 遮掩部分光线，使平板 X_1 和 X_2 受光面积不同，在导线 X_1 和 X_2 中产生的光电流强度不同，经放大和比较电路后可作为太阳跟踪装置的偏转信号，实时反馈太阳跟踪装置的位置信息，控制器根据接收到的反馈位置信息实时控制太阳跟踪装置运作。

X_1 和 X_2 所在对装传感器阵列可组成双轴式太阳跟踪装置时角轴的光电传感跟踪系统；同理，Y_1 和 Y_2 所在对装传感器阵列可组成双轴式太阳跟踪装置赤纬轴的光电传感跟踪系统。

（2）正四棱锥面阵列

正四棱锥面光电传感器布置阵列的构型如图 5-20 所示。其中，平面 AHB、CHD 组成一对阵列，负责双轴式太阳跟踪装置时角轴的光电传感跟踪系统；平面 AHD、BHC 组成另一对阵列，负责双轴式太阳跟踪装置赤纬轴的光电传感跟踪系统。

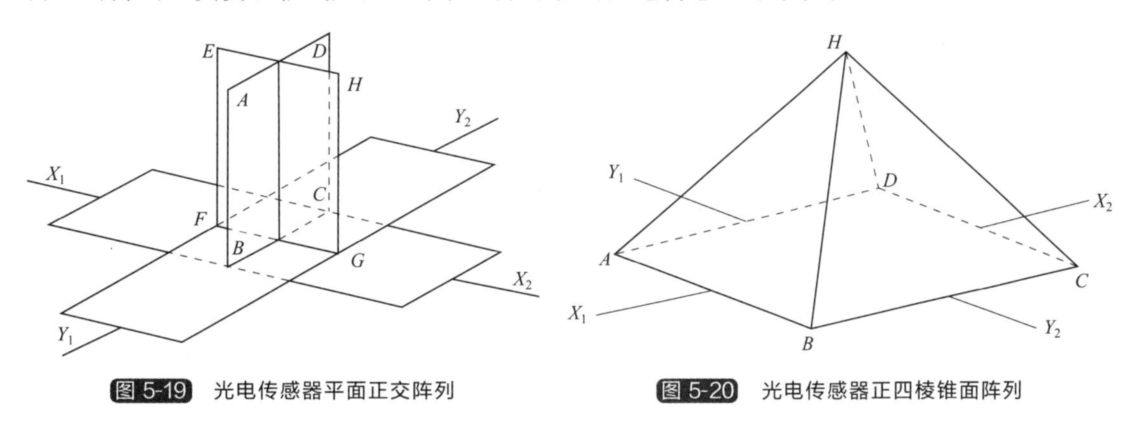

图 5-19 光电传感器平面正交阵列

图 5-20 光电传感器正四棱锥面阵列

正四棱锥面光电传感器布置阵列的受光原理与平面正交光电传感器阵列基本相同，其主要特点是省略了遮光板，整体集成度高。

光电传感器太阳跟踪系统的金字塔形光电传感器布置阵列可以实时追踪任何方向的太阳光，并且最大角度旋转太阳光模板，使太阳跟踪效率维持最佳状态，并且可在任何场所及气象状态准确工作，可提高阳光接收率25%～35%。

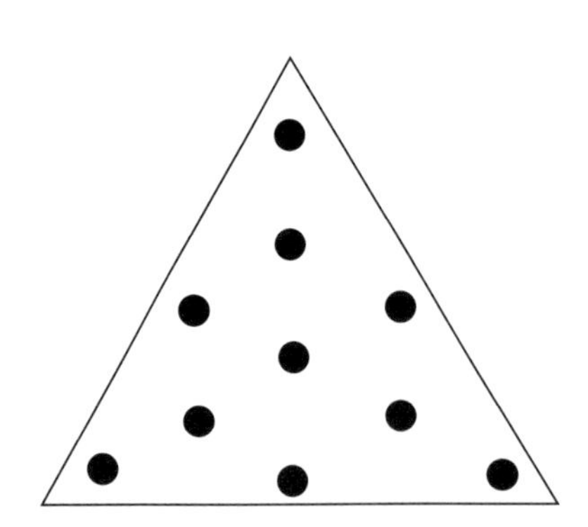

图 5-21 单面光电传感器正三角形 10 点分布

单面光电传感器的点阵布置形式有多种，其中正三角形 10 点分布感光效果最好，布置样式如图 5-21 所示。

5.3.3 步进电机

步进电机又称为脉冲电机，是数字控制系统中的一种执行装置，适用于非均速运动跟踪机构的动力组分。其功用是将脉冲电信号变换为相应的角位移或直线位移，即给一个脉冲电信号，电机就转动一个角度或前进一步。步进电机的角位移量 α 或者线位移量 s 与脉冲数 k 成正比；它的转速 n 或者线速度 v 与脉冲频率 f 成正比。在负载能力范围内这些关系不因电源电压、负载大小、环境条件的波动而变化，因而可于开环系统中做执行元件，使控制系统大为简化。步进电机可以在很宽的范围内通过改变脉冲频率来调速，能够快速启动、反转和制动。它不需要变换，可直接将数字脉冲信号转换为角位移，很适合采用微型计算机控制。步进电机是纯粹的数字控制电机。它将电脉冲信号转变成角位移，即给一个脉冲信号，步进电机就转动一个角度，因此非常适合于单片机控制。近 30 年来，数字技术、计算机技术和永磁材料的迅速发展推动了步进电机的发展，为步进电机的应用开辟了广阔的前景。

步进电机的运行控制包含位置控制和速度控制。位置控制是步进电机的一大优势，它可以不借助位置检测器只需简单开环控制就能达到足够的位置精度，因此应用很广。位置控制需要两个参数：一是步进电机控制的执行机构当前的位置参数（绝对位置）；二是从当前位置移动到目标位置的距离，可以将这段距离折算成步进电机的运行步数。其次是速度（即加减速）控制。步进电机驱动执行机构移动时，要经历升速、恒速和减速过程。如果启动时一次将速度升到给定速度，由于启动频率超过极限启动频率 f_p，步进电机要发生失步现象，因此会导致不能正常启动。如果到终点时突然停下来，由于惯性作用，步进电机会发生过冲现象，造成位置精度降低。如果非常缓慢地升降速，步进电机虽然不会产生失步和过冲现象，但影响了执行机构的工作效率。所以，对步进电机的加减速有严格的要求，那就是保证在不失步和过冲的前提下，用最快的速度移动到指定位置。

用单片机对步进电机进行加减速控制，实际上就是改变输出时钟脉冲的时间间隔。升速时使脉冲串逐渐加密、减速时逐渐稀疏。单片机采用定时中断方式来控制电机变速，实际上就是不断改变定时器装载值的大小，一般用离散办法来逼近理想的升速曲线。为了减少每步计算转载值的时间，系统设计时把各离散点的速度所需的装载值固化在系统的 EPROM 中，系统运行时用查表法查出所载值，从而大大减少占用 CPU 运算的时间，提高系统响应速度。

5.3.3.1 步进电机的特点

① 步进电机的角位移与输入脉冲数成正比，因此当它转一圈后，没有累计误差，具有良好的跟随性。

② 步进电机与驱动电路组成的开环数控系统既非常简单、廉价，又非常可靠。同时也可以与角度反馈环节组成高性能的闭环数控系统。

③ 步进电机的动态响应快，易于起停、正反转及变速。

④ 速度可在相当宽的范围内平滑调节。低速下仍能保证获得很大的转矩，因此，一般可以不用减速器而直接驱动负载。

⑤ 步进电机只能通过脉冲电源供电才能运行，不能直接使用交流电源和直流电源。

⑥ 步进电机存在振荡和失步现象，必须对控制系统和机械负载采取相应的措施。

⑦ 步进电机自身的噪声和振动较大，驱动惯性负载的能力较差。

5.3.3.2 步进电机分类

按励磁方式分类，步进电机可分为 3 类。

（1）反应式步进电机

反应式步进电机又称为磁阻式步进电机。它的转子是由软磁材料制成的，转子中没有绕组。它的结构简单，成本低，步距角可以做得很小，但动态性能较差。

（2）永磁式步进电机

它的转子是用永磁材料制成的。转子本身就是一个磁源。它的输出转矩大，动态性能好。转子的极数与定子的极数相同，所以步距角一般较大，需供给正负脉冲信号。

（3）混合式步进电机

混合式步进电机也称为感应式步进电机。它综合了反应式和永磁式两者的优点，它的输出转矩大，动态性能好，步距角小，但结构复杂，成本较高。

由于反应式步进电机的性价比比较高，因此这种步进电机应用得非常广泛，在单片机系统中常使用这类电机。虽然步进电机已被广泛地应用，但步进电机并不能像普通的直流电机、交流电机在常规下使用。它必须由双环形脉冲信号、功率驱动电路等组成控制系统方可使用。因此用好步进电机并非易事，它涉及机械、电机、电子及计算机等许多专业知识。

5.3.4 减速器

将具有减速功能的轮系封闭在刚性壳体内而组成的独立部件称为减速器。减速器通常装在原动机和工作机之间，用以降低转速、增大转矩。

减速器按传动原理不同，可分为普通减速器和行星减速器两大类。全部为定轴轮系传动的称为普通减速器；主要是行星轮系传动的称为行星减速器。

减速器类型很多。按齿轮传动的类型不同，减速器可分为圆柱齿轮减速器、圆锥齿轮减速器、蜗杆减速器、齿轮蜗杆减速器和行星齿轮减速器；按传动级数的不同可分为一级减速器、二级减速器和多级减速器；按传动布置方式不同可分为展开式减速器、同轴式减速器和分流式减速器；按传递功率的大小不同可分为小型减速器、中型减速器和大型减速器等。

当传动比超过单级传动比时，为减小减速器结构尺寸，可采用双级齿轮减速器。双级圆柱齿轮减速器在机械中应用很广。按齿轮布置形式可分为展开式、分流式和同轴式 3 种。

5.3.5 谐波齿轮减速器

第一台用于火箭的谐波齿轮传动是美国人 C. W Musser 于 1955 年提出的专利，1959 年得到批准，1960 年在纽约展出实物。谐波传动的发展是由军事和尖端技术开始的，以后逐渐扩展到民用和一般机械上。一些国家如美国、日本、苏联已有了谐波齿轮减速器的系列化产品，在中国也制定了谐波齿轮的部分标准。日本、德国已经相继开发出比传统谐波传动减速器体积更小、重量更轻、精度更高、承载能力更大的新型谐波传动减速器——短筒柔轮谐波传动减速器。

谐波传动是利用柔性元件可控的弹性变形来传递运动和动力的。谐波传动包括三个基本构件：波发生器、柔轮、刚轮。三个构件可任意固定一个，其余两个一为主动，一为从动，可实现减速或增速（固定传动比），也可变换成两个输入，一个输出，组成差动传动。

5.3.6 跟踪系统在工作过程中的损耗

由于一年四季、每日早晚和中午光线强弱变化范围较大，而对于数量较多的自动跟踪系统，每台装置因位置、方向不同，太阳运行轨道变更，故各自程序亦不相同，故感光自动跟踪和程序自动跟踪系统控制器全年准确跟踪太阳都有一定难度。而对阳光移动敏感的太阳能热发电，程度控制难度更大。

使跟踪系统保持运动是太阳能热利用开发的主要投资所在。

如需要 1000kW 的电能，如太阳能的平均密度为 800W，则需要 1500m^2 的聚光镜，按每个聚光镜 10m^2，共需镜 150 面。每一面反射镜都要一套独立跟踪装置，这些装置在室外运动，承受风霜雨雪，必须能够承受至少 8 级以上大风的巨大压力（中国北方多风地区，最大风力可超 12 级），这种力通过杠杆原理作用在支撑点或支撑轴上将放大数十倍，具有相当大的破坏作用。要想使整个系统稳定运转至少数年，系统机械支撑转动部分必须坚固。再加上其他配套结构，整个系统造价较高，在现有电价和国家有力支持措施落实前得不偿失。假定机械设备按稳定 3 年才需故障维修的高标准（有些类似装置在一场大风之后就会发生故障），那么 150 套彼此独立的跟踪系统，平均每周都有一套需要维修，这给使用者带来极大不便。而三、五年后不可避免出现机械老化、因风雨侵蚀而引起生锈，各个系统故障概率更会直线上升，维护保养需要更多人力物力。

伺服传动部件本身的材料弹性变形也足以扰乱大作用力下的数字化的微调控制及精度稳定。受设备结构条件等影响，风载荷也将严重影响设备的稳定运行和聚光效果。

一般大型太阳能电站的采光面积都应在几十万至数百万平方米，当跟踪设备的尺寸增大时就会遇到两个越显突出的障碍：①采光设施的自身重量将大大增加（单机将达十几吨至数百吨）；②着风面积显著增大，导致跟踪负荷严重增加。大规模重载荷运行必然要急剧增加伺服能量和相应的技术手段，由此带来的成本激增等问题也越发突出。

大面积的日照采光，跟踪设备都是工作在重载荷、超低速的状态——接近于静止，而设备运行的动力来源却必须是高速运转的伺服马达（因为只有高速马达才能够提供和保证足够的伺服动力和精度）。显然在重载荷条件下，如此高的“变速比”是造成设备关键部件很快磨损失效的根本原因。由于一般日照跟踪设备在野外风沙环境中有效运行时间短，因而得不偿失，是大型太阳能电站难以承受的负担。

由于日照跟踪设备都是工作在超低速的准静止状态，这时需要克服的摩擦阻力也是其他常速设备的 1.2～1.5 倍左右，而且与设备的尺寸规模、载重量呈正相关。因此为了降低伺服能耗和成本，在设计、制造过程中都会千方百计地努力减少材料的使用数量（这必然会降低设备的结构强度和刚度，不利于稳定运行），同时不得不大量使用轻质的新型材料，这又会极大地增加设备的材料成本。

同时，聚光材料的重量也必须大幅度削减，追求采用轻质的聚光材料不仅会增加聚光组件的成本，同时也会降低聚光组件的抗老化能力，如比普通的无机材料（如玻璃）的寿命缩短几十年。

跟踪太阳是提高太阳能热发电利用率的有效手段。对于太阳自动跟踪技术，人们已经做了许多研究，很多专利和文章介绍了利用各种类型传感器设计的跟踪控制方案，设计各种机械执行结构来实现提高太阳能跟踪装置精度的目的。虽然太阳跟踪系统的精度是直接影响设备利用太阳能效率的核心问题，但同时还存在跟踪系统的自身能耗过大等其他造成太阳能热发电不经济的问题，现有报道很少涉及由跟踪系统而附加的电力消耗。另外，跟踪系统的稳定性还跟控制系统的软硬件情况有关，硬件系统本身的稳定性以及软件控制策略都能影响整个系统跟踪过程中的稳定性。在太阳跟踪系统应用中跟踪精度、系统成本、耗电量和后期维护费用等因素应综合考虑。

太阳跟踪装置作为核心设备，提高其稳定性和跟踪精度及降低其成本是今后太阳能热发电技术研究的重要课题之一。全自动跟踪控制系统的控制策略作为关键，至关重要。程控依赖于控制器件的发展以及成本的降低，光控依赖于光敏传感器和图像传感器精度的提高和制造成本的降低，混合控制依赖于新组合思路和新技术的引入等。

5.4 别具一格的跟踪方式

西班牙阿文戈亚太阳能公司的工程师们为中央吸热器系统设计建造了一套可变几何形状的实验性太阳能设施，在环绕 57.7m 高的聚光太阳能发电（CSP）塔式发电站以同心圆排列的轨道上安装了 13 个定日镜。随着太阳的移动，整套太阳能设施绕塔旋转，吸热器也同步移动，有效地确保了整天朝向太阳的最佳方向。这套灵活可变的实验性太阳能设施克服了塔式系统较大余弦效应的损失问题，光热转换效率大大提高。它可以使 CSP 发电系统的效益以年平均 17%的速度增长，在夏季的几个月中高达 25%～30%。

必须承认，上述跟踪系统是比较先进的，然而却比浮动实验室这个“太阳能岛”稍逊一筹。让整个岛转动起来是最独特的创新设计亮点，避免了让每个太阳能接收器各自装备昂贵的跟踪系统，也不需要分别移动每行太阳能接收器。

还有一些别出心裁的跟踪太阳方案。如瑞士能源公司 Viteos SA 开发的 3 个浮动实验室由 CSP 提供电力。这些实验室坐落于一家净水厂附近。每个实验室直径 25m，安装 100 个定日镜，以 45°的倾角逐一相连。3 个浮动实验室能够旋转 220°，以便跟踪太阳的方向，在任何时候都处于捕捉阳光的最佳位置。由于这些实验室坐落于水中，距离海岸 150m，实验室阻力降低，效率提高。它们用电缆和湖底的混凝土块固定，与海岸相连，并且通过 Viteos 逆变器并入电网。

Viteos SA 计划投资共 1.08 亿美元把这 3 个实验室作为瑞士实施可再生能源开发计划的一部分。预计系统完成以后，旨在 10 年内使发电量提高到 8000 万千瓦时以上。3 个浮动实验室可以持续发电 25 年，关闭后所有的零件将被回收利用。

用于太阳能发电的浮动实验室是一个浮动圆形岛（跟踪平台），含外圆环面和膜，上面安装太阳能接收器。“太阳能岛”的概念之所以富有开拓性，在于这个跟踪平台本身具备了旋转和方位跟踪能力，可以把太阳能接收器调至始终面对太阳的位置。

浮动实验室运用的是包括 CSP 和 PV 在内的获取太阳能的通用技术，在供热、制冷、发电和海水淡化方面大有作为。由于设计的简单性和高效率，它提供了一种以有竞争力的成本供应大量能源的独特方式。漂浮在气垫上的“太阳能岛”不需要机械结构支撑，用于生产流程的材料主要是钢和塑料，只需要有限的土木工程就能实施低成本的建造方案。它可以在本地建造生产，提供就业和技术转让。在水面浮动的实验室通过简单的旋转便能跟踪太阳，从而节省了每个太阳能接收器的电动成本。在发电的同时，又可以减少水的蒸发，意味着耗水量的下降。

6 接收器(太阳锅炉)

6.1 接收器的概念

接收器（Receiver）是太阳能热系统的集热部件，平板集热器同时具有聚光器与接收器的功能，而对于中高温的聚光，热接收器成为接收已经聚集的太阳能辐射的专有装置。对接收器的主要要求是能承受一定数值（密度、梯度）的太阳辐射，避免局部过热等现象发生，流体的流动分布与能量密度分布匹配并带有一定储热功能，同时要符合效率与制造成本。

聚光与接收是一个完整系统的两个部分，占有发电站最大投资比例。它的功能是接收已经聚焦的太阳辐射能量，并将其转化成为热能。

接收器可以说是一种把太阳辐射能转换为热能的热交换器，太阳能接收器虽然不是直接面向消费者的终端产品，却是组成各种太阳能热利用系统的关键部件。无论是太阳能热水器、太阳灶、主动式太阳房、太阳能温室，还是太阳能干燥、太阳能工业加热、太阳能热发电等，都离不开太阳能接收器，都是以太阳能接收器作为系统的动力或者核心部件。

由于用途不同，接收器及其匹配的系统类型分为许多种，名称也不同，如用于炊事的太阳灶、用于产生热水的太阳能热水器、用于干燥物品的太阳能干燥器、用于熔炼金属的高温太阳炉，以及太阳房、太阳能热电站、太阳能海水淡化器等。

接收器的分类方法众多。按工作温度范围，分为低温接收、中温接收和高温接收三类。按是否采用聚光接收手段，分为平板型接收器和聚光型接收器。平板型接收器同时具有接收阳光并且将阳光辐射转换为工质热能的功能，一般又被称为集热器。本书介绍的太阳池和太阳烟囱，甚至广袤的海洋都可视为庞大的接收器。在日常生活中，热水系统集热器应用极为普遍。平板型接收器一般用于太阳能热水系统等场合。聚光型接收器的聚光和接收有所分工，接收器聚焦阳光以获得高温，焦点呈点状或线状，用于太阳灶、太阳能热电站、房屋的采暖（暖气）和空调（冷气）、高温太阳炉等。

实际上，太阳能接收器的分类涉及传热工质、是否跟踪太阳、是否有真空空间等，还有许多分类方法，各种分类往往相互交叉。譬如：某台液体集热器，可以是平板型集热器，自然也是非聚光型集热器及非跟踪集热器，属于低温集热器；另一台液体集热器，可以是真空管集热器，又是聚光型集热器，为非跟踪型，属于中温集热器。

从换热原理角度，集热接收器就是太阳辐射直流锅炉。实际上，太阳能热发电最初的设计者也是按照直流锅炉原理构思接收器的。他们采用小管径耐热铜管制成作为换热基本单元体的排管束，在外部受光型接收器的排管束外表面涂覆高温选择性吸收膜。

吸收太阳辐射的工质有水、导热油和各类熔盐，它们有的用于载热驱动电机，有的兼具载热和储热双重功能。目前，起步较早的美国、欧洲和以色列在这项技术上已经取得重大突破。

6.2 太阳光谱选择性吸收薄膜

6.2.1 太阳光谱选择性吸收薄膜的发展历史

1954 年，美国贝尔实验室的三位科学家首次研制出了实用单晶硅太阳能电池，1955 年以色列专家泰波论证了太阳能光谱选择性吸收薄膜的原理，这两项发明成为太阳能科学技术发展史上的不朽丰碑，太阳能热利用和太阳能光伏发电的辉煌大幕，从此徐徐展开。迄今为止，选择性吸收薄膜和太阳能电池仍旧是太阳能领域最重要的基本技术。

尽量把低品位的太阳能转换成高品位的热能，富集太阳能，以便最大限度地对其加以利用，是太阳能利用的主要内容。而在一系列众所周知的光热应用技术中，选择性吸收涂层技术是其中的核心技术，对于提高太阳能的热转换效率，大规模推广太阳能光热应用起着至关重要的作用。如 1979 年美国在兴建 Solar One 电站时，在接收器表面涂覆高温选择性吸收膜，产生温度达 516℃，1985 年重涂第 2 层改进后的吸收膜使反射损失从 13%降到 6%；1982 年我国清华大学殷志强等对真空管的选择性吸收膜及其生产工艺研发卓有成效，于 1998 年获布鲁塞尔世界发明博览会“尤里卡”金奖。凭此技术，我国太阳能热水器（系统）产量远远超过世界其他地区的总和。

光谱选择性吸收薄膜是指对太阳辐射有高的吸收率而本身在长波范围热发射率低的涂层。光谱选择性吸收薄膜是高效吸收太阳辐射的最关键技术，因此较早就有人进行了实验和理论研究。美国有人早在 20 世纪 40 年代就提出了选择性吸收膜的概念并制备了选择性吸收膜，但还不能实际应用。后来又有人研究了选择性涂料和蒸镀金膜，也都不能满足使用要求。光谱选择性吸收薄膜基础理论的提出是在 1955 年，泰波等论证了制作高吸收率和低辐射率选择性吸收薄膜的实际可能性，并在首次国际太阳能会议上发表了理论，同时提出了黑镍和氧化铜黑两种选择性吸收薄膜。在泰波之后，人们对提高吸热材料效率的问题进行了分析，从理论上探讨了如何提高太阳辐射吸收，把太阳能最大限度地转换成有用功，以及与选择性吸收涂层有关的各种理论因素。自从选择性吸收薄膜的基础理论提出以后，光谱选择性吸收薄膜得到了迅速的发展，泰波研究了许多选择性吸收薄膜，并提出了几种制备方法。1959 年已经有人研究出符合要求的金属衬底上的金属氧化的涂层。1960 年有人证明在铝材上涂三层 SiO_2-Al-SiO_2涂层，由于干涉、滤光作用有很好的光谱选择性能，仅到 20 世纪 70 年代初就已有近百种光谱选择性吸收薄膜被提出，并且已经形成了部分的商业生产。由于世界能源危机，许多国家都提出了太阳能研究计划，太阳能研究更加活跃，光谱选择性吸收薄膜的发展更加迅速，各种制备选择性吸收薄膜的新方法相继出现。不再局限于涂刷和电化学的方法，而采用物理气相沉积（PVD）、化学气相沉积（CVD）等技术，各种新型的选择性吸收薄膜的研制及批量生产和推广使用也开始出现。我国对太阳光谱选择性吸收薄膜的研究也较早，20 世纪 50 年代葛新石就已开展了选择性吸收涂层的研究工作。1980 年，葛新石、龚堡、余善庆等出版了《太阳能利用中的光谱选择性吸收涂层》专著，对光谱选择性吸收涂层的原理、发展、制备手段以及测试方法等都做了比较详尽的介绍，这对国内光谱选择性吸收涂层研究和应用起到了非常积极的推动作用。葛新石等研究了太阳能集热器中吸热表面的影响，进行了效率比较计算，指出随着吸收表面工作温度的增加，集热器的效率降低，但表面涂黑的集热器效率随工作温度增高而降低的程度要比具有选择性表面的集热器大得多。国外也有文章专门在理论上和实验上对比了选择性吸收表面和非选择性吸收表面对平板型太阳能集热器的性能影响。显然当吸收率相差不多时，在较高温度的情况下，表面发射率对集热器的效率影响非常显著。在中高温太阳能利用中，表面发射率更具有决定意义。因此在较高温度下使用太阳光谱选择性吸收涂层是提高集热器效率的最为有效的措施之一。

6.2.2 光谱选择性吸收薄膜基本原理

物体间温度不同所引起的热量传递过程有三种方式：热传导、热对流和热辐射。热传导是温度不同的物体各部分之间不发生相对位移，仅仅依靠物质的分子、原子及自由电子等微观粒子的热运动而进行的热量传递现象，也称导热。热对流是流体（液体或气体）中温度不同的各部分发生相对位移而引起热量传递的现象，它只发生在运动的流体之中。热辐射是由于温度或热运动的原因，直接依靠物体表面对外发射可见或不可见的射线在空间传递能量的现象。这种能量的传递过程就是电磁波的传递过程。热辐射的波长和强度依赖于物体的温度和光学特性。描述热辐射的理论基础是黑体辐射模型。黑体是一个理论上的理想表面，它吸收所有的入射电磁波，并按照普朗克定律发射最大的能量。

自然界的所有物体，不论温度高低，只要高于热力学零度都在不停地向周围发射热辐射，同时又不断地吸收其他物体的热辐射能量。这种发射和吸收热辐射能量的综合结果将形成物体间的辐射换热，最终导致高温物体将能量传递给了低温物体。太阳能平板集热器吸热板芯对太阳能的吸收主要依靠辐射形式，其效率主要由集热器对太阳辐射吸收能力和集热器的散热损失程度决定。要提高它的效率就要尽可能地吸收太阳辐射能并尽量减小热损失，而光谱选择性吸收薄膜就是对太阳的短波辐射具有良好的吸收性而本身只有少量的长波辐射的表面。

光谱选择性吸收薄膜的基本原理是以材料的光谱选择性辐射特性作为依据的。光谱的辐射特性表征着原子的辐射特性。当原子获得或失去能量时，电子就在不同的能量状态之间跃迁，吸收或辐射出光子。不同能级之间的能量对应着不同波长的光，对一个原子来说只能吸收或发射特定的光子，这样便导致了物质的光谱选择性吸收和辐射。1860 年基尔霍夫根据热力学第二定律推出基尔霍夫定律：对于给定的温度和波长，所有表面的发射率与吸收率之比是相同的。

基尔霍夫定律是太阳能光谱选择性吸收薄膜的理论基础。理想选择性吸收涂层的概念是通过研究单色反射率来说明的。这种理想的表现称为半灰表面，它在太阳光谱（0.3～2μm）内是灰的，在比 2μm 更长的波长范围内也是灰的，但是性质不同。

太阳辐射可近似看作表面为 6000K 的高温黑体辐射。而集热器表面的热辐射只是几百开的热辐射。由普朗克定律可以得到半球方向光谱辐射密度与波长及温差的关系，显然高温黑体的辐射能量分布曲线总是位于低温黑体的能量分布曲线之上。太阳辐射的最大光谱辐射密度下的波长可以根据维恩位移定律得到。维恩位移定律指出绝对黑体辐射的辐射密度峰值波长与辐射体的热力学温度有关。

根据普朗克定律可以得到在各个波长范围内辐射密度的比例。但投射到地球表面的太阳辐射由于大气层的影响，照射密度和光谱组成都有所不同。总的来说，地球表面接受的太阳辐射主要分布在 0.25～2.5μm 的范围内。

事实上，集热器的吸收表面所发出的热辐射主要集中在 2～30μm 的波长范围内。因此泰波提出可以制备出一种理想的选择性吸收涂层，它在太阳光谱范围内具有很高的吸收率，从而尽可能多地吸收太阳辐射，而在集热器工作的对应温度范围内，即在红外光谱范围保持尽可能低的发射率以减小向外界的辐射，从而提高太阳能的利用效率。

图 6-1 给出的是到达地面的太阳辐射及 100℃、200℃和 300℃的黑体辐射能量分布以及一条理想选择性表面满足的吸收率 $\alpha(\lambda)$ 和发射率 $\varepsilon(\lambda)$ 的曲线。由图 6-1 可知，这种表面存在着一个称为截止波长的 λ_c，当 $\lambda \leqslant \lambda_c$ 时，$\alpha(\lambda)=1$；而当 $\lambda > \lambda_c$ 时，$\alpha(\lambda)=0$。确定在不同温度下的理想选择性吸收表面的最佳 λ_c，有利于指导和评价各种实际的选择性吸收表面。

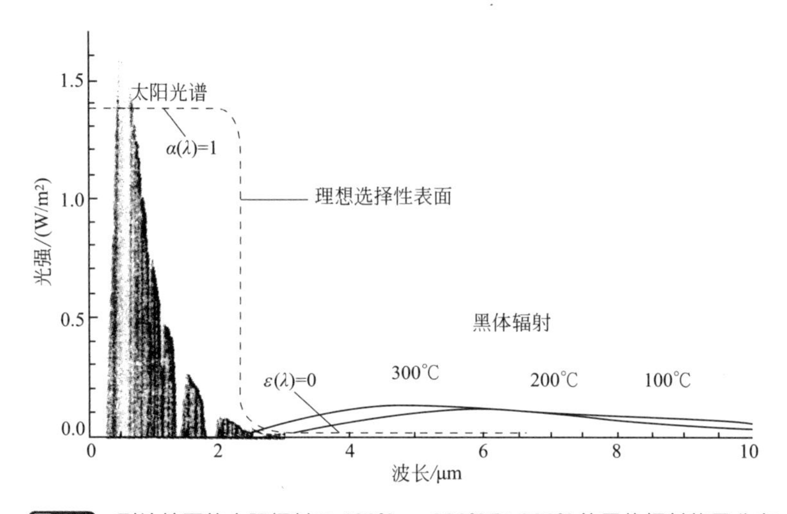

图 6-1 到达地面的太阳辐射及 100℃、200℃和 300℃的黑体辐射能量分布

6.2.3 选择性吸收涂层的概念和组成

所谓选择性吸收涂层，就是某种材料对光谱的吸收是有选择性的。而光谱选择性简单地说，就是在可见光区有较高的吸收率（α），在红外光区有较低的发射率（ε）。这是反映选择性吸收涂层光学性能的两个重要参数。由于太阳的能量与集热器吸收表面之间是通过粒子辐射的形式进行传递的，所以只有这样的材料才能做到尽可能多地吸收太阳的能量，同时又尽可能地减少自身热辐射的损失，从而达到提高太阳能光热转换效率的效果。鉴于发热体的黑体辐射频谱易从太阳辐射频谱中分离，因此设计一种对于小于 2μm 的波长有高吸收率，而对于大于 2μm 的波长具有低发射率的材料，其吸收太阳辐射最多，而辐射损耗最小。

长期以来，发电成本高是制约太阳能热发电商业化的重要因素。而提高太阳能选择性吸收涂层性能是提高聚焦发电效率和减少太阳能热发电成本的最好途径。另外，提高涂层的工作温度可以提高太阳能热发电中能量循环的效率和减少热储存的成本，从而降低太阳能热发电的成本。因此，中高温（≥450℃）太阳能选择性吸收涂层成为近年来的研究热点。

选择性吸收涂层是一种复合材料，即由太阳光辐射的吸收和红外光谱的反射两部分材料组成。辐射的吸收是指辐射通过物质时，其中某些频率的辐射被组成物质的粒子（原子、离子或分子等）选择性地吸收，从而使辐射强度减弱的现象。其吸收的实质在于吸收使物质粒子发生由低能级（一般为基态）向高能级（激发态）的跃迁。在太阳光谱区，波长在 0.3～2.5μm 的太阳辐射强度最大，因此对该光谱区的光量子吸收是关键。所以材质只有存在与波长 0.3～2.5μm 光子的能量相对应的能级跃迁，才具有好的选择吸收性。一般来说，金属、金属氧化物、金属硫化物和半导体等发色体粒子的电子跃迁能级与可见光谱区的光子能量较为匹配，是制备太阳能选择性吸收涂层的主要材料，如黑铬（Cr_xO_y）、黑镍（NiSZnS）、氧化铜黑（Cu_xO_y）和氧化铁（Fe_3O_4）等。而作为吸收材料基材的红外反射层一般采用红外反射率较高的材料，如铜、铝等金属，以获得较低的红外发射率，达到减少自身辐射热损失的目的。

6.2.4 选择性吸收涂层的基本构造

任何种类选择性吸收涂层的基本构造都如图 6-2 所示。根据不同的膜系设计、不同的工艺过程，其中的吸收层会有所不同。除了目前常用的双层干涉构造外，还有单层吸收以及多层渐变等不同的结构形式。图 6-2 中最上面一层是减反射层，一般由介质材料组成，主要起降低反射率、增加对太阳辐射的吸收作用。

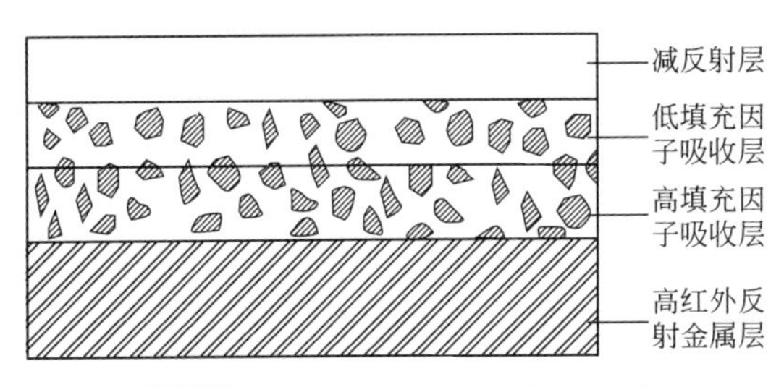

图 6-2 选择性吸收涂层的基本构造

6.3 选择性吸收涂层的分类和性能

6.3.1 选择性吸收涂层的分类

选择性吸收涂层有多种分类方法。通常可按吸收原理和涂层构造不同进行分类，如本征半导体型、干涉型、渐变型等。为了介绍方便，可按涂层技术发展过程中制备方法的不同进行分类，大致分为以下几种。

① 涂料涂层：由黏结剂和金属氧化物颗粒组成，制备方法一般采用涂刷和喷涂的方法。

② 电化学涂层：包括电镀法和阳极氧化法。此外还有化学转换与电化学沉淀方法、化学蒸发沉积方法。

a. 电镀法：常用的电镀涂层主要有黑镍涂层、黑铬涂层、黑钴涂层等，均具有良好的光学性能。

b. 阳极氧化法：常用的电化学涂层有铝阳极氧化涂层和钢阳极氧化涂层等。

③ 真空镀膜涂层：利用真空蒸发和磁控溅射技术制取，如磁控溅射得到的 AlN 涂层和 NiCrO 涂层，以及电子束蒸发的 $TiNO_x$ 等新型材料。

表 6-1 列出了选择性吸收涂层各种工艺方法的优缺点比较。

表 6-1 选择性吸收涂层各种工艺方法的优缺点比较

工艺方法	优 点	缺 点
涂料喷涂方法	① 工艺简便,可大面积涂布 ② 涂层组分可广泛变化,材料选择余地大 ③ 成本低廉	① 涂层的吸收-发射比不高 ② 与基底的附着力差
等离子喷涂方法	① 能涂布任何可熔化的、但不会分解的材料 ② 喷涂速度较快	① 涂层的吸收-发射比不高,均为漫反射表面 ② 基底需要承受高温
熔烧方法	① 涂层组分可广泛地变化 ② 涂层致密,与基底结合良好	① 涂层的吸收-发射比不高 ② 基底需要承受高温
化学转换与电化学沉积方法	① 材料选择范围广,可用于多种金属 ② 能大面积进行沉积 ③ 工艺较简单,能实现连续化生产	① 无法用于介电材料 ② 仅得到中等吸收-发射比 ③ 有时需用有毒药品
化学蒸发沉积方法	① 能沉积不规则表面 ② 生产效率高 ③ 能制备高纯涂层	① 涂层不均匀 ② 高温下会影响基底的性质 ③ 在金属卤化物蒸气中,可能与基底发生反应
真空蒸发与磁控溅射方法	① 能将各种材料蒸发或溅射成涂层 ② 能准确地控制工艺参数及涂层厚度 ③ 能制备高吸收-发射比涂层	① 无法沉积易分解的物质 ② 无法制备大尺寸样品 ③ 一般为间歇性操作 ④ 成本较高

选择性吸收涂层的性能决定了集热管的最高工作温度和光-热转换效率。在高温（400～500℃）下保持选择性吸收涂层的高吸收率 α 并不困难，但要降低发射率 ε 却很困难。

根据基尔霍夫定律，对红外波段全反射可以避免材料表面因热辐射而损失热量，因此理想的中高温吸收涂层应该是对可见光和近红外区波段内的太阳辐射吸收率 $\alpha=1$，而对该波段以外的红外区吸收率 $\alpha=0$，即发射率 $\varepsilon=0$，并且高温下具备良好的热稳定性，即高温抗氧化、开裂、脱落等性能。

根据吸收机理和结构的不同，中高温吸收涂层可分为以下几类。

① 本征吸收涂层（又称半导体涂层）：涂层薄膜本身是具有光选择性的半导体或过渡金属，把辐射光中波长小于半导体或过渡金属禁带宽度对应的波长的紫外线和可见光能量吸收后转化为热能。

② 光干涉涂层：由非吸收介质膜与吸收复合膜、金属基材或底层薄膜组成，多层不同厚度和折射率的膜对可见光谱区中与多层厚度和折射率相匹配的波长产生干涉相消，降低了膜层的可见光反射率。

③ 金属陶瓷膜：由小金属颗粒分散在电介质中形成，并由金属的带间跃迁和小颗粒的共振使涂层对太阳光谱有很强的吸收作用的复合膜。

④ 光学陷阱膜：控制薄膜表面的形貌和结构，使其呈 V 形沟、圆筒形空洞或蜂窝结构，对太阳辐射起陷阱作用，以大大提高对太阳能的吸收率。

⑤ 多层渐变膜：是指从表层到底层折射率 n、消光系数 k 逐渐增加的若干层光学薄膜构成的膜系。

6.3.2 中高温选择性吸收涂层的性能

① 由于中高温选择性吸收涂层用于较高温度，它相对于低温涂层来说，不仅要考虑到

材料的高吸收率和低发射率，而且要考虑到涂层在高温下的热稳定性。基于涂层材料自身的热物理性能、光学性能以及中高温涂层的实用性要求，国内外开展的高温涂层研究主要集中在金属陶瓷吸收涂层和半导体金属光干涉涂层上。

近年来基于 W/Mo-AlN 与 Mo/W-Al_2O_3的金属陶瓷太阳能中高温选择性吸收涂层的研究获得了重大的进展，但是中高温太阳能选择性吸收涂层也面临高温下吸收率下降、涂层氧化、开裂脱落等问题。高温下的热稳定性成为制约太阳能选择性吸收涂层发展的关键性因素，国内外对此都展开了一些相关的研究。

现在各国都在开发新型的高温选择性吸收涂层。如 Mo-Al_2O_3金属陶瓷膜可以在 400℃保持$\alpha=0.938$，$\varepsilon=0.146$；新一代的 Al_2O_3基金属陶瓷膜在 400℃时，$\alpha=0.954$，$\varepsilon=0.134$。以色列 Solel 公司开发了新型的低成本涂层，可以在 400℃时保证$\varepsilon<0.14$。

除了涂层本身的性质，涂层的生产工艺对其性能的影响也很大。生产中高温真空集热管，主要使用电化学法（黑铬）、真空蒸发法（黑铬/铝基）、磁控溅射法（金属陶瓷）。如使用磁控溅射技术生产的 Ni∶SiO_2金属陶瓷涂层在 Ni 体积分数从 10%逐渐变化为 90%时，在 300℃下，$\alpha=0.96$，$\varepsilon<0.14$。CIEMAT 使用凝胶-溶胶技术生产的涂层可以在 450℃空气中保持高效。NREL6A 使用了多层镀膜技术，生产成本较低，并可以在 500℃的空气中长期运行，在 450℃下，$\alpha=0.959$，$\varepsilon=0.070$。

光干涉涂层是目前技术水平最高、吸收效果最好的选择性吸收涂层。郝蕾等采用多弧离子镀以 Ti、Al 合金为主的抛光不锈钢和铜基底上制出 TiAl/TiAlN/TiO 涂层，可耐 800℃高温氧化。

② 核壳结构的纳米复合材料具有可调节的热膨胀系数。以纳米粒子混合制备的料浆，采用雾化干燥成粒制备出的微米级粒子具有空心结构，同时利用这种粒子采用等离子喷涂制备出的涂层，在其半熔或未熔区中存在的团聚纳米粒子可以对裂纹扩展和延伸起到阻止或使其偏移的作用，又由于纳米粒子与基体的密度不同，纳米粒子可以吸收部分能量，这些优良的性能都能提高涂层在高温下的热稳定性，具体机理尚待进一步研究。国内外对这方面开展的研究都在起步。

与低温相比，中高温涂层面临着一系列的挑战，如高温下的氧化、循环使用后光学性能下降、高温下开裂等问题。现有的涂层并不能很好地解决上述问题，导致其使用寿命过短。具有核壳结构的纳米级金属陶瓷复合涂层在理论上有望解决涂层在高温下氧化、开裂等问题。理想的中高温吸收涂层既要具备良好的光学选择性，又要满足光学性能长期稳定性、价格低廉、涂层工艺简单、材料供应充足和对环境无污染等条件。随着新功能材料技术的出现，结合新型纳米技术的应用，对中高温吸收涂层的研究将向着环保高热性能方向发展。

③ 金属陶瓷层的主要作用是实现对太阳辐射波段的吸收（300～2100nm），同时保证在红外辐射波段（2100～25000nm）具有较高的透过率，即对红外辐射不产生影响。金属陶瓷薄膜有两层，分别为高金属含量金属陶瓷层、低金属含量金属陶瓷层。

高温稳定性是制约太阳能选择性吸收涂层发展的关键。目前发展的所有涂层，400℃时在空气中都不能保持较好的稳定性。为获得 400℃以上在空气中具有高稳定性、高机械强度的选择性吸收涂层，金属陶瓷薄膜的工艺与理论研究是关键，需要在材料选择，材料的抗氧化、抗扩散，膜层的应力匹配，热导率以及热膨胀系数等方面开展研究工作。高熔点的Ⅳ、Ⅴ、Ⅵ族金属及其二元和三元化合物成为高温可用金属陶瓷薄膜的首选材料。

粗糙度是降低表面反射的另一关键因素。仿真结果表明，当表面粗糙度（RMS 值）小于等于 100nm 时，随着粗糙度的增加，吸收不断增大，但同时红外辐射也有相应增强；当表面粗糙度（RMS 值）大于 100nm 时，吸收率基本不再增加，而发射率快速增大。

根据微平面理论，将表面做特殊处理使表面的孔径与入射光频率匹配，可以达到陷阱作用。例如化学蒸镀腐蚀处理、涂油、煤灰、黑色染料等。例如，将 Al_2O_3/Mo-Al_2O_3 的 Al_2O_3 表面做特殊处理，吸收系数 α 由 0.96 提高到 0.98。

目前，高温下太阳能选择性吸收涂层的高温稳定性包括高温下的抗氧化、抗扩散特性以及高温下的机械强度成为亟待解决的问题。

太阳能选择性吸收涂层膜系结构优化设计包括抗氧化层和抗扩散层的设计，以及多层减反射薄膜的设计。

德国安铝太阳公司主要从事具有环保性能的太阳能吸收和反射涂层的研究和生产，该公司太阳能集热器系统的太阳能选择性吸收涂层产品能达到 95%的吸收率，同时具有不超过 5%的低发射率。吸收涂层结构如图 6-3 所示。

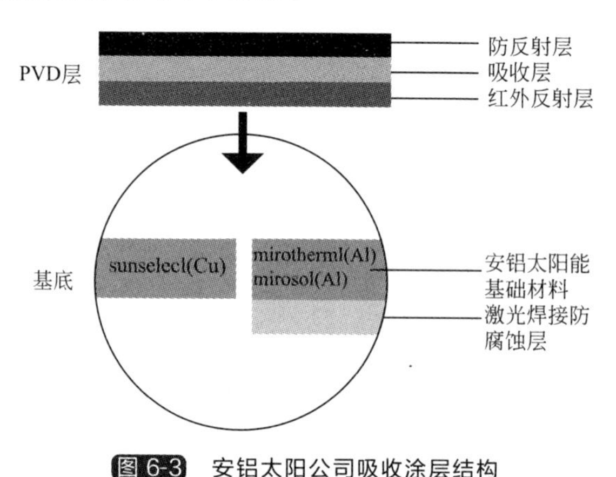

图 6-3 安铝太阳公司吸收涂层结构

④ 在非真空太阳能高温吸热管高效选择性涂层材料的生产中，热喷涂技术可以发挥重要作用。

热喷涂是采用高温热源，将欲涂覆的涂层材料熔化或软化，并用高速气体使之雾化成微粒，喷射到经过预处理的基体表面形成保护或特种功能涂层的技术。

热喷涂用高温热源有氧-可燃气体火焰、电弧、等离子弧、激光束、感应加热、爆炸能等。

热喷涂用涂层材料几乎可囊括所有固态工程材料，包括各种金属及合金、金属陶瓷、金属塑料、陶瓷、塑料及其他非金属无机材料。

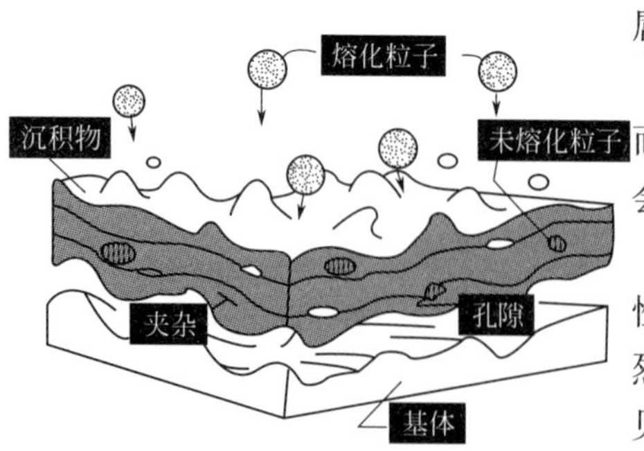

图 6-4 热喷涂涂层沉积过程示意

涂层的性能属于涂层材料的功能和环境性能，而不是结构性能，同一涂层在不同环境条件下性能会有所不同。

热喷涂涂层的性能并不完全等同于整体材料的性能。因为其除了主要取决于涂层材料之外，还强烈地受喷涂工艺的影响。热喷涂涂层沉积过程示意见图 6-4。

采用热喷涂技术利于研制具有高热吸收率、低发射率、性能稳定可靠、使用寿命长的陶瓷涂层，用于涂覆制造高效耐用的高温吸热器，并在塔式太阳能热发电系统中运行，可突破选择性吸热材料的瓶颈技术。现有太阳能选择性吸收涂层制备存在的问题包括以下几点。

a. 黑镍、黑铬、黑钴涂层的热稳定性、耐蚀性较差，只适用于200℃以下。

b. 镀膜、射频溅射 Mo-Al_2O_3，中高温350～375℃，制备工艺复杂，成本较高。

c. 大于500℃选择性吸收涂层需求大，研究报道较少。

热喷涂技术特点包括以下几点。

a. 涂层组分选择范围大，能按照高温选择性吸收性能进行设计制备。

b. 根据性能设计要求，采用纳米、纳米-微米多尺度晶粒结构原料配制。

c. 涂层为融粉高速撞击锚合，黏附强度牢固，不涉及高温黏接剂。

d. 多层和梯度涂层结构设计抗蚀性强，涂层表面呈微观凸凹形貌。

e. 涂层工艺技术不受工件大小尺寸限制。

涂层材料的研制方向有金属陶瓷复合球形粉末、纳微米钴-碳化钨复合粉末、氧化物陶瓷复合球形粉末。

现有的等离子喷涂电源的功率，表面温度在10000～20000℃，涂层材料在很短时间经过枪口，被熔化后再喷射到基体表面，具有巨大温差，从而形成非晶态结构。涂层的优势在于成本很低，有较高比利用率。有专家认为，塔式太阳能热电站接收器采用等离子涂层，人们可以在数十年间不再需登上数十米，甚至有百余米的塔顶进行维修。

⑤ 玻璃金属封接技术是决定高温发电管使用寿命的主要因素之一，洁净的纯金属表面与玻璃之间湿润角很大，必须先将金属表面氧化为低价金属氧化物，取得与玻璃表面类似的结构，才能获得较理想的封接效果。现有匹配封接、过渡式匹配封接、压力封接、非匹配封接等不同方式。综合考虑工艺成熟度、耐湿性、封接处应力成本，周广彦等认为匹配封接方式可获热膨胀系数、玻璃工艺性能和理化性能较好的工艺，适用于高温热发电管。

北京市太阳能所和皇明集团通过不懈的努力，研究开发了一批性能好、寿命长、工艺简单、成本低廉的选择性吸收材料，其中包括金属氧化物、硫化物、碳化物、氮化物以及金属陶瓷等诸多复合材料。制备工艺由简单的涂覆方法、电化学方法发展到真空蒸镀、磁控溅射等近代薄膜物理方法。膜层结构也有很大发展，从最基本的干涉滤波型、体吸收型发展到多层渐变型和干涉吸收型，对涂层机理的认识也逐步深入。研制开发了中温太阳能集热器（低倍聚焦，工作温度在2000℃以内，主要用于太阳能吸收式制冷和太阳能海水淡化技术）以及高温太阳能集热器（高倍聚焦，工作温度在4000℃，主要用于太阳能热发电技术），并研制了中高温耐热涂层。

6.4 有关平板接收器

6.4.1 平板型太阳能集热器概述

平板型太阳能集热器是太阳集热器中一种最基本的类型，结构简单，运行可靠，成本适宜，不需跟踪，还具有承压能力强、吸热面积大等特点，广泛应用于生活用水加热、游泳池加热、工业用水加热、建筑物采暖等诸多领域，是太阳能与建筑结合最佳选择的集热器类型之一。

平板型太阳能集热器也可为太阳池热发电、半导体热发电等项目提供热源。平板集热器的原型是索绪尔热箱。

典型的平板型太阳能集热器由透明盖板、吸热板及隔热箱体组成，由于实际的平板型集热器含有工质流道，并不一定呈平板形状。

透明盖板的作用是使太阳辐射通过并抑制吸热板向周围环境直接散热。虽然吸热板与透明盖板之间的空气层是良好的隔热体，但通过自然对流和热辐射，吸热板仍会向透明盖板传热，后者再将得到的热能散失于周围环境。为了减少热能的损失，要求盖板透过可见光而不透过远红外线，使得进去的太阳辐射能量大于散失的能量，产生温室效应，提高太阳能集热器的热效率，使工质能够带走更多的热量。透明盖板可以视不同的需要采用一层、两层或多层。

透明盖板材料要求全光透过率高、耐冲击强度高、热导率小，并具有良好的耐候性和加工性。国内过去常用普通平板玻璃作盖板材料，但其透光率低于 3mm，厚平板玻璃的透光率均在 80%以下，远低于国外优质玻璃的 91%，强度低，易碎，给生产和使用带来诸多不便。现在许多厂家已改用钢化玻璃或 Solar-E 太阳能透光板。Solar-E 板由高性能树脂和高性能纤维复合而成，表面覆有一层特殊的保护膜，具有透光率高、强度高、耐热、耐老化、耐腐蚀、重量轻等优点。目前这类新型盖板材料主要有高强耐热玻璃、甲基丙烯酸甲酯板、玻璃纤维增强塑料板（即 FRP）3 种，但有机透明材料的抗老化性能仍然不及钢化玻璃等传统的无机透明材料。

吸热板应该尽可能多地吸收太阳辐射，并将吸收到的太阳辐射能尽快地传给工作流体，同时使散失到周围环境的热损失尽量小。为增强对太阳辐射的吸收，可在吸热板上喷刷无光泽暗黑色涂层，提高对不同入射角度太阳辐射的吸收，通常可达 95%。为使吸热板尽快地将吸收的能量传给工作流体，吸热板及包含工作流体的管子或通道都用热导率高的金属制作，吸热板与工作流体之间的热阻应足够小。国外的吸热板材料基本上都用铜和不锈钢，国内的吸热板材料大量采用铜，也有采用铝合金、钢、镀锌板及不锈钢的，沿海水质较差地区也有用塑料和玻璃的。吸热板常见结构有管板式、扁管式、蛇管式、涓流式几种。

6.4.2 索绪尔热箱

1767 年，法国籍瑞士科学家索绪尔设计并建造了第一个可用来做饭的太阳能集热器，如图 6-5 所示。该装置由 2 个木盒制成，其中小盒放在大盒里面，之间用软木绝缘。小盒的内部漆成黑色，上方覆盖有 3 层玻璃片，且相邻 2 层玻璃片之间充有空气。将盒子的顶部朝向太阳，并移动盒子以保持阳光直射到玻璃。几小时内，小盒内部的温度就可超过 100℃。因此，这是一个利用太阳加热的热盒。为确定热源，索绪尔将热盒放在阿尔卑斯山脉的 Mt. Cramont 山顶。他发现即便此处的气温比平原低 5～10℃，但盒子内部照样可达到水的沸点。他将此归因于山顶清新的空气造成太阳辐射更强。

索绪尔的实验其实是一种温室效应。这启发了大科学家傅里叶。他认识到地球大气层通过吸收红外光而保持地球温度平衡。傅里叶将地球比喻成通过玻璃可将热量保存在盒子内的索绪尔热盒来解释其温室效应理论。

然而，索绪尔热盒加热太慢，并且不足以达到做饭的温度（大约 150℃）。这也是该热盒没有成为大众化产品的原因。世界上第一个大批量生产的太阳热能装置是印度孟买的艾达姆斯于 1870 年发明的太阳能灶。他在索绪尔热箱中增加了太阳能集热器，用 8 块玻璃镜面组成八角形反射镜。将阳光集中照射到内置有一口锅的玻璃覆盖的木箱中。反射镜面和玻璃

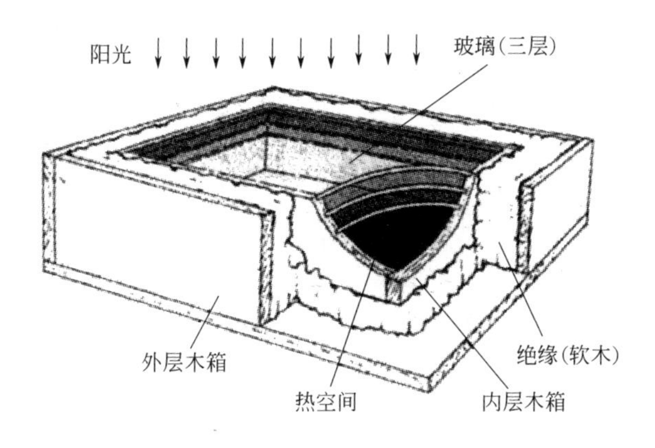

图 6-5　索绪尔热箱

盖都是倾斜的，以使阳光直射到木箱。随着太阳运动，手动旋转木箱来对准阳光。“在孟买最冷的 1 月份，利用该太阳能灶可在 2h 内做好 7 名士兵的用餐，包括肉和蔬菜。士兵称这比普通做法要好吃得多”。随后，他的太阳能灶在印度大量生产，并成为畅销产品。

6.4.3　吸热板和真空管集热器

6.4.3.1　吸热板

太阳能空气集热器根据集热板结构不同，主要分为两大类：①无孔集热板型；②多孔集热板型。

（1）无孔集热板型

无孔集热板是指在空气集热器中，空气流不能穿过集热板，而是在集热板的上面和背面流动，并和太阳能进行热交换。

无孔集热板型空气集热器，又可根据空气流动情况分为 3 种类型：①空气只在集热板上面流动；②空气在集热板背面扰动；③空气在集热板两侧流动。

其中，针对每种流动形式，又可分为无肋或有肋，以及 V 形或其他形状的波纹板。尽管空气可以从集热板上面或两侧流动，但考虑到空气在集热板上表面流过，会增加和玻璃盖板之间的对流热损耗，因此常见的设计是让空气在集热板的背面流动。

空气集热器的集热板大多是透明玻璃板表面涂黑或者采用黑玻璃。空气集热器对太阳辐射的吸收较差，为了减少辐射损失，通常采用选择性吸收涂层，但这会增加集热器的成本。

此外，通常可以采用以下方法来提高空气集热器的性能。

① 将集热板的背面加工得粗糙些，以增加气流扰动，提高对流传热系数。

② 采用肋片或者波纹集热板，以增加传热面积，相应地增加气流的扰动，强化对流传热。

这种无孔集热板型的空气集热器的优点是结构简单，造价便宜。缺点是空气流和集热板之间的热交换不能充分进行，集热效率难以有很大提高。

（2）多孔集热板型

针对上述无孔集热板型空气集热器的缺点提出了多孔集热板型空气集热器。多孔集热板型具有多孔板网、蜂窝结构、多层重叠板等不同形式。

多孔集热板大多采用多层重叠的金属网，太阳辐射能首先为金属网所吸收，然后通过对流加热空气。此外，还有发泡蜂窝结构、玫瑰管结构等，其加热过程和金属网结构相同。在多孔集热板中，还包括重叠玻璃板式，在这种结构中，玻璃平板和气流的温度沿集热器的长度方向从顶部到底部逐渐增加。这样，在大大降低热损失的同时，压力降也很小。这是空气集热器中常用的一种形式。

太阳辐射在多孔集热板中能够更深地射透。同时网孔增加了集热板和气流之间的接触传热面积，可以进行更为有效的传热。多孔集热板的空隙形状、大小和厚度存在一定的最佳值，因此恰当的选择十分重要。但是这种最佳值的理论计算相当复杂，因此通常情况下都是根据试验来确定。

初看起来，由于网孔板阻碍流动，多孔集热板型的压力损失增大，但实际上它要比背后流动的无孔集热板型的压力降小。这是因为前者每单位横截面上流通的气量要低得多。实验表明即使发泡蜂窝结构，从压力降的观点来讲也是有利的。

只要集热器在吸热板温度高于环境温度的条件下吸收太阳能，集热器就会不可避免地有一部分能量散失到周围的环境中去，这部分热量越大，有用能量就越小，直接影响集热器效率。

6.4.3.2 真空管集热器

根据对太阳能集热器瞬时效率的分析，在平板太阳能集热器的吸热板与透明盖层之间的空气夹层中，空气对流的热损失是平板型集热器热损失的主要部分，减少这部分热损失的最有效措施是将集热器的集热板与盖层之间抽成真空，但这是十分困难的，因为集热板和盖板间抽成真空后，$1m^2$的盖板要承受1t的压力。为此，人们研制了内管与外管间抽真空的全玻璃真空管，大大减少了集热器的对流、辐射和热传导造成的热损失。将多根真空管用联箱连接起来，就构成了真空管集热器。

真空管集热器在具有选择性吸收表面的吸热体与透明盖层间抽成真空（$10^{-4}\sim10^{-3}$Pa），通过减少辐射和对流散热损失提高集热器的热性能。为便于保持真空，集热器元件制成单管状，由若干支真空集热管通过联箱连接组成真空管平板集热器。集热器一般装有漫反射背板以增加能量的收集。

真空管是构成这种集热器的核心部件，它主要由内部的吸热体和外照的玻璃管所组成。吸热体表面通过各种方式沉积光谱选择性吸收涂层。由于吸热体与玻璃管之间的夹层保持高真空度，可有效地抑制真空管内空气的传导和对流热损失；而且由于选择性吸收涂层具有低的红外发射率，可明显地降低吸热和板的辐射热损失。这些都使真空管集热器可以最大限度地利用太阳能，即使在高工作温度和低环境温度的条件下仍具有优良的热性能。

按吸热体的材料分类，真空管太阳能集热器可分为玻璃吸热体真空管（或称全玻璃真空管）和金属吸热体真空管（或称金属-玻璃真空管）两大类（见图6-6）。

热管式真空集热管可做槽式太阳能热发电系统和碟式太阳能热发电系统的接收器。

热管是一种具有高导热性能的传热元件，它依靠自身内部液体工质的相变传输热量而无需外加动力，具有传热效率高、等温性能好、热流密度可以自动调节、热流方向具有可逆性、热二极管和热开关特性、结构可以按需要灵活布置及高可靠性等特点，其独特的结构和传热特征在工程中已得到了广泛的应用和研究。

典型的热管（见图6-7）结构由管壳、吸液芯和端盖构成。管内抽成$1.3\times(10^{-4}\sim10^{-1})$Pa的负压后，充以适量的工作液体，使紧贴管内壁的吸液芯毛细多孔材料中充满液体后加以密封。管的一端为加热段（管内为蒸发段），另一端为冷却段（管内为冷凝段），根据应用需要可在加热段和冷却段中间布置绝热段。热管的工作原理（见图6-8）是：当热管

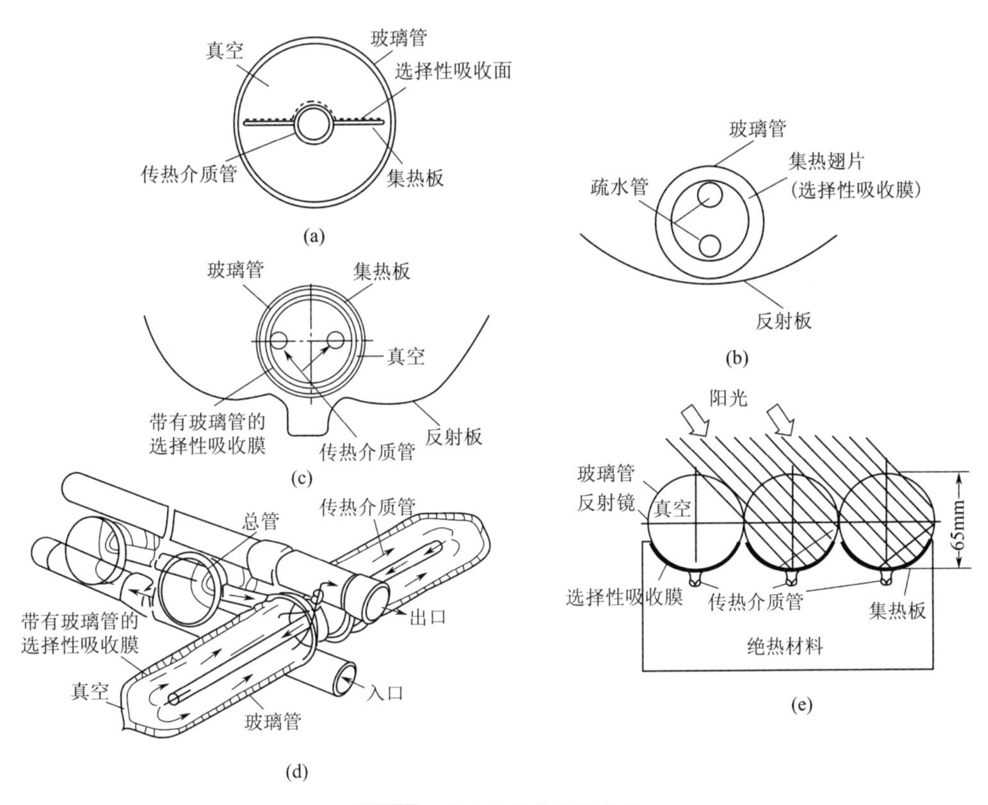

图 6-6 真空管集热器的构造

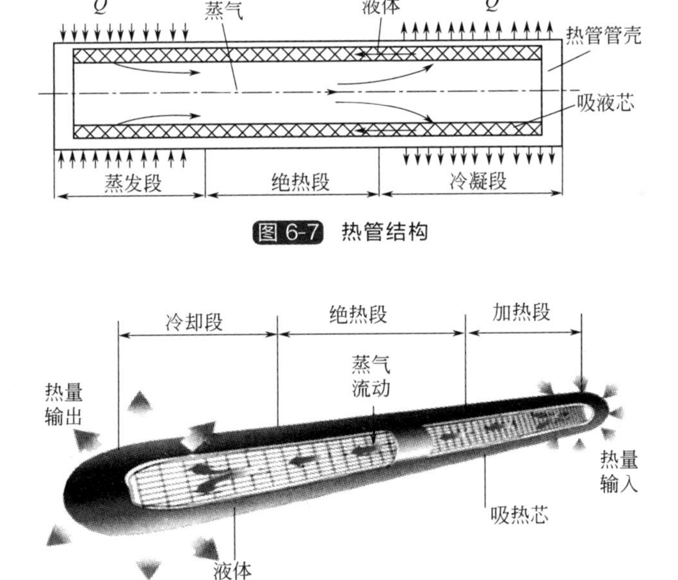

图 6-7 热管结构

图 6-8 热管工作原理

的一端（加热段）受热时，这一段管内（蒸发段）的工作液体蒸发汽化，蒸气在压差下流向热管的另一端（冷凝段），放出热量传给管外（冷却段）的冷却介质，冷凝段内蒸气凝结成液体，液体在多孔吸液芯的毛细力作用下回流至蒸发段，循环使用。如此往复，热量从热管的一端传至另一端。

（1）热管的种类、型式和用途

① 按热管管内工作温度分为低温热管（≤0℃）、常温热管（0～250℃）、中温热管（250～450℃）、高温热管（≥450℃）。

② 按热管工作液体回流动力分为吸液芯热管、热管、重力辅助热管、旋转热管等。

③ 按管壳和相容的工作液体组合分为铜-水热管、碳钢-水热管、铝-丙酮热管、不锈钢-钠热管等。

目前工业中广泛使用的热管为两相闭式热虹吸管，同图 6-7、图 6-8 中的普通热管相比，该热管无吸液芯，热管内工质在冷凝段蒸气冷却为液体后，靠自身重力流回热管的蒸发段，而不是靠吸液芯的毛细力，因此该热管的蒸发段必须置于冷凝段的下方。该热管结构简单、制造方便、成本低廉、工作可靠，已在许多行业中发挥巨大作用，在太阳能热利用中也已取得优异成绩。

（2）热管式真空集热管分类

根据热管式真空集热管使用温度的不同，可分为低温热管式真空集热管（≤100℃）、中温热管式真空集热管（100～200℃）和高温真空集热管（≥200℃）。

① 低温热管式真空集热管：其中的热管一般采用铜-水热管，主要应用于太阳能热水器行业，可解决普通太阳能热水器中的全玻璃真空集热管冬天爆管等问题。金属封盖与玻璃管之间可采用熔封连接。

② 中温热管式真空集热管：可用于太阳能空调、太阳能海水淡化等行业。金属封盖与玻璃管之间可采用熔封连接。

③ 高温热管式真空集热管：可用于太阳能热发电、太阳能空调、太阳能海水淡化等行业。金属封盖与玻璃管之间必须采用熔封连接。

（3）热管式真空集热管的优点

① 热效率高：玻璃管内处于真空状态，保护了选择性吸收涂层，杜绝了玻璃管内外对流换热，减少了热损失。

② 启动性能好：热管管内处于真空状态，在较低的温度下管内工质开始工作。

③ 承压能力强：冷却段与系统工作介质接触，耐冰冻，耐热冲击，承压能力强。即使在－40℃环境中也能工作，可应用于低温场合，也可应用于高温、有压力的工作状态，适用于太阳能热发电 DSG 技术。

④ 安全性能好：即使出现一支或多支热管冷却段损坏，系统仍能正常工作。

⑤ 保温性能好：具有热管的“热二极管”特性，热量只能从下部传到上部，而不能从上部传递到下部。

上述性能决定了热管式真空集热管在太阳能热利用中的特殊地位，尤其是耐热冲击、承压能力强的特点，使热管式真空集热管在太阳能高温热利用方面拥有一席之地，热管式真空集热管结构示意见图 6-9。

（4）玻璃-金属封接技术

由于金属和玻璃的热膨胀系数差别很大，所以存在玻璃与金属之间如何实现气密封接的技术难题。

玻璃-金属封接技术大体可分为两种：一种是熔封，也称为火封，它是借助一种热膨胀系数介于金属和玻璃之间的过渡材料，利用火焰将玻璃熔化后和金属封接在一起；另一种是

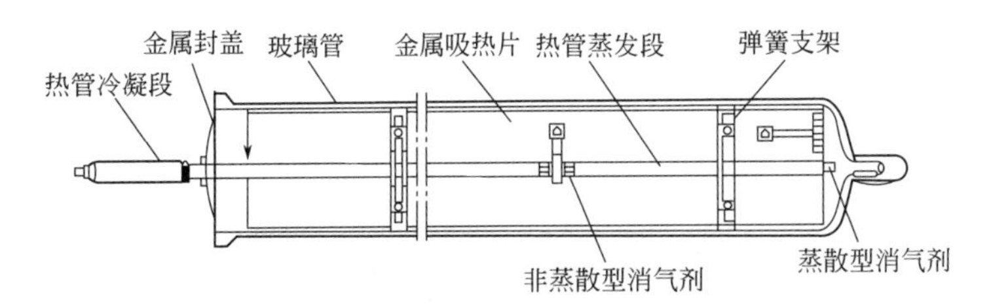

图 6-9 热管式真空集热管结构示意

热压封，也称为固态封接，它是利用一种塑性较好的金属作为焊料，在加热、加压的条件下将金属封盖和玻璃管封接在一起。

目前国内玻璃-金属封接大都采用热压封技术，热压封使用的焊料有铅、铝等。

与传统的火封技术相比，热压封技术具有以下几个优点。

① 封接温度低，封接在玻璃的应变温度以下进行，封接后不需要经过退火。

② 封接速度快，封接过程在几分钟内完成，明显提高了生产效率。

③ 封接材料匹配要求低，对金属封盖和玻璃管之间热膨胀系数的差别要求降低，比较容易找到替代材料。

（5）真空度与消气剂

由于热管式真空集热管采用金属吸热片，因而在制造过程中的真空排气工艺不同于全玻璃真空集热管，有其自身独特的真空排气规律。

为了使真空集热管长期保持良好的真空性能，热管式真空集热管内一般应同时放置蒸散型消气剂和非蒸散型消气剂。蒸散型消气剂在高频激活后被蒸散在玻璃管的内表面上，像镜面一样，其主要作用是提高真空集热管的初始真空度，这种镜面还可用来鉴别管内的真空度，若镜面消失说明管子已漏气，无法再使用，必须更换。非蒸散型消气剂是一种常温激活的长效消气剂，其主要作用是吸收管内各部件工作时释放的残余气体，保持真空集热管的长期真空度。

图 6-10 为清华阳光推广的一种不用水作传热工质的新型热导管，其构造和特点如下。

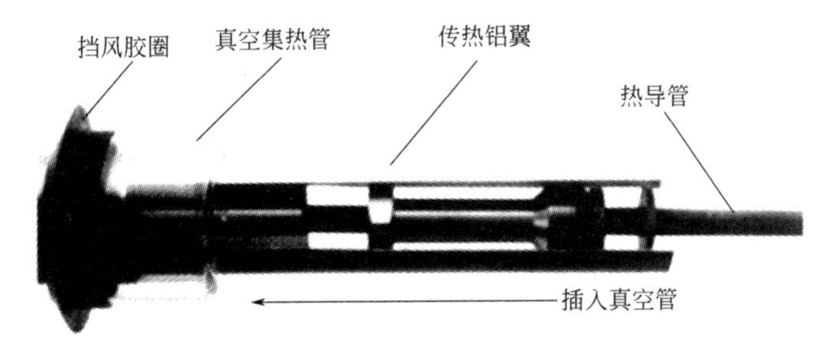

图 6-10 清华阳光新型热导管构造

① 热导管单向传热，比热容小，启动温度低，速度快。

② 热导工质与常用金属材质具有良好的相容性。

③ 由于热导管传热工质采用无机元素配制，即使管壁温度高于 300℃，也不会“爆管”。

④ 热导管具有良好的耐低温性，在－40℃低温状态下也不会“冻裂”，同样保持工作。

⑤ 热导管导热性能优异，热阻几乎为零，热导率可达银材料的 7000 余倍，热通量可达 $26000kW/m^2$。

（6）热管式真空管集热器的基本结构

热管式真空管集热器由真空集热管、导热块、连集管、隔热材料、保温盒、支架、套管等部分组成，如图 6-11 所示。

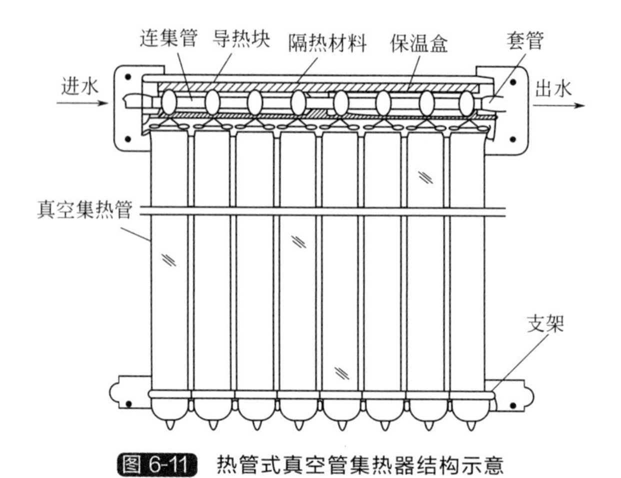

图 6-11 热管式真空管集热器结构示意

在热管式真空管集热器工作时，每只真空集热管都将太阳辐射能转换为热能，并将热量传递给吸热片中间的热管，热管内的工质通过汽化、凝结的无数次重复过程将热量从热管冷凝段释放出去，然后再通过导热块将热量传导给连集管内的传热工质（比如水）。与此同时，真空集热管不可避免地通过辐射形式向环境散失一些热量，保温盒通过热传导形式也向环境散失一部分热量。

值得一提的是，热管式真空集热管与连集管的连接属于“干性连接”，即连集管内的传热工质与真空集热管之间是不相通的，因而特别适用于大、中型太阳能热水系统。

（7）热管的优良性能

热管具有许多优良的性能，正是这些优良性能使热管得到了发展和应用。

① 极好的导热性能：热管利用了两个换热能力极强的相变传热过程（蒸发和凝结）和一个阻力极小的流动过程，因而具有极好的导热性能。相变传热只需要极小的温差，而传递的是潜热。一般潜热传递的热量比显热传递的热量大几个数量级。因此在极小的温差下热管可以传输极大的热量。

② 良好的均温性。

③ 热流方向可逆。

④ 热流密度可变：在热管稳定工作时，由于热管本身不发热、不蓄热、不耗热，所以加热段吸收的热量应等于冷却段放出的热量。只要改变换热面积，即可改变热管两工作段的热流密度。

（8）热管的传热极限

热管虽然是一种较好的传热元件，但是其传热能力也受其内部各物理过程自身规律的限制。对于典型有芯热管，其输热能力受到的限制有以下 4 种。

① 毛细极限：热管内凝结液的回流靠毛细力，但热管工作时不但蒸气流动有阻力，凝结液、回流液也有阻力。当传热量增加到一定程度时，上述两阻力可能超过毛细力，此时凝结液将无法回流，热管亦不能正常工作。因此吸液芯最大毛细力所能达到的传热量就称为毛细极限。

② 声速极限：随着热管传热量的增大，管内蒸气流动的速度也相应增加，当蒸气流速达到当地声速时，将产生流动阻塞。此时热管的正常工作被破坏，因此蒸发段出口截面蒸气流速达到当地声速时所对应的传热量称为声速极限。

③ 携带极限：热管内蒸气和回流液体是反向运动的，随着传热量增加，两流体的相对速度也增大，由于剪切力的作用，流动蒸气会将部分回流液滴携带至凝结段，当这种携带量增加到一定程度时，凝结液的回流将受阻，使热管不能正常工作。这时的传热量就称为热管的携带极限。

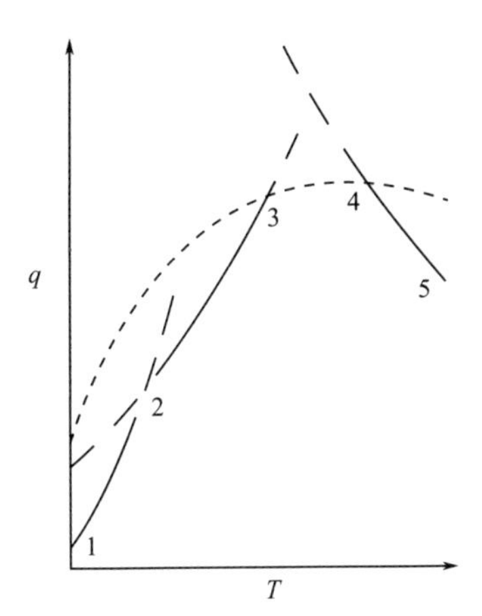

图 6-12 热管的传热极限

1-2—声速极限；2-3—携带极限；3-4—毛细极限；4-5—沸腾极限

④ 沸腾极限：随着传热量增加，蒸发段工作液的蒸发量也将增加。当传热量增加到沸腾的临界热负荷时，蒸发段将无法正常工作，这时最大的热负荷就是热管的沸腾极限。

上述 4 个极限可定性地用图 6-12 表示。从图 6-12 中可看出，热管工作温度低时，容易出现声速极限和携带极限；工作温度高时，需防止出现毛细极限和沸腾极限，只有在1-2-3-4-5-1以下的区域内热管才能正常工作。

（9）热管换热器及其应用

将若干热管组装起来，就成了热管换热器。热管换热器的传热效率高，结构紧凑，重量轻，工作可靠，因此在工业部门，特别是在锅炉、窑炉及各种工业炉中得到了应用。在动力工程和余热回收中应用最广泛的热管换热器是热管空气预热器、热管省煤器、热管锅炉和热管蒸发器。

6.4.4 真空管用硼硅玻璃 3.3

玻璃管是太阳能真空管的重要组件之一，其性能的好坏直接决定了真空管寿命的长短。对于全玻璃太阳能真空管，玻璃管占其成本的 70%～80%，而对于热管式太阳能真空管，玻璃管也占到总成本的 30%～40%，其重要性不言而喻。

硼硅玻璃 3.3 是指线膨胀系数为 $3.3\times10^{-6}℃^{-1}$的硼硅酸盐玻璃，是目前太阳能真空集热管使用较多的玻璃，其性能主要有以下几个方面。

（1）化学稳定性

太阳能真空管长期放置在室外使用，玻璃管应对外界环境有良好的抵抗能力，否则玻璃管受外界侵蚀后发乌，透过率严重下降，会大大降低真空管的性能。玻璃抗化学侵蚀可分为抗酸、抗碱和抗水三种。一般抗酸性都可达到一级，抗碱性一般比较低，但由于自然环境中碱含量很少，影响不大，而各种玻璃抗水性能相差甚远。

（2）抗冷热冲击性能

全玻璃真空管内部走水，水温可达到 100℃，当外界温度较低时，空晒时内壁与外壁温差可达到 200℃左右，热管式真空管空晒时，与大盖接触的玻璃法兰处也可以达到 170℃以上，这就要求玻璃必须有良好的抗冷热冲击性能。一般用 ΔT 表示玻璃抗冷热冲击性能，ΔT 大于 250℃为特硬玻璃，ΔT 小于 150℃为软质玻璃，ΔT 在 150～250℃之间称为硬质玻璃。硼硅玻璃 3.3 一般为特硬玻璃。

（3）光学性能

太阳能真空管应具有良好的吸收性能，使太阳光尽可能多地透过玻璃射到吸收膜层上，因此玻璃管的透过率是影响真空管性能的重要因素之一。

国标要求：玻璃管的太阳透射比应≥0.89（在大气质量为1.5情况下）。为保证玻璃的透射比，玻璃生产过程中应尽量减少有色成分的含量，Cr、Mn、Co、Cu等含量应在0.1×10^{-6}以下。工业生产中影响玻璃透射比最大的是Fe离子，要保证玻璃的透射比，氧化铁含量应在0.05%以下。

（4）机械性能

玻璃真空管长期在室外使用，会遭受冰雹等冲击，这就要求太阳能真空管必须具备良好的机械性能，在真空管加工、运输、安装过程中也可以减少玻璃管的破损，硼硅玻璃莫氏硬度高于其他玻璃1～2.5级，相比具有良好的机械性能。

6.5 直通式金属-玻璃真空集热管

太阳能热发电技术主要包括三种：塔式、槽式和碟式。其中，槽式太阳能热发电技术是目前最成熟、成本最低的大规模太阳能热发电技术。

在1984～1990年间，LUZ公司在美国南加州建设了9座商业规模的槽式太阳能热发电系统SEGS，总装机容量为354MW。近30年的市场运营证明这些电站在电力市场具有很强的竞争力。近年来，各国都在研制新一代的槽式太阳能热发电技术，包括直接用水做导热流体的DSG（Direct Stream Generation）技术、熔盐储热技术和联合循环技术（ISCCS），并开发了新型的聚光器和集热管。这些技术明显提高了槽式太阳能热发电的效率，同时大幅降低了成本。随着国际能源价格的持续走高，相信将会有更多的槽式太阳能电站投入商业运行。

直通式金属-玻璃真空集热管（简称真空集热管）是目前槽式系统中应用最广泛的接收器，主要优点是：①热损失小；②可大规模生产。

6.5.1 真空集热管的特性

真空集热管由一根选择性涂层的金属管（吸收管）、同心玻璃管外套、金属-玻璃密封连接（包括可伐合金和膨胀节）组成。典型的真空集热管结构（Solel公司）如图6-13所示。

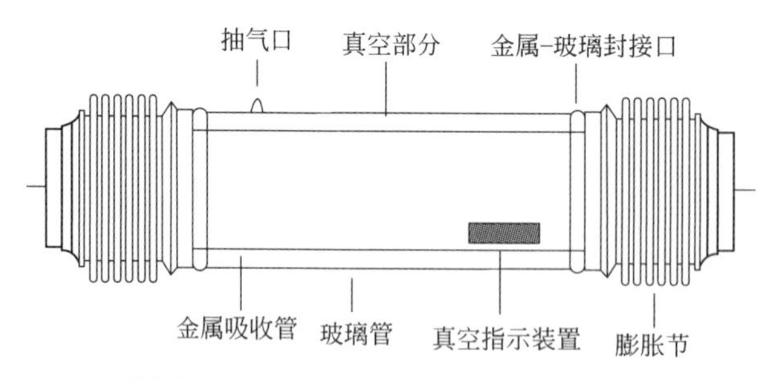

图6-13 以色列Solel公司真空集热管结构

（1）真空集热管的管径、管长

吸收管的外径需要同时满足聚光器的光学要求和热学要求，并在此基础上尽可能减少材料以降低成本。

管径越大的吸收管对整个系统产生的光学误差会有更好的适应性。但是管径增大意味着聚光比减小，在选择性吸收涂层性能不变的情况下，减小聚光比意味着降低集热管所能达到的最高温度。同时，增大管径必然增加吸收管的材料和成本。综合各因素的影响，对于宽度为 5～6m 的聚光器，通常选取外径为 70mm 左右的吸收管。

玻璃管的直径增大，集热管对大气的散热面积将增大。但是，由于吸收管与玻璃管间隙的增大，两者间的对流损失将减小。因此，玻璃管的直径存在一个最优值使真空集热管的热损失最小。

对于真空度降低的集热管，玻璃管直径的大小对其热性能影响很大，而真空度良好的集热管，玻璃管直径并不会明显影响其热效率。

由于集热管受热会发生弯曲，玻璃管直径不能太小；考虑到成本问题，其直径也不能太大。目前，70mm 的吸收管通常选择直径为 115mm 左右的玻璃管。

理论上，为了降低集热管的成本并提高有效集热面，希望其管长尽可能增加。目前，国外主要厂家都使用 4m 长的集热管，其有效集热面都达到了 95%以上。

增加集热管的长度需要的生产工艺会更复杂。例如，生产 4m 长大直径（>100mm）高透光率的硼硅玻璃管，4m 长的金属管表面磁控溅射镀膜技术等。此外，增加集热管的长度意味着其抗风性能的降低，并增加了由重力弯曲产生的切应力，玻璃管套和金属-玻璃封接口的破损率会大幅提高。根据国外槽式太阳能热电站二十多年的运行经验，集热管的破损在运行成本中占了相当大的份额。因此，通常不选择大于 4m 长的集热管。

（2）真空集热管的光学性能

为提高玻璃管的透光率，需要减小玻璃厚度，并采用高透光的硼硅玻璃。由于金属-玻璃封接口需要玻璃从两侧包住可伐合金（双边封接），并保证玻璃管的抗弯强度，玻璃管的壁厚不能取太薄，一般在 3～5mm。

在玻璃管两面镀上减反射膜可以进一步提高透光率（见图 6-14）。传统的多孔 SiO_2 薄膜黏附性能较差，且容易刮损。使用凝胶-溶胶工艺镀上减反射薄膜（膜厚约 110nm）可以将透光率提高到 97.4%，并具有很好的长期稳定性。

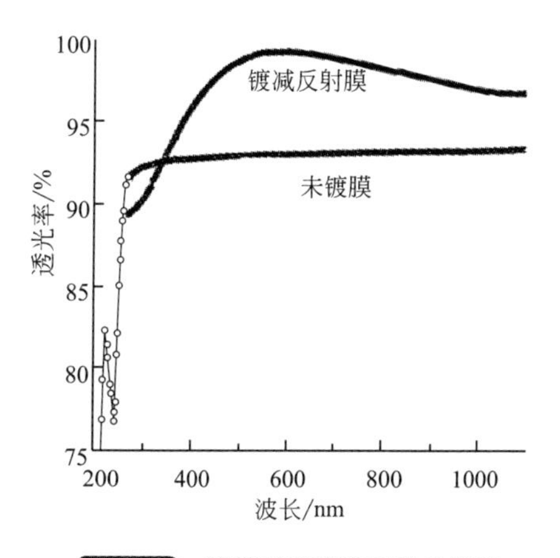

图 6-14 镀膜对玻璃透光率的影响

内置反射镜真空集热管（以下简称 NFZJ 真空管）与普通真空管的区别是，采用一支直径更小的玻璃管外壁镀膜作为内管。内外管采用偏心装配，在外管的内表面，与内管距离较近端进行内壁镀膜，或放置反光板，光线经反射至内管表面。因此，真空管的内管直径、真空管内外管间的距离，以及真空管外管内发射面的高度成为整个真空管的主要设计参数。

为了维持真空集热管的真空度，除了使用复合式抛物面聚光器（CPC），在玻璃管内壁 70°～80°的范围内涂上反射膜也可获得良好的二次反射（见图 6-15）。对 LUZ-2 集热子系统的测定发现，二次反射可提高约 1%的截光率，减少 4%的热损失，总的热效率提高 2%。虽然，使用二次反射会增加成本，但它能使管内流动更均匀，对光学误差有更好的包容性。

（3）真空集热管的热力学性能

减小吸收管与导热流体的温差可以提高流体温度，减小热损失，因此要求吸收管具有优

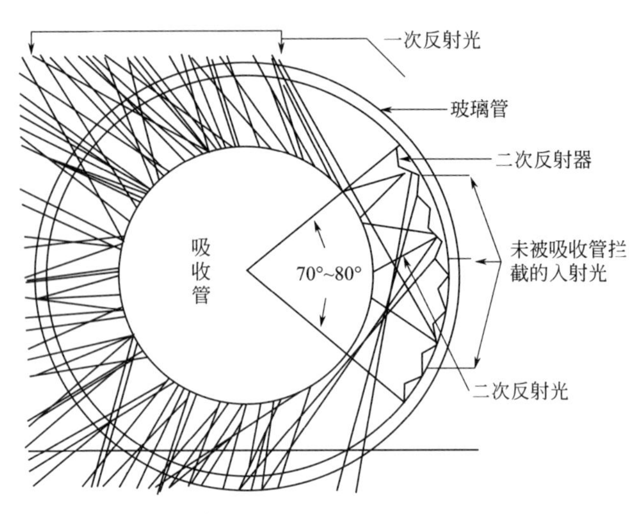

图 6-15 真空集热管二次反射模拟

越的导热性能。吸收管的导热性能是由金属管的材料、厚度、管径和导热流体的类型、状态决定的。以水为导热介质的吸收管比使用导热油的吸收管具有更好的换热效果，主要是因为流体的性质和状态对导热性能的影响更大。

以导热油或熔盐为介质的集热管，不存在剧烈的物态变化，温度分布对集热管的影响可以忽略。而对于以水为介质的集热管，管内受热和流动很复杂，吸收管截面的温差 ΔT 过大将会对集热管造成严重的损坏。

真空集热管运行的最高温度决定了汽轮机的效率，是评价集热管性能最重要的一个参数。虽然理论上希望进一步提高集热管的最高温度，但以导热油和熔盐为导热介质的集热管，最高温度受到导热介质沸点的限制，选择性吸收涂层在高温下易分解和脱落，通常吸收管的最高温度必须低于 440℃。

为了适应集热管在高温下运行的特点，必须选择合适的吸收管材料。

由于部分集热管的工作温度达到 300～500℃，为了长期维持集热管的真空度，需要使用高温封接方式将金属-玻璃封接。

最高温度的上升对集热管结构、材料和工艺的要求也相应提高，无形中增加了制造的难度和生产成本。此外，温度升高还会使选择性吸收涂层的发射率 ε 增大，造成热损失增大。

为了避免吸收管与玻璃管之间的对流热损失，防止选择性吸收涂层和减反射涂层在高温下被空气氧化，需要保持夹层的真空度。

真空集热管的初始真空度必须低于 10^{-5}Torr（1Torr=133.32Pa）并放置吸气剂或者安装被动式真空泵以维持集热管长期的真空。常见的吸气剂有钡吸气剂、锆铝吸气剂、钯吸气剂。当工作温度低于 250℃时可不抽真空，但要考虑用弹性波纹管和可伐合金（Fe29Ni17Co 等）补偿两种材料热膨胀系数不同所产生的位移。

集热管的热效率与真空度、风速、光照强度、管壁温度和导热流体的类别有关。运行时，管内流体流量及其控制方法也会影响集热管热损失。为了提高电厂的整体效率，需要综合考虑系统各部分的效率，选择适宜的运行温度。

6.5.2 真空集热管的制造工艺及发展方向

（1）真空集热管的制造工艺

集热管的性能受到制造工艺、工作环境和运行状态的影响，往往不能选取理论计算的最优值。随着聚光技术和储热技术的发展，集热管需要承受更高的温度和压强。如何选取生产材料和制造工艺以提高集热管的性能而不增加制造成本是集热管设计的关键。需关注以下环节。

① 熔封工艺。实现金属-玻璃连接的熔封工艺复杂，生产中温度不易控制，需要仔细退火，难以进行流水线生产，且破损率高，成本增加。由于难以找到匹配封接的可伐合金，还需要克服不匹配封接的热应力。

② 膨胀节的设计。为了减小封接口的应力，保证真空，使结构紧凑，需要波纹管有良好的柔性和密封性。为此，要尽量减小单层壁厚，提高波高，并根据不同使用环境选择U形波纹（柔性好）或Ω形波纹（耐高压）。焊接制作的膨胀节，还要检测焊缝，确保不漏气。

③ 镀膜工艺。真空集热管中需要多种涂层，包括减反射膜、选择性吸收涂层、抗氧化涂层、消气膜和吸氢膜等。生产中使用的镀膜技术，包括真空蒸发技术和磁控溅射技术，为保证涂层的性能，控制涂层的厚度、密度和浓度梯度是工艺关键。

（2）真空集热管的发展方向

经历了近30年的发展，真空集热管的性能不断提高，工艺不断完善，成本也不断降低。性能方面，热效率比当初已提高20%。成本方面，2004年单根集热管（4m）的价格为875美元；2008年，价格已下降到700美元；到2020年，可下降到400美元。未来真空集热管将主要向以下几个方向发展。

① 提高集热管的工作温度，集热管需要在大于500℃的环境下稳定工作并保持高效。

② 开发可靠性高、成本低的金属-玻璃封接技术，选择新型匹配金属，并实现熔封的流水线生产。

③ 研发新型的选择性吸收涂层保证其在高温下稳定并具有更好的光热转换效率，同时进一步降低镀膜工艺的生产成本。

④ 提高真空集热管的真空度和可靠性，降低其漏气率和失效率。

⑤ 进一步优化真空集热管的结构和材料。包括减轻集热管的重量，提高其抗风性能；提高吸收管耐高温高压、耐腐蚀的能力；方便维修、改造和更换。

6.6 热管式真空管集热器

6.6.1 热管的工作原理

热管是一种具有高导热性能的传热元件，它无需外加动力，依靠自身内部液体工质的相变传输热量，传热效率高，等温性能好，可自动调节热流密度，热流方向可逆，具有热二极管和热开关特性，结构可按需灵活布置，可靠性高，其独特的结构和传热特征在工程中已得到了广泛的研究和应用。

热管式真空集热管（热管式真空管集热器的主要结构）是金属吸热体真空管的一种，是太阳能应用领域新型真空集热管的代表。传统的全玻璃太阳能真空集热管承压耐冻能力差、耐冲击能力弱，在寒冷地区容易冻裂。而且其中只要有一支管子破损，整个系统都要停止工作。热管式真空集热管同时运用了真空技术和热管技术，被加热工质不必直接流经真空管，因而具有热损失小、安全性能高、工作范围宽、维护简单等优点，克服了全玻璃真空集热管的缺点，在寒冷地区得到广泛的应用。

国外有代表性的热管式真空集热管是荷兰 Philips 公司和英国 Thermomax 公司生产的产品。

热管式真空集热管一般由热管（见图 6-16）、吸热板、玻璃管、金属封盖、定位支架和消气剂组成。带有吸热板的热管通过定位支架固定在一端封闭的玻璃管内，其中吸热板和热管在玻璃管内部分表面（蒸发段）磁控溅射选择性吸收涂层，热管金属与封盖焊接连接，金属封盖与玻璃管之间采用热压封或熔封连接，玻璃管内抽真空，并预放吸气剂以保证管内的真空度。凝结段内蒸气凝结成液体，在多孔吸液芯的毛细力作用下回流至蒸发段，循环使用。如此往复，热量从热管的一端传至另一端。

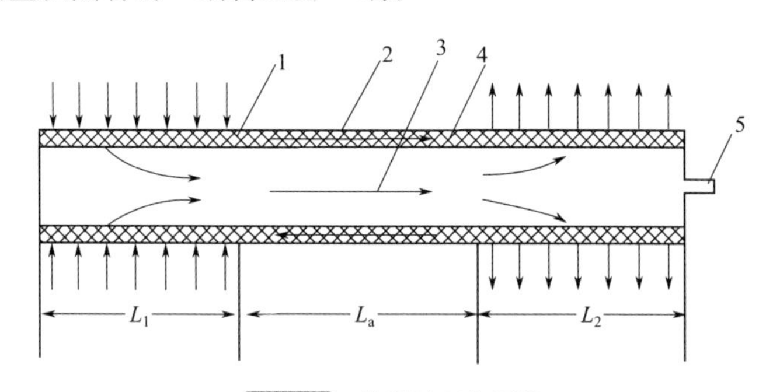

图 6-16 热管的工作原理

1—壳体；2—液体；3—蒸气；4—吸液芯；5—充液封口管；

L_1—加热段（蒸发段）长度；L_a—绝热段（传热段）长度；L_2—冷却段（凝结段）长度

太阳光透过玻璃管投射在吸热板上，高吸收率的选择性吸收涂层将太阳辐射能转化为热能。热管从吸热板中心穿过，与其紧密结合，使热阻降至最小。吸热板吸收热量加热热管内工质并使其汽化，上升到冷凝段放热凝结为液体，加热换热介质。凝结液依靠自身的重力流回蒸发段。在热管中为了保证汽化的工质迅速上升到冷凝段，并保证冷凝后能依靠凝结液自身重力迅速流回蒸发段，真空管工作时与地面的倾角应大于 10°。热管式真空集热管除了热效率高，还有启动性能好、耐冰冻、耐热冲击、承压能力强、高低温均可应用、安全性能好、保温性能好等优良性能。基于以上优点，决定了其适合在酷寒地区使用，即使环境温度很低，热管也能够启动，在−25℃也不会冻坏。

对于使用热管的接收器，多采用金属中质量最轻的碱金属。

热管主要依靠工作液体的相变传递热量，工作液体的各种性质对热管的工作性能有重要影响。选用热管工质时一般考虑以下原则：①工质适应热管工作温度区域，有合适的饱和蒸气压；②工质与壳体、吸液芯相容，具有良好的热稳定性；③工质应具有良好的综合热物理性能，即传输系数；④无毒性、环保、具有经济性等。

热管的导热是依靠饱和工质的汽化和凝结换热实现的，这种相变换热方式具有很高的传热能力，与铜、铝等金属相比，单位质量的热管可多传递几个数量级的热量。这是热管具有高效传热性的原因。热管正常工作时，管内蒸气处于饱和状态，饱和蒸气从蒸发段流向凝结段只产生极小的压差。蒸发段和凝结段之间温差亦极小。这是热管具有优良等温性的原因。高温热管工作在 400～2000℃的范围内，通常选用钠、钾、锂等碱金属为工作介质，其常温下通常为固态，故高温热管存在冷冻启动极限。

6.6.2 中高温热管的制造工艺

（1）热管和吸热板

热管一般采用铜作为管材。铜具有良好的导热性能和加工性能，耐腐蚀，与一般用来作为工质的水相容性好，铜管内抗氧化腐蚀涂层可以保证不会发生化学作用。

吸热板一般采用铜铝复合，表面为磁控溅射选择性吸收涂层。采用吸热板的目的是增大集热面积，增加吸收量。硼硅玻璃3.3是目前太阳能真空集热管使用较多的玻璃，透光率大于91%（AM1.5），在玻璃管两面镀上减反射膜（增透膜）可以进一步提高其透光率。由于单层减反射膜仅对单一波长具有较好的减反射效果，可以采用多层减反膜系，以对宽谱范围内的太阳辐照产生有效的减反射效果。使用凝胶-溶胶工艺镀上减反射薄膜（膜厚约110nm）可以将透光率提高到97.4%，并且有很好的长期稳定性。而SiO_2-硅油的改性减反射膜可以使透光率保持在99%。需要开发新型高温选择性吸收涂层，如Mo-Al_2O_3金属陶瓷膜。

（2）金属-玻璃封接技术

金属-玻璃封接技术分为两种：一种是熔封，也称火封；另一种是热压封。热压封技术封接温度低，封接速度快，封接材料匹配要求低，其产品较适合在200℃以下长期工作，温度过高直接影响其寿命，至出现漏气。而中高温领域的太阳能制冷空调和太阳能槽式热发电必须采用熔封技术。

（3）真空度

为了避免集热管与玻璃管之间的对流损失，防止选择性吸收涂层和减反射膜在高温下被空气氧化，需要保持一定的真空度。热管式真空集热管内一般应同时放置蒸散型消气剂和非蒸散型消气剂。常用的蒸散型消气剂有钡铝镍吸气剂，在高频激活后被蒸散在玻璃管的内表面上，像镜面一样，其主要作用是提高真空集热管的初始真空度。非蒸散型消气剂是一种常温激活的长效消气剂，其主要作用是吸收管内各部件工作时释放的残余气体，保证真空集热管的长期真空度，常用的有锆铝16、锆钒铁和锆石墨。需注意：

① 保证真空寿命达到25年以上的吸气剂，阻止氢渗透的方法：从美国9座槽式太阳能热发电站运行和维护统计数字中发现，真空管失效和损坏是造成太阳能电厂经济损失的最大因素，在SEGS Ⅵ电站运行的9～11年间，30%～40%的真空管真空失效主要原因就是玻璃与金属封接处存在较大热应力和使用期间应力疲劳造成玻璃管损坏，真空失效，选择性吸收膜性能退化。

② 膨胀系数与封接金属一致的钠硼玻璃，封接处能够忍受严峻的温度交变。

③ 将波纹管放置在玻璃管内，增加集热管的使用率，使集热管96%的长度能够做功，效率提高2%。

④ 管内工质为熔盐的集热管等。

（4）CPC热管式真空集热管

CPC（Compound Parabolic Concentrator）热管式真空集热管是由非跟踪聚焦型的复合抛物面聚光器CPC和热管式真空管组成的新型太阳能集热装置。CPC热管式真空集热管有倒V形和W形两种（见图6-17、图6-18）。

CPC不需要跟踪，只需根据季节调节几次方位；不仅能接收直接辐射，还能接收散射辐射（能利用总散射辐射的20%）；具有合适的工作温度范围（80～250℃）；用在槽式发电中起到二次反光的作用，工作温度可以达到更高。

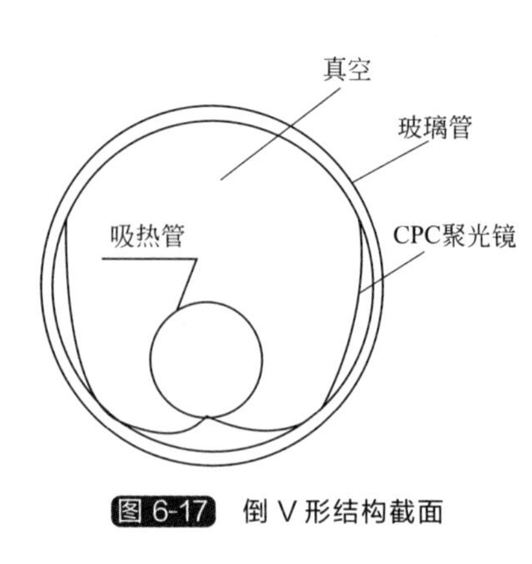

图6-17 倒V形结构截面

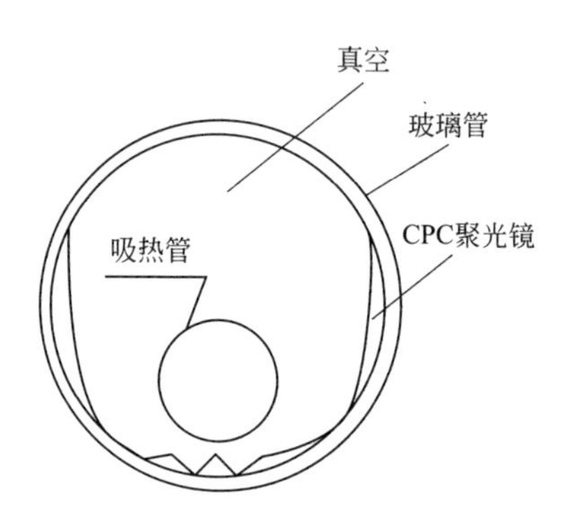

图6-18 W形结构截面

在已经建成的太阳能槽式热发电站中，集热器一般采用直通式真空集热管。与直通式相比，热管式在承压能力等方面具有一定优势。热管式相当于“二次换热”，换热介质只与热管冷凝段发生换热，热管启动快且相变传热的方式使其具有高效率。

在DSG技术中采用热管式真空集热管，可有效解决承压问题。相对于直通式真空集热管的全程承压要求，热管式真空集热管只有冷凝段需要承压，即使由于承压造成某一根集热管损坏，系统仍然处于密封状态，不会影响系统的运行，且维护简单。碟式系统中球面反光镜较旋转抛物面反光镜容易制造，且聚光温度更高，热管式真空集热管的优势将更明显。

现在人们正致力于设计适用于槽式系统以及碟式系统的热管式真空集热管。

6.7 中高温接收器

6.7.1 中高温接收器概述

在太阳能热发电系统中，接收器是由真空集热管或其他吸热体与其他结构按设计组合而成的，功能是将聚光器所捕捉、反射、聚集的太阳辐射直接转化为加热工作介质，一般为500℃以上的高温热能，为发电机组或储热系统提供所需的热源动力。

中高温接收器设计主要取决于聚光器的类型（塔式、碟式、槽式）、温度和压力工作范围、辐射通量。随着温度、压力和太阳能辐射通量的增大，有效处理经聚光增强的太阳能变得越来越困难，这给接收器的设计带来巨大挑战。例如，材料性能决定了接收器可承受最高温度，这也会迫使设计人员在接收器工作温度升高的同时尽量降低流体压力。通过不断努力，接收器呈现出以下发展趋势：①可接收的太阳光能量越来越强，吸收器本身的尺寸和质量却相对减少，而且由于吸收器和工作流体之间的温差相对较小，吸收器的平均温度得以降低，从而降低了辐射损失；②吸收器启动时间和系统对太阳光波动的响应相对更快，系统的热阻和热损失减小，效率不断提高。

对接收器的主要要求包括以下几点：能承受一定数值的太阳光能量密度和梯度，避免局部过热等发生，流体的流动分布与能量密度分布相匹配，附带有蓄热功能，效率高，简单易造，成本经济。

根据接收太阳辐射的方式不同，接收器可分为表面式接收器和空腔式接收器；根据聚光形式不同，又可分为线聚光接收器和点聚光接收器。

接收器的吸热体材料担负着接收太阳聚光能量，以及吸热、换热的重要作用，影响着整个热发电系统的稳定性及效率。国外对吸热体材料的研究已经做了大量的工作，国内还处于起步阶段。由于太阳能聚光能流密度的不均匀性和不稳定性，因而对于吸热体材料有如下要求：①抗高温氧化，材料在长期高温使用条件下不会发生氧化破坏；②良好的高温力学性能和抗热震性，能够避免材料热斑破坏；③高的太阳辐射吸收率，使材料能够充分吸收太阳辐射能量；④具有二维或者三维的连通结构，保证材料高渗透率。

接收器可以连接，共同发挥作用。如在槽式太阳能热发电工程中，槽形抛物面聚光接收器回路的长度取决于所选用的集热工质，一般都在100m以上，甚至达数百米。这样的长度必须由多台聚光接收器串接而成。从理论上讲，单根集热管长度增加，可以减少串接接收器的数量，减少接收管的串接焊点。但是由于涂层工艺条件限制和集热管过长的自重增加，导致接收器玻璃罩管-金属封接口破损率的大幅增加和接收器的变形，集热管长度有所限制。现在多为4m，欧美正在研发6m的超长集热管。

在诸多接收器中，塔式接收器能够承载最大的太阳辐射能量，在运行中接收器面临的主要问题包括以下几点。

① 接收器需经受峰值为850kW/m^{2}的辐射热流密度，这在管腔中形成不均匀温度场，导致较大的热应力和变形。

② 由于阳光周期性和非周期性变化，接收器管腔将在预期30年的寿命内经受不少于3.6万次速度达2.8℃/s的温度变化导致的疲劳应力，甚至有时要承受如290～570℃/min的剧烈热应力。

③ 因为集热工质采用熔盐，会在夜间因冷凝引起氯化物腐蚀开裂，因此吸热管必须选用优质不锈钢。例如美国Solar Two电站采用了316H不锈钢，在实际运行中经受了考验；而Solar Tres电站对接收器提出更高要求，故选用高镍合金可抵挡氯化物腐蚀和1.5MW/m^{2}的辐射热流密度。由于热流密度的提高，接收器可以相对减少对流及辐射损失。Solar Tres仅此一项，热效率提高3%。

根据不同聚光方式，空腔式接收器的结构设计也有所不同。槽式抛物面聚光集热装置中为空腔集热管或复合空腔集热管，塔式太阳能热发电装置中为空腔接收器，碟式太阳能热发电装置中为空腔圆柱接收器。

6.7.2　接收器系统

接收器是由接收体（吸热体，如真空管）及相应的传热流体动力源（泵或风机）、流量测量、温度测量、流体压力测量和安全监测设备等构成的完整系统。如塔式太阳能热发电系统中的水/水蒸气接收器、熔盐接收器、空气接收器，槽式聚光集热装置中的真空管接收器，线性菲涅尔接收器等。

接收系统的功能是将聚光场集聚的太阳光能转换为一定参数的热能，热能以高温流体的形式被安全输送到下一工序的储热单元及汽轮机。

（1）接收器系统部件

包括接收器、泵或风机、传热流体管路阀门、温度压力流量测量和数据采集设备、回路流体防冻解冻安全性设备、回路流体阻力测量设备、系统控制设备、安全报警及保护设备等。

（2）回路驱动泵

接收器使用传热流体循环泵（水、油、盐、液态金属等）驱动传热流体在接收器内循环流动，一般应备有2台，以保证接收器连续工作。由于流体温度从启动到停机在不断变化且有近400℃的温差，泵或风机的选取应考虑到流体在不同温度时的黏度和阻力。对于用风机驱动的空气吸热器，要考虑空气在高温下黏性变化引起的阻力增大。

（3）回路热工参数测量装置

被测量参数包括流体进出口温度、管路压力和流量。温度测量点包括吸热体表面或背面，所有测量点的电压、电流或电阻信号连入控制室的数据采集系统。

（4）系统设备选型原则

吸热器的选型首先应依据发电机组的工作参数（温度、压力、功率）、聚光器的聚光比、聚光器聚光的能流分布和传热介质种类等。流体泵或风机的选型是依据扬程、介质温度、介质压力、管路口径、持续工作时间、是否频繁启停等。传热介质的选择应考虑到环境温度、工作温度，介质的凝固点、闪点、饱和温度和毒性等。对于导热油应侧重考虑其凝固点与环境温度的关系，应考虑冬季防冻。导热油的饱和温度和回路压力及安全系统设计是相互联系的，对于冬季温度低于导热油凝固点的地域，导热油和回路各种仪器的防冻设计应充分考虑。

导热油的管路应按照导热油厂家的要求使用热源作管路和容器防冻和解冻。一般油回路禁用电加热。

对于熔盐介质，传热回路中管路温度保护特别重要，温度的设置应使管路壁面温度高于熔盐凝固点50℃，管路材料应考虑熔盐的腐蚀。管路对热应力循环疲劳应特别注意。对熔盐工质吸热器需要考虑排盐方便和彻底，防止排盐不净导致冻堵。

温度和流体流量测量仪器按照接收器的工作参数选型，流量测量与接收器的安全性有关，要做冗余设计。

接收体表面温度测量的信号需远传到控制室，因此应尽量避免干扰或选用可屏蔽干扰或中继方式。

（5）接收器系统与储热系统的联系

对于传热和储热工质不同的系统，吸热器通过充热换热器与储热单元连接，吸热器出口连接到充热换热器进口。在热流体进入充热换热器前应该先预热充热换热器并对储热容器暖机，以避免高温流体进入带来的热冲击。如果是浸入式换热器，储热容器中应事先充满储热材料。

塔式电站接收器可以是腔体式、外置式等；槽式电站的接收器一般为真空管；菲涅尔式的接收器是真空或非真空的集热管；碟式的吸热器一般为腔体式。

（6）接收器组成

① 吸热器由以下几部分组成：吸热体、太阳能选择性吸收涂层、保温层、外壳、高温防护和消防设施、泵或风机。

对于水工质吸热器，还应带有汽包和温度、压力、流量测量所需的一、二次仪表。

对于熔盐工质吸热器，还应带有气体保护系统，进盐缓冲箱，热盐膨胀箱和温度、压力、流量测量所需的一、二次仪表，电伴热系统和吸热器夜间保护门。

对于以液态金属为介质的吸热器，还应带有气体渗漏检测系统，以防爆炸，尤其是液态钠回路。

对于非承压式空气吸热器，一般带有引风机；对于承压式吸热器，一般带有鼓风机或压气机以及石英玻璃盖板和二次聚光器。

② 传热回路包括吸热器、泵或风机、管路、温度传感器、流量传感器、控制器、吸热器夜间保护门、吸热体高温保护系统。

③ 接收器的调控主要依据吸热器的热工参数。热工参数测量系统主要测量吸热器传热流体出口温度及流量，以便汽轮机或储热容器可正常稳定工作。

6.7.3　管状集热接收器

从总体上看，不管哪种形式的接收器，它们都是太阳辐射直流锅炉。实际上，接收器的最初设计者也是按照普通燃油或燃气直流锅炉原理构思的。

塔式太阳能热发电站高温接收器的详细结构设计十分复杂，运行温度、储热系统和热力循环都给接收器的设计带来重要影响。具体设计时，应参照有关锅炉设计手册进行设计计算。

塔顶接收器的设计与运行包含很多高新技术内容，如空腔效应、高温选择性吸收涂层技术和多孔体吸收等。在塔式太阳能热动力发电站的设计中，镜场设计的首要任务是降低造价，而对塔顶接收器设计的首要任务是具有很高的热效率和耐久性。

现有的塔式太阳能接收器主要分为间接照射接收器和直接照射接收器两大类。间接照射接收器向载热工质的传热过程不发生在太阳照射面，聚焦入射的太阳能先加热受热面，受热面升温再通过壁面将热量向另一侧的载热工质传递，接收器即为间接式。管状集热接收器(Tubular Receiver)属于这一类型。直接照射接收器也称空腔接收器，特点是接收器向载热工质的传热与入射、加热受热面在同一表面发生，由于特定形状的受热面具有几近黑体的特性，可有效吸收入射的太阳能，避免选择性吸收涂层的问题。

按照制作材料，接收器又可分为金属类和非金属类。金属接收器的整体密封性、导热性、承压性较好，但耐高温性能比非金属差。非金属接收器的优点在于耐高温、耐腐蚀，使用寿命长，常用陶瓷、石墨、玻璃及氟塑料等材料。

管状太阳能接收器的应用代表是美国的塔式热发电电站 Solar One 和 Solar Two，两者均采用管状太阳能接收器，两者的主要区别在于流经接收器的载热工质不同，分别为水和熔盐。

Solar One 管状接收器结构如图 6-19 所示，工质介质为水/汽。Solar Two 仍采用间接式管状接收器，工作介质为熔盐，在平均太阳辐射能流为 430kW/m^2 条件下，其额定功率为 42.2MW，将温度为 288℃的熔盐加热到 565℃，经管道往热盐罐储存。

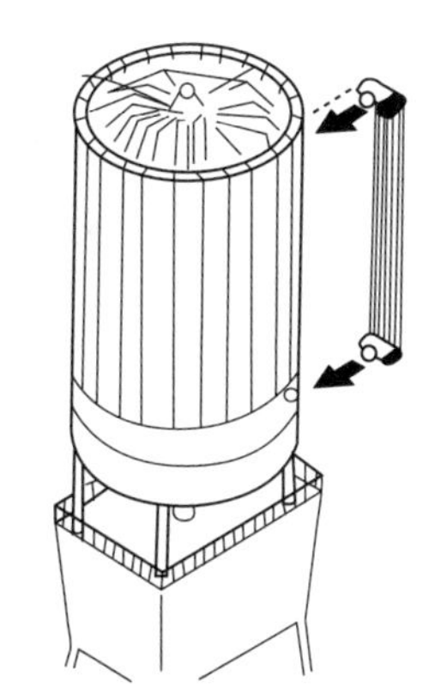

图 6-19　Solar One 管状接收器结构

管状接收器由若干竖直排列的管子组成，这些管子呈环形布置，形成一个圆筒体，管外壁涂以耐高温选择性吸收涂层，通过塔体周围定日镜聚焦形成的光斑直接照射在圆筒体外壁，以辐射方式使得圆筒体壁温升高；而载热工质从竖直管内部流过，在管内表面，热量以传导和对流的方式从壁面向工质传输，从而使载热工质获得的热能成为可加以利用的高温热源。这种接收器可采用水、熔盐、空气等多种工质，流体温度一般在 100～600℃，压力≤120atm (1atm＝101325Pa)，能承受的太阳能能量密度为 1000kW/m^2。

管状太阳能接收器的优点是它可以接收来自塔四周 360°范围内定日镜反射、聚焦的太阳光，有利于定日镜镜场的布局设计和太阳能的大规模利用。但是，由于其吸热体外露于周围环境之中，存在着较大的热损失，因此接收器热效率相对较低。

管状集热接收器包括以下 4 种类型。

(1) 排管式接收器

如图 6-20 所示，排管式接收器由若干直管排成圆筒状，每根管上端接上联管，下端接下联管，所有直管通过联管并联。排管表面涂覆吸热材料。上联管与下联管外有绝热层和外壳，导热介质从下联管进入，通过排管从上联管出，汇聚的阳光加热排管，加热导热介质。

(2) 翅管式接收器

翅管式接收器与排管式不同之处在于去掉部分排管，空出部分安装了导热性能良好的金属翅片（吸热板），翅片紧密焊接在排管之上，排管与翅片都涂覆吸热材料（见图6-21）。

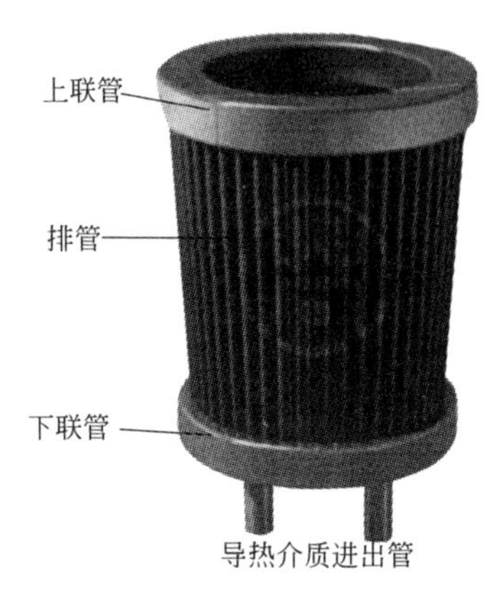

图 6-20 排管式接收器示意

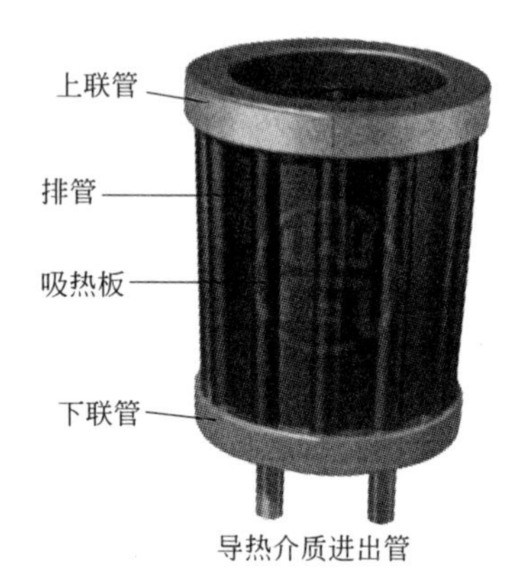

图 6-21 翅管式接收器示意

(3) 热管式接收器

高温热管下部是吸热段，焊有翅片（吸热板），上部是放热段，也焊有翅片，以加大热管的传热面积，所有热管放热段都密封在联箱内（见图 6-22）。热管内用钠、钾、锂等轻金属或相关合金，利用其熔液的相变传热。其中钠的熔点是 97.7℃，沸点是 833℃；钾的熔点是 63.4℃，沸点是 759℃；锂的熔点是 180℃，沸点是 1347℃。以上三种接收器均为外部受光接收器，可以四周受光，适用于大型太阳能热系统，缺点是热管直接暴露而易产生热量散失，因为体积过大，无法如普通集热器在外套玻璃护罩并抽真空。

(4) 螺旋盘管接收器

适用于工作介质流动性好，工况简单的场合。螺旋盘管加热路径长，无接头，适合高速高压流动的介质（见图 6-23）。

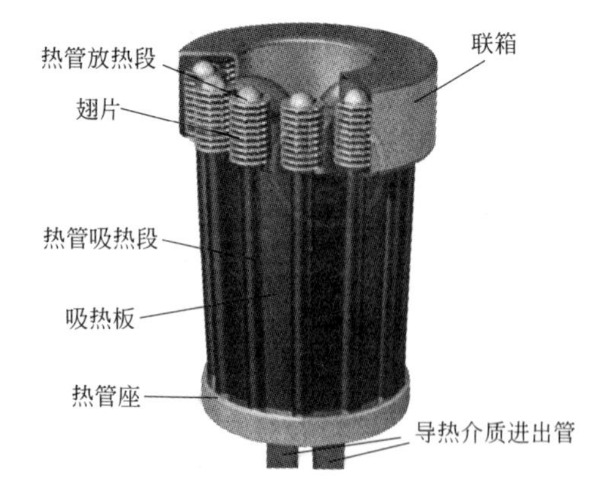

图 6-22 热管式接收器示意

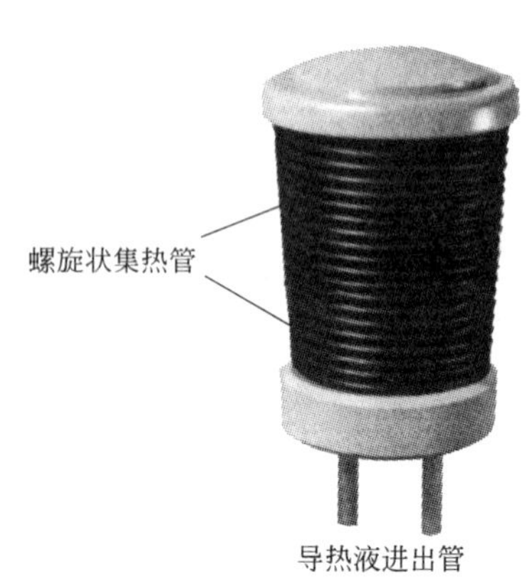

图 6-23 螺旋盘管接收器示意

6.7.4 圆柱接收器

根据结构设计原理的不同，塔顶接收器可分为圆柱接收器、复合容积接收器和空腔接收器三种形式。

圆柱接收器为外表受光型，复合容积接收器兼有外表受光和多孔体吸收双重传热过程，空腔接收器为空腔吸收型。

所谓圆柱接收器也可按不同需要设计成各种形状，常见者有圆柱形、截锥形、圆盘形、球形四种。四种接收器的直径、高度聚光集热面积、聚光比可由定日镜底边宽度、镜场中央塔高度的三角几何关系计算。

理论上截锥形接收器中截锥体的底端等于镜面成像的宽度；圆盘形接收器因悬吊在塔的顶部，为了保证定日镜反射的太阳辐射全部投入圆形窗口，接收器的直径应等于定日镜面矩形映像的对角线长度；球形定日镜由于自身的对称性，能够使镜场中任意一台定日镜的映像对准球心，且各方面的接收面积均为圆形，其截面与圆盘形接收器相似，为保证定日镜的反射太阳辐射全部落到球面上，要求也与圆盘形接收器相同，球的直径等于定日镜矩形映像的对角线长度。

各类圆柱接收器的聚光比都是镜场最大边缘角（即镜场中距离中央塔最远处的定日镜与塔顶接收器中心边线的天顶角）的函数。

分析表明镜场边缘角对不同形状圆柱接收器聚光特性的影响不同，设计中需要进行最佳选择。圆盘形接收器适合在镜场边缘角不大的情况下使用，也就是容量较小的塔式太阳能热发电站。球形接收器适合用于容量较大的塔式太阳能热发电站。圆柱形接收器适合用于大型塔式太阳能热发电站。

截锥形接收器具有与圆柱形接收器相似的聚光特性。理论上较为理想的组合是圆柱形和圆盘形的组合设计。这就是圆盘的底面接收边缘角 $\theta_{ou}<60°$ 的反射太阳辐射，而圆柱的外表面则接收边缘角 $\theta_{ou}>60°$ 的反射太阳辐射，从而兼有了圆柱形和圆盘形两种接收器聚光特性的优点。

图 6-24 为塔式电站 4 种不同形状圆柱接收器的聚光特性曲线。由图可知，圆盘形接收器适合在镜场边缘角不大的情况下使用，也就是容量较小的塔式太阳能热发电站。球形接收器适合用于容量较大的塔式太阳能热发电站。圆柱形接收器适合用于大型塔式太阳能热发电站。

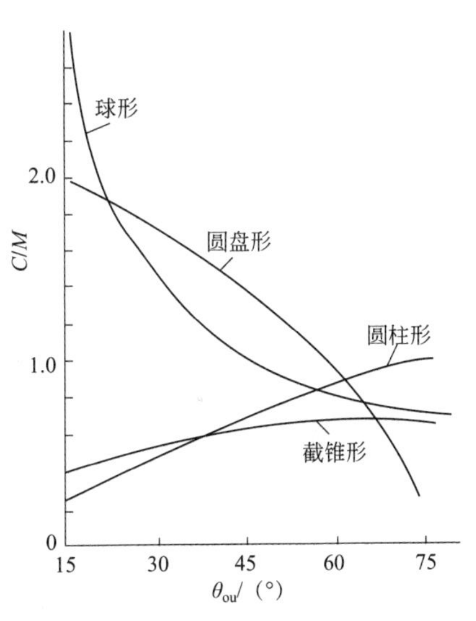

图 6-24 4 种不同形状圆柱接收器的聚光特性曲线

6.7.5 直接照射太阳能接收器

直接照射太阳能接收器也称空腔式接收器，这类吸收器的共同特点是接收器向工质传热与入射阳光加热受热面在同一表面发生，同时，空腔式接收器内表面具有几近黑体的特性，可有效吸收入射的太阳能，从而避免了选择性吸收涂层的问题。但采用这类接收器时，由于阳光只能从其窗口方向射入，因此定日镜阵列的布置受到一定限制。空腔式接收器工作温度一般在 500～1300℃，工作压力不大于 30atm。

（1）空腔集热接收管概述

空腔集热接收管是根据传热学中空腔吸收原理对真空集热管功能进行的延伸和改进。

空腔集热接收管的原理为：空腔直接置于太阳能热发电系统聚光器，镜面的反射阳光经过开口投射到空腔内壁，为集热管接收。空腔管外部包覆绝热材料，以降低环境热损。由结构和安装可知，高真空集热管适宜配置短焦距的抛物面聚光器，而空腔集热管必须配置抗风性能较差的长焦距抛物面聚光器。对于高真空集热管，玻璃与金属之间封接、选择性吸收涂层的老化问题是技术难点。由于是空腔吸收，所以一些结构的空腔集热接收管内壁不必涂镀选择性吸收涂层，但面临比较复杂的机械结构加工工艺。图 6-25 中两种类型的空腔管由刘鉴民设计。空腔集热接收管实际上就是适于线聚焦、聚光器一类的接收器。

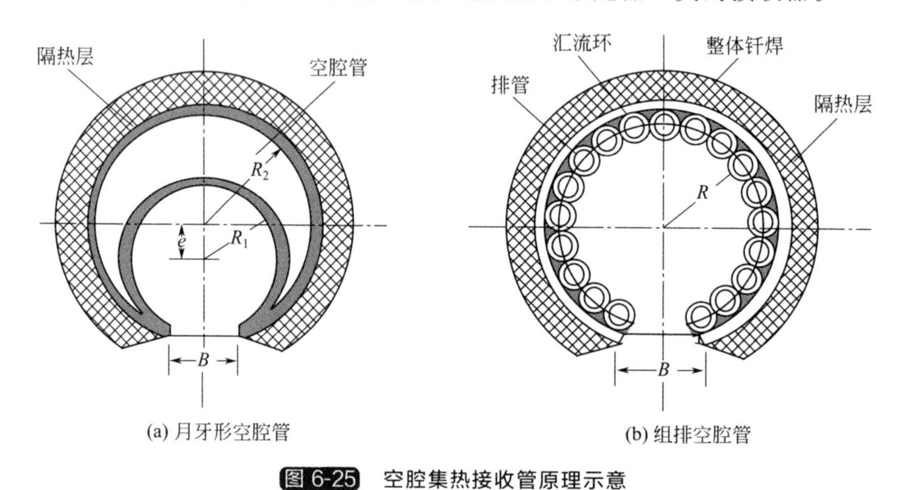

图 6-25 空腔集热接收管原理示意

（2）复合空腔接收器

由普通接收管和开口空腔包管组合构成的集热管，称为复合空腔集热管。其结构为圆柱形开口空腔管内包有一根或多根对称排列的接收管，如图 6-26 所示。接收管和开口空腔包管均采用不锈钢管制作，之间留有环状常压空气夹层。开口空腔包管的外层包覆绝热层，密封在铝薄壳中。在空腔开口处配置复合抛物面聚光器（CPC）和石英玻璃窗。

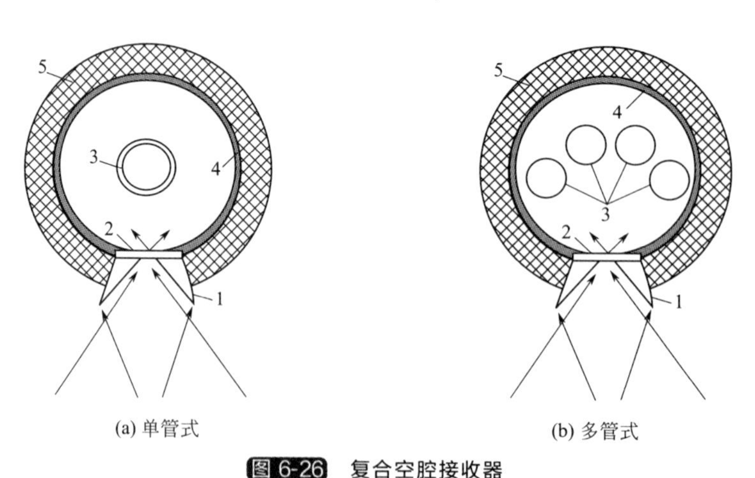

图 6-26 复合空腔接收器

1—复合抛物面聚光器（CPC）；2—石英玻璃窗；3—接收管；4—开口空腔包管；5—隔热层

这种复合空腔集热管，包在开口空腔包管内的接收管，除去直接接收来自聚光器反射的太阳辐射外，还接收空腔壁面发射的红外辐射。接收管壁材料的性能极限制约了它的最大工作温度、热导率、相对吸收率、热惰性、抗热冲击能力和不稳定运行的适应性。

对任何空腔接收器，空腔开口面的尺寸越小，则空腔接收器对环境的散热损失越小，但同时接收器的光学采集因子相应降低。在空腔开口处配置 CPC，显然会起到既降低空腔开口热损失，同时兼有改善空腔集热管采光特性的作用。实验表明在空腔开口处配置 CPC 的创新设计，有很大实用价值。

直接照射太阳能接收器主要包括无压腔体式接收器和有压腔体式接收器两种。

① 无压腔体式接收器：无压腔体式太阳能接收器对其吸收体有一定的光学及热力学要求，通常要求具有较高的吸热、消光、耐温性和较大的比表面积、良好的导热性和渗透性，如图 6-27 所示。

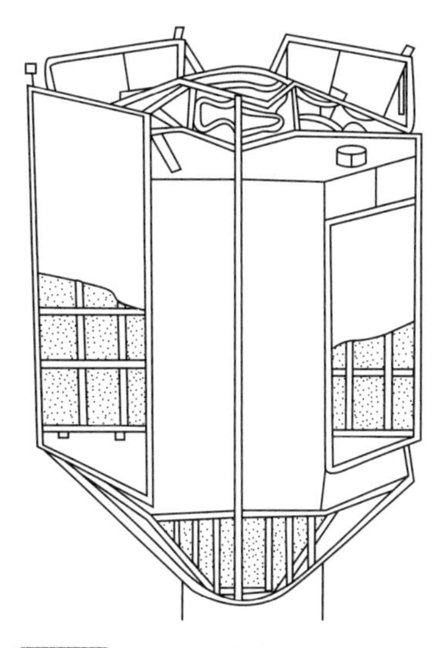

图 6-27 无压腔体式太阳能接收器

塔式太阳能热发电站中的空腔接收器和槽式太阳能热发电站中的空腔集热管，它们的集热原理完全相同，都是应用空腔黑体效应，强化接收器对太阳辐射能的吸收。塔顶空腔接收器的热损失较小，适合于以高参数蒸气或以空气为工质的现代太阳能热发电站。

早期的腔体式太阳能接收器采用金属丝网作为吸收体，具有较大吸收表面的多孔结构金属网吸收体装于聚焦光斑处或稍后的位置，从周围吸入的空气在通过被聚焦光照射的金属网时被加热至 700℃。由于多采用空气作为传热介质，腔体式太阳能接收器具有环境好、无腐蚀性、不可燃、容易得到、易于处理等特点，其最主要优点是结构简单。但采用空气载热存在热容量低的缺点，一般来说其性能不会高于管状接收器。由于无压腔体式接收器所吸入周围空气流经吸收体时近乎层流流动而不存在湍流，对流换热过程相对较弱，不稳定的太阳能容易使吸收体局部温度剧烈变化产生热应力，甚至超温破坏接收器，因此该类型接收器所承受的太阳能能量密度受到一定限制，通常为 $500kW/m^2$，最高不超过 $800kW/m^2$。近几年采用合金材料金属网或陶瓷片作为吸收体使其性能得到一定的提高。

② 有压腔体式接收器：有压腔体式接收器的结构与无压腔体式接收器的结构大体相似，区别在于有压腔体式接收器加装了一个透明石英玻璃窗口，一方面，使聚光太阳光可以射入接收器内部；另一方面，可以使接收器内部保持一定的压力。提高压力后，在一定程度上带来的湍流有效地增强了空气与接收体间的换热，以此降低接收体的热应力。有压腔体式接收器具有换热效率高的优点，代表着未来发展方向。但窗口玻璃要同时满足具有良好透光性和耐高温及耐压的要求，在一定程度上制约了它的发展。近年来，以色列在该技术上有了较大的进展，如图 6-28 和图 6-29 所示，其开发研制的有压腔体式接收器采用了圆锥形高压熔融石英玻璃窗口，内部主要构件为安插于陶瓷基底上的针状放射形吸收体，可将流经接收器的空气加热到 1300℃，所能承受的平均辐射通量为 $5000\sim10000kW/m^2$，压力为 1.5～3MPa，热效率可达 80％。

目前，美国和欧洲正致力于改进集热器的设计，例如开发一种第三代集热器，它使用凹膜直接吸收的概念，可通过减少启动损失、降低热损和改进吸收性能来进一步提高集热器的效率。与熔盐在管内流动的第二代集热器设计不同，直接吸收集热器使深色盐水流进沿着平板设置的薄膜中，好让太阳光直接被其吸收。第二代与第三代集热器的年规划效率分别约为80%和90%。

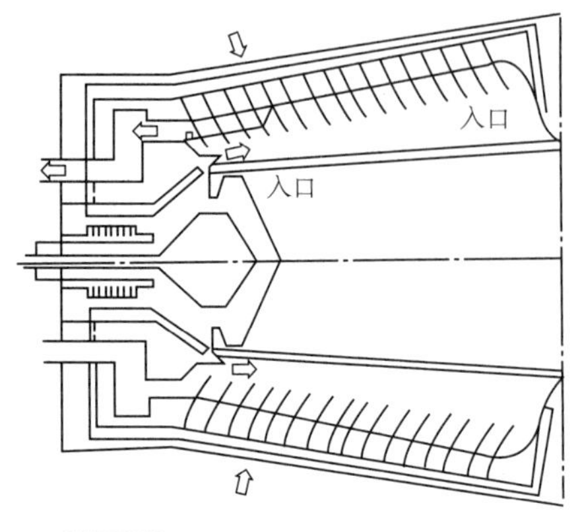

图 6-28 DIAPR 有压腔体式吸收器

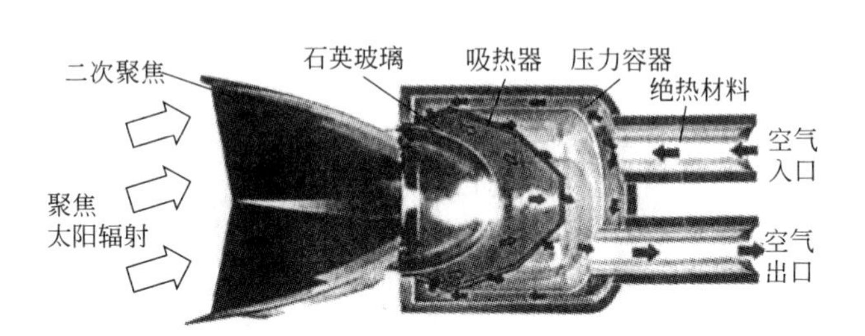

图 6-29 有压腔体式接收器

与外露式接收器不同，腔体式接收器内部集热工质是循环流动的，类似一般锅炉，存在汽包设备。内部布置吸热管分为沸腾管和过热管，沸腾管用以加热液态工质使之相变，然后流体进入汽包，经过气液分离设备液相工质循环回流进入沸腾管，气相工质进入过热管，则使饱和蒸气成为过热蒸气。因为汽包的存在，系统安全性、稳定性较高，而且便于控制出口集热工质参数。

由内壁辐射能流分布可见，在 4 种腔式接收器中球形接收器内部的辐射能流分布均匀性最好，且内壁面辐射峰值最小，相当于圆柱形和圆锥形接收器的 1/3、平顶圆锥形接收器的 1/5，这有利于减少局部过热对接收器的损害，延长其使用寿命或降低对内部材料的要求。另外 4 种接收器光学效率差异不大，但不同形状的接收器内部辐射能流分布的差异较大。相对于外露式接收器，腔体式接收器尽管热效率已得到较大提高，然而根据魏进家等的模拟研究，其光热转化主要损失为对流损失和辐射热损失。在启动过程，对流损失是辐射损失的 2.5 倍；在启动后运行平稳阶段，对流损失依然是后者的 2 倍。因此为提高腔体式接收器的效率，则应着力降低损失，提高集热效率。其中辐射损失由温度决定，在操作工况下，腔体辐射热损失是恒定的，但是通过提高集热工质流通量可减少辐射热损失所占比例。目前需要尽量减少的是对流损失。因为接收器位于高塔，有四面来风，易加大对流损失。接收器的对流损失大小与接收器腔体形式、开口尺寸及开口方向密切相关，这些是接收器优化设计的内容。

腔体式接收器的形状有平面形、抛物面形、圆柱形和球形。试验表明平面形接收器性能最差，球形接收器比较理想，因内部自然对流单位面积热损率最小，能形成更封闭的区间，形成滞留区，减少自然对流强度和对流热损失，但难加工，抛物面形接收器性能好于圆柱形接收器，但也比后者难加工。

由于球形接收器有较大的换热面积，其内壁平均辐射密度相当于圆柱形或圆锥形接收器的 1/2，约为平顶圆锥形接收器的 1/3，这有利于导热流体及时带走内壁的热量，提高换热效率。在内壁吸收率为 0.9、聚光器反射率为 0.9 的条件下，球形聚光器/接收器系统的光学效率为 88.9%，高于其他 3 种腔体式接收器。在相同的入射光和开口尺寸条件下，腔体开口的大小也直接影响到接收器的对流损失，通过模拟，可以认为（1∶10）～（1∶8）为最佳开口比。

对于要求换热管内工作介质高流速、高压力的场合，如碟式直接照射式接收器，需要采用氢气或氦气。氢和氦是原子序数分别排在第一和第二位的元素，质量最轻，具有很高的换热能力，能够实现很高的热流密度（可达 $75\times10^4 W/m^2$）。

（3）复合容积接收器

将圆柱接收器剖分为两个独立的集热部件，中心设计为开式容积加热器，外围包覆一层排管，为排管加热器，结构上两者组成一体，称为复合容积接收器。

在热力系统设计上，排管加热器的集热工质为水，中心容积加热器的集热工质为空气，两者通过热交换器组成互相耦合的两个独立循环回路。

在复合容积接收器内，水和空气的预热、蒸发和过热过程是在各自独立的部件中完成的，不同于常规接收器系统内工质的预热、蒸发和过热过程发生在同一个整体结构中。相比之下，复合容积接收器中各自独立部件内的温差小，其结构热应力自然也要小很多。

排管加热器只用于蒸发水产生湿蒸汽，因此设计运行温度为 300℃，这样相比于高温接收器，其热损失要小得多。

复合容积接收器的最大空气运行温度可以低于 600℃。这样接收器可以采用已有的金属材料制作，而无需另觅更昂贵的材料。

6.7.6 管式和多孔体结构

目前塔式太阳能热发电站中常用的空腔接收器又可分为两种结构形式，即管式和多孔体结构。

（1）管式空腔接收器

管式空腔接收器是采用众多的排管束围成的具有一定开口尺寸的空腔，由定日镜阵列反射的太阳辐射经过空腔开口投射到空腔内部管壁上，在空腔内部进行换热。

图 6-30 为 CESA-1 管式空腔接收器内部结构，光孔尺寸为 3.4m×3.4m 正方形，向镜场倾斜 20°，便于接收来自镜场的投射太阳辐射。该接收器由 3 盘管束组成，采用 A-106CrB 碳钢管制作，有效加热面积为 $48.6m^2$，过热器采用 X-20CrMoV121 耐热钢制作。

（2）多孔体结构空腔接收器

多孔体结构空腔接收器最早从 20 世纪 70 年代后期开始研发，到 80 年代后期的 10 年间，取得了巨大的进展。在世界范围内，人们研发了多种形式的多孔体结构空腔接收器，有金属丝网、编织金属丝、泡沫材料、金属与陶瓷柱以及蜂窝结构等设计。这种结构的接收器主要用于产生高温热空气。已有的试验表明，它可以在平均投射太阳辐射通量为 $400kW/m^2$ 和峰值为 $1000kW/m^2$ 的条件下良好地工作，产生 1000℃或以上的高温热空气。这种结构的接收器，具有很低的热惯性和很快的热传输能力。

① HiTRec 计划多孔体结构。

结构设计原理：图 6-31 为德国-西班牙 HiTRec 计划多孔体结构空腔接收器最新设计。陶瓷吸收体材料为 SiSiC。

空腔接收器最早应用在 PHOEBUS 系统中，利用金属丝网直接吸收太阳辐射，温度可高达 800℃。后来，金属丝网逐渐被 SiC 或 Al_2O_3 材料所取代。新型空腔接收器置于有压容器中，阳光通过抛物面状石英玻璃窗口进入容器。

Rein Buck 等提出了一种新型的双重接收器，结合了空腔式和管式接收器的特点。研究

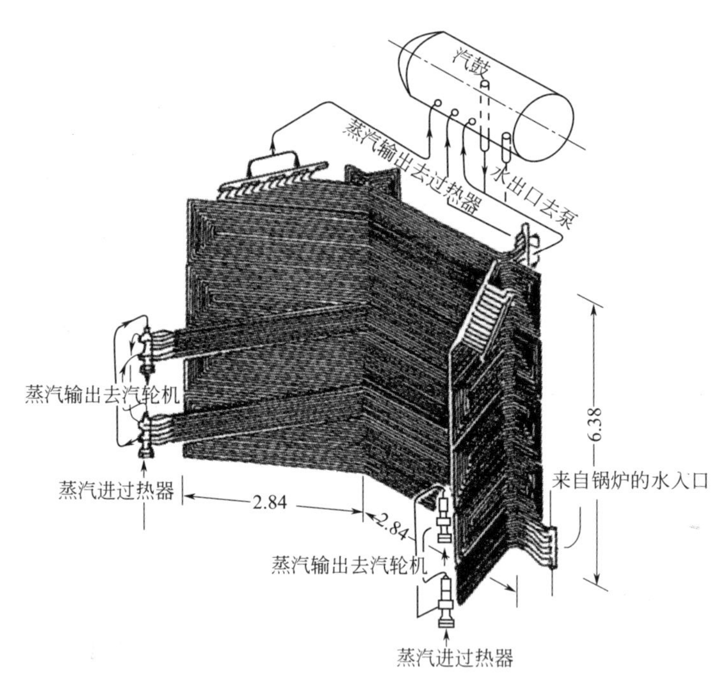

图 6-30 CESA-1 管式空腔接收器内部结构(单位: m)

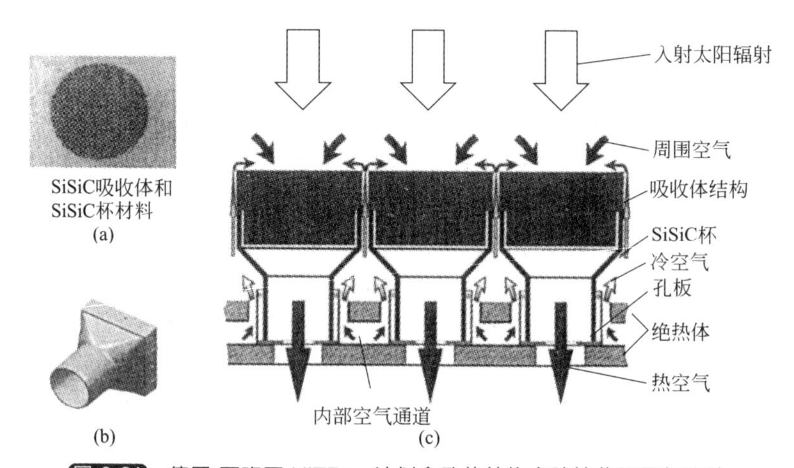

图 6-31 德国-西班牙 HiTRec 计划多孔体结构空腔接收器最新设计

结果表明，改进后可使接收器达到更高的热效率、更低的温度和更少的热损失，年电能产量可提高 27%。

由于 SiC 具有很高的热导率，因此具有更高的太阳辐射通量，可能用于研发更为紧凑的多孔体结构空腔接收器。

② REFOS 空腔接收器。

近年来，德国宇航中心研发了一种新型多孔体结构空腔接收器，带有二次聚光功能。

基本工作原理为从定日镜反射的太阳辐射投射到接收器的二次聚光器的光孔面上，再经聚光，透过透明窗，为多孔体结构所吸收。待加热空气，从设置在接收器背部的空气入口，经夹层流道进入多孔体结构吸收体加热后，汇集到空气出口输出。

虽然圆柱式接收器更适于大型塔式电站，而PS10电站的接收集热器为空腔式，其设计旨在尽可能减少辐射及对流热损失，年平均热效率可达90%。在集热器内的4块管板独立布置，集热器中产生的4MPa/250℃的饱和蒸汽被送到汽包，从而提高了系统的热惯性。其接收器的结构见图6-32。

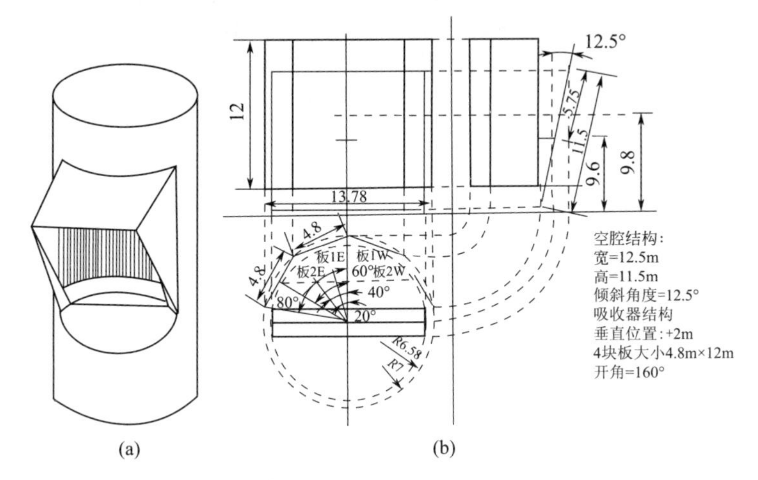

图6-32 PS10电站的接收器结构

由汽包引出的饱和蒸汽被送往汽轮机中做功，带动发电机发电。汽轮机由高压缸和低压缸组成，在高、低压缸之间设置了去湿装置，以提高进入低压缸的蒸汽干度。汽轮机低压缸的排汽在水冷凝器中被凝结成水，之后利用汽轮机中的两段抽气（压力分别为0.08MPa和1.6MPa）对其进行两级预热，最后利用集热器中引出的一部分饱和蒸汽进行第三级预热，水温被加热到245℃后，与汽包中返回的水混合，温度变为247℃后被送往集热器。

为保证电站的稳定运行，设置了4个水箱进行储热。在电站满负荷运行时，集热器中产生的部分4MPa/250℃的蒸汽被储存在储热系统中。储热系统可储存15MW·h的热能，可维持50%负荷连续发电50min。

中国科学院电工研究所汇集几项技术，研制的第四代吸热器取得突破，图6-33是2017年11月15日做的一个实验，测试粒子吸热器，横轴是时间，可以看到，这种新式的吸热器加温3min时间就可以达到800℃高温。

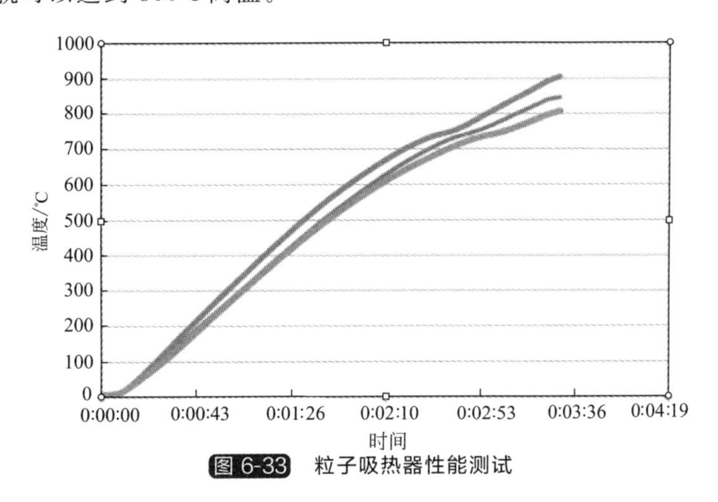

图6-33 粒子吸热器性能测试

7 太阳能热储存技术

7.1 热储存的意义

7.1.1 储热的作用与类型

热储存、储热或蓄热（Heat Storage）是指将能量转化为在自然条件下比较稳定的热能存在形态的过程。储热技术（TES）主要应用于3个方面：①在能源的生产与消费之间提供时间延迟和有效应用保障；②提供热惰性和热保护（包括温度控制）；③保障能源供应安全。

太阳能热储存是指将阳光充沛时间的热能储存到缺少或者没有阳光的时间备用。它有三层含义：一是将白天接收到的太阳能储存到晚间使用；二是将晴天接收到的太阳能储存到阴雨天气使用；三是将夏天接收到的太阳能储存到冬天使用。现在国内外研究的太阳能储存方法主要有两大类：第一类是将太阳能直接储存，即太阳能热储存，主要分为显热储存、相变储存和化学反应储存三种类型；第二类是把太阳能先转换成其他能量形式，然后再储存，如先转变为化学能和机械能。

（1）太阳能热动力发电系统的能量平衡

根据能量守恒原理，太阳能热发电站的系统能量平衡方程为：

$$E_G=\eta_e(Q_u \pm \eta_v Q_v+\eta_h Q_h) \tag{7-1}$$

式中 E_G——太阳能热发电站发电量，MJ；

Q_u——太阳能集热系统的有用能量收益，MJ；

Q_h——辅助能源提供的热量，MJ；

Q_v——太阳能储热槽可能提供的储热容量，式中的“±”号，表示储热槽储热时取“−”号，取热时取“+”号，MJ；

η_e——热动力发电机组的发电效率；

η_v——储热、取热效率；

η_h——辅助能源锅炉效率。

所以太阳能热发电站的能量平衡原理是利用储热和辅助能源系统，适时补足太阳辐射能量的随机变化差额，使其成为系统的等效稳定一次输入能源，从而能够始终保持热动力发电机组的稳定运行。

分析式（7-1），通常具有以下3种情况。

① $\eta_e Q_u > E_G$：表示集热系统收集的太阳辐射能大于热动力系统发电所需要的能量，多余的太阳能储入储热槽。

② $\eta_e Q_u = E_G$：表示集热系统收集的太阳能正好满足系统发电所需要的能量。这时辅助能源系统和储热系统均停止工作。

③ $\eta_e Q_u < E_G$：表示一切太阳能热动力发电系统的正常运行工况。在太阳能热动力发电站中，作为系统一次输入能源的太阳能经常处于不足供给状态。

按太阳能热储存时间的长短，还可分为短期储存、中期储存和长期储存。

热储存是太阳能热发电的专有技术之一，当太阳能受地理、昼夜和季节变化影响以及阴晴、云雨等随机因素的制约时，热储存技术保证了太阳能热发电工程能在一段时间内稳定工作。太阳能热储存技术按利用工作介质的状态变化过程所具有的反应热进行能量储存。

（2）储热系统的作用

储热系统作为太阳能热发电站的组成部分，对电站连续、稳定发电发挥着重要作用。一方面，太阳能电站在进行热发电时，可能会突然受到云层的影响，集热器收到太阳辐射量不足，出口温度和输出功率迅速降低，而发电厂的汽轮机不能适应这种输入功率不可控制的变化，电站不能正常发电。据统计，在西班牙PS10太阳能热发电站，一年之中受云层影响次数达1500多次，其中80%的时间都不超过1h。太阳能热发电站的储热子系统可以在阳光正常时储热，而在阳光不足时放出热来供给汽轮机运转发电，起到功率缓冲的作用（参见图7-1）。另一方面，一天之中中午日照强，早晚日照弱，在夜晚则不能用太阳能发电，而储热系统可以把白天太阳辐射的能量以热能的形式储存起来，到了晚上释放出来进行热发电，这样可以起到削峰填谷的作用。目前太阳能发电储热技术的研究，美国、德国、澳大利亚处领先地位。

图7-1 西班牙PS10太阳塔热量储存装置

储热系统是太阳能热发电站中必不可少的组成部分，因为在早晚和白天云遮间歇的时间内，电站都必须依靠储存的太阳能来维持正常运行。通过储热系统，太阳能热发电成为最重要的可不间断供电的可再生能源。至于夜间和阴雨天，现在仍可以考虑采用常规燃料作辅助能源，否则由于储热容量需求太大，将明显地加大电站的初次投资。设置过大的储热系统，在目前技术条件下，经济上并不合理。从这点出发，太阳能热发电站比较适合作电力系统的调峰电站。从长期考虑TES技术是太阳能热发电成功走向市场，与常规电力竞争的关键技术之一。

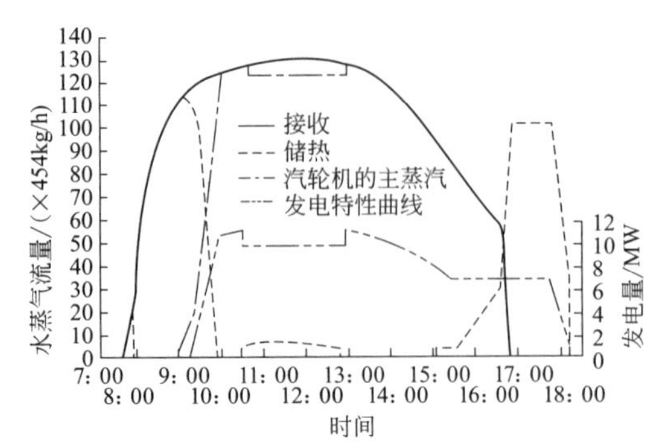

图7-2 典型太阳能热发电站的运行方式

储热系统的工作和电站的运行方式密切相关。典型太阳能热发电站的运行方式如图7-2所示。8：00，太阳能集热装置开始工作，9：00启动汽轮机，10：00汽轮机进入稳定运行工况。10：00之前，集热装置一直向储热槽储热。10：00后，集热装置收集的太阳辐射能直接用于供给汽轮发电机组发电。15：00起，太阳辐射强度开始减弱，这时储热子系统相应地开始放热，以保证汽轮机的正常运行，直至18：30停机。所以，储热子系统在集热装置和汽轮发电机组之间提供了一个缓冲环节，保证机组稳定运行。

由图7-2可知，太阳能热发电站的发电量受日照时间控制，储热系统能有效延长电站运行时间。还应指出，为了使太阳能热发电站能够保持稳定运行，除设置储热子系统外，还需配置一定容量的辅助能源子系统，实质上就是在系统中增设常规燃料锅炉。它和电站容量之间的配比关系主要决定于工程经济分析。在配置相同储热容量的条件下，采用常规燃料作辅助能源，可以比设置储热子系统节省更多的投资。在太阳能热发电站中，储热装置和辅助能源系统不是互相排斥，而是合理地组合配置。目的都是消除太阳辐射强度的变化对电站运行的影响，从而始终保持电站稳定运行，同时能够充分利用太阳能资源。如果未来规划全球太阳能热发电电网，对辅助能源的设置将会从新的角度考虑。

在太阳能热系统中，热能的储存应当与整个系统综合考虑。通过对集热器、储热介质、储热器以及储热容器的隔热措施等方面的改进，实现太阳能热储存时能达到储热量大、储热时间长、温度波动范围小和热损失少等要求。

由于集热器性能与整个系统的效率及运行情况有密切关系，所以在太阳能热动力系统中，集热器应该具有较高温度，否则热机效率必定不会很高。同时集热器决定了储能装置应该用中温或高温储热介质。其他储热介质在传热过程中将会损失一部分可应用的热能。

一般来说，腐蚀性随温度的升高而急剧加强。因此，在低温情况下，腐蚀性影响不明显；在中温情况下，腐蚀现象不仅限制储热容器的使用寿命，还需要采取相应的防腐措施，从而使成本大大提高；而在高温和极高温情况下，就必须采取有效防腐措施，使得投资成倍增加。

研究显示，一座带有储热系统的太阳能热发电站，年利用率可以从无储热的25%提高到65%。因此储热技术是太阳能热发电与其他可再生能源竞争取胜的关键要素。利用长时间储热系统，太阳能热发电可以满足未来基础负荷电力市场的需求。

(3) 储能的种类与特点

由于增加了储热，才使可再生能源的发电真正成为适应于大规模上网的电力。图7-3显示了加入储热技术后，太阳能热发电站白天工作模式为直接发电+储热，夜间则利用储热发电，所发电能更能满足电网对负荷的要求。图7-4显示了一天内太阳能的利用情况。

太阳能热发电的储热就是将能量暂时或在一段时间内储存，需要时再放出。目前使用的储能方法和技术主要分为四类：机械储能主要包括利用物体的势能和动能储能，压缩空气储

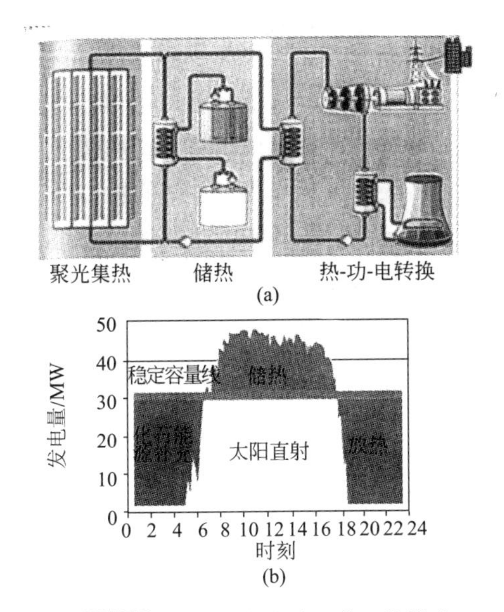

图 7-3 太阳能热发电系统工作模式

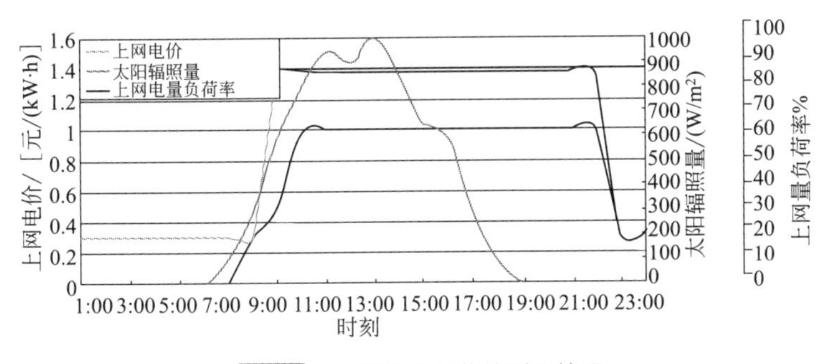

图 7-4 一天内太阳能的利用情况

能也是势能的一种方法；电化学储能主要采用电化学方法通过蓄电池储能；电磁储能利用超导原理和电荷吸附原理，如超导磁储能和超级电容储能等；储热储能就是采用不同材料在不同温度段下所具有的储热能力，达到储热和放热的目的。储能技术重要指标是储存功率、储存能量密度、能量转换时间、能量转换效率等，其他还包括运行寿命、储存设备的投资和运行费用。不同的储能方式可以用于不同方面。

不同储能形式具有自身特点，在储存容量、储存时间和能-电转换时间方面差别较大。电化学储能是最佳的储电和放电方式，作为 UPS 不停电电源，小规模使用是合理的，大规模储电在经济性、环保性和技术方面是不可想象的。电磁储能容量很小，但转换速度极快，因此适用于电能质量调节和输电系统的稳定性调节。机械储能中应用最广泛的是抽水蓄能，法国国家电力 70%以上是核能发电，核电的特点是带基本负荷，即核电不能大幅调节负荷，而抽水蓄能发电比例占全国 20%以上，每天利用抽水蓄能进行电网峰谷差的调节。抽水蓄能的容量巨大，但发电和用电的转换时间略长，从零转速到并网发电约需 2min，从静止状态到满负荷抽水约需 5min。另外，抽水蓄能的能耗较高。

新型的太阳能热发电储热蓄能具有和抽水蓄能相似的特点，可以大规模储热，因而具有大容量的特点。储热过程实际上是在发电过程中进行的，即多余的热量进行储存，当需要提高发电负荷时直接从储热罐中取出热量，因此负荷调节过程是连续的，不存在断点的情况，因此更加适用于参与电网负荷的调节，即热负荷的储存和释放是在太阳辐射热量和输出电功率不匹配状态时自动完成的。另外，热量的利用形式不变，只是缓用热量，因此其损失只是换热过程和储热过程中的损失，根据现有的技术，其损失可以控制在6%的范围内。因而和75%效率的抽水蓄能相比，转换效率是很高的。

（4）储热与热交换子系统

由于地面上的太阳能受季节、昼夜和云雾、雨雪等气象条件的影响，具有间歇性和随机不稳定性，因此为保证太阳能热发电系统稳定地发电，需设置储热装置。储热装置常由真空绝热或以绝热材料包覆的储热器构成。太阳能热发电系统的储热与热交换系统可分为下面4种类型。

① 低温储热。指200℃以下的储热，它是以平板式集热器收集太阳热和以低沸点工质作为动力工质的小型低温太阳能热发电系统，一般用水储热，也可用水化盐等。

② 中温储热。指200～500℃的储热，但通常指300℃左右的储热。这种储热装置常用于小功率太阳能热发电系统。适宜中温储热的材料有高压热水、有机流体（在300℃左右可使用导热油、二苯基类流体、以酚醛苯基甲烷为基体的流体等）和载热流体（如烧碱等）。

③ 高温储热。指500℃以上的储热，其储热材料主要有钠和熔盐等。

④ 极高温储热。指1000℃左右的储热，常用铝或氧化锆耐火球等作储热材料。

储热技术是合理有效利用现有能源、优化使用可再生能源和提高能源效率的重要技术。储热技术主要应用于以下3个方面：a. 在能源的生产与其消费之间提供时间延迟和保障有效使用；b. 提供热惰性和热保护（包括温度控制）；c. 保障能源供应安全。

太阳能热发电优于光伏发电的一大特点就是能采用经济的储热技术，而电池则相对昂贵。太阳能热发电系统中采用储热技术的目的是降低发电成本，提高发电的有效性，它可以实现：a. 容量缓冲；b. 可调度性和时间平移；c. 提高年利用率；d. 电力输出更平稳；e. 高效满负荷运行等。

（5）储热技术的分类与特点

储热技术分为主动型系统和被动型系统，其中主动型系统又可分为直接储热和间接储热两大类。直接储热系统的特点是采用强制对流换热将热量传递给储热介质，并且储热介质自身在换热器内循环。主动型系统中传热介质和储热介质相同，不再需热交换器运用于400～500℃的高温工况，朗肯循环效率达40%，节省投资费用。间接储热系统的主要特点是传热流体与储热介质为不同介质，在储热过程中来自吸热器的传热流体将热能传递给储热介质，而放热过程中，换热流体从储热材料吸取热量。被动型储热系统通常为双介质系统，储热介质自身不在换热设备中进行强迫对流换热，而是通过传热流体的热量流动传递实现充热和放热，储热系统的介质种类与系统流程对发电系统蒸汽发生器的设计和选型有重大影响。间断系统需要换热装置，工作温度一般不超400℃，储热介质可以是固体、液体或相变材料，自身不参与循环。

关键单元技术、蓄热系统的控制和集成优化等几个方面。

蓄热技术的核心和基础是蓄热材料。1984年诺贝尔物理学奖获得者卡洛·鲁比亚（Carlo Rubbia）指出："太阳辐射是资源最丰富的能源，而带蓄热的太阳能热发电技术则是收集这种能源最经济的方式”。在对蓄热介质的寻找中，热容量、导热性和流动性成为三个研究重点。

美国能源部出台的《太阳能技术多年期计划》(Multi Year Program Plan 2008—2012)中，关于蓄热技术列出了如下计划：①开发能够在 80～500℃温度运行并具有较大比热容的共晶盐；②利用超临界传热流体并结合陶瓷温跃层蓄热降低储能成本；③设计和验证固态显热蓄热模块；④研发利用 CO_2 作为传热流体和固态陶瓷蓄热的新型蓄热方法；⑤探索利用热化学循环储能和固态陶瓷蓄热的新型蓄热方法；⑥探索利用热化学循环储能；⑦制备碳纳米管悬浮液，以提高熔融盐高温热稳定性、比热容和热导率；⑧研究超高温混凝土的特性，特别是 600℃以上的性能；⑨探索和比较多种形式的储能系统的性能。

中高温蓄热技术的开发和应用研究涵盖材料科学与工程、热能工程、化学工程等多个学科，并涉及诸多自动化控制、工程建设等方面的问题，需要综合考虑技术性能、成本效益和环境影响等多方面因素。优异的技术性能是确保蓄热系统具备技术可行性的关键因素。首先，高蓄热容量（热、潜热或化学能）是减小系统体积、提高系统效率的必要条件；其次，要求在蓄热介质和传热流体之间具有良好的传热速率，以确保热能能够按照实际需要的速率被储存和释放；再次，蓄热介质需要具有良好的稳定性，以防止在多次热循环后出现化学和机械劣化。成本效益决定了投资的回收期，而成本效益通常与上述的技术性能相关联，由于高蓄热容量和优异的传热性能能够显著减小系统体积，从而减少了投资成本。除了技术性能和成本效益之外，还需要考虑其他的设计标准，譬如操作策略、与具体应用场合或终端系统的集成等。

对众多的热转换利用方式而言，采用高温转换，尽可能提高转换与输出热能的温度，利用高温蓄热进行稳定的能量供应，是提高利用效率的根本途径，也是可再生能源低成本、规模化、连续利用的关键技术之一。中高温蓄热技术的发展思路是开发高蓄热密度、高使用温度、高蓄热速率、低成本、环境友好的蓄热介质材料，研究过程可控的蓄热方法及系统。具体来说中高温蓄热技术的研究重点和发展趋势包括熔融盐传热蓄热、新型传热蓄热工质、化学反应蓄热关键单元技术、蓄热系统的控制和集成优化等几个方面。

我国《国家中长期科学和技术发展规划纲要（2006—2020 年）》和《国家“十二五”科学和技术发展规划》将储能技术列为重要研究内容。在可再生能源利用方面，《国家能源科技“十二五”规划（2011—2015）》中则明确提出开发大规模太阳能热发电技术，重点包括 600℃大规模低成本蓄热技术以及聚光吸热蓄热等能量传递与转化系统的集成应用特性。当前，面向承担基础电力负荷的“大容量-高参数-长周期蓄热”是国际太阳能热发电的技术发展趋势，降低蓄热系统造价以及提高蓄热材料性能是实现高效、规模化、低成本太阳能热发电技术的关键。国家科学技术部 2012 年 3 月颁布的《太阳能发电科技发展“十二五”专项规划》也明确指出，开展“面向高参数、高效率稳定输出的太阳能热发电技术研究，突破次高参数熔融盐吸热-蓄热塔式发电关键技术及设备”“掌握高温段（450℃以上）蓄热材料设计、制备、大容量蓄热系统热损抑制，形成分布式和大容量集中太阳能蓄热与供热系统示范”。

7.1.2 储热与太阳能热发电站的设计

储热是各类太阳能热发电站在设计时的重要因素，其中储热量与电场年发电量、聚光场的规模，即电站总的投资直接相关。

储热量主要是根据网上售电价格在时间上的分布以及电网对调峰的要求确定的。储热时间应该仅仅取决于没有太阳时段的满发时数和电力价格的经济性。由于涉及巨大的投资，因此必须慎重计算。

① 根据上网电力价格和太阳落山的时间差初步确定储热时间。

图 7-4 显示了太阳落山后高电价的时段有 6h 左右。因此可初步设定储热时间为 6h。

② 计算不同储热时间对发电成本的影响。

储热时间的长短直接影响到太阳能热发电站的初投资成本的变化，因此也会影响到发电成本的变化。图 7-5 展示的是对于一个 50MW 槽式太阳能热发电站，位于中国鄂尔多斯地区时，不同储热时间下均化发电成本（LCOE）变化，随着储热时间增加，该电站的 LCOE 在下降，该案例电站在储热时间为 10h 时电价可以达到最低。

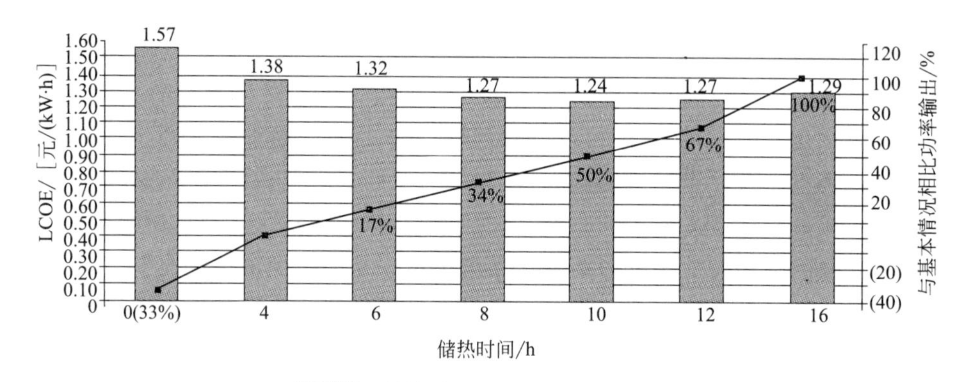

图 7-5 储热时间与 LCOE 之间的关系

数据来源：中国太阳能热发电产业政策研究报告，国家太阳能光热产业技术创新战略联盟，2013 年。

这个最低点的位置主要取决于电站容量、储热单元一次投资以及当地的太阳辐照资源。

③ 储热器的充热和放热的功率应该等于集热场的输出功率和汽轮机的输入功率。在设计点时，集热场输出的功率等于汽轮机的额定输入热功率加瞬时储热功率。但储热器的输入功率仍然按照最大充热功率设计，放热功率按照汽轮机最大负荷要求设计。

在计算储热量时，太阳倍数是一个比较重要的概念，来自聚光场。如果考虑到聚光场同时给汽轮机和储热器供能，那么聚光场在设计点的面积必须考虑较大。在设计储热时，还必须考虑储热单元自身耗费的能量，包括化石燃料备份和导热油或熔盐防凝固措施。

计算年发电量的关键点在于确定集热场功率，它包括确定聚光场面积和吸热器功率。聚光过程与吸热、储热、换热和发电是耦合的，需要几个因素同时在系统能量平衡的基础上计算。储热容量是太阳能热发电站设计的重要内容。

年发电量计算过程为：先确定辐照和气象条件，然后假设一个聚光场面积。将聚光场的输出作为吸热器的输入，吸热器的输出功率应等于汽轮机和储热器需要的额定输入功率之和。如果该条件不满足，那么需要重新假设聚光场面积，直到满足要求。

如不在设计点工况，集热场的输出只能满足发电和储热其中一个设备满负荷工作，可能造成：a. 储热器或汽轮机长期处于非额定负荷工作状态；b. 集热场输出的能量多于储热和发电的需要。此时需要关闭一部分聚光器，造成设备效率大幅下降。

储热容量一般取决于夜间调峰供电容量（发电功率与发电时数的乘积）。如仅仅针对夜间发电，那么聚光场面积应满足夜间发电时数的汽轮机所需的额定热能。但这样的运行工况很少，如没有储热，那么聚光场在设计点的输出就是汽轮机的额定输入。

如果系统带有储热器，那么在确定了汽轮机对应的聚光场面积后，再计算储热器对应的聚光场面积。计算储热量与计算发电量不同，一般以天为单位。对于带有储热的系统，聚光场的总面积等于汽轮机对应的聚光场面积加上储热需要对应的聚光场面积。

7.2 储热材料分类

（1）储热材料的性能要求

储热装置中最重要的就是储热材料，储热材料的性能在很大程度上影响储热装置的性能，因此储热材料的性能显得尤为重要。储热材料储热一般要满足以下几点要求。

① 储热密度大。显热储热材料要求材料的比热容大，潜热储热材料要求相变潜热大，化学反应储热材料要求反应的热效应大。

② 热导率高。无论是液态还是固态的材料，都要求有较高的热导率，以便热量存入和取出。

③ 性能稳定。可以反复使用而不发生熔析和副反应，储热和放热过程简单。

④ 安全。材料要无毒、无腐蚀、不易燃、不易爆。

⑤ 低成本。成本低廉、制备方便、便宜易得，如显热储热中的水和岩石。

⑥ 体积变化率小。在冷、热状态下或固、液状态下，材料体积变化小。

⑦ 温度适当。有合适的使用温度。

（2）储热材料的分类

根据使用温度不同，储热材料可以分为中、高温储热材料和低温储热材料。中、高温储热材料的使用温度一般高于200℃，主要包括单纯盐、混合盐和金属等。常用于大规模的储热，例如太阳能热发电系统的能量储存。低温储热材料的使用温度范围低于200℃，主要包括有机物、水合盐、水、水蒸气、砂石、岩石等。低温储热材料主要用于民用取暖和建筑节能。

根据储热过程不同，储热材料分为显热储热材料、相变储热材料、化学反应储热材料和复合储热材料四大类，具体分类如图7-6所示。

显热式：陶瓷蜂窝体、储热球、沙石、水、土壤、硝酸盐、耐火砖、铸钢铸铁等

相变式：
- 固-固相变材料：多元醇、层状钙钛矿、硫氰化铵、高分子类等
- 固-液相变材料：水合盐、无机盐、金属及合金、石蜡、氢氧化物混合盐等
- 固-气相变材料：干冰
- 液-气相变材料：水蒸气

化学反应式：无机盐-H_2O、无机氢化物、氨气、碳酸化合物、金属氢化物等

复合式：
- 纤维织物：石蜡/纤维织物、有机/海泡石等
- 有机/无机类：硬脂酸/高密度聚乙烯、石蜡/混凝土、PSPPC、PCM微粒等
- 无机/无机类：无机盐/陶瓷基、水合盐/混凝土、硝酸盐/膨胀石墨等

图7-6 储热材料分类

7.3 显热储热材料

显热储热是指在不发生化学变化的前提下，储存通过加热使储热材料温度升高所需的热量。显热是一过程量，因为任何物质在吸入（放出）一定热量时都伴随温度的升高（下降），吸入或放出的热量多少可由材料温度变化反映。显热的量值取决于物质种类。

显热储热材料大部分可从自然界直接获得，价廉易得。目前，常见的显热储热材料含气态、液态、固态三态，主要有水、压力蒸汽、有机导热油、液态金属、热空气、高温熔盐、岩石、鹅卵石、土壤等。

在太阳能热发电系统中，为了适应大规模显热储热的要求，高温载体应当满足以下条件。

① 热力学条件。熔点低（不易凝固）、沸点高（性能稳定）、导热性能好（储热和放热速率快）、比热容大（减少质量）以及黏度低（易于运输、热传递损失小）。

② 化学条件。热稳定性好、相容性好、腐蚀性小、无毒、不易燃、不易爆。

③ 经济性。价格便宜，容易获得。

7.3.1 显热储热材料的性能要求

在选择储热材料的过程中，储热材料的熔点、密度、导热性、比热容、流动性是衡量储热材料的综合储热性能的关键。

（1）熔点

为了便于传输，一般要求储热材料维持在液态。材料熔点会影响储热时的最低保持温度，如果熔点较高，材料与环境的温差将较大，导致散热很大，为了保持其仍为液态，会增加保温所需的费用。

（2）密度

材料的密度越大，则在相同质量的情况下其体积越小，从而可以减少装储热材料容器的体积，减少投资。

（3）比热容

材料储热能力越强，在相同的质量下储存的热量就越多，或者是储存相同的热量时所需要的储热材料的量就相对较少，这样不仅减少了储热材料的费用，而且还减少了用来装储热材料容器的体积及其他相关费用，从而在整体上很大程度地减少了投资成本。而反应储热能力大小的特性参数就是比热容，比热容越大，则储热材料的储热能力就越大，反之越小。

（4）导热性

材料在储热时，受热面和远离受热面的温度往往不同，即存在温度梯度，不利于热量的传输，影响热量传输的效率，增加储热所需时间，影响储热的效率。因此，为了提高储热效率，一般要求储热材料具有较好的导热性。

（5）流动性

材料在储存热量和释放热量的过程中一般是不可能一直处在一个容器中的，现在普遍使用的是具有冷罐和热罐的双罐式储热材料储存装置。储热材料会随着储存热量和释放热量的过程变化，从一个罐被泵抽到另一个罐，或是单方向从一个罐抽回到另一罐（比如从冷罐抽回到热罐，而从热罐到冷罐时只是利用重力势能即可），而这时，流动性的强弱就会影响泵，不但会影响其效率、功耗，甚至会影响泵的寿命。

7.3.2 气体显热储热材料

（1）水/蒸汽

水/蒸汽作为最常见的传热工质，在限定的温度内应用广泛，可用于核电、煤电、油电以及天然气发电等几乎所有的热发电站。在太阳能工程中，对于200℃以下的工作温度，因为维持水液相所需的工作压力中等，可以采用水和乙二醇的混合物或高压水作集热工质。水/蒸汽具有热导率高、无毒、无腐蚀、易于输运等优点，温度变化范围为200～400℃。为了获得高温，通常采用增加管壁厚度的方法，而增加管壁厚度使得传热效率降低，从而导致耗能及工程造价都很大。水/蒸汽作为最常见的传热工质在太阳能热发电站有着广泛应用，例如美国的Solar One吸热器内过热蒸汽参数为512℃、10.2MPa；西班牙的PS10采用的是250℃、4MPa的饱和水蒸气作为吸热器的传热工质。

（2）空气

空气具有稳定性良好、腐蚀性小、凝固点低、自然条件下不凝固、工作温度范围大（可以高于1000℃）的优点，但是空气膨胀系数大，随着温度的升高膨胀，压力也逐渐增大。空气密度小，比热容小，使得空气系统需要额外消耗电功进行强制加压以加速强化。此外，空气换热传热系数小，所需传热面积大，导致设备庞大，成本增加。目前，空气在高温热发电中较少使用。

7.3.3 液体显热储热材料

（1）导热油

导热油一般分为矿物油和合成油。合成油作为储热传热材料时，传热介质的温度变化范围为250～400℃，当温度高于400℃，合成油容易燃烧，价格昂贵。

导热油作为工业油传热工质具有以下优点。

① 常压下，具有较高的温度上限（393℃），可以获得较高的操作温度，大大降低高温加热系统的操作压力和安全要求，提高系统和设备的可靠性。

② 具有较低的凝固点（12℃），不存在冻结问题，可以在较宽的温度范围内满足不同温度加热、冷却的工艺需求，或在同一个系统中用同一种导热油同时实现高温加热和低温冷却的工艺要求，可以降低系统和操作的复杂性。

③ 相对水系统而言，省略了水处理系统和设备，提高了系统热效率，减少了设备和管线的维护工作量，从而减少加热系统的初投资和操作费用。

④ 价格低，材料相容性好。

导热油作为工业油传热工质有以下缺点。

① 在由事故原因引起系统泄漏的情况下，导热油与明火相遇时有可能发生燃烧。

② 导热油的温度上限为393℃，限制了朗肯循环的效率提高，导致发电效率比较低。

③ 热稳定性差，导热油温度范围低于400℃，300℃以上就开始有积炭产生，增加流动阻力，在400℃以上时容易分解。

④ 不挥发，残留高，难以再生处理。

（2）熔融盐

熔融盐（又称熔盐）是熔融态的液体盐。高温熔盐热导率大，黏度小，储热量大，同时热稳定性和化学稳定性好，与金属容器相容性较好，质量传递速率高，被认为是一种较好的储热材料，可以通过冷热流体的温差进行热能的储存和释放。

在常压下是液态，不易燃烧。熔盐使用温度可达300～1000℃，工作温度与高温高压的蒸汽轮机相匹配，没有毒性，不需专门的防护措施，价格较低，有利于提高发电效率。熔盐缺陷之处是凝固点一般达130～230℃，为维持液态，必须对相关设备、管道进行保温、预热、伴热，防高温分解和腐蚀，这都会使系统成本增加，降低运行可靠程度。

混合几种熔盐组分，使其相互影响生成熔点较低的复合熔盐，是太阳能储热系统采用改变熔盐缺陷的有效方法，已为太阳能储热系统采用。

熔盐的种类很多，一般可以在550℃左右的温度下使用，但是440℃以上时必须使用耐腐蚀性容器。常见的熔盐如下。

① 碳酸盐及其混合物。材料价格低，溶解热大，腐蚀性小，密度大。根据不同混合比例就可以得到不同熔点的共晶混合物，但是碳酸盐熔点相对较高并且熔融时黏度较大，部分盐在高温下易分解。

② 氯化物。种类繁多，价格便宜，按混合比例可以制成不同熔点的混合盐，但是腐蚀性强。

③ 氟化物。熔点高，潜热大，与金属容器的相容性好，但是固液转换时，体积收缩率较大，热导率低。

④ 硝酸盐及其混合物。熔点一般在300℃左右，价格较低，熔融时腐蚀性较小，在500℃以下性能稳定。混合后可以得到更低熔点。但是熔解热较小（84～126kJ/kg），热导率低［2.94kJ/（m·h·℃）］，使用时可能产生局部过热。

熔盐的优势在于如下几点。

① 朗肯循环效率能够达到40%以上。

② 与导热油相比，熔盐价格低，环境友好。

③ 有熔盐传热储热试验系统的成功经验。

使用熔盐的困难包括以下几点。

① 需要冻堵保护、冻堵恢复。

② 高温熔盐泵及流量计设计制造。

③ 无泄漏的熔盐循环设计。

④ 管理、接头和设备材料。

⑤ 存在泵、管路、绝缘及常规维护相关的一些技术问题。

熔盐的高温稳定性是其在使用过程中的重要指标，其固态大部分为离子晶体，在高温下熔化后形成离子熔体。离子熔体具有以下性质。

① 导电性能良好。离子熔体由阳离子和阴离子组成，电导率比电解质溶液高。

② 使用温度范围大。熔盐使用温度一般在300～1000℃，且具有相对的热稳定性。

③ 蒸气压低。熔盐具有较低的蒸气压，混合熔盐蒸气压更低。

④ 比热容大。单位质量储存的热量多。

⑤ 溶解能力强。熔盐可以溶解各种不同物质。

⑥ 黏度低。

⑦ 化学性能稳定。

目前，国外太阳能热发电站应用最为广泛的商业用复合熔盐有二元熔盐太阳盐（40% KNO_3-60%$NaNO_3$）、三元熔盐 HTS（40% $NaNO_2$-7% $NaNO_3$-53% KNO_3）和 HitecXL [48% $Ca(NO_3)_2$-45% KNO_3-7% $NaNO_3$] 等。三元熔盐的凝固点相对较低，有利于减少系统停机后的保温能耗和重新启动时的加热能耗，但当温度高于540℃时，三元熔盐中由于热分解、氧化引起的亚硝酸盐组分含量降低，使得熔盐的熔点上升，易引起各种运行故障。

导热油和熔盐，该系统较典型的储热形式为采用熔盐作为储热介质的双罐式储热系统，这种储热方式被成功应用在西班牙 Andasol 电站，其储热容量为汽轮机组满发 7.5h。

在高温下材料的比热容与材料的元素组成有关。每个原子的比热容贡献为 $3R/m$（R 为热力学常数，m 为相对原子质量），元素越轻，材料的质量比热容越大。油的主要成分为 H、C，硝酸盐含 N、O，相对于其他储热材料元素轻，比热容大。显热储热要首先选用含轻元素较多的材料。液态显热材料在传热过程中存在对流，传热性能好，但盐类腐蚀性强，要注意对容器的保护。

这些熔盐的凝固温度可为 117℃（Ca-Li-KO-NO_3 共晶）、120℃（Li-Na-K-NO_3 共晶）到 238℃（太阳盐 40% KNO_3与 60% $NaNO_3$混合）等。考虑熔点密度、热导率、比热容等因素，硝酸盐具有最好的综合性能，目前正在运行的太阳能热发电工程大多采用硝酸盐系列储能材料。

（3）液态金属

液态金属具有相变潜热大、性能稳定、密度大、热导率高、整体温度分布均匀以及吸放热性能好的优点，但是其比热容小、高温时会导致局部产生过热温度、腐蚀性强、价格昂贵。另外，部分液体金属（如金属钠）在空气中不稳定，遇水很活泼，高温下易发生燃烧，通常需要在密闭的环境及保护气体环境下工作。钾和钠等液态金属具有极高的热导率和熔解热，是高温传热、储热的理想工质，但是存在价格高、热膨胀系数大、易泄漏、易燃，以及连续相变循环等问题。西班牙的 SSPS 中央吸热器系统就是采用液态金属钠作为吸热器的传热工质。液态钠吸热器的部分设计参数为：液态钠进口温度为 270℃，出口温度为 530℃，压力为 0.6MPa。

7.3.4 固体显热储热材料

当换热流体的比热容非常低时，如采用空气、固体材料作为储热材料，常以填充层的形式堆放，需要与换热流体进行热量交换。基于固体储热材料的间接储热系统的优点是：储热材料的成本非常低；由于固体储热材料与换热管道的良好接触，储热系统的换热速率很高；储热材料和换热器之间的换热梯度较低。不足之处是：换热器的成本较高，储热系统长期运行过程中可能存在不稳定性。

对于固体储热材料的选择，需要综合考虑以下因素：储热材料的成本要低，这样可以减少储热系统的总投资；储热材料的体积比热容应该尽量高，这样可以减小储热系统的体积；传热流体和储热介质之间要有良好的换热，这样可以提高系统的换热效率；储热材料必须要有良好的机械和化学稳定性，这样才能保证储热系统在经过大量的充放热循环后仍然具有完全的可逆性，使储热系统可以具有较长的使用寿命；储热材料要有良好的热导率，这样可以提高系统的动态性能；储热材料的热膨胀系数要和嵌入到储热介质中的金属换热器的热膨胀系数相匹配，这样才能保证传热流体与储热介质之间始终保持良好的换热特性。混凝土由于其低廉的材料成本、较高的体积比热容、可以接受的热导率以及稳定的机械和化学性质，是较有应用前景的固体储热材料。

固体显热储热材料主要有砂石混凝土、玄武岩混凝土、耐高温混凝土、浇注料陶瓷。

在储热材料中加入钢管造价相对比较高，无钢管的储热可以降低成本，钢管的成本约占储热总成本的45%～55%。先进充放热模式的研究需要在管路和阀门方面进行进一步投资。但是对于一种给定的尺寸和材料，储热能力可能得到大幅度的提高。模块化的充热和放热的基本理念是通过提高两个运行模式之间的温度变化来提高储热能力。一个既定容量的储热系统，通过模块化的充热和放热技术，储热能力可提升约200%。混凝土储热系统技术的不确定性和风险都在中等范围内。不过充放热模式的技术本身具有很大前景。

现已制备出高温混凝土和耐火浇注料，骨料均为铁的氧化物。高温混凝土使用的水泥为矿渣水泥，制得的混凝土密度为2750kg/m^3，在350℃时比热容为916J/(kg·K)，热导率为1W/(m·K)[1W/(m·K)=3.6kJ/(m·h·℃)]，热膨胀系数为9.3×10^6K^{-1}。浇注料使用的水泥为铝酸盐水泥，制得的材料密度为3500kg/m^3，在350℃时比热容为866J/(kg·K)，热导率为1.35W/(m·K)，热膨胀系数为11.8×10^6K^{-1}。高温混凝土相对成本低，强度高，容易成型。浇注料比热容是高温混凝土比热容的94.5%，热导率高35%，但成本也比较高。

混凝土的最高储热温度为400℃，具有储热能力强、传热性能良好、材料分布均匀、孔隙率低、强度高、成本低和操作方便的优点，适于固体显热储热系统。混凝土储热器里的金属管道和混凝土的热膨胀系数不同容易导致混凝土产生裂纹，从而降低使用寿命和换热性能，因此混凝土储热器的制造技术难度较高。此外，混凝土热导率低，必须采用高效、低成本的强化传热方法，例如掺入高热导率的石墨以提高混凝土的热导率是比较有效的手段。混凝土的主要原料是沙子和砾石，在沙漠地带几乎免费可取，因此，混凝土是沙漠地带实现全天候发电的最佳储热材料之一。

7.3.5 两种介质储热

（1）气体/固体双介质显热储热和液体-固体组合式显热储热

在太阳能空气加热器系统中，储热设备多数采用石块床，它既是储热设备，又是换热器。对石块床来说，空气和石块之间的传热速率及空气通过石块时引起的压降损失是最重要的特性参数。

石块越小，石块床和空气的换热面积就越大，因此选择小的卵石将有利于传热速率的提高。石块小，还可使石块床有较好的温度分层，从而在取热过程中可在规定温度下得到较多的热量。但石块越小，一定的主气流量通过石块床所引起的压降就越大，这意味着将消耗较大的送风功率。毫无疑问，应该尽量消除或减小石块床层中的自然对流热损失。储热时，热空气需由顶部进入石块床，使自然对流热损失减至最小。取热时，冷空气由底部进入石块床。理想的石块床储热设备不仅应有良好的温度分层，而且要使空气通过石块床时气流均匀分配，还要使空气的压降尽可能降低。

如果石块的尺寸选得恰当，可以获得较好的传热速率和均匀的气流分布，从而较易保持良好的温度分层。此时，在取热过程中，气流离开石块床时具有和石块床顶部大致相同的温度；在储热过程中，自石块床流出的气流温度也将接近于床底的温度。这对整个太阳能利用系统来说，显然是十分有利的。

在有些地区，圆卵石并不便宜。因此已有建议用压碎的石灰石来替代。

由于石块的比热容较低，石块床的容积储热能力较小，为储存一定的热量所要求的石块床体积比较大。一种新的设想是利用液体-固体组合式储热设备。这种设备由灌满了水的大量玻璃瓶堆积而成，它兼备水和圆卵石储热介质的优点。储热时，热空气通过“充水玻璃瓶床”使玻璃瓶及水的温度都升高。由于水的比热容很高，故这种设备的容积储热能力比石块床的大得多。这种新设备所显示出的传热和储热特性很适用于太阳能空气加热器采暖系统。

（2）固体/液体双介质显热储热

双介质储热系统的一个优点是成本较低，加之采用便宜的诸如岩石、沙子或混凝土固体和较为昂贵的换（储）热流体（如储热油）作为储热介质。然而双介质储热系统的压降或寄生能量损失较大，这在双介质储热系统设计中必须考虑。

作为高温显热式储热介质，无机氧化物具有一系列独特的优点：①高温时蒸气压很低；②不和其他物质发生化学反应；③便宜。但无机氧化物的比热容和热导率都比较低，使储热系统变得庞大和复杂。把储热介质制成颗粒状，以增大接触换热面积，将有助于储热、换热设备变得紧凑。

可考虑的高温显热式储热介质有花岗岩、MgO、Al_2O_3、SiO_2、Fe 等。

有人进行了利用天然石块和地层作为大容量（几千万千瓦时）、高温（250～500℃）及长期（半年）储热设备的初步研究。所提出的方案是在地面下挖一些深沟，沟中填满砾石，沟底和沟顶各埋设管道，以输送空气进行储热及取热。沟与沟之间为天然地层。计算表明，为储存 100×10^4kW·h（相当于 8.6×10^8kcal）的能量，在使储热介质升温 250℃的情况下，所需容积约为 3000m^3。在这项研究中，进行了一系列诸如温度场、热损失、输送空气所需的机械功等计算。初步计算的结果表明，加热器的尺寸、沟与沟的间距、砾石的大小和储热设备的运行方式等存在着一个适用范围。

朱教群等提出一种新型混凝土储热材料，其主要特点如下。

① 铝酸盐水泥作为胶凝材料。

② 钢渣、铜矿渣等作为粗集料，沙漠砂石料作为细集料。

③ 干硬性混凝土的制备工艺方法。

④ 低水泥用量，低拌和用水量。

主要的优点包括以下几点。

① 性能优异：a. 工作温度高，可达 1300℃；b. 采用玄武岩、钢渣、铜矿渣作为粗集料，高比热容，高热导率；c. 良好的力学性能；d. 优良的热稳定性，最为关键的是性能可控。

② 成本极低：a. 就地取材（可利用当地砂石资源）；b. 利用工业废渣，节约工业优质资源。

其主要劣势有：体积较大，存在需要换热管道的劣势；结构复杂，存在运输和施工量大的劣势。

美国 Sandia 国家实验室 James（槽式系统）的特点为：①$NaNO_3$与KNO_3熔盐与固态储热材料石英岩、硅质沙具有良好的相容性；②固体投资成本为熔盐液间接储热系统的65%（见图 7-7，图 7-8）。

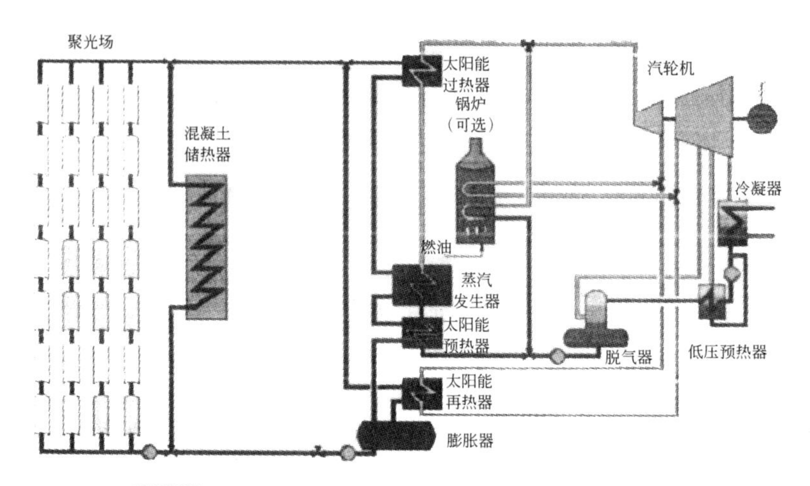

图 7-7 基于混凝土储热介质的被动型储热系统工作原理

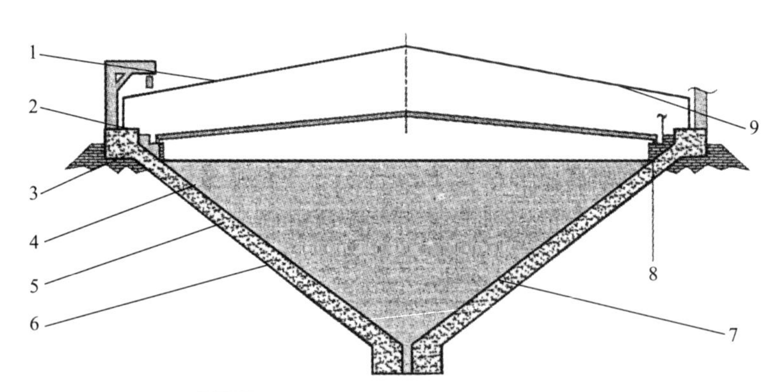

图 7-8 混凝土材质锥形熔盐液蓄热装置

1—内保温；2—密封；3—基脚；4—不锈钢内衬；5—陶瓷纤维保温层；
6—高性能混凝土基础；7—轻质浇注保温材料；8—熔融盐液位；9—拱顶

(3) 几种显热储热实例

① 以导热油为介质的储热发电　美国内华达州槽式太阳能电站于 2006 年开工，2007 年投运。电站地理坐标为 N35°47′53″、W114°58′51″，总容量为 64MW，年发电量大于 1.3 亿千瓦时。镜场面积为 $357km^2$，真空管由以色列 Solel 公司（占 30%）和德国 Schott 公司（占 70%）生产，反射镜由德国 Flabeg 公司提供。发电机组由西门子生产，采用天然气补燃用于防冻，带有 0.5h 的储热系统。镜场共四段，每段 12 个套镜架，每个镜架 3×4 面镜子。

② 以熔盐为介质的储热发电（三介质）　西班牙 Andasol 1 号和 2 号电站分别于 2008 年和 2009 年并网发电，位于西班牙南部 Granada 地区，电站容量为 50MW，系统采用间接储热（吸热采用导热油，储热采用熔盐，发电介质采用水蒸气），储热量为 7.5h 的发电量。

太阳辐射值为 2136kW·h/(m^2·a)，电站总投资约 3.1 亿欧元。传热工质为导热油，导热油入口温度为 293℃，出口温度为 393℃，单台机组管路中的导热油容量大约有 350m^3。电站年太阳能总效率约为 16%。

③ 以熔盐为介质的储热发电（两介质） 位于意大利 Sicily 的 Archimede 电站采用两种介质、一次换热的直接储热技术（吸热和储热均采用熔盐，发电介质采用水蒸气）。电站机组容量为 5MW，当地太阳直射辐射值（DNI）为 1936 kW·h/(m^2·a)，镜场面积为 30600m^2，集热真空管内的介质直接采用熔盐，真空管出口温度为 550℃，采用熔盐双罐直接储热技术，储热时间为 8h，储热罐高 6.5m，直径 13.5m，总体积 930m^3。年净发电量为 9200 万千瓦时，在 5MW 的小型机组条件下，电站效率可达 15.6%。

储热和传热工质的发展随同太阳能热发电一起经历了一个比较长的探索过程。目前在太阳能热发电系统中常用的储热和传热工质使用条件见表 7-1。

表 7-1 常用的储热和传热工质使用条件

储热和传热工质	一般温度/℃	使用压力/(×0.1MPa)
水/水蒸气	0～512	0～3.0
空气	0～1000	0～1.0
导热油	288～400	0～1.0
液态金属(钠、钾、汞等)	0(或更低)～800(或更高)	0～1.0
熔盐	300～1000	0～1.0

以熔盐为介质的两介质发电形式，是目前太阳能热发电比较先进的技术，是太阳能技术发展的必经之路。但是，最佳的太阳能热发电形式还需要继续探索。

关于导热油和熔盐也有另外一种声音，即硅氧烷导热油的其他优势，包括如下 3 点。

① 其他各类导热油可能不易燃，但有明火还会燃烧，而硅氧烷类导热油则更安全（闪点标明为 None）。硅氧骨架不会燃烧（即使燃烧，产物又是阻燃的 SiO_2）。

② 硅氧烷导热油长期工作稳定性（即经济性）较好。

③ 导热油是烃类化合物（苯环），没有急性毒性，而熔盐有急性毒性，如现流行的硝酸盐熔盐在美国和欧洲已经开始禁用。

如 SYLTHERM800 工作温度为－40～400℃，在 400℃时使用寿命超 20 年，添加量最少，无味，毒性最低，不结垢，无沉积。

硅氧烷导热油的缺点是热交换效率较低，另一缺点是无价格优势，而合成有机导热油中的 POWTHERMA（美国陶氏公司开发）产品最适合太阳能热储存，其最高工作温度达 400℃，优势是经济性好。

Zanganeh 等提出了一种应用于聚焦式太阳能热发电（CSP），以填充岩石床作为蓄热介质、空气作为高温传热流体的蓄热方案，并建立了埋设于地下的 6.5MW·h 中试规模的截头圆锥形蓄热装置，如图 7-9 所示。蓄热罐由混凝土制成，高度为 4m，其中填充 2.9m 高的当量直径为 2～3cm 的鹅卵石。蓄热时，热空气从顶部的进口管进入蓄热罐，流经填充岩石床层，最后在蓄热罐底部集中后流出；放热时的空气流向相反，冷空气从蓄热罐的底部进入，完成放热循环。

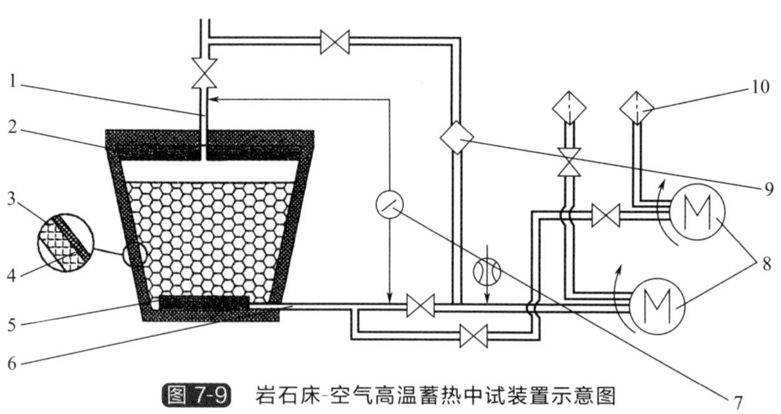

图 7-9 岩石床-空气高温蓄热中试装置示意图

1—进口管；2—泡沫玻璃；3—低密度混凝土；4—超高性能混凝土；5—金属网；6—出口管；7—流量计；8—鼓风机；9—加热系统；10—空气过滤器

7.4 相变储热材料

7.4.1 相变储热材料性能

相变储热材料的热物性主要包括相变潜热、热导率、比热容、膨胀系数、相变温度。相变潜热、热导率等直接影响材料的储热密度，吸热、放热速率等重要性能。

相变储热材料的储热密度至少高于显热储热材料一个数量级，从而减少储热容积，相比较具有显著优势。而且相变储热材料能够通过相变在温度保持恒定的条件下吸收或释放大量热能，利于实现温度控制。因此相变储热材料在太阳能热储存中前景看好。

按使用温度划分，相变储热也可以分为中、低温储热材料，如使用温度低于 100℃的水合盐、石蜡、脂肪酸等。

高温相变储热材料包括熔盐、氧化物、金属及其合金等，高温相变储热材料温度跨度范围很大，如熔盐 100～1500℃，混合盐 100～900℃，金属及合金 100～1200℃，而氧化物达 700～2800℃。同时还有液氮、液氦等超低温液-气相变储热材料。

相变储热材料的相变储热是在温度保持不变的条件下，单位质量物质在从一个相转变为另一相的过程中吸入或放出的热量，是一状态量。在相变过程中物质在仅吸入或放出热量时不致引起温度的升高或降低，这种热量对温度变化只起潜在作用，故又称潜热。相变过程不仅因物质种类不同而异，也与温度、压力密切相关。

材料在发生相变同时伴随着热效应，采用热效应强、相变温度适当、符合工况要求、稳定性好，不发生离析、分解及其他变化，安全性高（无毒、无腐蚀、不易燃易爆）、成本低的材料作为相变储热材料，相变材料储热密度高。现阶段研究主要集中在固液相变材料，因为固液相变在很窄的温度范围内可吸收或放出大量的热量，而且体积变化小，蒸气压低、过冷度很小。现阶段主要研究的材料有石蜡、硝酸盐、金属等。

对于潜热占比较大的系统，例如直接蒸汽发生系统，相变材料储热并不局限于固态-液态的转变，也可以采用“固态-固态”或“液态-气态”的转变。但和其他相变形式比较而言，实际上“固态-液态”的转变有一定的优点。目前正在研究的两种理论方法：相变材料成囊技术和将相变材料嵌入由其他高导热性的固体材料组成的矩阵中的技术。第一种方法是基于减少相变材料内部的距离考虑的，第二种则是通过其他材料提高热传导。相变材料储热技术目前处在研发的初期阶段，许多建议的系统都还只是理论或实验室规模的工作。因此很难预测成本。

7.4.2 几类相变储热材料

储热材料的研究工作开始于20世纪70年代，最早是以建筑和工业节能为目的，从太阳能和风能的利用及废热回收，经过不断地发展，逐渐扩展到化工领域。其中储热材料的理论研究工作，尤其对储热材料的组成、储热容量随热循环变化情况、相变寿命等进行了详细的理论研究。随着储热材料的发展，目前，逐步从固-液相变储热材料发展到固-固相变储热材料、光储热材料、功能热流体等其他材料。

（1）光储热材料

一些有机金属化合物，它们的固-固转变是可逆的，潜热较高，在0～120℃的温度范围内可供选择的转变温度范围较宽，具有夹层状晶体结构，交换层是无机的薄层和有机区（厚的碳氢区）。光储热材料主要以储热纤维为主，日本在这方面的研究工作比较突出。如储热纤维材料，就是当前较为热门的功能纤维。随储热材料在国外的研究种类增多，实际应用的领域也逐渐扩大。

（2）功能热流体

储热技术另一个引人关注的应用领域是相变微胶囊技术。微胶囊是用成膜材料包覆固体或液体形成微小粒子的技术，由于形成微胶囊后物质有着许多独特的性能，已经得到了广泛的实际应用，并展现出了良好的发展前景。相变微胶囊是用不同方法特制的相变材料微粒悬浮在单相传热流体中而构成的一种固液多相流体。该类多相混合物具有很大的表观比热容，且由于相变微粒对流体流动和传热的影响，可明显增大传热流体与管道壁面间的传热能力，是一种集增大热传输能力和强化传热功能于一身的新颖材料。

此外，还可采用纳米技术与复合相变储热材料结合。由于纳米粒子具有许多特殊的性能，比如化学活性和催化能力的提高、光吸收和微波吸收性能的增强等，这些都为纳米材料在各个领域包括化工企业中的应用奠定了基础。随着纳米技术的发展，将纳米技术与复合相变储热材料结合，制备新型、高效的纳米复合材料、相变储热材料，对提高我国能源利用效率、保护环境具有十分重要的现实意义。

（3）复合储热材料

理想的储热材料应满足这样一些条件：储热密度大，传热性能良好，体积变化小，不存在过冷的问题；化学性质稳定，安全又经济；从自然界获得或者人工开发。

储热材料复合的目的在于充分利用各类储热材料的优点，克服自身的不足。比如，采用一定的复合工艺，与合适的基体材料复合，生成的复合材料同时具有水的相变潜热大和固体材料的化学性质稳定、传热简单的优点，强化放热过程的传热，并解决储热材料液相的泄漏和腐蚀问题。在制冷空调领域，通过与储热材料复合，可以增强建筑物的温度调节能力，达到节能和舒适的目的。在聚合过程中，将相变材料裹入聚合物的空间网络里，相变材料受界面张力和化学键的作用而保留在聚合物中间，在储放热的循环带液相不泄漏。用这种方法制成的水/聚丙烯酰胺系统可以用在直接接触式储热系统中。

使用水合无机盐与陶瓷复合做储热材料，采用直接接触换热方式，不需要换热器，能减少储热材料用量和缩小容器尺寸，因而可以较大幅度地提高储热系统的经济性。其中的相变材料可以看作是陶瓷微细孔隙中的胶囊结构，因表面张力和毛细管吸附力作用，熔化的液态盐不会渗漏。此时的储热量包括相变材料的相变潜热与混合材料的显热，属混合型储热方式。

7.4.3 无机盐相变材料

无机盐主要是利用固体状态下不同种晶型的变化而进行吸热和放热的，大多数无机盐固-液相变时，具有相变潜热大、相变温度较高的优点，因此可以应用于高温储热。

(1) 氟化物类

氟化物是非含水盐，主要为某些碱及碱土金属氟化物、某些其他金属的难熔氟化物等，熔点高，熔融潜热大，属高温型储热材料。为调整其相变温度及储热量，氟化物作为储热剂时多为几种氟化物配合形成的低共熔物，它可用于回收工厂高温余热等。

(2) 氯化物类

氯化物种类繁多，包括金属氯化物、某些其他稀有金属的氯化物等，主要有 KCl、NaCl、$MgCl_2$、$FeCl_3$ 和 $CoCl_2$ 等，价格便宜，熔点很高，一般在 700℃以上，熔融潜热大，但是腐蚀性强，属高温型储热材料。

(3) 硝酸盐类

主要有 $NaNO_3$、KNO_3、$LiNO_3$ 等，储热量大，相变温度一般在 300℃左右，优点是价格低、腐蚀性小，及在 500℃以下不会分解，缺点是熔解热较小、热导率低，因此在使用时容易产生局部过热，属于中高温型储热材料。

(4) 碳酸盐类

主要为碳酸碱金属盐类，如 K_2CO_3、Na_2CO_3 等，具有储热量大、腐蚀性小、密度大、相变温度很高（一般在 800℃以上)、价格便宜等优点。但是碳酸盐的熔点较高，而且液态碳酸盐的黏度大，部分碳酸盐容易分解，从而限制了碳酸盐的广泛应用。

(5) 金属氧化物类

Na_2O、V_2O_5、B_2O_3等，相变温度分布广泛，且储热量大，可根据高温储热系统应用场合选择使用。

作为高温应用的相变储热，可通过将不同的盐进行配比得到 100～890℃的温度范围内使用的混合盐。与单纯盐相比，混合盐具有熔融时体积变化小、传热好等优点。与其他类相变材料相比，混合盐具有融熔温度可调节的优点。许多熔盐混合物都适合用于储热。例如 NaCl-NaBr 混合物对钢的腐蚀性不大；$CaCl_2$-NaCl 混合物的熔点较低，并有几种防腐剂可以防止腐蚀，使装置能运行几千小时以上；Na_2O-NaF 的熔点较低，腐蚀性也较小；NaF 虽然价格较高，但是在混合盐内加入少量 NaF 作为添加剂就可降低腐蚀性。熔盐混合物具有较好的应用前景，但是需要克服熔盐黏度高、热导率低、高温下腐蚀性增大及固相与液相分层等问题。

各种盐混合后熔点会降低，调整盐的种类、混合比例可形成一系列熔点不同的材料。国外设计了一种分层相变储热系统，用 $NaNO_3$、KNO_3/KCl 混合盐、KNO_3、KOH、$MgCl_2/KCl$（NaCl）混合盐分别组成 5 种熔点不同的材料，按熔点从低到高依次堆叠，如图 7-10 所示。在相变材料中插入金属片，以提高材料的热导率。储热过程中，热交换介质从顶部流向底部，从热端流向冷端，放热过程方向相反。此系统在储热和放热过程中，出口温度和进口温度可长时间保持稳定。在传热介质流过储热系统时，由于各储热段温度不同，传热温差小，热能的利用率高。

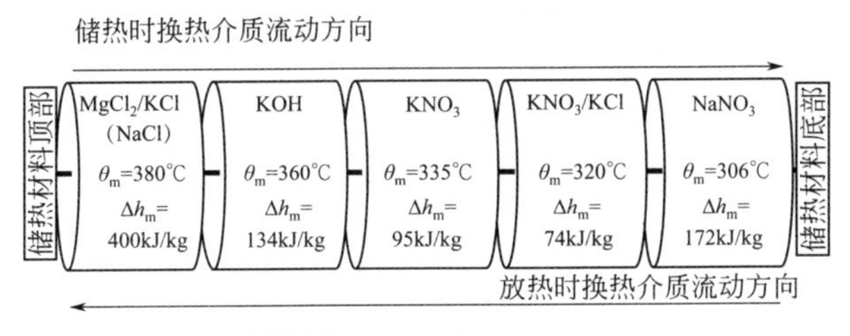

图 7-10 叠层相变储热系统

此储热系统应用到槽式热发电系统中还需解决两个问题：一方面是需要找到更合适的储热材料，应具有较高的熔化焓和较小的腐蚀性；另一方面，热导率还需进一步提高，预计要达到 2W/(m·K) 以上。

传热流体在材料内部的传输通道向上流动，然后在通道表面进行冷凝，其中所携带的潜热通过壁面以热传导方式传递给相变材料，而由于热管具有传热速率快、热流密度大等一系列优点，将冷凝后的传热流体结合应用到蓄热领域，引起了学者的关注。如图 7-11 所示，Shabgard 等将热管束插入到传热流体和相变材料之间，并根据传热流体在管内流动或者管外扰流而设计了两种具体的蓄热结构。研究结果表明，增设热管后提高了蓄热系统的性能，可应用于太阳能热发电等方面的中高温蓄热场合。

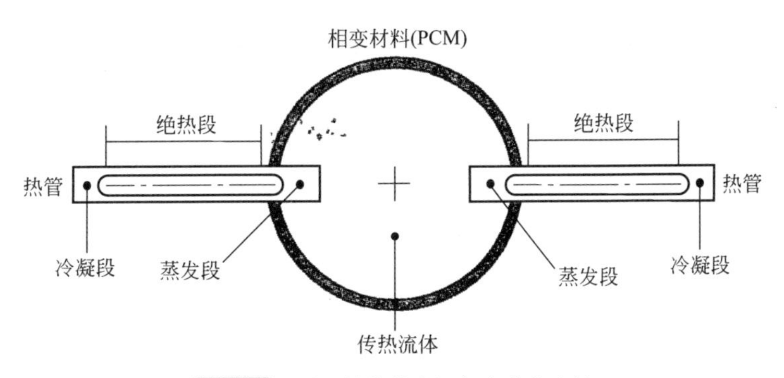

图 7-11 利用热管的高温相变蓄热方法

Adinberg 等提出一种回流传热蓄热（regreflux heat transfer storage）方法，利用高传导的中间流体进行蓄热，如图 7-12 所示。该方法基于中间传热流体中发生的回流蒸发-冷凝现象，整个蓄热系统主要包括相变材料蓄热单元以及安置在相变材料外部的蓄热换热器和放热换热器，其中蓄热换热器浸没在液态中间传热流体中。在蓄热过程中，液态传热流体蒸发吸收热量，产生的蒸气通过分布在相变材料内部的传输通道向上流动，然后在通道表面上进行冷凝，其中所携带的潜热通过壁面以热传导方式传递给相变材料，冷凝后的传热流体再在重力作用下流回液体池。在放热过程中，高温的相变材料促使液态传热流体蒸发，蒸气在流

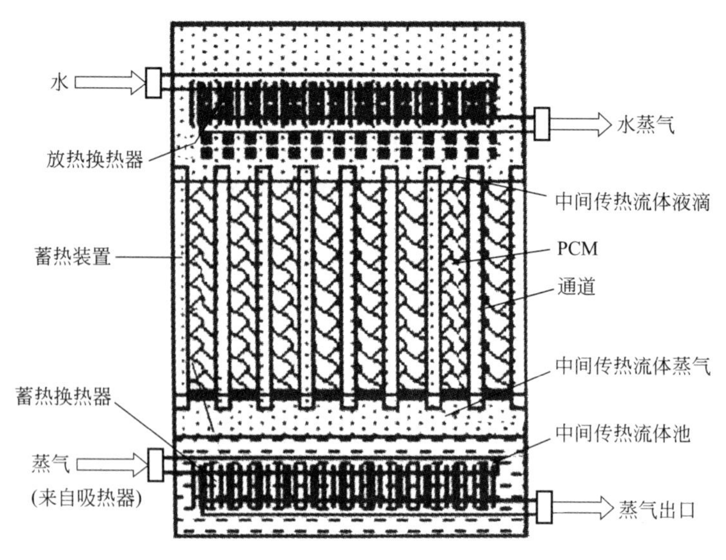

图 7-12 回流传热蓄热方法原理示意

经蓄热单元顶部的放热换热器时再将热量传递给工作流体。Adinberg 还建立实验装置对该蓄热方法的可行性和效果进行了验证，采用 NaCl 作为相变材料、金属钠作为中间传热介质，可以达到 800℃的蓄热温度。同时，实验研究了锌锡合金作为相变材料、联苯-苯醚共晶混合物作为传热流体的蓄热性能，可在 350～400℃的温度范围内产生高温过热蒸气。

7.4.4 金属与合金相变储热材料

金属与合金作为相变储热材料，具有相变潜热大、储热温度高、热稳定性好、热导率大（是其他相变储热材料的几十倍或几百倍）、相变时过冷度小、相偏析小、性价比良好等特点。例如，高温相变储热材料 Al-Si 合金的一些热物性参数为：熔点为 852K，熔融潜热为 515kJ/kg，固相比热容为 1.49kJ/(kg・K)，液相热导率为 70W/(m・K)，固相热导率为 180W/(m・K)，固相密度为 2250kg/m^3（Si 的质量分数不同，数值将不同）。因此，金属与合金能实现快速的储热与放热，且相应的储热设备的体积也小。

可用于储热的金属与合金必须毒性低、价廉。可用做相变储热材料的金属有 Al、Cu、Mg、Si、Zn 等，它们的相变温度一般介于 600～1900K。Al 因其熔化热大、导热性高、蒸气压低，是一种很好的储热材料。此外，Mg-Zn、Al-Mg、Al-Cu、Mg-Cu 等二元合金和 Al-Si-Mg、Al-Si-Cu 等三元合金的熔化热十分高，也可作为储热材料。但金属相变材料在相变过程中有液相产生，具有一定的流动性，因此必须有容器盛装。容器材料对金属相变材料来说必须是惰性的，且容器必须密封，以防泄漏影响环境，造成对人员的伤害。这一缺点很大程度上束缚了金属在实际中的应用。特别是像铝合金这样的材料，几乎所有金属都耐不住 700～900℃熔融铝合金溶液的腐蚀。在工作温度低于 620℃的情况下，铝合金与 Cu、Mg、Zn 及 Sn 等金属形成熔点较低的共晶体系。实验表明，5mm 厚的铜板在 620℃ Al-Si 合金液中仅几个小时即被熔穿。因此，选用储热容器材料不能含有以上几种元素。其他类型的金属及其合金也存在高温腐蚀严重的问题。

广东工业大学张仁元开发了 Al-34%Mg-6%Zn 合金，相变温度为 450℃。这种材料热稳定性好，经过 1000 次储热循环，相变温度降低了 3℃，相变焓降低了 10%，用不锈钢作容器，对容器的腐蚀也比较小。经过 1000 次循环，质量损失为 7.2158mg/cm^2，腐蚀速度为 0.0829mg/d，能达到耐久性的要求。

广东工业大学李风介绍了 Al-Si 储热合金在太阳能热发电中的应用。

太阳能热发电系统现状为：太阳能热发电电站采取的都是接收器、储热器和蒸汽发生器相互独立的系统。其中集热和储热要使用相应的热流体和储热介质。

当今研究热点有：降低熔盐等显热储热材料的凝固点和提高其在高温状态下保持稳定性的温度；研究高温、高储热密度的相变储热材料和技术在太阳能热发电系统中的应用。

Al-Si 合金作为相变储热材料是潜热储能的优良材料。相变温度为 578℃，潜热为 510kJ/kg（相当于 250MJ/m^3），热导率为 180W/(m·K)，性价比为 28kJ/元，长期性能稳定，过冷度小于 5℃。

使用金属材料作为相变储热介质的集集热、储热与蒸汽锅炉为一体的储热锅炉，是针对塔式太阳能热发电系统开发的，对现有的太阳能发电，尤其是塔式太阳能热发电技术可以起到很大的提升作用。

硅含量为 10%～24%的 Al-Si 合金的储热性能优越：其相变温度和潜热较高，成分和结构的变化对其影响很小，在反复熔化/凝固热循环过程中氧化的影响很小，相变潜热的降幅较小，而相变温度和过冷度基本保持不变。

相变储热材料除金属外热导率一般比较低，如硝酸盐类热导率一般低于 0.5W/(m·K)，这样储、放热需要时间更长，或在储、放热时需要更大的温差。设计高效实用的高温潜热储能系统非常困难，这是因为相变材料的热导率对储热器的面积和性能有很大影响，尤其是在凝固过程中主要传热方式是热传导。为了设计高效的高温潜热储热系统，有必要采取强化传热措施，以弥补低热导率所引起的传热热阻大的缺点。

美国赫尼韦尔（Honeywell）公司选择 $NaNO_3$-NaOH 和 NaCl-$NaNO_3$-Na_2SO_4 作为重点研究对象。前者在 400℃以下具有很好的热稳定性，后者在 450℃以下显示出良好的热稳定性。

相变过程中的传热现象很复杂，由于非线性关系，较难得到分析解，通常采用的是用数值方法求解。在研究相变传热问题时，下述因素目前还很难确定：①液相介质与容器壁之间的热阻；②固相介质与容器壁之间的热阻；③为适应相变时容积变化所需预留的空间大小（如果容积收缩很大，在传热面上形成的空隙将对传热速率的减小产生非常大的影响）等。因此，实验研究就显得更为重要。由于发展太阳能热电站的推动，高温应用的潜热式储热研究已经成为一项热门的课题。

7.5 太阳能化学反应储存

7.5.1 太阳能化学反应储存概述

在目前的太阳能储存中，技术最成熟、用得最多的是显热储存。相变潜热储能也是当今世界上流行的研究趋势，其储能密度约比显热高一个数量级，而且能以恒定的温度供热，但它的储热介质大多具有热扩散系数小、放热和储热速率低、不能连续溶解、经不起反复循环使用、易老化等缺点。

相比之下，化学反应储存太阳能有下述明显的优点。

① 储能密度高，比潜热储能大一个数量级左右。在储能密度上，化学储能明显优于其他储能方式。

② 正、逆反应可以在高温（500～1000℃）下进行，从而可得到高品质的能量，满足特定的要求。

③ 可以通过催化剂或将产物分离等方式，在常温下长期储存分解物。这一特性减少了抗腐蚀性及保温方面的投资，易于长距离运输，特别是对液体或气体，甚至可用管道输送。化学反应储热能量损失低，工作温度高，不需要隔热措施，在可变温度下有交换特性。

利用化学反应储存太阳能，其基本思想是为分解反应（吸热）提供能量，然后将分解物储存起来，等需用热时再发生结合反应（放热），以得到热量。可以作为化学储能的热分解反应很多，但要便于应用，则要满足一些条件，如反应可逆性好、无副反应、反应十分迅速，反应生成物易于分离且能稳定储存，反应物和生成物无毒、无腐蚀性且无可燃性等。当然，要完全满足这些条件是困难的。目前，研究得较多或正在研究的热分解反应有 SO_3 的热分解反应、NH_3 的分解反应、无机氢氧化物的热分解、烃类化合物的分解、硫酸盐的分解、CS_2 的分解、有机物的氢化和脱氢反应、铵盐的热分解、氨化物和过氧化物的分解、金属氢化物的分解。

1988 年美国太阳能研究中心就提出：化学反应储热是一种非常有潜力的太阳能高温储热方式，而且成本又可达到相对较低的水平。在 CaO 和 H_2O 小规模储热试验中，在大气压下脱水反应温度仍高于 500℃，化学反应储热系统约束条件苛刻，价格偏贵，但认为氢氧化物和氧化物之间的热化学反应将是化学储热的潜在对象。澳大利亚国立大学提出一种储存太阳能的方式，叫做“氨闭合回路热化学过程”，在这个系统里，氮吸收太阳能热分解成氢与氮，储存太阳能，然后在一定条件下进行放热反应，重新生成氨并释放热量，有更多、更好的用途。比如最近显示出美好前景的化学热管、化学热泵、化学热机、电化学热机、热化学燃料电池和光化学热管等。在利用化学反应储存太阳能方面也存在一些难题，比如技术复杂、有一定的安全性要求、一次性投资大以及目前在整体效率上还比较低等，因而尚需解决如下问题。

① 化学问题：反应种类的选择、反应的可逆性、附带的反应控制、反应速率、催化剂寿命。

② 化学工程问题：运行循环的描述、最佳循环效率。

③ 热输运问题：反应器、热交换器的设计，催化反应器的设计，各种化学床体的特性，气体、固体等介质的导热性。

④ 材料问题：腐蚀性、混杂物的影响、非昂贵材料的消耗。

⑤ 系统分析问题：技术和经济分析、投资/收益研究、负载要求等。

利用化学反应储存太阳能是一门崭新的科学，目前各国科学家正对它开展研究。

在化学反应蓄热方面，目前典型的太阳能热化学反应器是体积式反应器，这类反应器工作时一般置于聚焦太阳光焦面处，聚焦太阳光直接照射到催化剂上为化学反应提供能量，从而将太阳能转化为化学能。由于太阳能辐射强度时段性变化，反应器内化学反应与太阳能辐射强度变化相耦合，反应温度和速度等参数不稳定，影响化学反应和储能效率。为了克服现有技术的缺点和不足，中山大学丁静、杨建平等提出了一种太阳能热化学混合储能装置和方法，主要包括装置本体、反应系统、蓄热系统和输入输出系统，如图 7-13 所示。其中蓄热系统设置在装置本体内，包括蓄热腔和蓄热介质，蓄热腔为装置本体与反应系统之间的空腔，中间填充有蓄热介质。蓄热介质可以为显热蓄热介质或相变蓄热介质。

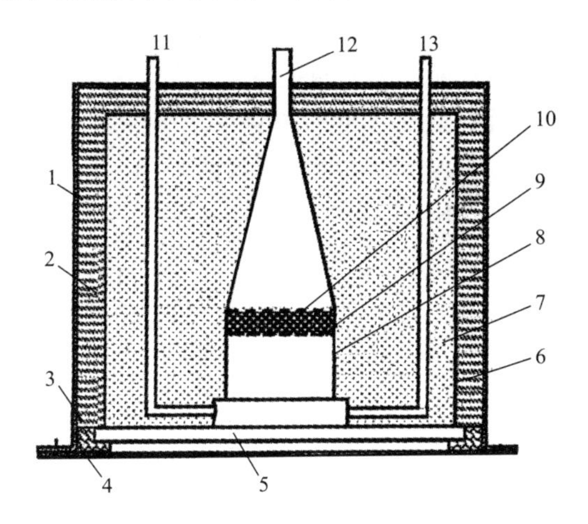

图 7-13 太阳能热化学混合储能装置

1—壳体；2—保温层；3—耐高温密封圈；4—法兰；5—石英窗口；6—蓄热腔；7—蓄热介质；8—反应腔；9—过滤网；10—催化剂层；11—输入气体通道一；12—反应产物输出通道；13—输入气体通道二

7.5.2 几类具有潜力的化学储热反应

（1）氢氧化物分解反应

氢氧化物分解温度较高，因而可储存高温热能，吸热反应的产物能在室温下长期保存，需要取用时，只需加水便能逆向反应，放出热量。

$Ca(OH)_2$作为化学储能材料，储能密度大，安全无毒，价格低廉。在标准大气压下，$Ca(OH)_2$的吸热反应为

$$Ca(OH)_2+63.6kJ/mol \rightleftharpoons CaO+H_2O \tag{7-2}$$

$Ca(OH)_2$的分解温度为 520℃，因而可储存高温热能，而吸热反应的产物 CaO 为固体，能在室温下长期保存，当需要使用热能时，只需加水便能实现逆向反应，释放热量。

有研究表明，在反应中加入某些催化剂如铝、锌粉，在 1 个大气压下就能使 $Ca(OH)_2$ 在 450℃下具有很好的分解速率。在 $Ca(OH)_2$中加水和铝粉添加剂，进行放热反应后的生成物为 $Ca_3Al_2(OH)_{12}$，脱水温度约为 300℃，但其储能密度比 $Ca(OH)_2$下降了 1/2。

（2）氨基热化学储能

选择氨基储能体系主要基于以下几点考虑。

① 反应的可逆性好，无副反应，而且氨基热化学储能系统操作过程及很多部件的设计准则可采用现有的氨合成工业规范。

② 反应物为流体，便于运输。

③ 没有腐蚀性。

氨基热化学储能的基本原理是可逆热化学反应，通过热能与化学能转换进行太阳能的转换-储存-传输-热再生过程。

$$NH_3+66.5kJ/mol \rightleftharpoons \frac{1}{2}N_2+\frac{3}{2}H_2 \tag{7-3}$$

（3）硫酸氢铵循环反应

基于硫酸氢铵（NH_4HSO_4）循环的反应可以用化学方法同时储存电能和热能。循环包括两步吸热分解和一步放热化合3个反应。

$$NH_4HSO_4+M_2SO_4+热\longrightarrow M_2S_2O_7+H_2O+NH_3 \tag{7-4}$$

$$M_2S_2O_7+热\longrightarrow M_2SO_4+SO_3 \tag{7-5}$$

$$H_2O+NH_3+SO_3\longrightarrow NH_4HSO_4+热 \tag{7-6}$$

式中，M表示金属，如Na、K。在第一阶段热分解反应中，硫酸氢铵和金属硫酸盐反应得到水、氨和焦硫酸盐，焦硫酸盐受热分解，得到硫酸盐和三氧化硫。这两步反应吸收太阳能。第三步反应是储有高能的反应产物三氧化硫、水、氨进行逆向反应，回到硫酸氢铵，放出热量。

（4）天然气的热化学重整

天然气的热化学重整是使低链烃如CH_4与H_2O或CO_2发生反应，重整后的产物主要是CO和H_2的混合物，CH_4重整反应是化学工业中很普遍的一个化学反应，CH_4与H_2O或CO_2重整是一个强烈的吸热反应，是升高烃类化合物热值的基础反应。体系的平衡组成计算表明，在101325Pa（1atm）下，CH_4在1000K的平衡转化率超过90%，因此CH_4与H_2O或CO_2的重整是将太阳高温热能转化为化学燃料的理想过程。实际上，世界各国已经对该转化过程进行了长达20多年的研究。如果重整过程的热量在有催化剂存在的条件下由太阳高温热来提供，则该过程将使CH_4的热值提高28%。经太阳热化学提升热值后的合成气可以储存用来发电。和传统的通过CH_4部分氧化供热的重整过程相比，太阳热过程将减少20%的CO_2排放量。太阳热合成气还可以随时转化为便于运输的液体燃料，如CH_3OH等。合成气或CH_3OH的未来潜在应用领域在于作为燃料供给高能量转换效率的燃料电池使用。

在过去的几十年中，人们更多的是研究CH_4的CO_2重整反应，这主要是因为它与化学热管道输送有关。通过化学热管道可以将太阳能从资源丰富的地方传输到能量贫乏的偏远地方，该方法首先通过一个吸热的化学反应将太阳能储存起来，然后将高热值的CO和H_2经管道运送到需要能量的地方，再通过放热反应释放储存的化学能，产生的CH_4和CO_2再送回太阳能反应器继续完成能量循环，整个能量转化和利用过程实际上利用了可逆化学反应的吸热和放热过程。而CO和H_2在运输中作为能量的载体存在。

以色列魏茨曼科学院摩西·莱维教授的储能科研组已经按此方式发展远距离输送太阳能技术。他们在一座高54m、内装甲烷气体的高塔，将由电脑控制的64面巨型发射镜聚集的阳光照射到塔顶，可收集3000kW的太阳能，将塔中CH_4和H_2O加热到900℃实现CH_4和H_2O转化为H_2和CO的反应。这种合成气体所含能量比原CH_4提高30%左右，然后通过管道远距离输送到发电厂。在发电厂又通过还原储存器使合成气体重新还原为CH_4和H_2O，再将CH_4分离出来，而H_2O成为800℃的高温蒸汽，用以推动汽轮机带动电机发电。CH_4可作为中间介质返回太阳塔，再次用于制取合成气，如此不断循环，形成一个不向大气排放任何气体，也不使用任何矿物燃料的封闭环状发电系统，系统唯一消耗的原料是水。摩西教授的研究，开拓了一种新的太阳能热发电模式，使太阳能热的聚集与发电可以分距在两个各自适宜的地点，这可能具有重大意义。

但是由于太阳能甲烷重组需要高温，对重整器要求很高，同时需要庞大的定日镜场，不利于工程应用。为此人们又提出了中温太阳能裂解甲醇的动力系统，系统中太阳能化学反应装置是通过低聚光比的槽式抛物面聚光器，聚集中温太阳能与烃类燃料热解的热化学反应相结合，将中低温太阳能提升为高品位的燃料化学能，从而实现了低品位太阳能的高效能量转换与储存。

（5）氨化学太阳能储热系统

澳大利亚大学太阳热能学会设计了氨化学太阳能储热结构，如图 7-14 所示。此系统用于碟式热发电系统，每碟面积为 $20m^2$，集热器由 20 根装有催化剂的管道的空腔组成，正常工作时管内温度为 750℃，压力为 20MPa，氨容器内反应平衡时温度为 593℃，压力为 15MPa，热还原装置和集热器结构相似，由 19 根装有催化剂的管道组成，完成氨的合成和热量释放，据分析热量还原效率达到 57%。氨的合成有 100 多年的历史，技术比较成熟，合成与分解过程没有副反应发生，这样反应就比较容易控制。发生吸热反应的温度与集热器温度相当，适合热能的吸收。在氨的合成条件下氨气饱和，绝大部分氨以液态形式存在，储存方便。在澳大利亚中部光照条件下，采用单碟面积为 $400m^2$ 的集热技术，用氨化学反应储热系统，投资 1.8 亿澳元，可建成 24h 负荷为 10MW 太阳能电站，这时电价就可能低于 0.15 澳元/(kW·h)。

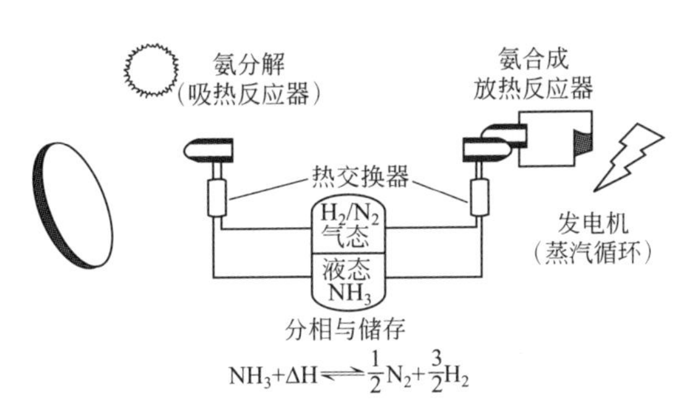

图 7-14 氨化学太阳能储热结构

太阳能热发电各种聚热方式工作温度不同，储热方式多样，所以现阶段研究储热材料的种类很多，如浇注料、混凝土储热、矿物油、液态硝酸盐储热、叠层硝酸盐相变储热、金属相变储热、氨热反应储热等。太阳能热发电技术同其他太阳能利用技术一样，也在不断完善和发展。

7.6 太阳能热制氢

7.6.1 太阳能热制氢的意义

图 7-15 火海

1977 年 11 月 19 日上午，印度南部的安得拉邦马德拉斯海港水域的上空刮过一阵凶猛的大风。大风过后，数千米的海面上突然燃起了通天大火。引起大火的原因是那阵以每小时 200km 疾驰的大风与海水发生猛烈摩擦，产生了很高的热量，将水中的氢原子和氧原子分离，并通过大风里电荷的作用，使氢离子发生爆炸，从而形成了“火海”，见图 7-15。

据科学家估算，这场“火海”所释放出的能量，相当于 200 颗氢弹爆炸时所产生的全部能量。氢气不仅可以燃烧，而且燃烧时产生的热量很高。氢气在空气中燃烧，可达到1000℃的高温；氢气在氧气中燃烧，可达到2800℃的高温。

若将氢气冷却至－240℃以下，再经过加压，氢就变成一种无色的液体——液态氢。这是火箭、火车、飞机、轮船、汽车等的极佳燃料。例如汽车用它作燃料，行驶110km只需消耗5000g氢气。

近几年来，随着质子交换膜氢燃料电池技术获得前所未有的进展，氢燃料电池被视为最具潜力的环保汽车动力源，逐步走向商品化。氢燃料电池利用氢和氧（或空气）直接经电化学反应产生电能。氢也可以直接燃烧放热。氢的热值（142000kJ/kg）是石油热值48000kJ/kg）的3倍。而且，氢的燃烧产物主要是水，具有无污染、无毒害的环保优势，是矿物燃料无法比拟的。科学研究表明，在石油中加入5%的氢，可提高燃烧效率20%，并减少90%的致癌物。若用管道传送氢气到五六百公里外，要比电线输送同等能量的电力便宜90%。科学家预测，氢将会成为未来化石能源的主要替代能源之一。

传统的制氢方法需要消耗巨大的常规能源，使氢能身价太高，成为典型的“贵族能”，大大限制了氢能的推广应用，结果得不偿失，没有推广价值。于是科学家们很快想到利用取之不尽的太阳能作为氢能形成过程中的一次能源，使氢能开发展现出更加广阔的前景。科学家称这种仅用阳光和水产生氢和氧的方式为人类的理想技术之一。进入21世纪，全世界氢产量以每年6%～7%的速度递增。太阳能热-制氢-发电也可归为一种最重要的太阳能热化学储存。

由于氢能具备电能和热能所缺乏的可储存性，使得氢成为最好的可再生能源的二次载体，从某种角度上说，可以认为发展氢能是发展可再生能源的先决条件。氢作为一种高效、清洁、无碳能源已受世界各国的普遍关注。

使用太阳能制氢，使其转化为稳定的清洁能源储存下来，解决了太阳能的不稳定性问题。这样太阳能-氢能系统，两种无污染的可再生能源的强强联合，将给未来的能源利用和生态环境的可持续发展带来巨大的好处。

在传统的制氢方法中，化石燃料制取的氢占全球的90%以上。化石燃料制氢主要以蒸汽转化和变压吸附相结合的方法制取高纯度的氢。利用电能电解水制氢也占有一定的比例。太阳能制氢是近30～40年才发展起来的。到目前为止，对太阳能制氢的方法研究主要集中在如下几种方法：直接加热法、热化学循环法、光催化法以及光电化学分解法。

7.6.2 直接加热法制氢

如果把水加热到3000K或者以上，氢和氧就开始分解，水的分解反应为

$$H_2O+热\longrightarrow \eta_1 H_2O+\eta_2 H_2+\eta_3 O_2 \tag{7-7}$$

各种物质均为气态，η_1、η_2、η_3是摩尔分数。

氢的分解所需要的能量可从太阳能热得到，为此，可以利用聚光收集器。所谓能量聚光比定义是聚焦起来的小面积内的热流密度与实际接收的热流密度之比。它基本上决定了该面积（焦斑）内可能达到的温度。

现有的氢分解装置，其高温从太阳炉中获得，为取得2500K以上的温度，高温聚光比的最小值为10000。

从概念上讲，太阳能直接热分解水制氢是最简单的方法，即利用太阳能聚光器收集

太阳能直接加热水，使其达到2500K以上的温度从而分解为氢气和氧气的过程（在2500K时，有25%的水分解；而到2800K时，有55%的水分解）。这种方法的主要问题是：①高温下氢气和氧气的分离；②高温太阳能反应器的材料问题。温度越高，水的分解效率越高，到大约4700K时，水分解反应的吉布斯函数便接近零。但是，与此同时，上述的2个问题也越来越难以解决。正是由于这个原因，这种方法在1971年提出来以后发展比较缓慢。

随着聚光技术和膜科学技术的发展，这种方法又重新激起了科学家的研究热情。其中以色列魏茨曼研究所 Abraham Kogan 教授领导的研究小组最为著名。从理论和试验上对HSTWS（太阳能热直接分解水制氢技术）可行性进行了论证，并对如何提高高温反应器的制氢效率和开发更为稳定的多孔陶瓷膜反应器进行了研究。

由于只有聚光度达到10000以上时，才能产生2500K的高温，而普通的聚光装置的聚光度只能达到数千，故在该研究中使用了二次聚光系统。

测试表明，反应器壁温度达到1920K时，开始出现氢气，但由于存在ZrO_2在操作过程中的烧结问题，故产量会随时间推移而逐渐下降。

等离子技术也是热解水制氢的候选技术之一。这主要是由于常压条件时热解水的最佳温度为3400～3500K，一般的加热方式难以达到这么高的温度，而使用等离子喷枪则很容易做到。

7.6.3 热化学法制氢

直接加热法制氢的一个缺点是需要很高温度。这一困难使得许多科学家去探索分解水的热化学反应。在这种方法里，当加热时，水首先同一种或几种化学元素或化合物反应，导致水中的氢元素或氧元素与其他化合物（一种或几种）结合，从而释放出氢气或氧气。然后在一次或多次化学反应里，第一次反应生成的新化合物在其他中间化学物质和热量的辅助作用下，还原为它原来的成分，放出氢和氧。为了分离这些化学生成物还需要做某些功。因此，输入的仅仅是热量、水和功，而输出的则是氢、氧和低温热量，中间化学元素或化合物被再生并再循环。

全部热化学制氢循环需要两步或几步的化学反应，循环的反应步骤在3～5之间，所需最高反应温度为600～1673K，热效率为17.5%～75.5%。

对于热化学过程来说，需要考虑的一个重要问题是反应物和化学生成物的回收。据估计，如果要使热化学过程有生命力，每个循环回收率必须达到99.9%甚至于99.99%。

太阳能热化学制氢是率先实现工业化大生产的比较成熟的太阳能制氢技术之一。它的优点是生产量大，成本较低，许多副产品也是有用的工业原料。其缺点是生产过程需要复杂的机电设备，并需强电辅助。目前比较具体的方案有如下几种。

(1) 太阳能硫氧循环制氢

加拿大依库尔工业大学比尔杰恩教授领导的研究小组，在研究核热能制氢技术的基础上，首先提出了太阳能硫氧循环制氢的方案，并以此为主线建立了太阳能制氢工厂。该循环主要分为酸沸腾和浓缩、酸分解、分馏及产氢4个反应步骤。

$$\text{产氢：} SO_2 + 2H_2O \longrightarrow H_2SO_4 + H_2 \tag{7-8}$$

反应温度分别为359℃、756℃、852℃。由于氧在该循环过程中质量保持不变，只起引子作用，故比尔杰恩教授称该循环为硫氧循环。值得说明的是，以上反应均需在高温下进行，太阳能的任务是提供反应所需的热能，该循环太阳能产氢的总效率约在38%左右。

（2）太阳能硫溴循环制氢

该循环分为HBr和H_2SO_4的生成、HBr的分解及H_2SO_4的分解3个反应步骤。

由于反应过程中中间产物HBr、SO_2和H_2SO_4都参加了再循环，因而系统具有循环的性质。该循环制氢过程只需要水、热能和电能，太阳能可提供热能和电能，实现循环。

（3）太阳能高温水蒸气制氢

该方案包括3种制氢方法：太阳能烃水类蒸气催化制氢、太阳能水蒸气-铁制氢和太阳能水蒸气分解甲醇制氢。这3种制氢方法的反应式分别为：

$$CH_4+H_2O \longrightarrow 3H_2+CO \tag{7-9}$$

$$3Fe+4H_2O \longrightarrow Fe_3O_4+4H_2 \tag{7-10}$$

$$CH_3OH+H_2O \longrightarrow 3H_2+CO_2 \tag{7-11}$$

这3种反应均需高温水蒸气。目前在这3种制氢方法中用常规能源汽化水的方法已被商业界广泛采用，但需要消耗巨大的常规能源，并可能造成环境污染。因此，科学家们设想，用太阳能来制备上述高温水蒸气，从而降低制氢成本。现在太阳炉的温度可高达1200℃，有利于热化学循环分解水工艺的发展。

这种新发展起来的多步骤热驱动制氢化学原理可以归纳如下：

$$AB+H_2O+\text{热} \longrightarrow AH_2+BO \tag{7-12}$$

$$AH_2+\text{热} \longrightarrow A+H_2 \tag{7-13}$$

$$2BO+\text{热} \longrightarrow 2B+O_2 \tag{7-14}$$

$$A+B+\text{热} \longrightarrow AB \tag{7-15}$$

式中的AB称为循环试剂。对这一系列反应的探索就是希望驱动反应的温度能处在工业常用的温度范围内。这样就可以避免水在耗能极高的条件下热分解，或者通过采用热化学的方法可在相对温和的条件下将水分解成氢和氧。目前已知的可用于分解水的热化学循环反应已超过100种。较著名者有美国化学家提出的硫碘热化学循环，锰的氧化物循环，Zn-ZnO体系热循环制氢等。

此外，人们还对利用Zn-ZnO体系大规模制氢进行了经济分析（假定聚光度为5000）。结果表明，若太阳能输入量和水解器产氢量分别达到90MW和6.1×10^7kW·h/a，则制氢成本为0.23～0.15美元/(kW·h)，聚光系统成本为100～150美元/m^2，完全可以与其他使用可再生能源的制氢方法相媲美，并指出该技术在经济上的可行性取决于现有的Zn、O_2分离技术（如淬冷和即时电解）能否取代传统技术对惰性气体的依赖。

7.7 跨季节储热太阳能集中供热系统(CSHPSS)

7.7.1 CSHPSS原理

所谓跨季节储热太阳能集中供热系统，是与短期储热或昼夜型太阳能集中供热系统（CSHPDS）相对而言的。从某种意义上讲，现在普遍流行的小型家用太阳能热水器系统

(DSHS) 以及其他类似装置就属于短期储热太阳能供热系统的范畴。由于地球表面上太阳能密度较低，且存在季节和昼夜交替变化等特点，这就使得短期储热太阳能供热系统不可避免地存在很大的不稳定性，从而使太阳能利用效率也变得很低。

CSHPSS 系统可以在很大程度上克服上述缺点。它具有很强的灵活性，主要通过一定的方式进行太阳能储存（储热），以补偿太阳辐射与热量需求的季节性变化，从而达到更高效利用太阳能的目的。在欧洲，CSHPSS 系统中太阳能占总热需求量的比例已经达到 40%～60%，远远超出了 CSHPDS 系统和家用太阳能热水器系统。因此，目前 CSHPSS 系统已经成为国际上比较流行的极具发展潜力的大规模利用太阳能的首选系统之一。

常见的 CSHPSS 系统主要由太阳集热器、储热装置、供热中心、供热水网以及热力交换站等组成。系统基本工作原理如下：在夏季，冷水与太阳集热器采集的太阳能换热后，一方面可以直接供用户使用；另一方面，有相当一部分太阳能被直接送入储热装置中储存起来。冬季使用时，储存的热水经供热管网送至供热中心，然后由各个热力交换站按热量需求进行分配，并负责送至各用热户。如果储存的热量不足以达到供热温度，可以由供热中心通过控制其他辅助热源进行热量补充。这样一来，CSHPSS 系统就实现了太阳能的跨季节储存和使用，在很大程度上提高了太阳能利用率。

CSHPSS 可以提供比海洋温差发电更高的温度。为太阳能热储存提供了一种新的选择。随着 CSHPSS 和温差发电技术的发展，将会为太阳能热发电提供一种新的形式。

7.7.2 太阳能热的地下储存

太阳能热储存在地下的土壤、岩石和水中。这种方法比较适于长期储热，而且成本低，占地少，因此是一种很有发展前途的储热方式。地下热储存适于储存 150℃ 的热能，这样的温度适用于建筑采暖，如可以在夏季将太阳能集热器得到的热水注入地下，大部分热能储存在岩石和土壤内，少部分热能储存在水中，到冬季再把热能回收利用。有些实验证明，储存 90d 后，能够收回储存热量的 86%，效果是比较好的。

地下热储存可以直接用地下的干土、湿土、岩石及水作为储热介质，也可以将水柜、岩石床及混凝土埋在地下，构成储热系统。

岩石床储热器是利用松散堆积的岩石或卵石的热容量进行储热的，容器一般由木材、混凝土或钢制成，载热介质一般为空气。

设计得好的岩石床，空气与固体之间的换热系数高，并且空气通过岩石床时引起的压降低、储热材料的成本低，当无空气流时，岩石床的热导率低。

岩石越小，床和空气的换热面积就越大。因此，选择小的卵石有利于传热速率的提高。岩石小，还能使岩石床有较好的温度分层，从而在取热过程中得到较多的热能，以满足所需温度。但岩石越小，给定空气通过岩石床时的压降就越大，因此，在选择岩石的大小时应考虑送风功率的消耗情况。

一般情况下，岩石床内所用岩石大多是直径为 2～5cm 的河卵石，且大小基本均匀，其空隙率（即岩石间空隙的容积与容器容积的比例）以 30%左右为宜。典型的岩石床内的传热表面积为 80～200m^2，而空气流动的通道长度（基本上即床体高度）约为 1.5m。

用能量平衡方程可计算冷气体从岩石床底部进入，自上而下通过岩石床并从后者吸取热量时岩石储热器的温度分布。

土壤内设有上、下散热板，相距3～4m。由于土壤散热很慢，因此，虽然一块板在加热，另一块板在散热，但是土壤在储热的同时仍能储冷。

其工作过程如下。

① 在初春，可以利用下集热板储冷。在晚上通过下散热板将热量通过集热器散出，由于此时还需要采暖，就可以通过集热器收集太阳能，并通过上散热板储存在土槽上部。

② 到盛夏，通过风机盘管从土槽中吸收冷量。从夏末开始，就要储存冬季采暖所需的热量，这可以通过集热器和下散热板实现。此时如果需要制冷，可在晚上利用上散热板和集热器完成。

③ 夏秋之间将继续储热，整个土槽温度升高，下部温度比上部高。

④ 冬季到来后，先通过下散热板由土壤下部供热，同时将白昼的太阳能输入上散热板。

地下含水层热储存（ATES）是近些年来引起许多国家重视的一项储热和节能措施。它既可以储热也可以储冷，能量回收率可达70%，多用于区域供热和区域供冷。

地下岩石储热具有成本低的优点。通常是利用山间小谷地或在平地上挖沟，将挖出的泥土建筑成堤，地下空间填充岩石，上部有隔热层和防水层。岩石层的侧面和底面则依靠泥土隔热。其表面最好向南倾斜，除了有利于接收太阳能以外，还便于排除雨水。

夏季将集热器加热的空气用风机引入地下岩石床，到冬季再用空气将地下热库的储热取出。应注意的是，地下热库不能积水或积尘，否则水汽和尘土会污染集热器，影响集热器效率。

太阳能-土壤源热泵是从土壤中存、取热量的方式，有串联式、并联式和混联式系统。图7-16为一种太阳能-土壤源混联式热泵系统。

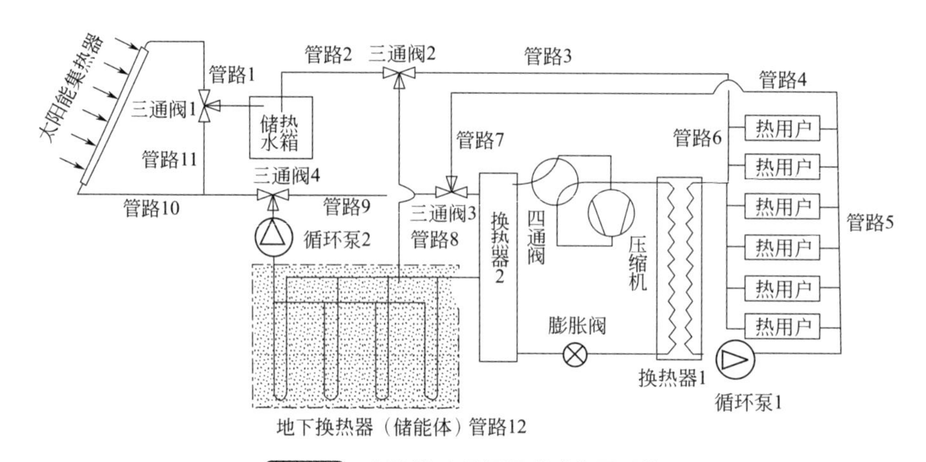

图7-16 太阳能-土壤源混联式热泵系统

7.8 储热系统

7.8.1 储热装置技术

储热装置或储热系统，是由储热材料、容器、温度、流量、压力测量控制仪器、泵或风机、电机、阀门管道、支架及绝热材料构成的储存并可提供热能，加热蒸汽发生器，驱动汽轮机发电及泄漏探测，内置燃料（或混电加热），流体搅拌，容器内填放材料和排泄等组成的系统。储热系统除考虑储热能力外还需要从其他方面进行选择。

① 保证系统运行的安全性及可靠性。利用相变材料储存热量时，理论上可以在储存相同热量的情况下减少材料的使用量，但是由于相变过程会存在材料在形态上的改变，更要考虑介质管道内的运输及传热的进行，而显热材料储热能够更好地控制。

② 投资及运行成本比较理想，适宜做大规模太阳能传热储热系统的介质。

③ 对材料运行温度、储热能力、稳定性、安全性（如对管道的冲刷、腐蚀，材料在运行过程中的分解、熔解）、价格等因素的综合考虑。

在太阳能热发电工程中，储热装置、聚光装置和蒸汽发生装置联系密切。

储热装置按储热材料的不同而采取相应的结构，不同储热系统流程的分类如图 7-17 所示。

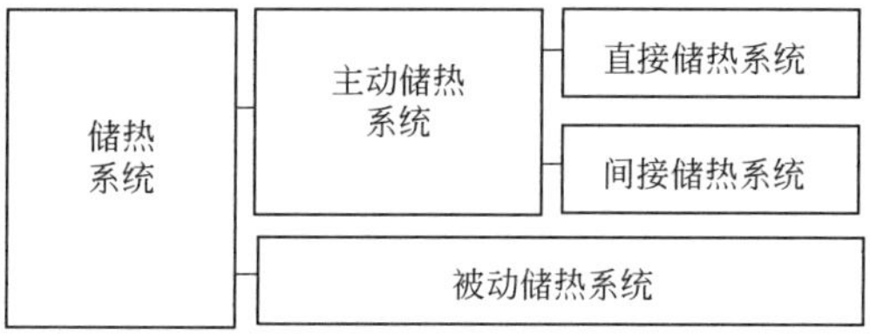

储热系统
主动储热系统
直接储热系统
间接储热系统
被动储热系统

图 7-17 不同储热系统流程的分类

7.8.2 对储热容器的要求

（1）储热容器选取原则

① 设计一般容器的技术特性包括：容器类别、设计压力、设计温度、介质、几何容积、腐蚀裕度、焊缝系数、主要受压元件材质等。

② 容器材料应力屈服点高于储热工作温度 100℃。

③ 压力容器的设计按照国家质量技术监督局所颁发的《压力容器安全技术监察规程》规定执行。

④ 容器上开孔要符合 GB 150—2011 第 8.2 节的规定，一般都要进行补强计算，除非满足 GB 150—2011 第 8.3 节的条件，则可不必再计算补强。

选择接管时应尽量满足 GB150—2011 第 8.3 节的条件，其安全性和经济性都最好，避免增加补强圈。

⑤ 储热材料与容器和管路及阀门具有相容性。

⑥ 储热容器的布置要便于排废。

（2）储热容器的选择

① 储热容器的充放热依靠换热器进行，可按下列原则选择。

a. 热负荷及流量、流体性质、温度、压力和压降允许范围，对清洗和维修的要求，设备本体结构、尺寸、重量、价格、使用安全性和寿命。

b. 常用换热器性能如下：管壳式压力从高真空到 41.5MPa，温度可从－100 到 1000℃。管壳式换热器设计的国家标准为 GB/T 151—2014。其他换热器形式主要包括板式、空冷式、螺旋板式、多管式、折流式、板翅式、蛇管式和热管式等。

② 固体换热器对于固体储热材料，换热器可置于储热体内。例如，对于陶瓷和混凝土储热材料，低温端的温差不宜小于 20℃。

由于太阳辐照的非连续性，储热材料内的换热器应充分考虑到热膨胀系数不匹配和多次热冲击带来的换热器与固体材料分离的问题。

③ 蒸发器与换热器，设计时应侧重考虑充放热流体的设计压力、温差、污垢系数和沸点范围等。对于高压力的蒸发器，选用釜式或内置式的比较好。对于油水换热器，设计时应充分考虑热态下流体间的压差。

(3) 对于空冷式换热器，设计所遵循的标准为 GB/T 15386—1994

储热容器内的换热管路宜定期清洗，应设置管路清洗系统及对储热容器中的管路在设计时考虑倾斜角度，有利于清洗排放。

对于固体储热，例如混凝土储热或陶瓷储热，嵌入储热材料内的传热管路要考虑到因腐蚀等过程产生的金属管路的更换。

7.8.3 储热装置的发展

储热装置的发展是一个漫长而又曲折的过程，较早的时候人们储存热量的方式是采取蒸汽储存，蒸汽的储存和利用最早由德国的拉特教授提出，到 1873 年，美国的麦克马洪将蒸汽以高温热水的形式来储存，为现代储热装置奠定了基础。

在太阳能热发电系统中，太阳的辐射热量最终都通过换热产生高温高压的水蒸气来发电，如果用水直接作为传热和储热介质，就成为一种直接蒸汽发电系统。以水作为吸热器与储热器的传热介质，具有热导率高、无毒、无腐蚀、易于输运和比热容大等优点。由于没有中间换热器和中间介质，因此系统结构简单。但在直接蒸汽发电系统中，水/水蒸气在高温时有高压问题，水蒸气的临界压力为 22.129MPa，临界温度为 374.15℃，当水的温度高于临界温度时，就成了过热蒸汽，高温下水蒸气通常处于超临界状态，压力特别高，对热传输系统的耐压提出了非常高的要求，增加了设备投资与运行成本。为此，在系统中加入了蒸汽储热器，可以把多余的水蒸气变成体积比热容较大的水来储存热量，同时还可以保持系统压力稳定在工作范围之内。

蒸汽储热器的工作原理是将多余的蒸汽通入装有水的高压容器中，使水被加热后变成一定压力的饱和水；当重新需要蒸汽时，容器内的压力下降，饱和水变成蒸汽。而容器中的水既是蒸汽和水进行热交换的传热介质，又是储存热能的载体。直接蒸汽发电系统是最有希望减少成本的方法之一，而蒸汽储热器通过多余的能量储存为热发电系统的稳定运行提供了保证，避免了由太阳辐射能量的波动而引起的系统瞬时热应力的巨大变化。蒸汽储热系统不仅具有较少的反应时间、较高的放热速率，同时还可以作为相分离器、换热器或者与其他显热及潜热材料相结合来储存热量。

可以应用压力容器直接储存饱和蒸汽或过热蒸汽，但由于其单位体积的储热密度低，并不经济。1970 年，有人提出应用汽-水分离器同时兼作高压饱和水显热储热的概念。这一设计概念的基本点是高压饱和水具有很高的比热容，因此单位体积的储热密度高。当压力容器中压力下降时，高压饱和水即自行蒸发产生蒸汽，对系统进行补充。这在常规热力发电厂中早有应用，技术成熟，其比体积储热密度为 20～30kW·h/m^3。原理上讲，上述汽-水分离器下部的水出口直接接到储水槽。储水槽可以根据蒸发开始和终了时压力之间变化，提供比体积饱和蒸汽量。

现在，高温熔盐储热已由空间站发展到地面太阳能电站。研究表明，与传统的导热油相比，采用高温熔盐发电可以使太阳能电站的操作温度提高到 450～500℃，这样就使得蒸汽汽轮机发电效率提高 2.5 倍，在相同发电量的情况下，就可以减小储热器的容积。同时，硝酸盐与阀门、管道及高低温泵等的相容性也较好。而混合盐继承了单纯盐的优点，其熔化温度可调、相变时体积变化率更小、蒸气压更低、传热性能更好，因此在太阳能储热领域有广阔前景。Sandia研究中心（NSTTF）采用60%$NaNO_3$-40%KNO_3（太阳盐）与硅石、石英石相结合进行研究。研究表明，在290～400℃之间，经过553次循环试验后没有出现填料腐蚀的问题。同时，采用44%$Ca(NO_3)_2$、12%$NaNO_3$、44%KNO_3（Hitec XL）做试验，结果表明，在450～500℃之间，经过1000次循环以后，填料与熔盐的相容性仍然很好。

虽然潜热储热量会更大，但在目前太阳能电站的储热系统中，并不是利用熔盐的潜热来储热，而是利用它熔融态的显热来储热。一般储热系统由储热罐、盐泵及管道阀门等组成。

7.8.4 储热罐

（1）储热罐构造

储热罐是储热装置的主体，现有斜温层罐储热和双罐（冷罐、热罐）储热两种形式。这在实际上与外覆绝热材料的冶金、化工热力装置相似。熔盐类储热罐的结构如图7-18所示。

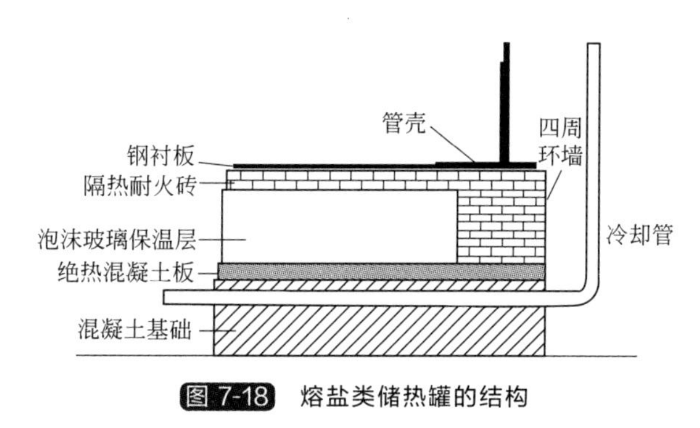

图7-18 熔盐类储热罐的结构

罐的底部为钢筋混凝土基，四周环墙用高铝或高铬耐火砖，由硬质绝热材料如泡沫玻璃保温顶部，上覆钢板衬顶。也有耐火材料，外包金属。

储热罐的构造与玻璃窑炉或玻璃纤维池窑类似，四周、顶部和底部由既起保温又起支撑作用的钢架（板）和耐火材料构成，耐火材料还要能够承受液态熔盐的侵蚀。

在罐体外部包覆（涂覆）绝热材料，以降低热量的散发。

玻璃、玻璃纤维的窑炉温度都达1000℃以上，现在甚至采用全氧燃烧，采用耐高温玻璃熔液冲刷的锆刚玉砖，与现有太阳能热发电用的储热罐运行熔盐温度相比，要低许多。

（2）底部绝热材料

钢衬板下方有两层绝热材料，分别为隔热耐火砖和泡沫玻璃。向高温储热的方向发展，采用类似玻璃、玻纤窑炉的技术模式。

（3）环形墙

由于冷罐和热罐周围的环形墙是起承重作用的，罐子质量和里面熔盐的质量主要是靠环形墙来支撑，因此在设计四周环形墙时，应保证环形墙所承受的压强不超过工程允许值。

（4）储热罐加热装置

在太阳能电站初次投产或长时间停机维修后重新投入运行时，储热系统中储存的介质都需要从固态加热到液态，因此，储热罐中必须设置加热装置以实现这一目的。储热罐加热装置有如下两种形式：一是通过金属电极将低压（5.5～36V）大电流交流电引入炉内，电流流过盐发热，这时盐液既是发热体，又是对工件加热的介质；二是用铂、硅铝或硅碳电阻发热体通电时产生热能熔化熔盐。

（5）储热器的要求

储热器实质上就是一个换热器，它要以预先规定好的速率，把太阳能集热器所输入的热量以显热或潜热的形式储存一段时间，并把热负荷所需要的热量释放出来。因此，就要求储热器满足如下条件。

① 在输入或输出热量的过程中，为避免温度波动幅度过大，一般要以较小的热通量进行热交换。这就要求储热器的传热面积较大。

② 为提高热交换性能，常采用导热性能良好的金属制成散热片（或散热管）放在热交换器内。但是，散热片（或散热管）必须考虑其力学性能和耐腐蚀性能。对短期储热来说，不必使用散热片（或散热管），以免使整个热交换器过于庞大和笨重，避免造成成本的提高。

③ 使用传统的热交换器作为储热器时，储热介质最好是黏滞性适中的流体，但能同时满足导热性能好、黏滞性适中而且腐蚀性很小等方面要求的物质不多。这就需要采用另外一种载热流体来传送热量，而选用导热性能好的储热介质来储存热量。这样将使材料的用量增多，热交换器的传热面积增大，使整个储热装置比较复杂，同时成本也会增加。

④ 对储热器隔热措施的要求：在低温下储热，对储热容器的隔热措施要求不高。当需要提高热级，以便充分地加热室内空气或利用吸收式制冷装置时，可以启动热泵来达到目的。若没有热泵，也可只采用一般的隔热措施。

在中、高温储热时，储热器的隔热措施就对传导、对流和辐射三种方式的要求十分严格。

⑤ 除以上技术因素外，储热装置的经济性是实际应用的关键问题。经济性包括储热介质的费用、容器的费用、装置的运营费用、装置放置场所的费用以及装置的使用寿命（折旧费）和维修费用。

7.8.5 单罐储热和双罐储热

7.8.5.1 按罐数分类

在太阳能热发电的储热系统中，储热罐有分工配合使用的双罐系统和一身汇集两种功能的单罐系统。图 7-19 是两种系统的储热形式。

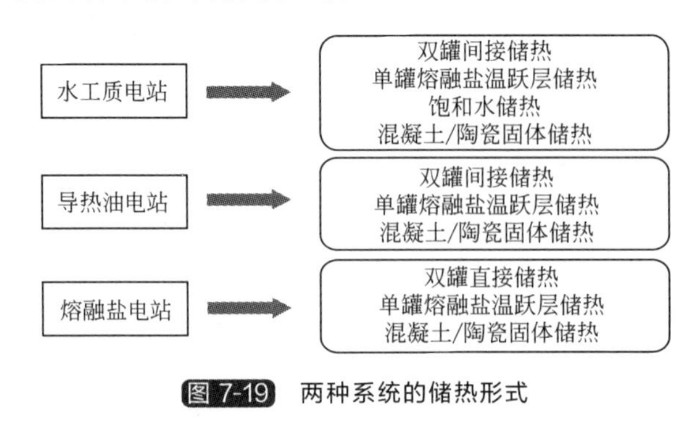

图 7-19 两种系统的储热形式

（1）双罐系统

双罐储热系统是指太阳能热发电系统包含两个储热罐：一个为高温储热罐，另一个为低温储热罐。系统处于吸热阶段时，冷罐内的储热介质经冷介质泵运送到吸热器内，吸热升温后进入热罐。放热阶段，高温介质由热介质泵从热罐送入蒸汽发生器，加热冷却水产生蒸汽，推动汽轮机转动运行，同时降低温度的介质返回到冷罐中，从而实现吸热-放热的储热过程。

按照储热方式不同，双罐储热系统可分为直接储热系统和间接储热系统。间接储热系统的传热介质和储热介质采用不同的物质，需要换热装置来传递热量。间接热系统常采用不存在冻结问题的合成油作为传热介质，熔盐液作为显热储热介质，传热介质与储热介质之间有油-盐换热器，系统的工作温度不能超过 400℃。其缺点是传热介质与储热介质两者之间通过换热器进行换热，由此带来不良换热。直接热系统中传热流体既作为传热介质，又作为储热介质，储热过程不需要换热装置。直接储热系统常采用熔盐作为传热和储热介质，不存在油-盐换热器，适用于 400～500℃的高温工况，从而使朗肯循环的发电效率达到 40%。对于槽式太阳能热发电系统，管道多为平面布置，需要使用隔热和伴随加热的方法来防止熔盐液传热介质的冻结。塔式太阳能热发电系统的管网绝大部分竖直布置在塔内，管内的传热介质容易排出，解决了防冻问题，且其工作温度比槽式系统高，因此双罐储热系统对塔式太阳能热发电系统是比较好的选择。

双罐储热系统中，冷罐和热罐分别单独放置，技术风险低，是目前比较常用的大规模太阳能热发电储热方法。但是双罐系统存在需要较多的传热储热介质和高维护费用等缺点。

有学者分析双罐系统中存在热能的交换，盐被加热到 385℃储存在热盐罐中，这是热的储存过程。在用电高峰期，把热盐泵送到热交换器中加热油，油被加热后泵送到发电厂中进行发电，盐冷却到 300℃送到冷盐罐中，这是热的释放过程。硝酸盐密度一般为 $1800kg/m^3$，比热容为 1500J/(kg·K)，化学性能稳定，蒸气压低（<0.01Pa），成本低，约为0.4～0.9 美元/kg。目前的研究表明，从技术和成本的角度来看，双罐储热系统是可行的，没有发现技术上的障碍。据分析，如果储热罐具有 12h 的储热能力，所需汽轮机功率下降，总成本降低，电价可降低 10%。双罐储热系统结构简单，并没有增加太阳能发电厂的复杂度，反而减少了发电成本，增强了太阳能热发电的市场竞争力。

（2）单罐系统

单罐也称为斜温层罐。斜温层罐根据冷、热流体温度不同而密度不同的原理在罐内建立斜温层，冷流体在罐的底部，热流体在罐的顶部。由于实际流体的导热和对流作用，因此实现真正的温度分层存在较大的困难。

该储热装置斜温层单罐内装有多孔介质填料，依靠液态熔盐的显热与固态多孔介质的显热来储热，而不是仅仅依靠材料的显热来储热。

在罐的中间会存在一个温度梯度很大的自然分层，即斜温层，它像隔离层一样，使得斜温层以上的熔盐液保持高温，斜温层以下的熔盐液保持低温，随着熔盐液的不断抽出，斜温层会上下移动，抽出的熔盐液能够保持恒温，当斜温层到达罐的顶部或底部时，抽出的熔盐液的温度会发生显著变化（见图 7-20）。

斜温层温度梯度非常大，它是一种多孔介质，主要依靠显热来储热，可以采用砂石来做

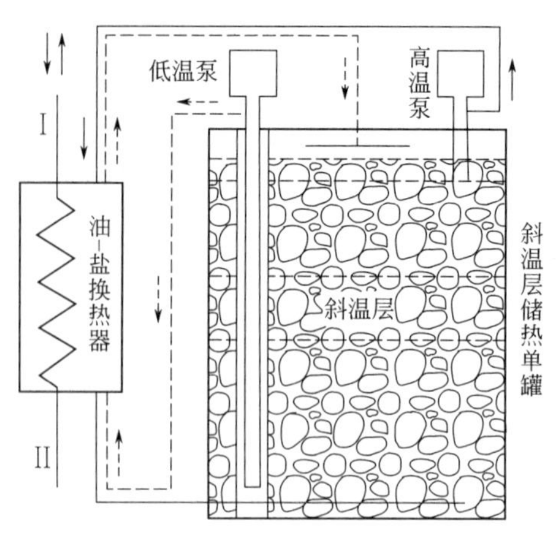

图 7-20 熔盐斜温层单罐储热系统

多孔材料，还有采用石英岩和硅制沙来制作的。对于斜温层多孔储热材料，目前正在研究之中。多孔石墨、膨胀石墨、石膏以及发泡陶瓷等由于具有多孔结构，储热性能良好，都是潜在的多孔材料，因此可以考虑研究在未来的实验中作为斜温层材料。

有人对带有固体填料的温跃层熔盐储热技术进行理论和实验分析。与双罐熔盐储热相比，单罐温跃层储热技术可以将一次投资降低约 1/3。因此，对于单罐温跃层储热技术，耐久性填料的选择、充放热方法和设备的优化都是主要的研究项目。

还有人认为，也可以采用新型的储热材料，即室温离子液体。这种材料可克服熔盐自身的缺点。即使在很低的温度下仍是液态。室温离子液体材料是一种有机盐，在相关的温度范围内，蒸气压可以忽略不计，而熔点在 25℃以下。室温离子液体是非常新的一种材料，在达到太阳能热发电所需要的温度后是否还能保持稳定，生产成本是否合理，都还存在着很大的不确定性。

双罐系统与单罐系统相比，各有优劣。双罐系统原理简单、操作方便、效率高，但是因为增加了一个罐，所以设备的初投资会明显增加。由于储热系统的费用在整个太阳能电站初投资中占有很高的比例，因此为了降低成本，提高市场竞争力，从理论上说，采用单罐斜温层储热是一个可选择的途径。单罐储热系统的投资费用比双罐储热系统节省约 35%，但注入和出料结构比较复杂，冷热流体的导热和对流作用使真正实现温度分层存在技术困难。同时，由于涉及大温差斜温层的流动和换热特性规律，因此各种物性参数、结构参数与操作参数的匹配和优化非常复杂。

7.8.5.2 按系统流程分类

储热系统可分为被动系统和主动系统，主动系统又含直接储热和间接储热。

图 7-21 为主动式直接储热系统（2 罐）。储热罐为圆柱形罐体，冷罐由碳钢制作，热罐由不锈钢制作。系统工作时，冷罐内的熔盐经熔盐泵被输送到高塔上的吸热器内，接收来自太阳的辐射能，熔盐吸热升温后进入热罐，热罐熔盐流经蒸汽发生器，加热冷却水产生蒸汽，驱动传统汽轮机发电，换热降温后的熔盐流回冷罐，完成一个循环。由于熔盐同时作为传输介质和储热介质，中间没有热交换器，因此大大节省了投资费用。

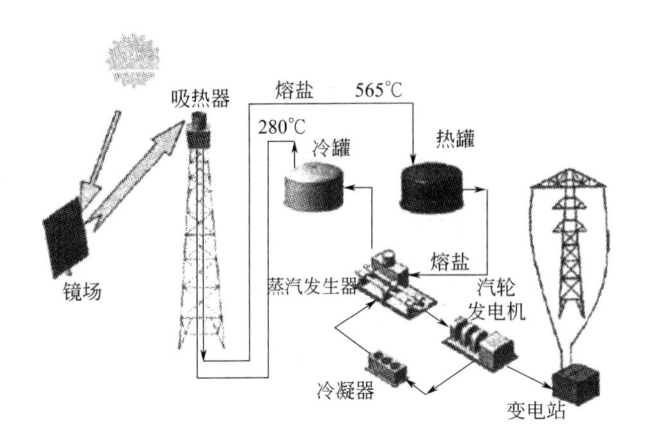

图 7-21 主动式直接储热系统（2 罐）

图 7-22 为主动式间接储热系统（4 罐）。一部分经太阳能集热器加热后的油流经油-盐热交换

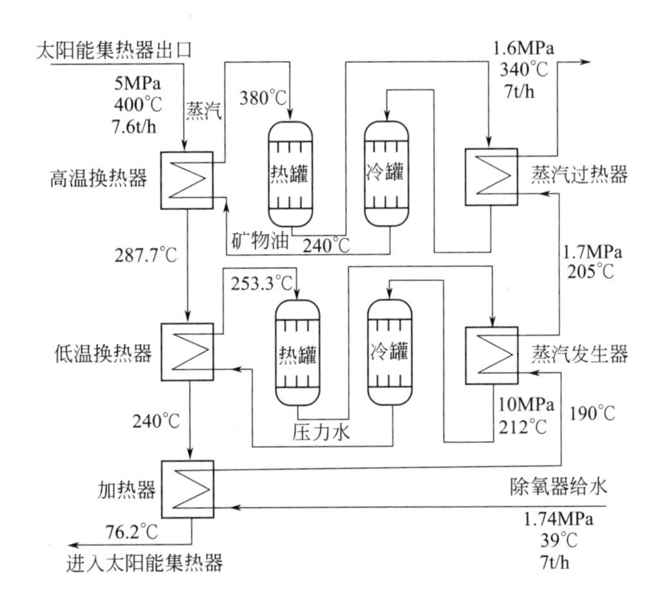

图 7-22 主动式间接储热系统（4 罐）

器，油从 391℃冷却到 298℃，盐被从 291℃加热到 384℃。在蒸汽发生器中则利用油作为高温流体进行换热。图 7-23 也是主动式间接储热系统（2 罐）。塔式太阳能集热器产生的高压过热蒸汽经高温换热器加热高温储热装置的储热工质（矿物油），将大部分高温显热储存于高温热罐；在高温换热器中放热后的蒸汽进入低温换热器，加热低温储热装置的储热工质（高压水），将中温热量储存于低温热罐；换热后的蒸汽经低压加热器将来自除氧器的给水加热后进入蒸汽发生器，又回到太阳能集热器进行汽化和过热。来自高温冷罐的矿物油经高温换热器加热后存入高温热罐，高温矿物油经蒸汽过热器加热来自蒸汽发生器的蒸汽后又回到高温冷罐。来自低温冷罐的低温压力水经低温换热器加热后存入低温热罐，高温压力水进入蒸汽发生器放热后又回到低温冷罐。

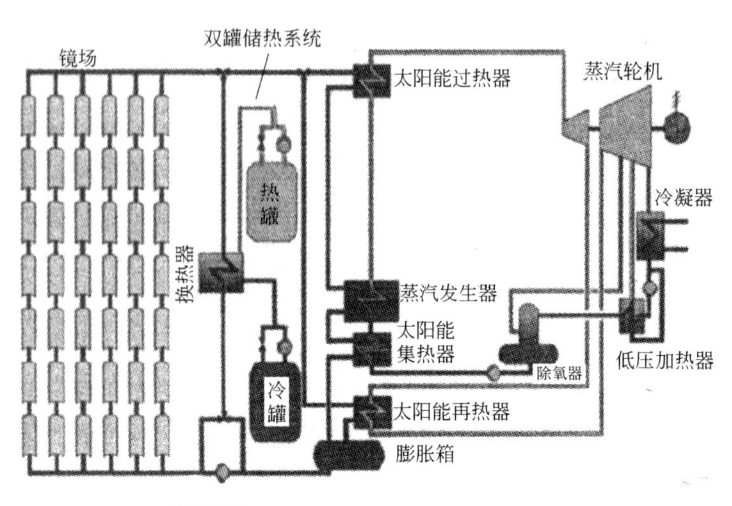

图 7-23 主动式间接储热系统（2罐）

7.8.6 储热罐示例

（1）单罐系统

1982 年在美国加州兴建的 Solar One 塔式太阳能电站是当时世界上最大的塔式太阳能热发电站。电站采用单罐间接式储热系统，其中传热流体为高温蒸汽，储热流体为导热油（见图7-24）。

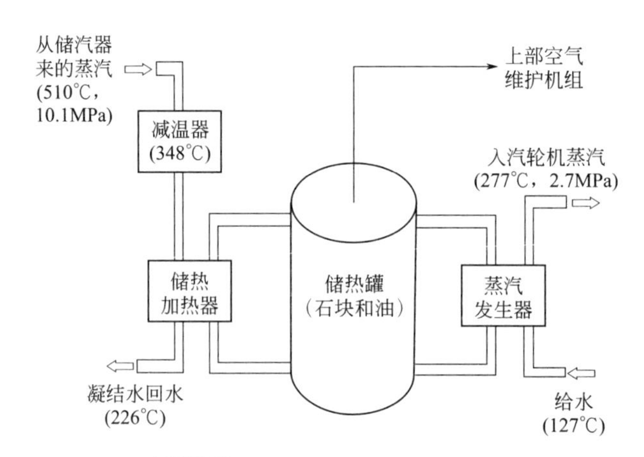

图 7-24 Solar One 储热系统示意

电站储热系统装置为一个圆形储热罐，称为斜温层罐。罐体高 13.3m，直径为 18.2m，体积为 906m^3，斜温层罐内装 6.17t 砂石和 Caloria HT-43 导热油作为传热介质，来自吸热器内的高温蒸汽加热罐内的导热油，导热油在充满碎石和沙子的罐内循环，利用冷、热流体温度的不同在罐中建立起温跃层，从而使冷流体和热流体得到区分，热流体在罐顶部，冷流体在罐底部。储热量为 182MW·h（4h 的 7MW 负荷）。当系统储热时，底部的冷流体通过热交换器获得能量，然后返回到罐子的顶部。储热系统能量的释放通过合成油逆循环流过储热罐至蒸汽发生器来实现，放热时，从顶部出来的热流体经过热交换器被冷却，同时加热水产生蒸汽，放热后的热流体返回到罐子的底部。由于该系统采用碎石和沙子等价格低廉的填充材料代替昂贵的油，因此降低了系统的成本，同时这种填充材料的浮力有助于维持罐内的温度梯度。

Solar One电站以水作为集热工质，采用圆柱体式吸收器，水在接收器中经历预热、蒸发、过热的过程。运行温度为218～302℃，运行中存在的关键问题在于太阳能接收器各区域（如蒸发段和过热段）传热效率不同，控制不便，影响接收器的寿命，若采用饱和蒸汽接收器将会表现出更优的寿命和可控性。而且其储热系统由于热力学损失使其储热效率不高，因此在成功地完成了6年的实验和运行后，Solar One于1988年停产。

Solar One储热系统的特点如下。

① 采用碎石和沙子等价格低廉的填充材料代替昂贵的合成油，降低了储热系统成本。

② 与双罐式储热系统相比，采用斜温层罐储热节省了一个罐的费用。

但是斜温层罐难以真正实现温度分层，为防导热油炭化，运行温度受限，从而导致汽轮机朗肯循环的热效率偏低（21%）。

（2）Solar Two

Solar Two是采用硝酸盐作为集热器的吸热介质，在Solar One的基础上加以改进的试验电站，电站的运行验证了熔盐技术的应用可以降低建站技术和经济风险，极大地推进了塔式太阳能热发电站的商业化进程。电站由聚光系统、集热系统、储热系统、蒸汽生产系统及发电系统组成。

液态290℃的冷盐被泵从冷罐中抽出送往位于集热塔顶部的集热器中，冷盐在集热器中被镜场聚焦的太阳辐射加热到565℃后，流回到地面，并被储存在热罐中。热罐中的热盐被抽到蒸汽发生器中用于生产高压过热蒸汽后，又被送入冷罐中。蒸汽发生器中产生的蒸汽用于驱动常规朗肯循环的汽轮发电机组。硝酸盐储热系统可保证在夜间及多云时候的电力生产。

储热系统由冷罐、热罐、集热器泵坑、蒸汽发生器泵坑、连接管道和硝酸盐组成。冷热罐均为由碳钢和不锈钢钢筋网格支撑的平底、穹顶、圆柱形。

Solar Two储热系统采用Solar Salt（太阳盐）作为传热和储热介质（其中$NaNO_3$ 60%，KNO_3 40%）。试验证明，这种混合盐在600℃以下性能稳定，同时作为传热介质和储热介质，不需热交换器，节约投资费用。

（3）10MW太阳能双罐储热系统的设计

设计额定功率为10MW的槽式太阳能热发电厂的储热系统为双罐式熔盐储热系统，其储热时间为8h，冷、热罐的温度分别为292℃和386℃。

该储热系统的主要组成部分为硝酸盐冷、热储存罐，油-盐热交换器，熔盐循环泵，以及阀门及保温材料等。该系统的工作流程如下。日照充足时，从太阳能场来的载热介质（HTF）与从熔盐冷罐来的熔盐同时进入油-盐热交换器。此时，HTF的温度较高，冷罐内的熔盐被加热，温度达到热罐的储存温度386℃，并通过熔盐泵打入热罐中储存起来。阴天或夜晚时，没有足够的阳光为电厂提供充足的能量，此时，热储存罐里的熔盐返回油-盐热交换器，释放热量来加热冷的HTF。被加热的HTF进入蒸汽发生器，加热给水，而后带动汽轮机发电。释放热量后的熔盐则返回冷罐，此时，冷罐内的熔盐温度为292℃。

（4）固体储热介质的被动储热系统

被动系统主要是固体储热，储热材料本身并不循环，依赖传热流体的循环完成热流体的循环。储热材料有混凝土、可浇注材料和相变材料，储热材料成本很低，由于换热管道接触良好，两者之间换热梯度较低，换热速率很好，但换热器成本却很高。

（5）耐高温混凝土和铸造陶瓷

德国航天航空研究中心（DLR）在研究砂石混凝土和玄武岩混凝土的基础上，研究开发耐高温混凝土和铸造陶瓷等储热材料。耐高温混凝土和铸造陶瓷骨料等主要成分是氧化铁，黏结剂为水泥。

储热系统包括储热材料，由高温传热流体和嵌入固体材料的圆管式换热管组成。在储热阶段，热流体沿换热管把高温热能传递到储热材料中；在放热阶段，冷流体沿相反方向流动，把储热材料中的热能吸收到流体中用于发电。由于金属管道和混凝土热膨胀系数不同，以致产生裂缝，制造混凝土储热器的技术难度较高，使用寿命及换热性能受到影响。人们又在金属管道外覆石墨作为缓冲，让金属管道与混凝土相互独立热胀冷缩，并且改善两者的热传递效果。DLR还应用流化床的概念研制一种储热方法，利用塔式接收器的高温空气与流动沙子进行充分换热，升温后的沙子可以储存在热罐之中，届时与水换热产生高温水蒸气用于发电，降温后的沙子返回冷罐。

（6）陶瓷球和蜂窝陶瓷

碟式发电和部分塔式发电采用空气作为载热工质，这两种太阳能热发电的储热方式也非常相似，储热材料的选择也有相通性。

陶瓷球和蜂窝陶瓷是以空气为载热工质的太阳能热发电储热的备选材料。

陶瓷球多为氧化铝（刚玉），具有储热量大、强度高的优点，但比表面积小，储放热速率慢。蜂窝陶瓷是一种多孔性的工业陶瓷，内部造型是许多贯通的平行通道，由于管壁薄，孔距小，与块状陶瓷相比，比表面积大，热交换面积大，传热能力强，能在短时间积储和释放大量热量，容易达到热饱和状态，热效率高。贯通的平行通道，气流阻力远低于陶瓷球，使用过程中压力损失小，堆积性能好，但耐压强度相对较低。于秀华对太阳能热发电储热材料的选择进行了计算。

蜂窝陶瓷储热器可以使引风机长期在低温环境中工作，从而保证其使用寿命。

据于秀华计算，蜂窝陶瓷储热器蓄满的对流时间为0.25h，导热换热时间为0.000195h，热空气进入储热器后不到1s就会被充分吸收，使储热材料温度达到与热空气相同，而当空气从储热器内排出时，已接近环境温度。只有当储热器即将充满时温度才会提高，从而提高储热器效率，使引风机长期在低温环境中工作。

7.9 热交换

热交换主要是通过换热器进行。换热器（设备）的主要作用是将高温流体的热量传递给除氧器的给水并将其加热成为蒸汽，故也被称为蒸汽发生器。

（1）换热器作用

储热系统中的换热器主要是指油-盐换热器，其作用如下。

① 在储热阶段，温度较高的油和温度较低的盐经过换热器，换热器将油内的热量转换为盐的热量储存起来。

② 在放热阶段，温度较低的油和温度较高的盐通过换热器，热量转移到低温的油中，使油温升高，从而实现连续发电。

换热器的设计要考虑成本、温度、压力、结垢、清洁、拆卸、重装难易程度、流体的泄漏与污染程度及流体类型等。对有严重腐蚀性的流体要使用不锈钢、钛或其他高质量合金制造密封式或管式换热器。

(2) 换热器 (heat exchanger)

即热交换器，按工作原理不同，有表面式、混合式和回热式三种类型。在表面式（间壁式）换热器中，热、冷流体之间借固体壁面分隔，热量通过壁面由热流体传给冷流体；在混合式换热器中，两种或两种以上的热、冷流体依靠直接接触方式来进行热量的交换；在回热式换热器中，热流体和冷流体交替流过同一换热表面。三类热交换器按不同设计，用于加热、冷却、蒸发、冷凝、过热除氧等工艺用途。管式换热器是表面式换热器的一种基本结构形式，采用圆管作为换热面积。按安装方式有壳管式（管壳式、列管式）和套管式。管壳式换热器（见图 7-25）在当前太阳能热发电工程中使用最多。

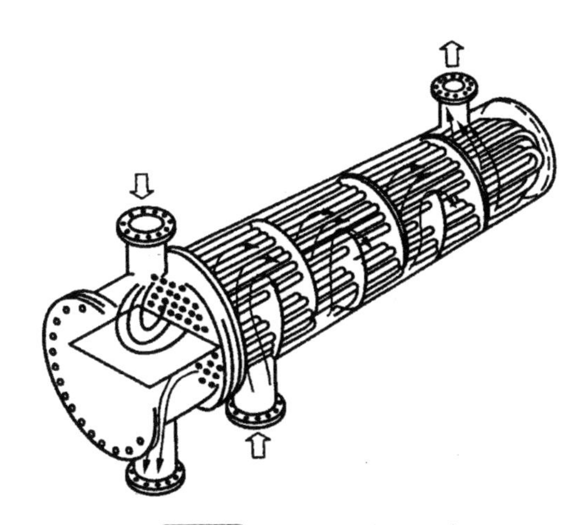

图 7-25 管壳式换热器示意

管壳式换热器的传热面由管束构成，管束由管板和折流挡板固定在外壳之中。两种流体分别在管内、外流动。管内流动的路径称为管程，管外流动的路径称为壳程。管程流体和壳程流体互不掺混，只是通过管壁交换热量。

壳管式换热器可以按完成的功能分类，如冷凝器、加热器、再沸器、蒸发器、过热器等。同样，也可按其结构特点进行分类，分为固定管板式、浮头式和 U 形管式三类，套管式也可归入 U 形管式。可根据介质的种类、压力、温度、污垢和其他条件，管板与壳体连接的各种结构形式特点，传热管的形状与传热条件，造价，维修检查方便等情况来选择设计制造各种壳管式换热器。

卧式壳管式换热器是固定管板式换热器中应用最广泛的一种，其典型结构如图 7-26 所示。

固定管板式换热器除壳程清扫困难和适应热膨胀能力差外，集中了管壳式换热器的一系列优点。除壳程流体有腐蚀性、易结垢，需要经常拆换管束或机械清扫管束外表面的情况

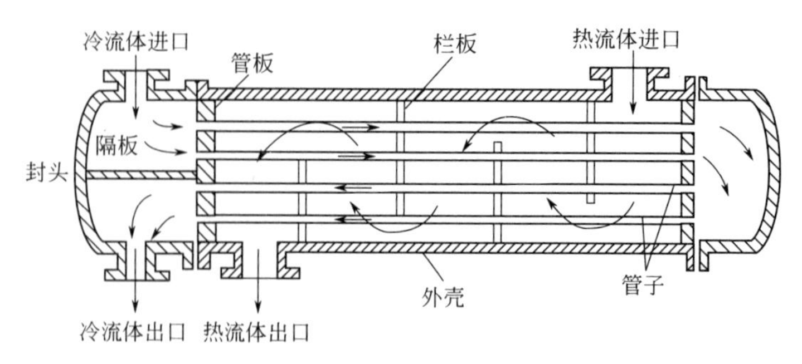

图 7-26 固定管板式换热器

外，应尽量采用此形式。对于管子和壳体温差超过 30～50℃的情况需考虑在壳体上加装膨胀节。制冷工业中的卧式壳管式冷凝器、干式蒸发器、满液式蒸发器，电厂热力系统中的凝汽器、除氧器和高压加热器、低压加热器等多采用此种结构。

浮头式换热器由于管束的膨胀不受壳体的约束，因此不会在管束和壳体之间产生温差热应力；浮头端可拆卸抽出管束，为检修更换管子、清理管束及壳体带来很大方便。这些优点表明，对于管子和壳体间温差大、壳程介质腐蚀性强、易结垢的情况，浮头式换热器很适用，但由于结构复杂，填函式滑动面处在高压时易泄漏，其应用应受到限制。

U 形管式换热器对于壳间温差大、压力高的工艺条件较能适应，但管程流速受允许压降限制较大，管内外介质要求无腐蚀性和结垢性。

蒸汽发生器按安放方位不同，可分为卧式蒸汽发生器和立式蒸汽发生器。

7.10 热传输

在太阳能热发电工程中，接收装置（太阳锅炉）、储热装置与热交换系统共同组成储热-热交换系统，通过管道、阀、泵组成的热传输系统相连。热交换与热传输功能能够提供热能，保证发电系统稳定发电或者用于化学储存和长期储存。

对于化学储能系统，太阳能聚光器、接收器与电站可以分离数十公里甚至更远，管道更加发挥作用。

热传输系统主要由传输管道和泵体构成。这与石化、冶金行业的高温气体、液体流通网络基本相似。

对于热传输系统的基本要求也基本相同：①输热管道的热损耗小；②输热管道能在较长时间经受高温流体的冲刷，泵要能稳定工作；③输送传热介质泵的功率要小；④热量输送的成本要低。

热传输系统有两种模式。

① 分散型。对于分散型太阳能热发电系统，通常是将许多单元集热器串并联起来组成集热器方阵。但这样会使由各个单元集热器收集起来的热能输送到储热系统时所需要的输热管道加长，热损耗增大。

② 集中型。对于集中型太阳能热发电系统，不需要组合环节，热能可直接输送到储热（蒸汽发电）系统，这样输热管道可以缩短，但现有的塔式发电设计要将传热介质送到顶部，

需要消耗动力，加大泵的功率。

现在传热介质多根据温度和特性选择，大多选用工作温度下为液体的加压水式有机流体，也有的选择气体式两相状态物质。

为减少输送管道的热损，目前的主要做法一种是在输热管道外加绝热层，另一种是利用热管输热。图 7-27 是抛物线形槽式太阳能系统的管道组件图。

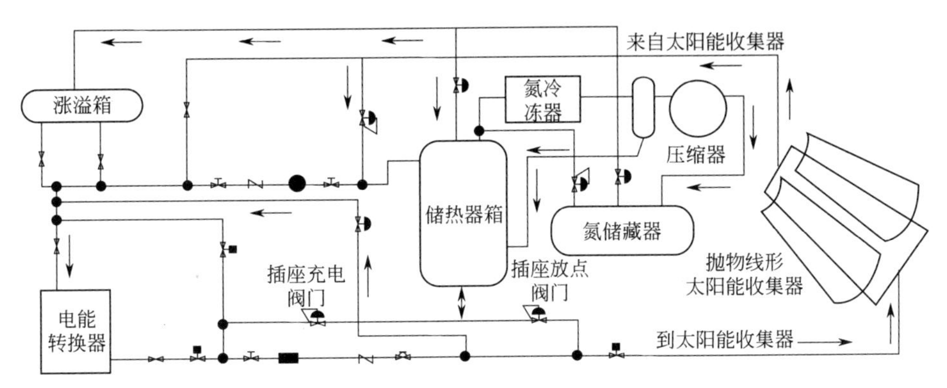

图 7-27 抛物线形槽式太阳能系统的管道组件图

热储存中的罐体和热传输系统中的管道与环境温度有很大温差，必须进行保温。管道绝热层受力变形表明绝热工程必须按管道与设备保温绝热工程的成熟经验和标准施工。

绝热保温结构有胶泥保温结构（已很少用）、填充保温结构、包扎保温结构、缠绕式保温结构、预制式保温结构和金属反射式保温结构等。

1995 年英国首先在热力工程上采用金属反射式保温，在此之前，苏联在 600～800℃的燃气轮机上使用多层屏蔽金属反射式保温结构。这种结构主要用于降低管道和设备的辐射与对流传热，特别适用于震动和高温状态，甚至在潮湿环境中发挥热屏或绝热作用。

可拆卸式保温结构又称活动式保温结构，主要适用于设备、管道的法兰，阀门以及需要经常进行维护监视的部位、支吊架的保温设备和管道绝热保温用的绝热材料（包括颗粒状和纤维状制品），对热流有显著阻抗作用，轻质、吸声、防震。

泵的功能是将原动机提供的机械能转换为被输送液体的压力势能和动能。按工作原理和构造，主要有叶轮式泵、容积式泵两大类及射流泵和真空泵等。太阳能热发电热输送系统所用的熔盐泵是一种特殊用途的耐腐蚀泵，为提供高温熔盐的工作介质和在管道中流动的动力，实现热能传送，熔盐泵必须选用能耐高温、耐腐蚀的合金材料。

在太阳能热发电的热输送系统中，比较理想的设计是使热质在管道中按照冷热方向自行移动，仅在启动、加热过程中使用泵和阀门。

在太阳能热应用中，使用的绝热（保温、保冷）材料主要有岩棉、矿棉、玻璃棉、耐火纤维、泡沫玻璃、硅酸钙绝热制品、玄武岩纤维、耐温涂料、金属反射绝热材料等。现在已开发出的热导率低于静止空气的纳米孔硅质绝热材料性能优异，引人瞩目。

在各太阳能热发电的热输送系统中，对中高温热量传输管道及其热防护材料的研究还集中在金属材料的热防护涂层、防护垫片及其与钢管的结合技术、全陶瓷输热管研究和耐高温密封材料等方面。

第3篇

各类太阳能热发电技术

8 塔式太阳能热发电

8.1 塔式太阳能热发电技术概述

8.1.1 历史与现状

塔式发电是一种集中型太阳能热发电技术，其基本形式是利用独立跟踪太阳的定日镜群（阵）将阳光聚集到固定在塔顶部的接收器上以产生高温，加热工质，产生过热蒸汽或高温气体驱动汽轮机发电机组或燃气轮机发电机组。塔式太阳能热发电的聚光系统原理为点式聚焦，通常聚焦温度在650℃以上，属高温太阳能热发电，聚光比为200～1000，甚至更高。

塔式太阳能热发电站具有壮观雄伟的恢宏气势。每当人们看见阳光照射，成百上千的镜面银光闪烁，按照各自轨迹缓缓转动，中心高塔周围明亮耀眼的情景，对太阳能热利用都会有深刻印象（见图8-1）。

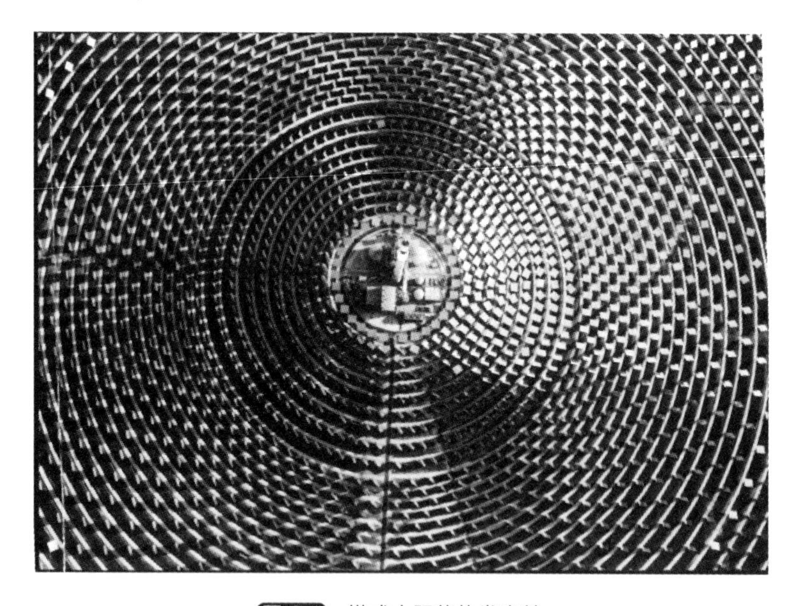

图8-1　塔式太阳能热发电站

1950年。苏联设计并建造了世界上第一座塔式太阳能热发电站的小型模拟实验装置，设计装置容量为50kW，对太阳能热发电技术进行了广泛的、基础性的探索和研究，应该说这是世界上研究开发太阳能热动力发电技术的第一次实际尝试。

塔式太阳能热原理是用众多反射镜面聚焦阳光获得能量，与当年阿基米德指挥众多士兵用盾牌反射阳光焚烧罗马战船的方式相同。2000年后，西西里人按照同一思路，在欧盟财政支持下，建造了欧洲第一座塔式太阳能热发电站，并将这块不断闪光的地方称为“西西里聚宝盆”。

在20世纪50年代欧洲各国支持下，当地为解决岛上缺乏化石资源的危机，政府决定在阿德诺镇上建立太阳能发电站。发电站的太阳能聚光镜由182面小聚光镜组成，其中50m^{2}的有70面，23m^{2}的有112面，聚光镜总面积超过6000m^2，阳光接收器和锅炉安装在55m高的中央塔顶上。镜面跟踪由计算机控制，镜面反射聚焦的太阳光能将塔顶上锅炉里的水加热到512℃，最大压力可达6485kPa，这样的高温高压蒸汽足以推动涡轮机转动发电。发电能力达到1000kW。

塔式太阳能热动力发电技术的现代规模研究始于20世纪80年代初。

1982年，美国在加利福尼亚州建成Solar One（太阳1号）塔式太阳能热动力发电站，以水作为集热工质，装机容量10MW。经过一段时间的试验运行和总结之后，1995年Solar One被改造成Solar Two（太阳2号），改以熔盐作为集热工质，装机容量同为10MW，于1996年1月建成并投入试验运行。建造Solar Two的目的为着重研究Solar Two电站中的一些关键部件，如定日镜、塔顶接收器等，以及镜场布置设计，尤其是提供一座以熔盐作集热工质的塔式太阳能热动力发电站的示范性设计。经过试运行，澄清了发展以熔盐作集热储热工质的塔式太阳能热动力发电系统在经济上和技术上的若干不确定性，使工业界能够充满信心地去发展适于商用规模（30～100MW）的塔式太阳能热动力发电站。这是塔式太阳能热发电的开山之作，其经验教训一直为人借鉴吸取。

在此期间，世界各国相继建造了多座容量为0.5～10MW的塔式太阳能热动力发电实验电站。

2004年春，Abengoa公司开始在西班牙建造一座功率为11MW的塔式太阳能热动力发电站，并于2007年投入试验运行，称为PS10。该电站的与众不同之处是采用饱和蒸汽朗肯循环发电，而非过热蒸汽。2008年，在PS10电站成功发电的基础上，在其近旁又建了另一座相同形式、功率为20MW的塔式太阳能热动力发电站，称为PS20。该电站峰值发电效率为23%，年平均发电效率为20%，它是目前世界上已建成的容量最大的塔式太阳能热动力发电站。

8.1.2 塔式太阳能热电站系统

图8-2是美国Solar Two（太阳2号）电站的组成。电站由聚光系统、接收（集热）系统、储热系统、蒸汽产生系统及发电系统组成。以熔盐作为集热介质的Solar Two对后继塔式/熔盐太阳能热电站发展作出了重要贡献，是一座标志性的工程。

现在人们在太阳能高温传热储热、太阳能热发电站设计技术、太阳能热发电站集成技术等方面研制已有所收获。目前已经能够批量生产太阳定日镜、储热材料及系统，并具备了太阳能电站总体设计能力和集成能力。

塔式电站的直接投资组成包括：结构和改进、定日镜场、吸热器系统、塔和管路系统、储热系统、蒸发器系统、发电系统、主控制系统、外围设施。

太阳能集热场、发电系统、接收器和储热系统估计占总投资的80%。花费最多的部分

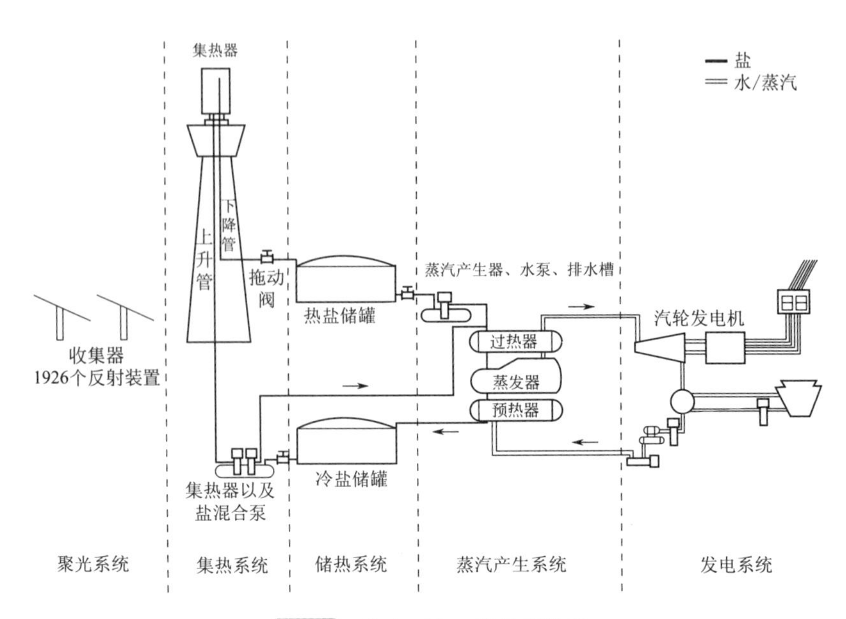

图 8-2 Solar Two 电站的组成

在定日镜场，占了 Solar Tres 总投资的 43%和 Solar Two 总投资的 47%。之后的主要开销是发电系统（占 Solar Tres 总投资的 13%和 Solar Two 总投资的 20%）和接收器（占 Solar Tres 总投资的 18%和 Solar Two 总投资的 8%）。

研究表明，定日镜场、发电系统和吸热器占总的直接投资的 74%，主要的开销是定日镜场，占 Solar Tres 总投资的 43%；接下来的三项是发电系统，13%；吸收器，18%；外围设施，6%。集热场的投资组成见图 8-3、图 8-4。

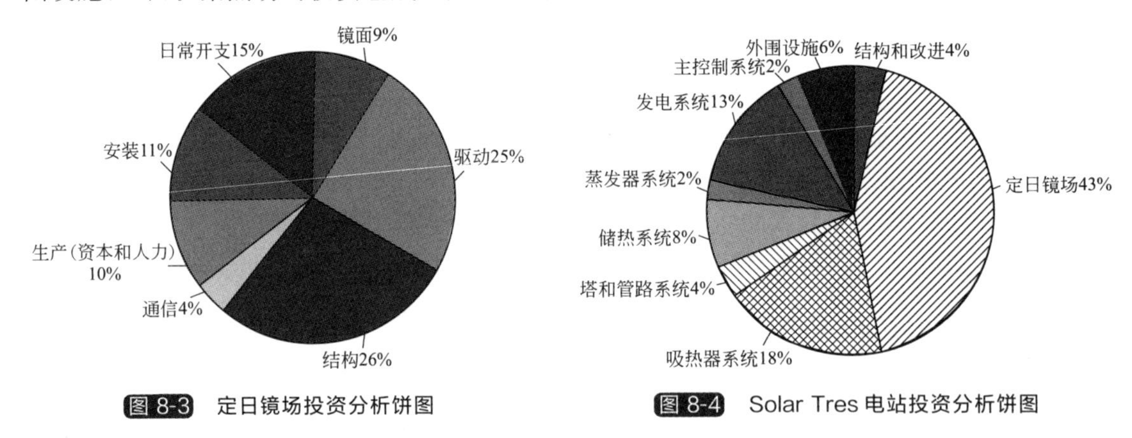

图 8-3 定日镜场投资分析饼图

图 8-4 Solar Tres 电站投资分析饼图

在美国太阳能热电站的投资分析中，没有土地价格的开销。不同地段的土地价格差异巨大，也无可比性。大型太阳能热、太阳光伏电站都应设置在阳光充沛的荒原、沙漠地区，一不与农业争地；二不增加投资成本。

8.1.3 塔式太阳能热发电站的特点

塔式太阳能热发电站的优势如下。

① 聚光倍数高，容易达到较高的工作温度，阵列中的定日镜数量越多，其聚光比越大，

接收器的集热温度越高。

② 能量集中过程是靠反射光线一次完成，方法简单有效。

③ 接收器散热面积相对较小，因而可以得到较高的光热转换效率。

塔式太阳能热发电的参数可与高温高压水电一致，所以不仅有较高的热效率，而且也容易获得配套设备。

塔式电站初期投资较大，如美国的 Solar One 电站投资 1.42 亿美元，成本比例为定日镜占 52%，发电机组、电气设备占 18%，储热装置占 10%，接收器占 5%，管道及换热器占 8%，其他设备占 4%（不包括土地费用）。但随着制镜技术的提高和规模增大，定日镜成本会大幅降低，美国估计到 2020 年，塔式太阳能热发电成本可降至 5～6 美分/（kW·h），可与常规石化能源发电相比。如与环境污染成本相比，占据的优势更大。

美国能源部主持的研究表明，塔式太阳能热发电在所有大规模太阳能发电技术中成本最低。

8.2 塔和塔式电站工作原理

8.2.1 塔功能概述

塔（有的资料称接收塔、吸热塔、集热塔、中央塔或动力塔）是塔式太阳能热发电站引人瞩目的中心，是放置接收器、热力管道和热交换装置的场所，在塔式太阳能热电站工程中所有镜面犹如共同组成的一个大反射镜，塔就居于反射阳光的聚焦之地。

塔的高度与定日镜场的规模，即获得的能量有密切关系（见图 8-5）。根据设计电站容量（镜场规模）和热力循环方式，塔的高度从数十米到数百米。图 8-6 是欧洲 PS20 太阳能热电站塔。

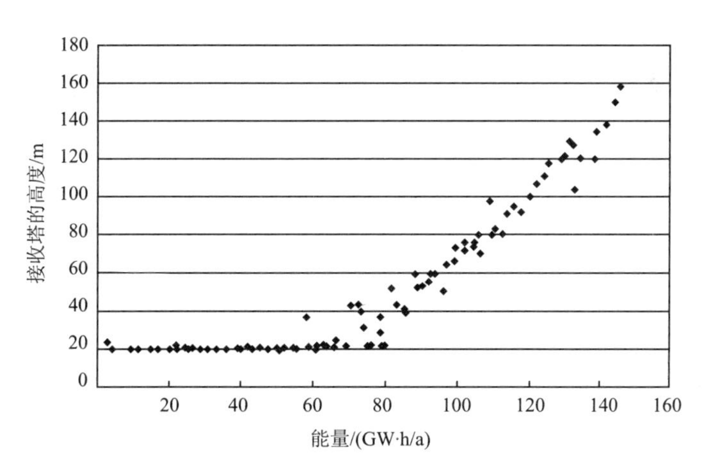

图 8-5 接收塔的高度与获得能量之间的关系

有人根据统计曲线得出塔高数值在一定范围内为常数 36.7 乘以塔顶接收器的输出热功率（MW）的 0.288 次方。

塔一般由钢筋水泥或钢架构成。塔要求有较高强度，不会影响人员和设备的升降，能够

图 8-6 欧洲 PS20 太阳能热电站塔

经受沙漠风沙的袭击（至少能够承受 10 级大风）。在沙漠地区，要求基础牢固不会倾斜，不易变形，不影响接收光线的角度，因为光线入射角度的微小变化就会引起发电能力的巨大损失。

另一方面，塔的基础和安全系统又不能过于庞大而增加投资成本。在现有运行的中央塔设计中，塔高 120m 以下多采用钢构架结构，这也便于敷设上下管道，局部改造与维修；而塔高 120m 以上，则考虑钢筋混凝土结构。

阳光经塔周的定日镜群反射到塔顶，工质由地面经管道送至塔顶接收器加热，加热后的工质再经管道送回地面。所有地面和塔顶之间的连接管路和控制联络均沿塔敷设。

电梯和各类管道要有安全措施。因为定日镜可以单独更换，而塔的维修直接影响整个电站的运行，所以塔应有较长的设计寿命。接收器一般置于塔的顶部，塔的设计要利于接收器（太阳锅炉）的运行。

在正常工况下，从定日镜阵列投射到塔顶接收器上的太阳辐射强度的典型值为 300～1000kW/m^2，因此塔顶接收器的工作温度在 500～1200℃。塔顶也应用绝热保温措施。

在最新提出的对塔式太阳能热电站系统的重大改革方案中，塔顶进行二次聚光，这样可大幅减少热力循环所用的动力，但塔的结构必须按要求重新设计。

8.2.2 太阳能接收器

根据接收太阳辐射的方式不同，接收器可分为表面式接收器和空腔式接收器。根据聚光形式不同，又可分为线聚光接收器和点聚光接收器。

在塔式太阳能热发电系统中，太阳能吸收器位于中央高塔顶部，是实现塔式太阳能热发电最为关键的核心技术，它将定日镜所捕捉、反射、聚集的太阳能直接转化为可以高效利用的高温热能，加热工作介质至 500℃以上。塔高与定日镜反射光仰角相关，当仰角大于 60°时，集热效率可达 90%以上。它为发电机组提供所需的热源或动力源，从而实现太阳能热发电的过程。目前，不少国家相继投资对该技术的研究，起步较早的欧美国家及以色列等在该技术上已经取得重大突破。

8.2.3 塔式太阳能热发电站的储热

塔式太阳能热发电站的储热装置根据系统所选用集热工质的不同，存在着混合盐潜热储热和空气堆积床显热储热两种可用的储热循环设计。

(1) 混合盐潜热储热

单纯的混合盐潜热储热设计，在混合盐用于塔式发电潜热储热时，混合盐既是集热工质，又是储热介质。

塔式太阳能热动力发电站的混合盐潜热储热装置，通常采用2储罐储热系统，即两个不承压的开式储罐。其工作过程是，冷储罐中的冷盐，通过泵送往塔顶接收器，经太阳能加热至高温，储于热储罐中。需用时将储存的热盐送往蒸汽发生器，加热水变成过热蒸汽，驱动汽轮发电机组发电，然后再返回冷储罐。这种储热设计具有以下2个优点。

① 混合盐的运行工况接近常压，因此接收器不承压，允许采用薄壁钢管制造，从而可以提高传热管的热流密度，减小接收器的外形尺寸，以至降低接收器的辐射和对流热损失，使接收器具有较高的集热效率。

② 从功能上看，这里的混合盐兼有集热和储热的双重功能，使得集热和储热系统变得简单和高效。一般储、取热效率大于91%。

（2）空气堆积床显热储热

当系统集热工质选用空气、氦或其他气体工质时，则其储热方式可以采用空气堆积床显热储热。这是一项古老而又成熟的储热技术，在冶炼工业中早有应用，其可能的储热温度主要决定于所选用的储热材料。

由实验研究可知，堆积床储热的运行特性决定于两个基本因素，即床体的形状和堆积球的大小，也是堆积床储热技术设计的关键。

8.2.4 塔顶接收器热过程的应用

（1）水或熔盐作集热工质

目前，以水和熔盐作集热工质的塔顶接收器，无论采用圆柱接收器或空腔接收器，都采用管束结构，管外壁接收太阳辐射，管内通集热工质，其传热过程为通常的管流换热，如图8-7（a）所示。

（2）空气作集热工质

以空气作集热工质的塔顶接收器，目前多采用筒式（容积）结构而不采用管式结构，因为空气的对流换热系数较低，在管式结构中导致加热温差很大。为了提高容积接收器接触表

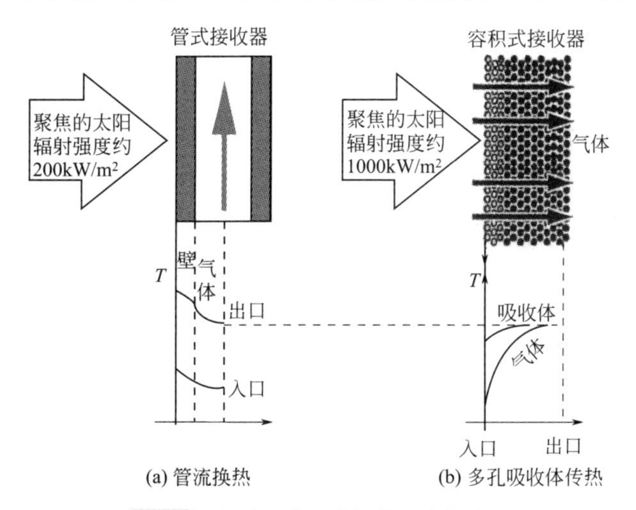

图8-7 管式和容积式接收器的热过程

面的传热强度，实际可用的强化传热方法有金属丝网、多孔体（多孔吸收体）、凸起材料和蜂窝结构等，接收器在体积内部吸收太阳辐射能。图 8-7（b）为多孔吸收体结构的传热原理。性能良好的多孔吸收体可以使太阳辐射渗透到结构深处。

为使接收器水中杂质保持在一定限度以内，控制接收器中的水质符合规定标准，需要对接收器进行连续式定期排污，不断排出其中所含盐、碱成分和沉积的水渣、污泥以及松散状的沉淀物。

连续排污又称表面排污，通过连续不断地从接收器盐、碱浓度最高部位排出部分循环水（一般放至正常水位 80～100mm 处），以减少循环水中盐、碱、硅含量及处于悬浮状态的渣滓物。定期排污多设在汽包的下部及联箱底部，主要排除接收器内水渣、泥污等沉积物，应当选择在接收器高水位、低负荷或低负荷出力状态进行较短过程时间排污。对于大型电站需要连续排污，而一般兆瓦级的接收器上只装设定期排污。

接收器是太阳能热发电的核心，目前国际上多采用空腔式接收器，光热转换率达到90%以上。目前，国外正在研究一种先进的塔式接收器，它通过与高温相变储热系统的有机结合，可以将燃气轮机内的空气加热到 1400℃，压力大于 1.5Pa，从而使大型太阳能电站的联合循环效率达到 60%甚至更高。此外，由于接收器温度超过了 1000℃，利用太阳能发电塔可以实现利用热化学方法来制取氢气。

由于碟式太阳能热发电聚光比高，一般为 500～6000，因而到达单位面积接收器上的能量很高。另外，由于接收器受光和冷流体分布的不均匀性，在接收器内易产生热点，导致发生安全事故。在太阳能热发电中利用热管的高效传热性能、优良的均温性能，可以解决高温太阳能接收器的热点问题，提高接收器和发电系统的效率和安全性能，同时其单向传热特性、结构可异型性能可以解决高温太阳能热发电中的储能问题，从而解决太阳能热发电连续性问题。因此，采用热管技术可以使碟式斯特林发电系统接收器集吸热、储热、发电三个功能于一体，提高了系统效率，降低了系统成本。

目前，碟式太阳能热力发电系统最大单机发电容量为 50kW，以色列魏茨曼研究院计划将单机容量增大到 70kW，可进一步降低整个系统成本。

8.2.5 塔式电站工作原理

在塔式太阳能热发电系统中，人们选用水（蒸汽）、熔盐、空气等作为不同吸收太阳热能的热流体。根据热流体的不同配用相应接收器类型，工作原理也有差别。

（1）热流体为水（蒸汽）系统

把水（蒸汽）作为热流体的塔式太阳能热发电系统直接利用聚焦的太阳热产生的蒸汽，但热流体运行温度和压力较低。给水依次经过放置塔顶接收器的预热、蒸发、过热等换热面后，成为朗肯循环汽轮机的做功工质，因此也常将该系统称为直接蒸汽生产方式的塔式太阳能发电系统。该系统中的接收器是几种系统中最简单、最便宜的一种。以水（水蒸气）为热流体的接收器的吸热管中的热流密度通常低于 200kW/m^2，但这些吸热管仍经常发生泄漏，导致泄漏的主要原因是入射太阳辐射的瞬变特性和分布不均。

采用直接蒸汽生产方式的塔式太阳能热电站包括意大利 0.75MW 的 Eurelios 电站、西班牙 1.2MW 的 CESA-1 电站、美国 10MW 的 Solar One 电站、西班牙 11MW 的 PS10 电站等。PS10 项目初期曾论证过采用空气吸热器加燃气轮机的布雷顿循环技术，最后由于成本高和技术风险大，转而采用直接产生蒸汽的方式。PS10 聚焦太阳能塔式热发电站工作原理参见图 8-8。

在用直接蒸汽生产方式的塔式太阳能热电站中，给水经由给水泵送往位于塔顶部的太阳能接收器中，吸收太阳能热量变成饱和蒸汽（或继续被加热为过热蒸汽）后，进入蒸汽轮机中做功，带动发电机发电。蒸汽轮机的排汽被送往凝汽器中凝结成水后，通过给水泵重新送往接收器中。

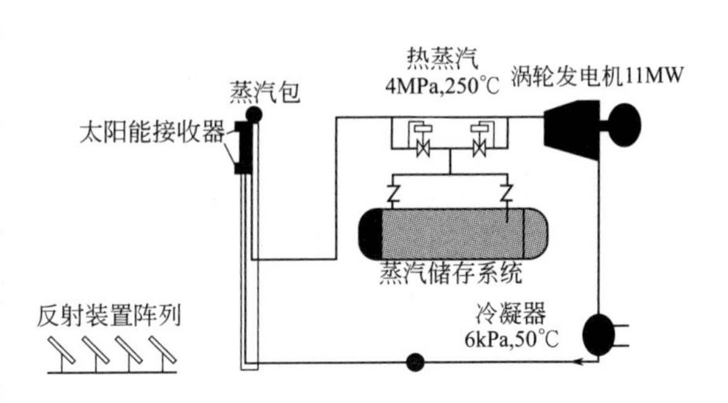

图 8-8 PS10 聚焦太阳能塔式热发电站工作原理

为保证生产蒸汽的稳定性，常常设置蒸汽储热系统，在阳光充足的时候，将多余的蒸汽热量储存在储热罐中，从而保证系统运行参数的稳定。

在水（蒸汽）电站系统中，接收器产生的高温高压蒸汽可以直接用于推动汽轮机发电，其优点在于吸热介质和做功工质一致，年均效率可以达到 12%以上。

(2) 热流体为熔盐的系统

为了避免直接蒸汽生产方式的塔式太阳能发电系统的接收器泄漏，同时为了获得更高的工质温度，可采用熔盐作为接收器中的吸热流体。

在热流体为熔盐的塔式热发电系统中，接收器的工作介质采用熔盐液，熔盐液在接收器中加热到 600℃左右或更高温度后，输送到高温储热装置，在热交换装置中将水加热成高温蒸汽后进入低温储热装置（约 280℃）保存。熔盐泵再把低温熔盐液送入接收器加热，参见图 8-9。

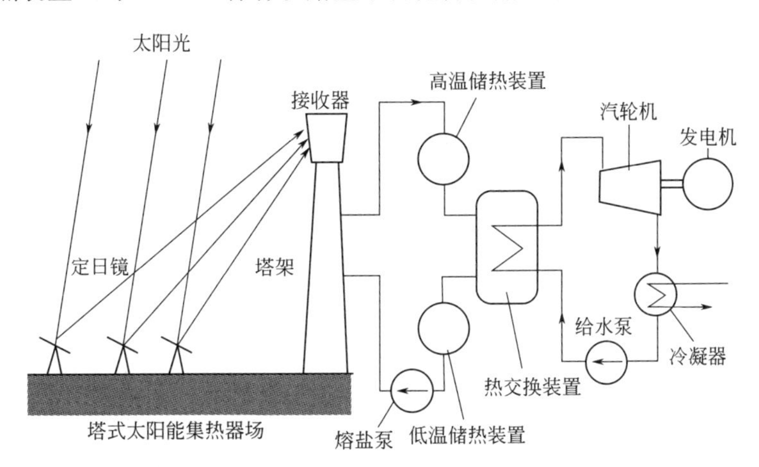

图 8-9 热流体为熔盐的塔式热发电系统工作原理

为了避免高温熔盐液温度的散失，可以在接收器就近的地方安装热交换器，高温熔盐在高温热交换器中把中间介质（传热油之类）加热到 500℃或更高的温度后，传热油在储热装置内储存并通过热交换器产生高温蒸汽。

使用熔盐作为热流体的塔式太阳能发电站有美国的 MSEE 电站及 Solar Two 电站、西班牙的 Solar Tres 电站等。

相较于水（蒸汽）电站系统，熔盐电站系统由于高温运行时管路压力较低，甚至可以实现超临界、超超临界等高参数运行模式，从而进一步提升塔式热发电系统效率，并可以方便地储能，是一种很高效、规模化前景的技术。

（3）热流体为空气的系统

以空气作为吸热介质的塔式太阳能发电系统可达到更高的工作温度。接收器通常采用腔体式接收器。以空气作为吸热介质的塔式太阳能发电系统可以采用以下两种工作方式。

一种工作方式是将接收器中产生的热空气应用于朗肯循环热电系统，见图 8-10。在该系统中，接收器周围的空气以及来自送风机的回流空气在接收器中吸收来自太阳能镜场的太阳辐射，被加热后的热空气被送往热量回收蒸汽生产系统（Heat Recovery Steam Generating，HRSG），HRSG 中产生的蒸汽送往汽轮机中做功，带动发电机发电。热空气在 HRSG 中将热量传递给工质后，变成低温空气，然后被送风机重新送到塔顶的接收器中。

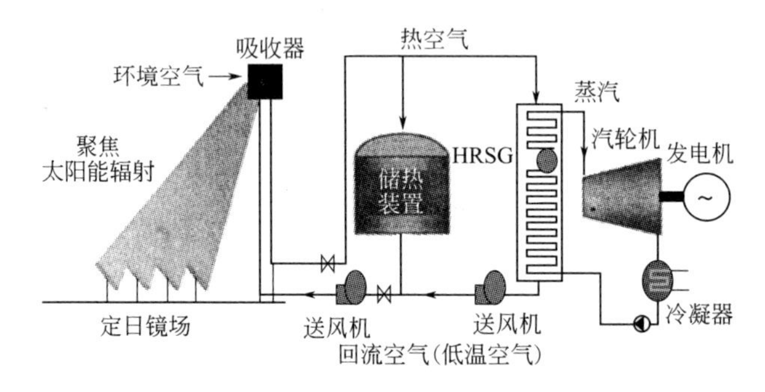

图 8-10 以空气为热流体的塔式太阳能热发电系统工作原理（发电系统采用朗肯循环）

另一种工作方式是将接收器中产生的热空气应用于布雷顿循环-朗肯循环联合发电系统。可以直接把高压空气加热到 1000℃以上去推动燃气轮机，推动燃气轮机后的气体仍有较高温度，再通过热交换器加热水生成水蒸气，水蒸气再去推动汽轮机，有效利用热量。也可以把经过腔体式接收器加热后的高压空气直接送入燃烧室，进一步加热后进入燃气轮机发电，燃气轮机的排汽进入底部朗肯循环进行发电，见图 8-11。

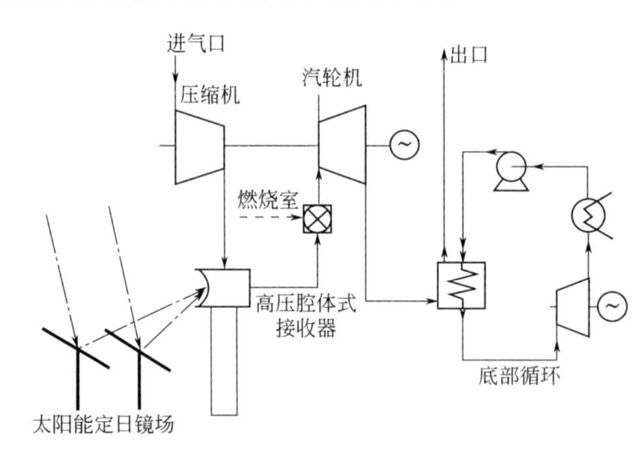

图 8-11 以空气为热流体的塔式太阳能热发电系统工作原理（发电系统采用联合循环）

空气吸热器电站一般采用布雷顿循环的热发电模式，空气经过吸热器形成 700℃以上的高温热空气，进入燃气轮机，推动压缩机做功并实现电力输出，大大减小燃气用量，其运行效率可以达到 30%以上，并且可以无水运行，是未来塔式热发电站高效率化发展的一个重要研究方向。

欧洲和以色列对采用空气作为吸热介质的塔式太阳能发电系统的换热技术及储热技术的研究较为关注，并开展了一些著名的研究项目，如 Phoebus-TSA、SOLAIR 和 DIAPR 等，取得了一定的研究成果。德国于 2009 年投运的 Jülich 电站是一个试验验证电站，也是世界上第一个采用空气作为传热介质的塔式太阳能发电系统。

（4）PS10 塔式电站

西班牙 PS10 聚焦太阳能塔式热发电站于 2007 年 3 月 30 日竣工，是世界上第一座运用塔/日光反射技术的太阳能热发电商业运营工厂。

PS10 聚焦太阳能塔式热发电站由欧盟资助，位于西班牙阳光充沛的南部。PS10 聚焦太阳能塔式示范热电站于 2004 年 6 月动工，共有西班牙和德国的 4 个公司参与建设。

安装 11MW 的蒸汽涡轮发电机现在已联网进行商业运营，每年可发电 23GW・h，是目前欧洲最大的太阳能发电设备。

PS10 示范电站占地 55hm^2，由 624 个日光反射装置组成环状阵列，每个日光-反射装置都有面积为 120m^2 的弧形曲面镜。光学和电子的二维控制系统保证了每个反射装置都跟踪太阳在空中由东到西运动，以便接收最多的太阳辐射。所有接收的太阳光都被弧形镜面反射聚焦到环状阵列中央，位于高达 115m 的塔上部的太阳能集热器。

平板式太阳能接收器将太阳能转化为热能，产生 4MPa、250℃的饱和水蒸气推动涡轮发电机发电。发电后的水蒸气在冷凝器进一步放出热量，变成 6kPa、50℃的水，通过循环管道再回到接收器使用。

晴天或中午时分产生的多余热蒸汽可以暂时保存在由 4 个储气罐组成的热蒸汽储存系统里，多云或傍晚时，可以利用热蒸汽储存系统中的热蒸汽继续推动涡轮发电机发电。

在晴天时，PS10 日光反射装置阵列吸收的太阳光非常强烈，弧形镜面反射聚焦效果好，越靠近太阳能塔上部集热器附近，聚集的太阳辐射能密度越大，将空气中的尘埃和水蒸气清楚地显现出来，因此，看起来有点像人为描画的太阳光线（见图 8-12）。

图 8-12　晴天 PS10 聚焦太阳能塔式热发电站聚焦反射太阳光

图 8-13　美国艾文帕太阳能项目

美国加州建有世界上容量最大的塔式太阳能热动力发电站，由相邻的三座中央动力塔组成，安装定日镜 347000 台，直接产生 550℃高温高压过热蒸汽，推动汽轮发电机组，总发电功率 392MW，占地 14km^2（见图 8-13）。

8.3 跟踪系统

8.3.1 跟踪方法

目前塔式太阳能热发电系统使用的定日镜跟踪方法有方位-高度俯仰跟踪法和自转-高度（俯仰）跟踪法（见图 8-14）。

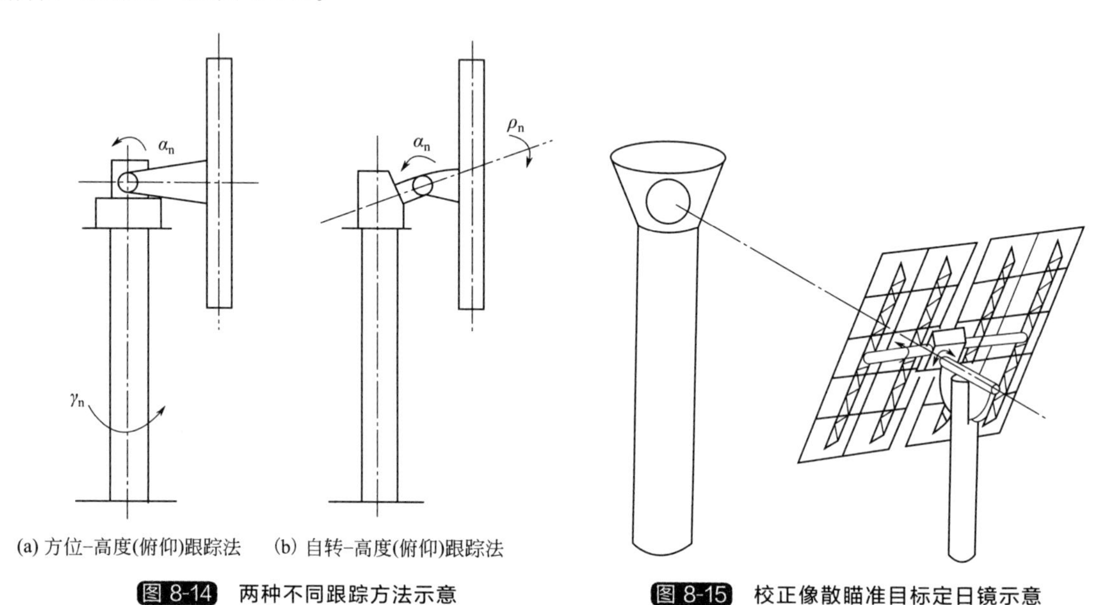

图 8-14 两种不同跟踪方法示意

图 8-15 校正像散瞄准目标定日镜示意

定日镜一般包括反射镜、支撑框架、立柱、传动和跟踪控制系统五大部分。定日镜通常有两个正交的能连续跟踪太阳的旋转轴，其中一个旋转轴是固定轴，与地面基础固定；另外一个旋转轴作为从动轴，与定日镜的镜面一起绕固定旋转轴转动。一些典型的双轴跟踪方式有方位-高度（俯仰）跟踪、固定轴水平放置的自转-高度（俯仰）跟踪、极轴式跟踪以及固定轴指向目标位置的自转-高度（俯仰）跟踪。

方位-高度（俯仰）跟踪方式是常见的双轴跟踪方式，太阳跟踪器、抛物面碟式聚光器以及定日镜多用这种跟踪方式。

（1）方位-高度（俯仰）跟踪法

有时也称为传统跟踪方法。理论上根据天文关系求得定日镜跟踪太阳视位置的镜面法线运动方程式，这里称为跟踪方程，以此计算定日镜跟踪太阳视位置的瞬时高度角和瞬时方位角。定日镜的第 1 旋转轴为方位轴；第 2 旋转轴为高度轴，保持水平，垂直于第 1 旋转轴，并与镜面相切。通过跟踪机构，使定日镜绕第 1 旋转轴和第 2 旋转轴转动，如图 8-15 所示。

这种定日镜跟踪方法，在美国 Solar Two 和西班牙 PS10 等大型塔式太阳能热动力发电站中均有成功的应用。习惯上，将这种按方位-高度（俯仰）法跟踪太阳视位置的定日镜，称为传统定日镜。

（2）自转-高度（俯仰）跟踪法

自转-高度（俯仰）跟踪法，简称自转-高度法，也称瞄准目标跟踪法。自转-高度（俯仰）跟踪法的基本原理如图 8-14（b）所示。定日镜的第 1 旋转轴指向目标，并与地面固定不动，第 2 旋转轴与镜面平行相切，垂直于第 1 旋转轴。跟踪过程中，第 1 旋转轴将定日镜转动到斜坐标系中的方位角，第 2 旋转轴将定日镜转动到新坐标系中的天顶角。镜面的反射太阳辐射指向塔顶接收器，显然平行于第 1 旋转轴，垂直于第 2 旋转轴。这样，第 1 旋转轴确立了切向方向，第 2 旋转轴则与径向方向重合。由于第 1 旋转轴与地面保持固定，倾斜指向目标，表明了在反射平面中切向距离和径向距离相对于镜面固定不动。这种方式能使定日聚光场布置得更加紧密。

定日镜镜面最常见的面形有平面、球面和抛物面。为了减轻球面或抛物面对离轴入射太阳光的聚光像散，定日镜的镜面还可以设计成非旋转对称的轮胎面等高次曲面，以提高聚光性能。定日镜的整体镜面可以是一个单元镜，也可以是由多个单元镜组合成的复合镜面。只有一个单元镜的定日镜一般是小尺寸定日镜；对于反射镜面面积大的定日镜，需要由多个单元镜通过支撑结构组合起来，在整体上近似为球面或抛物面。

（3）轮胎面定日镜

轮胎面也称超环面，是具有两个相互垂直的对称截面（子午截面和弧矢截面）且两截面内圆弧具有不同的曲率半径的非旋转对称曲面。

1995 年，人们提出了固定旋转轴指向目标位置的双轴跟踪校正像散曲面定日镜（ACTA）的概念，结合了原来的轮胎面（超环面）与固定旋转轴指向目标位置的双轴跟踪方式。自转-高度俯仰双轴跟踪方式可以与轮胎面结合起来，轮胎面定日镜在子午和弧矢方向上不同的曲率半径可用来矫正离轴像散，从而提高定日镜的聚光效果。

这样定日镜在全天对日跟踪聚光过程中，镜面中心的太阳光入射平面（含镜面中心的法向与入射光线）总与镜面的子午平面（含镜面的主光轴和镜面中心的法向）重合。这种概念使得定日镜镜面面形的优化设计变得可行，优化方法变简单，从而使轮胎面定日镜的实际应用变为可能。

在塔式聚光装置中，塔顶接收器截光面上焦斑的大小和形状取决于太阳圆面张角效应和散光偏差。

圆面张角效应是太阳辐射所固有的特性，对所有形式的定日镜都一样，而与定日镜本身的设计无关。

散光偏差可分为两部分：一是镜面误差，包括镜面光洁度和平整度等；二是非理想跟踪扩展偏差，包括跟踪精度和像散现象。

由于上述的这些原因，加之定日镜的反射光程很远，为了避免太阳辐射经镜面反射后，到达目标位置时过于扩散，通常都将镜面设计成具有一定曲率的弧面镜，将反射光束做适度聚合与像散校正。

传统的定日镜，其反射镜面的曲率半径 r 设计为各向相同，它的标定焦点长度 $f=r/2$。这种情况，只有在太阳、定日镜中心和目标中心三点共线时成立。也就是说，在某个特定的太阳视位置，定日镜处于正轴反射，才能得到像散校正。但传统定日镜大部分时间处于偏轴反射，它和正轴反射情况相比，具有较大的像散，从而构成较大的光通量泄漏，降低塔顶接收器的光输入能量。

校正像散瞄准目标定日镜的镜面设计为具有两个不同主曲率半径的椭圆曲面，即非对称设计。这样，在反射平面中切向距离和径向距离固定不变，且与其镜面曲线的主轴重合，从而达到校正定日镜像散的效果。这就是近年来针对传统定日镜存在较大像散的缺点提出的一种改进设计。

经过模拟计算表明，两种定日镜反射到塔顶接收器上光能密度分布的均匀度、焦斑形状和尺寸有所不同。方位-高度俯仰跟踪法定日镜的像散扩展随时间的相对变化较大，分布不均，且不规则，这意味着反射到接收器上光斑尺寸变化较大，在光斑很小、能量高度集中的时刻形成热点可能导致接收器的损坏，自转-高度俯仰法定日镜瞄准目标定日镜或非对称定日镜的年最大漏光损失也较前者低 20%～30%。计算结果同时表明，传统定日镜场的接收率对聚光比的年相对变化关系，最好和最坏情况可达 5 倍，而自转-高度俯仰（瞄准目标）法定日镜场在同样条件下只有 2 倍。这意味着前者会造成接收器温度波动更加剧烈，显然对电站的稳定性和安全性极为不利。由于镜场聚光特性和跟踪系统更胜一筹，近年大型塔式发电已在选用自转-高度俯仰（瞄准目标）定日镜。

除光学模拟之外，国内还开发其他有关检测仪器。

① 定日镜模型的风洞试验，为测取定日镜表面的风压分布和风压系数在定日镜表面布置纵横数百个测压点，对其进行模拟分析和应力分析、横轴与立柱总位移分析。

② 测定各个时刻光斑的灰度值相对分布。

③ 定日镜误差测试仪器，经有关部门鉴定，仪器的灵敏度为 0.04mrad；精度优于 0.1mrad。

④ 能流密度测试设备量程为 10^2～10^6 W/m^2，精度达 8%。

8.3.2 跟踪控制系统

（1）一种定日镜自动控制系统

现在绝大部分厂家都采用超白玻璃镀银镜。控制系统采用方位、俯仰双轴驱动的方式控制定日镜来自动跟踪太阳。目前国际上对定日镜的控制有断续式和连续式两种运行模式。断续式指驱动电机并不连续转动，先给系统设定固定的时间值，每隔一定时间，系统间歇运行。此方式方便、简单，节约电机的电能，但是随着太阳的运动，镜子的部分反射光不能反射到吸热器上，造成了浪费。连续式是指电机依太阳跟踪计算值以连续低速的方式运行，进行太阳跟踪。此种方式光斑效果更好，系统更加稳定、可靠，但是由于电机时刻都在运行，要多耗费一些电能。

定日镜控制系统通过控制多台定日镜将不同时刻的太阳光线反射后聚焦至同一目标位置，实现多组光线定点投射、叠加并产生高温。由于太阳高度角和方位角每时每刻都在不停地变化，也就意味着每个定日镜入射光线的高度角和方位角也在不断变化，但最终目标点的位置固定不变，这样反射光线在理论上是不变的，由此可以根据太阳高度、方位角度计算出定日镜法线位置，从而实现精确定位。目前，国际主流定日镜控制方式为程序控制，它通过太阳的运动规律按时间计算出太阳的运行角度。该控制方式需要严格的机械加工精度保证，且长期运行使用过程中存在累计误差。为克服累计误差，必须加入光线检测装置，即闭环控制，定期或不定期地对反射效果进行巡检校正，确保定日镜对太阳光的反射效果。

皇明太阳能张长江等介绍的一种定日镜的控制系统可实现太阳角度计算转换、伺服电机速度位移等参数确定、编码器反馈信号接收处理、自然气候条件判断以及闭环反馈信号收集等功能，通过对定日镜运行过程测试分析，按照定日镜不同的运行姿态对可编程控制器编程调试。可编程控制器的计算结果及控制指令通过扩展接口与伺服电机进行控制与反馈信号的双向传输，控制伺服电机按既定的目标和速度运行，达到对日光的精确定位跟踪，系统最终由安放在监控中心的监控电脑进行整体控制系统的实时监测管理，系统运行原理如图 8-16 所示。

在 6 级以上强风、强降雪等特殊工况时，将定日镜迅速恢复至安全状态以对定日镜进行

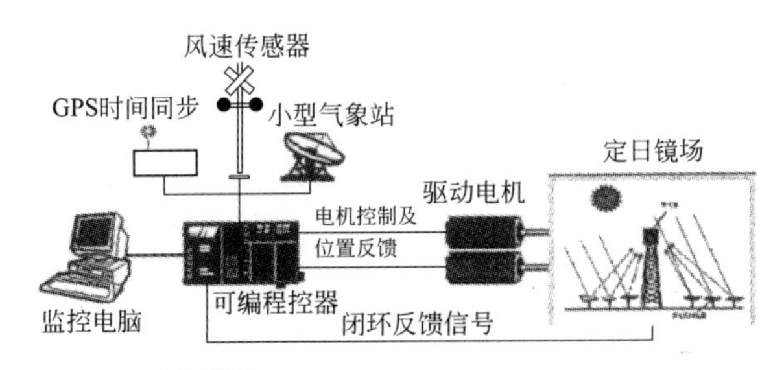

图 8-16 定日镜控制系统运行原理

防护。

在控制系统中，太阳角的计算具有至关重要的作用，通过年度订正、经度订正、时差订正，并综合考虑海拔高度、大气质量等地理位置条件修正，可以得到精确的太阳角度值用以自动跟踪控制。

（2）双立柱定日镜

为了减小定日镜传动间隙对聚光效果的影响，同时期望降低定日镜制造成本，张耀明等通过设计分析的方法进行了新型双立柱定日镜设计方案的探索。分析结果表明，开、闭环结合控制方式的新型双立柱支撑定日镜具有误差小、成本低、聚焦效果好的优点，该型式定日镜可望降低定日镜成本，提高聚光性能。

国内外现有工程应用的定日镜反射面多为单层微弧面热弯成型玻璃银镜，采用单立柱支撑，该结构的定日镜通常以程序控制的开环控制方式实现跟踪，整个镜架依靠固定不动的单根立柱支撑，通过立柱上端设置的垂直方向涡轮蜗杆减速驱动机构带动镜架实现方位角运动，通过水平方向的涡轮蜗杆减速驱动机构带动镜架实现高度角运动，具有结构简单、抗倾覆性能好的优点。然而，受机械加工精度限制，该型式的单立柱定日镜在传动间隙引起的跟踪误差方面存在难以逾越的困难；而高精度传动机构及曲面玻璃镜制作又使得定日镜制造成本居高不下，银镜镀银层防护急待攻克；同时，镜架不可避免的机械变形也给定日镜聚光效果带来挑战。因此，寻求新型定日镜设计方案显得十分迫切。

1）设计条件

塔高：100m；焦比：12.5；焦距：300m；总反射面积≥100m^2；反射率≥90%；跟踪精度：3.5mrad；抗风性能：风速≤12m/s 时，正常工作，风速≥19m/s 时，可自我保护；设计寿命：≥20 年。

2）总体设计

① 定日镜总体由反光面、小镜框、大镜架、支架、高度角传动机构、方位角传动机构、控制机构等构成。

② 采用多块较小镜面组合成近似球面的形式。

③ 反射面采用夹层玻璃银镜外加铝合金边框胶封的保护形式。

④ 反射面采用平面超白玻璃银镜，以微弧曲面调节成型工艺调整聚焦曲面。

⑤ 三维跟踪，以双立柱支撑、摩擦滚轮传动方式实现方位角传动，以双丝杆接力传动实现高度角传动。

⑥ 开、闭环结合控制方式，以开环控制方式实现大范围跟踪，以闭环方式实现精确对准。

⑦ 定日镜以翻转放平提高抗风性能，以镜面之间透风间隙削减风载。

3）设计及分析

① 聚光原理。由于聚光抛物面制作困难、加工精度难以控制，而在聚光焦距较大、曲率较小情况下抛物面与球面十分接近，因此，工程设计中考虑以近似球面代替抛物面，可近

似满足设计要求。

② 双立柱定日镜结构及其控制。开、闭环结合控制双立柱定日镜主要由以下部分组成(见图 8-17)。

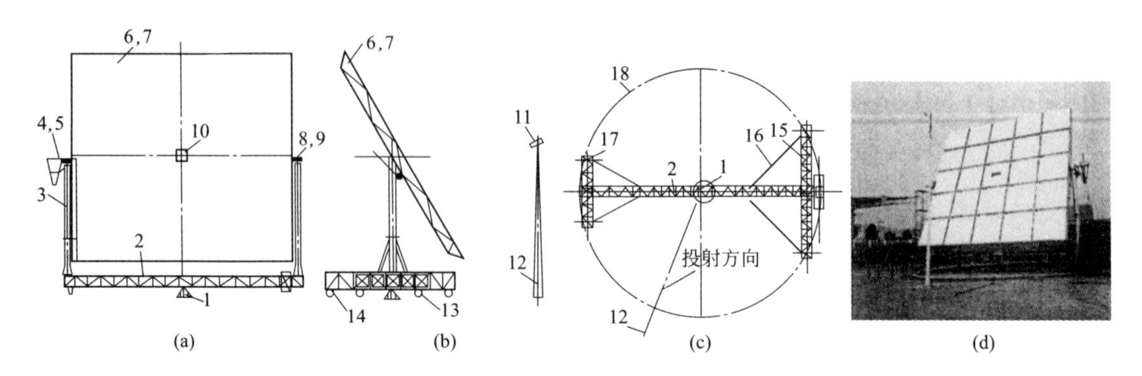

图 8-17 开、闭环结合控制双立柱定日镜组成

1—定位中心转轴 1 套；2—主梁 1 套；3—立柱 2 套；4—双丝杆传动装置（含 5—主动侧主轴）1 套；6—大镜架（含 7—小镜框、玻璃镜等）1 套；8—从动侧主轴 1 套；9—制动刹 1 套；10—传感器对光玻璃 1 套；11—光电传感器（含 12—支架）1 套；13—从动轮 3 套；14—驱动轮 1 套；15—侧梁 1 套；16—加强杆 1 套；17—辅助梁 2 套；18—轨道 1 套

为减小传动间隙对光斑跟踪精度的影响，设计中考虑采用在较大半径轨道上布置行走轮的传动方式，方位角传动机构由电机、减速器、摩擦滚轮组成，行走轮的角度误差传递为方位角跟踪的角度误差，可缩小至原来的 1/400；在高度角传动设计中，由于丝杆螺母沿丝杆方向所做的直线运动是一种无间隙连续运动，同时由于带动主动轴运动的摆杆长度远大于轴径，丝杆螺母的运动误差传递为高度角跟踪误差，也大幅缩小。

考虑到室外工作环境中水汽、风沙等对玻璃银镜的侵蚀和冲刷破坏，定日镜设计中必须考虑镀银层的防护。如图 8-18 所示，在银镜背面镀银层上通过 PVB 中性胶片贴覆一层普通玻璃，从而可以有效防止风沙、冰雹等对银层的冲刷，而通过对夹层玻璃镜包边并胶封处理，则可以有效阻止水汽等进入银镜截面，大幅度减小对银层的侵蚀；同时，该夹层玻璃的结构形式可大幅度提高玻璃镜的韧性，为微弧曲面调节成型工艺创造了条件。

通常，曲面玻璃镜制作采用先玻璃热弯、再曲面玻璃镀银的工艺流程。这就需要根据不同焦距和聚光比的要求制作大量的热弯模具，其费用不容忽视，同时曲面玻璃原片给镀银工艺带来难以保证均匀性的技术困难。鉴于工程应用的定日镜的聚焦曲面具有焦距较大、曲率较小的特点以及夹层玻璃韧性较好的特性，设计中采用夹层平面玻璃镜物理拉伸微弧曲面调节成型的工艺。

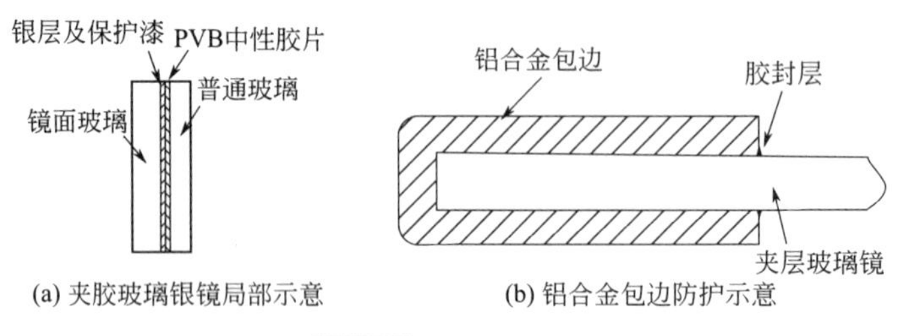

图 8-18 镀银层防护

单元玻璃镜微弧曲面成型示意如图8-19所示，在指定焦距距离处，通过调节螺栓缓缓拉动与夹层玻璃镜固定连接的吸盘，实地观测光斑的大小、形状变化，直至符合聚焦要求。而反射面整体曲面调整则根据聚光原理图所确定的定日镜各点相对高度，如图8-20所示，通过在大镜架上调节顶杆来调节小镜框相对倾角，完成光斑重叠的初步调整，在大镜架安装就位后，对照目标靶上光斑重叠效果，通过顶杆的微调实现各单片微弧曲面玻璃镜光斑重叠精确调整。

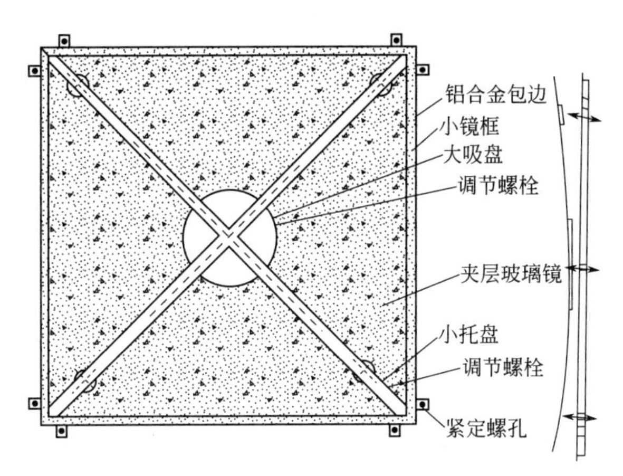

图8-19 单元玻璃镜微弧曲面成型示意

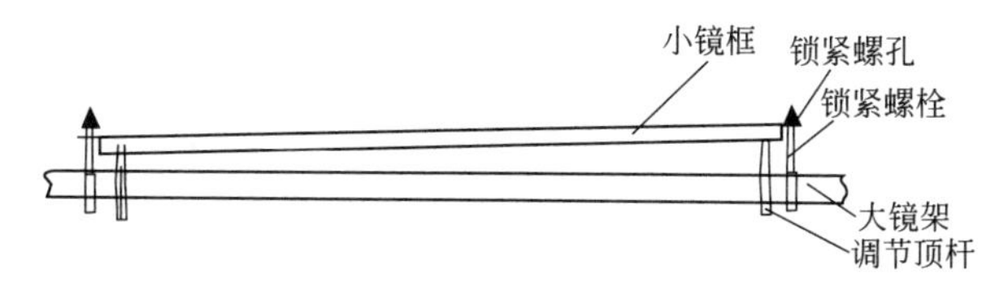

图8-20 反射面整体曲面调整示意

定日镜在工作时的跟踪控制，先通过开环程序控制定日镜在高度角及方位角方向按既定运动规律运动，光斑初步接近跟踪目标接收器，再由光电传感器进行跟踪偏差判断并发布修正指令逐步逼近跟踪目标，从而实现定日镜的精确跟踪。

4）主要设计参数

有效反射面积：100m^2；聚光焦距：300m；几何聚光比：12.5；方位角运动速度：0.3927rad/min；高度角运动速度：0.1212～0.1743rad/min；电机功率：140W×3；主动侧主轴轴承型号：32044；从动侧主轴轴承型号：23144；设计寿命：20年；外形总尺寸：13000mm×11000mm×12500mm；单片玻璃镜尺寸：2086mm×2086mm；总重量：10t；工作环境：室外。

5）性能分析

① 机械结构。双立柱定日镜镜架可以设计有沿高度角方向翻转放平功能，一方面可以在恶劣气候下有效降低风载荷、实现自我保护；另一方面，晚间镜面翻转向下可利用地球引力部分实现镜面自清洁。

② 消除误差。双立柱定日镜的传动机构可以有效缩小传动间隙带来的传动误差，有利于提高跟踪精度，进而提高定日镜效率。

③ 跟踪精度。双立柱定日镜的开、闭环结合控制方式有利于定日镜精确跟踪，提高定

日镜聚焦投射效率。

④ 制造成本。双立柱定日镜传动机构加工精度要求较低、费用相对较少，同时夹层玻璃银镜微弧曲面调节工艺可以适应不同焦距、聚光比的需要，无需花费高昂的模具费用，有利于降低定日镜制造成本。

⑤ 维护。相对热弯成型曲面玻璃镜而言，微弧曲面调节成型夹层玻璃银镜更具灵活性，在镜架变形的情况下也可方便灵活地对镜面进行调整。

⑥ 聚焦效果。微弧曲面调节成型工艺具有实地光斑调整的特点，其调整过程中可以直观观测其聚焦效果，不存在理论计算的中间误差。

⑦ 银镜寿命。夹层玻璃银镜一方面可有效防止环境中水汽、酸雾等对镀银层的侵蚀；另一方面在恶劣气候下，背面玻璃还可以抵御来自风沙、冰雹等对反射面的冲刷，从而提高了银镜的耐候性及抗老化性。

⑧ 安全性能。夹层玻璃银镜是一种安全玻璃，即使镜面破损也不会溅落碎片，造成人身伤害和设备安全事故。

中国还有几家公司在定日镜研制中取得进展。如德州高科力生产的定日镜驱动设备，各项指标达到设计要求，已成功应用于北京延庆塔式电站水平、俯仰跟踪结构的跟踪，精度 $\theta \leqslant 0.3$mrad，适合各经纬度，安装不受地域限制，温度范围为 $-30 \sim 55$℃，面积有 $1 \sim 120\text{m}^2$ 多种规模可供选择。

通过年度订正、经度订正并综合考虑海拔高度、大气质量等地理条件的修正，可以获得精确的太阳角度值用于自动跟踪控制过程。配有温度、机械、电气多级保护，当遇强风、大雪等特殊工况时，可将定日镜迅速恢复至安全状态。

极轴跟踪结构机械结构紧凑，传动链短，降低了制造维护成本，提高了跟踪精度和系统可靠性，跟踪系统相对简单。

8.3.3 定日镜误差

（1）定日镜面型误差

定日镜面型误差是指实际反射面与理论表面反射面不一致引起的误差，包括位置误差和斜率误差。其中光线入射点位置与期望位置不相符为位置误差，位置误差主要是由安装引起的，主要是支撑结构的定位误差。图 8-21 显示了由于反射面支撑结构安装不当引起高度角变化所带来的入射太阳直射辐射位置的误差。

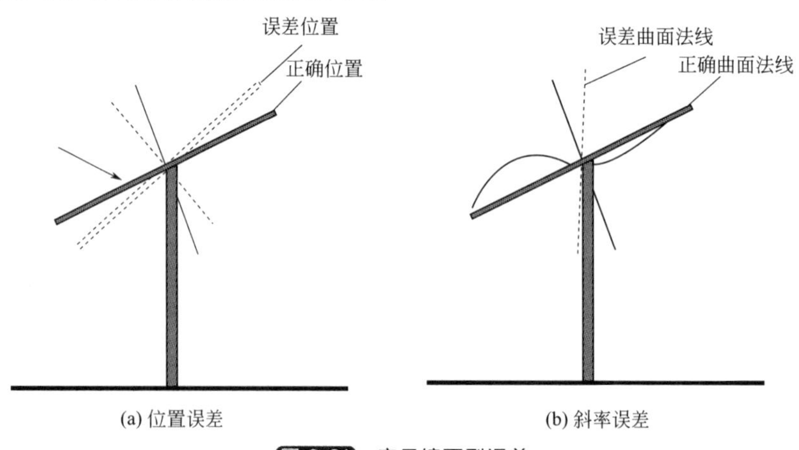

图 8-21 定日镜面型误差

入射点表面的斜率与理论值不一致为斜率误差，斜率误差即反射面法线的误差，它与镜面制作工艺、现场组装、温度、材料及重力变形、风力雪压等因素均有关系。

（2）定日镜跟踪误差

定日镜跟踪精度是塔式太阳能热发电系统的一项关键指标。通过天文公式可以精确计算出定日镜当前应处的位置，并可获得很高的计算精度。然而在制造、安装及运行定日镜过程中，不可避免地存在各种各样的误差。如定日镜的水平旋转轴应与水平面垂直，俯仰旋转轴应与水平面平行，然而在制造安装过程中，绝对的垂直和平行是做不到的。并且精度要求越高，成本也就越高。由于多种影响跟踪精度因素的存在，定日镜的跟踪精度往往比较低，虽然不会偏离目标中心太远，但也不能满足发电的需要，因此需要有其他的提高跟踪精度的纠偏方法。如不及时纠偏，还可能会发生由于聚光光斑偏离靶点，吸热塔支撑结构烧毁的事故。

参与定日镜纠偏的设备包括单面定日镜控制系统、CCD（电荷耦合元件）图像采集相机、图像处理分析系统、全镜场控制 PLC（可编程序控制器）、全镜场上位监控系统。

采用全闭环检测纠偏、历史纠偏曲线记录、插值计算、逐次逼近等方式，纠偏效果好，适应性好。

定日镜的当前角度由定日镜初始角度、定日镜旋转角度及定日镜跟踪偏差角度组成。

通过对定日镜跟踪误差一年多天、一天多次的检测可获得定日镜典型时刻的跟踪偏差，通过一年或多年对该台定日镜跟踪偏差角度数据分析处理及曲线拟合得到该台定日镜每天对应的跟踪偏差曲线，如此可得到每一台定日镜每天对应的跟踪偏差曲线，利用此跟踪偏差曲线调整每一台定日镜的当前角度，使每一台定日镜的光斑可以更加准确地投射到目标位置。

基于定日镜的跟踪偏差角度具有在短时间（如半个小时）内变化较小、相邻几天（如15天）同一时刻的跟踪偏差角度变化不大的特性，将全天划分成几个时长相等的时间段，在每个时间段中都通过纠偏检测得到一个跟踪偏差角度。

8.3.4 塔式太阳能技术的未来与定日镜的发展

塔式电站数目和规模的扩大将给最大程度降低塔式电站的成本带来契机。

① 扩大塔式太阳能电站的规模需要从总体上重新设计和优化太阳能集热场、塔和吸收器。这将大大减少投资和运行成本，但对效率来说没有大的提升。设计、改进和测试更大尺寸的接收器、定日镜，实现更大规模的定日镜场需要研究与开发机构的支持，这将减少扩大规模的风险。

② 大规模的蒸汽轮机可提高效率，降低投资和运行成本，特别是当高效率的超临界汽轮机技术得以实现时，基本没有失败的风险。

关键技术的提升包括提高太阳能接收器的能流密度、发展低成本新型定日镜、使用高效率的蒸汽轮机。

① 提高接收器的能流密度目前只在模型电站规模下进行了验证，需要对定日镜场跟踪控制系统进行改进并进行最优化设计以用于大规模电站。

② 定日镜的改进设计将会有效地降低成本，采用弹性、持久的薄玻璃和轻量级的拉伸膜可实现大规模生产，或采用新型设计（比如可膨胀的或旋转式定日镜）也有可能实现大规模生产。

③ 高效率超临界蒸汽轮机目前已验证其运行温度能和塔式电站技术相匹配，甚至当塔式电站运行温度要求提高到600～650℃也是如此。

塔式太阳能电站主要建造成本估算在于定日镜。采用大尺寸的定日镜可以减少定日镜成本。Sargent 和 Lundy 关于目前定日镜设计和制造成本的估算表明，规模扩大一倍，成本可减少 3%，这能使 148m^2 定日镜的成本从 148 美元/m^2 降低至 94 美元/m^2。降低生产成本包括如下方法。

① 加大单个定日镜的面积，这样其单位造价可以降到原来的 20%左右。最近有人提出 200m^2的定日镜装置概念。

② 扩大定日镜的生产规模，随着生产规模的扩大，规模效应得以体现，这样可以采用更多的工装、模具来提高定日镜的生产效率，降低生产成本。

③ 创新设计新的定日镜技术方案。如有人建议采用金属伸张膜式机构的反射镜，在反射表面上镀高分子薄膜，这样可降低材料费 70%左右，而质量也可由玻璃-钢架结构的 35kg/m^2降低到 10kg/m^2以下；其他围绕双轴机构、跟踪以及定向方面进行的技术创新可大幅降低占电站投资 50%份额的定日镜成本。

8.4 定日镜场

塔式太阳能聚光系统中定日镜成本包括单体定日镜成本和整体聚光成本两个部分。定日镜场（阵列）是决定大型电站功率和效益的重要环节。

塔式太阳能热发电过程可简单描述为太阳能（接收器）→热能（蒸汽发生器）→机械能（汽轮机）→电能（发电机）。其中由成百上千个独立控制的定日镜所组成的定日镜场，是决定太阳能能量转化第一阶段的重要设备，定日镜场的优化设计可以降低投资成本和发电成本，从而促进塔式太阳能热发电技术的进步，加快其商业化进程和大规模应用的步伐。

8.4.1 定日镜场的设计要求

定日镜场的布局依电站设计功率而定，并且留有随电站规模扩大的空间。镜场选址无疑应在太阳能资源丰富（较高的直射辐射强度，较长日照时间）和足够适合土地资源的地区。定日镜场设计思路是采用辐射网格分布，在避免相邻定日镜之间发生机械碰撞的前提下，以接收能量最多或经济性最优为目标，对塔式太阳能热发电系统中传统跟踪方式下的定日聚光场的分布进行优化设计，定日镜场设计目标为单位能量花费较小，具有较好的经济性，且能量分布也均匀合理。

设计中定日镜为永久性固定定位，指向直接对准安装在塔顶的太阳接收器，如图 8-22 所示。

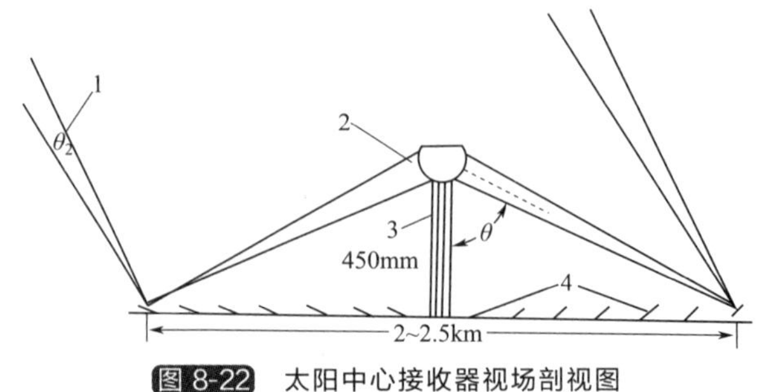

图 8-22 太阳中心接收器视场剖视图

1—入射太阳辐射；2—接收器；3—塔；4—定日镜

塔式太阳能热发电站的镜场总体布置设计步骤如下。

① 选择好特定的季节，一般为可能在定日镜之间产生最为严重屏遮的仲冬。

② 为使其相互之间没有屏遮并能截取入射太阳辐射的最大可能份额，一般布置定日镜的线性南北向阵列。

一旦对一年中所选择的季节定下定日镜的线性南北向阵列布置，使其相互之间没有遮阳，并将截取入射阳光的最大可能份额，可由几何作图方法求得在其他季节时入射太阳辐射的变化部分。对给定大小的镜场，在太阳高度角很高的夏季，布置越紧凑的定日镜阵列，将反射更多的太阳辐射能量。隆冬季节，由于遮阴面积增大，则反射辐射能量减少。

③ 应用以上相似的方法，布置东西向阵列上的定日镜，使其在上午 9 时至下午 3 时之间没有屏遮。这就要求定日镜相对于中央动力塔的东西两侧对称布置，并随着离开动力塔的距离增大，增加相邻定日镜之间的间隔。按照这个布置，接近中午时刻，入射到该线性阵列定日镜上的太阳辐射将几乎全部反射到塔顶接收器上。一旦该东西向阵列上的定日镜就位，就可以求得一天之中入射到塔顶接收器上的净太阳辐射量的变化特性。

镜场布置设计的基本要求如下。

① 定日镜在其全年运行过程中，任何时刻无任何机械碰撞。由分析可知，这个完全由自由旋转所形成的球体直径，即为定日镜的对角线。计及安全因素，在对角线长度的基础上再加 0.3m，是为定日镜的特征尺寸，记为 D。

② 定日镜之间必须留有一定的空间距离，便于安装与日常维修。

③ 定日镜在其全年运行过程中，9:00～15:00 之间没有或少有光学屏遮。这可根据以上讨论的屏遮分析进行计算。

④ 镜场占地。定日镜下可以进行植物种植，此时还需要分析定日镜对地表接收太阳辐射的影响。

⑤ 接收器与镜场之间的配合。

8.4.2 设计思考

（1）机械碰撞问题

定日镜是一种镜面（反射镜），传统上都是采用矩形的形状。模仿自然界中向日葵随时面向太阳的特性，每个定日镜都可以通过二维独立的控制机构，绕着一个固定轴和与之相垂直的旋转轴旋转，以随时跟踪太阳位置的变化，从而将太阳辐射能反射到接收器这一固定目标上。根据旋转时所环绕的固定轴不同，定日镜的跟踪方式可以分为两种（见图 8-23）：一种是绕竖直轴旋转；另一种是绕水平轴旋转。因此，在定日镜场的设计过程中，要考虑到不同跟踪方式下定日镜自由旋转所需要的空间大小，以避免相邻定日镜之间发生机械碰撞。

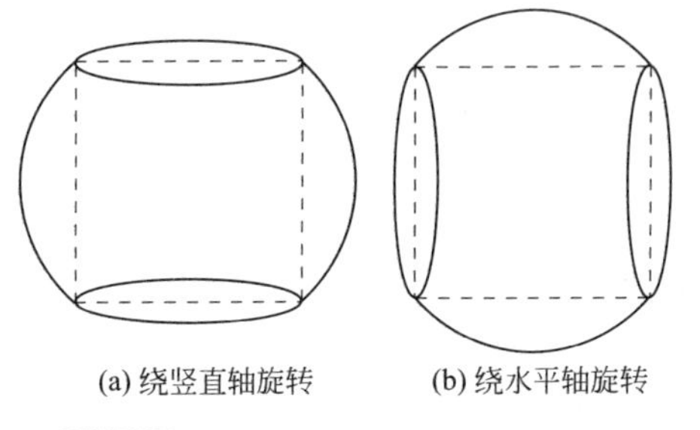

图 8-23 定日镜无阻碍旋转所需要的空间

（2）光学问题

定日镜在接收和反射太阳能的过程中，存在着余弦损失、阴影和阻挡损失、衰减损失和溢出损失等。为此，在定日镜场的设计中，要考虑到这些损失产生的原因，并尽量加以避免，从而收集到较多的太阳辐射能。

① 余弦损失。为将太阳光反射到固定目标上，定日镜表面不能总与入射光线保持垂直，可能会呈一定的角度。余弦损失就是由于这种倾斜所导致的定日镜表面面积相对于太阳光可见面积的减少而产生的，其大小与定日镜表面法线方向与太阳入射光线之间夹角的余弦成正比（见图8-24）。

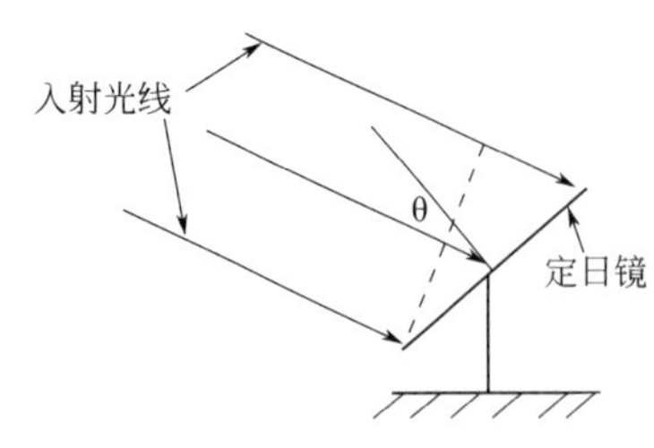

图 8-24 余弦损失示意

② 阴影损失和阻挡损失。阴影损失发生在定日镜的反射面处于相邻一个或多个定日镜的阴影下，而不能接收到太阳辐射能的情况。当太阳的高度较低时这种情况尤其严重。接收塔或其他物体的遮挡也可能对定日镜场造成一定的阴影损失（或称入射屏遮）。

当定日镜虽未处于阴影区下，但其反射的太阳辐射能因相邻定日镜背面的遮挡而不能被接收器接收所造成的损失称为阻挡损失（或称反射屏遮）。

阴影和阻挡损失的大小与太阳能接收的时间和定日镜自身所处的位置有关，主要是通过相邻定日镜沿太阳投射光线方向或沿塔上接收器反射光线方向上在所计算定日镜上的投影来进行计算（见图8-25）。研究镜面在水平面上产生的阴影随空间和时间变化的函数关系，这种水平阴影在有的资料中称为镜面影迹。通常要考虑与之相邻的多个定日镜对所计算定日镜造成的阴影和阻挡损失。而对部分定日镜来说，可能会有阴影和阻挡损失发生重叠的情况，在计算过程中需加以考虑。

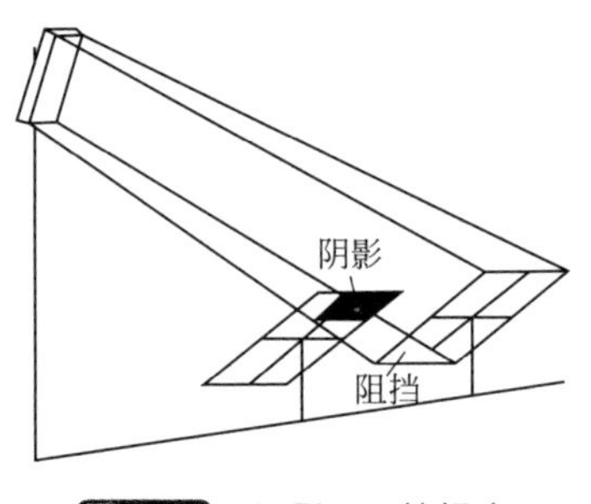

图 8-25 阴影和阻挡损失

③ 衰减损失。太阳辐射能在从定日镜反射至接收器的过程中，因在大气传播过程中的衰减所导致的能量损失称为衰减损失。衰减的程度通常与因太阳的位置（随时间变化）、当地海拔高度以及大气条件（如灰尘、湿气、二氧化碳的含量）的变化所导致吸收率的变化等有关。

④ 溢出损失。自定日镜反射的太阳辐射能因没有到达接收器的接收面，而溢出至外界大气中所导致的能量损失称为溢出损失。

在以上这些损失中，余弦损失占有很大的比例，其次是阴影和阻挡损失及衰减损失，溢出损失所占比例非常小。由于余弦损失和衰减损失是不可避免的，因此，在定日镜场的设计中，只能通过减小阴影和阻挡损失来提高太阳辐射能的利用率。

（3）投资成本

定日镜场的总投资成本包括定日镜的成本、吸热器的成本、场地的成本、导线的成本及塔的成本等。定日镜的总成本与定日镜的尺寸和个数有关，而接收塔的成本主要取决于塔的高度。场地的成本在整个镜场投资成本中所占比例较小。

（4）优化计算

定日镜场的性能问题还取决于当地气候条件。为了节省计算时间，通常在设计镜场时，会选择春分、夏至、秋分、冬至等比较有代表性的几天来进行计算，再将计算的结果推算到全年。一般来说太阳辐射情况在全年并不是完全对称的。在有些地区可能夏天日照情况比较好，而下午的日照又比上午好，定日镜场的布置要考虑到以上实际情况。

根据定日镜场成本的构成、定日镜的径向距离和周向距离计算方法，可以通过确定优化目标来选择合适的算法进行优化计算，人们将影响到定日镜场分布的参数整理为 9 个决策变量，这有助于根据不同的优化目标确定其搜索范围，通过寻优算法进行求解，从而得到比较合理的定日镜场布置。

这 9 个决策变量是：①决定接收塔与第一环之间距离的 R_1；②决定定日镜前后环之间距离的径向间距系数 $R_{\text{max-min}}$；③决定前后环相邻定日镜之间周向夹角的周向间距系数 $A_{\text{min-max}}$；④～⑦决定与太阳辐射接收及投资成本相关的接收塔高度 H_1、定日镜高度 H_m 和宽度 L_m，定日镜总个数 N_{hel}；⑧、⑨决定定日镜环向上分布的个数和每个环定日镜个数。

通过完全无阻挡所定义的间距通常比较大，在实际设计过程中需要考虑到场地的利用率而进行一定的调整。

不论采用何种方法进行定日镜场的设计，从中都可以看出，定日镜之间的径向和周向间距与定日镜尺寸、接收塔高度、定日镜与接收塔之间的位置等变量有关。同时定日镜的尺寸、个数、相对位置、接收塔的高度以及占地面积等都将涉及投资的成本和对太阳辐射能的接收。由此可见，定日镜场的设计是一个多变量（定日镜的尺寸、个数、相对位置、接收塔的高度）和多目标（能量和成本）的优化问题（见图 8-26～图 8-29）。

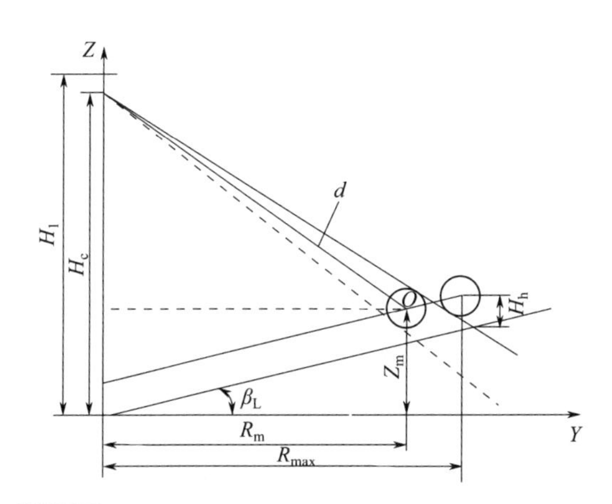

图 8-26 定日镜之间无阻挡损失的径向间距计算示意

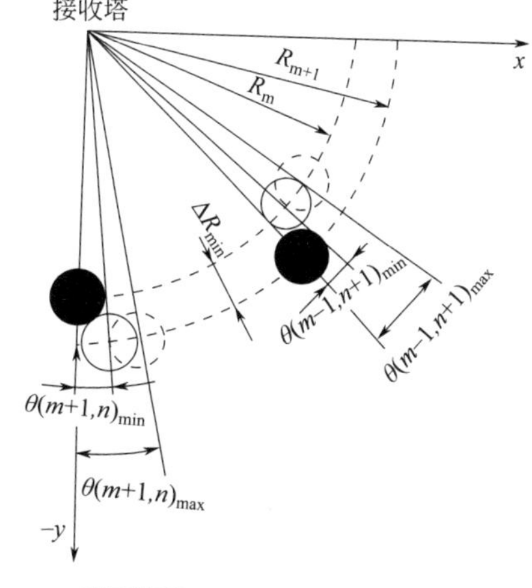

图 8-27 周向间距的计算示意

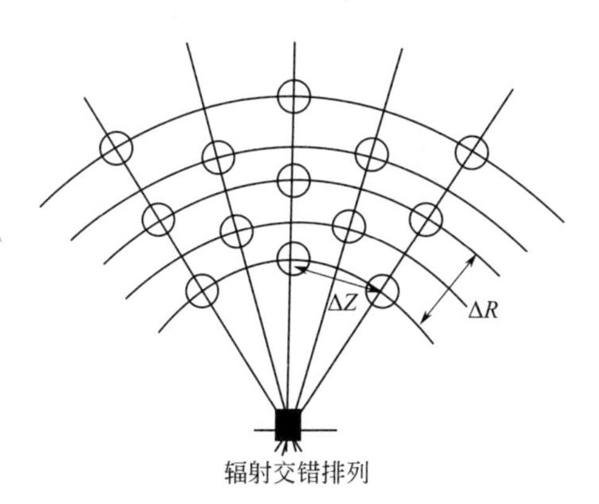

图 8-28 定日镜阵列辐射交错排列分布示意

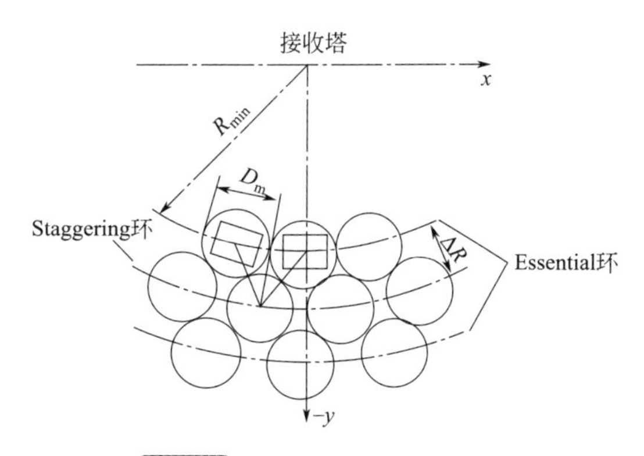

图 8-29 辐射网格设计定义说明

8.4.3 有关系数

（1）定日镜场总有效利用系数

定日镜场总有效利用系数表示镜面将太阳辐射反射到塔顶接收器的总效率。分析表明，它等于镜面面积利用系数与投射系数的乘积。

① 投射系数。太阳辐射经由定日镜向塔顶接收器反射，必须遵从光反射定律。投射系数的物理含义不考虑邻近镜面和塔影屏遮，设镜场中的众多定日镜全部受光，并且无任何遮挡，理论上也未必能将镜面在任何时刻接收到的太阳辐射全都反射到塔顶接收器。

② 镜面面积利用系数。表示镜面高度方向或侧向未被屏遮的相对长度，选择两者中的较小值。

③ 镜场面积利用系数。镜场总面积利用系数为地面面积利用系数与镜面面积利用系数的乘积。镜场面积利用系数，是衡量塔式太阳能热动力发电站定日镜阵列布置紧凑性的一个指标。显然，提高总地面面积利用系数，可以缩小电站的占地规模。但在做镜场设计时，除要考虑镜面屏遮，还需要考虑留有安装和维修的地面通道。

（2）定日镜场聚光比

① 几何聚光比。定日镜阵列的几何聚光比为定日镜镜面总面积与塔顶接收器中接收面积之比，塔式定日镜阵列的几何聚光比可达 1000 以上。

② 能量聚光比。定日镜阵列的能量聚光比为几何聚光比乘小于 1 的系数 K5。

③ 定日镜场效率。定日镜场效率为塔顶接收器接收到的太阳辐射通量（MW）与镜场总定日镜面积（m^2）、太阳法向直射辐射强度（MW/m^2）二者乘积之比。

研究表明，定日镜场效率受很多因素的影响，主要是太阳方位角、太阳高度角、场容量和地理纬度。相同情况下，定日镜场效率随其容量的增大而降低，因为场容量与镜场占地面积成正比，镜场越大，定日镜离中央动力塔越远，光学损失越大，场效率随之降低。场效率随太阳高度角的增大而增大，这是因为太阳高度角越高，表明投射到镜面上的太阳法向直射辐射强度越强，场效率随地理纬度变化的影响则较为平缓。

8.4.4 镜场设计

根据镜场中的屏遮分析，就可以进一步作镜场设计。在设计塔式太阳能热动力发电站时，为了充分发挥镜场中每一面定日镜的功能，定日镜需要在镜场中按照一定的规律排成阵列，并与塔顶接收器的几何形状和尺寸构成最佳匹配，从而保证电站具有良好的运行特性。研究定日镜阵列的聚光特性，确定定日镜阵列的合理布置称为定日镜阵列的镜场布置设计，简称镜场设计（见图 8-30）。

（1）定日镜运行图

对镜场中的任意一面定日镜，均可由定日镜跟踪设计的基本方程式，计算它在任意一天、任一时刻镜面法线的位置。推演证明方程式可由天球的球面三角关系推导得相同的结果。

对圆周镜场中位于东、南、西、北轴线上四面特定的定日镜，选择一年中春分、夏至、秋分、冬至四个典型的日期，应用基本方程式计算得镜面法线的高度角 α_n 和方位角 γ_n 的连续变化值，见图 8-31，表明其一天中镜面法线的运行轨迹。其余依此类推。由此可以看到以下几点。

① 塔式电站镜场中的任意一面定日镜，其镜面法线的指向是空间离散的点函数、时间的连续函数。所以镜场中的所有定日镜，它们的镜面运动轨迹互不相同。

② 运行图指出镜面法线的运行范围与特点。

③ 假设将整个镜场按各 90°分为 4 个区，每个区内定日镜法线的运行规律有相似之处，并存在一定程度上的对称性。将逐步过渡的定日镜特性大致划分，一天之中以 315°～45°的南区运行摆动最小，135°～225°的北区次之。

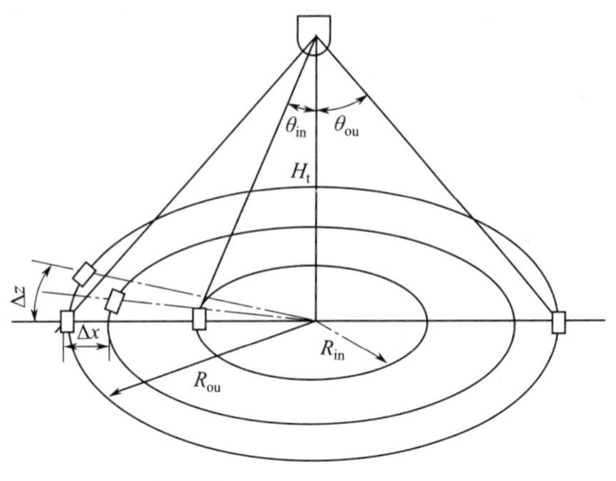

图 8-30 圆周镜场布置设计

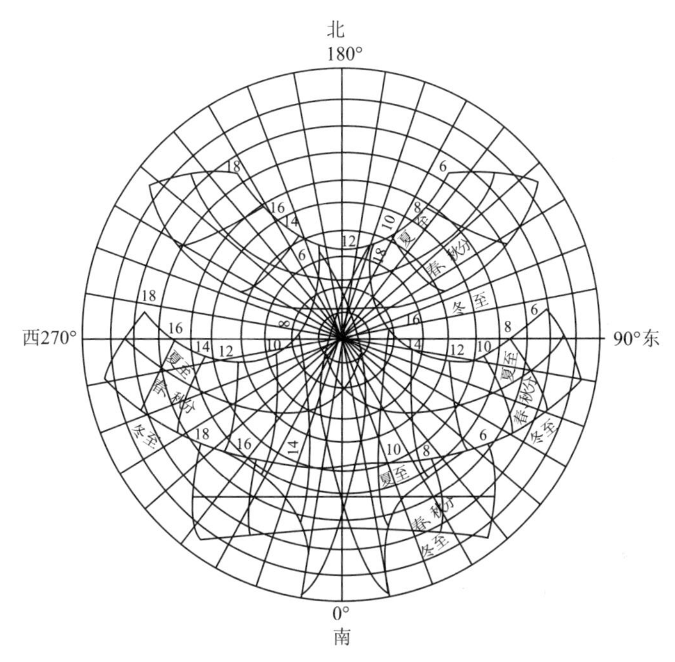

图 8-31 四面定日镜在四个典型日期镜面法线的运行轨迹

（2）定日镜场的光学性能

在电站运行过程中，定日镜场的焦斑动态变化，由于光场的复杂性和动态性，采用传统光学设计软件及设计方法很难实现对聚光场的优化设计。目前，国内外有关的设计均处于实验研究阶段。此外，现有的设计软件一般只考虑提高聚光场的光学效率，而忽视了聚光场与接收器的匹配，在电站的实际运行中存在一定的安全隐患。

中科院长春所魏秀东等采用光线追迹法对聚光场的聚光过程进行建模，其中考虑了定日镜的面形误差及跟踪误差对聚光性能的影响，推导了焦斑计算公式，编制了基于 MATLAB

的应用程序，实现了对聚光场焦斑及能流分布的动态模拟。

跟踪误差一定，面形误差的改变对焦平面上的能流分布会产生影响，在不同面形误差影响下，焦面上的能流分布附近的能流密度较大，且随时间的变化也较大，越靠近焦斑边缘部分能流密度越低，且变化较平缓。这是由于在镜场聚光的过程中，所有定日镜均瞄准中心点，致使中心点附近得到的光能量最多。焦面上某些区域能流密度过高或变化较大，会对接收器的安全性能造成影响。为了使能流分布较均匀，随时间变化较缓，可控制定日镜的跟踪误差或使定日镜瞄准集热器入口的不同位置，以达到镜场与接收器的匹配（见图 8-32）。

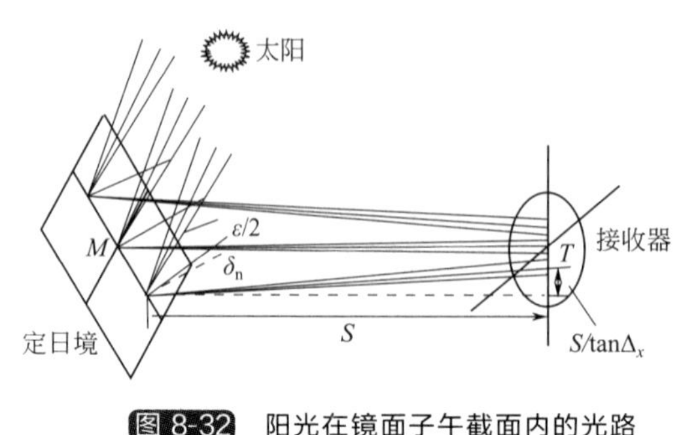

图 8-32 阳光在镜面子午截面内的光路

8.4.5 系统性能的综合分析

（1）镜面散焦

大型塔式太阳能热动力发电站的镜场巨大，中央动力塔很高，镜场边缘处的定日镜距离塔顶接收器很远，光迹行程很长，必须考虑镜面散焦问题。所以定日镜都是微凹镜面，这个微凹弧度就是太阳圆面半张角。

在反射镜面光洁度和结构型线合理允许误差范围以内，全部反射太阳辐射能量都将基本上落在直径大约为 1.2D（太阳像的直径）的圆环以内。为了使全部太阳像皆落在接收器上，将反射和辐射损失降至最小，可从反射镜面以边缘角看接收器，如图 8-33 所示。

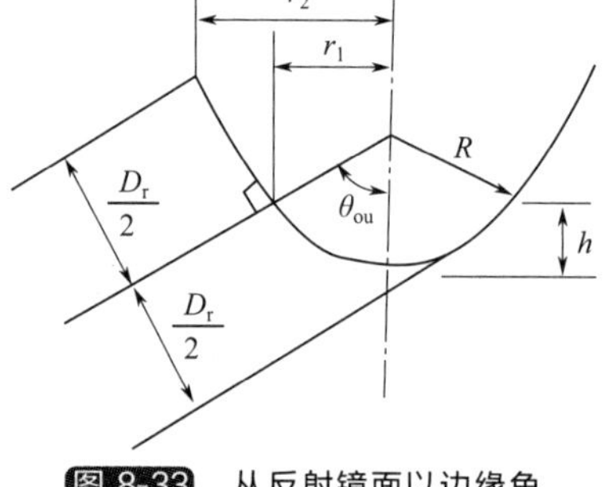

图 8-33 从反射镜面以边缘角看接收器的示意

（2）镜场参数的极限

由镜场分析可知，定日镜阵列的遮挡取决于太阳视位置，因此它们对镜场参数的影响是时间的函数。

研究表明，接收器的光学效率定义为投射到塔顶接收器的功率与镜面反射太阳辐射功率的比值，而光学效率存在最大极值。这个极值是全体定日镜反射镜面与接收器的边缘角积分比例的函数。恰当选择镜场中定日镜的分布密度，可以得到较高的光学效率。定日镜的密度与定日镜到中央塔的距离成反比。

由系统最大总光热转换效率可以导出塔式聚光接收系统的最大输出功率。原则上，镜场规模扩大意味着可以收集更多的太阳辐射，但同时会导致单位投资的输出功率降低，即投资经济效益的降低。因此，对塔式太阳能热发电，比扩大镜场规模更有实用价值的是提高聚光比和集热温度。

在接收器开口和位置没有确定之时，应综合地理位置、接收器位置、开口和阵列的因素考虑（模拟、分析、优化）设计场模式。在接收器形式（圆柱式、腔体式）、位置和开口确定条件下，根据场年最佳效率，综合考虑塔的高度，各定日镜与塔的距离，各排定日镜间的阴影和遮挡来布置定日镜位置。

进一步的设计目标是实现聚光系统与接收集热系统的联合优化。

(3) 地平坡度

塔式定日镜场（阵列）的地平坡度要求相对低于槽式，因为每面定日镜都直接反射阳光，只是要求前面两面定日镜间满足无阴影和遮光条件。适当坡度反面有利于设计。聚光场的南侧有山地，可降低塔的建筑高度，有益于降低接收塔高度建造成本，如聚光场北侧有山地则阵列中各定日镜前后遮挡较小。

(4) 采光面积

定日镜场总采光面积（即定日镜数量）按设计要求而定，以满足汽轮机、储热系统的容量和发电上网时段的要求。

(5) 土地地面

定日镜场的土地地面可以考虑种植适宜的绿色植物，并在相应设计中对其生长予以保证，如植物生长地段的日照率应≥70%，清洗镜面的水中碱性和油脂成分应控制在可接受范围。

(6) 其他控制措施

其他控制措施如清洗维修车辆的通行，相应控制管路、电缆、定日镜的抗阻风暴，积雪措施。

(7) 镜面损失

由于聚光效率的需要，聚光器镜面反射率通常要求较高，应在0.93～0.94及以上。但是由于定日镜长期暴露在大气条件之下，灰尘、雾霾、湿度、雨雪、微小昆虫等环境因素都会降低镜面反射率。

接收器也可以量体裁衣，如塔式接收器有腔式和圆柱式两种，可以用腔体接收器接收扇形镜场北向汇聚的太阳辐射，而且圆柱式接收器接收围绕吸热塔环形布置汇聚的太阳辐射。

据郭苏等证实，当接收器带有CPC（空腔接收器）时可以得到更大的定日镜场，而且当CPC接收角较大时，CPC的体形更趋合理，在确定有关定日镜最后一排位置时也应考虑这个因素。

另外，定日镜所具有的微小弧度（16′）和跟踪误差，都会影响镜场效率及接收器光斑位置，也与镜场设计有关，也是应该考虑的因素。

对于塔式定日镜场，当接收器形式（柱式或腔体式）、位置和开口已确定以后，应按镜场最佳年效率原则，根据塔高、定日镜与塔距离、各排定日镜的遮挡和阴影状况来确定各定日镜位置。

如接收器开口和位置没有确定，选择、变更的范围会大许多，需要综合电站所在地理位置、接收器位置、开口和镜场诸要素，对镜场同时进行优化设计。由于设计复杂，影响因素很多，自20世纪70年代人们就已重视开发镜场设计软件。早期软件偏重对于已排布完毕的镜场和接收器建模分析，近期软件提高了软件界面的可视化程度，如可模拟比较复杂的光学系统，并且分析其中光学性能。

8.4.6 定日镜场布置

8.4.6.1 定日镜场布置图

人们对塔式太阳能电站定日镜阵列做了多目标优化设计，得到两种不同情况的定日镜场的优化设计布置，分别见图 8-34（a）、图 8-34（b）。图 8-34（a）为提供单位能量投资最小的定日镜阵列布置；图 8-34（b）为提供太阳辐射能量较高的较大镜场定日镜阵列布置。图中能量标尺为每台定日镜所提供的太阳辐射能量，采用不同灰度的颜色表示，单位为 W・h/5d。这里，d 为定日镜中心与塔顶接收器中心之间的距离，x、y 为镜场坐标。

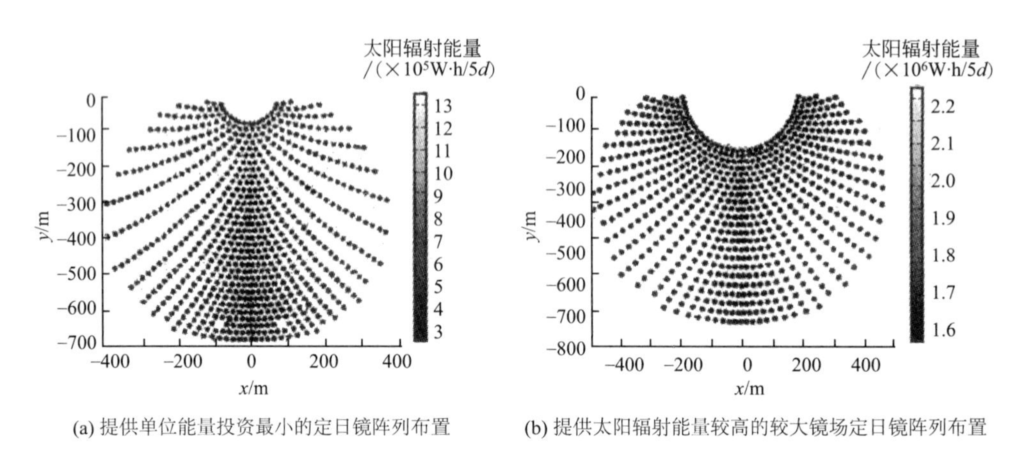

(a) 提供单位能量投资最小的定日镜阵列布置

(b) 提供太阳辐射能量较高的较大镜场定日镜阵列布置

图 8-34 两种优化设计的定日镜阵列布置示意

根据优化设计结果，刘鉴民等对大型塔式太阳能热发电站的镜场设计提出以下几点分析建议。

① 最内环定日镜与中央塔之间的最小距离必须大于中央塔自身的高度，否则投射到塔顶接收器截光面上的反射太阳辐射的入射角太大，吸收效率很低，大大浪费定日镜的效能。

② 镜场中最边远处的定日镜与中央塔之间的距离，不宜超过塔身高度的 5 倍，避免光学散焦过大。这就是说，以塔为中心，定日镜布置在区域 $[H_t, 5H_t]$ 之间。

③ 为了减少前后排定日镜之间的光学屏遮，大型镜场后排定日镜的镜架高度可作适当的增加，就像剧场中的座位布置。这样，相同情况下，可减少前后排定日镜之间的屏遮。

由于定日镜效能随其相距中央动力塔的距离增大而降低，原则上定日镜应该更靠近中央塔，尽管这样将产生更高的余弦损失。

从塔式太阳能热电站全景相片可见定日镜场的布置与理论模型完全一致。

8.4.6.2 镜场设计

分析结果表明，并非所有的理论镜场设计方法都适用于实际电站，宓霄凌、李心等从镜场效率、定日镜数目、土地利用率、电站安装和运维等方面进行比较，提出镜场设计必须兼顾项目的实际运营，如安装、清洗等，并对几类镜场设计进行了比较。

（1）镜场设计的基本概念

一般来说，镜场设计的基本要求是镜场的输出热功率 E_{field} 满足吸热器输入热功率 $E_{receiver}$ 的要求，即：

$$E_{receiver}=E_{field}=A_m N_m DNI \eta_{field}$$

式中，A_m 为镜面反射面积；N_m 为总定日镜数目；DNI 为太阳直接辐射量；η_{field} 为镜场效率。

镜场效率 η_{field} 的表达式为：

$$\eta_{field}=\eta_{sb}\eta_{cos}\eta_{att}\eta_{trunc}\eta_{cln}\eta_{ref}$$

式中，η_{sb} 为阴影遮挡效率；η_{cos} 为余弦效率；η_{att} 为大气透射率；η_{trunc} 为吸热器截断效率；η_{cln} 为镜面清洁度；η_{ref} 为镜面反射率。

为满足镜场设计能量的要求，很多文献中提出了设计点的概念。所谓设计点是指用于确定太阳能集热系统参数的某年、某日、某时刻，以及对应的气象条件和太阳法向直接辐照度等；大部分文献中取该时刻为春分正午时刻，有文献中取该时刻为夏至正午时刻。该时刻的 *DNI* 值一般根据电站所在地辐射情况取 850～1000 W/m^2 之间。

(2) 镜场优化目标

一般情况下，塔式太阳能热发电站系统采用成本-效益作为系统的优化设计目标，如运用平准化电价成本（LCOE）作为评价指标的优化目标，镜场仅为塔式太阳能热发电站系统的一个子系统。因为 LCOE 涉及电站的总成本及电站的运营成本，是一个很复杂的系统，本文仅从镜场效率、定日镜数目、镜场占地面积、工程施工及运营维护难度等方面对镜场设计进行评价。

(3) 镜场布局方法

从目前已建成的塔式太阳能电站的镜场布局来看，镜场布局具有各自的规律性，如 Sierra Sun Tower 电站镜场以直线型布局、Crescent Dunes 镜场以圆形布局。另外，镜场布局还包括 Collado 等提出的一种 Campo 镜场布局方法（图 8-35）和 Noone 等提出的一种仿生型镜场布局方法（图 8-36）。下文将针对这几种布局方法的优劣势进行分析。

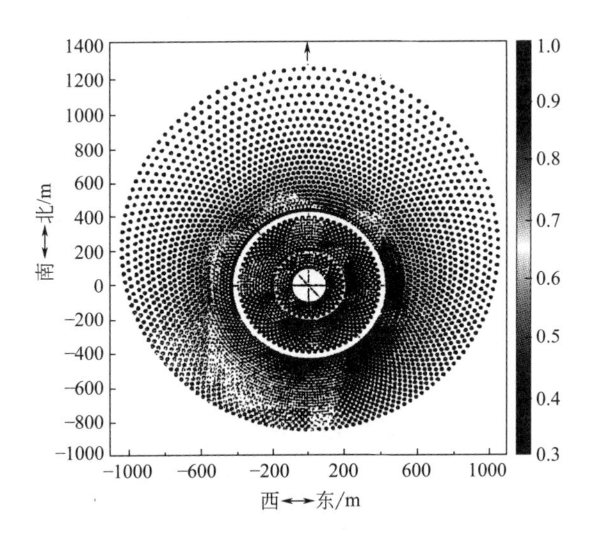

图 8-35 Campo 镜场布局

① 直线形布局。直线形布局镜场相对比较简单，其特点是定日镜按照直线进行排布，每行上的定日镜位于同一条直线上，相邻行之间的定日镜东西方向交错布局，不同行之间的行间距相等或不完全相等，同一行上的定日镜镜间距相等。

直线形布局的优点是可最大化地运用土地面积，镜地密度高达 48%。但是其阴影遮挡损失也会相对较大，特别是距离吸热塔较远的东西两个角落区域，定日镜之间的交错效果并不明显。

为了提高镜场效率，eSolar 公司在专利《用于多塔中心接收器的太阳能发电站定日镜阵列布局》中提到，离吸热塔远的定日镜采用镜面面积相对较小的定日镜，以减少定日镜之间的阴影遮挡损失。虽然专利中提到的方法一定程度上可以提高镜场的效率，但由于运用了更小的镜面，这种方法将导致定日镜数目的增加。

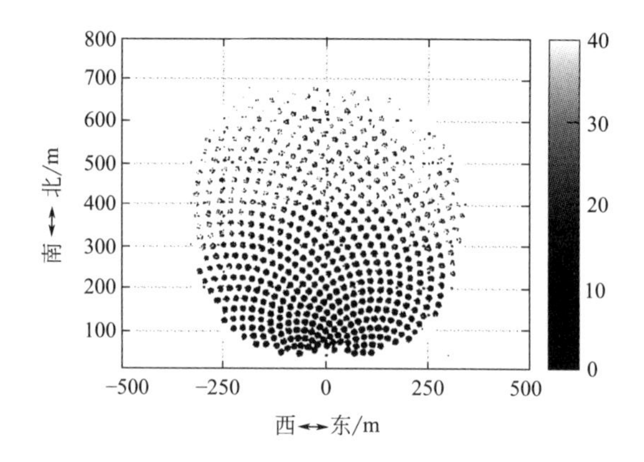

图 8-36 仿生型镜场布局

为了减少定日镜之间的阴影遮挡效率损失，Mills 等提出了一种独特的定日镜投射方法，该方法较好地解决了定日镜之间的阴影遮挡损失，即离吸热塔较远的定日镜“面对面”地将太阳光反射到对方的吸热器上，如图 8-37 所示。

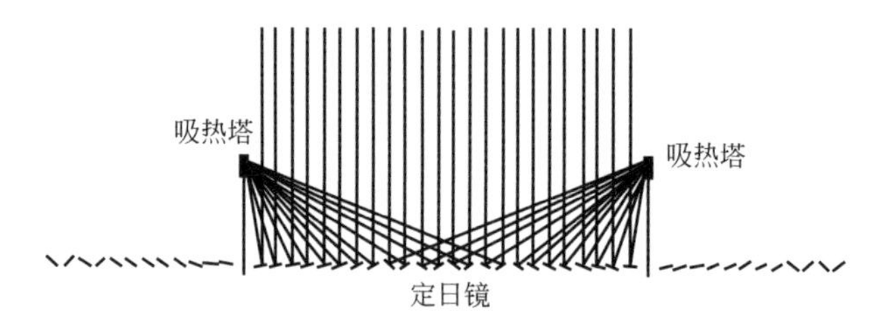

图 8-37 双塔重叠区域部分定日镜投射方向

综上，直线形布局镜场为了保证镜场效率，单塔规模不宜太大，故一般采用多模块的思路，以解决单塔规模小的问题。但多模块在系统运营上存在一定难度。

② 圆形布局。与直线形布局不同的是，圆形布局几乎每一面定日镜都处于交错状态。因此，其可较好地解决直线形布局东西两侧阴影遮挡损失严重的问题，如图 8-38 所示。

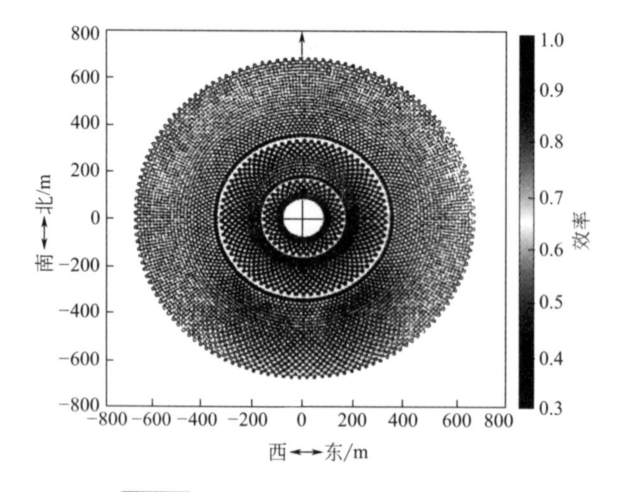

图 8-38 圆形布局阴影遮挡效率分布图

圆形布局的特点是定日镜按照以吸热塔为圆心的同心圆环排布，相邻圆环之间的定日镜按照半径方向交错排布；圆形布局分区布置，同一区域的径向间距相等，镜环上的定日镜数目相等；不同区域圆环上的定日镜数目随着区域与塔的距离的增加而增加。

圆形布局虽然在一定范围内使东西两侧的阴影遮挡损失不至于太严重，提高了镜场的效率，但是随着镜塔距离的不断增加，受相间镜环之间定日镜距离的限制，其阴影遮挡损失同样比较严重。

③ Campo 布局。Campo 布局方法是为了解决圆形布局远距离定日镜阴影遮挡比较严重的问题。该方法适当增加了远距离定日镜北镜场镜环之间的距离，又由于在北半球南镜场的阴影遮挡效率相对高很多，其还适当（在保证定日镜之间的安全距离下）减小了南镜场远距离定日镜镜环之间的距离，不但增加了南镜场的余弦效率，也有利于镜场土地利用率的提高。不过，Campo 布局镜场仍然无法解决区域变化时，由定日镜数目骤增引起的局部区域遮挡阴影损失的增加。

④ 仿生型布局。针对 Campo 布局镜场区域变化处局部定日镜的阴影遮挡损失较严重这一问题，仿生型镜场布局可使定日镜的镜地密度几乎是连续地减小，即相同土地面积上的定日镜随着镜塔距离的增加，逐渐连续地减少。

仿生型镜场布局的特点是定日镜均位于仿生型螺旋线之上，并以黄金分割角确定每个定日镜的方位，如图 8-39 所示。其中，r 为仿生型螺旋线半径；θ 为黄金分割角（约 137.5°）；3 为指定日镜数目。

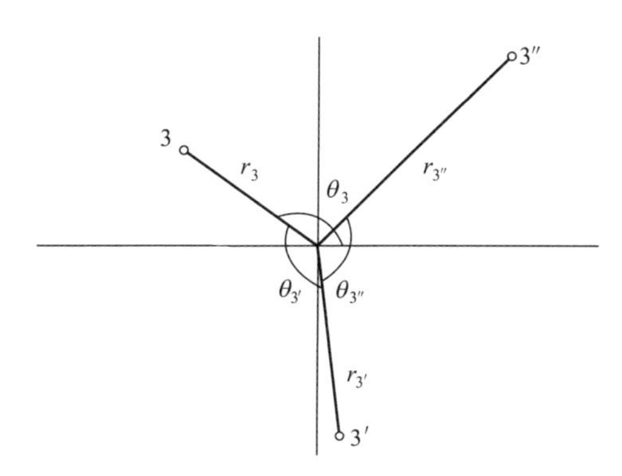

图 8-39 仿生型镜场布局示意图

⑤ 镜场清洗。定日镜的清洁度是保证镜场提供能量的一个关键因素，直接影响着电站的发电量。因此，镜场清洗是塔式太阳能电站运营中所必需的。

镜场是由大量定日镜组成的，依靠人力进行清洗是一件不现实的事情，必须配置一定数量的清洗设备进行清洗。清洗设备一般是自动或人工操作，且需要按照一定的线路在镜场中行走。

从上述几种镜场布局来看，镜场布局越复杂，清洗设备的操作复杂度越高，受清洗设备影响的定日镜的安全系数就越低。受清洗设备影响的定日镜的安全系数由高到低排序为：直线形布局、圆形布局、Campo 布局、仿生型布局。

Campo 布局镜场，由于南北镜场相邻镜环间距由北向南是逐渐减小的，对于清洗设备的驾驶员而言，不同的镜场位置要求驾驶员的驾驶距离不同，这样就不利于定日镜的安全。而且，仿生型布局镜场，镜场中根本不存在规则的直线形或环形的清洗路线可供清洗设备通行。

定日镜的安装和清洗都是需要定点定位操作，仿生型布局和 Campo 远距离定日镜的定位可行性也较差。出于上述两点，目前世界范围内均未采用这两种镜场布局方法。

⑥ 几种布局方式比较。根据上述分析可知，相同规模的各镜场布局其特性由高到低排序如表 8-1 所示。

表 8-1 镜场布局特性排序

特性	排序
镜场效率	仿生型≥Campo≥圆形≥直线形
定日镜数目	直线形≥圆形≥Campo≥仿生型
占地面积	仿生型≥Campo≥圆形≥直线形
施工运维复杂度	仿生型≥Campo≥圆形≥直线形

8.5 塔式太阳能热发电系统的运行和控制

8.5.1 概述

塔式太阳能热发电系统是一个复杂的热力系统，它具有以下特点。

① 强非线性。太阳辐射能流密度低，而且具有很强的不确定性和间歇性，跟踪监测困难。太阳辐射强度增减，接收器的蒸汽量、蒸汽温度都在不断改变，从而由冷罐闪蒸出的蒸汽量也在不断变化，因运行工况的改变导致过程特性的大幅度变化，致使系统的非线性特性十分明显。

② 过程时变滞后严重。热力设备繁多造成的过程时变滞后是各类电厂热工过程的突出特点，同时也是塔式太阳能热发电蒸汽系统的重要特点。

③ 惯性大。基于成本和效率考虑，集热镜场需要足够大的规模，庞大的镜场和发电设备导致其惯性较大。

④ 整个太阳能发电厂中，有一个重要的方面，那就是多余热量的储存能力。在白天阳光充足时，可利用储存装置将多余的能量进行储存，当没有阳光时可将储存的能量放出进行发电。为了实现特殊情况下能量的需求，需对储存装置的尺寸进行优化，太阳光瞬态变化的特性影响着聚光系统的运行，因此都需进行优化设计。太阳能发电厂的控制系统要比传统的发电厂更加复杂，除了传统的发电装置外，其他主要的系统如镜场、热储存、接收器、蒸汽发生器必须有效控制。这种控制系统在装置启动、关闭、瞬态运行时是非常复杂的。

塔式太阳能电厂由定日镜场、集热器系统，热量传递、交换和储存系统，蒸汽和电能的生产系统以及综合控制系统等部分组成。通常每个单元都有其特定的控制组件。综合控制系统通过和不同的子系统通信来调整不同的单元，使电厂安全有效地运行。典型的电厂控制系统包括定日镜控制、镜场布置优化、接收集热器水位控制、主蒸汽温度控制、放热条件下储热系统蒸汽供给压力控制和温度控制，以及主蒸汽压力控制。

目前已商业化运行的塔式太阳能电厂有 10MW 的 PS10 电厂和 20MW 的 PS20 电厂。Solar Two 和我国延庆电站也取得了较多的运行和试验数据，为塔式电站的运行及控制提供了有用的借鉴。

西班牙 PS10 塔式太阳能发电厂的主控系统分为两个逻辑等级：第一逻辑等级是当地控制，它的功能是根据瞄准点和时间参数输入确定定日镜的位置，并向高一级控制级输送镜场的状态参数；第二个逻辑级是 DCS，它能对定日镜做一些重要的调度运算。PS20 电厂有一个由 1255 面 Abengoa Solar 设计的定日镜组成的镜场。每面定日镜表面积为 1291ft^2（约为 119.9m^2），将其接收的太阳光反射到接收器上。接收器位于 531ft（约为 161.8m）高的塔顶，用于产生蒸汽供汽轮机发电。

8.5.2　定日镜运行控制

（1）定日镜的跟踪控制及校准

目前用得较多的塔式定日镜跟踪控制系统是开环控制器。当需要对吸收器的温度及流量进行控制时，可选择相应的控制算法，该控制算法根据当前的温度、焦距、相差及光束误差计算出每一个定日镜的移位量，以达到能流控制的目的。但仍有很多产生误差的来源，如时间、太阳模型、当地经纬度、定日镜在镜场中的位置、余弦效应、处理器精度、大气折射、机械和安装公差等。

现用基于 CCD 摄像机（电荷耦合摄像机）克服太阳位置计算误差及安装公差相关的误差源。该方法依据对镜场中每面定日镜反射到目标的太阳光束的拍摄结果进行移位校正。随着太阳和地球的相对运动，定日镜反射到目标的太阳光会产生一个连续变化的形状。利用拍摄得到的图像作为一个反馈信号，触发自动计算目标中心和光束中心的距离，具体触发方法是将误差信号作为调整目标。计算完定日镜驱动机构所需的移位量（编码器的步骤）之后，系统将这个信息传送到主控系统来完成移位校正操作。

（2）接收器的流量控制

接收器运行中的一个主要问题就是整合上述参数，获得合适的热能流量分布，以避免由于过大的热流梯度而导致接收器损坏。将所有的定日镜都聚焦在塔式太阳能接收器同一点，会导致一个带峰值的不均匀流量分布，而若想克服不均匀辐射剖面，一种方法就是多聚焦策略。具体做法是将不同的定日镜故意对准不同的聚焦点，这样就可以将由于集中聚焦造成的带峰值的辐射剖面扩展成一个在更大的孔径面积上更均匀的辐射剖面。聚焦点的数量、位置通常由不同辐照条件下仿真计算结果决定。应用较多的典型的五个聚焦点方法是将聚焦点分散到五个位置，一个聚焦点在吸收器的中心，其余四个分布在吸收器边缘，参见图8-40。一般来说，这种分散聚焦的方法已经足够。

温度通常是由一系列放置在吸收器不同位置的热电偶来测量的。控制算法通过改变聚焦点及分配到每个聚焦点的定日镜来获得更好的温度分布剖面。

仿真情况表明，较薄云层的影响容易通过控制算法进行控制，但在通过厚重云层时，在集热器中可能出现严重的辐照偏差，部分吸收器的集热板几乎未能接受辐射，而其他集热板则处于正常的太阳辐射下。此时，采用集热器上辐照量的平均值来控制流量是不合适的。为了防止处于良好辐射状态的集热板热应力超限，流量控制应该基于输入集热器的最大辐照量。如果辐照剧烈波动，该种算法可以自动检测辐照变化方式，并将流量增加到晴天时的最大量。这种控制模式被称为“阴云待命”。在电站的实际应用中，还简化了控制算法，取消了管壁温度负反馈回路。应用在 Solar Two 上的最终控制算法见图 8-41。

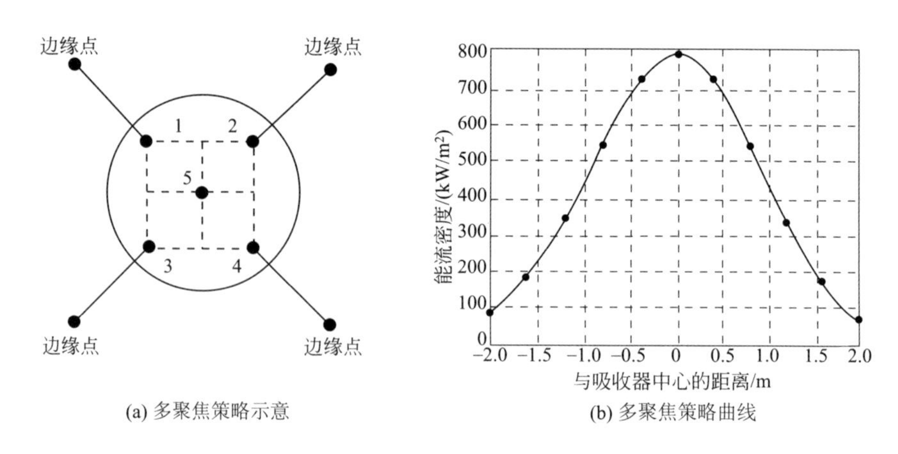

图 8-40 流量条件的控制

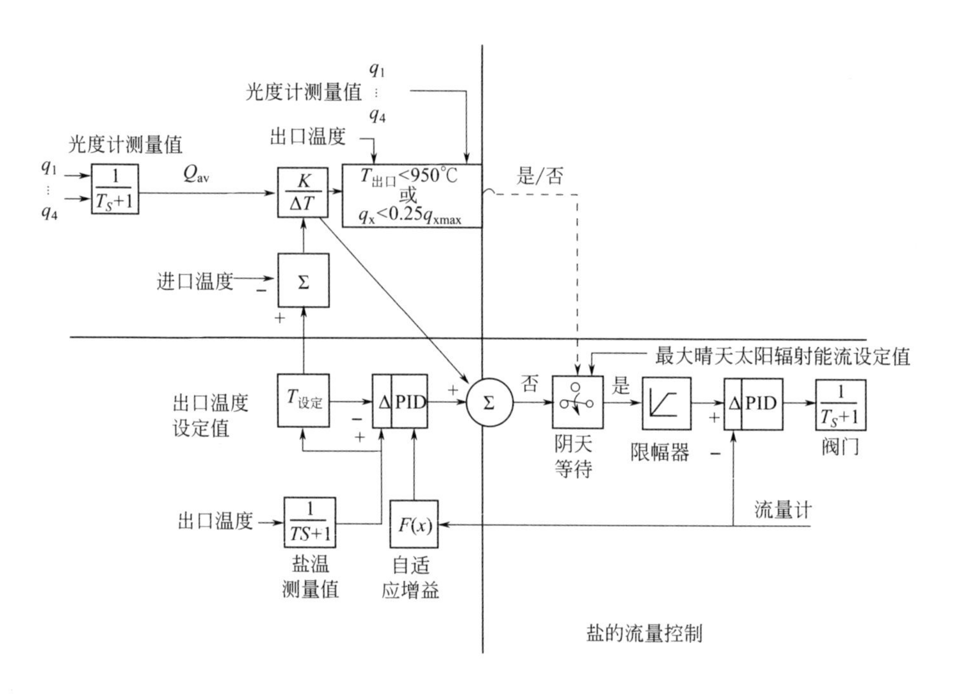

图 8-41 Solar Two 电站集热器采用的流量控制算法

8.5.3 跟踪控制系统基本情况

(1) 控制要求及误差来源

通过天文公式可以精确计算定日镜每一时刻应处的位置，然而在制造、安装及运行过程中，不可避免地存在各种各样的误差，使得定日镜跟踪精度低于设计精度，如不及时纠偏，不仅难以满足发电需要，聚光光斑甚至会偏离靶点，可能造成塔结构烧毁的事故。

定日镜场的控制需要考虑太阳辐射状况、风速、环境温度、与接收器启动与停机关系(接收器温度、汽包压力、进口流量、出口流体温度)、跟踪精度光斑特征系统(BCS)、每台定日镜控制旋转轴动作的就地控制器(HC)、定日镜场聚光控制器(HAC)等。

Solar Two电站共有1926块定日镜，其中，$40m^2$定日镜1818台，$95m^2$定日镜108台。其中，$40m^2$规格的定日镜场跟踪控制系统为开环分布式，实现对太阳的跟踪，保证定日镜反射光线能连续对准接收器的瞄准点。1818台$40m^2$规格的定日镜为原Solar One电站的定日镜，相应的控制系统和控制器未改变。其镜场控制系统包括三个部分：定日镜控制器HC（共有1818个HC，对1818台定日镜进行跟踪控制，HC控制器通过对瞄准所需高度角-方位角的计算，实现对定日镜的控制）；镜场控制器HFC（共有64个HFC，每个镜场控制器可对与之连接的最多可达32台定日镜进行控制）；定日镜阵列控制器HAC（HAC的功能包括与操作人员的接口、计算太阳位置向量和瞄准点、与镜场控制器HFC单元连接等）。

上述$40m^2$规格的定日镜控制系统在运行中存在各种误差。其中，最主要的误差来源是三种几何误差，即方位轴倾斜误差、镜对准非正交误差和编码器参考位置误差。

① 方位轴倾斜误差：是基座倾斜的定日镜水平和垂直跟踪误差。

② 镜对准非正交误差：具有对准误差的定日镜跟踪误差特征。

由于定日镜的方位轴需快速跟踪太阳造成的奇点，在每天某一时刻跟踪误差有很大的变化。

③ 编码器参考位置误差：使定日镜跟踪位置产生固定的偏转。编码器参考位置误差容易通过软件实现校正，这与方位轴倾斜误差和镜对准非正交误差需要对硬件进行调整才能降低是不同的。

（2）提高跟踪精度的策略

针对定日镜的跟踪误差情况，相关研究机构提出了一些提高跟踪精度的策略。尤其是美国Sandia国家实验室做了较多的研究，主要研究的策略包括以下3个方面。

① 标记位置调整（或称偏置）策略。利用跟踪准确度数据计算定日镜方位和高度编码器的参考点或标记位置的改变，以减小时变跟踪误差。这种方法也被称作“偏置”定日镜，此处的偏置数值相当于电站协调控制系统重点编码器参考标记位置的数量。类似的调整策略已经被应用于Solar Two电站。

② 移动策略。利用跟踪准确度数据计算定日镜在数据库中位置的补偿量（并非实际移动定日镜），以准确度数据计算定日镜方位和高度编码器的参考点或标记位置的改变，以减小时变跟踪误差。

③ 模型修正策略。在定日镜控制系统中采用误差修正模型以减小时变跟踪误差。这需要很多高跟踪精度的测量数据，以便确定每个误差源的权重。这种方法已经在原型电站得到应用。

前两种策略可较容易在现有的控制系统中实施，但只能起到减小跟踪误差的作用，而不能彻底解决误差问题。第三种策略能较好地解决误差问题，可获得很高的跟踪精度（均方根误差为0.50mrad），但较难应用于电站。

8.5.4　电站监控系统

由于塔式电站具有庞大的定日镜场，而每台定日镜都需要单独控制，所以在各类太阳能热发电技术中，塔式电站的监控最为复杂，需要建立一套分层控制的监控系统。

有关层次控制系统有定日镜场系统，接收器系统，储热系统，数据采集系统（含数据采集远控多路系统、位置气象仪器、运行与加热器的传输计算、位置、不同的远控定位等),气象系统,朗肯循环中的汽轮机、冷凝机、除氧器、阀门、泵及发电机系统等。各个层次通过传感器运行,将连续和间断的测量数据和报警信号及仪器、仪表工作状态传送至中央控制室。

塔式太阳能热动力发电站中央主控室控制台如图 8-42 所示。由于控制过程高度自动化,一般太阳能热动力发电站的中央主控室只设岗 1 个。

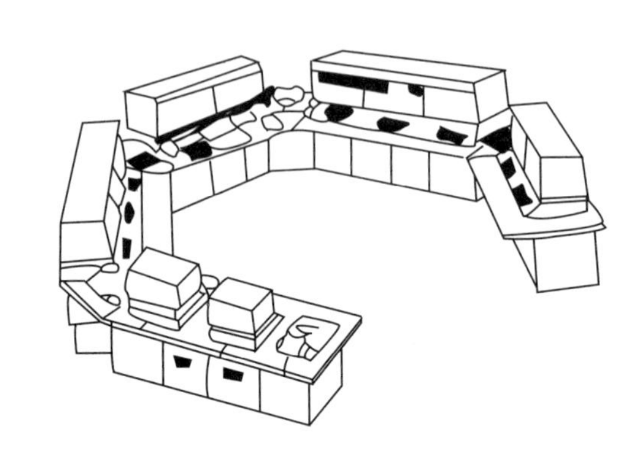

图 8-42 塔式太阳能热动力发电站中央主控室控制台

8.5.5 流量控制示例

美国的 Solar Two 塔式太阳能试验电站于 1996 年投运。该电站是采用硝酸盐作为吸收器吸热介质的典范。由于 Solar Two 是在 Solar One 的基础上加以改进的,因此在保留 Solar One 电站的部分设备和系统的基础上,增加或改进了部分设备及系统。

在吸热器的流量控制方面,Solar Two 设计并发展合适的控制算法,使吸收器的自动运行得到保证。在吸收器输入热量发生改变时,控制算法通过调节盐流量来使其与集热器的太阳能热负荷相匹配,保证吸收器出口盐温度维持在 565℃,从而减小管路的热疲劳损伤,确保其 20~30 年的寿命。

在 Solar Two 的集热系统动态仿真和验证初始设计中,构建的吸热器流量控制模型由 127 个常微分方程构成,用于描述电站组件(如吸收器、泵、阀门、控制器等)的时变特征。当有扰动的时候,例如当云层经过集热场或设备工作异常时,模型可以对相关参数(如温度、压力和流量等)进行计算。

8.6 国内塔式电站的研制进展

8.6.1 70kW 塔式太阳能热发电系统

2004~2007 年南京市科技局支持河海大学、南京春辉科技公司与以色列魏茨曼科学研究所、以色列 EDIG 公司合作,开展 70kW 塔式太阳能热发电系统的研发项目。

项目于 2005 年 10 月研发建成并成功发电,被《太阳能》杂志评为 2005 年可再生能源十大事件之一。

经发电运行测试表明：发电系统在运行稳定性、调节速动性、操控机动性、安全可靠性等方面均达到研发建设目标。系统实测的主要技术参数见表 8-2。

表 8-2 系统实测的主要技术参数

项　目	数　值
定日镜数量	32 台
单台定日镜有效反射面积	$20.25m^2$
定日镜光效率	76.3%
接收器出口最高工作温度	1000℃
接收器进口最高工作压力	0.4MPa
接收器效率	81.2%

实践中，形成了一支由光学、机械设计与制造、热能动力与工程、材料学、自动控制、计算机软件、蒸汽或燃气发电机组等专业人员组成的全面知识结构的高素质人才队伍，并促进了太阳能热发电领域的技术创新能力和工程化能力建设，为参加国家科技部“1MW 太阳能塔式热发电技术及系统示范”项目建立了技术基础，培养了人才队伍。

通过这一项目的实施，在太阳能热发电的聚光集热技术、高温接收器、系统集成技术等方面取得了进展，申请或取得了一批中国国家专利和美国等国际专利，具有鲜明的技术创新点，形成了部分具有自主知识产权的关键技术，并建成热发电小型示范工程，走出了我国多年热发电技术研究徘徊不前的窘境，揭开了我国热发电技术研究崭新的一页，为热发电技术的评价和分析积累了经验，为产业化的热发电技术的建立奠定了基础。

8.6.2 基本原理与总体思路

70kW 塔式系统整体主要由 32 台定日镜组成的定日镜场、高温接收器装置、燃气轮机发电机组以及相应的水冷却系统、天然气供气系统、集成控制系统等组成。

（1）系统基本原理

70kW 塔式太阳能热发电系统的基本原理如图 8-43 所示，通过定日镜场收集太阳能，加热空气介质，从而大幅度降低燃料用量，达到节约常规燃料用量，实现太阳能发电的意义和目的。其热力学过程如图 8-44 所示，在一定的功率水平下，如果没有太阳能，必须使用从 2→3 对应的燃料量来满足发电要求。但是由于引入了一部分太阳能来加热空气，促使燃料消耗量减少，仅需要 2→3 对应的燃料流量。

（2）定日镜（场）及其控制

驱动镜面瞬时自动跟踪太阳。控制的具体要求体现在反射效率、光斑质量、跟踪精度、维护与成本四个方面。

考虑在太阳方位角不变的情况下，如何实现垂直向下的定点投射。此时只需考虑高度角变化引起的反射镜的运动，由几何光学知识可知，反射镜倾角的变化量应始终是太阳高度角变化量的 1/2，这个基本原理可以从图 8-45 中清晰地看出。

由上述原理可以推论，当要求太阳光朝其设定的方向定向投射时，反射镜的高度角变化量、方位角变化量分别是太阳高度角变化量、方位角变化量的 1/2。

为了保证聚焦质量，定日镜表面是具有一定微弧度的曲面。

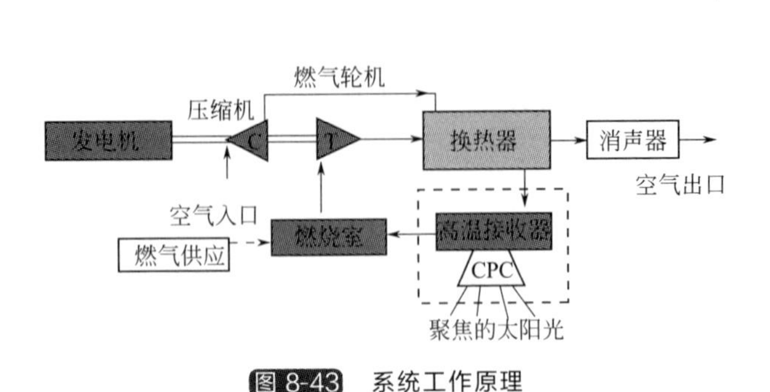

图 8-43 系统工作原理

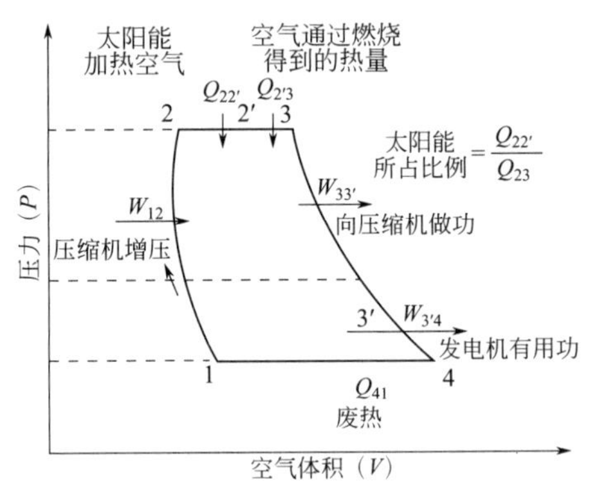

图 8-44 理想循环 P-V 图

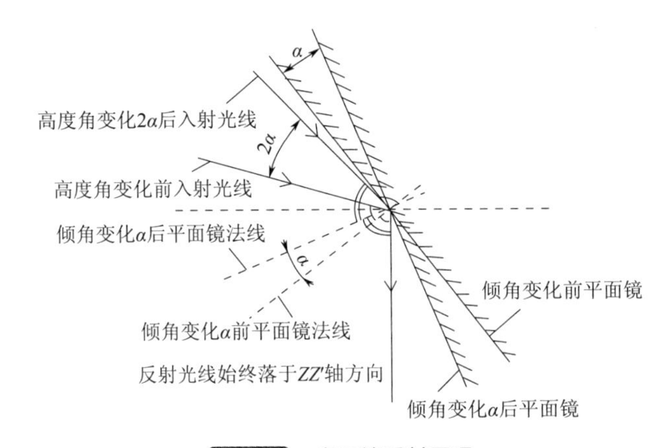

图 8-45 定日镜反射原理

（3）玻璃镜组件及其曲面成型

为了尽可能降低玻璃吸收率，提高玻璃反射效率，项目选择超白、超薄的玻璃材料制作定日镜。考虑到玻璃热弯成本高的原因，项目采用了创新的手段来实现玻璃的成型。

此方法具有以下优点。

① 制作玻璃曲面最常用的办法是采用模具法让玻璃热弯成型，使定日镜表面成为具有一定微弧度的曲面，该微弧度是与定日镜的焦距对应。而本系统采用机械变形的手段形成所需的特定曲面，大大节省了成本。

② 有利于保护镜后的反射银层免受室外恶劣环境直接侵蚀，延长反射银层使用寿命。

③ 提高了反射镜的耐冲击力。

④ 安全性大为提高，即使玻璃敲碎，仍能保持完整性，不致脱落伤人。

（4）结构设计

① 镜面布置。系统镜面布置设计成正方形排列，使得每块小玻璃在变形时保证幅度均匀，从而利于控制光斑质量。

② 系统误差。由于反射镜中心与转轴中心不一致导致定日镜装置本身存在不可克服的跟踪精度误差，称之为系统误差。

本系统采用了一些特殊手段，使反射镜的中心与跟踪机构的转轴交点重合，达到消除系统误差的目的。这样不管装置各部位如何运动，定日镜面的几何中心物理位置始终不动。因为整体装置具有了真正不动的物理空间中心点，从而为定日镜的定位传感器控制奠定了基础。因此消除了系统存在的固有系统误差，使得整个装置的机构设计不存在理论误差，保证了入射到平面镜上的太阳光经反射后能始终准确投向目标点。

③ 机架设计。美国 Solar One 的定日镜是典型的呈独柱式的机架整体，整个定日镜的重量完全由该独柱承担，定日镜面积越大，整个独柱的重量和直径越大。为了增加机架的稳定性，项目设计将机架的底面设计成可沿轨道运转的四轮支撑式，在此基础上由两侧的立柱托起上部的镜面架，从而均匀承担了整个机架的重量，载荷变形大大减小，稳定性大大提高。

同时，为了具备防风功能，做了如下设计：a. 定日镜玻璃组件之间设计有一定的间隔，既保证出现恶劣天气时大风能从组件间隙漏过，满足抗风性要求，同时还满足调整玻璃弧度变形时操作空间的合理要求；b. 安装了风速传感器，设定超过一定风力时，由该风速仪将信号传递给电机，驱动镜面运转到最佳抗风位置，从而保证定日镜获得最小的迎风面积。

④ 驱动设计。在所有对跟踪精度要求较高的太阳能利用装置中，机械机构的间隙是一个巨大的困难，其中包括两个部分：驱动部分和传动部分。

由于整个机架设计成了上述结构，驱动机构被设计在其中一个围绕中心轴线旋转的支撑轮上，即其中一个支撑轮是主动轮，其他三个为被动轮。为了具有防风功能，驱动结构采用涡轮蜗杆减速机构。

⑤ 镜面结构。系统采用了五点拉伸法，很好地实现了玻璃镜面微弧度成型。

（5）本地控制

跟踪方式采用与计算机相结合的方法，如图 8-46 所示。先用一套公式通过计算机算出给定时间的太阳位置，再计算出跟踪装置被要求的位置，最后通过电机转动装置达到要求的位置，实现对太阳高度角和方位角的跟踪。在美国加州建成的 10MW Solar One 塔式电站，使用的就是这种控制系统。在总计 28 万平方米的范围内，分散着 1818 块反射镜。先计算出太阳的位置，再求出每个反射装置要求的位置，然后通过固定在两个旋转轴（高度角和方位角跟踪轴）上的 13 位增量式编码器得到反射装置的实际位置，最后把反射装置要求所处的位置同实际所处的位置进行比较，偏差信号用来驱动直流电机，转动 39.9m^2 的反射装置进行跟踪。

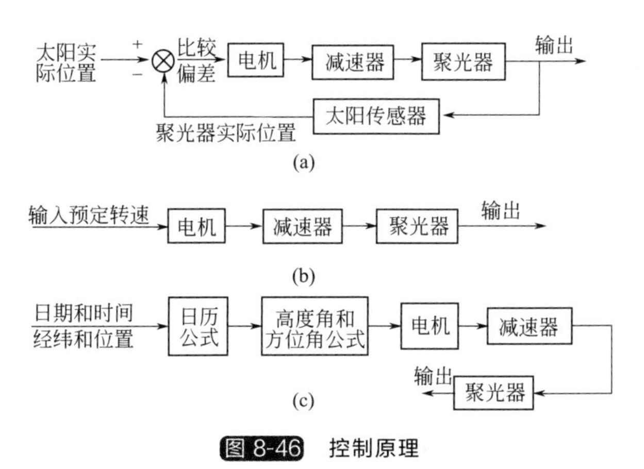

图 8-46 控制原理

国外定日镜的典型控制是利用开环原理，需要利用精度和成本极高的位置传感器和驱动机构来实现这个功能。而本项目在70kW塔式系统首次采用了开环和闭环同时控制的原理，即首先采用开环控制让定日镜处于基本的准确位置，之后由闭环电路接力控制，由于闭环电路里采用了精度极高的光电传感器，使得定日镜的最终跟踪精度可以很高。这种方法在世界范围的实际工程中尚未见报道。

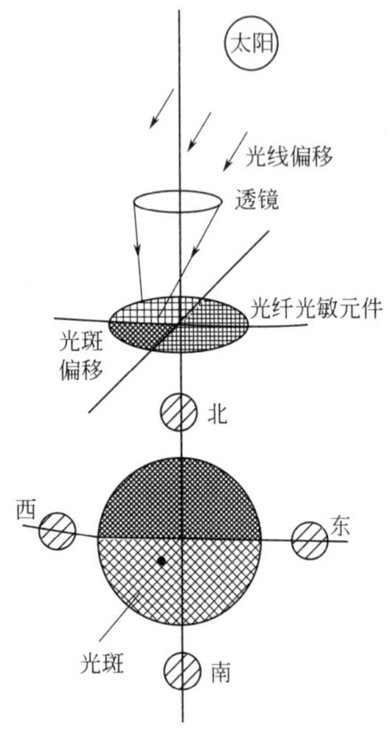

图 8-47 光电传感器结构原理

系统所用光电传感器设计独特、灵敏度高、抗干扰能力强、精度高、获美国专利授权（专利号US646576681），结构原理如图8-47所示。传感器的光信号输入端感光面由光纤束的端面构成（也可以直接采用四象限光敏器件），该光纤束的端面呈一个平面，排列于四个区，组合成封闭环状，每一区域内均规则排列有一组光纤束，每一组光纤束分别接收该区域坐标轴方向的光信号分量，分别对应一组光信号的输出端。四组光信号的输出端分别通过东、南、西、北四个方向上的光敏元件形成四个输出信号，传至反馈控制电路。当太阳光线偏斜时，太阳光通过聚光元件形成的光斑落入端面上设置的四个象限中对应的一个象限内，该光斑又被端面规则排列的两部分光纤束的接收端感光面所接收，光纤将接收到的光信号通过两组输出端由光敏元件传导到反馈控制电路中，再通过比较放大后驱动聚光器的转动，直至对准入射光线，此时传感器的聚光元件光斑落在光信号输入端感光面中心处。

（6）定日镜场

通过检测，32台定日镜组成的镜场完全达到设计和工作要求，单台定日镜上9片镜子的每片光斑直径在300～530mm；每台定日镜的光斑直径在550～600mm；整个定日镜场形成光斑直径在600～630mm。

（7）定日镜的安装调整

设计的每台定日镜装置的玻璃组件要求各片玻璃镜组合形成完整的曲面，每片玻璃镜曲面准确，相互之间过渡合理，成像光斑圆整，能量密度分布合理。调试过程：一是按照镜场中每台定日镜装置的焦距对准设定的目标投射点单独调整每片玻璃镜的曲面；二是将每台装置的各片对应玻璃镜安装于定日镜架体，让处于中间位置的玻璃镜中心与定日镜装置双轴的交点尽可能重合，以中间位置玻璃镜的成像光斑为基准，其他各片玻璃镜的光斑逐一与中间位置的玻璃镜光斑叠加，完成初步调试。第二步的调试必须保证定日镜装置处于良好的跟踪状态才能进行。最后，初步调试好的定日镜装置实行跟踪并观察光斑质量，进一步微调校准。需要说明的是，由于太阳位置的变化以及季节性的更替，定日镜装置的光斑会发生变形，所以半年左右的时间应该重新校准一次。

图8-48是定日镜比较全面的纠偏系统组成。

（8）接收器

70kW塔式太阳能热发电系统采用的是有压腔体式接收器。

有压腔体式接收器的设计主要取决于温度、压力、辐射通量等。随着温度、压力和太阳能辐射通量的增大，有效处理经聚焦增强的太阳能变得越来越困难，这给接收器的设计带来巨大挑战。例如，材料性能决定了接收器最高的温度，这也会迫使设计人员在接收器工作温度升高的同时，尽量降低流体压力。

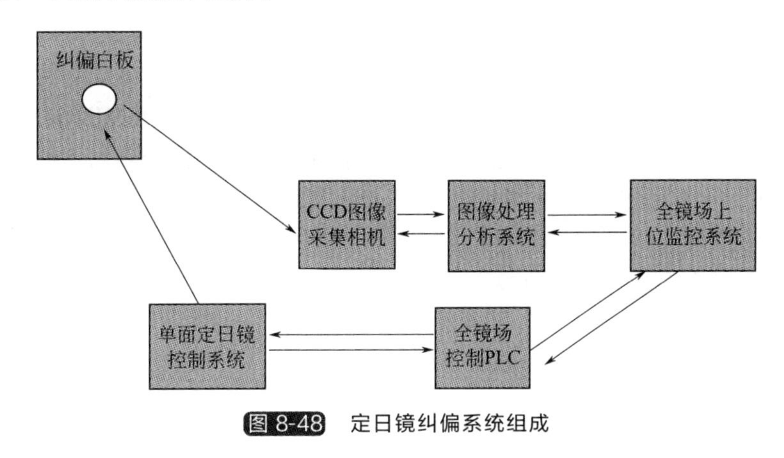

图 8-48 定日镜纠偏系统组成

对接收器的主要要求是：能承受一定数值的太阳光能量密度和梯度，避免局部过热发生，流体的流动分布与能量密度分布相匹配，效率高，简单易造，成本经济。

张耀明等研究设计的具有自主知识产权的接收器，申报了美国专利以及中国发明专利。通过比较分析，该接收器具有以下优势：①采用针管风冷技术对石英玻璃窗口进行冷却，窗口温度均匀，冷却效果好；②具有储热功能；③冷态空气与陶瓷吸收体之间的热交换更充分。该接收器将在实验中进一步验证。

(9)“太阳能化”的燃气轮机发电机组

燃气轮机用于太阳能热发电时，需要对其结构进行改造，以形成“太阳能化”的燃气轮机。因为太阳能最终需要由工作流体输送入燃烧室，即需要的太阳能是由接收器中的介质空气吸收后转化为其热能反映的，所以接收器与燃气轮机的燃烧室具有一个接口，从而形成“太阳能化”的燃气轮机发电机组。

用于本系统改造的原始燃气轮机是由以色列提供、美国 Honeywell 公司生产的、以天然气作为燃料的 Parallon 75 机型，主要做分布式应用。

(10) 冷却水系统

为防止过多的耗水和浪费，冷却水系统是一个闭路系统，冷却水量约为 12000L/h。

使用水冷却的主要是接收器的壳体和 CPC。必要时配备并联的水源，并带有流量调节能力，以保证两个部分冷却的效果。CPC 的冷却有两个回路：内部冷却（CPC 的面板）以及对面板的外表面进行的进一步外部冷却。内部冷却水的主管线进一步分为用于各个面板的 12 根平行的管线；外部冷却管线可分为若干平行的管线。

(11) 监控系统

为了能在主控室随时、全面了解系统关键部件的运行状况，并及时做出有效决定和措施，整个系统设置了 4 个监控装置，分别安装在定日镜场、塔 24m 高度处和燃气轮机两侧，用于监控 CPC 口附近的能量状况、整个定日镜场、接收器、燃气轮机的状态和运行，保证系统始终在安全、可见条件下运行。

为了进行系统性能分析和评价，在现场建有小型气象站，按时间间隔对现场的试验条件，如太阳能直接辐射（DNI）、环境温度、风等，特别是 DNI，进行测量和记录。

(12) 集成控制系统

集成控制系统的开发设计包括以下几个部分。

① 系统各部分电气系统电力配置与监控（配电柜）。

② 主控操作台（主控运行操作界面）包括太阳能接收器监控（MIVNIT），燃气轮机监控（ITGCMD），定日镜场的运行状态（HFC），辅助参数监测，接收器冷却水控制回路参数监测，燃气压力、流量监测，全场视频监控。

③ 辅助装置控制系统（塔顶二层控制柜）。

④ 监控系统网络配置与通信协议。

⑤ HFC 监控软件设计。

主控操作台的设备主要由四台监控用工业控制计算机、相关网络设备以及 UPS 组成。

8.6.3 亚洲首座兆瓦级太阳能塔式热发电项目——北京延庆塔式电站

中科院电工所延庆太阳能光热示范电站是国家“十一五”863 重点项目，也是亚洲首座太阳能塔式热发电技术应用项目。该项目聚光镜面积为 $10000m^2$，总装机容量 1.5MW，总投资近 1 亿人民币。项目将建设 100 面自动随太阳转向的大型定日镜（见图 8-49），通过定日镜将太阳光反射聚集到 100m 高的太阳能吸热塔的吸热器中，利用热能加热水产生的蒸汽来推动汽轮机带动发电机发电。作为中国首座太阳能热发电站，参与研发的 11 家单位协同攻关，自主完成了太阳能塔式电站的概念设计、初步设计、施工设计及设备安装和调试工作，建立起太阳能热发电技术的研发体系和标准规范体系，全面掌握了高精度聚光器、聚光场、直接过热型吸热器、储热和发电单元及系统设计技术，以及总体、光场、机务、仪控和电气设计技术，取得了以光热场耦合直接产生过热蒸汽工艺为代表的一批自主创新成果，编制了太阳能热发电首部国家标准，并实现了 100%的设备国产化率。

图 8-49 北京延庆塔式电站定日镜

通过“863 计划”等项目的实施，牵头承担单位中国科学院电工研究所还在延庆基地建成了占地 300 亩的国际一流大型太阳能热发电技术研发基地和一批重要科学实验平台。现在，项目成果还在总结、完善。这里只对有关软件进行介绍。

北京延庆塔式太阳能电站镜场设计软件为设计和研究位于北京的塔式太阳能热电站，中科院长春光机所卢振武等研发了镜场设计软件 HFLD。

软件的主要功能及特点为：可输入已有镜场的定日镜坐标对镜场进行性能分析和计算，可按照用户输入的镜场参数自动布置定日镜并计算镜场的性能，可分析镜场对地面阴影及镜场地面的日照时间。

镜场边界由年均余弦效率、年均大气衰减损失、吸热器截断效率以及吸热器采光口共同决定。

采用光线追迹计算截断效率和能流分布，具有较高的计算精度、图形输出功能。

决定镜场结构的参数包括镜场边界第 1 环定日镜与塔距离、相邻两环定日镜的间距、相邻定日镜左右间距。

镜场边界由年均余弦效率、大气衰减损失和吸热器截断效率决定。镜场边界同时满足吸热器采光口（圆形采光口、矩形采光口）的限制。

镜场效率的计算包括镜场效率分析、镜场采集能量分析、采光口平面光斑及能流分布计算、镜场及塔对地面的阴影分析。

这个软件只优化了光学效率，没有塔高的优化，没有考虑热效率的联合优化，但经过跟国外 PS10 对比后已达较高水平，所以计算结果与公布结果都在误差范围之内。

卢振武等还提出在镜场设计方面可采用小面积定日镜、多塔设计，以降低中央塔和接收器的成本，镜场采用分组控制，在不降低聚光效果的前提下减少发电机数目，进而降低镜场成本（见图 8-50）。

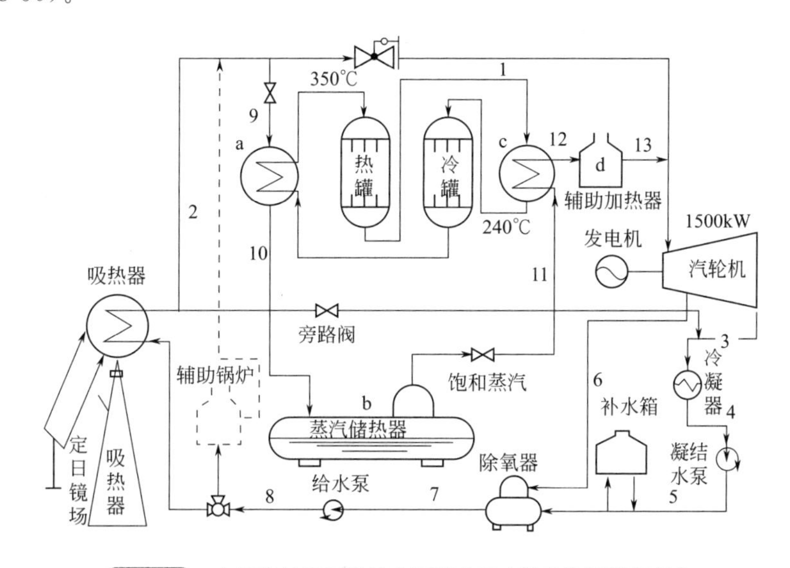

图 8-50 大汉电站原则性热力系统（图中数字为流道编号）

“十三五”期间是为我国光热发电产业打基础的时期，2020～2030 年这十年是光热发电的大发展时期。随着产业链贯通、规模化发展、成本大幅下降，未来，光热发电将有条件逐步担起基础电力负荷的新能源重任。

《太阳能发展“十三五”规划》明确提出，到 2020 年太阳能光热发电装机目标达到 500 万千瓦。机构预计，建成太阳能光热发电项目 500 万千瓦，市场规模达到 1500 亿元。我国太阳能热发电产业，已迈入快速成长的车道。

标准是规范、指引行业发展必不可少的条件之一。延庆太阳能热电站的建立，标志着我国也在太阳能热发电领域的标准制定有了话语权。

2017年由中国能建集团工程研究院担任主编单位的《塔式太阳能光热发电站设计规范》通过审查。会议专家组认为，作为国家标准，该《规范》填补了我国塔式太阳能光热发电站设计标准的空白，达到国际领先水平。专家组认为，《规范》框架结构合理，内容全面，可操作性强，与有关标准相协调。第一届全国太阳能光热发电标准化技术委员会计划以本规范的编制内容为基础，申请立项IEC/TC 117国际标准。如通过，本规范将作为国际标准，为国际塔式光热电站的设计提供技术服务。2018年光热国标委立项的国家标准8项，其中《塔式太阳能热发电站吸热器技术要求》《塔式太阳能热发电站吸热器检测方法》《太阳能热发电站接入电力系统技术规定》《太阳能热发电站接入电力系统检测规程》《太阳能热发电站换热系统技术要求》《太阳能热发电站换热系统检测规范》已经由标委会全体委员表决通过；《太阳能热发电站储热系统性能评价导则》和《太阳能热发电站运行指标评价导则》处于完善阶段；国家标准《塔式太阳能光热发电站设计规范》完成报批；国家标准《槽式太阳能光热发电站设计规范》完善后准备报批；两项等同采用IEC标准的国家标准《光热发电站术语》和《典型太阳年产生方法》将进行大纲审查；《光热发电站性能评估技术规范》处于征求意见稿阶段；《菲涅尔式太阳能光热发电站技术标准》处于编制大纲阶段；中国科技人员同时参与国际标准化工作，作为IEC/TC 117太阳能光热发电系统技术委员会具有投票权的P-成员国，牵头和参与共计9项IEC标准的编写。

8.7 新型反射塔底式接收器

临近21世纪，以色列魏茨曼科学研究院对塔式系统进行了重大改进。他们利用一组独立跟踪太阳的定日镜，将阳光反射到固定在塔顶部的初级反射镜——抛物镜上，然后由初级反射镜将阳光向下反射到次级反射镜——复合抛物面聚光器（CPC），再由CPC将阳光聚集在置于塔底部的接收器上。通过接收器的空气被加热到1200℃推动燃气轮机发电机组，燃气轮机排放500℃左右的气体，可用于推动另一发电机组，从而使系统的总发电效率达25%～28%。

中国石油大学宋永兴等对此进行研究，提出一种新型的反射塔底式太阳能集热装置，利用定日镜场将太阳光反射到塔顶的二次反射器，光线经塔顶的二次反射器反射到塔底，经过复合抛物面进一步汇聚达到了光线聚焦集热的目的，实现太阳光在塔底进行集热，能减少塔体负荷、降低动力消耗和减小热损失等。在研究中提出高效、直观的定日镜场和塔顶二次反射器的建模方法，继而建立了多种镜场和二次反射器塔的反射塔底式太阳能发电集热系统，利用所建立的模型分析整个装置的集热效果和对双曲面进行优化。

（1）装置的基本结构

反射塔底式太阳能热发电装置主要包括定日镜场、塔顶反射器、塔底二次反射器、接收器、储热器、发电装置以及发电装置控制系统。

① 定日镜场：由大量的定日镜组成定日镜场，将太阳光能量反射到太阳能塔顶的反射器，达到汇聚太阳光的目的。

② 塔顶反射器：一般由圆锥曲面组成（椭球面或双曲面），将接收的光线反射到它们的低焦点，达到光线转移的目的，使得接收器以及其他装置可在地面而不至于被安置在塔顶，大大提高了经济效益，降低了能量的损失。

③ 塔底二次反射器：位于塔底，一般由 CPC 材料构成，使得汇聚到塔底的光线进一步集中，提高了聚光比。

定日镜技术未来发展的主要方向应放在定日镜场的优化设计上，定日镜场的设计方向应当是提高镜场的效率。通过这些方式可提高太阳能热发电站的光电转化效率。

（2）塔顶二次反射器

采用双曲面作为塔顶的二次反射器。根据双曲面的光学特点可知：当光线朝其中一个焦点照射时，经过双曲面的反射会被反射到双曲面的另外一个焦点，如图 8-51 所示。

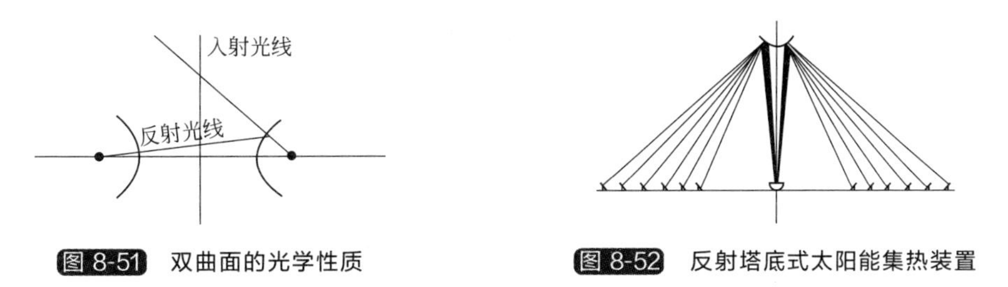

图 8-51 双曲面的光学性质

图 8-52 反射塔底式太阳能集热装置

反射塔底式太阳能集热装置正是利用了双曲面的这一光学特性，通过定日镜将太阳光反射到塔顶二次反射器的一个焦点上，当光线到达塔顶的双曲面时，光线将被反射到塔底的另外一个焦点上。通过双曲面的作用顺利实现了光的聚焦由塔顶转移到塔底。这使得接收器和相应的设备不必安装在塔顶而大大降低了塔式太阳能的造价（见图 8-52）。

为了使到达塔底的光线进一步汇聚，现在广泛认同的是在塔底使用复合抛物面装置（CPC），它可使光线再次汇聚而不致散失，这样可大大提高太阳光的聚光比，提高太阳光的利用率和转化效率。复合抛物面聚光器（CPC）的设计原理是边缘光学，入射的光线通过在 CPC 中的多次反射后到达反射器的出口或接收表面，它的这种光学原理使得光的损失较少，另外对于那些斜入射的光线能进行很好的收集，最终获得最好的理论聚光比。通过这种方式设计的反射器，其光学性能十分接近于理想的聚光器。采用蒙特-卡洛光线追迹法利用 Soltrace 软件对所提出的反射塔底式太阳能集热装置进行仿真模拟以及对二次反射器的性能优化，建立了多种镜场和二次反射器塔的反射塔底式太阳能集热系统。利用所建立的模型分析双曲面的反射效果与焦距和截距之间的关系，并得到了双曲面设计时截距与焦距的比值一般在0.7～0.8之间等结论。

（3）反射塔底式太阳能热发电系统

在塔式太阳能电站中，利用定日镜将太阳光反射到塔顶的接收器，达到光的汇聚。定日镜追踪装置由计算机进行控制，将太阳光反射到塔顶，整个的定日镜群称为镜场，它可能位于塔的一周（纬度比较低）或者一侧（南、北半球）。在接收器中，接收的太阳辐射能通过接收热管传递到工质中，如果工质是水/水蒸气，可直接送到流体机械中通过装置进行发电，如果有其他工质被利用，最终还是要转化为水和蒸汽。

目前阿联酋阿布扎比已建成一个 100kW 的二次聚光塔式系统，采用直接吸热的熔盐吸热器。图 8-53 是该系统和充气装置的照片。

图 8-53　二次聚光塔式系统和充气装置照片

更高温度运行的光热电站则可以提高热电转化效率，降低发电成本。更高温的光热电站设计也因此成为致力于削减成本和拓宽光热市场机会的研究者们的关键研究领域。

美国 Brayton Energy 公司，国家可再生能源实验室（NREL）和桑迪亚（Sandia）实验室等机构都在为此努力，他们致力于研发超临界二氧化碳循环光热发电技术，其运行温度高达 700℃以上，可实现更高效率和更低的发电成本，且理论上已经被证明是可行的。研究人员表示，高温超临界二氧化碳布雷顿循环（Brayton）光热电站的热电转换效率比传统电站可提高 20%以上。这意味着可将光热电站的平准化电力成本（LCOE）降低约五分之一。

更高温的光热电站需要更耐用的部件，例如热交换器、管道系统和涡轮机，都需要重新优化设计和制造。这其中，换热器是一个难点。传统上，换热器一般由不锈钢或镍基合金制成，但这些材料制造的换热器在较高温度下长期运行会软化和被腐蚀。几个美国大学的研发人员组成的团队现在已经开发出一种由碳化锆和钨制成的“金属陶瓷复合材料”，这种材料比传统的合金更坚固、更耐用且耐高温。研究表明，该材料可用于下一代高温超临界二氧化碳（SCO_2）布雷顿循环驱动的光热电站。该项成果已经在 2018 年 10 月发表在《自然》杂志上。文章报道：在高于 700℃的运行温度下，在测试阶段表现出的主要性能是优化的断裂强度，对 SCO_2 的耐腐蚀性和热导率比钢或镍基合金高出两到三倍。

美国已计划建设 10MW 的测试系统。在高温太阳能热发电集热器方面，奥地利也在做研究，主要集中在两方面，一个是粒子吸热器（沙子储热），热功率 1～3 MW，研发了新型的流化床换热器，已经成功投入运行。另外一个是超级二氧化碳循环技术，建立了热功率 200kW 的示范项目。在研究方面，法国国家科学研究中心 CNRS 在 Odeillo 建立了一个聚光系数为 10000 的太阳炉，热功率 1MW，也是全球最大的太阳炉。法国在 Odeillo 还有一个 Microsol-R 槽式研究平台，热功率 150kW，采用导热油为介质，配置 10kW 的有机朗肯循环机组。在 Targasonne 建有 THEMIS 塔式电站，聚光场 5800m^2，塔高 100m。

还有两个最新的研究项目，都是欧盟地平线 2020 资助，一个是下一代 CSP（2017～2020 年），欧盟资助 495 万欧元，研究重质粒子太阳能吸热器和储热，1.6MW 太阳能燃气轮机。另外一个是 SOLPART（2016～2019 年），欧盟资助 436 万欧元，研究重质粒子太阳能反应器，并对 950°C 的太阳能过程用热进行研究（用于生产水泥或石灰）。

德国拥有世界上最大的太阳能模拟器，由 149× 7kW 的氙弧灯组成，1 万个太阳（辐射强度相当于太阳光照射同等面积的 1 万倍），3 个测试腔，辐射功率分别为 240kW/300kW/240kW。

碟式/斯特林太阳能热发电

9.1 碟式太阳能热发电简介

(1) 碟式太阳能热发电

简称碟式 (dish) 发电，又称蝶式、盘式发电。碟式发电采用的是聚光效率很高的旋转抛物面聚光器，其特点是典型聚光比 (C) 可达 2500～3000，集热温度多在 850℃以上，属高温太阳能热发电。碟式太阳能热发电技术在太阳能热发电中拥有最高转换效率，从炊事、海水淡化、冶金行业使用的太阳灶、太阳炉到即将开始运转的太空发电，大都使用碟式系统。

在无线电技术中，碟式接收器是常见设备。在城乡的各个角落都有碟式电视接收器；碟式雷达接收器在军事上发挥着重要作用。SETI（"寻找外星智慧计划"英文缩写）在美国加州建立的艾伦望远镜阵列（见图 9-1），也是利用超敏感无线电接收器，捕捉太空信号的设置都是碟式。

图 9-1 艾伦望远镜阵列

图 9-2 所示的储热太阳灶实际上是一种室内太阳灶，比室外太阳灶有了很大改进，其技

术难度在于高温热管以及管道中高温介质的安全输送和循环，尤其是对工作可靠性的要求很高。

图 9-2 储热太阳灶

碟式太阳能热发电技术是人类最早开发的太阳能热发电技术，是可以达到太阳能热最高转换效率的发电技术，因为同样的面积，发电能力达到太阳光伏电池的 3 倍，所以在太空、沧海孤岛、冰源荒野、探险据点等空间范围受限的场合，碟式太阳能热发电技术都是首选。

在碟式太阳能热发电系统中，热机可以考虑多种热力循环和工质，包括朗肯循环、布雷顿循环、斯特林循环。斯特林热机的热电转换效率可达 40%。斯特林热机的高效率和外燃机特性使其成为碟式太阳能热发电的首选热机。现被称为碟式/斯特林式太阳能热发电。

(2) 碟式太阳能热动力发电技术的发展

早在 19 世纪 70 年代，在法国巴黎近郊建成的小型太阳能动力站，就是一个早期的碟式太阳能热动力系统。但它的作用不是发电，而是带动水泵抽水。

近年来，随着新型热动力机和其他相关技术迅猛发展，将新型热动力发电机组置于旋转抛物面聚光器焦点上，构成现代式太阳能热动力发电装置，即太阳能热气机动力发电系统。由于单个旋转抛物面聚光器不可能做得很大，因此碟式太阳能热动力发电装置的单机功率都比较小，一般为 5～50kW。它可以分散地单台发电，也可以由多台组成一个较大的发电场。

现代碟式太阳能热动力发电技术的研究，主要目标致力于研究碟式太阳能斯特林循环热动力发电装置，着眼于开发功率质量比大的空间电源。这项技术的研发工作始于 1980 年，主攻是美国和德国。

美国第 1 台碟式太阳能热动力发电装置的聚光器为小面积型，具有二次反射镜，因此其聚光比很高，达到 3000。聚光器结构坚固，单位光孔面积质量大约是 $100kg/m^2$。1983 年，美国 Advanco 研制的 Vanguard Ⅰ原型机，发电功率为 25kW，安装在美国加州，1984 年 2 月～1985 年 6 月，在沙漠地区总计运行了 18 个月。该装置聚光器的直径为 10.7m，镜面反光面积为 $86.7m^2$，动力机采用了美国联合斯特林公司生产的 4-95Ⅱ型斯特林热机。该机为 4 缸，汽缸容积为 $95cm^3$，并联配气，具有双动活塞，组装成四方形。工作气体采用氢气，压力为 20MPa，温度为 720℃。斯特林热机的功率由变化工作气体的压力进行调节。

Advanco/Vanguard 系统（包括辅助系统）的净效率超过 30%，至今仍保持这类热动力发电机组转换效率的世界纪录。

其后，道格拉斯公司采用相同的技术和热气机，研发了另一台改进型碟式太阳能斯特林循环热动力发电装置。其旋转抛物面聚光器的入射光孔面积为 $88m^2$，由 82 枚小弧面镜组成，总计生产了 6 台，安装在美国境内不同地区做运行试验。经过评估，机组性能达到了 Advanco/Vanguard 系统的水平。随后计划停止。1996 年，该项目的研发工作重新得到了一定的扶持，组装了多台碟式太阳能斯特林循环热动力发电装置，投入试验运行与改进。至 2003 年，该装置日转换效率达到 24%～27%，年转换效率达到 24%，更重要的是在太阳辐射强度为 $300W/m^2$ 时达到 94%的利用率。

在上述工作的基础之上，2010 年美国在 Mojave 沙漠地区，安装了 60 台 Vanguard Ⅰ型碟式太阳能斯特林循环热动力发电装置，总装机容量为 1500kW。

1992 年德国研制成功碟式太阳能斯特林循环热动力发电装置，其发电功率为 9kW，至 1995 年 3 月，累计运行了 17000h，峰值净转换效率为 20%，月净转换效率为 16%。

1992～1993 年，日本在宫古岛进行了碟式太阳能斯特林循环热动力发电实验，机组额定发电功率为 8kW。聚光器由 24 枚反射镜组成，其输出功率为 40kW。

2004 年法国国家科学研究中心研制成功发电功率为 10kW 的碟式太阳能热斯特林循环发电装置，至 2006 年已运行 2500h。

9.2 装置与系统

(1) 工作原理

碟式太阳能热发电装置与系统见图 9-3。碟式太阳能热动力发电装置由旋转抛物面聚光器、跟踪控制系统、热动力发电机组、储能装置和监控系统组成，电力变换和交流稳压系统构成一个紧凑的独立发电单元。其结构原理如图 9-4 所示。

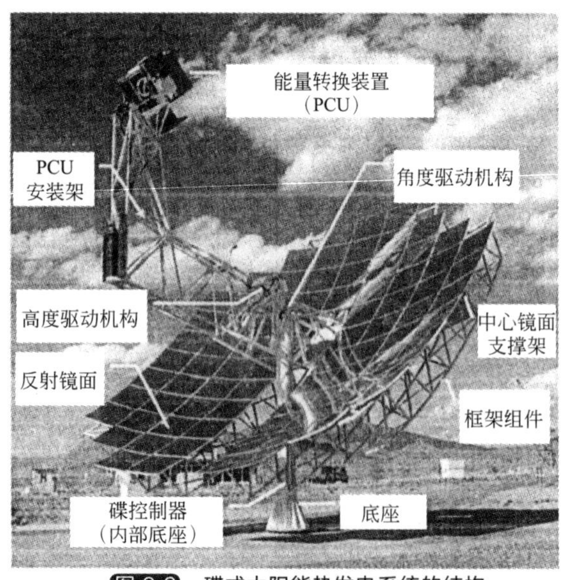

图 9-3 碟式太阳能热发电系统的结构

碟式太阳能热动力发电的基本工作原理是在旋转抛物面聚光器焦点处配置空腔接收器或热动力发电机组，加热工质，推动热动力发电机组发电，从而将太阳能转换为电能。

根据其热力循环原理的不同，碟式太阳能热动力发电装置可以分为以下两种基本形式。

① 太阳能蒸汽朗肯循环热动力发电。将小型空腔接收器配置在旋转抛物面聚光器的焦点处，直接或间接产生高温高压蒸汽，驱动汽轮发电机组发电，称为碟式太阳能蒸汽朗肯循环热动力发电。

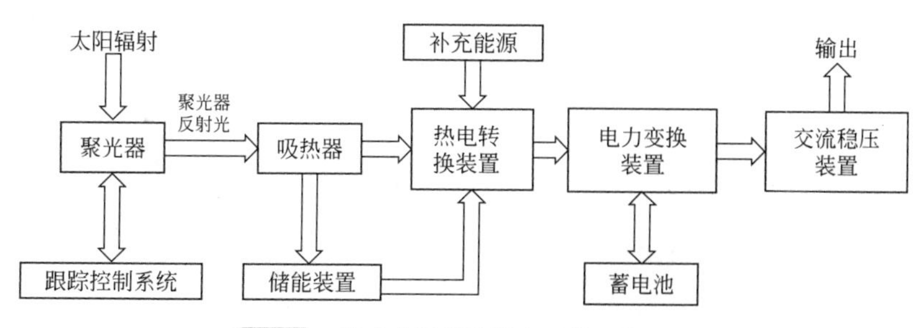

图 9-4 碟式太阳能热发电系统工作原理

② 太阳能斯特林循环热动力发电。将热气发电机组配置在旋转抛物面聚光器的焦点处，直接接收聚焦后的太阳辐射能，加热汽缸内的工质，推动热气发电机组发电。热气机为外燃机，即著名的斯特林热机，故名太阳能斯特林循环热动力发电，简称斯特林发电。

(2) 示例（湘潭样机）

20 世纪 80 年代，我国湘潭电机厂与美国太空电子公司合作，研制了 5kW 碟式太阳能朗肯循环热动力发电装置，取得较好效果，结构如图 9-5 所示。整机由六个部分组成，即旋转抛物面聚光器、空腔接收器、热动力发电机组、储能装置、跟踪系统和机座。

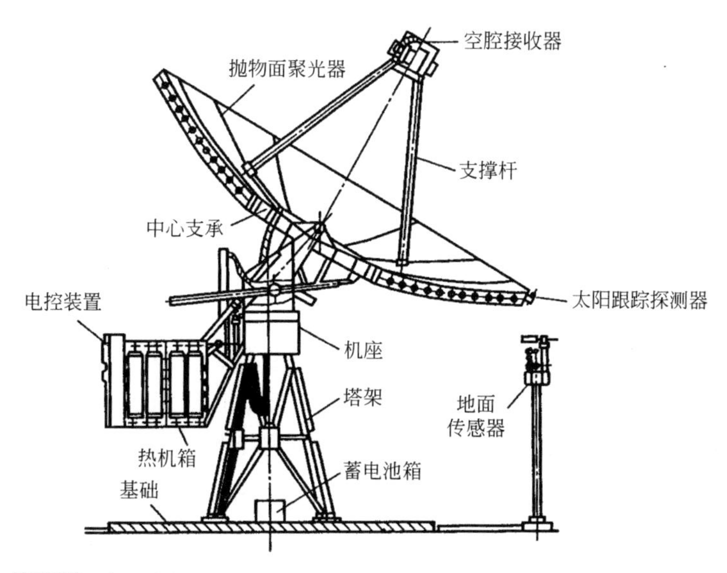

图 9-5 湘潭电机厂碟式发电样机结构（本图中未显示热动力发电机组）

从聚光器镜面盘体上伸出 4 根支撑杆，将空腔接收器架置在旋转抛物面聚光器的焦点处，构成一个整体，通过齿轮变速机构承架在机座上。热动力发电装置与聚光器分置于机座的两侧，从而起到一定的重力平衡作用。系统配置了一定容量的蓄电池组，置于地面基础上。通过常规配电系统向外负载供电。如此，构成一个完整的碟式太阳能热动力发电装置，即一个独立的交直流发供电源。装置总高度为 2.8m，总重 4.6t。

(3) 光热转换效率

碟式太阳能热发电系统（参见图 9-6）是由多个碟式太阳聚焦镜组成的阵列，将太阳光聚焦产生 860℃以上的高温，通过安装在焦点处的光热转换器将热能传递给传热介质载体空气，并输送到蒸汽发生器或储热器，加热水产生过热蒸汽驱动汽轮发电机组发电。

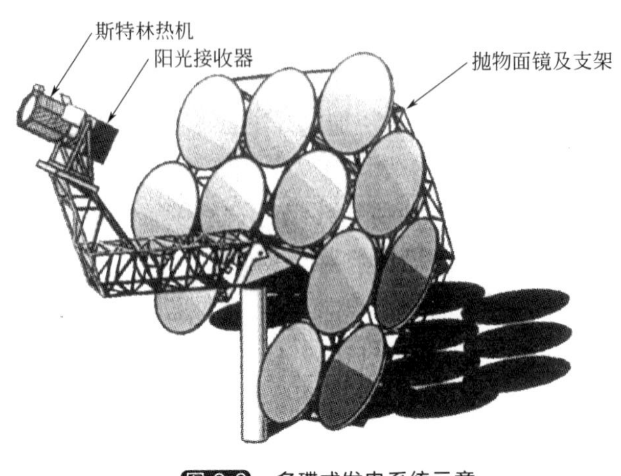

图 9-6　多碟式发电系统示意

从聚光集热装置及光热转换装置的转换效率上看，碟式最高，约为 85%；塔式次之，约为 70%；槽式最低，约为 60%。其主要原因是这几种形式的聚光集热装置的几何聚光比不同（分别约为 200～3000、600～1000 和 8～80），从而导致被加热后载热介质的温度不同（分别约为 500～1500℃、500～1000℃ 和 260～570℃）。另外，载热介质的温度不同还与所选用的载热介质的种类及转换装置的结构不同有关。例如，槽式系统采用导热油或融熔盐作为载热介质，温度只能控制在其沸点以下的某一温度，而碟式或塔式系统采用空气为载热介质，其温度可达上千度。从光热转换装置上看，槽式系统采用的是线聚焦，管式光热转换装置采用逐级加热的方式，而碟式和塔式采用的是点聚焦，蜂窝或多孔材料辐射对流加导热的光热转换方式，这都是导致光热转换效率不同的因素。

除上述因素外，减小聚光集热装置的余弦效应也可提高光热转换效率。如碟式和塔式热发电采用双轴跟踪系统，余弦效应明显小于单轴跟踪的槽式热发电。尤其是碟式的全方位双轴跟踪，余弦效应几乎接近于 0。

因此，要提高太阳能热发电的光热转换效率，就要尽量采用几何聚光比较高的聚光集热装置，以及耐高温的载热介质和换热效率较高的光热转换装置。同时，还要尽量采用双轴跟踪方式，以减小余弦效应，使光能利用最大化。

（4）典型碟式太阳能斯特林循环热动力发电装置参数

现代碟式太阳能热动力发电装置的研究主要是碟式太阳能斯特林循环热动力发电，着眼于开发功率质量比大的空间电源或特种用途电源，其典型技术参数数据见表 9-1。

表 9-1　典型碟式太阳能斯特林循环热动力发电装置的主要技术参数

装置部件	数　值
旋转抛物面聚光比	2500～3000
镜面反射率	90%～94%
跟踪系统	方位-高度法，自转-高度法
接收器形式	排管，钠热管
接收器工作温度	600～850℃
斯特林热机形式	自由活塞式，曲柄连杆式
斯特林热机效率	30%～40%

续表

装置部件	数 值
装置总发电效率	20%～30%

9.3 碟式发电系统的旋转抛物面聚光器

9.3.1 旋转抛物面的聚光

以抛物线方程为母线方程，绕主轴线旋转一周，即为旋转抛物面，构成碟形点聚焦聚光器。旋转抛物面和槽形抛物面的母线方程均为抛物线方程，所以它们的聚光特性有相同和相近之处。

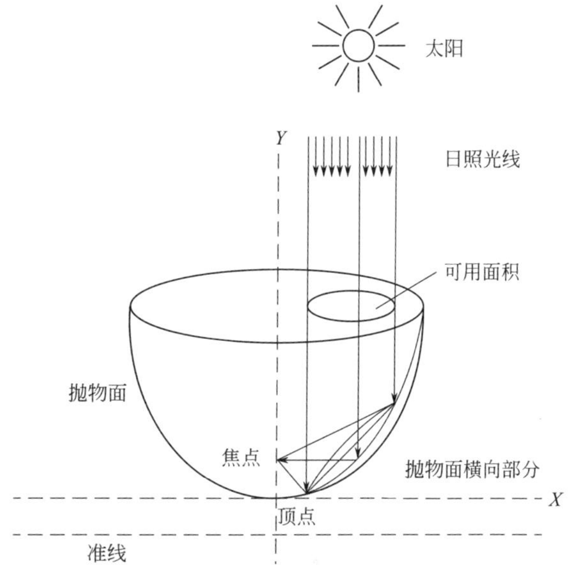

图 9-7 抛物面中 Scheffler 碟

传统抛物线形聚光镜采用整个抛物面进行聚光，其聚光点和反光镜的位置相辅相成，即反光镜的位置发生改变后，聚光点的位置也随之改变。所以，传统抛物线形聚光镜的焦点支架和反光镜是固定在一起的。而新型 Scheffler 碟采用部分抛物面聚光形式，以转动反射镜来保证聚焦点不发生改变，如图 9-7 所示。

碟式聚光器可分为反光镜组件、支架组件、驱动与传动组件、支撑柱、控制与跟踪系统、地面机座几个部分。反射镜的几何外形采用球面形式，镀银反射面的保护采用复合材料与树脂涂层固化，中间的镀层增加涂层的黏结牢度；树脂固化层与支撑结构采用弹性胶连接，保证强度和刚性；反射采用普通玻璃，用控制其成形厚度的方式减少反射效率的损失；反光面安装钢架选择三角形桁架结构，单立柱支撑，高度角采用丝杆传动，方位角以高精度机械传动，也可采用一般精度齿轮传动小，阻尼消间隙的方式实现；开、闭环结合控制方式，以开环控制方式实现大范围跟踪，以闭环方式进行精确对准，聚光器在正常休息位置时，采用发电机伸出臂端部固定，以提高抗风能力，此时的反光面略向下，背面略朝上，增强抗击冰雹、雪灾的能力。聚光器系统可以稳定工作 30 年。

9.3.2 聚光装置结构

碟式太阳能聚光装置包括聚光器、接收器支架、跟踪控制系统等。系统工作时，从聚光器反射的太阳光汇聚在接收器上，接收器吸收太阳光，将能量转化为工作介质的热能，推动热机等发电装置发电。

碟式太阳能热发电系统聚光比可达到3000以上，一方面使得接收器的吸热面积可以很小，从而达到较小的能量损失；另一方面可使接收器的接收温度达800℃以上。因此，碟式太阳能热发电的效率很高，光电转换效率最高可达29.4%。碟式太阳能热发电系统单机容量较小，一般在5～25kW之间，适合建立分布式能源系统，特别是在农村或一些偏远地区，具有更强的适应性。

聚光器是将来自太阳的平行光聚光，以实现从低品位能到高品位能的转化。

聚光镜理想的形状是抛物面，因为这种形状可将入射的太阳光聚焦在抛物面焦点上一个很小的区域内。而实际使用中，一般可将抛物面制成多块分开的镜面。球面形状的表面也可聚焦太阳光。一些碟式太阳能热气机发电系统使用由多块球面组成的聚光镜，这些聚光镜被安装在框架结构上，而每个镜面可单独聚焦，使多个镜面组合成接近抛物面的形状，这种设计可使镜面的聚焦进行精确调整。

（1）镜面结构

旋转抛物面聚光器的镜面结构设计和槽形抛物面聚光器完全相同，可以是表面镜背面镜或粘贴反光薄膜，典型设计都采用低铁超白玻璃镀银背面镜。巨型旋转抛物面聚光器一般由多片弧形镜面组装而成。镜面研磨光洁，采用机械固紧件将它们和盘面结构组装成一个坚固、连续而完整的薄壳镜面盘体。

（2）镜面碟体结构

旋转抛物面聚光器镜面碟体的传统结构多为型钢框架。其结构设计与制作工艺特点和槽形抛物面聚光器的镜面框架相同或相近，即在整体钢结构框架上精确定位与安装镜面，形成连续的抛物反射面。这种传统结构的旋转抛物面聚光器的镜面盘体较重，自然跟踪机构的功率消耗较大，价格也较高。

目前研究和应用较多的碟式聚光器主要有玻璃小镜面式、多镜面张膜式、单镜面张膜式等几种形式。

尽管一个完善的抛物面聚光镜可以将平行的光线聚焦到一点，但由于太阳光线之间并非完全平行，另外现实中的聚光镜也不是完全的理想形状，因此阳光不是聚焦在一个点上，而是分布在一个很小的区域内，这个区域的中心具有最高的光通量，而从中心到边缘光通量则呈指数级下降。碟式热气机系统的接收器是开有小孔（聚光口）的空腔型接收器。热气机的吸热器放置在聚光口的后面，避免直接接触经过聚焦的高强度的太阳光，聚光口和热头之间的空腔外面采用绝热材料覆盖，减少热量的损失。接收器的聚光口经过优化设计，使其直径大到有足够的阳光通过，同时使损失的辐射和对流的热量限制到允许的程度。

玻璃小镜面式聚光器将大量的小型曲面镜逐一拼接起来，固定于旋转抛物面结构的支架上，组成一个大型的旋转抛物面反射镜。这种聚光器由于采用大量小尺寸曲面反射镜作为反射单元，可以达到很高的精确度，而且可实现较大的聚光比，从而提高聚光器的光学效率。

多镜面张膜式聚光器的聚光单元为圆形张膜式旋转抛物面反射镜，将这些圆形反射镜以阵列的形式布置在支架上，并且使其焦点皆落于一点，从而实现高倍聚光。

单镜面张膜式聚光器只有一个抛物面反射镜。它采用两片厚度不足1mm的不锈钢周向分别焊接在宽度约为1.2m圆环的2个端面，然后通过液压气动载荷将其中的一片压制成抛物面状，两层不锈钢膜之间抽成真空，以保持不锈钢膜的形状及相对位置。由于是塑性变形，因此很小的真空度即可达到保持形状的要求。

由于单镜面和多镜面张膜式反射镜一旦成形便保持较高的精度，以及施工难度低于玻璃小镜面聚光器，因此得到了较多的关注。

近年来，对旋转抛物面的镜面碟体提出了一种新的结构设计，即以树脂为基础结构，将一种聚合物反射薄膜或薄玻璃反射镜面粘贴到基础结构上，使得制成的聚光器结构更加轻便，也更便宜。实际上，这就是最早的太阳灶结构。这种聚光器的聚光比为600～1000，工作温度为650℃左右。德国和西班牙设计制作了6台这种结构的聚光器，直径为7.5m。其制作工艺为：在镜面基体面上粘贴一层0.23mm厚的不锈钢箔，再将薄玻璃镜面粘贴到不锈钢箔上。这种轻型结构的聚光器配置的太阳能斯特林热动力发电装置（热气机工质为氦气），系统总转换效率为20.3%。实验表明，在低负载下系统也具有较高的转换效率。

这种聚光器的光学性能很好，但价格昂贵。新的改进设计采用玻璃纤维复合壳体代替不锈钢箔结构。采用玻璃纤维或碳纤维增强树脂（FRP）将纤维树脂及添加成分按比例注入钢模，通过团状模成形工艺（RTW）等压制成整体旋转抛物面。2001年，这种新设计结构的旋转抛物面聚光器与斯特林热机配套，制作了两台新的欧洲碟式太阳能斯特林热发电装置，额定发电功率为10kW，安装在西班牙做运行试验。在系统的峰值，太阳能热发电净转换效率达到21%～22%。该装置也安装在美国新墨西哥州做年性能评估试验，年发电量达20252kW·h，年利用率为90%，年平均发电转换效率为15.7%，取得了良好效果。

（3）镜面盘体跟踪机构

镜面盘体的中心支承通过三点与机座的减速齿轮机构相连接。跟踪机构的仰角传动极限为－2°～90°，传动齿轮速比为18300∶1，跟踪太阳高度角。方位角传动极限为±240°，传动齿轮六级变速，传动速比为23850∶1，跟踪太阳方位角。

9.3.3 碟式太阳能聚光器跟踪系统

（1）碟式太阳能跟踪系统发展

要开发出具有跟踪范围广、精度高、价格低廉、结构简单、能连续对太阳跟踪等特点的碟式太阳能跟踪系统，还需开展研究。

目前，对太阳跟踪系统中光控和程控混合跟踪的实现还需要进行大量研究。碟式太阳能中“光控＋时控＋GPS”的控制方式更是在太阳跟踪系统研究领域的一个尝试，应用前景广阔，是未来太阳跟踪控制技术研究的一种新的探索思路，是未来太阳跟踪系统发展的主流趋势，但是现在“光控＋时控＋GPS”的控制方式还不够成熟。

由于碟式太阳能热发电系统精度要求高，通常选用双轴混合式跟踪系统，而对这种控制系统的研究还有待深入，这也使得全自动、高精度聚光式双轴混合跟踪系统将成为研究热点。

跟踪系统成本的控制依赖于低成本、高性能的光电传感器的研制和开发。决定传感器性能的因素包括可感应范围、跟踪精度、抗干扰能力等。一般传感器在保证高精度情况下往往忽略了跟踪范围，导致传感器经常出现因跟踪范围过小而搜索不到太阳的情况。而一些改进技术，如两级传感器光电跟踪虽然提高了跟踪范围，但是跟踪精度仍不能令人满意。所以，保证光电传感器在跟踪范围、跟踪精度等方面同时满足要求成了影响光电跟踪技术发展的瓶颈。如何设计一个既能准确反应太阳位置又能克服干扰的太阳位置光电传感器就成为关键。比如光敏电阻光强比较法虽然电路比较简单，但由于光敏电阻的个性差异（光敏电阻阻值、圆筒的长度）及时间长、老化等原因，导致控制准确度不够。对光敏电阻的结构设置进行改进优化是改进光敏电阻光强比较法的研究关键之一。近年来有人提出以图像传感器代替光电传感器（光敏电阻）的图像处理跟踪方法对太阳的定位准确度较高，也提高了跟踪精度，但增加了硬件要求。

跟踪太阳是提高碟式太阳能热发电利用率的有效手段。对于太阳自动跟踪技术，人们已经做了许多研究，很多专利和文章介绍了利用各种类型传感器设计的跟踪控制方案，设计各种机械执行结构来实现提高太阳能跟踪装置精度的目的。虽然太阳跟踪系统的精度是直接影响设备利用太阳能效率的核心问题，但同时还存在跟踪系统的自身能耗过大等其他造成太阳能热发电不经济的问题，涉及由跟踪系统而附加的电力消耗现有报道很少。另外，跟踪系统的稳定性还跟控制系统的软硬件情况有关，硬件系统本身的稳定性以及软件控制策略都能影响整个系统跟踪过程中的稳定性。在太阳能跟踪系统应用中，跟踪精度、系统成本、耗电量和后期维护费用等因素应综合考虑。

全自动跟踪控制系统的控制策略至关重要。程控依赖于控制器件的发展以及成本的降低，光控依赖于光敏传感器和图像传感器精度的提高和制造成本的降低，混合控制依赖于新组合思路和新技术的引入等。

（2）“光控＋时控＋GPS”跟踪控制方式

目前碟式热发电系统聚光器的跟踪控制方式和塔式电站中定日镜的跟踪控制方式完全相同，大多采用光控和程控相结合的混合跟踪控制方式。碟式太阳能热发电系统中提出了一种采用“光控＋时控＋GPS”控制高度角-方位角式的新型全跟踪混合控制方式。

此控制方案的设计思路为：跟踪装置首先通过GPS控制方式准确跟踪到当地的经纬度和时间，系统程序可以计算出此时的太阳高度角、方位角理论计算值，当日的日出时间、日落时间，然后启动一级光电传感器粗略跟踪，即通过光电检测电路判断太阳光强大小是否满足光电跟踪的光强电压。当光强信号达到光电跟踪时启动二级光电传感器精确跟踪，即程序通过跟踪传感器判断聚光器与太阳光是否垂直，如果垂直，保持当前聚光器的偏转角度；若不垂直，将聚光器的朝向与太阳的高度角、方位角理论计算值传送给驱动器，驱动器驱动高度角和方位角步进电机带动双轴驱动机构运动，双轴驱动机构负责将太阳能聚光器调整至正对太阳的位置。否则进入视日运动轨迹跟踪模式。这是完整的一步跟踪过程。一定时间间隔后，如10min后，再次完成一步跟踪动作。时间间隔的选择视具体情况而定，如机械机构的精度、日照时间的长短、步进电机步距角的选择等。在本系统里预采用9～10min。在日落那一刻，控制程序控制步进电机将聚光器转回基准位置。系统继续工作，但不再驱动聚光器转动。当时间到日出那一刻时，控制程序再次发送脉冲控制步进电机带动机械执行机构将聚光器转动到日出的位置，然后再以一定的时间间隔完成一步步跟踪动作直至日落。如此循环往复，实现全天候、全自动对太阳的精确跟踪，此功能可在软件中通过控制程序实现。整个跟踪过程中，一级光电传感器粗略跟踪电路不断检测光线强度是否满足设定的光强跟踪阈值。若满足，则进入二级传感器精确跟踪，否则仍处于粗略跟踪状态。

碟式太阳能跟踪控制系统由GPS接收机、太阳位置传感器、运算控制器、步进电机驱动器、步进电机、机械执行机构和太阳能集热器等组成。本系统里“光控＋时控＋GPS”的混合控制方式克服了在阴天、多云的情况下使用传感器跟踪控制不稳，而在晴天时时钟跟踪累计误差大的缺点。交替光控、时控和GPS控制的混合控制系统将抵消两者偏差信号，提供准确的控制信号，所以能够得到较好的控制效果，实现较高精度的全天候太阳的自动跟踪。

9.4 接收器

目前碟式系统的接收器包括直接照射式和间接受热式接收器两种。前者是将太阳光聚集后直接照在热机的换热管上；后者则通过某种中间媒介将太阳能传递到热机。目前，接收器研究的重点为进一步降低接收器的成本以及提高接收器的可靠性和效率。

9.4.1 接收器类型

（1）直接照射式接收器

太阳光直接照射到换热管上是碟式太阳能热发电系统最早使用的太阳能接收方式。图9-8中的直接照射式接收器是将斯特林发动机的换热管簇弯制组合成碟状，聚集后的太阳光直接照射到这个碟的表面（即每根换热管的表面），换热管内工作介质高速流过，吸收太阳辐射的能量，达到较高的温度和压力，从而推动斯特林发动机运转。

由于斯特林换热管内高流速、高压力的氦气或氢气具有很高的换热能力，因此直接照射式接收器能够实现很高的接收热流密度（约 $75\times10^4\,W/m^2$）。但是，由于太阳辐射强度具有明显的不稳定性，以及聚光镜本身可能存在一定的加工精度问题，导致换热管上的热流密度呈现明显的不稳定与不均匀现象，从而使多缸斯特林发动机中各汽缸温度和热量供给的平衡难以解决。

图 9-8（a）所示为直接加热方式。直接加热方式的优点是日落之后可以在加热管的背面燃烧天然气，从而热动力发电机组可能全天连续运行。

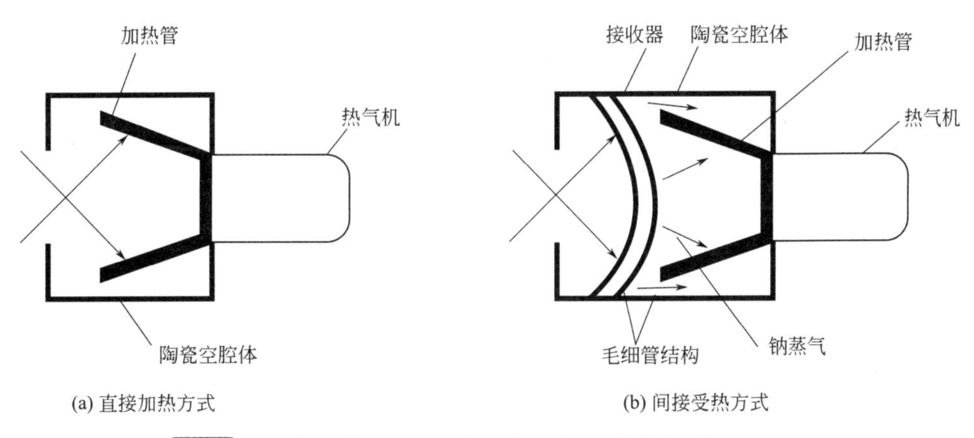

图 9-8 碟式太阳能斯特林热动力发电装置两种加热设计原理示意

（2）间接受热式接收器

图 9-8（b）所示为间接受热方式。间接受热式接收器是根据液态金属相变换热性能机理，利用液态金属的蒸发和冷凝将热量传递至斯特林热机的接收器。间接受热式接收器具有较好的等温性，从而延长了热机加热头的寿命，同时提高了热机的效率。在对接收器进行设计时，可以对每个换热面进行单独的优化。这类接收器的设计工作温度一般为 650～850℃，

工作介质主要为液态碱金属钠、钾或钠钾合金（它们在高温条件下具有很低的饱和蒸气压和较高的汽化潜热）。间接受热式接收器包括池沸腾接收器、热管接收器和混合式热管接收器等。

9.4.2 热管式真空集热管在碟式太阳能热发电系统中的应用

（1）球面碟式聚光器系统

图 9-9 为球面碟式聚光器聚光原理。当太阳入射角为零度时，阳光经球面反射镜聚焦到球面几何中心轴上，形成几何圆锥体光斑。要想太阳入射角始终为零度并不难，只要使球面碟式系统做二维跟踪，即可保证聚焦后光斑为图 9-9 所示形状。将热管式真空集热管放置在光斑上来收集热量（见图 9-10），产生蒸汽，送入汽轮发电机组发电。

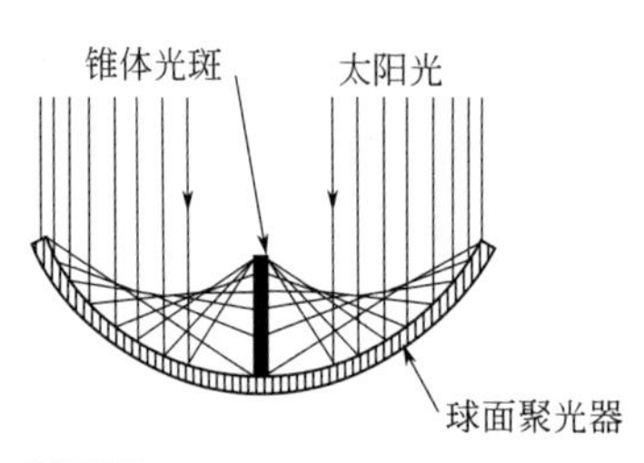

图 9-9 球面碟式聚光器聚光原理

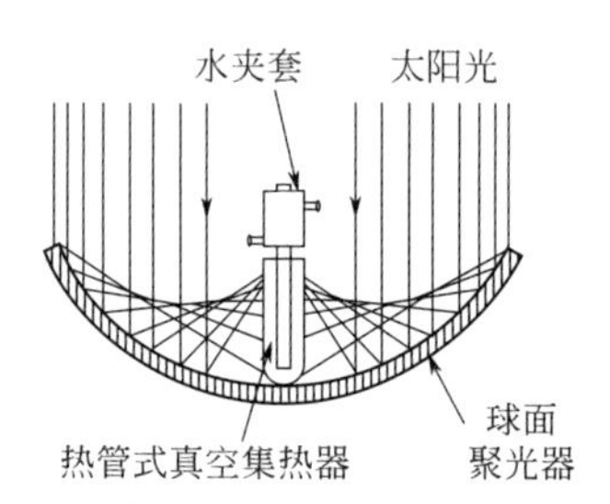

图 9-10 热管式球面碟式聚光器

它基于如下工作原理：太阳光经球面反光镜反射的光线汇聚成一个圆锥体，其锥底在靠近反光镜的一端。将热管式真空集热管涂有选择性吸收涂层的热管加热段正好放置在圆锥体上，热管直径（包括翅片高度）大于或等于聚焦光线形成的锥底直径，选择性吸收涂层吸收聚焦光线后加热热管内工质，热管内工质汽化后到达热管冷凝段，将热量传给冷却段外冷却介质，管内工质冷凝后回流至热管蒸发段重新循环使用。

球面反光镜较旋转抛物面反光镜容易制造；热管式真空集热管适用于 DSG 技术，冷却段可用水作冷却介质，直接产生水蒸气进入汽轮发电系统发电；热管式真空集热管成本较碟式等其他接收器低。

东南大学张耀明、王军等已设计了普通型、十字形、螺旋形等几种适用于球面碟式系统的热管式真空集热管。

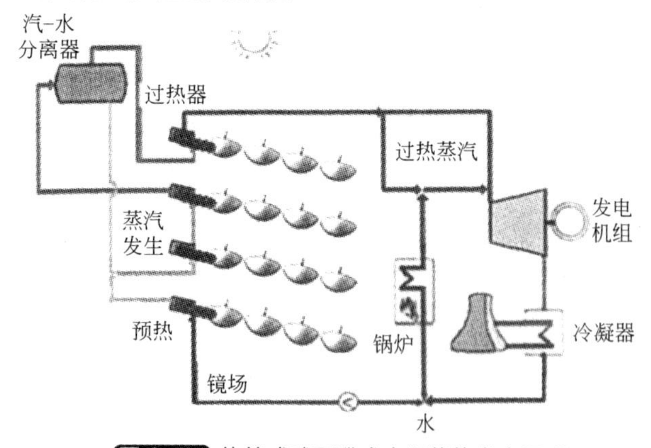

图 9-11 热管式球面碟式太阳能热发电原理

球面碟式太阳能热发电系统可单机产生饱和蒸汽发电，也可多台串、并联使用，产生过热蒸汽发电，非常适用于边远地区。

图 9-11 所示的热管式球面碟式太阳能热发电原理同热管式槽式 DSG 技术发电原理一致，所不同的仅仅是太阳能聚光方式。

（2）拱形钠热管接收器

碟式太阳能热发电装置的接收器较多地应用钠热管技术，传热性能优越，工作温度高。钠热管的传热率为1kW/cm²，钠蒸气的工作温度接近800℃。

从热机的运行性能和可靠性上讲，总是希望机组的加热源能为热机的加热管供给尽可能均匀的热通量，以便在加热管壁内可能产生的热应力最小，且工作温度均衡。要将加热管制成能够接收到均匀辐射通量分布的形状，十分复杂而困难。其次是这种形状与热机的结构难以匹配，以及不能满足流动的要求，接收器空腔内的对流流动和聚光器的光学缺陷都将加剧热机加热管的非均匀加热。聚光器的反射太阳辐射直接投射到热机加热管上加热管内工质，难以满足上述要求。

人们通过设计热管接收器解决上述问题。从已有的实践来看，热管接收器可以做到均匀加热，结构上可与热机做到良好的配置，工作温度高。

图9-12所示为输出热功率为75kW的太阳能钠热管接收器，用于美国SES 25kW太阳能斯特林循环热动力发电装置。

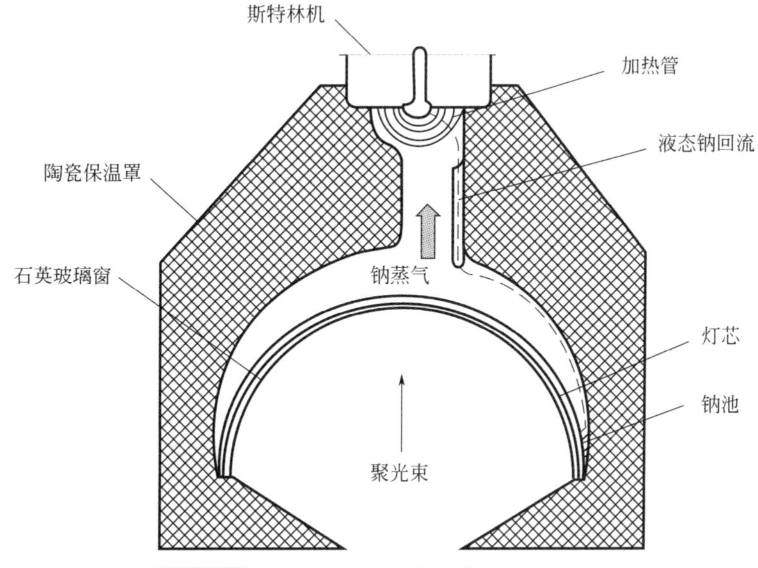

图9-12 太阳能钠热管接收器的结构原理示意

接收器的主体由圆拱形钠热管和石英玻璃圆拱组成，两者配置成一体，外面包覆很厚的陶瓷保温罩，形成拱形吸收空腔。圆拱形钠热管的下尖顶为钠池。钠池上面，沿钠热管的太阳辐射吸收面设置灯芯，用以泵吸池中的液态钠，送至钠热管的吸收面进行加热，变成钠蒸气，进入热机的加热管腔，与加热管作热交换，自身凝结为液态钠，从设置在侧面的回流管汇集到钠池中，如此完成加热放热再循环。由于碟式太阳能斯特林发电机组的正常工作位置是倾斜的，所以凝结后的液态钠依靠自身的重力作用，自然回流到钠池中。

（3）池沸腾接收器

池沸腾接收器通过聚集到吸热面上的太阳能加热液态金属池，产生的蒸气冷凝于斯特林热机的换热管上，从而将热量传递给换热管内的工作介质，冷凝液由于重力作用又回流至液态金属池，即完成一个热质循环。池沸腾接收器结构简单，加工成本较低，适应性强，适合于在较大的倾角范围内运行，金属蒸气直接冷凝于热机换热管，效率较高，但要求工质的充装量较大，一旦发生泄漏将非常危险。液态金属传热特性特别是在交变热流密度条件下沸腾

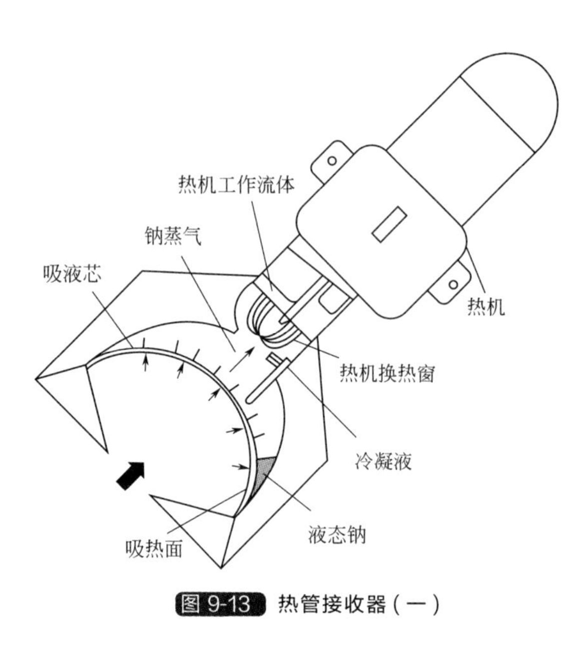

图 9-13 热管接收器（一）

传热的特性，如沸腾不稳定性、热启动问题以及膜态沸腾和溢流传热引起的传热恶化等仍处于探索之中。

（4）热管接收器

采用毛细吸液芯结构将液态金属均布在加热表面的热管接收器引起了研究者们的重视。图 9-13 为由美国 Therma-core 公司设计制造的热管接收器，设计容量为 25～120kW，可承受的热流密度为 $30\times10^4\sim55\times10^4$ W/m^2，受热面一般被加工成拱顶形，上面布有吸液芯，这样可以使液态金属均匀地分布于换热表面。吸液芯结构可有多种形式，如不锈钢丝网、金属毡等。分布于吸液芯内的液态金属吸收太阳能量之后产生蒸气，蒸气通过热机换热管将热量传递给管内的工作介质，蒸气冷凝后的冷凝液由于重力作用又回流至换热管表面。由于液态金属始终处于饱和态，因此接收器内的温度始终保持一致，从而使热应力达到最小。研究表明，这种热管接收器相对于直接照射式接收器可以将碟式/斯特林系统的效率提高约 20%。德国航空航天中心（DLR）也设计了一种新型的热管接收器，其结构如图 9-14（a）所示。该接收器设计容量为 40kW，理论最高热流密度为 $54\times10^4W/m^2$。之后 DLR 在第一代热管接收器研究的基础上，又设计制造了第二代热管接收器，其结构如图 9-14（b）所示。南京工业大学针对碟式太阳能热发电技术，提出了一种组合式热管接收器（见图 9-15）。该接收器采用普通柱状高温热管作传热单元，使得接收器的成本和加工难度都显著降低，而可靠性却大幅提高。

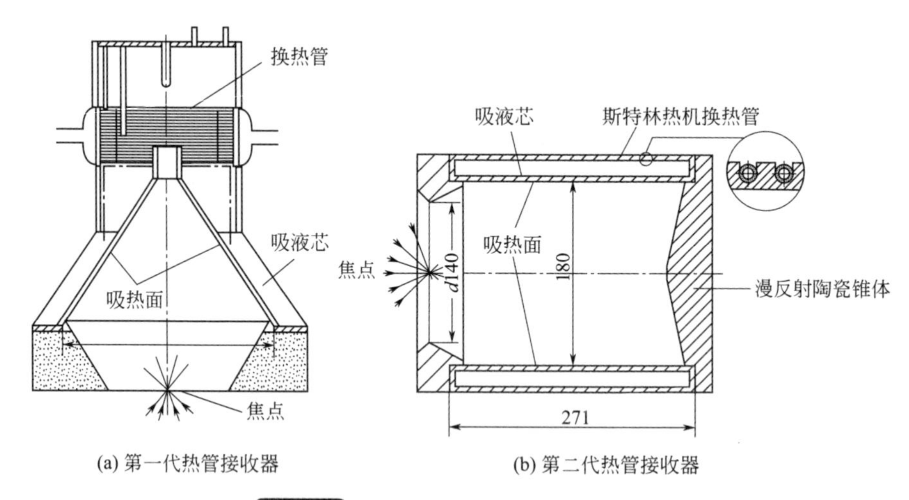

图 9-14 热管接收器（二）（单位：mm）

（5）混合式热管接收器

太阳能热发电系统若要连续而稳定地发电，必须考虑阳光不足时或夜间运行的能量补充问题，其解决方案有储热和燃烧两种。在碟式太阳能热发电系统中多采用燃料燃烧的方式来

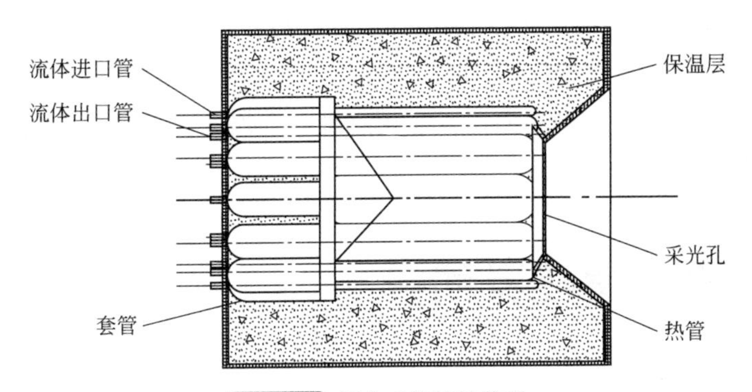

图 9-15 组合式热管接收器

补充能量，即在原有的接收器上添加燃烧系统。混合式热管接收器就是由热管接收器改造而成的以气体燃料作为能量补充的接收器。DLR 开发出的第二代混合式热管接收器（见图 9-16），热管外筒直径为 360mm，内筒直径为 210mm，筒深为 240mm，材料为 Inconel 625。吸液芯材料有两种选择：一种是 Inconel 600 丝网；另一种则是由金属粉末高频等离子溅射制作的烧结芯。该接收器设计功率为 45kW，设计工作温度为 700～850℃。试验表明，使用该接收器的碟式系统，只利用太阳能时热电效率为 16%，而联合运行时热电效率为 15%。混合式热管接收器的开发有利于提高碟式太阳能热发电系统的适应性，实现连续供电，但是由于加入了燃烧系统，结构更加复杂，加工制造难度和成本提高。

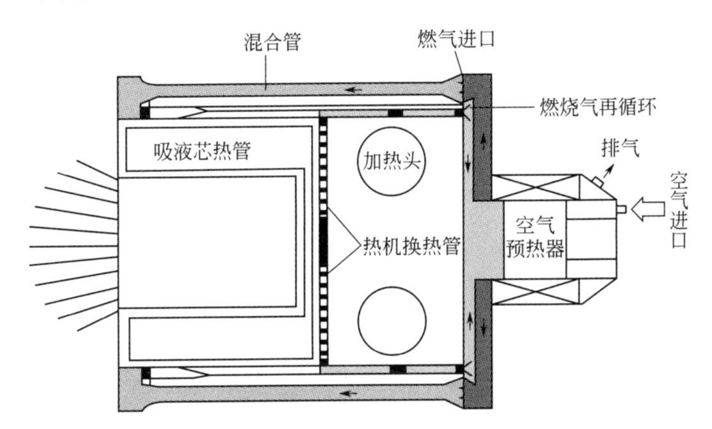

图 9-16 第二代混合式热管接收器

在间接受热式太阳能接收器中，池沸腾接收器由于换热管与金属蒸气直接换热，且温度均匀性好，因此给系统和热机带来很高的运行效率，但是对传热机理研究的相对缺乏给设计带来困难，许多传热问题还没有真正解决；热管接收器虽然在加工上增加了一定的难度，但是可将液态金属充装量降到很小，同时由于对高温热管的研究资料较为丰富，因此给设计也带来了很大方便，运行可靠性较高；混合式热管接收器可以满足系统连续运行的需求，但由于结构复杂、成本较高，因此无论是设计制造还是实际运行中都还存在许多问题亟待研究。随着研究开发的不断深入，热管接收器以及混合式热管接收器将成为未来解决碟式太阳能热发电热能接收的主要方案。

实际上碟式太阳能接收器可以将工质加热到超过 1000℃ 的高温，因此也有学者对以太阳能作为独立热源（而非联合发电循环）的布雷顿-蒸汽联合循环的可能性进行讨论。通过对水、甲苯、氨三种典型湿、干工质朗肯循环/有机朗肯循环作为底部循环，太阳能为独立热源的布雷顿-蒸汽联合循环的可行性进行讨论，指出甲苯为最适合工质，可以达到46.7%的联合循环热效率，但是专家同时指出，应用这种联合循环的前提是碟式系统的热接收器和其他设备必须进行改进。

9.5 太阳能斯特林发动机

9.5.1 斯特林发动机概述

斯特林发动机（即斯特林热机）是一种外部供热（或燃烧）的活塞式发动机，它以气体为工质，按闭式回热循环的方式进行工作。1816年，英国牧师罗伯特·斯特林（Robert Stirling）发明了斯特林发动机。

采用具有斯特林热机的抛物面碟式聚光器，根据Sandia国家实验室于2008年2月发布的报告，斯特林热机的太阳能热发电系统的能量转化效率可达31.25%，这是当时在美国新墨西哥州沙漠一个晴朗且寒冷的冬日中记录的最高的太阳能-电能转化效率。

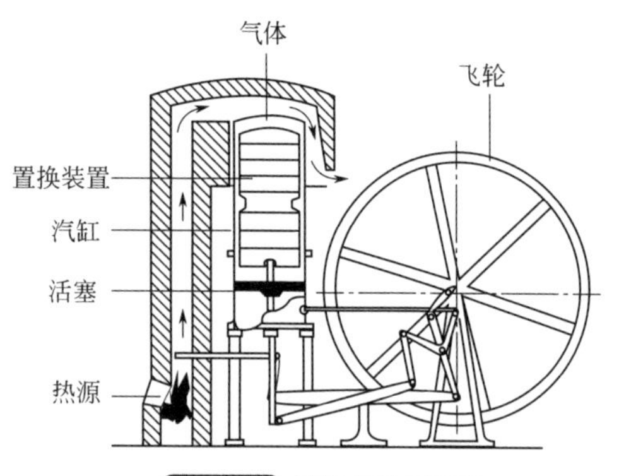

图9-17 斯特林热机示意

1816年Robert Stirling发明的无需阀门的发动机是一种最简单的热机。固定量的气体作为工质，通常是氢气。斯特林热机由独立热源驱动，其效率接近卡诺极限效率。这是聚光驱动的理想热机。

斯特林热机示意如图9-17所示，其与常用的两种热发动机（蒸汽发动机和内燃发动机）有所不同。类似于蒸汽发动机，斯特林热机也采用外部热源。但与蒸汽发动机将水不断蒸发成蒸汽而释放不同，它是在一个封闭汽缸内利用固定量气体。这是最简单的没有阀门的热机，由此可达到卡诺循环效率。斯特林热机可在任一单一热源下工作。因此对于聚光十分有利。作为工质的气体总是封闭在汽缸内。

为实现高效运行，气体必须具有很高的热导率。常用的气体是氢气和氦气，但氢气在钢材料中的扩散系数很高。因此选择对氢气具有低扩散系数的特殊材料来制作汽缸或定期补充氢气。

斯特林热机不适用于车辆，因为其体积大且需要有效的冷却机制。

由于斯特林热机避免了传统内燃机的震爆做功问题，从而实现了高效率、低噪声、低污染和低运行成本。斯特林热机可以燃烧各种可燃气体，如天然气、沼气、石油气、氢气、煤气等，也可燃烧柴油、液化石油气等液体燃料，还可以燃烧木材，以及利用太阳能等。只要热腔达到700℃，设备即可做功运行，环境温度越低，发电效率越高。出力和效率不受海拔高度影响，适合于高海拔地区使用。

在科幻大师凡尔纳的小说《海底两万里》中，那艘著名的潜艇“鹦鹉螺号”的动力就是热源采用钠与水反应生热的斯特林发动机，说明凡尔纳超人的科学远见。斯特林热机确实非常适用于潜艇中。

斯特林发动机需要解决的问题有膨胀室、压缩室、加热器、冷却室、再生器等的成本及高于内燃发动机的热量损失等。

由于热源来自外部，通过汽缸壁将热量传导给发动机内的气体需要较长时间。因此发动机需要经过一段时间才能响应用于汽缸的热量变化。这意味着发动机在提供有效动力之前需要时间暖机，发动机不能快速改变其动力输出。

与内燃机相比，斯特林发动机适用于各种能源，无论是液态的、气态的或固态的燃料，当采用载热系统（如热管）间接加热时，几乎可以使用任何高温热源（太阳能、放射性同位素和核反应等），而发动机本身（除加热器外）不需要做任何更改。同时热气机无需压缩机增压，使用一般风机即可满足要求，并允许燃料具有较高的杂质含量。

热气机在运行时，由于燃料在汽缸外的燃烧室内连续燃烧，独立于燃气的工质通过加热器吸热，并按斯特林循环对外做功，因此避免了类似内燃机的爆震做功和间歇燃烧过程，从而实现了高效、低噪和低排放运行。高效是指总能效率达到80%以上；低噪是指1m处裸机噪声低于68dB（A）；低排放是指尾气排放达到欧Ⅴ标准。

热气机单机容量小，机组容量为20～50kW，可以因地制宜地增减系统容量，结构简单，零件数比内燃机少40%，降价空间大，同时维护成本也较低。

热气机由于具有多种能源的广泛适应性和优良的环境特性已越来越受到重视，所以在水下动力、太阳能动力、空间站动力、热泵空调动力、车用混合推进动力等方面得到了广泛的研究与重视，并且已得到了一些成功的应用。热气机推广中包括热电联产，充分利用它环境污染小、可使用多种燃料及易利用余热的特点，用于热电联产可取得更高的热效率和经济效益。

由于使用气体在发动机内部无排气阀，无需爆燃，故很安静，适用于潜艇和辅助发电机。

进气压力小、循环压力比低（一般为1.5～1.8，而内燃机至少在7以上），因此压力变化平缓，运行平稳安定，结构简单，单机容量小于内燃气压缩机和排气装置，比内燃机少50%的部件。

聚焦-斯特林系统的容量可以小到几个千瓦，而且可以达到高效率，但是需要用氢或氦做工质，工作压力高达150个大气压，增加了斯特林发动机的制造难度。不仅如此，所有这些带有运动部件的系统都包含了可观的维护工作量和必需的运行维护费用。

20世纪40～60年代，荷兰飞利浦公司研制了以高温高压氢气或氦气为工质的动态式发动机，使其功率和效率大大提高，斯特林发动机获得了新生。20世纪70年代，石油危机的出现更迫使欧美国家加强了对该领域的研究。经过近20年的发展，碟式斯特林发电系统无论在性能还是可靠性方面均取得了长足的进步，其主要部件动态式发电机也成为当今斯特林发动机领域的主流产品。

自由活塞式斯特林发动机（FPSE）是斯特林发动机领域的另一分支。尤其是用非接触气体密封、弹性轴承和直线发电机技术，密封严密，可靠性极高，备受世界瞩目。

太阳能斯特林发动机是碟式太阳能发电系统的关键部件，其性能的优劣直接影响碟式系统的运行稳定性和光电转换效率。

9.5.2 斯特林热机工作原理

抛物面镜-斯特林热机发电系统采用的斯特林热机是高温高压外加热式的热机，工作气体是氢气或氦气，气体的工作温度是700℃，工作压力最大可达20MPa。斯特林热机在运转过程中，工作气体被持续加热及冷却，其体积也不停地膨胀及压缩。

（1）斯特林热机结构

斯特林热机包括做功的活塞及活塞缸，加热及冷却工作气体的热交换器，以及迫使工作气体不断在冷热端流动的移气活塞。多数斯特林热机采用飞轮、曲柄连杆、轭等装置将做功活塞及移气活塞连起来，也有些斯特林热机采用自由活塞式，做功活塞的运动及移气活塞的运动靠弹簧来实现。

采用斯特林热机发电可获得较高的热-电转换效率，理论上最高可达40%。斯特林热机的冷却水可成为发电产生的副产品，用于采暖、洗浴等。

（2）斯特林热机工作过程

斯特林发动机通常分为热腔、加热器、回热器、冷却器和冷腔五个部分。热腔和加热器处于循环的高温部分，因此通常称它们为热区；冷腔和冷却器处于循环的低温部分，称为冷区。斯特林发动机的理想工作过程以斯特林循环为基础。斯特林循环是一种理想的热力循环，由两个等温过程和两个等容过程组成，具体工作过程如图9-18所示。

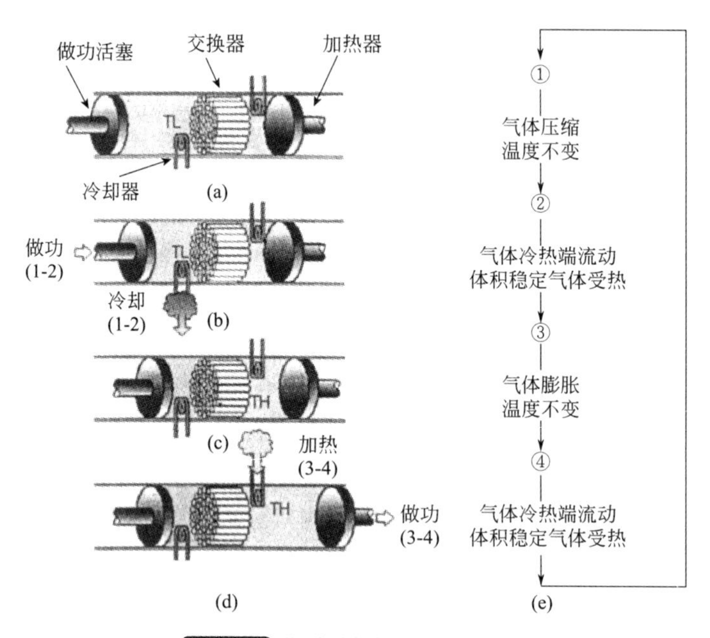

图9-18 斯特林热机工作原理示意

① 1-2定温压缩过程：配气活塞停留在上止点附近，动力活塞从它的下止点向上压缩工质，工质流经冷却器时将压缩产生的热量散掉，当动力活塞到达它的上止点时，压缩过程结束。

② 2-3定容回热过程：动力活塞仍停留在它的上止点附近，配气活塞下行，迫使冷腔内的工质经回热器流入配气活塞上方的热腔，低温工质流经回热器时吸收热量，使温度升高。

③ 3-4定温膨胀过程：配气活塞继续下行，工质经加热器加热，在热腔中膨胀，推动动力活塞向下并对外做功。

④ 4-1定容储热过程：动力活塞保持在下止点附近，配气活塞上行，工质从热腔经回热器返回冷腔，回热器吸收工质的热量，工质温度下降至冷腔温度。

综上所述，在一个完整的斯特林循环中，气体对外所做的功为高温膨胀过程所做的功与低温压缩过程所做的功的差。

（3）电力变换装置

由于太阳能辐射随天气变化很大，因此热电转换装置发出的电力不是十分稳定，特别是小功率的便携式太阳能发电装置发出的电流小、电压低，不能直接提供给用户，需要经过整流、DC-DC升压、储能、DC-AC逆变等环节的处理，才能输出220V的工频电。

（4）交流稳压装置

碟式太阳能热动力发电系统发出的电，经过电力变换装置变成220V的工频电可以直接提供给普通用户或并入电网，但并不能满足高精密负载的要求，需要在输入电压与负载之间增设一台具有高稳压精确度、宽稳压范围的交流稳压装置。

（5）储能装置、蓄电池和补充能源

太阳能只在白天存在，且对天气变化极为敏感。为了让用户能够在任何需要的时候都能够获得电力，独立的碟式太阳能热发电系统必须配备储能装置、蓄电池和补充能源中的一种或几种。储能装置可以有多种形式，研究较多的有相变储热和化学储能。澳大利亚大学采用了氨气分解的方法储能，热机完全由氮气和氢气反应驱动。太阳能热发电产生的电力也可以通过整流和稳压后储存在蓄电池中，在需要的时候再通过逆变装置提供给交流负载或直接提供给直流负载。碟式太阳能热发电系统也可以采用辅助能源组成混合发电系统。由于碟式太阳能热发电系统的热电转换装置采用了外燃式热机，因此碟式太阳能热发电系统适合采用辅助能源组成混合式热发电系统。与储能方案不同，采用辅助能源不需要增加大量的投资，而且不需要过多考虑一年中很少出现的连阴天气，因此可以适当减小系统容量，并保证系统的运行。

9.5.3 斯特林热机在太阳能发电中的应用

目前，在欧美市场上销售的抛物面镜-斯特林热机发电机组种类很多。美国、英国、法国、德国等国家成功研制了抛物面镜-斯特林热机太阳能发电机组，并先后投放市场。在太阳能发电中较典型的斯特林热机有以下几种。

（1）四缸联合式斯特林热机

四缸联合式斯特林热机如图9-19所示。整机有4个活塞缸，活塞既是做功活塞也是移气活塞。

（2）密闭转动式斯特林热机发电机

为了解决斯特林热机内工作气体的密封问题，某公司研发了密闭转动式斯特林热机发电机，其结构如图9-20所示。

密闭转动式斯特林热机的优点是其外壳密闭，确保热机的工作气体不泄漏；通过轭杆、活络接头等装置，直接将活塞的往复运动转化为转动，有利于驱动转子式发电机。

（3）自由活塞式斯特林热机发电机

碟式太阳能热动力发电装置的热电转换主要是采用自由活塞式斯特林发动机作为原动机。

斯特林循环是将热能转换成电能和机械能效率最高的循环。自由活塞式斯特林热机发电机构造如图9-21所示。

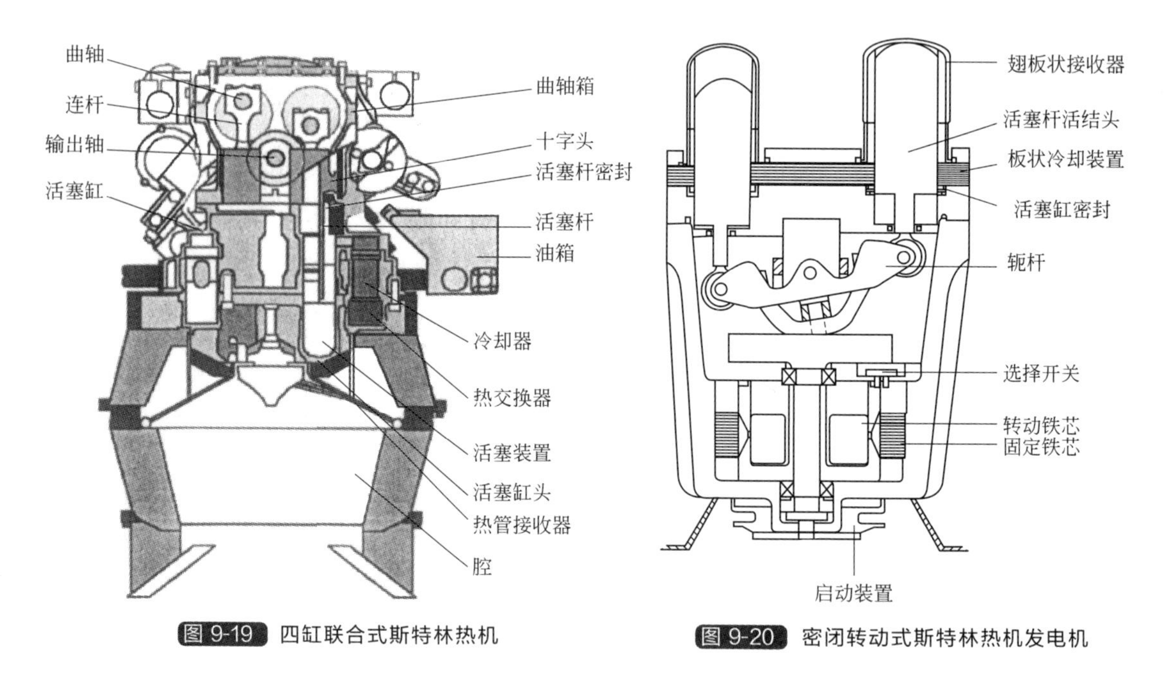

图 9-19 四缸联合式斯特林热机

图 9-20 密闭转动式斯特林热机发电机

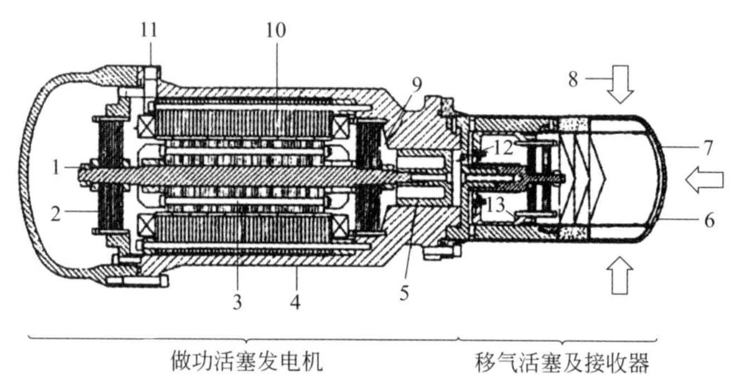

图 9-21 自由活塞式斯特林热机发电机

1—轴；2，9—弹簧；3—摆动铁芯；4—机壳；5—做功活塞；6—阳光接收器；7—移气活塞缸；8—光能输入；10—固定铁芯；11—电能输出；12—做功活塞缸；13—移气活塞及悬挂弹簧

自由活塞式斯特林发动机是一种外部加热的闭式循环活塞式发动机。斯特林发动机汽缸一端为热腔，另一端为冷腔。工质在低温冷腔中压缩，然后流到高温热腔中迅速加热，膨胀做功。燃料在汽缸外的燃烧室内连续燃烧，通过加热器传给工质，工质不直接参与燃烧，也不更换。相对于内燃机燃料在汽缸内燃烧的特点，热气机又被称作外燃机。

自由活塞式斯特林热机有如下研制成果。

① 通过发电机做了结构性改进后，整体结构更加合理，具有更高的可靠性，重量也降低了约 1/3，维修更加方便快捷，更适合大规模的制作。

② 自由活塞式斯特林热机没有传动装置，做功活塞、移气活塞均悬挂在弹簧上，由弹簧的弹性力使活塞复位。由图 9-21 可知，发电机不是普通的转子式发电机，而是直线摆动式发电机。

③ 发电机采用 V-161 型双活塞式斯特林发动机，压缩活塞和膨胀活塞分别置于冷、热汽缸中，热腔、加热头、回热器、冷却器和冷腔依次串联在一起，组成完整的循环回路，循环过程中，两个活塞均承担着传递功的作用，热腔活塞传递膨胀功，冷腔活塞传递压缩功。

④ 在利用太阳能发电的同时，还可副产氢气，供给可逆燃料电池。白天斯特林发电机发电，夜间可逆燃料电池提供电力，这样可实现全天候供电。

另一种为太阳能与可燃气体混合发电系统。阳光充足时，利用太阳能发电；阳光不足或无阳光时，可用气体燃烧热作热源，驱动斯特林热机发电。这样太阳能发电设备可连续运行。

⑤ 发电机由斯特林发动机、交流发电机和逆变器组成。发动机的配气活塞和动力活塞在同一汽缸，通过配气活塞的往复运动，与动力活塞形成共振而做功，系统采用板式弹簧支持活塞进行往复运动，结构紧凑。两活塞在汽缸冷、热端各有一个非接触气体密封，密封严密。发电机为直线交流发电机，结构简单。1kW 机型采用动铁式，转换效率为 82%；3kW 机型改为动磁式，转换效率提高到 90%。逆变器将整流器产生的高压直流电转化成准电网交流电，还可自动调整系统输出的电压和频率。

⑥ 提出了双作用六缸自由活塞式发电机的设计理念。此发电机保留了自由活塞式机型的特点，并借鉴了动态式发电机的优点，活塞采用双作用式（配气活塞和动力活塞合二为一），汽缸从单缸变成六缸，发电机设计功率为 30kW，这种构型的发电机比功率明显增加。

⑦ 开发具有储能装置的斯特林发电系统。此系统的储热装置直接与发电机连接，把从抛物镜上接收的太阳辐射先传递给液熔盐，将热量储存起来，再把热量传递给发电机。发电机停机时，可把热量储存在液熔盐中备用。

⑧ 早期使用稀土金属钐-钴永磁铁作直线发电机的磁场，后改用钕-镝永磁铁，以提高发电效率。最近为了降低发电机的成本，计划研制高温超导发电机。

SES 公司的斯特林发电系统是现有年均发电效率最高的系统，在 1000W/m^2 的太阳辐射强度下，每套系统的发电效率达 25kW。在 1000h 的运行中，系统的可用率超 98%。图 9-22 是该系统的能量流瀑布图。

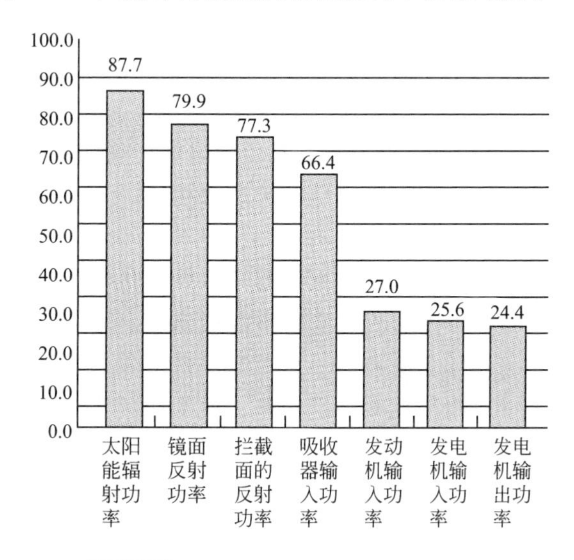

图 9-22　SES 系统的能量流瀑布图

9.5.4　斯特林发动机的有关技术和部件

（1）间隙密封（非接触气体密封）

FPSE 的活塞可认为是径向运动为零的刚性活塞，对汽缸壁无侧推力，因此可采用活塞和汽缸壁间的气体薄膜作为密封面和润滑剂，这种密封称为间隙密封。间隙密封的性能取决于活塞与汽缸壁的间隙、活塞行程及气体的黏度。活塞与汽缸壁的间隙必须尽可能小，同时要求配合表面有很高的硬度，还需防止因机械和热应力导致的变形。活塞和汽缸加工精度要求相当高，须严格控制间隙及活塞与汽缸的同心度。

（2）气体弹簧

气体弹簧利用压缩空间的压力波，经过检查阀进入高压腔压缩形成。气体弹簧可正常运行45000h，并能承受6万次的开停机操作。

（3）板式弹簧（弹性轴承）

板式弹簧需有较大的弹性力和抗疲劳强度。弹性系数是板式弹簧重要的特性参数，它对振动系统的自然频率有着很大的影响。

（4）配气活塞

在斯特林发动机中，配气活塞做往复运动，推动工质在汽缸冷、热端循环。低压斯特林发动机的配气活塞与汽缸间有一定间隙，气体在热腔、间隙和冷腔间循环。高压斯特林发动机的配气活塞与汽缸间为活塞环密封或非接触气体密封，气体在加热头、回热器和冷却器间循环。

（5）加热头

使用能经受连续高温冲击的特殊不锈钢和铜制作加热头。加热头的热损限制在$10W/cm^2$以下，设计寿命在40000h以上。

（6）回热器

设置回热器的目的是提高其热效率。回热器孔隙率很低，具有很高的热容量和较低的热传导，其体积应尽可能小，以降低气体流动损失。回热器一般由金属丝网或带孔的薄金属板在腔内压制而成，其储存的热量是加热头获得热量的若干倍。

（7）冷却器

冷却器由内部铜翅片的轴向对流和外部翅片的环向对流形成。翅片间存在约$120\mu m$的间隙。这样的设计提供了足够的热量传递，且减少冷却器压力的滞后损失，保证较高的发电效率。

（8）直线发电机

动磁式直线发电机与异步发电机相比，直线发电机结构紧凑，使用方便，可自由调节活塞行程，连有直线发电机的活塞较易安装在压力容器中。

（9）功率控制

快速的功率控制功能，最常用的方法是通过改变循环气体压力实现功率调节。发电机中有功率自动调节系统，当需要减少发电机功率时，可在循环气体中移出部分气体，降低气体的压力，功率可随之下降；当需要增加功率时，可将一定量的气体补充到循环气体中，使气体压力升高，发电机功率随之增加。此外，还可通过改变动力活塞行程或改变热端活塞与冷端活塞间相位角的方法来实现对功率的控制。

（10）活塞与汽缸间的动密封

动密封是研制斯特林发动机的关键技术。与内燃机和燃气轮机的循环过程存在吸气和排气过程不同，斯特林发动机循环过程的特点为气体封闭在一个独立的区域内，与外界没有质量交换，而且活塞上下端有非常高的温差或压差，气体容易泄漏。而气体一旦泄漏，发动机将无法正常运行。因此，发动机的密封性能是评价斯特林发动机质量的重要指标。

（11）相位角

动态式发动机的相位角是由发动机传动系统的机械装置实现的，发动机产生的扭矩驱动传统的异步发电机。

与动态式发电机相比，自由活塞式发电机结构简单，只有配气活塞和动力活塞两个运动部件，两个活塞彼此独立，活塞和汽缸间无侧推力，发电机非接触气体密封和气体弹簧或精确悬挂的板式弹簧几乎消除了活塞与汽缸间的摩擦和磨损，密封严密，无需润滑油，从根本上避免了动态式发电机油气混合及密封漏气等技术难题。

动态式发电机的机械结构与内燃机相似，设计较容易，制作工艺较成熟。发电机采用传统的异步交流发电机，功率一般为 10～50kW，比功率较大。但动态式发电机因其固有的润滑曲轴机制导致其无法在根本上消除密封漏气问题，密封漏气引起的油气混合问题更是困扰其长期运行的最大障碍，这就决定了动态式发电机性能稳定性较差，维修周期较短。

自由活塞式发电机结构简单，但设计制作难度较大，难点集中在动力学分析、活塞定位和控制、直线交流发电机等方面，发电功率一般小于 10kW，比功率较小，但其密封严密，性能稳定，维修周期及寿命较长。在不久的将来，随着双作用多缸自由活塞式发电机的研制成功，比功率的逐步增大，这种发电机将得到迅速发展。因此，自由活塞式发电机是未来斯特林热机领域的主流产品。图 9-23 为 Infinia 的 FPSE 电机内部结构。

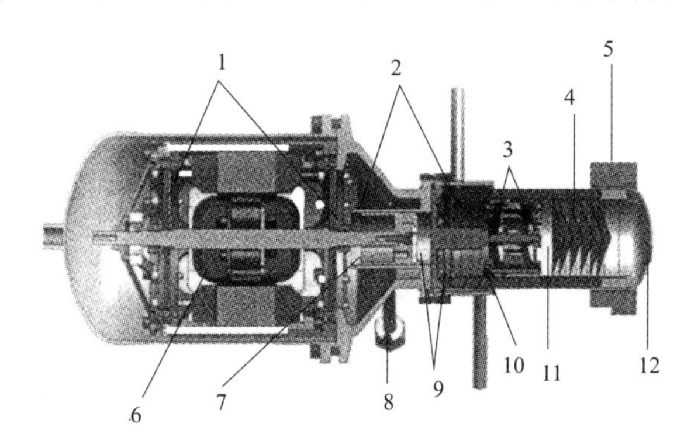

图 9-23 Infinia 的 FPSE 电机内部结构

1—弹性轴承；2—非接触密封；3—弹性轴承；4—回热器；5—加热器；6—直线发电机；7—动力活塞；8—电力输出；9—压缩腔；10—冷却器；11—配气活塞；12—膨胀腔

(12) 提高碟式太阳能热发电系统的蒸汽发生器效率

太阳能热发电系统蒸汽发生器效率的计算方法不同于燃煤电站的锅炉。

其计算公式为：

η＝单位时间内蒸汽发生器出口新蒸汽的热能/单位时间进入蒸汽发生器的热介质热能

提高碟式太阳能热发电系统蒸汽发生器效率包括以下几种措施。

① 采用新型的开口翅片管技术。为了提高蒸汽发生器的热转换效率，在蒸汽发生器各部分的结构设计上要充分考虑“效率最高”这一理念。例如，由于碟式发电系统采用的载热介质为空气，比空气较常规的燃煤锅炉的烟气干净得多，故在设计时无需考虑蒸汽发生器积灰、堵灰等问题，在省煤器的设计上可采用新型的开口翅片管技术，这相当于增加了省煤器的换热面积，与直接采用光管的形式相比，效率可提高 30%以上。

② 尽量提高加热介质的进口参数。提高蒸汽发生器入口热空气的参数相当于提高加热介质的入口焓值，增大加热面两侧的传热端差，可增强传热效果，提高传热效率。因此，蒸汽发生器入口的空气温度越高，设备效率越高。

③ 降低加热介质的出口参数。降低蒸汽发生器加热介质的出口参数可增大加热介质的

焓降，同时减小尾部排放损失，从而提高蒸汽发生器的热转换效率。由于热空气不像燃煤锅炉的烟气含有SO_2成分，可不用考虑蒸汽发生器的尾部烟道腐蚀问题，故可以尽量降低蒸汽发生器的排风温度，以减小排放损失。

受蒸汽发生器给水温度的限制，蒸汽发生器的排风温度不可能无限度降低。常规火电厂由于考虑蒸汽发生器尾部烟道低温硫酸腐蚀，排烟温度一般设计在160℃以上，对应的给水温度约为150℃。由于碟式太阳能热发电系统使用热空气作为加热介质，基本不含有硫化物，故可不考虑此限制。为此，在蒸汽发生器及汽轮机发电系统的设计过程中，可考虑采用尽量降低给水温度的办法来降低蒸汽发生器出口的排风温度。

蒸汽发生器给水需要进行充分除氧。目前给水除氧主要采用化学除氧和热力除氧两种方式。两种除氧方式比较，采用热力除氧方式除氧效果较好，更适用于该系统。但采用热力除氧方式，蒸汽发生器给水温度要达到104℃以上，此时蒸汽发生器出口的排风温度要高于120℃，这就限制了蒸汽发生器排风温度的降低。为了解决这一问题，保证在不影响蒸汽发生器给水除氧效果的前提下仍能进一步降低蒸汽发生器出口的排风温度，可对系统进行优化改进，从而使蒸汽发生器给水温度降低到约60℃，排气温度降至约75℃。

抛物面镜-斯特林热机太阳能发电系统具有效率高、模块式设计安装、自动化程度高、可采用多种能源（既可以采用太阳能，也可以采用燃料能）等优点。在太阳能发电技术中，抛物面镜-斯特林热机太阳能发电光电转换效率最高。因此可能在将来将成为最廉价的太阳能发电方式之一。

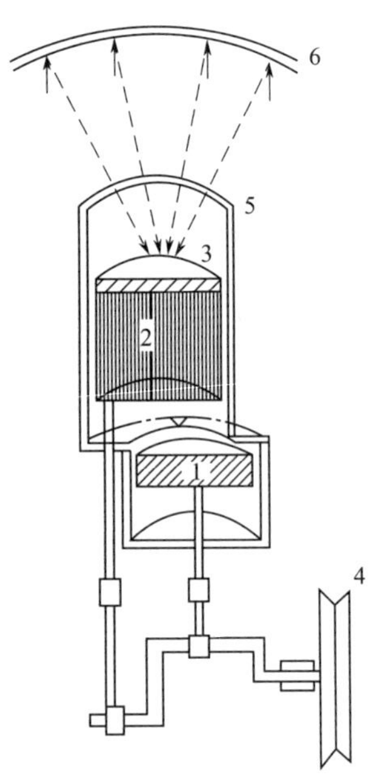

图 9-24 用聚光反射镜提供太阳能的斯特林热机

1—工作活塞；2—位移活塞兼回热器；3—多孔吸热面；4—飞轮；5—石英窗；6—聚光反射镜

抛物面镜-斯特林热机太阳能发电系统中的抛物面镜应能根据太阳光的入射角度来调整自身的角度，在水平方向和垂直方向都可以调整，使抛物面镜在反射太阳光的同时将太阳光聚焦在焦点上。抛物面镜的尺寸主要取决于斯特林热机的功率。一般来讲，在太阳光辐射功率为1000W/m^{2}的地区，一台25kW斯特林热机需要配备的抛物面镜的直径一般不小于10m。

尽管理论上斯特林循环和卡诺循环等效，但实际斯特林循环由于存在种种不可逆因素，回热器的效率也不可能达到百分之百，其热效率要低于同温限卡诺循环的理论热效率。目前，商业化的斯特林发动机的热效率可达30%～45%。斯特林发动机效率高、噪声小、排气污染少、可利用各种热源，因而有很广泛的应用前景。近年来，许多国家都在深入研究。但斯特林热机发展的成熟度与布雷顿和朗肯热机还有很大差距，主要受制于各部件商业化程度。

因为在实际循环过程中可利用的换热表面很小，斯特林热机的一个重大设计难题是如何在等温过程中实现快速的吸热和放热，在利用太阳能时这一问题同样存在。美国威斯康星大学采用聚光技术可有效地解决斯特林热机吸热面太小的问题。如图9-24所示，聚光后的太阳辐射透过透明的石英汽缸盖直接加热汽缸中的气体，而不是由金属汽缸盖传热。子弹形的位移活塞兼作回热器，其顶部由涂黑的不锈钢丝制成，可有效地吸收阳光。内部还装有不锈钢细丝，作为回热器内的储热材料，但热量不容易通过这些细丝从高温侧导向低温侧。位移活塞的顶部有多孔吸热面。可见，当位移活塞从上向下运动时，气体工质从下部的低温区经过回热区吸热后到达上部高温区。相反，位移活塞向上运动时，气体则从高温区流至低温区并把热量传给回热器中的不锈钢丝。不论位移活塞处在什么位置，都不会改变汽缸中的气体总容积。气体的压缩和膨胀通过工作活塞的上、下运动才能实现。

9.6 太阳能热声发电

热声效应是由热在弹性介质（常为高压惰性气体）中引起声学自激振荡的物理现象。

如果在谐振管中利用电声振荡装置产生声压力波，“热声逆效应”的结果就会使得两个换热器间产生温差。利用这个过程，就可制作由声波进行制冷的“热声制冷机”。热声制冷机已可轻易地实现－200℃以下的低温。此外，将上述两套系统连接在一起，一个系统加热，产生声振荡；另一个系统吸收声振荡进行制冷。这样的系统可以实现完全无机械的运动部件，由热直接驱动的制冷机 。热声技术实质上是一项“热机技术”。有人甚至称热声热机为“第四代热机”（美国 Swift）。如同蒸汽机或内燃机一样，热声热机可将热转换为机械能，或用机械能产生温度差，因此在热能利用和低温制冷方面有广泛的应用。与大量使用的内燃机不同，并不一定需要用液体或气体燃料注入汽缸内部燃烧做功，只要有热量施加在热头就能工作。化石能源日益短缺，这就使低成本地利用太阳能热发电或产生机械功成为可能。

现有发动机中与热声热机最为接近的是斯特林热机（Stirling Engine，最早的外燃机）。斯特林制冷机和斯特林发动机已经有多年商业应用。常规动力潜艇的静音动力电源、当前大功率太阳能发电最高效率的保持者和深空探测器中的核衰变热发电机都有斯特林热机的身影。但由于造价和可靠性问题限制了其广泛应用。热声热机与斯特林热机的不同之处，是利用声学特性实现内部气体的配置，而不是利用高温或低温处的机械活塞。这就为降低制造成本和提高可靠性提供了良好的特性。热声热机与斯特林热机有相近的应用领域和方式，本征效率相近。但热声热机可靠性更高，成本更低，寿命更长。斯特林外燃机因可靠性与成本问题而未得到大量使用。热声热机技术克服了斯特林热机的这些缺点。

利用热在压力气体中产生自激振荡这一热声现象，可以实现将热转换为压力波动，也即声波，压力波是交变机械能，也就实现了热-机转换。热声发动机就是指通过热声效应由热产生机械动力的装置。

与传统的热机技术相比，热声技术具有以下突出优点和发展潜力：①可靠性高，热声发动机和热声制冷机都没有运动部件，它们的压缩过程和膨胀过程完全由声波自身具有的升高和降低来实现；②效率高，由于没有机械运动部件，因此常规热机中因机械摩擦而产生的损失就可避免；③结构简单、制作成本低，热声热机主要由换热器、回热器和管道组成，其机械加工复杂程度与传统动力机械相比大大降低，因此制造成本可以更低；④环保和广泛的适应性，热声技术一般采用惰性气体作工作介质，同时是一种外燃式的设备，因此具有更高的环保特性，可采用多种热源驱动工作（太阳能、生物质能、工业余热等）。

研究热声效应和热声技术的内在物理机理和能量转换特性，包括声学特性、气体传热特性、流动特性、热功转换特性等并非易事。经过很多人多年努力，迄今已经建立起来了较为系统的热声设计理论。在理论的指导下，已经制造出了多个热声发动机和制冷机产品，并逐渐形成了完整的技术体系。

相对于塔式和槽式大规模集热集中利用的情形，可以适应分布式集热、分布式碟式发电技术路线，更加符合太阳能分散分布、功率密度低的特点。已有人结合碟式-斯特林技术开发出热声发电技术。热声发电技术（solar-thermal generates）具有可靠性好、效率高、环境友好等优点。由于高温端消除了运动部件，同时发电机实现了无油润滑与无磨损运行，可靠性好、寿命长。由于还具有功率灵活的特点，既可以单台小功率工作，又可以多台联合实现大功率工作，非常适合太阳能利用。行波热声发电技术可能会成为未来太阳能光热发电的一项新技术。

热声发电系统作为一种新型热发电装置，包含热声发动机和直线电机，前者实现热能到声能（声波形式的机械能）的转换，后者实现声能到电能的转换。相对于热声发动机交变流动与传热的复杂性，直线往复电机技术已较为成熟。因此，热声发电技术的发展在很大程度上取决于热声发动机技术的发展。

热声发动机是利用热声效应将热能转化为声能的装置，按照回热器内声场特性的不同，可分为驻波热声发动机和行波热声发动机。驻波热声发动机基于有限换热的热力循环，具有本征不可逆性，潜在效率较低。而行波热声发动机追求回热器内的理想换热，理论上可以达到卡诺效率。因此，近年来热声发动机的研究多集中于行波热声发动机。行波热声发动机的概念最早由美国 George Mason 大学的 Ceperley 提出。他指出行波热声发动机内气体的热力学循环过程与传统斯特林热机类似，提出采用气体活塞代替传统斯特林热机中的固体活塞，可消除系统中的机械运动部件，从而避免由此而带来的诸多问题。1998 年，日本的 Yazaki 等通过实验验证了 Ceperley 的设想。行波热声发动机的研究开始兴起，经历了从传统型行波热声发动机到双作用型行波热声发动机的演变，其功率与功率密度不断提高，不断向实用化迈进。

1999 年，Backhaus 等设计制作了第一台具有一定实用价值的行波热声发动机，该发动机由一个环路与一根驻波谐振管组成，环路位于驻波谐振管的速度节点附近，大幅提高了回热器的声阻抗，有效地降低了回热器的黏性损失。环路各部分尺寸的合理设计使得回热器处于行波声场，提高了热声转换效率。此外，该结构还抑制了对发动机效率有着重要影响的质量流效应。实验在热端温度为 725℃的条件下，获得 710W 声功率，热效率 30%，可与内燃机、斯特林热机相当。该结构成为典型的行波热声发动机结构而被广为研究。

在国内，中科院理化所、浙江大学等机构对传统型行波热声发动机也开展了研究，进一步验证了行波热声发动机相对于驻波热声发动机所具有的优势。2005 年，中科院理化所罗二仓等研制了一台聚能型行波热声发动机，采用一根锥形谐振管代替了原来的等径谐振管，抑制了谐振管内高阶谐波的产生，使能量有效地集中在基频模态上，从而大幅度提高了基频模态的压力幅值与压比。在热端温度为 670℃的条件下，发动机在实验中获得了 1.3 以上的压比。在输入功率为 2960W 时，可获得 451W 的净输出声功。实验中还观测到了最低 73℃的起振温度，验证了热声发动机用于回收低品位能源的可行性。在随后的实验中，他们又相继获得了 801W 和 1479W 的净输出声功。

总体上看，传统型行波热声发动机作为最早的行波热声发动机具有很大的意义，它使得热声发动机的研究进入了一个全新的阶段。然而，由于谐振管及反馈管等较大尺寸管道的存在，传统型行波热声发动机存在功率密度低、声功损耗大、功率放大困难等问题，阻碍了其进一步实用化发展。

近年来，行波热声发动机迫切需要向大功率及大功率密度的方向发展，然而传统型热声发动机由于上述问题的存在无法达到要求。2011 年，受多缸斯特林发动机的启发，中科院理化所罗二仓等提出双作用型行波热声发动机，将多个相同的发动机基本单元通过谐振机构首尾相连而成。双作用是指谐振机构既可以接收上一个单元的声功，也可以向下一个单元提供声功。与传统型行波热声发动机相比，双作用型行波热声发动机取消了庞大的驻波型谐振管与反馈管，体积大幅缩小。同时利用多发动机单元组成多级系统，输出功率可以大幅度提高。所用的谐振机构可以是液体振子、直线电机及行波型谐振管（内部主要为行波声场）等。

早在 2007 年，中科院理化所罗二仓便提出了在行波回路中可以任意布置多个发动机单元的构想，同时指出可以通过增大回热器面积，降低回热器内气体的振荡速度，进而提高回热器效率。2010 年，荷兰的 Kees de Block 设计制作了一台四单元声学双作用型行波热声发动机，其设计思路与罗二仓提出的设想类似，整个环路由 4 台完全相同的发动机单元组成。图 9-25 是一种斯特林-热声发动机装置照片。

图 9-25 斯特林-热声发动机装置照片

9.7 太阳坑

太阳坑和碟式发电的形式类似，是利用天然或人工挖掘的半球形坑，用水泥砌筑坑壁，使其形成光滑曲面，上敷设千面反射镜，大致制成聚光反射镜。

与旋转抛物面将太阳光聚焦到一点不同，球形太阳坑将太阳辐射汇聚到通过球心的一条线上。将线状太阳能接收器固定在坑上方的接收杆上，通过简单地将接收杆指向太阳，便可以实现对太阳的跟踪。这个系统只有在太阳有相对较高的仰角（垂直方向两边 45°内）时，对太阳的跟踪才有效，其结果就是每天太阳能收集的运行时间相对较短（见图 9-26）。

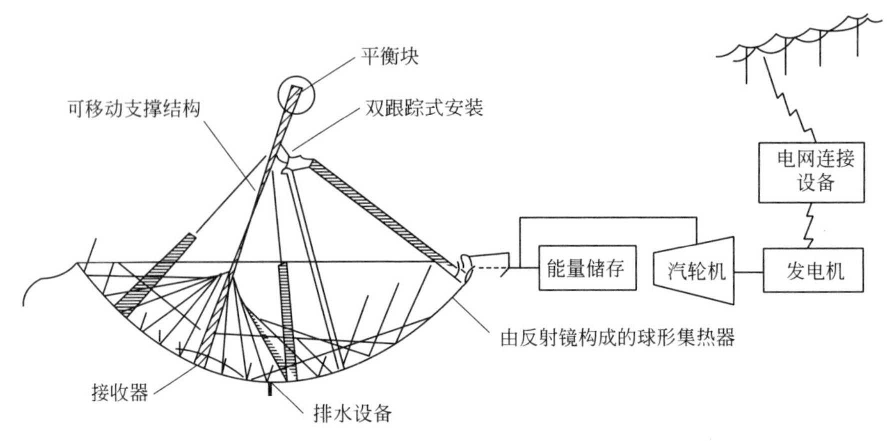

图 9-26 太阳坑电站原理示意

太阳坑技术可大幅度降低太阳能集热器的投资成本，试验性装置的研究报告表明，集热器单位面积的成本大约只有商业化太阳能集热器的 1/3，甚至比太阳池还好。

太阳坑的技术和维护都比较简单，初投资较低，应用包括高温工业供热、热化学过程和发电，在发展中国家具有巨大的市场潜力。这种技术的独特性在于它既可以提供高温蒸汽，获得与常规的热电厂相当的较高的热转化效率，同时又是一种简单的、低成本的设施。

太阳坑发电的构想已在美国得克萨斯州和马来西亚等地得到验证，直径 20m 的坑将太阳光汇聚到长 5.5m 的接收管上，产生温度达 800℃的超热蒸汽，可提供 250kW 的热能，足够产生 100kW 的电能，运行结果令人满意。专家认为容量高达 10MW 的项目也是可行的。

在自然界中有很多天造地设的凹坑(有些是陨石冲击,有些是由山丘环绕的洼地),在阳光充沛的高原荒地选择比较理想的地点建造大功率的太阳坑,应该是太阳能热发电的一种形式。

太阳坑技术甚至也能应用到月球。月球表面分布大大小小数千座适于修建太阳坑的环形山，又无空气散射，阳光强度高于地球表面 1 倍以上。也具有建太阳坑的条件。

9.8 空间站太阳能热发电

9.8.1 空间站太阳能热发电的优势

空间站是航天员的空间活动平台，是一种能长期在轨运行的大型载人航天器，其电力供应是维持空间站正常运行和其他航天活动的基础。

空间电源系统可选择三种方式：化学电源、核电源、太阳能电源。化学电源如蓄电池、燃料电源等适用于工作时间短、电能需求小的航天器，当电能需求大时，其质量是难以接受的。携带少量的核燃料可实现长期供电，适用于长距离、长时间星际探索旅行，在未来人类探索远层太空的过程中必将起到重要的作用。虽然核电源本身小巧紧凑，但由于为防止核辐射污染需加装厚重的屏蔽防护装置，整体质量反而更大，无优势可言，尤其在近地轨道和载人航天方面考虑到核辐射对人体的危害，人们对采用核动力发电更是持谨慎态度。太阳能具有清洁干净、取用方便的特点，在航天器上已成为普遍使用的最重要的能源。

利用太阳能发电有多种方式，如光电直接转换的太阳能光伏电池阵发电（PV）与蓄电池或飞轮储能系统结合、太阳能热动力发电（SD）、太阳能热离子发电和太阳能磁流体发电等（包括放射性同位素热电系统和碱金属热电转化系统）。后两种发电方式正处于研究发展之中，技术上还不够成熟，目前只用于少数无人空间飞行器，迄今为止航天器上大多数采用太阳能光伏电池与镍-氢蓄电池的组合供电方式，技术成熟，应用经验丰富。但随着航天活动的扩展，对电能的需求越来越大。由美国、俄罗斯、欧洲太空局、日本、加拿大和巴西共同建造的国际空间站需要的电能达 110kW。由于太阳能光伏电池阵光电转换的效率较低，如硅电池的效率只有 14%，近年来正在研究的砷化镓电池效率可达 20%以上，但成本却是硅电池的 2 倍。随着功率的增加，光伏电池阵迎风面积将显著增大，使得发射成本的轨道维护成本大大增加。此外，蓄电池的寿命很短，在空间站的长期运行期间需经常更换，也增加了运行期间的总成本。太阳能光伏电池阵发电的上述缺点，迫使人们考虑其他发电方式，太阳能热发电正是适应空间站大功率电源的需求而发展起来的一种空间电力供应技术。太阳能热发电系统具有能量转换效率高、质量和迎风面积小的优点，而且可以很容易地扩充至兆瓦级。太阳能热发电系统从太阳能到用户的总效率约为 20.8%，而太阳能光伏电池阵发电系统仅在 7%左右。在较低发电功率下，太阳能热发电系统与太阳能光伏电池阵发电系统相比面积上占优势，质量上并无优势，只有随着供电功率的增加，太阳能热发电系统的优势才越明显。因此对在低地轨道运行、电能需求大的空间站来说，采用太阳能热发电系统既能满足电能需求，又可以大幅度降低运行成本，是比较有利的实施方案。

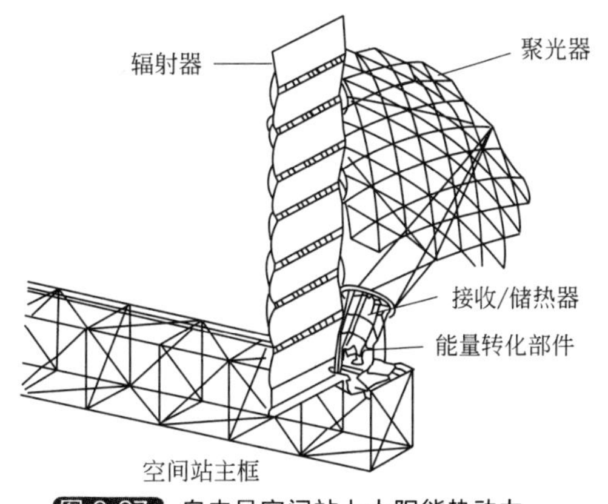

图 9-27 自由号空间站上太阳能热动力发电系统的结构和安装位置示意

美国从 20 世纪 60 年代就开始了大量相关技术的研究。图 9-27 是自由号空间站上太阳能热动力发电系统的结构和安装位置示意。典型的太阳能热动力发电系统由四大部件组成：聚光器，接收/储热器，能量转化部件，辐射器。

20 世纪 80 年代开始，自由号空间站（SSF）的研究很大地推动了空间太阳能热发电技术的发展，使得这一技术即将达到实用的目标。德国、俄罗斯、日本等国也都开展了大量的相关研究。在自由号空间站最初的设计中，电源系统的总功率为 300kW。最初的 25kW 或 75kW 为光伏太阳能电池系统，其余的 275kW 或 225kW 由空间太阳能热动力发电系统模块构成，其中每个热动力发电系统模块为 25kW 或 37.5kW。采用光伏系统和热动力系统组合方案的主要原因是太阳能热动力发电系统不能自启动。在空间站的初始阶段，必须利用光伏供电系统保证空间站的运行，并启动太阳能热动力发电系统。

自由号空间站在经过多次重大的结构改变和政策调整后，最终转化为现在的国际空间站。自由号空间站电源系统的研究很大地促进了空间太阳能热动力发电系统的研究。其主要研究成果是 1994 年年底在 NASA Lewis 研究中心成功地建立了世界上第一套太阳能热动力发电系统地面样机。1995 年 2 月 17 日，空间太阳能热动力发电系统 2kW 地面样机在美国 NASA Lewis 研究中心成功实现了 2kW 电力输出，在经过近千小时的启动、运行、停机试验后，系统效率和可靠性均达到设计要求，标志着这一对未来空间探索有重要意义的技术进入了新的阶段。

经过近千小时成功的地面试验后，2kW 空间太阳能热动力发电系统样机研究的下一目标是进行空间运转试验，以测试系统空间应用的可靠性，并解决运输、发射、空间安装、操作等可能存在的问题。

进入 21 世纪以后，尚无新的空间站发射、运行。但地面试验没有停止。

太阳能热发电系统与光伏电池转化系统的性能、费用比较一直是空间电力系统研究的重点。由于在低地轨道运行的航天器必然要经过地球的阴影期，所以储能部件是不可缺少的。对于光电系统，太阳光直接通过光电效应转换为电能，储放能量的形式为电能（蓄电池）或者机械能（飞轮）。对于热动力系统，太阳能先转化为热能，再通过机械能转化为电能，储放能量的形式为热能。

太阳能热动力发电系统的优点主要在于热电转换效率和热能的储放效率分别高于光电转换效率和电能的储放效率，使得热动力发电系统的整体电力转化效率约为 20%，高于光电系统的约 10%，相应的太阳能反射器面积为光电系统的 1/4～1/2。空间截面积的减小将降低空间站的运行阻力，可以减少轨道再提升次数，提高轨道负载能力，降低单位质量的发射费用。另外由于光电系统的整体效率和寿命受空间环境影响大，以及蓄电池寿命较短，光电系统不得不进行多次部件更换，增加了空间站的维护成本；而热动力发电系统各部件基本都可以达到空间站的寿命要求，可以节省大量的维护费用。对自由号空间站电力系统的分析结果是，采用太阳能热动力发电系统，在 30 年寿命期内可以节约大约 30 亿美元，这是一个可观的数字。但是空间太阳能热动力发电系统还没有经过实际空间运行考验，系统可靠性有待进一步检验，而且在大功率系统下才能显示出优势。

从空间技术远景来看，随着大型空间平台和太空工业的发展，空间电力需求将达到 MW 级。空间太阳能热动力发电系统的一个远期发展目标是建立空间太阳能电站，将电能通过微波发回地面，地面采用天线接收。美国已经开展对空间电站的可行性、结构和技术方面的研究。提出了一个总功率为 1.6GW，系统寿命长 20 年，功率质量比达到 1kW/kg 的空间太阳能电站的构想。电站预计采用 160 个 10MW 的太阳能热动力发电模块，估计系统总面积为 9.5km×0.65km，总质量达到 2256t。

9.8.2 空间太阳能热发电系统的热机循环

适于空间 SD 系统的热机循环有朗肯循环（RC）、闭式布雷顿循环（CBC）和斯特林循环（SC）。RC 由于存在在微重力下相变流体的分离问题，技术上也有一定难度，目前已被淘汰。CBC 型和 SC 型 SD 装置不受空间微重力甚至零重力条件的影响，热效率高，质量轻，使用寿命长，随着空间站电力需求的增长，这些优点将更加突出。

CBC 装置的涡轮、压气机等部件在航空发动机中有数十年的应用经验，技术水平和可靠性都很高，采用布雷顿循环的地面燃气轮机电站也为数不少，而且循环的热效率较高，具有很好的空间应用前景。图 9-28 为空间太阳能 CBC 发电系统原理。系统工作过程如下：旋转抛物面型太阳光反射器将太阳光反射并聚焦。聚焦后的太阳光进入接收/储热器腔体，一部分能量通过换热管传热，直接加热循环工质，其余热量被储热介质储存，用于阴影期的工质换热需求。吸热后的循环工质在涡轮内膨胀做功，推动涡轮旋转，从而带动发电机发电和压气机工作。膨胀做功后的循环工质经过换热器与由压气机出来的高压工质进行换热，释放热量，再经过工质冷却系统进一步排热降温，进入压气机压缩，经过回热器预热，再次进入接收/储热器，完成一个循环过程。工质冷却系统由工质冷却器、泵和辐射器组成，废热主要通过辐射器释放到宇宙空间。

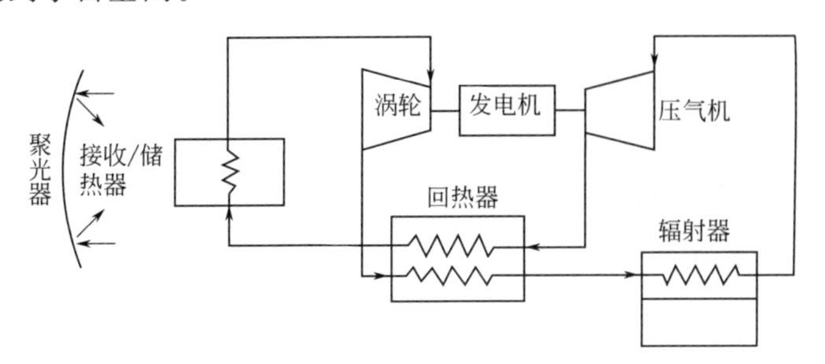

图 9-28 空间太阳能 CBC 发电系统原理

空间 SC 发电系统原理如图 9-29 所示，其工作原理和布雷顿循环大致相同，不同之处是在吸热腔内用多根钠热管代替了光管。每根热管分为三段。靠近腔口的一段为吸热段，该段在热管上没有任何附加物。中部为储热段，在储热段的热管上套以环型截面的 PCM 容器。最靠腔底的一段为热源热交换（HSHX）段。热管插入通过工作流体的板翅式换热器中。由于在吸热段和储热段中间有隔板，在日照期只有吸热段能接受到太阳辐射热流。

空间 SC 发电装置方案一般均采用自由活塞机作为原动机，图 9-30 为其示意。自由活塞斯特林热机是一种活塞式外燃机，在汽缸内有一个配气活塞和一个动力活塞。汽缸侧壁有连接配气活塞上下室的旁路，循环工质通过旁路交替运动到配气活塞的上室和下室。上室和热源热交换器（HSHX）耦合，将吸热器的热量传递给工质，推动动力活塞运动，输出功率。下室通过中间介质回路把余热传递给辐射器排送到空间，工质通过旁路往复流动，完成循环。SC 装置的吸热器大多采用热管式。热管式吸热器（PCM）通过热管来提供热量，使得 PCM 容器吸热面为等壁温，消除了由于热流密度不均匀而出现的局部过高热流密度，缓解了“热斑”和“热松脱”现象的出现，可以增加 PCM 容器的径向尺寸，减少管的根数。而且在相邻管之间不必留间隙，进一步缩小了腔体直径。目前 SC 装置在技术上还不成熟，它的结构复杂，密封要求严格，制造工艺水平要求相当高。随着近些年技术的不断进步，日本、德国等国已经制造出小型装置样机并进行了多项试验。

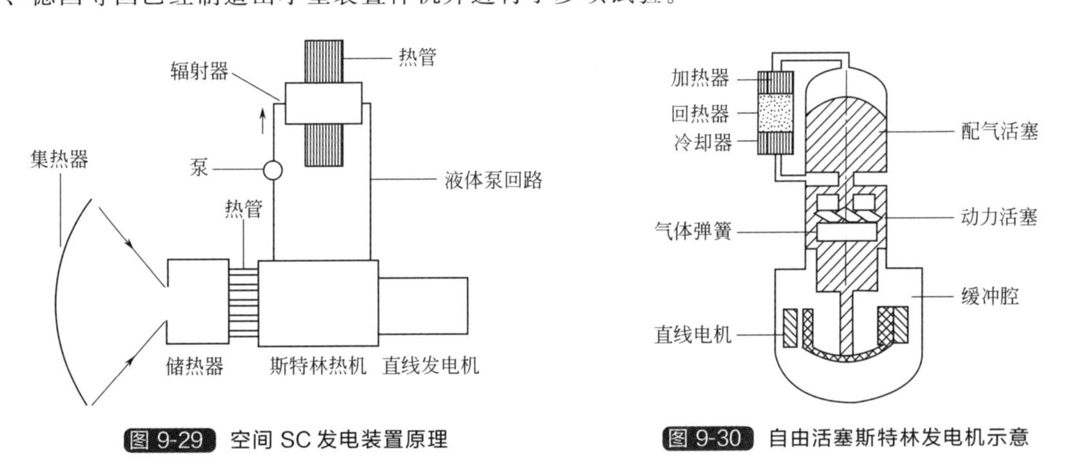

图 9-29 空间 SC 发电装置原理

图 9-30 自由活塞斯特林发电机示意

斯特林循环的热效率是三种循环中最高的。与 CBC 装置相比，设计简单，相同发电功率下自由活塞式 SC 型发电系统的质量和面积更小，具有自启动能力。工质可选用氢气或氦气，因为氢气易爆炸，其不可控的扩散导致连续的工质损失，且会引起金属脆化，降低发动机使用寿命，故多选用氦气。这样工作过程中工质无相变，对机器部件无腐蚀。SC 系统整个系统运转平稳、噪声小、磨损小，因而使用寿命长；缺点是结构复杂、密封要求严格、制造工艺水平要求相当高，因而早期研究进展缓慢。20 世纪 60 年代以来各国竞相发展斯特林发动机技术，到目前为止已取得很大进展。NASA 的先进太阳能热动力发电计划（ASD）重点研究发展斯特林发动机技术。

9.8.3 空间电站系统部件技术发展

太阳能热发电系统主要由以下部件组成：太阳能聚光器、接收/储热器、能量转换装置和辐射散热器。

（1）太阳能聚光器

要满足高聚光比、高效率和质轻的要求，空间太阳能聚光器采用点聚焦旋转抛物面盘式反射镜。NASA 喷气推进实验室和美国能源部于 1974～1984 年研制了 28 个不同尺寸的反射镜，其光学精度要求与空间太阳能热动力电源相当。20 世纪 80 年代美国洛克威尔公司火箭动力分部建立了一个太阳能集热试验装置，在该装置上进行 LiOH 的储热试验。抛物镜当量直径为 11.3m，由 328 块矩形曲面镜组成。SSF、25kW 电源的聚光器是偏置式结构，可以减少其他部件对阳光的遮挡，并且 SD 装置的质心可以安排靠近空间站的桁架结构，从而节约质量，降低引起动力或控制问题的风险。

（2）接收/储热器

接收/储热器是空间站太阳能热动力发电系统（SDPSS）中一个关键的研制项目，也是国际上自 20 世纪 60 年代开始的 SDPSS 中投入力量最多的一个部件。这是由于 CBC 和 SC 动力装置各部件中，只有吸热器（HR）既没有同类的地面设备可以移植，也没有已经用于空间的类似部件可以借鉴；另外 HR 的质量通常占整个 SDPSS 的 1/3 以上，降低它的质量对减少 SDPSS 的质量有重大意义；同时在微重力条件下相变材料（PCM）容器内的物理过程在理论上相当复杂，地面试验也比较困难，研制难度较大。对 HR 的研制，不仅在技术上有许多难题尚未解决，而且基础比较薄弱，尤其是高温相变储热研究几乎还是空白，故进行这方面的研究很有必要，对未来空间高效电源的发展有重要的影响。

接收/储热器集接收和储热功能于一身，接收器吸收聚光器反射过来的太阳能，除加热循环工质外，多余的热量由储热材料储存起来，在空间站中一般利用材料的固液相变储存热量。

相变材料应具有与循环最高温度相近的熔点，大的相变潜热，密度高、热导率高，能够长期稳定工作，而且和容器材料的相容性较好。当前研究最多的是氟盐。如 LiF、CaF_2 等，因为其熔点与循环最高温度比较接近。缺点是发生固液相变时体积收缩很大，热导率较低。金属材料因具有很高的熔化热，且容易找到熔点和循环最高温度相近的材料，相变时体积变化不大，又有优良的导热性能，若能找到合适的容器材料，将是强有力的竞争者。

20 世纪 60 年代开始的接收/储热器腔体的设计提出了三种形状的设计方案：球形、锥形和柱形。球形和锥形腔体的设计主要是考虑吸热腔形状与入射太阳光强度分布相适应，达到最好的传热效果和较小的热应力。圆柱腔型接收/储热器是 20 世纪 80 年代设计的主要思想，结构复杂性大大降低。图 9-31 是 Allied-Signal 公司为自由号空间站设计的 25kW 接收/储热器结构。由图 9-31 可以看出这种结构相对前面的几种方案简单了许多。腔体的长度和直径是根据入射热流和空间发射体积要求确定的。它采用了多根换热管平行分布在吸热腔内壁，换热管的两端通过入口、出口环形导管连接在一起，再连接到入口、出口总管。换热管由储热单元套装在工质导管外构成。储热单元为一个个分离的环形容器，内部充装 PCM。PCM 封装在分离的小容器内这一设计方案被认为是接收/储热器设计中非常重要的思想，既保证了通过容器侧壁强化换热，也防止了单个容器的失效对整个接收/储热器性能的影响。

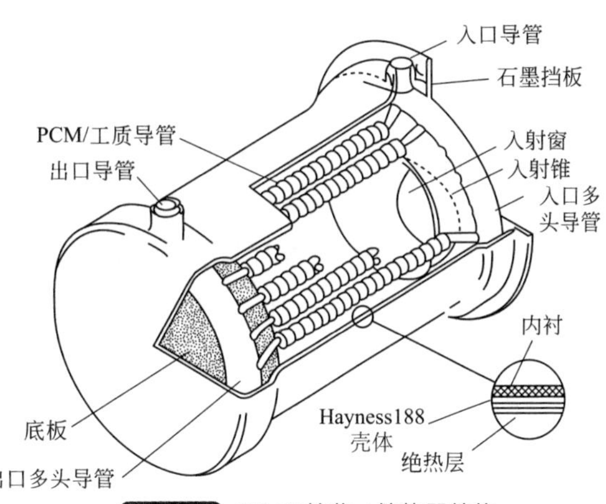

图 9-31 25kW 接收 / 储热器结构

这种设计方案也是 NASA 2kW 空间太阳能热泵发电系统地面试验采用的形式，是目前比较合理、制造较简单、性能和可靠性都可以保证的设计方案。特别是经过了太阳能热动力发电系统地面试验整体运行，实际验证了其可行性和可靠性。这一方案也成为先进接收/储热器设计的基础。

国内方面，北京航空航天大学在“863 计划”的资助下，参考国际最新研究进展，进行了“接收/储热器关键技术研究”：建立了微重力下 PCM 容器内相变传热过程的数学模型，对 PCM 的三维相变传热过程进行了研究，编写了热分析计算软件；在模拟太阳热流的情况下，用空气作循环工质，在地面环境模拟真空环境下完成了接收/储热器单元换热管的储、放热实验；完成了 2kW 接收/储热器热设计，研制出了可用于接收/储热器样机的单根换热管样件；验证了换热管样件的热性能，并对 2kW 整机接收器各部件的材料和制造工艺进行了初步研究，为样机的研制打下了基础。图 9-32、图 9-33 是 2 种空间站用太阳能热发电系统接收器示意。

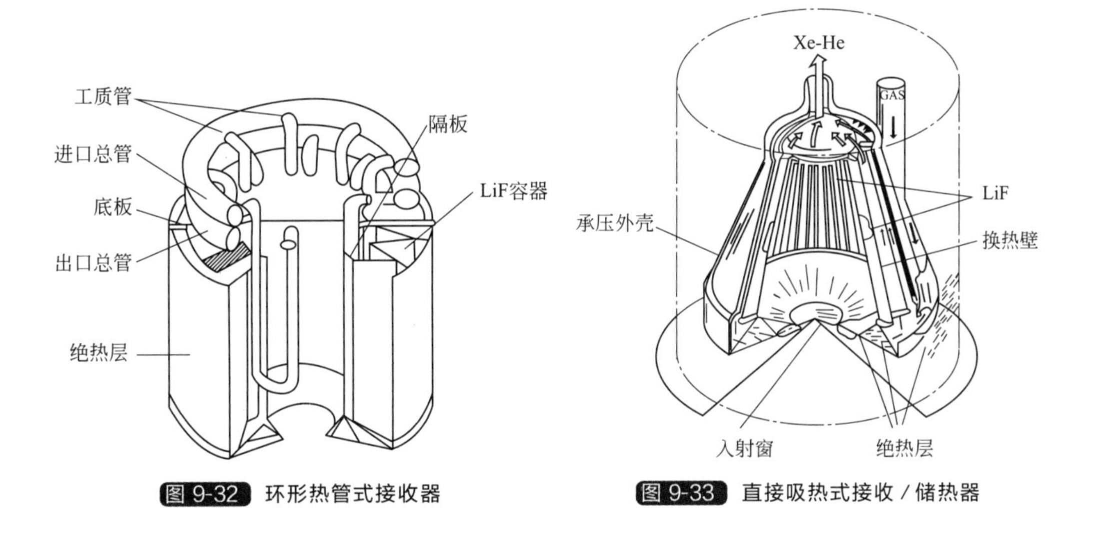

图 9-32 环形热管式接收器

图 9-33 直接吸热式接收 / 储热器

（3）能量转换装置

能量转换装置包括热机和发电机，热机工质推动热机做功，带动发电机发电。NASA Lewis 研究中心和 Garrett 公司于 20 世纪 60～70 年代曾研制过 3kW、10kW 和 2.5kW 三种 CBC 型能量转换装置。3kW 样机作为原理样机，验证了 CBC 型发电系统的可行性。10kW 样机用相对分子质量为 83.8 的氦氙混合气体作为循环工质，累计运行了超过 40000h，试验表明该机具有良好的变工况性能。SSF 电源系统的能量转换装置与 10kW 样机类似，循环工质的相对分子质量为 40，整个装置更紧凑。

NASA 2.5kW 实验时的电力转化系统采用微型布雷顿旋转单元，将接收/储热器吸收的热量转换为电能。转化单元中涡轮-发电机-压缩机为单级径流压缩机，发电机为单轴 4 极电机。电机轴由两个滑动轴承和一个推力轴承支撑。轴承腔利用压缩机抽气冷却。转动部件设计转速为 52000r/min，试验中达到 58000r/min。

中国对大型涡轮机械有很强的研究开发实力和丰富的技术积累，但开发小型涡轮机械的水平还不够，还需要加强研制与太阳能热动力系统配套的小型高速电机。

（4）辐射散热器

辐射散热器作为航天器温控系统的主要部件，具有较丰富的使用经验，技术也比较成熟。泵液回路式辐射散热器在阿波罗飞船、天空实验室和航天飞机上都有应用。SSF 电源系统也采用泵液回路式辐射散热器，由 8 块 8.7m×2.5m 的辐射板和柔性液体输送管组成，辐射板为由铝面板和铝蜂窝组成的多层板，表面喷涂高发射率、低吸收率的 Z-93 白色涂层。除泵液回路式以外，还有热管式散热器。热管式散热器散热效率高、面积小、可靠性高，是今后辐射散热器的发展方向。

10 槽式太阳能热发电/线性菲涅尔式太阳能热发电

10.1 槽式和线性菲涅尔式电站简介

10.1.1 槽式技术和线性菲涅尔式技术发展历程

槽式太阳能热发电简称槽式发电，是当前应用最广、技术最成熟的太阳能热发电技术。槽形抛物面聚光器为线聚焦装置，其聚光比 $C=30\sim70$，通常聚光集热温度在 400℃以上，典型容量为 5～100MW。

线性菲涅尔式太阳能热发电在一些文献中又称条式太阳能热发电，简称条式发电。线性菲涅尔式太阳能热发电聚光装置的聚光比 $C=35\sim100$，聚光集热温度多在 300℃左右。

槽式发电和线性菲涅尔式发电都属线聚焦式聚光形式，属中高温太阳能热动力发电。两者之间的储热装置和热动力发电机组也基本相同或相近，但聚光器和接收器有所差别。

线性菲涅尔反射聚光技术的原理起源于抛物面槽式反射聚光技术，是对后者的改进提高。图 10-1 为美国克莱默岔口（Kramer Junction）槽式电站。表 10-1 是相关的聚光器。

图 10-1 美国克莱默岔口(Kramer Junction)槽式电站

表 10-1 几类槽式和线性菲涅尔式电站相关的聚光器

类别	名称	聚光方式	聚光倍数	跟踪要求	焦斑形状
平面反射	平面槽式聚光器 组合平面聚光器	反射 反射	2～6 100～1000	不用或一轴 二轴	面

续表

类别	名称	聚光方式	聚光倍数	跟踪要求	焦斑形状
单曲面反射镜	抛物面槽式	反射	10～40	一轴	线
	线性菲涅尔反射镜	反射	10～30	一轴	线
	组合抛物面聚光器	反射	5～10	不用	线
双曲面反射镜	抛物面镜	反射	50～1000	二轴	点
	圆形菲涅尔反射镜	反射	50～1000	二轴	点
折射式	线性菲涅尔透镜	折射	3～50	不用或一轴	线
	圆形菲涅尔透镜	折射	50～1000	二轴	点

(1) 槽式发电

埃及人苏曼于1912年在开罗建立了世界上第一个槽式聚光器，该聚光器长62m，开口宽4m，用于提供高温蒸汽。这种聚光器在欧洲逐步获得安装应用。20世纪80年代初期，以色列LUZ公司着力研发槽式太阳能热发电技术。于1983～1991年的8年间，在美国加州相继建成9座槽式太阳能热发电站，称为SEGS Ⅰ～Ⅸ，总装机容量达353.8MW，并投入加州爱迪生电网并网营运。电站年太阳能发电效率为14%～18%，峰值发电效率为22%，电站利用率超过98%。LUZ公司在从第1座电站SEGS Ⅰ到第9座电站SEGS Ⅸ的研发过程中，逐座对电站进行升级改进，以求达到更高的转换效率、更低的电站比投资以及更低的运行与维修费用。经过几年的不懈努力，电站比投资由SEGS Ⅰ电站的4490美元/kW降到SEGS Ⅷ电站的2650美元/kW，发电成本电价从24美分/(kW·h) 降到8美分/(kW·h)。至此，该公司到2000年在加州建成总装机容量达800MW的槽式太阳能热发电站，发电成本电价降至5～6美分/(kW·h)。这一进展，使得槽式太阳能热发电站在经济上已可与常规热力发电厂相竞争。

LUZ公司选择水作集热工质，以槽形抛物面聚光器开发的直接产生蒸汽技术取得初步结果，并用于SEGS Ⅸ做运行试验。德国和西班牙的科技人员沿着这条技术路线，进行全方位的研究并取得了许多重要成果。2008年12月两国科技人员建设的50MW槽式太阳能直接产生蒸汽发电站取得成功，并在系统中设置了储热系统。这一成功使得槽式发电成为当前技术最成熟、成本最低的太阳能热发电技术。

(2) 线性菲涅尔式发电

线性菲涅尔式的名称源于19世纪法国物理学家奥古斯汀·菲涅尔，菲涅尔发现大透镜在被分成小块后，能实现相同聚焦效果。后来人们将利用这种方法得到的光学元件都冠以菲涅尔的名字。20世纪60年代，太阳能利用先驱Giorgio Francia将这种方法应用到太阳能反射聚光上，在意大利热那亚制作了一个太阳光聚集系统并将这种技术称为线性菲涅尔反射聚光技术。最早的线性菲涅尔聚光概念于1960年提出，当时的设想是用一组条形反射镜对准单个置于塔杆顶的线性接收器。从光原理上讲，菲涅尔式反射镜需要跟踪太阳视位置，自然就要考虑相邻条形反射镜之间的屏遮问题。随后的研究提出一组条形反射镜对准多个塔杆顶接收器，实际上就是改变镜场中相邻条形反射镜的聚焦点。这样，可以使条形反射镜之间的屏遮降至最小，从而可能将镜场布置得更为紧凑，称为紧凑线性菲涅尔聚光系统。自线性菲涅尔反射聚光技术产生以来，已经经历了四个时期的发展和衍变。

第一个时期，即20世纪60年代的小型样机实验阶段，在意大利热那亚完成。是一个具有双轴跟踪的样机，后来研究表明对于大规模发电应用，采用单轴跟踪较为合理。

第二个时期是20世纪70年代，FMC公司首次将线性菲涅尔反射聚光技术向大型化发展，为美国能源部（DOE）提供了10MW和100MW线性菲涅尔反射聚光器的设计方案。

第三个时期是20世纪90年代，其中的代表有以色列PAZ公司的设计和紧凑型线性菲涅尔反射器（CLFR）的设计。PAZ公司研发了一种具有跟踪功能的线性菲涅尔反射聚光技术，并且接收器采用了具有高聚光效率的CPC。随后澳大利亚的一家公司发明了一种紧凑式线性菲涅尔反射（CLFR）聚光技术。

第四个时期是21世纪。这一时期是线性菲涅尔反射聚光技术真正开始发展的时期。许多西欧、美国公司开始线性菲涅尔反射聚光技术大型化示范工程的研究和建设。

这一时期的主要技术进步表现在耐高温吸收管和适合线性菲涅尔反射聚光镜场的直接蒸汽生成技术的提出及验证。目前我国皇明集团是世界上为数不多的能做耐高温高压吸收钢管的公司之一，其钢管选择性吸收涂层的耐温已稳定达到450℃，在空气中330℃实验加速老化已经超过4000h。适合线性菲涅尔反射聚光镜场的直接蒸汽生成技术经国际上一些公司在各自示范工程中验证是可行的。

这一时期建成的代表性工程有澳大利亚新南威尔士的5MW示范工程、西班牙里歌的2MW示范工程。我国皇明集团在山东德州着手建设2MW线性菲涅尔反射聚光技术的示范工程，该工程采用适合线性菲涅尔反射聚光镜场的直接蒸汽生成技术，实现太阳能热发电、空调制冷和工业用热的一体化设计。

2007年，美国Ausra公司与加利福尼亚PG&E电网用户公司签订购买177MW菲涅尔式电站提供的电能，美国佛罗里达正在建造300MW菲涅尔式电站；2008年，SPG公司在西班牙建成兆瓦级菲涅尔式热发电站，对系统性能进行了测试；2010年，西班牙的Novatec公司在阿尔梅利亚建成了一个1.4MW的菲涅尔式示范电站，已经试机发电，此外还建设了一个30MW的菲涅尔式电站。

10.1.2 槽式聚光集热器的集热效率

槽式太阳能热发电站的基本工作原理是，将众多的槽形抛物面聚光集热器经过串、并联组合构成阵列，以求达到较高的集热温度和一定的工质流量，吸收太阳辐射能，加热工质，产生过热蒸汽，推动汽轮发电机组发电，从而将太阳能转换为电能。从热力循环原理上讲，为朗肯循环发电。

系统的能量平衡过程是，太阳辐射强时系统中多余的太阳能储于储热装置，太阳能量不足时，系统所需要的差额热能由储热装置或辅助能源系统补给，以保证维持热动力发电机组稳定运行。

电站热力循环工质可以是水直接产生过热蒸汽，或高温油以及熔盐兼作集热和储热工质，再经热交换器，加热水产生过热蒸汽。

聚光集热器的集热效率与其结构、涂层材料、真空管内气体状况、传热流体种类、太阳辐射强度、环境温度、传热介质温度、风速等诸多因素有关。在LUZ公司开发的几种聚光集热器中，LS-2型集热器效果最佳，是美国加州SEGS电站选用的成功典型。

测试表明，抛物面槽式集热器的集热曲线随着运行温度的升高或太阳辐射强度的降低呈现下降趋势，当运行温度与环境温度相等（即不存在热损失的状态）时，具有最大的集热效率，此时集热效率等于光学效率。美国生产了一种集热器，采用高性能的镀银聚合物作为镜面贴膜，可以减弱热效率受运行温度的影响，在平均运行温度（350℃）下，其热效率可达0.737。

风速影响与集热管真空状态密切相关，当真空状态完好时，风速影响无足轻重；当失去真空状态，风速影响明显；当真空管发生破裂，风速影响巨大。

真空管一旦漏入气体，对集热效率也会产生影响。真空管在真空状态、空气状态、氩气状态和氦气状态下的集热效率各不相同。其中氦气对热效率影响最为显著。所以，槽式电站在运行中也需要用红外探测技术和热平衡法测量真空管中气体漏入情况。深层材料（如黑铬和陶瓷）对集热器的热效率有显著影响，在相同温度条件下相差可达15%。

10.2 槽式太阳能热发电系统中的聚光集热器

槽式太阳能热发电系统将多个槽形抛物面聚光集热器经过串、并联的排列，收集较高温度的热能，加热工质，产生蒸汽，驱动汽轮发电机组发电。整个系统包括聚光集热子系统、导热油-水/蒸汽换热子系统（采用DSG技术时无此系统）和汽轮发电子系统，根据系统的不同设计思路有时还包括储热系统、辅助能源系统，其中聚光集热系统是系统的核心。

10.2.1 集热管

槽式抛物面反射镜为线聚焦装置，阳光经聚光器聚集后，在焦线处形成一线型光斑带，集热管放置在此光斑上，用于吸收聚焦后的阳光，加热管内的工质。所以集热管必须满足以下5个条件：①吸热面的宽度要大于光斑带的宽度，以保证聚焦后的阳光不溢出吸收范围；②具有良好的吸收太阳光性能；③在高温下具有较低的辐射率；④具有良好的导热性能；⑤具有良好的保温性能。目前，槽式太阳能集热管使用的主要是直通式金属-玻璃真空集热管，另外还有热管式真空集热管、聚焦式真空集热管、双层玻璃真空集热管、空腔集热管和复合空腔集热管等。

（1）直通式金属-玻璃真空集热管

直通式金属-玻璃真空集热管是一根表面带有选择性吸收涂层的金属管（吸收管），外套一根同心玻璃管，玻璃管与金属管（通过可伐合金过渡）密封连接；玻璃管与金属管夹层内抽真空以保护吸收管表面的选择性吸收涂层，同时降低集热损失。

这种结构的真空集热管主要解决了如下几个问题。

① 金属与玻璃之间的连接问题。

② 高温下的选择性吸收涂层问题。

③ 金属吸收管与玻璃管线膨胀量不一致的问题。

④ 如何最大限度提高集热面的问题。

⑤ 消除夹层内残余或产生气体的问题。

目前这种结构的代表产品有以色列Solel公司生产的外膨胀真空集热管和德国Schott公司生产的内膨胀真空集热管。

德国Schott公司在高温真空管方面做了如下改进：①为防止两端温度过高影响封接质量，局部增加了太阳辐射反射圈；②结构上力求最大限度地减少遮光面积，使得真空管有效长度大于96%；③调整相关玻璃材料配方，使得可伐合金与玻璃管更好地封接等；④可适用于DSG技术。

为了适应槽式太阳能电站的发展要求，德国Schott公司和以色列Solel公司均在研发新型真空集热管，即Schott公司生产的PTR70及Solel公司生产的第6号集热管UVAC，前者管长为4m，采用新型的吸收涂层，工作温度有望达到500℃，吸收率大于95%，400℃时的发射率小于13%。

张耀明、王军等开发了新型直通式金属-玻璃槽式太阳能真空集热管。该新型槽式太阳能真空集热管采用熔封技术解决了金属与玻璃之间的封接问题；采用薄壁膨胀节解决了金属与玻璃之间线膨胀系数不一致的问题；采用保护罩保护金属与玻璃之间的接口。通过一系列试验表明：设计、制造的新型槽式太阳能真空集热管能够达到国内的“100kW槽式太阳能热发电系统”的使用标准。

直通式金属-玻璃真空集热管已在槽式太阳能热发电站得到广泛使用，故常将槽式太阳能热发电站中使用的直通式金属-玻璃真空集热管称为真空热管。

(2) 热管式真空集热管

槽式热管式真空集热器是一种新型的中温太阳能集热装置，由于同时运用了热管和真空管技术，因此集热器热容量小，在瞬变的太阳辐照条件下可提高集热器输出能量；又由于热管的热二极效应，因此当太阳能辐照较低时可减少被加热工质向周围环境散热；防冻性能好，在冬季夜间零下20℃时，热管本身不会冻裂；系统可承受较高压力、不容易结垢。最重要的一个优点是采用机械密封装置代替玻璃与金属间的过渡装置，制造简单，易于安装和维修，大大降低了制造成本。

LUZ集热管的失效率每年为4%～5%。主要是因为真空失效、玻璃套管破碎及由于真空失效或玻璃套管破碎引起的选择性吸收涂层氧化衰退。真空空间失去真空后，管内放置的吸气剂变成白色，阻止大量的光穿过玻璃管。

集热管玻璃-金属封接的失效也是引起集热管失效的一个非常关键的问题，主要是因为聚焦在玻璃-金属封接上的高热流密度辐射所致，因此必须对玻璃-金属封接进行保护，避免直接或间接的辐射光束。为此，KJC和Solel公司开发出用于保护玻璃-金属封接的保护罩，Schott则是采用特殊的材料制成熔接式玻璃-金属封接。

图10-2 UVAC集热管的波纹管和玻璃-金属封接

① UVAC集热管。在LUZ公司集热管的基础上，Solel公司提高了选择性涂层的性能和可靠性。UVAC集热管（见图10-2）就是在LUZ集热管的基础上使用一种新的陶瓷金属选择性吸收涂层，避免涂层氧化的新一代集热管。结果表明，UVAC集热管的性能相对于LUZ集热管提高很多。

UVAC集热管的玻璃管破碎后选择性吸收涂层会退化，但不会产生阻挡太阳辐射的白色荧光层。

UVAC 2008集热管，其工作温度为400℃，选择性吸收涂层的吸收率超过96%，400℃时发射率小于10%，玻璃管的透射率超过96.5%，设计真空寿命超过25年。

② Schott PTR70集热管。Schott集热管是2004年德国Schott公司开发的槽式太阳能真空集热管，可以与LUZ集热管、Solel集热管互换使用。

该集热管的选择性吸收涂层在热、光性能上与Solel集热管相当，最重要的创新是其波

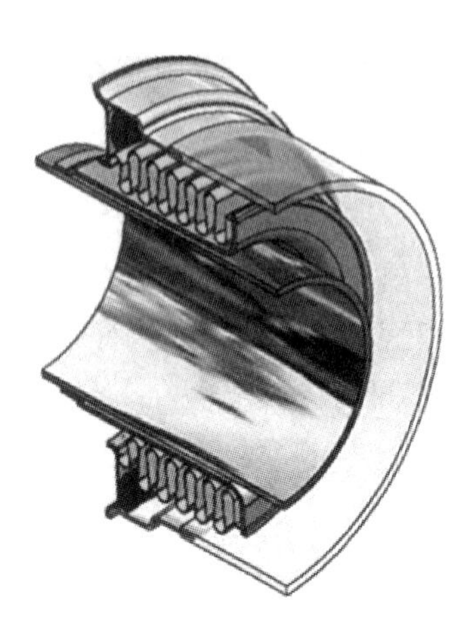
图 10-3 新型 Schott 集热管的波纹管

纹管、玻璃-金属封接和抗反射涂层。为了通过波纹管降低集热管的遮光率，Schott 设计了一种新型玻璃-金属封接和波纹管。其他集热管的波纹管是同圆设置，而 Schott 集热管的波纹管嵌入玻璃管内部，降低了集热管的折射率，如图 10-3 所示。

随着集热管工作温度的升高，波纹管受压缩短，提高了金属选择性吸收涂层的受光面积。DLR 的测试结果显示，Schott 集热管的工作长度与 LUZ 集热管相比提高了约 2%。与 Solel 集热管不同，Schott 集热管采用热膨胀系数相同的标准镍合金与其开发的具有更高光线透射率的硼硅酸玻璃-金属封接，无需进行额外保护。

此外，Schott 公司采用 sol-gel 浸渍技术开发了一种独特的耐磨抗反射涂层，使玻璃管的透射率超过了 96%。

这种真空集热管主要用于短焦距抛物面聚光器，以增大吸收面积，降低光照面上的热流密度，从而降低热损失。它的主要优点是：①热损失小；②可规模化生产，需要时进行组装。缺点是：①运行过程中，金属与玻璃的连接要求高，很难做到长期运行过程中保持夹层内的真空；②反复变温下，选择性吸收涂层因与金属管膨胀系数不统一，而易脱落；③高温下，选择性吸收涂层存在老化问题。

此外，张耀明等还设计了熔封内膨胀式、熔封外膨胀式系列真空集热管。

目前，张耀明等已设计适合于槽式 DSG 技术的普通型、一字形、聚焦式、螺旋翅片式等热管式真空集热管和适合于碟式 DSG 技术的普通型、十字形、螺旋翅片式等热管式真空集热管。

(3) 聚焦式真空集热管

集热温度主要受聚光比和吸收涂层的发射率控制。在槽式太阳能热利用系统中，由于受到种种因素影响，聚光比一般在 100 以下，因而集热温度受到制约。采用聚焦式真空集热管可实现下述两种目的之一：提高聚光比或降低聚光器的制造精度。目前已设计了 CPC、CUSP 等系列聚焦式真空集热管。

(4) 双层玻璃真空集热管

现已设计了系列双层玻璃真空集热管，采用金属与双层玻璃配合使用的方法，金属管承压，双层玻璃管扼制对流散热，提高了集热和使用温度。在已进行的系列试验中，取得了一定成绩。

(5) 空腔集热管

空腔集热管的工作原理和塔式太阳能热发电站中的空腔式接收器是一致的：利用空腔体的黑体效应，充分吸收聚焦后的阳光。

中科院曾对空腔集热管进行过研究，设计了月牙形和圆形两种空腔管。空腔开口面对反射镜，镜面聚焦后的阳光进入空腔后，被附在空腔壁面上的金属管表面吸收，加热金属管内的工质。

空腔集热管的优点是：①集热效率高；②不用抽真空，没有金属与玻璃连接问题；③热性能稳定。缺点是：①加工工艺复杂；②不易于规模化；③长焦距聚光器接收管运行稳定性较差，重心高，抗风性差。

空腔集热管为外包绝热材料的槽形腔体，腔体能充分吸收聚焦后的太阳光。空腔集热管的优点为：经聚焦的辐射热流几乎均匀地分布在腔体内壁，与真空管吸收器相比，具有较低的透射辐射能流密度，也使开口的有效温度降低，从而使得热损降低。因此，腔体式吸收器在同样工况下效率一般优于真空管吸收器；腔体式吸收器既无需抽真空，也无需光谱选择性吸收涂层，只需传统的材料和制造技术便可生产，同时也容易使其热性能长期维持稳定。

中国科技大学以圆形结构的空腔集热管为基础，从改善工质和管壁间的换热效果出发，提出了内管与腔体内壁相焊接的管簇结构和环套结构两种结构，降低腔体内壁温度和总体热损失。常见的空腔集热器有环套结构和管簇结构，如图 10-4 所示。

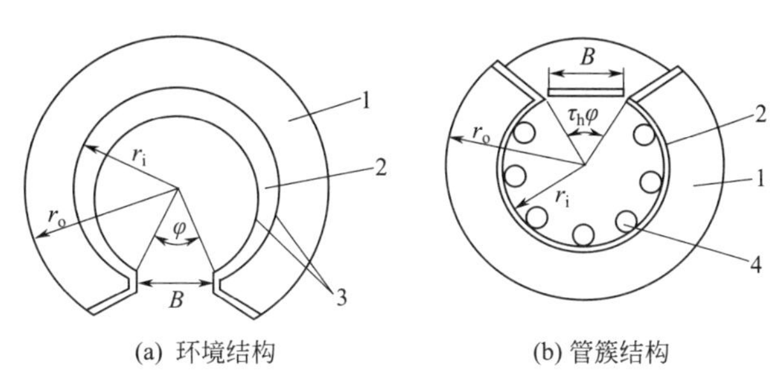

图 10-4 环套结构和管簇结构的空腔集热器

1—保温层；2—金属管；3—工质；4—管簇（工质）

中国科技大学的研究结果表明，真空集热器和空腔集热管的单位长度热损失均随着工质平均温度上升而增大，真空管的热损失大于管簇结构，管簇结构的热损失又大于环套结构。集热效率则随着温度的增大而降低。当温度大于 230℃时，空腔集热管的集热效率大于真空管；当温度大于 130℃时，真空集热效率呈非线性下凹曲线，与空腔集热管的线性曲线相比，其下降速率显著。因此，对于中高温集热温度（大于 130℃），腔体式吸收器热性能优于真空管。

（6）复合空腔集热管

复合空腔集热管由一根或多根普通接收管和开口空腔包管组合构成。空腔壁面有反射镜面和镜反射面。其优点为：结构上避开玻璃罩管和金属管之间封接工艺难点，机械加工相对简单。缺点包括：①接收管需镀高温选择性吸收涂层，开口空腔包管的接收管因半裸露于大气中，表面涂层需要经常维修；②必须配置长焦距抛物面聚光器。现在各槽式电站均采用高真空集热管，但空腔集热管和复合空腔集热管具有较好的发展潜力。

10.2.2 聚光器

槽式太阳能热发电聚光器将普通太阳能光聚焦，形成高能量密度的光束，加热吸热工质，其作用等同于塔式太阳能热发电的定日镜。反光镜放置在一定结构的支架上，在跟踪机构的帮助下，其反射的太阳光聚焦到放置在焦线上的集热管吸热面。同定日镜一样，聚光器应满足以下要求：①具有较高的反射率；②有良好的聚光性能；③有足够的刚度；④有良好的抗疲劳能力；⑤有良好的抗风能力；⑥有良好的抗腐蚀能力；⑦有良好的运动性能；⑧有良好的保养、维护、运输性能。

与塔式太阳能热发电站的定日镜相比，槽式太阳能热发电聚光器的制作难度相对更大：一是抛物面镜曲面比定日镜曲面弧度大；二是平放时，槽式聚光器迎风面比定日镜要大，抗风要求更高；三是运动性能要求更高。

聚光器由反射镜和支架两部分组成。

（1）反射镜

反射率是反射镜最重要的性能指标。反射率随反射镜使用时间增长而降低，主要原因是：①由灰尘、废气、粉末等引起的污染；②紫外线照射引起的老化；③风力和自重等引起的变形或应变等。为了防止出现这些问题，反射镜要：①便于清扫或者替换；②具有良好的耐候性；③重量轻且要有一定的强度；④价格要合理。

反射镜由反射材料、基材和保护膜组成。以玻璃为基材的玻璃镜为例，在槽式太阳能热发电中常用的是以反射率较高的银或铝为反光材料的抛物面玻璃背面镜，银或铝反光层背面再喷涂一层或多层保护膜。因为要有一定的弯曲度，其加工工艺较平面镜要复杂得多。

已开发出可在室外长期使用的反光铝板，很有应用前景。它具有以下优点：①对可见光辐射和热辐射的反射效率高达 85%，表现出卓越的反射性能；②具有较轻的重量，防破碎，易成形，可配合标准工具处理；③透明的陶瓷层提供高耐用性保护，可防御气候、腐蚀性和机械性破坏。但目前价格很贵，有待于进一步降低成本。

（2）支架

支架是反射镜的承载机构，在与反射镜接触的部分，要尽量与抛物面反射镜相贴合，防止反射镜变形和损坏。支架还要求具有良好的刚度、抗疲劳能力及耐候性等，以达到长期运行的目的。

支架的作用包括：①支撑反射镜和真空集热管等；②抵御风载；③具有一定强度可抵御转动时产生的扭矩，防止反射镜损坏。

为达到上述作用，要求支架重量尽量轻（传动容易、能耗小）、制造简单（成本低）、集成简单（保证系统性能稳定）、寿命长。

槽式抛物面聚光集热器的镜面通过托架固定在框式构架上，构成一个整体，再经转轴和跟踪机构以及装配支架，整体安装在基础上。LS-3 支架如图 10-5 所示。

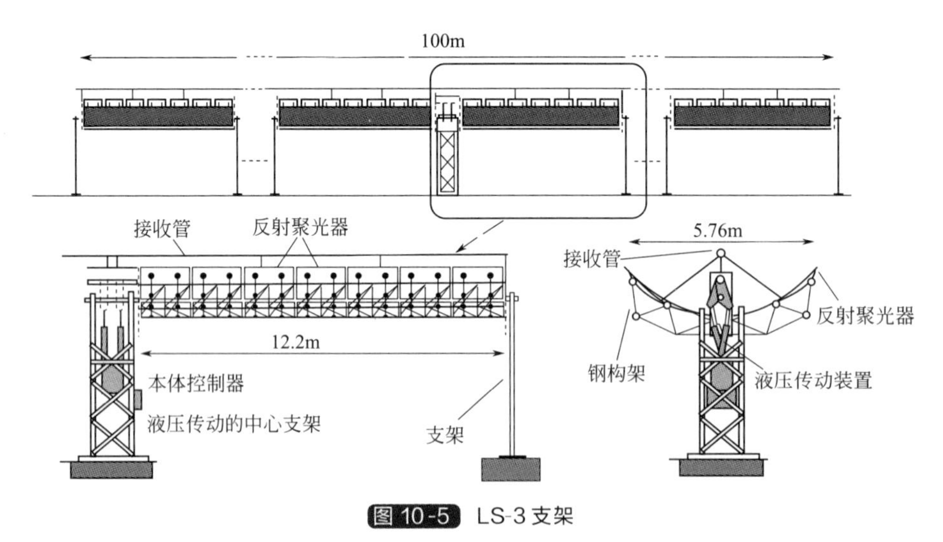

图 10-5 LS-3 支架

槽式抛物面聚光集热器机械结构设计的主要制约点是聚光集热器末端的最大扭曲，这种扭曲将降低聚光集热器的光学采集因子，也就是降低光学效率。

除钢结构支架外，还有木材支架结构，大大降低了支架的重量，减少了能耗，但存在抗风能力降低和寿命缩短的问题。

槽式抛物面聚光集热器长年暴露在大气环境下工作，经常受到风压和积雪的作用，加之镜面与接收器之间要求精确跟踪，它的运行特性受环境因素和自身结构设计的影响很大。因此，槽式抛物面聚光集热器的整体构架多采用框架结构，这样自身既轻便，又能有较高的整体刚度。

聚光集热器的结构载荷分为恒定载荷和变化载荷。恒定载荷是其自身重量，可以根据自身结构和所用材料的密度做精确计算。变化载荷是风压、积雪和热力。其中风压载荷经聚光器传递给构架，风速和风向是瞬态变量，所以风压是动载荷。

一年之中，环境温度的变化范围很大，其极限温差为 50～80℃，视不同的地区而不同。由于环境温度的变化，导致在设备构架中产生热应力，称为热力载荷。

设备的机械结构设计极限状态，就是指设备自身在遭受各种载荷作用后，最终形成的态势。这里就是指槽式抛物面聚光集热器遭受风压、积雪以及环境温度变化等，加上自身重量，结构上可能产生偏斜、弯曲和扭曲，以致颤动或倒塌。最大偏斜、弯曲和扭曲，称为最大极限状态。颤动将影响设备的正常运行功能，倒塌将使设备完全失去功能，称为功能极限状态。这是衡量机械结构设计性能的两个主要判据。归根到底，就是设备的结构强度、刚度和稳定性。

由结构力学分析可知，对确定的结构设计，当已知诸外作用力 F 后，结构中各处的内应力 S 即已完全确定。所以，设计者首先根据以上分析计算得到风压、积雪、热力和自身重量，然后求得总外作用力，最后根据结构力学分析求得结构中各部位的不同内应力，其数值不得超过材料的屈服应力，即材料的强度极限。由此，即可求得保证集热器正常工作所能承受的最大风速，再考虑一定的安全系数以及热工作状态，最终确定停止风速 v 的数值。

经验表明，地面风压和积雪等，对槽式抛物面聚光集热器的工作性能具有显著的影响。设计时必须对聚光集热器的结构强度和刚度以及稳定性做认真的分析与检验。

现设计发展了以下 3 种形式的槽式抛物面聚光器框式构架，如图 10-6 所示。

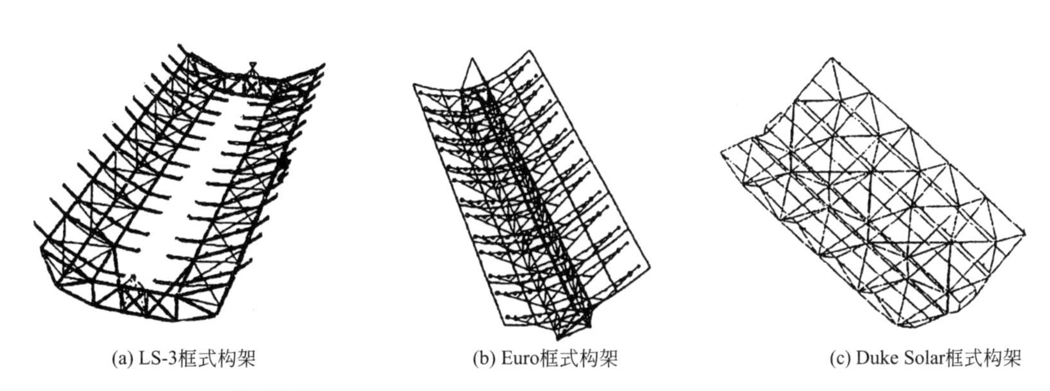

(a) LS-3框式构架　(b) Euro框式构架　(c) Duke Solar框式构架

图 10-6 不同公司设计的槽式抛物面聚光器的 3 种框式构架

① LS-3 框式构架。

图 10-6（a）是 LUZ 公司为其槽式抛物面聚光集热器 LS-3 设计的框式构架。这是最早期的设计，采用了整体抛物面槽框式底盘，在其两侧对称部位装配镜片托杆。结构材料为普

通型钢。经过长期使用，性能稳定。

② Euro 框式构架。

欧洲国际财团研究实验室在 LS-3 框式构架的基础上进行改进，设计了 Euro 框式构架，如图 10-6（b）所示。单框架结构组件长度为 12m。

设计中，玻璃镜面也作为结构元件，但作用到玻璃板上的力需要降低 2/3。

这种扭矩框的设计与 LS-3 的框式底盘相比，在其自身重量和风力作用下，集热器的结构变形较小，降低了结构运行过程中产生的扭曲和弯曲，提高聚光集热器的光学性能。由于结构具有更大的刚度，允许集热器回路长度从 100m 延长到 150m。这将减少集热器阵列所需要的驱动器以及连接管数，从而降低投资和热损失。结构框架材料采用方形钢管，这样可以简化制作工序，降低现场装配和建造费用。

③ Duke Solar 框式构架。

该构架参照 LS-2 的框式构架进行设计，如图 10-6（c）所示。其主要改进为全部构件采用铝型材。由于采用了铝型材，所以整个构架重量轻，易于加工和安装，抗腐蚀性能好。这是发展中的一种框式构架。

Euro Trough 协会在 LS 系列聚光集热器结构设计的基础上完成了新一代槽式太阳能聚光器的设计和试验测试——Euro Trough 聚光集热器。

10.2.3 跟踪机构

槽式抛物面反射镜根据其采光方式，分为东西向和南北向两种布置形式。东西放置只作定期调整；南北放置时一般采用单轴跟踪方式。跟踪方式分为开环、闭环和开闭环相结合三种控制方式。开环控制由总控制室计算机计算出太阳位置，控制电机带动聚光器绕轴转动，跟踪太阳。优点是控制结构简单；缺点是易产生累积误差。每组聚光集热器均配有一个伺服电机，由传感器测定太阳位置，通过总控制室计算机控制伺服电机，带动聚光器绕轴转动，跟踪太阳。传感器的跟踪精度为 0.5°。优点是精度高；缺点是大片乌云过后，无法实现跟踪。采用开闭环控制相结合的方式则克服了上述两种方式的缺点，效果较好。

李明等实验所用的槽式聚光单轴跟踪系统结构如图 10-7 所示。

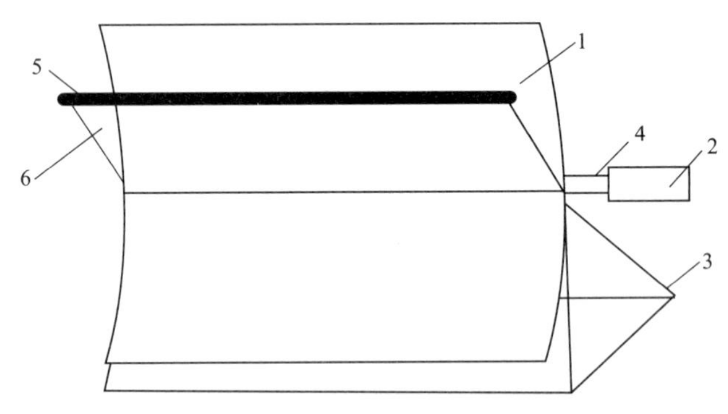

图 10-7 槽式聚光单轴跟踪系统结构

1—反射聚光槽；2—步进电机/电动推杆；3—支架；4—转轴；5—吸收器；6—聚光槽主面

MPC02 数字伺服步进电机，其转轴与聚光槽的中轴连为一体，这样可以直接传动，这种传动结构用于小型的试验，大型的装置可以采用电动推杆，电动机通过一对齿轮减速后带动一对丝杠螺母把电机的旋转运动变为直线运动，利用电动机正反转完成推拉动作。

太阳能聚光反射装置的自动跟踪系统主要由计算机控制单元、执行机构、电源、手动调整单元等组成，其中执行机构由步进电机/电动推杆和传动机构组成。跟踪系统原理如图10-8所示。

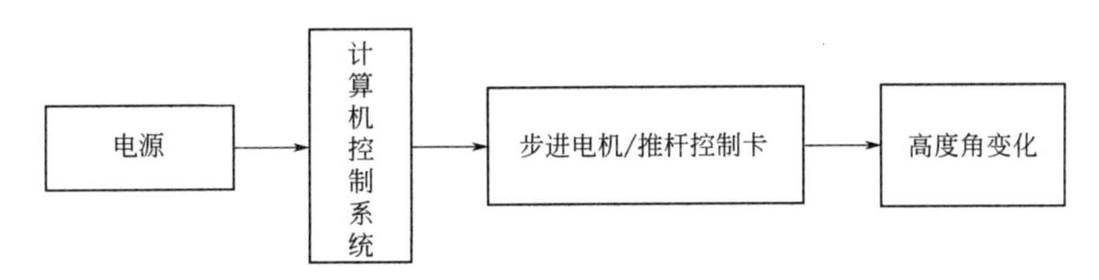

图10-8 槽式聚光反射装置跟踪系统原理

只要计算出太阳高度角 α 和方位角 φ，就可算出聚光槽法向主面与水平地面之间的夹角 β，通过步进电机或电动推杆来调整它的位置就可以实现准确跟踪。

系统控制原理是通过比较计算太阳在槽式聚光反射器所处地理位置和具体时间的高度角及方位角，计算出槽式聚光反射器需要转动的角度，再通过驱动高度角方向上的步进电机或电动推杆，带动槽式聚光反射器转动相应的角度，来跟踪太阳的运动。高度角步进电机或电动推杆能够让槽式聚光反射器绕俯仰轴（同方位轴垂直）旋转跟踪太阳的高度角，一般而言，就是从东向西转动。

控制系统通过计算机程序计算得到当时、当地的太阳高度角、方位角，然后通过控制步进电机或电动推杆调整槽式聚光反射器的位置，使得槽式聚光反射器能始终正对太阳。

10.3 聚光集热器阵列

在槽式电站中，多台聚光集热器（接收）的阵列组成太阳能集热场，将太阳能转换为热能。

10.3.1 槽式电站原理

图10-9为一个典型抛物槽式电站原理。电站主要分为槽式太阳能集热场和发电装置两部分。整个太阳集热场是模块化的，由大面积的东西或南北方向平行排列的多排抛物槽式集热器阵列组成。太阳能集热器（SCA）由多个集热单元（SCE）串联而成，一个标准的集热单元由反射镜、集热管、控制系统和支撑装置组成。反射镜为抛物槽式，焦点位于一条直线上，即形成线聚焦，集热管安装在焦线上。反射镜在控制系统的驱动下东西或南北向单轴跟踪太阳，确保将太阳辐射聚焦在集热管上。集热管表面的选择性吸收涂层吸收太阳能传导给管内的热传输流体（Heat Transfer Fluid，HTF）。热传输流体在集热管中受热后通过蒸汽发生器、预热器等一系列热交换器释放热量，加热另一侧的工质——水，产生高温高压过热蒸汽，经过热交换器后的热传输流体则进入太阳能集热场继续循环流动。过热蒸汽通过常规的朗肯循环推动汽轮发电机组产生电力，过热蒸汽经过汽轮机做功后依次通过冷凝器、给水

泵等设备后再继续被加热成过热蒸汽。

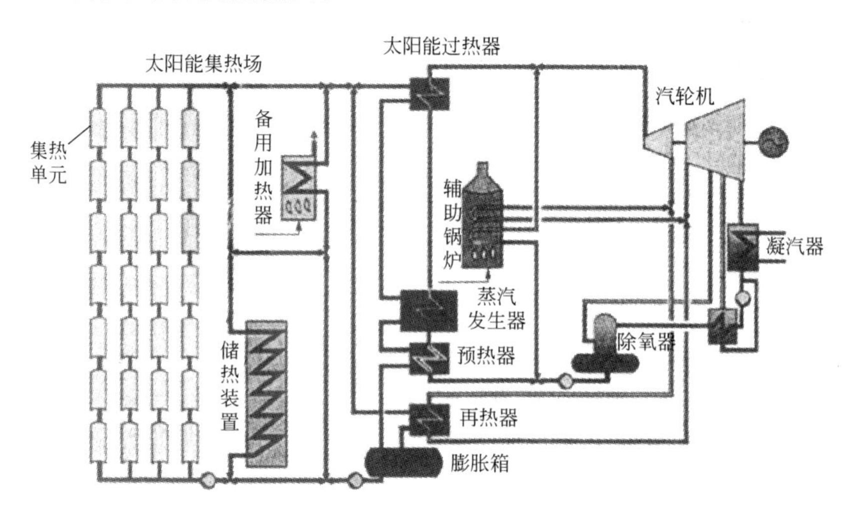

图 10-9 抛物槽式电站原理

最初的槽式电站仅仅以太阳能来产生电力，这种电站在充足的辐射条件下可以满负荷运行，特别是在夏季，电站每天可满负荷运行 10～12h。目前的槽式电站大都配有辅助的化石能源系统，在较低的辐射条件下电站仍能保证输出电力；与太阳能场平行的天然气辅助能源系统，在阴雨天或夜晚即投入使用。此外，许多太阳能电站备有热储存系统，即在太阳能辐射较强时将多余的热量储存在储热罐中，在辐射弱时再放热，这也是一种保证额定输出的方法。

聚光集热器阵列即槽式电站的集热场，电站聚光器和接收集热器及管道的组合是电站的动力系统，它是由数台聚光集热器串联组成一行，再由若干行并联构成。无论是采用南北方向布置还是东西方向布置，聚光集热器的安装总是定位一根旋转主轴。

被认为成功的范例之一是由西班牙和德国建立的槽式电站，电站采用专门研发的 ET-100 型槽式抛物面聚光器，水平南北向布置，单轴跟踪，整个集热场由 70 台聚光集热器组成，每 10 台集热器串接成一行，共 7 行并联成阵列。水平方向单轴跟踪各集热器回路的工质入口端（冷端）和出口端（热端），分别连接到共同的冷汇流管和热汇流管，再接至电站热动力发电装置。

阵列（镜场）成为一个总面积 $0.126km^2$ 的太阳锅炉。

10.3.2 镜场设计

除考虑自然环境外（太阳辐射、环境、地理位置、气象条件），阵列设计主要考虑额定输出热功率 W_{th}、集热器的污染系数 F_e、集热器工质的选定、集热器阵列工质的额定入口与出口温度差 ΔT 和工质的额定质量流率 m 等因素。

计算单台槽式抛物面聚光集热器的主要设计参数为聚光器光孔面积、接收管长度和直径。

槽式抛物面聚光集热器场的布置必须坚守对称原则，集热器回路数必定总是 4 的倍数，南北方向排列，东场、西场的热、冷汇流管连通位于中间的热动力发电装置。

目前常用的管路布置有以下 3 种基本设计，如图 10-10 所示。所有这 3 种管路布置设计的一个共同特点是，考虑到集热器的输出端温度远高于其输入端，为了降低集热器场的管路热损失，注意安排集热器的输出管线比输入管线短。

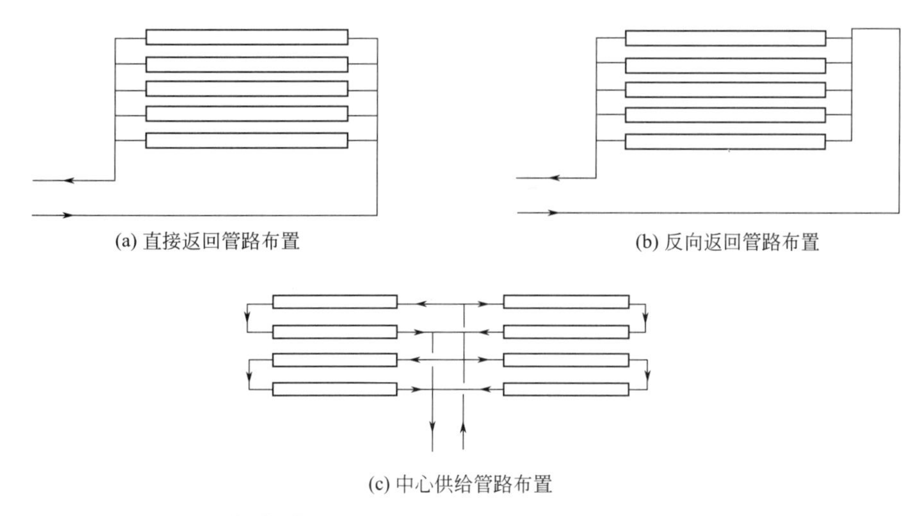

图 10-10 集热器阵列管路的 3 种基本布置方式

美国加州 SEGS Ⅵ电站的阵列布置也许是全球规模最大的，是加州几座 SEGS 电站中最有代表性的一座。整个集热场被划分为 4 个区，分别由 12 个和 14 个集热单元组成，共计 50 个集热单元，每个集热单元又由 16 个集热器构成，聚热单元长度近 400m，聚热器行间距为 15m。

数十个到数百个聚光集热器的相邻集热管之间必须连接，发挥整体功能。由于各集热管的轴都需要彼此独立的空间位置以便转动跟踪太阳视角，在温度变化（从环境温度到工作温度之间的升温、降温）过程中，各集热管间还需要保持热胀冷缩的空间位置，所以各集热管之间必须采用挠性连接。

挠性连接方式有能承受一定工作温度和压力的软管（加隔热层，再外包金属编织铠，对于 300℃以上温度应采用不锈钢波纹管）及球节。

与软管必须保持高摩擦系数和为了防止应力必须保持最小弯曲半径相比，球节具有明显优势。

① 一个球节相当于一个 90°的弯头，因此压力降很小。

② 球节所连接的管道具有两个运动自由度，所以连接管可以同时旋转 360°，其最大摆动中心角为±7.5°。这就是说球节的工作安全可靠，以致维修费用低。

③ 结构上球节内侧采用石墨密封，不易产生泄漏，并降低流阻损失。这种石墨密封可以连续工作数千小时。

集热器场的占地面积主要取决于电站容量。在设计电站时，对确定的电站容量，根据计算配置合理的集热器阵列及其布置。实际上，这时集热器阵列的连接管线长度和场地占有面积，以及汇流母管中工质的压力降和管路热损失等，均已大致确定。集热器场的最终占地面积还必须考虑场中相邻聚光集热器之间的屏遮，以及其安装、日常运行与维修所必需的最小合适空间。一般而言，槽式太阳能热发电站的总占地面积大约是聚光集热器总光孔面积的 3.5～4 倍。

10.4 聚光器集热工质

槽式太阳能热发电站的性能在一定程度上取决于所选用的集热工质，工质决定了聚光集热器可以运行的温度，从而决定了热力循环系统的初始温度和热力循环效率，在热力循环中具备的热力性能包括总热损失、压力降、能量效率和最大有用功率，而且牵涉到储热装置及其储热材料的选用。因此，对聚光集热器集热工质的选择，需要做详细的比较分析。

10.4.1 可以选用的集热工质

目前槽式抛物面聚光集热器可选用的集热工质有 3 种，即高温油、熔盐和水。图 10-11 为两种工质的 20MW 槽式太阳能热发电站热力系统。

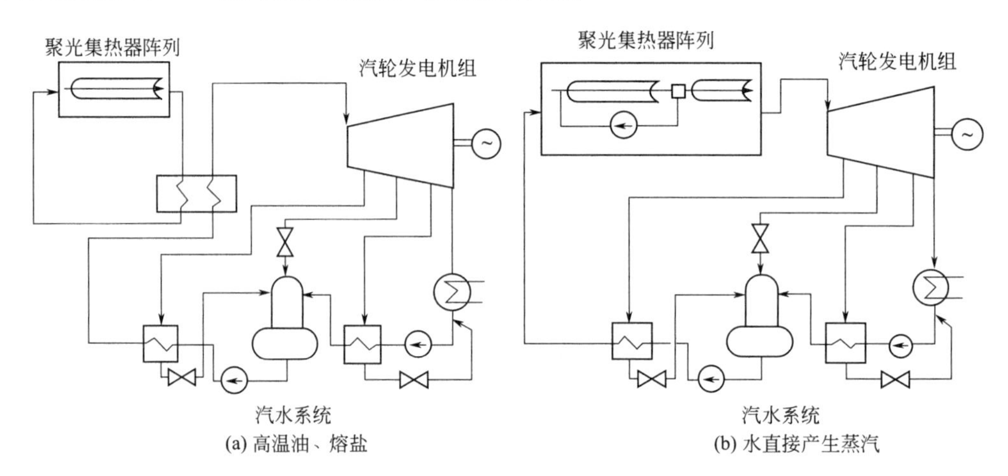

图 10-11 两种工质的 20MW 槽式太阳能热发电站热力系统

10.4.1.1 高温油

高温油 VP-1 是 73.5%二苯醚和 26.5%联苯的共晶混合物，凝固点温度为 12℃，工作温度为 395℃．密度（300℃）为 815kg/m³，黏度（300℃）为 0.2mPa・s，比热容（300℃）为 2319J/（kg・K）。

在以往的研发工作中，200℃以上的高温聚光集热器多选用高温油作集热工质。因为在这个工作温度下，水将产生很高的压力，接收管需要采用高压接头和高压管道，从而增大聚光集热器以及整个集热器阵列的造价。

高温油在 395℃以下仍然保持液相，不产生裂解，不产生高压，因此集热管尽管工作温度很高，但工作压力很低，这样集热管的设计与加工都要更加简易。LUZ 公司在其槽式太阳能热发电站中，选用了高温油 VP-1 做集热工质。

高温油 VP-1 做集热工质存在以下问题。

① 凝固点温度较高。高温油 VP-1 的凝固点温度为 12℃，为了防止当管道温度低于 12℃时 VP-1 在管道中产生凝结，因此要求在管线中配置辅助加热系统。

② 高温下存在安全风险。VP-1 运行在高于其沸腾温度时，需要用氮、氩或其他惰性气体加压，或者说必须用无氧气层包覆。因为高压高温油雾要与空气形成爆炸性混合物，可能

产生对环境的安全风险。

③ 系统的泵耗功率大。高温油相对于水具有较高的黏度，因此在循环管路中具有较大的压力损失，循环泵功率消耗大。

④ 考虑热力循环效率，VP-1 的工作温度不得超过 395℃，否则高温油将产生裂解，从而工作性能将迅速降低。因此以 VP-1 做集热工质经蒸发器产生的蒸汽温度大约为 375℃。由于循环初始温度较低，制约朗肯循环热效率。同时还需考虑由于汽轮机的入口温度较低，为了避免汽轮机乏汽中过高的水分含量，蒸汽需要再热，或者降低蒸汽入口压力。否则，由于汽轮机末级叶片的水蚀作用，将降低汽轮机的寿命和热效率。

⑤ 油设备的运行与维修费用高。根据多年来的实际运行经验，与高温油相关的运行设备价格较贵，且每年都需要进行一定的更新，因此其运行与维修费用高。

目前市面上尽管还有比 VP-1 工作温度稍高而凝固点温度更低的高温油，但由于其价格过于昂贵，大型槽式太阳能热发电站难以选用。

10.4.1.2 熔盐

熔盐的优点包括以下几方面。

① 热熔盐对普通输送管道材料的腐蚀性较低。

② 熔盐最高工作温度可运行到 600℃。

③ 在朗肯循环所要求的上极限蒸汽温度条件下的热熔盐具有很低的蒸气压。

④ 熔盐价格相对较低。

⑤ 熔盐储热系统投资较低。

防凝固保护熔盐用作槽式抛物面聚光集热器的集热工质，属新的提法。实际工程应用的主要障碍是熔盐的凝固点温度高，在夜间或连续阴雨天期间、无太阳辐射条件下，必须设法防止熔盐在集热系统中由于向环境散热而导致产生凝固。这对槽式太阳能热发电站来说，将带来更多的困难和增加附加投资。所以，选择熔盐作槽式抛物面聚光集热器的集热工质关键是防凝固保护技术，一直处于评估之中。

目前实际可用的防凝固保护方法有以下 2 种。

① 集热工质小流量循环。夜间集热工质以很小的流量在集热器回路中循环，使管路中的熔盐保持在它的凝固点温度以上。这种防凝固保护方法，一般采用两种辅助加热源：天然气辅助加热和辅助电加热器。

② 熔盐自身储热。

熔盐在槽式太阳能热发电站中尚无应用实例，存在很多不确定性，技术上还存在以下争议。

① 集热部件的工作和寿命，尤其是选择性吸收表面，在较高的工作温度下，产生较高的辐射热损失。在低熔盐流率下，可能加剧沿通流管道圆周线上的非对称温度分布，以致加大管壁中产生的热应力。这些都将影响集热部件的工作和寿命。

② 集热器阵列的集热工质流率、管线布置以及附加泵耗功率，受熔盐特性以及沿集热器阵列流体温度升高的影响。为了使集热器尽可能工作在较高的温度，需要选用更为昂贵的钢材制作，从而加大投资。

③ 集热器阵列的管路、集热部件以及集热器之间的球节等的防凝固保护。

④ 储热系统需要作详细分析，如采用双储槽系统或单储槽系统，以及在集热器阵列和

储热系统中采用同一工质或不同工质。

⑤ 提高热动力系统的工作温度，需要仔细考虑对储热系统的影响。

⑥ 合理选择适用于熔盐工作的阀门、接头和泵等。

10.4.1.3　水

从 LUZ 公司对槽式太阳能热发电研发的过程来看，早期的 SEGS Ⅰ至 SEGS Ⅷ，8 座电站均采用高温油 VP-1 作集热工质，运行温度为 391℃，最后一座 SEGS Ⅸ采用水作集热工质，运行温度为 402℃，电站取得了更佳的运行特性。

集热工质都要保持在液态运行，对于熔盐，管路温度一般高于熔盐熔点 50℃，对于水/水蒸气，油介质接收器在预热前要将管道预热到高于水的冰点 0℃，然后分别将熔盐和水充入吸热体，工作时转动聚光器，移动光斑到吸热管，逐步调整管内流体流量，以控制流体温度与太阳辐射和气象环境等相适应。

SEGS Ⅵ电站的聚光集热器阵列，每行由 24 台 LS-3 型聚光集热器组成，每台集热器长 4m，回路总长度为 96m。集热器工质为高温油 VP-1，即联苯和二苯醚的混合物。其接收器采用高真空集热管，可将工质加热到 393℃。聚光集热器阵列出口的大部分高温集热工质进入太阳能过热器、蒸汽发生器和太阳能预热器回路，小部分进入太阳能再热器，各自经过换热后，汇集到膨胀箱，再经给水泵增压，送回聚光集热器阵列进行再加热。

蒸汽回路中并联有天然气锅炉，由系统根据需要控制锅炉的启停，与太阳能互为补充，产生足量的额定工况蒸汽，驱动汽轮发电机组发电。汽轮发电机组为凝汽式汽轮机组。

10.4.2　DSG 技术

（1）槽式太阳能热发电系统（SEGS）

现有的槽式抛物面反射镜太阳能热发电系统是将多个槽式抛物面聚光集热器经过串、并联的排列，收集较高温度的热能，加热工质，产生过热蒸汽，驱动汽轮发电机组发电。整个系统包括：槽式抛物面聚光-高温真空集热子系统、导热油-水/蒸汽换热子系统、汽轮发电子系统，根据系统的不同设计思路有时还包括储热子系统、辅助能源子系统。如图 10-12 所示，SEGS Ⅵ电站系统采用双回路：一回路为吸热回路，工质为导热油；二回路为水/蒸汽回路，工质为水。工作过程为：高温真空集热管将槽式抛物面聚光器收集到的太阳光由光能转化为热能，加热真空集热管内流动的工质导热油；导热油-水/蒸汽换热子系统由三台换热器组成，即预热器、蒸汽发生器和过热器，导热油在该系统中将热量传递给水，产生过热蒸汽；过热蒸汽在汽轮发电子系统中将热能转化为动能，并产生电能，从汽轮发电机组出来的蒸汽经处理后，返回换热。

目前，世界许多科研机构致力于开发单回路槽式太阳能热发电系统，即直接用水做吸热介质的 DSG（Direct Steam Generation）系统，如图 10-13（b）所示。与双回路系统相比[见图 10-13（a）]，DSG 系统省去了换热环节。

在槽式太阳能热发电系统中，应用 DSG 技术具有降低成本、提高效率等诸多优点，因而引起许多学者的关注，并做了大量的研究和实践。由于在集热管中的气、液两相流增加了系统的不稳定性，因此此项技术仍处于试验阶段，但仍被认为是最有希望的技术方向。

（2）接收管中二相流动的物理描述

图 10-14 为水平管内二相流动典型剖面，即多泡、脉动、分层和环状。

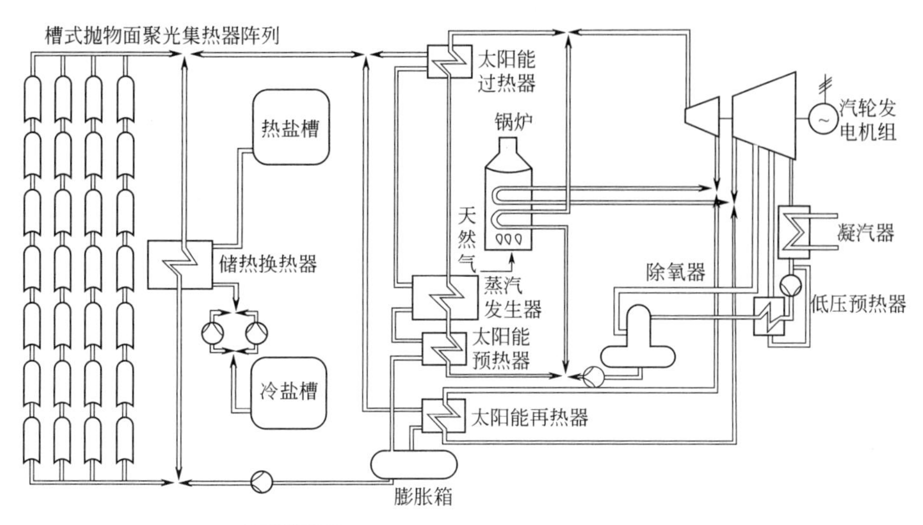

图 10-12 LUZ 公司 SEGS Ⅵ电站系统原理

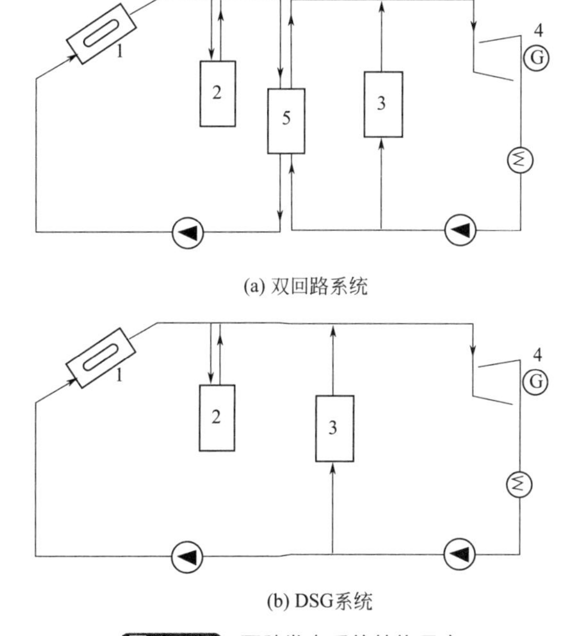

(a) 双回路系统

(b) DSG系统

图 10-13 两种发电系统结构示意

1—真空管集热部分；2—储热部分；3—辅助能源部分；4—汽轮发电部分；5—导热油-水/蒸汽换热部分

① 多泡流区和脉动流区。这种情况，接收管内壁为环周润湿，不会产生接收管从一侧加热以致在其顶部和底部之间形成危险的温度梯度。由于接收管内汽液不分层，因此工质与管壁之间具有很高的换热系数。

② 分层流区。这种情况，液态水在接收管的底部，而蒸汽保持在液态水面以上。这就是说，接收管的底部仍然被液态水很好地润湿，具有很高的换热系数。但蒸汽的冷却效果很差，所以接收管顶部和蒸汽之间的换热系数很低。如此分层的结果，使得在沿接收管内四周壁面上，流体与壁面之间具有不均匀的换热系数。

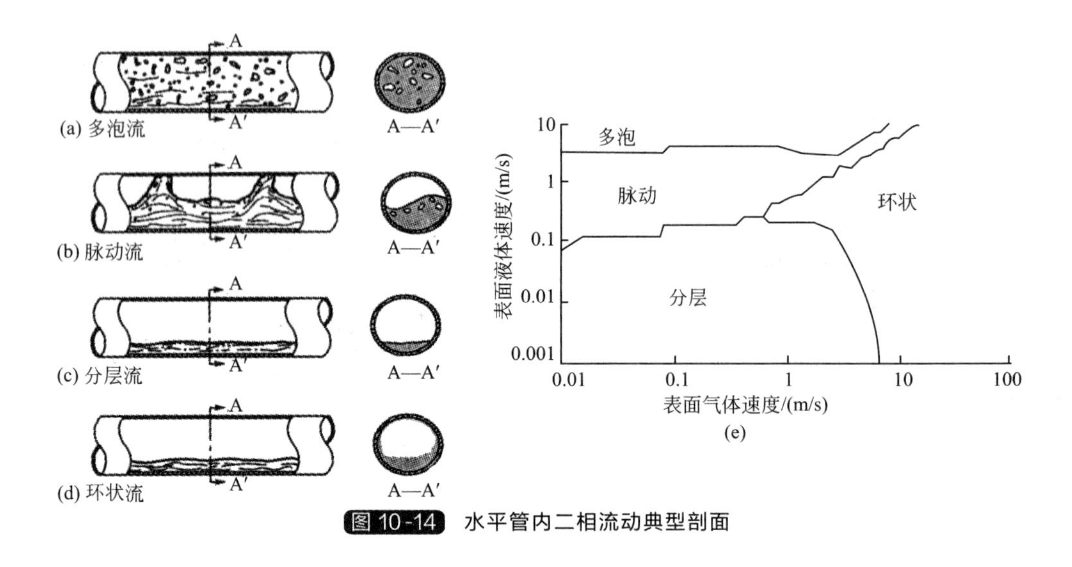

图 10-14 水平管内二相流动典型剖面

接收管为一侧加热时，在接收管横截面的顶部和底部之间可能出现超过 100℃以上的温差。由于这个急剧的温度梯度，将引起在接收管壁内产生巨大的热应力和热弯曲，导致毁坏集热管。这就是说，槽式抛物面聚光集热器直接产生蒸汽，由于管内蒸发段存在二相流动而导致汽水分层。

③ 环状流区。环状流时，尽管只有部分分层液相在接收管的底部，但在接收管的上部有一层液膜，可以保证流体和接收管之间有很高的换热系数，从而避免在接收管壁内产生可能导致毁害集热管的热应力和热弯曲。

（3）DSG 技术实现方式

直通法的运行过程是：集热管中的工质水由入口处泵入，经过预热、蒸发、过热 3 个阶段，逐步产生过热蒸汽。由水变成过热蒸汽是一个逐步而连续的过程。

采用直通法的优点是结构简单、性能优越、投资少。但集热管中的水和蒸汽两相流的流动状态不确定，流动的稳定性较差，瞬态流动蒸汽温度的变化较大，增加了系统的控制难度。

逐次注入法的聚光集热镜场分为许多不同的集热器单元，每个集热器单元拥有测量装置。工质水在集热器单元的入口处被注入单元的集热管中产生过热蒸汽。

采用逐次注入法的优点是集热管内气、液两相流体流动较稳定，控制难度不大。但系统复杂，系统中增加了许多控制阀、测量设备等装置，因而投资成本加大。

再次循环法系统包括预热、蒸发部分和过热部分。工质水在预热、蒸发部分的末端转变为湿蒸汽，经汽-水分离器分离后，未蒸发的水回到预热、蒸发部分在始端重新循环使用；分离出的饱和水蒸气进入系统的过热部分进一步加热，产生过热蒸汽进入汽轮发电系统。

采用再次循环法的优点是集热管内气、液两相流体流动较稳定。但也存在系统复杂、投资成本高的问题。

可用的 3 种流动加热方法的比较见表 10-2 和图 10-15。

表 10-2 可用的 3 种流动加热方法的比较

流动加热方法	优点	缺点
直通法	①费用最低 ②简单易行	①可控性较差 ②稳定性较差

续表

流动加热方法	优点	缺点
逐次注入法	①较好的可控性 ②良好的流动稳定性	①系统复杂 ②较高的投资 ③目前技术尚难实际应用
再次循环法	①较好的流动稳定性 ②较好的可控性 ③具有一定的缓冲储热功能	①比较复杂 ②较高的投资 ③较高的附加费用

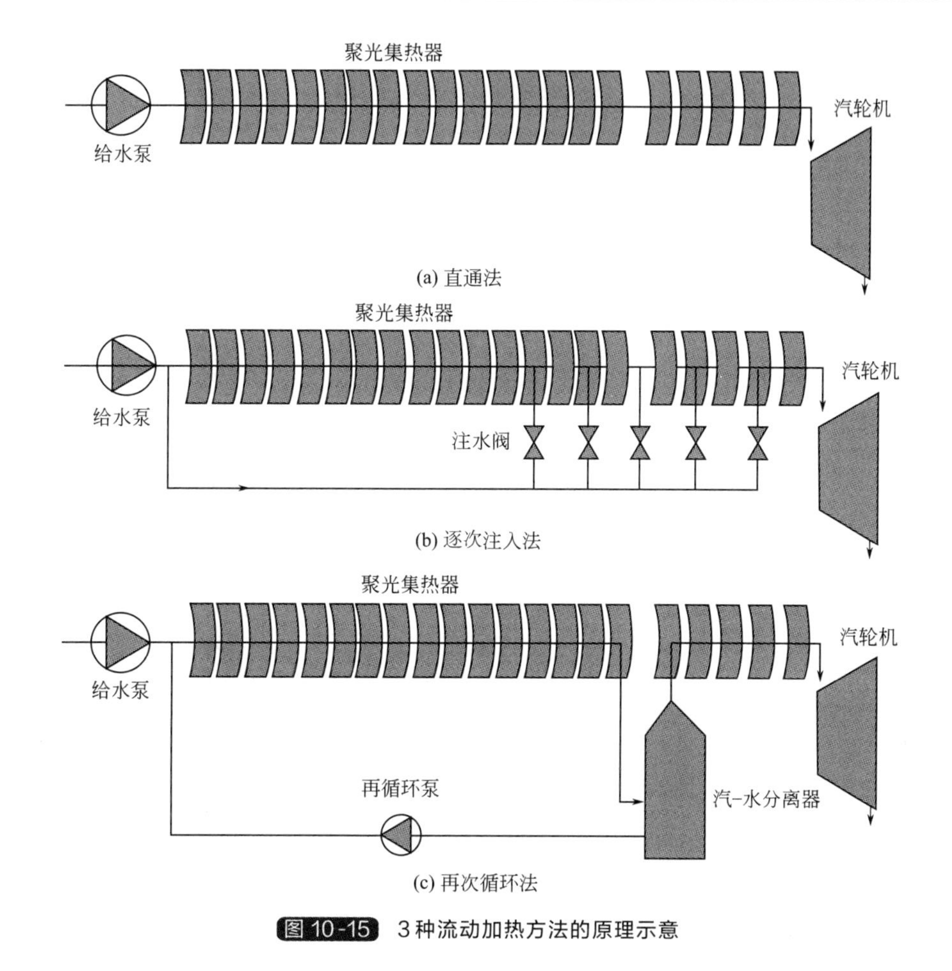

图 10-15 3种流动加热方法的原理示意

西班牙-德国联合工程公司对槽式抛物面聚光集热器阵列直接产生蒸汽技术做了十分详细的实验研究，其中尤为关注再次循环法，并应用数值方法计算了接收管壁内的热应力和热弯曲。

DSG 系统的优点为效率高、费用低。

① 效率高：效率提高的原因是减少了系统在产生蒸汽过程中的热损失。DSG 系统较双回路系统少了中间换热环节，从而提高了系统的转换效率。相当于提高了循环初始温度，并由于工质在加热过程中产生相变，从而减少循环泵需要的给水流量。加热过程的蒸汽图与蒸汽闪蒸系统相似，但不需要闪蒸阀。

② 费用低：直接由水产生蒸汽发电所需要的费用比用油作为介质的电站大为降低，因

为在用油作为介质的电站中为了降低油-水转换环节产生的热损失需要大量费用，建立火灾防御系统、储油罐等都需要花费大量的资金。另外省去了许多换热设备，节省了资金。

DSG 系统的缺点如下所列。

① 为了应对 DSG 系统所产生的高压以及低流速问题，需要对系统做出很大调整。

② 控制系统会十分复杂，在电站布置以及集热器倾斜角度方面也会很复杂，而且储存热能会很困难。

③ 当沸水流入接收管时，或者集热管的倾斜率达到边界状态时，两相流产生的层流现象发生的概率便会增加，管子会由于压力问题发生变形并会引起永久性变形或者造成玻璃管破裂。

（4）DSG 系统与双回路系统安全性对比

① 双回路系统采用导热油作为吸热工质，导热油的渗漏，尤其在高温下，易引起火灾，存在安全隐患；DSG 系统则不存在这方面风险。

② DSG 系统是在高温高压下工作，整个系统要严格按照高温高压标准设计；双回路系统的工作压力较低，一般在 1.5MPa，无高压风险。

对于槽式太阳能热发电系统，聚光集热器（由真空集热管和聚光器装置构成）是核心部件。DSG 系统的聚光集热器性能较双回路系统的聚光集热器性能有很大提高。以美国南加州 LUZ 公司建造的九座电站中的 SEGS Ⅷ和 SEGS Ⅸ为例，SEGS Ⅷ电站的聚光集热器为 LS-3 型，LS-3 型聚光集热器是以油为工质的聚光集热器中最后开发的一个型号，其性能最好；SEGS Ⅸ电站的聚光集热器为 LS-4 型，LS-4 型聚光集热器以水为载热工质，简化了电站系统，集热管的工作温度为 400℃，有效提高了电站效率。

（5）世界其他 DSG 系统的应用

除了美国南加州的 SEGS Ⅸ电站，西班牙 PSA 的 DISS 项目以及由西班牙-德国能源合资公司投资的 INDITEP 电站（见图 10-16）也都是采用 DSG 技术，并已取得良好的运行记录。

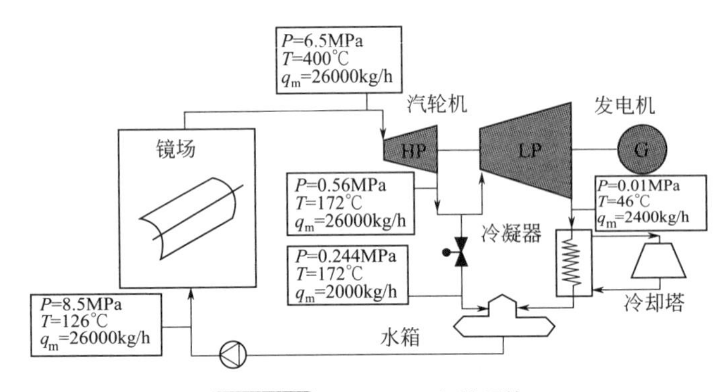

图 10-16 INDITEP 电站系统

张耀明等通过 DSG 技术攻关，已设计出与国外 DSG 技术路线不同的方案，并已申报了国家专利，形成自主创新的 DSG 技术路线。

在 DSG 技术中采用热管式真空集热管可有效地解决系统承压的问题。采用热管技术的槽式 DSG 发电系统以水为工质，热管式真空集热管加热段放置在槽式抛物面反射镜焦线上，冷却段焊有夹套管。系统镜场分为三个部分：预热部分、蒸汽发生部分和过热部分。从冷凝器出来的水经处理后泵入镜场预热部分的热管式真空集热管的冷却段；加热后的水注入镜场蒸汽发生部分的热管式真空集热管的冷却段，产生饱和水蒸气；经过汽-水分离器分离后，水流回镜场蒸汽发生部分的热管式真空集热管的冷却段，蒸汽则进入镜场过热部分的热管式真空集热管的冷却段，产生过热蒸汽；过热蒸汽送入汽轮发电机组发电；从汽轮发电机组出来的蒸汽经冷凝器冷却后产生水；水经过处理后重新循环使用。当没有太阳光的时候，从冷凝器出来的水经处理后可直接到锅炉产生过热蒸汽，再送入汽轮发电机组发电。

该槽式 DSG 技术发电系统由于采用了热管式真空集热管，使系统的承压问题局限于热管式真空集热管的冷却段。而冷却段与夹套管间为焊接结构，密封可靠，整体支撑、固定也相对容易。即使其中一支热管式真空集热管的冷却段损坏，承压系统仍处于密封状态，不会发生安全事故。

东南大学已设计了普通型、一字型、具有二次聚光功能的聚焦型等几种适用于槽式系统热管式真空集热管。

（6）饱和蒸汽发电方式与过热蒸汽发电方式

DSG 技术中产生的蒸汽通常指过热蒸汽，镜场部分按再次循环方式产生过热蒸汽，输送至汽轮发电系统发电。使用过热蒸汽的发电方式如图 10-17 所示。

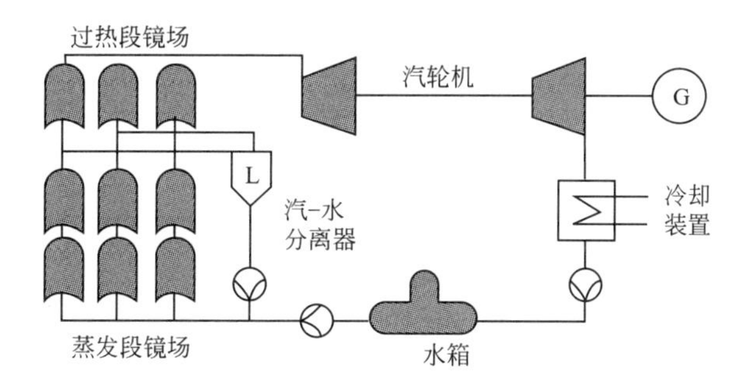

图 10-17 过热蒸汽发电系统

M. Eck 和 E. Zarza 提出在小装机容量时 DSG 技术采用饱和蒸汽发电更有优势，与过热蒸汽发电比较，饱和蒸汽发电具有聚光集热镜场建造简单、聚光集热镜场运行安全可靠、集热器热效率高等优点。饱和蒸汽发电系统见图 10-18。

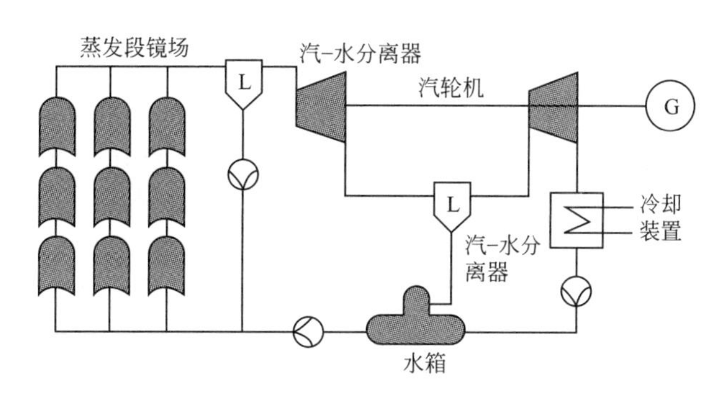

图 10-18 饱和蒸汽发电系统

在图 10-18 中镜场部分仍按再次循环方式运行，当湿蒸汽离开镜场后进入第一个汽-水分离器，分离器出来的饱和蒸汽直接进入饱和蒸汽汽轮机发电。从汽轮机第一级出来的汽-

水混合物经第二个汽-水分离器分离后，饱和水回流至给水箱循环使用，蒸汽则进入汽轮机第二级发电。

M. Eck 等研究表明：一定规模的饱和蒸汽发电站要比过热蒸汽发电站初期投资高出5%，维护费用较高，但利用饱和蒸汽发电可以使电站的年净发电量提高 4%；饱和蒸汽发电站的太阳能场比较简单，而且在电子系统内部的汽-水分离器可以用于热能储存装置，从而可以克服短时间的多云天气的影响。该发电方式最大的优点是使用简单的集热器依然可以在 260～300℃达到很高的效率。

（7）DSG 技术的实践和应用研究

为了解 DSG 技术在经济及技术方面的可行性，不少国家对此做了试验研究。具体项目除了美国的 SEGS Ⅸ外，目前典型的试验项目还有 DISS 和 INDITEP。

① DISS 项目。DISS 项目建在西班牙 PSA。该项目于 1995 年立项，于 1998 年根据电脑仿真结果进行建设，目的是提高电站运行的灵活性，使电站具有更好的运行效率。

DISS 项目在大气条件下经过了 4500 多个小时的安全运行，证实了该项目的可行性，证明了 DSG 技术可使槽式太阳能热电站中的经济效益大大提高。

② INDITEP 项目。该项目是 DISS 项目在理论上的延续，由西班牙-德国能源合资公司投资。INDITEP 项目建设的电站是第一个准商业化的电站，目的是得到 DSG 技术应用于商业化前的详细资料。为了节约投资、降低投资风险，电站装机容量为 5MW，该电站共使用 70 个 ET-100 聚光集热器，聚光集热器南北向放置。

INDITEP 项目中的某些部分采用了更先进的技术以便使 DSG 技术更具有竞争力，例如使用更便宜的汽-水分离装置以及缓冲储存装置。目前电站的详细设计已经完成，并且对安装在 DISS 项目上的集热管进行了详细的分析研究。

（8）DSG 槽式系统研究展望

工质为水/水蒸气的 DSG 槽式系统是槽式太阳能热发电系统的发展方向。优化再循环模式和直通模式的集热场性能，提高其运行控制的稳定性则是 DSG 槽式技术的研究方向。准确建立 DSG 槽式集热器和 DSG 槽式系统的数学模型，研究其运行机理、控制方法和策略，是实现上述研究目标的基础。

DSG 槽式集热器及热发电系统的建模，国外研究相对较多，国内仍处于起步阶段。对于 DSG 槽式集热器动态模型和 DSG 槽式系统动态模型，国内外采用非线性集总参数方法进行建模的较为多见，而对于采用能充分体现槽式系统管线长、DNI（太阳直射强度）沿管线方向不均匀分布特点的非线性分布参数动态模型研究得较少，国内外均处于探索阶段。

对于 DSG 槽式系统的控制研究，目前主要集中在以 PID（比例积分微分）控制为基础的相关控制方案上。由于 DSG 槽式系统的控制对象多具有大滞后、大惯性、参数时变等特点，经典的 PID 控制方法较难达到良好控制效果，因此应该将先进控制理论应用到 DSG 槽式系统的控制中。直通模式 DSG 槽式系统结构简单、投资少、效率高，是最理想的运行模式。但由于其自身结构特点，也是最难控制的运行模式。

DSG 槽式系统作为一个具有典型分布式特性的系统，建立其分布参数模型是实现准确模拟其特性的首要工作。DSG 槽式系统作为一个强非线性系统，应用现代控制理论对其进行控制必将成为其稳定运行、提高效率的首选，应成为今后重点研究的系统模式。

（9）缓冲储热汽-水分离器

从聚光集热器回路蒸发段输出的湿蒸汽，含湿量较大，需要分离出其中的水分，才能在过热段中进行有效的过热。分离出的高压饱和水储存在罐中，再经增压泵送回集热器回路的预热段作再循环，实际上，该储水罐同时兼有利用高压饱和水储热的功能。

太阳有辐射瞬间变化的特点，例如当云遮雾绕时，太阳辐射强度可以从正常值陡降为零，这时集热器回路的供汽量不足，汽-水分离器的入口端压力下降，储水罐中的高压饱和水会自行汽化，补充集热器回路不足的供汽量，以维持系统短暂的稳定运行。运行过程中，当集热器阵列产生的蒸汽超过汽轮机需要时，多余的蒸汽凝结在储水槽中。这样，由于储水罐对太阳辐射强度的随机变化给系统稳定运行所产生的冲击起到缓冲作用，在设计概念上将两者功能组合为一体，故名缓冲储热汽-水分离器（见图 10-19）。

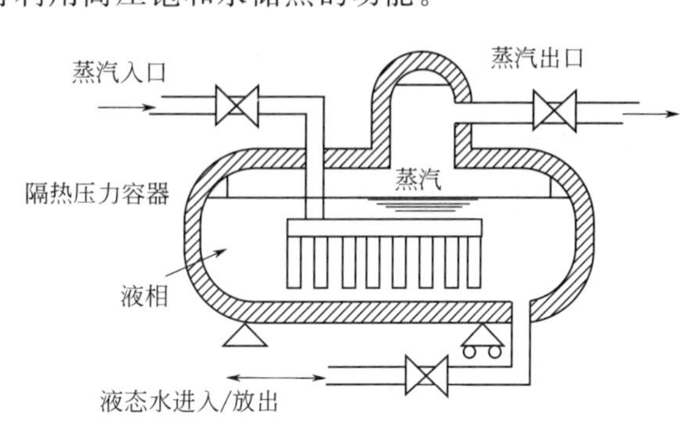

图 10-19 缓冲储热汽-水分离器的结构原理示意

缓冲储热汽-水分离器是槽式抛物面直接产生蒸汽聚光集热器阵列中必不可少的关键设备。

缓冲储热汽-水分离器有隔板式汽-水分离器和缓冲储热罐两种形式。但从经济角度考虑，大多选用后者。缓冲储热罐是一种成熟技术，在常规热电厂中已有应用。

缓冲储热汽-水分离器在聚光集热器阵列中的布置有集中式布置［见图 10-20（a）］和分散式布置［见图 10-20（b）］两种设计选择。

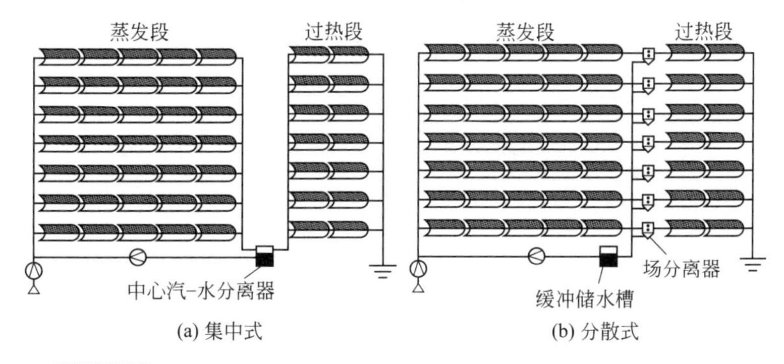

图 10-20 缓冲储热汽-水分离器在聚光集热器阵列中的两种布置设计

集中式布置方式的主要优点是设备可以采用通用零部件，系统简单。但对大型槽式太阳能热发电站，随着容量的增大，集热器回路增多，汇流管长度增加，因此管路压力损失增大，中心汽-水分离器的压力损失也相应增大。为了将管路压力控制在某个极限范围以内，需要选用直径更大的管道。这样将加大材料消耗与投资，同时加长早晨暖管所需要的时间。

分散式布置是每行集热器回路各自配置独立的汽-水分离器，疏水并联，通过疏水汇流管接到共有的缓冲储水槽，如图 10-20（b）所示。这里，由于疏水汇流管只输送分离水，因此只需选用小直径的管道。为了有效地降低压力损失，尚可选用不同直径的管道分段连接。

分散式布置的整体系统较为复杂，阵列中汽-水分离器多、管路多，所以总钢材用量较集中式增大 10%～20%，相应的早晨暖管时间也比集中式增长 15%～20%。

为了提高集热器阵列的运行特性和可靠性，尤其是大型槽式太阳能热发电站，宜选用分散式布置。此外，压力损失也是一项需要考虑的重要因素。经验数据表明，1bar 压力损失相当于 200W 的附加泵耗功率。

采用 DSG 技术建设槽式太阳能热发电站具有投资少、效率高等优点，是槽式太阳能热发电的发展方向之一。我国在建设槽式太阳能示范电站时，应该站在世界太阳能热发电技术前沿来考虑设计电站系统及试验内容，对 DSG 技术，热、电、冷联产技术等代表太阳能中高温热利用发展方向加以考虑，这样才能更快、更好地推动我国中高温太阳能热利用事业的发展。

10.5 槽式电站的储热

10.5.1 两种储热系统

为了更好地成为一种优质的能源，提高系统发电效率、稳定性和可靠性，降低发电成本，在槽式太阳能热发电中也需要设置热能储存装置。根据槽式太阳能热发电储热系统的作用及特点，人们已开发了几种主要储热形式，其中双罐式熔盐间接储热系统在槽式太阳能热发电中应用最为广泛。

塔式、槽式的储热系统由冷罐、热罐、集热器泵坑、蒸汽发生器泵坑、连接管道和熔盐组成，罐为穹顶圆柱形，由碳钢和不锈钢的钢筋网络支撑。

目前使用的熔盐储热系统有双储罐储热和单储罐储热两种设计，图 10-21 为槽式太阳能电站两种储热系统示意，该结构同样适用于塔式和线性菲涅尔式电站。

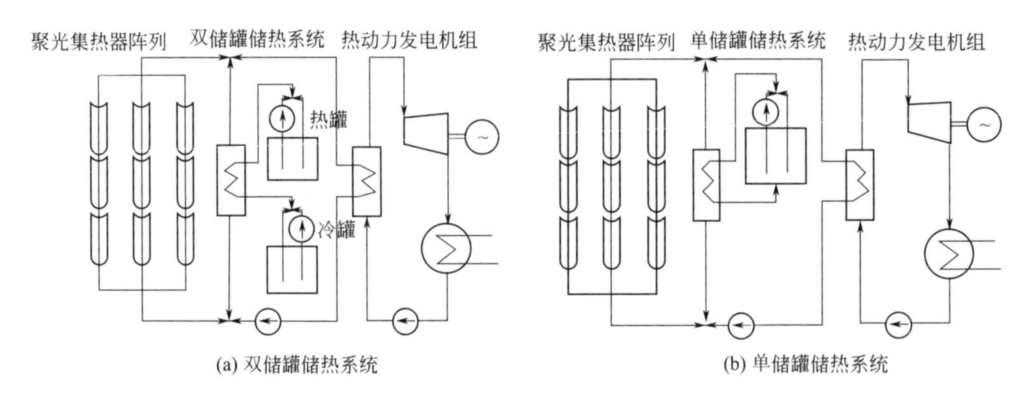

图 10-21 槽式太阳能电站两种储热系统示意

① 双储罐系统有冷、热两个储罐，均为总压容器另加一台熔盐工质换热器。集热工质自冷储罐流出，加热到 400～550℃流入热储罐，再经泵将热熔盐送往熔盐-工质换热器，降温后流回冷储罐。

根据系统运行安全可靠的要求，系统中冷、热储罐的储存容量和结构设计完全相同，单个储罐的有效储存容积必须足以储存高温下系统中的全部储热介质，因为在储罐发生故障时，高温储罐中的储热介质需要快速排放到低温储罐中，不再通过换热器进行冷却。此外，高、低温储罐的角色可以互换。也就是说，原先的高温储罐可以改作低温储罐，低温储罐则相应地改作高温储罐，从而大大提高系统在运行中的灵活性。

② 单储罐储热系统，即系统中只设置一个储盐罐，如图 10-21（b）所示。其基本工作原理是控制储罐中熔盐上下层之间保持温度分层，实现储热与取热，故称斜温层储热。

单储罐储热系统的工作流程也较简单。储热时，冷盐从储罐底部进入熔盐-工质换热器，被加热后的冷盐温度升高，借助温差流入储罐的一侧。取热时，储罐顶上的自备泵将热熔盐送往熔盐-工质换热器，放热后的冷盐再回流入储罐中。所以，单储罐储热系统的储热与取热循环，其熔盐为反方向流动，工作的基础是控制储罐中的熔盐保持良好的温度分层。这正是单储罐储热系统的技术难点。其热过程的理论分析较为复杂，要点是将储罐整体剖分为若干大小相等的控制体，每个控制体内的热过程均采用一阶微分方程描述，相邻控制体之间存在一定的导热，并对环境产生热损失。

③ 比较分析。采用双储罐储热设计比单储罐储热设计投资增大，但双储罐储热系统的运行方式简便、灵活并安全可靠。若为单储罐储热，则冷、热熔盐在同一个储罐中必然存在一定的混合，很难做到冷、热熔盐之间良好的温度分层，从而增加运行的困难。若储罐产生故障，只能停止运行。所以，目前太阳能电站的熔盐储热系统，通常宁愿增大投资，也选用双储罐储热设计。

10.5.2 双罐储热运行模式

槽式电站中储热系统有 3 种运行模式：①白天直接发电模式，储热系统不参与发电，聚光集热器向储热系统输送热量；②白天直接发电模式，储热系统参与，提供部分热量，用于太阳辐射不足时段；③夜间储热发电模式储热系统放热。

当太阳集热场的太阳能热产出超过设定需求，或者常规汽轮机达到最大负荷时，这时开始储热模式。来自太阳集热场的导热流体（HTF）流向储热系统换热器，热能传递给来自低温储罐的熔盐。熔盐接受热能后温度提高，积累在高温储罐中。

在储热模式下，控制策略为监控蒸汽发生器出口及汽轮机入口的主蒸汽参数（压力、温度）额定时，流量满足汽轮机满负荷发电时，储热模式开始运行。

在太阳辐射降低的情况下进行放热模式时，储热过程将逆过程运行，来自高温储罐的熔盐将被泵送至储热换热器，在那里熔盐将热能传递给冷的导热油（HTF），而冷却的熔盐将再次返回低温储罐中。

在放热模式下，控制策略为监控蒸汽发生器出口及汽轮机入口的主蒸汽参数（压力、温度）额定时，流量一旦低于汽轮机满负荷发电时，放热模式开始运行。当放热模式给出的热量不足以满足发电时，进入汽轮机部分负荷发电，直到停机。

在所有的储热材料中，混凝土储热材料单位储热量成本是最低的，是太阳能热发电用储热材料的候选材料之一。其主要问题是热导率低，需要添加高热导率的组分，如石墨粉，或者通过结构设计来优化储热系统的传热性能。浇注料的储热性能、耐久性在工业生产中得到了证实，而混凝土的耐高温、耐久性还需进行长期实验来研究。

对 PSA 太阳能热发电电站进行测试，管道内热交换介质为矿物油，油最高温度为 390℃，与储热材料最大温差为 40℃，经过 60 次充放热循环，管道与材料结合良好，储热材料、管道和热油均工作正常（见图 10-22）。

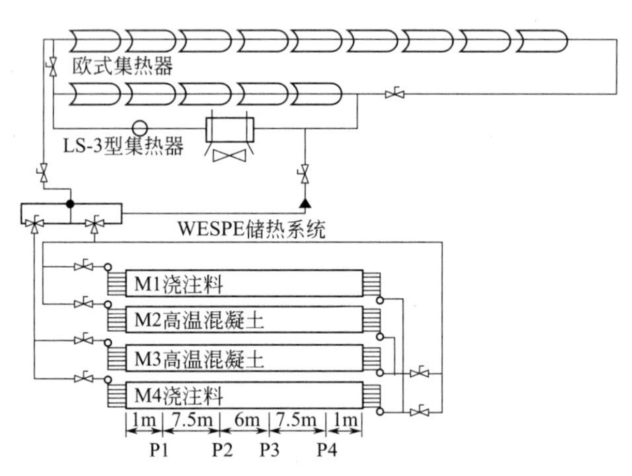

图 10-22 西班牙 PSA 电站储热部分结构

10.5.3 储热形式及储热介质选择

槽式太阳能热发电带储热系统现有两种形式。图 10-23 的槽式系统常采用合成油作为传热流体（HTF），熔盐作为显热储热材料，导热油与储热材料之间有导热油-熔盐换热器，这种布置称为间接储热系统。图 10-24 的槽式系统中采用熔盐既作为传热流体又作为显热储热材料的方式，无导热油-熔盐换热器，这种布置称为直接储热系统。后者的优点是可以减少一个换热步骤，避免了传热流体与储热材料之间的不良换热，而且适用于 400～500℃的高温工况。但后者也面临一个问题：槽式太阳能热发电系统的集热场采用的是平面布置，且管道多，管内的传热流体不容易排出，又由于熔盐的凝固点通常高于 120℃，当采用熔盐作为传热流体时，就得使用保温和伴热的方法防止熔盐凝固，这样导致初期投资与运行维护成本过大。以前选用矿物油作为传热流体和储热材料时，不存在凝固问题，但由于矿物油的温度不能高于 300℃，否则易分解，这样限制了槽式系统的工作温度不能超过 300℃，导致效率比较低。当然也可以选用合成油作为传热流体和储热材料，但其价格没有熔盐那么便宜，实际工程应用中不用于储热材料，而且合成油的温度也不能高于 400℃，这自然也限制了槽式系统的工作温度不能超过 400℃。

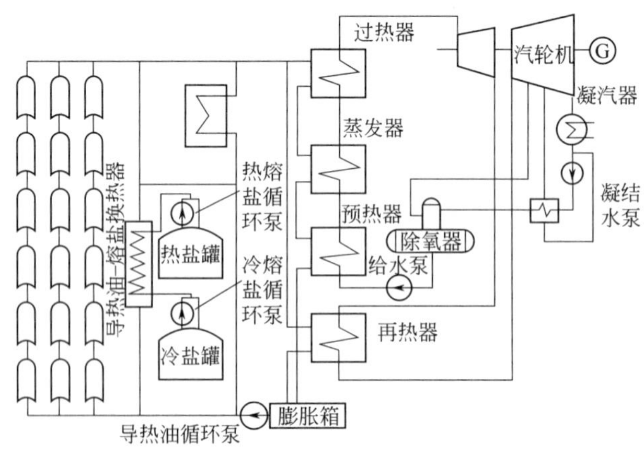

图 10-23 双罐式间接储热系统流程

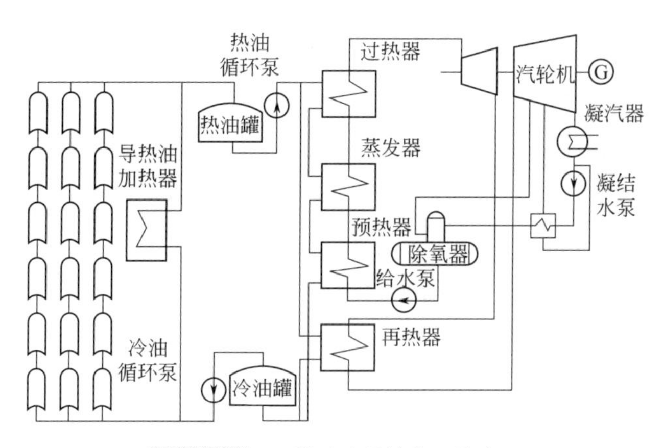

图 10-24 双罐式直接储热系统流程

熔盐储热技术在太阳能热发电系统中占有十分重要的地位，它关系着系统运行的稳定性和可靠性。熔盐与导热油相比，可在相近的工作压力下获得更高的使用温度，且耐热稳定性好，其热导率是其他有机载体的两倍，而且使用温度在 600℃以下时，几乎不产生蒸气。因此，稳定性好、价格低廉、熔点合适的熔盐是储热技术发展的重点。目前，可作为槽式太阳能热发电储热介质的熔盐主要有太阳盐、Hitec 和 Hitec Ⅺ三种。太阳盐为 60%$NaNO_3$和 40%KNO_3的混合盐，因为其在 600℃时具有非常好的热稳定性、造价低、与普通材质管道及阀门有较好的兼容性和较好的储热性能，最早被应用在美国 Solar Two 塔式电站中，目前则被广泛应用于槽式太阳能热发电储热系统中；Hitec 熔盐为 7%$NaNO_3$、53%KNO_3和 40%$NaNO_2$的混合盐，在 450℃时具有很好的热稳定性，其可在短期内用在 535℃的温度下，但其在使用时需要进行氮气保护，以防止 Hitec 熔盐在高温下亚硝酸盐转变为硝酸盐；Hitec Ⅺ熔盐为 45%KNO_3、48%$Ca(NO_3)_2$ 和 7%$NaNO_3$ 的混合盐，该种熔盐在最初装入系统时，需先将其溶解在水中，将溶液注入系统，然后加热蒸发掉水分，该熔盐具有 120℃的凝结温度，并在 500℃时也具有较好的热稳定性。通过对三种熔盐的性能及价格比较，太阳盐凝固点高于其他两种熔盐，但在储热系统需要大量熔盐时，太阳盐较其他两种熔盐具有一定的成本优势，因此太阳盐被更广泛地应用于槽式太阳能热发电站储热系统中。

太阳盐的 $NaNO_3$与 KNO_3混合的质量比例约为 6∶4。储热时熔盐的温度将加热至约 385℃，放热时系统的熔盐将冷却到约 292℃，在这两种情况下，熔盐都为液态。该混合熔盐可使用在 260～621℃范围内，随着温度的降低，混合盐在 221℃出现凝固，在 238℃出现结晶现象，根据混合盐各组分的平均潜热可得到混合盐潜热约为 161kJ/kg。混合熔盐基本物理特性随温度变化。其中密度、绝对黏度降低，比热容、热导率上升。绝对黏度下降明显，当温度由 260℃上升到 393.33℃时，绝对黏度由 4.3429×10^{-3}Pa·s 下降到 1.0264×10^{-3}Pa·s。

虽然 $NaNO_3$和 KNO_3按 6∶4 配比的工业级混合盐配比份额可在 6∶4 基础上发生变化，但需要在工程设计开始时重新对混合盐的各种性质进行测量与计算。

混合盐的硝酸盐纯度要保证在 98%以上，其他杂质需要满足以下要求：氯离子（Cl^-）最大浓度应小于 0.6%；其他硝酸盐（NO_3^-）杂质浓度小于 1%；碳酸盐（CO_3^{2-}）浓度小于 0.1%；硫酸盐（SO_4^{2-}）浓度小于 0.75%；氢氧化物（OH^-）浓度小于 0.2%；高氯酸盐（ClO_4^-）

浓度小于0.25%；镁离子（Mg^{2+}）浓度小于0.05%。

10.5.4 储热系统设备

槽式太阳能热发电双罐式熔盐储热系统是由储存罐、泵、换热器和管道构成的一个封闭系统，主要包括6个单元：低温熔盐储罐、低温熔盐泵、高温熔盐储罐、高温熔盐泵、热油系统换热器、硝酸盐仓储。

这种配置中，来自太阳集热场的导热流体（HTF）流向换热器，热能传递给来自低温熔盐储存罐的熔盐。熔盐接受热能，温度升高，并积累在高温熔盐储存罐中。在晚上或太阳辐射降低的情况下，储热过程将逆过程运行，来自高温熔盐储存罐的熔盐将被泵送，经过换热器，在那里熔盐将热能传递给冷的导热油。热流体温度升高，而冷却的熔盐将再次返回低温熔盐储存罐中。

（1）熔盐罐体

熔盐罐为太阳能高温集热储热系统的主要部件，其性能的优劣直接影响了整个储热系统的成败，其主要起3个作用。

① 储热作用。当阴天或者太阳光照不强时，可以利用罐内的熔盐维持系统继续运行几小时。

② 缓冲作用。当有云层经过集光器上面时，太阳能高温吸热器将停止工作，在重新启动前的几分钟时间里，可以利用高温罐内的熔盐维持系统正常运行。

③ 支撑熔盐泵。熔盐泵为立式泵，需要安装固定在低温熔盐罐的顶部。

由于选择的储热介质为高纯度 $NaNO_3$ 和 KNO_3 的混合物，其中伴随的杂质（如 Cl^-）较少，根据国外槽式太阳能热发电储热罐设计制造经验，罐体设计采用碳钢即可。

熔盐罐的设计关键在于熔盐罐基础设计。熔盐罐一般采用混凝土基础，但在罐体与混凝土之间需要增加多层隔热层，并设置空气冷却管道，以防止高温的熔盐罐体对混凝土基础造成的损害。

熔盐罐的容积主要包括系统所用熔盐的体积、熔盐泵液下部分所占的体积、顶盖下保温包所占体积以及熔盐罐容积裕量3部分。

熔盐罐中的熔盐温度需始终在凝固点以上，使罐内熔盐始终处于熔化状态，因此要求熔盐罐的保温效果一定要好，同时需要设置相应的电伴热系统，防止在低温情况下熔盐凝结。

（2）熔盐泵

槽式太阳能热发电储热系统中低温熔盐泵作用是在储热系统储热阶段，将低温熔盐从低温熔盐罐中吸出，在熔盐-导热油换热器中与高温导热油（约393℃）进行换热，将低温熔盐加热至约385℃并储存在高温熔盐罐中。高温熔盐泵的作用是在储热系统放热阶段，将高温熔盐从高温熔盐罐中吸出，在熔盐-导热油换热器中加热低温导热油（约296℃），高温熔盐被冷却至约292℃，并储存在低温熔盐罐中。目前使用较为广泛的为立式泵，熔盐泵形式如图10-25所示。

熔盐泵的选型主要决定两方面的参数：扬程和流量。在整个熔盐循环回路中，泵的扬程主要取决于流体在管内的流动阻力和吸热器高度引起的重力势能；流量的选取则要根据储热系统在储热阶段和放热阶段的熔盐设计流量及泵设置的台数决定，同时考虑一定的容量裕度。

由于熔盐泵输送介质为混合熔盐，工作温度为292～385℃，混合熔盐中所掺杂的杂质对金属有腐蚀性，因此对泵的材质及密封系统有特殊要求。

(3) 换热器

熔盐-导热油换热器作为储热系统中的关键设备，其应具有高换热效率、大换热面积和结构紧凑的特点。目前广泛采用的熔盐-导热油换热器主要有板式和管壳式两种形式，导热油与熔盐采用不接触式换热。

在熔盐侧和导热油侧进口处应设置滤网，确保不会让固体杂质流入换热器流道。

(4) 储热系统设备布置形式

通常槽式太阳能热发电储热系统设置两个熔盐储罐，高温熔盐储罐运行温度约为385℃，低温熔盐储罐运行温度约为292℃。

设置若干台高温熔盐泵和低温熔盐泵，高温熔盐泵和低温熔盐泵均采用立式泵形式，分别布置在高温熔盐储罐和低温熔盐储罐的罐顶。同时，高温熔盐泵和低温熔盐泵各至少设置1台备用泵。

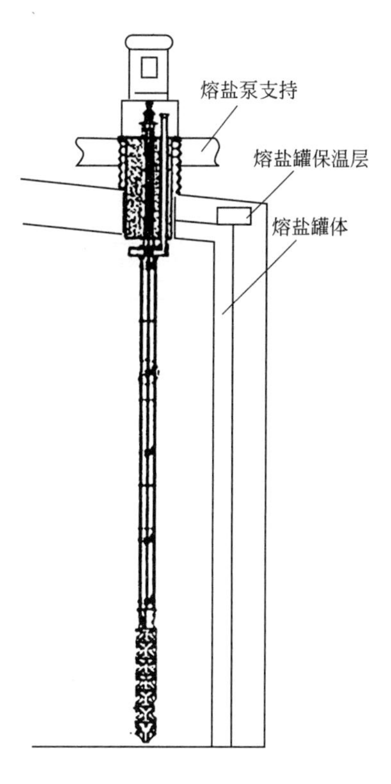

图10-25　熔盐泵示意

在两储罐间布置换热器，并考虑采用换热器架高布置方式，这是为了有效降低冷、热熔盐泵的扬程以及能够在由于出现紧急故障工况泵停止工作时可以依靠重力作用将换热器中的熔盐回流至熔盐储罐内。若采用换热器低位布置方式，则需要设置相应的输盐系统，在储热系统停运时将换热器及管道内的熔盐由输盐系统打回熔盐罐内，以防止熔盐在管道或设备内凝结。输盐系统需要相应配置紧急电源。熔盐罐及熔盐泵布置如图10-26所示。

作为缓冲储热的汽-水分离器，其主要作用是汽-水分离，缓冲储热是容量很小的附加功能系统，对于直接产生蒸汽的槽式储热系统，需要另作研发。

因为直接产生蒸汽的槽式集热场回路由预热段、蒸发段和过热段3个在换热过程中存在差别和换热点的阶段组成，根据集热器回路与储热系统之间性能配置的不同，它们的储热系统也有所不同。

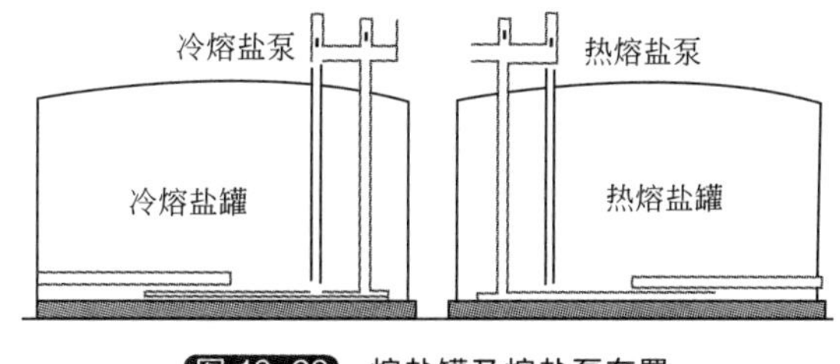

图10-26　熔盐罐及熔盐泵布置

在设计槽式抛物面直接产生蒸汽聚光集热器回路储热系统时，预热段和过热段采用显热储热，蒸发段采用潜热储热，其系统设计原理如图10-27所示。

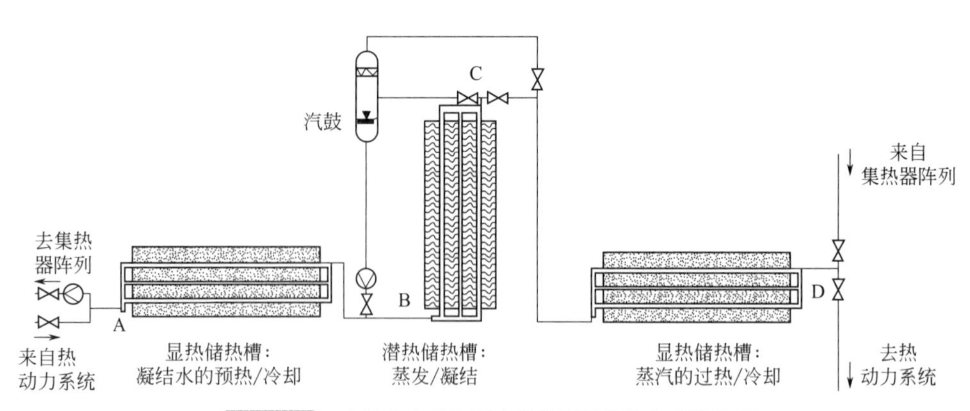

图10-27 直接产生蒸汽聚光集热器回路储热系统原理

A—预热结合，给水；B—蒸发/凝结结合，液态水；C—蒸发/凝结结合，蒸汽；D—过热结合，新蒸汽

槽式抛物面直接产生蒸汽聚光集热器回路的蒸发段，其加热过程花费整个回路总能量需求的75%。所以，作为回路中不同储热的容量配置，也需要按此容量比例进行设计。

已有的试验结果表明，这种分为三段的显热储热和潜热储热的联合系统，很有希望用作槽式太阳能直接产生蒸汽热发电站的储热系统。

槽式太阳能热发电的缺点是：虽然这种线性聚焦系统的集光效率因其单轴跟踪有所提高，但很难实现双轴跟踪，致使余弦效应对光的损失平均每年达到30%；由于线型吸热器的表面全部裸露在受光空间中，无法进行绝热处理，尽管设计真空层可减少对流带来的损失，但是其辐射损失仍然随温度的升高而增加。

为了进一步改善槽式太阳能热发电技术，提高其竞争力，有关专家提出以下研究重点。

① 设计先进的聚光器，结构形式由轴式单元向桁架式单元发展，聚光器单列长度由100m增长为150m，这样，一套驱动机构就可以带动更长的聚光器阵列。同时，不断优化聚光镜材料、玻璃厚度等，以最大限度地降低整机重量。奥地利设计的有遮挡的槽式集热器，是“欧洲地平线2020”项目成果，槽式集热器长度已有220m，直径9m，目前在西班牙实现了工业应用。德国是太阳能热发电核心技术的供应商，太阳能热发电研究方面2016年有18个项目。研究课题包括新的槽式传热流体（包括低熔点的盐和硅油）、新的定日镜、新的聚光场设计方法等。其中，先进的槽式集热器用硅油作为传热流体与传统的联苯-联苯醚进行了性能对比，研究发现，先进的硅油在两方面具有优势：一是挥发性远远低于联苯-联苯醚，二是氢气渗出较少，这对延长真空吸热管的寿命有很大帮助。

② 充分考虑方位角和高度角的影响，采用极轴跟踪技术，使聚光集热器阵列由原来的南北向水平放置改为南北向的倾斜放置（倾斜角度与纬度有关），从而更有效地接收太阳辐射能。

③ 研发高性能的高温真空管接收器。

④ 开发直接用水作为介质的新型槽式发电技术。利用这一技术，可以取代大量的换热器，进而实现简化系统、提高效率、降低成本的目的。发展直接汽化系统的热能储存技术；提高热载体的工作温度；开发高效的吸热管镀层技术，使集热表面的温度进一步提高到550～600℃，甚至更高。

⑤ 加强可靠性研究，综合考虑温度、压力、密封等相关因素，改进高温真空接收器在

聚光器阵列两端与布置在地面上不动的导热油管路之间存在的密封连接问题。

10.5.5　槽式太阳能热发电站

近年我国槽式太阳能热发电技术获得突破性进展。2017年5月，国家863项目1MW槽式太阳能热发电试验项目在延庆八达岭中科院电工所太阳热发电试验园区成功试运行，“在实测 *DNI*（即太阳直接法向辐射值）超 800W/m^2 的辐照条件下，导热油出口油温达到391℃。”

该项目于2014年7月27日开工建设，2017年4月30日完成建设，随后进入调试阶段。该项目共包括三个槽式600m回路，其中2个为轴向东西布置，1个为轴向南北布置。传热流体为导热油，聚光器采光总面积为10000m^2，蒸汽发生系统由预热、蒸发、过热三部分构成，系统可接入原1MW塔式试验项目的发电系统进行联合运行。

国内此前一直没有建成的兆瓦级槽式光热发电试验项目，该项目的建成对国内槽式光热发电技术的产业化具有重要意义。

该项目旨在开发用于批量生产的太阳能槽式聚光器的制作技术和关键设备，打破国外在太阳能槽式热发电关键器件上的垄断，建立兆瓦级太阳能槽式热发电实验平台，提出太阳能槽式集热及其与常规燃煤互补发电的集成设计方法并进行系统试验示范，为太阳能槽式热发电站发展提供全套解决方案。

2018年6月30日，我国首个大型商业化槽式光热电站——中广核能源德令哈50MW光热项目一次带电并网成功，成功填补了我国大规模槽式光热发电技术的空白，使我国正式成为世界上为数不多的拥有规模化光热电站的国家之一。中广核德令哈光热项目位于我国青海省德令哈市的戈壁滩上，海拔3000多米，处于常年干旱少雨、干燥寒冷的恶劣气候环境中。项目占地2.46平方公里，2015年8月开始竣工，这座建在“世界屋脊”上的电站，是目前全球海拔最高、极端温度最低的大型商业化光热电站。中广核开创了全球光热电站导热油分步注油的先河，突破核心技术壁垒的同时，摸索出更适合我国特殊环境的光热技术实施方案，成功地在3000多米的高原戈壁滩上建造了一座世界级的超级光热发电工程。

德令哈项目的太阳岛集热器由25万片共62万平方米的反光镜、11万米长的真空集热管、跟踪驱动装置等组成，跟踪太阳轨迹，场面浩大、蔚为壮观，而伫立在储热岛的熔融盐储罐，直径达42m，是亚洲最大的熔融盐储热罐。德令哈项目全部采用槽式导热油太阳能热发电技术，配备了一套低成本、大容量、无污染的储能系统，当光照不足时，存储的热量可以继续发电，能实现24h连续稳定发电，对地区电网的稳定性起到积极的改善作用。该项目的成功并网发电，预示着我国第一批光热发电示范项目的圆满成功，为我国在太阳能光热发电领域的进一步拓宽打下了坚实的基础，提供了解决方案。

除德令哈项目外，内蒙古中核龙腾新能源有限公司乌拉特中旗导热油槽式100MW光热发电项目、深圳市金钒能源科技有限公司阿克塞50MW熔盐槽式光热发电项目、玉门鑫能光热第一电力有限公司熔盐塔式50MW光热发电项目、兰州大成科技股份有限公司敦煌熔盐线性菲涅尔式50MW光热发电示范项目、张北华强兆阳能源有限公司张家口水工质类菲涅尔式50MW太阳能热发电项目都取得明显进展。内蒙古鄂尔多斯50MW槽式太阳能电站设计采用全厂DCS集中控制方式。DCS作为太阳能电站的控制核心系统分为太阳能镜场（SF）控制系统、导热油（HTF）系统控制系统、储热（TES）系统控制系统、汽-水循环

(SG) 系统控制系统、T/G 岛控制系统及协调控制系统。

现在新设计的太阳能槽式光热发电系统技术,致力于直接采用熔盐代替导热油作为热载体。熔盐的价格一般为导热油的 1/6 左右,使整个电厂的造价降低。另外熔盐无爆炸性危险,相比导热油作为热载体降低了整个太阳能光热电厂的防火防爆等级,减少了事故发生率和电厂管阀件的采购成本;采用熔盐直接进行储存,省去了二次换热,减少了换热损耗,也使系统更为简单;采用熔盐后,使系统的运行换热区间由 290～390℃变化到了 290～550℃,使换热蒸汽温度从 375℃提高到了 535℃,从而蒸汽轮机的热电转化效率大大提高。

中国的光热发电技术也在走向世界。未来几年内,中国将在全球光热发展中发挥不可或缺的重要作用。除了中国光热市场,全球在建或开发的项目中,由中国企业担任 EPC (即企业受业主委托) 的电站装机目前就已达到 1.15GW (迪拜 700MW+摩洛哥 350MW+南非 100MW)。除了工程服务能力,中国拥有强大的光热发电供应链体系,必将对全球光热成本下降作出重大贡献。

10.6 线性菲涅尔反射式太阳能热电站

10.6.1 聚光系统

线性菲涅尔式太阳能热发电站由五部分组成,即线性菲涅尔反射式聚光装置、塔杆顶接收器、储热装置、热动力发电机组和监控系统。

图 10-28 为线性菲涅尔式太阳能热发电示意。菲涅尔式发电站除去条形菲涅尔反射式聚光装置和塔杆顶接收器外,其他储热装置和热动力发电机组则与槽式或塔式太阳能电站相同或相近。

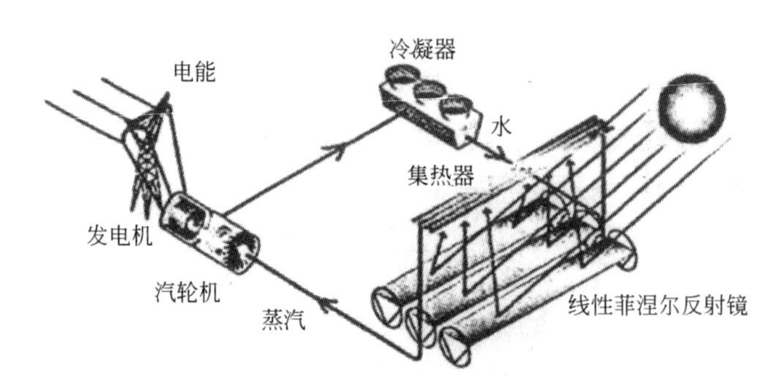

图 10-28 线性菲涅尔式太阳能热发电示意

菲涅尔式太阳能热发电的基本工作原理是,应用条形线性菲涅尔反射式聚光装置,将太阳直射辐射聚焦到塔杆顶接收器上,加热工质,产生湿蒸汽,再经过热,推动汽轮发电机组发电,从而将太阳能转换为电能。

菲涅尔式太阳能热发电的提出,其主要意图就在于和槽式太阳能热发电相比,可能有效地降低太阳能热发电站的比投资。

线性菲涅尔反射镜聚焦太阳能于集热器,直接加热工质水,如图 10-29 所示。反射镜和集热器合称聚光系统,在电站中,该聚光系统一般布置为三个功能区:预热区、蒸发区和过热区。工质水依次经过这三个区后形成高温高压的蒸汽，推动汽轮机发电。

(1) 线性菲涅尔反射式聚光系统设计

反射式线性菲涅尔技术主要包含镜场布置、聚光集热、跟踪控制等方面的技术。

线性菲涅尔式聚光系统由抛物面槽式聚光系统演化而来，可设想是将槽式抛物面反射镜线性分段离散化，如图 10-30 所示。与槽式反射技术不同，线性菲涅尔镜面布置无需保持抛物面形状，离散镜面可处在同一水平面上。为提高聚光比，维持高温时的运行效率，在集热管的顶部安装有二次反射镜，二次反射镜和集热管组成集热器。

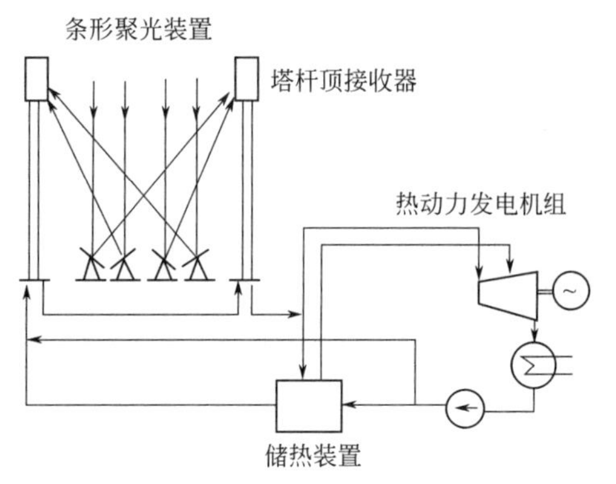

图 10-29 线性菲涅尔反射式太阳能热发电站系统原理示意

线性菲涅尔式聚光系统的一次反射镜，也称主反射镜，是由一系列可绕水平轴旋转的条形平面反射镜组成，跟踪太阳并汇聚阳光于主镜场上方的集热器，经过二次反射镜后再次聚光于集热管。二次反射镜的镜面形状可优化设计成一个二维复合抛物面，如图 10-31 所示，是一种理想的非成像聚光器，聚光性能达最优。

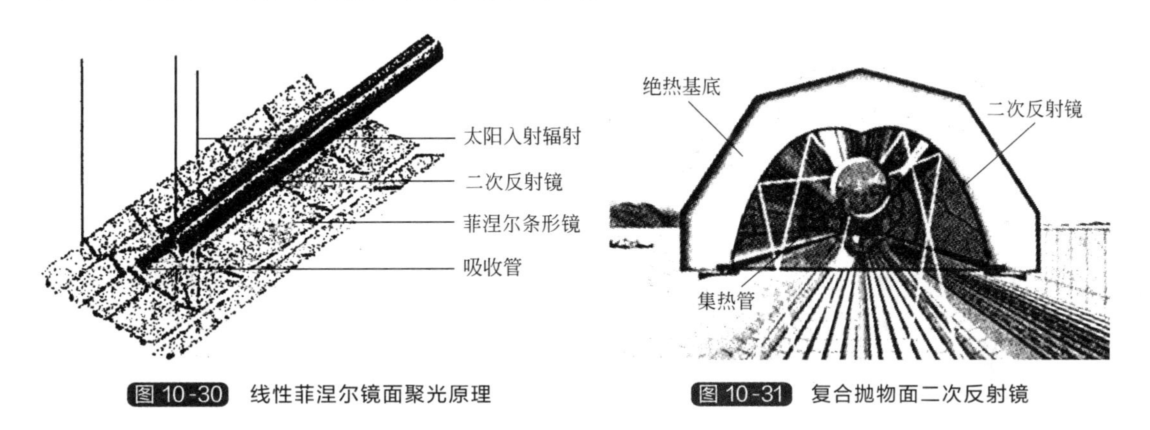

图 10-30 线性菲涅尔镜面聚光原理

图 10-31 复合抛物面二次反射镜

随着电站规模的增大，达到兆瓦级时，电站需要配备多套聚光集热单元。为避免相邻单元的主镜场边缘反射镜存在相互遮挡的情况，需要抬高集热器的支撑结构，相邻单元间的距离也需增大，土地利用率较低，于是，研究者们提出了紧凑型线性菲涅尔反射式聚光系统的概念，如图 10-32 所示。相邻的主反射镜之间可相互重叠，消减相互遮挡的状况，提高了土地利用率，也避免了因抬高集热器支撑结构所带来的成本增加。

(2) 线性菲涅尔式反射镜的方位和镜位布置设计

反射镜的方位有水平东西向布置和倾斜南北向布置两种布置方式。这与槽式抛物面聚光器的布置相似。

在线性菲涅尔式聚光装置反射镜阵列中，每面线性菲涅尔式镜的镜面相对于塔杆顶接收器，其镜面朝向位置，称为镜位。理论上，条形镜的镜位存在两个可能的布置选择。这就是说，若阵列为水平东西向布置，则阵列中的每面条形镜，可以朝向南塔杆顶接收器反射，也

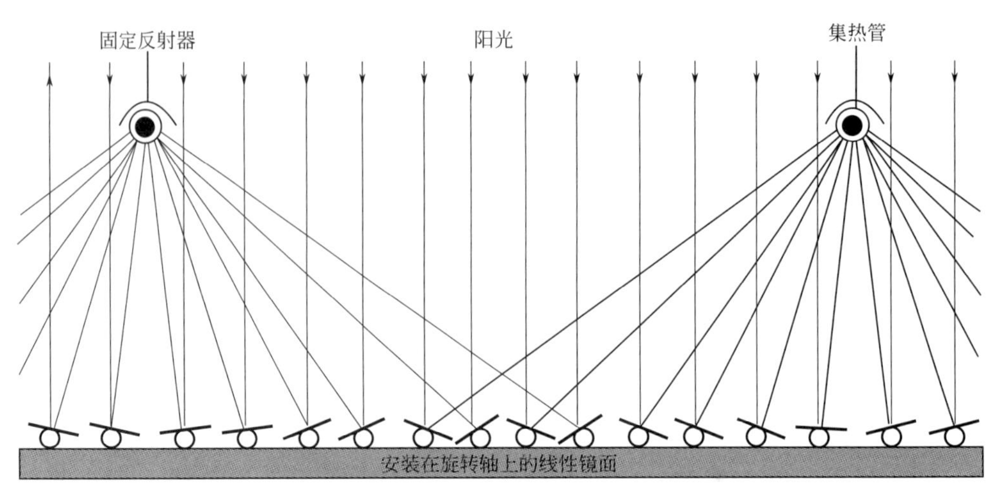

图 10-32 线性菲涅尔反射器系统

一组线性（狭长）镜面安装在跟踪太阳光的一维旋转轴上；
太阳光通过线性小凹面镜聚光到真空管集热器上安装在旋转轴上的线性镜面

可以朝向北塔杆顶接收器反射。同理，若阵列为倾斜南北向布置，则阵列中的每面条形镜，可以朝向东塔杆顶接收器反射，也可以朝向西塔杆顶接收器反射。

所以，镜位布置设计的基本概念是，选定相邻塔杆中间部位的条形镜，令其镜面的朝向依次做相反布置，形成交叉反射。最后，依据太阳入射角，由光迹追踪法确定全场条形镜阵列的最佳位置。由分析可知，当相邻条形镜之间的分隔距离为镜面宽度时，则相邻镜面之间将不产生屏遮，从而可以收集更多的太阳辐射能量。这就是说，镜面交叉反射允许反射镜布置得更为紧凑，而塔杆的高度也就可以降低。这种设计概念，将大大节省镜场占地面积，节省投资，故称为紧凑式条形反射聚光装置。

① 水平东西向布置。图 10-33（a）所示为线性菲涅尔式聚光装置反射镜阵列的水平东西向布置设计。若接收器塔杆高 10m，相邻接收器塔杆之间的间距为 50m，中间布置 48 面条形反射镜，镜面宽度为 1m，这种镜面布置方式等价于焦距为 10m 的槽式抛物面聚光器。

② 倾斜南北向布置。图 10-33（b）所示为条形聚光装置反射镜阵列的倾斜南北向布置，倾角为当地地理纬度。通常将条形镜装设在倾斜支架上。也可顺地势坡度，利用自然条件的便利架设条形镜阵列。镜面作单轴跟踪。这种布置可以增大条形镜阵列冬季和全年对太阳辐射的采集能量。阵列背端的固定反射镜，主要用于降低条形镜的安装倾角，以及在特定情况下将来自条形镜的反射太阳辐射作二次反射到接收器。

国外学者对线性菲涅尔式反射镜阵列进行过优化设计研究。虽然具体条件有所不同，但一些结论对其他设计应有参照意义。例如，对于塔杆间距 50m、36 行反射镜阵列，集热管长 1.2m 获最大有用能量收益（即接收器的辐射收集率与热损失之差最大），而垂直布置中集热管长 1m 获收益最大。水平布置的集热管长度和年有用能量收益高于垂直布置的集热管。

镜阵列为南北向布置，极轴跟踪太阳视位置，因此一天中聚光集热装置能够收集到最多的太阳辐射能。加之接收器水平布置，光孔面积大，漏光损失小，自然性能、综合结果最佳；在相同的条件下，随着塔杆高度的增加以及相邻塔杆之间反射镜行数的减少，镜面单位面积的有用能量收益增大，总趋势是改善线性菲涅尔反射式聚光集热装置的性能。其主要原

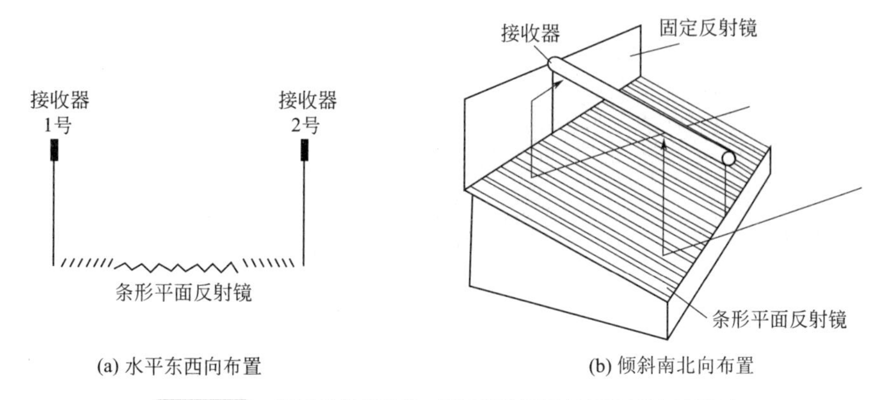

图 10-33 条形线性菲涅尔式聚光装置反射镜阵列布置设计

因是，这种塔杆高度的增加以及相邻塔杆之间条形镜行数的减少，都将改善反射镜阵列之间可能产生的屏遮。根据以上的综合分析与比较，推荐接收器水平布置，配置顶部圆形二次反射镜，反射镜列阵南北向布置，单轴跟踪太阳视位置，邻近塔杆之间反射镜行数适中。

图 10-34 是菲涅尔集热器光学设计图。线性反射式菲涅尔太阳能集热器的设计方法一般分为两种：一种采用变宽度的反射镜面，另一种是采用宽度固定的反射镜面。对于非等宽度反射镜面的设计来说，其优点在于焦面处能够得到比较均匀的能流密度分布，但是制造精度要求较高，宽度变化的镜面有比较大的困难。对于等宽度反射镜设计方案，其设计和制造更加容易实现。对于不同的吸收器结构，线性反射式菲涅尔集热器的设计也各不相同。吸收器根据吸热表面的形式可分为：水平面、垂直面和圆柱面。

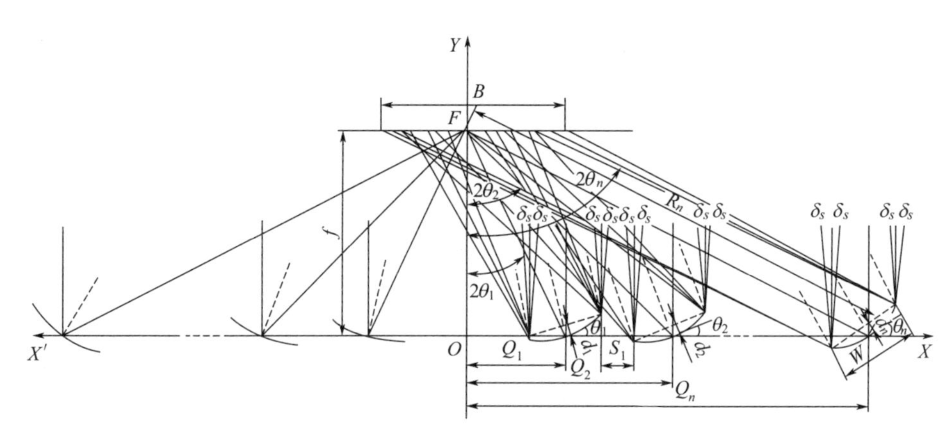

图 10-34 菲涅尔集热器光学设计示意

O—镜场中心；F—吸收器中心；B—吸收器上光斑宽度；W—镜面宽度；
Q_i（$i=1, 2, \cdots, n$）—第 i 面反射镜距离镜场中心的距离；R_i（$i=1, 2, \cdots, n$）—第 i 面反射镜距离吸收器中心的距离；
S_i（$i=1, 2, \cdots, n-1$）—第 i 面反射镜与第 $i+1$ 面反射镜间的间隔；θ_i（$i=1, 2, \cdots, n$）—光线在第 i 面反射镜中心点的入射角；d_i（$i=1, 2, \cdots, n$）—第 i 面反射镜微弧拱高；δ_s—太阳光线张角的一半

传统的线性反射式菲涅尔集热器采用平面镜作为反射镜，其光斑宽度大于其镜面的宽度。为了将光线聚集在比较小的范围内使得集热器的几何聚光比增大，能获得较高的集热温度，可以通过在吸收器上增加 CPC 二次聚光或者通过使用微小弧度的反射镜面将光线汇聚在较小的焦面处。而利用 CPC 二次聚光使光线进一步汇聚有如下几个缺点：①二次聚光对 CPC 镜

面的加工精度要求很高，CPC的加工精度难以保证；②通过二次反射会增加系统的光学损失，因为常用反射材料的反射率在90%～95%，这意味着5%～10%的能量损失在了二次聚焦过程中。因此在下述设计中将采用微小弧度固定宽度的反射镜面，使得光线能够聚集在开口比较小的腔体吸收器中。

10.6.2 镜场布置

太阳镜场设计包括主反射镜阵列设计、太阳跟踪设计和接收器设计。

(1) 主反射镜阵列设计

主反射镜阵列设计要考虑多种影响，包括反射余弦损失、反射光学误差、入射光遮挡和反射光遮挡。线性菲涅尔反射式聚光系统光热效率的计算和验证还处于实验阶段，还没有形成统一的评估线性菲涅尔反射式聚光系统光热转换效率的方法和标准。从初期的实验研究中，中国皇明公司首次自主开发出了一种场地利用率的计算程序，该程序充分考虑了反射余弦损失、反射光学误差、入射光遮挡和反射光遮挡的影响。

(2) 太阳跟踪设计

太阳季节性的变化对线性菲涅尔式聚光集热系统的影响不大，一般来说，菲涅尔系统采用单轴跟踪的方式，单轴跟踪方式较双轴跟踪结构简单、成本降低。由于接收器处于镜场的垂直上方(5～10m)，且接收器的开口尺寸小于反射镜的宽度，太阳时刻处于运动状态，微小的控制误差就能大大降低聚光效率，再加上天气随时变化，因此全天候全自动高精度太阳跟踪装置的设计就成为一个难点。

控制方式分为预设程序控制和光电传感控制。预设程序控制就是按照太阳运行规律计算反射镜的位置和角度，通过机械机构运动来控制镜轴的转动，但是由于机构的加工精度、磨损等原因造成累计误差，需要在结构上设计调整装置并定期进行校正。

目前研发并制作的线性菲涅尔式聚光集热样机就是采用预设程序的控制方式，高精度的跟踪机构以及控制系统完全能即时跟踪太阳并将光线反射到吸收器内，实现了镜组的联动控制，降低了投入成本，同时自耗电低，运载能力大，能实现所有镜组同时水平、垂直放置。

(3) 接收器设计

接收器的塔杆顶布置方式有垂直布置和水平布置两种形式。

垂直布置，其半球向吸收率与平板面相近。通常接收器选用紧密叉排设计。

水平布置接收器为单面接收太阳辐射。这种布置方式，接收器也可选用紧密叉排设计，可以得到相同的半球向吸收率。但由于是单面接收太阳辐射，将增大投资。通常接收器采用单排设计，上层附加反射板，也能达到较好的聚光集热效果。

根据接收器塔杆顶布置方式的不同，具有图10-35所示的两种相应的二次反射光路。

理论上二次反射镜面的型线可以设计为圆形镜面、抛物面镜面或变曲率镜面。实际试验表明，综合性能以圆形镜面为最佳，取其加工简易而性能相当。除反射镜面外，有关专家推荐与其相关的优化设计，如推荐接收器水平布置，线性菲涅尔反射镜南北布置，单轴跟踪，相邻塔杆之间镜行数适中。

线性菲涅尔式聚光集热系统比槽式系统更为紧凑。这是线性菲涅尔式太阳能热发电技术的一大优势。

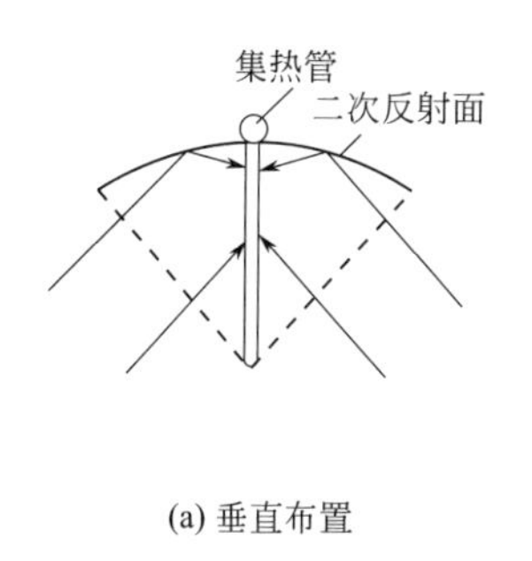

(a) 垂直布置

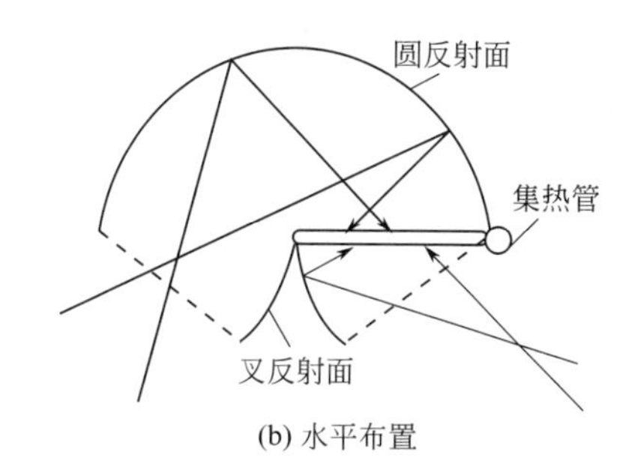

(b) 水平布置

图 10-35 两种接收器塔杆顶布置的二次反射光路示意

塔杆顶接收器最早采用玻璃真空集热管，进一步设计空腔集热管，并直接产生蒸汽。它和槽式抛物面聚光集热器的情况有所不同，在槽式抛物面聚光集热器中，随着抛物面镜面跟踪太阳视位置，反射太阳辐射将汇集在接收管的不同部位，而在线性菲涅尔式聚光集热系统中，镜面的反射太阳辐射主要汇聚在接收管的底部，而水也总是沉积在接收管的底部，因此允许接收管自由地运行在广阔的沸腾区内，而不致产生槽式抛物面聚光集热器中接收管周围出现过高温差的现象。这样可以采用流动控制的方式，使水在接收管中直接沸腾传热，从而使泵耗功率降到最小。

聚光装置的接收器固定安装在塔杆顶，它与槽式抛物面聚光集热器相比，聚光装置的运行维修费用低。接收器之间无需采用挠性连接。此外，镜面反射的太阳辐射主要从下而上投射到塔杆顶接收器，更有利于在接收器中直接产生蒸汽。

① 接收器的结构组成。塔杆顶接收器源于太阳能热水系统中的热管式玻璃真空集热器，两者的设计概念基本相同，同样由多根玻璃真空集热管通过汇流联管组成，可以说是专门设计的玻璃真空集热器。若集热管采用单排列方式，即使紧密组排，由于玻璃真空集热管的玻璃管直径总是大于内吸收管的直径，所以相邻集热管之间总留有可以透光的间隙，从而造成漏光损失。根据不同的设计，这种漏光损失大约为18%。为了减少这种漏光损失，可以采用交叉相错的排列方法，这种叉排方式将增加集热管的用量，加大电站投资，但减小了电站占地面积。

② 复合抛物面聚光器（见图10-36），由聚光组件、集热组件、支撑组件、保温密封组件组成，四部分通过螺栓紧密连接在一起。其中，聚光组件包括骨架及反光板，骨架的内侧轮廓与反光板轮廓一致，两者紧密贴合，反光板采用反射铝材料，镜面反射率≥90%，工作温度在200℃以上时，弹性、硬度不衰减，保持原有曲面形状，由于铝板膨胀系数较大（$23.5\times10^{-6}K^{-1}$），安装采用长度方向自由伸缩结构，在冷热交替的环境下维持原有曲面形状，反射损失量较小，保证长时间聚光器的二次聚光效率；集热组件包括吸热管和管支撑，吸热管可依靠管支撑上的陶瓷滚轮自由滑动，在热胀冷缩的环境下自由膨胀，保护吸热管的膜层免受划伤并减少热传递；支撑组件包括底支撑和立支撑，组成半圆腔体结构；保温密封组件包括保温层、透光板及外罩，保温层分空气及岩棉保温双层，保证密闭的聚光器能够随其中的空气膨胀和收缩变化自由呼吸，并且不能给聚光器内带来水汽和灰尘，透光板采用超白钢化玻璃，透光率≥90%。聚光器整体结构简单、模块化结构、组装安装方便。

理想的CPC，其反光面完全取决于受光面的形状和设计的接收半角，常见的复合抛物面聚光器有四种基本类型：水平单面受光体、竖直双面受光体、三角形受光面和圆形受光面。皇明集团提出的是一种复合抛物面反光板结合圆形受光面的聚光器。根据曲线方程及边界条件获得的反光板截面简图如图 10-37 所示。

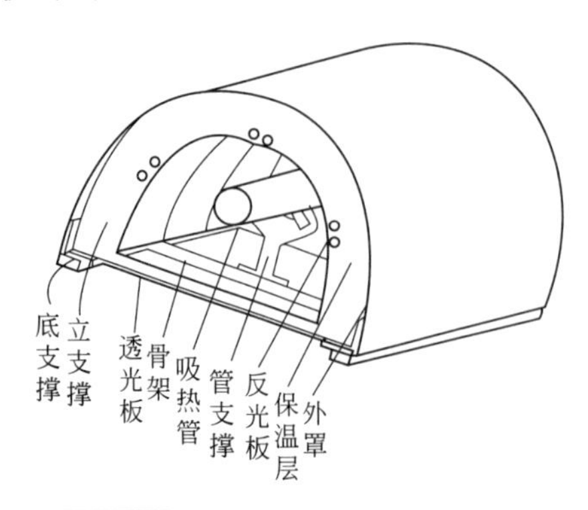

图 10-36　复合抛物面聚光器结构示意

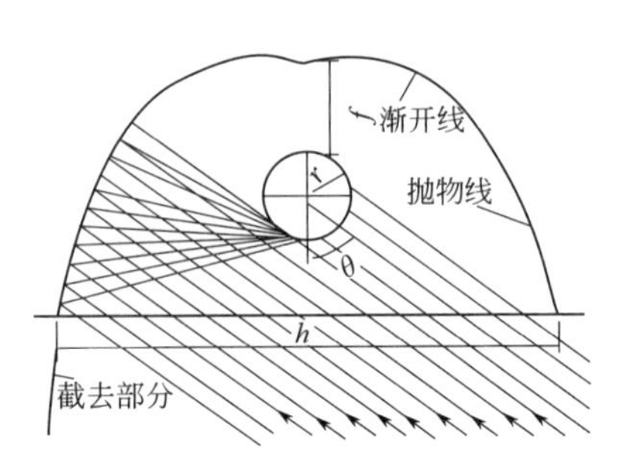

图 10-37　反光板截面简图

该装置已被成功应用于菲涅尔式太阳能热发电示范工程。系统通过一段时间的运行测试，整体性能良好，反光板维持原有曲面，没有热变形的现象，保证了二次聚光效率，聚光器腔体内密封良好，呼吸自平衡，维持聚光器内干燥、清洁的环境。

皇明集团建造的楼顶太阳能热电站是一座有“太阳能长城”之称的菲涅尔式中高温热发电站，全球首创性地建于中国太阳谷国际低碳科技博览会真空馆的顶部。以“上有电站，下有厂房”的形式建成了全球首座“太阳能工厂”，靠楼顶的太阳能电站为工厂运营直接供电，不再额外占用土地，直接节约土地资源约 3 万平方米，成为未来厂房的新样板。

发电站由 6 组长达 460m 的菲涅尔式反射镜系统组成，装机容量 2.5MW，采用最新的太阳能热发电技术对太阳能进行转化，年发电量约 450 万千瓦时，相当于 7000 个家庭的全年用电，成为亚洲最大的兆瓦级太阳能热发电站，是皇明热发电征程上又一个新的突破。数据显示，相较于传统的火力电站，这座太阳能热发电站每年可以节约 2100t 标准煤，能减少 $5234tCO_2$、$163tSO_2$、$79tNO_x$ 及 1428t 粉尘颗粒的排放。

该类型聚光集热器将辐射光线聚焦到位于几米高的集热管上。该集热管具有二次反射功能，可将所有的入射光线投射到吸收管上。一次反射镜面有一定的弯曲度，该弯曲度是由机械弯曲所得到的。二次聚光过程起到加大聚光比的同时，对集热管的选择性吸收涂层进行隔离的作用。二次反射器背面涂有不透明的绝缘层，正面装有窗玻璃以减少对流热损失。菲涅尔式聚光集热器无需真空技术，长度也增加了很多，聚光效率是常规抛物线集热器的 3 倍，建造费用降低了 50%，但是该集热器的工作效率却只有普通集热器的 70%，因而还需进一步改进。

10.6.3 发展及应用前景

目前，线性菲涅尔反射式聚光技术仍处在较为初级的阶段，需要不断提升和发展，主要包括以下几个方面。

① 反射镜。生产更薄或含铁量更低的反射镜衬底，提高镜子的反射率；镜面涂抹防污

染和憎水涂层，降低维护和清洗费用。

② 集热管。主要是表面太阳能选择性吸收涂层的改进。能够耐600℃的高温，并且在太阳能光谱范围内的吸收率超过96%，自身的发射率在400℃时可降至9%，600℃时可降至14%以下。目前涂层的吸收率为95%～96%，自身发射率在400℃时高于10%，580℃时高于14%。

③ 支撑结构。包括支架和镜架的设计和材料选取。设计更为合理且经济的支撑结构，选取合适的材料，可大大降低投资成本。

④ 蒸汽参数。目前，商业化运行电站的蒸汽温度为270℃，如果能够将其提升50℃，则年平均发电效率可从现在的约10%提升至约18%。

⑤ 储热系统。具有储热系统的商业化线性菲涅尔式太阳能电站已被证明是可行的。目前，工业界正在寻找相变储热材料和开发高比热的直接蒸汽储热技术，有望获得突破性进展。

聚光器的关键技术已经掌握，但仍然存在一定的技术难题，如：①聚光器复合抛物面的设计，一定角度范围的入射光经过反光镜面都能照到吸热器上，反射光线分布合理，否则会在吸热器上形成焦斑，得到过高的热流密度，造成钢管弯曲变形，还应考虑CPC曲面与吸热器之间留有合适空隙，保证降低间隙的光学损失；②聚光器内二次反光材料的选用要求不仅反射率高，而且在高温环境下不变形，保持原有曲面形状；③聚光器内腔做到密封、保温、呼吸自平衡，保持腔体内干燥、清洁的环境，提高膜层的使用寿命；④聚光器结构要简单，组装安装方便，提高电站的建设效率。

线性菲涅尔式太阳能热发电技术采用紧凑型排列，土地利用率高，且系统下面可建停车场、养殖场等。由于风阻较小，抗风能力较强，集热系统可放置于建筑物顶部。另外，我国太阳能较丰富的地区一般风力也会比较大，尤其是北方地区，因此，应用该技术存在一定的优势。

有专家认为，线性菲涅尔式聚光集热系统比塔式、槽式、碟式三种中高温集热系统更具优势。如：聚光比比槽式系统高，不但可以聚集直射光，还可以聚集部分散射光；菲涅尔式系统采用紧凑密排的方式，用地更合理，利用率更高（聚光面积与用地面积的比是1∶1.2，而塔式达到1∶5），可以在系统的下面建停车场、养殖场等，并且由于风阻力较小，可以将系统放置在楼顶安装，大大提高建筑的节能、热利用能力；另外，由于其结构简单，制作简单，易实现标准化、模块化，便于批量生产。

线性菲涅尔式聚光集热系统是最具潜力的太阳能中高温热发电热量采集系统，它不仅可以产生高温高压用于热发电，也可控制温度和压力，广泛适用于酒店、采暖、太阳能空调、纺织、印染、造纸、橡胶、太阳能沼气、海水淡化、食品加工、烘干、畜牧养殖场、农业生产等各种需要热水和热蒸汽的生产领域与生活领域，前景非常广阔，待开发的市场和领域很多。

皇明集团刘元元等提出的复合抛物面聚光器，解决了聚光槽内耐高温高反射的关键技术，降低了非真空状态下的热损，提高了菲涅尔系统的二次聚光效率。该聚光器具有结构简单、组装方便、成本低廉等特点，为线性菲涅尔式太阳能热利用提供了有利的技术支持，提高了其市场竞争力。

10.6.4 菲涅尔曲面透镜的应用

菲涅尔透镜也日益引起人们重视。传统的平面菲涅尔透镜质轻价廉、用材料少，虽然已在多学科得到应用，但是直径难以造大，限制了其在阳光集热方面的使用。许多专家试图设计大型精密机床来制造大尺寸整体菲涅尔透镜用于阳光集热，也有人提出区块分割法，制造透射式太阳能聚光器（如专利申请号：CN200410020974.2，公开号：CN595011A），核心技术之一是其巨型的薄板聚光透镜由一系列曲面聚光瓦拼接搭建而成聚光透镜，从太阳能中获得所需的高温能量。该发明由塑料薄板聚光透镜、支撑框架、热能吸收转换装置和自动跟踪装置四部分组成，延伸形成两大系列产品：一类是由球面梯形塑料薄板聚光瓦拼接搭建的球冠形点聚焦阳光集热器，球冠直径设计在理论上不受限制，制造时可在1m至数十米之间任意选择，热功率在1～1000kW之间，小型者适合热水系统，大型者适用于工业生产、科研等方面；另一类产品是由柱面形塑料薄板聚光瓦拼接搭建的线聚焦阳光集热器，集热器透镜宽度由1m到二十余米之间选择，长度方向没有限制，可用组合单元任意拼接，形成所谓的太阳能田，热功率在1kW至数千瓦之间。现实中甚至可以制造100m的巨型点聚焦透镜，单机功率在3000～4000kW。

该系列装置重量轻、价格低、操纵方便、热功率大、用途广泛、可选择性强，蒸汽可以用于发电、海水淡化和干燥（图10-38、图10-39）。缺点是现在选用的透光材料易碎、存在老化现象，在降低成本、改进材料组分方面，还有很多工作要做。

(a) 正面

(b) 侧面

图10-38 直径3m的点焦聚光集热器样机

图 10-39 3×8m 线焦聚光集热器金属框架

10.7 塔式系统与槽式系统比较

10.7.1 两种技术的优缺点

太阳能热发电技术正蓬勃发展，尤其塔式系统和槽式系统的各种技术、创意都在开拓探索，技术相对成熟，已经进入试验和商业运行，是当前太阳能热发电技术的热点。例如在我国，北京延庆 1MW 的塔式发电试验系统已成功发电。

在欧美各国和以色列，研究试制更紧锣密鼓，如西班牙 Abengoa 公司在太阳能热发电技术方面处于世界领先地位。在塔式太阳能热发电方面，该公司在西班牙建造了世界上第一座商业化运行的塔式太阳能热发电站 PS10。同时还与德国宇航局 DLR 合作，在中东沙漠地区开发了不需要水进行冷却的太阳能-化石燃料相混合的燃气蒸汽联合循环的塔式太阳能热发电技术。在槽式太阳能热发电方面，西班牙计划在塞维利亚建造 300MW 装机容量的槽式电站。

美国和欧洲都在筹划大型槽式电站和塔式电站。现有太阳能热电站 90％以上为槽式系统技术，目前塔式系统有奋起直追的趋势，两者竞相发展，技术各有所长，又都在改进完善之中。因此，人们不可避免地对槽式系统和塔式系统进行对比。两者优劣、不同技术路线的对比选择，已引起很多学者的兴趣，引发讨论。

① 塔式系统在所有太阳能热发电（实际上也包含太阳光伏发电）技术中，用地最少，聚光比大，运行温度高，能量集中过程一次完成，方法简捷有效，同时由于接收器散热面积较小，对流热损较小，光热转换率高。

塔式系统的强项和软肋都在定日镜场。由于所有定日镜指向接收器同一目标，定日镜之间的距离必须随着距接收器距离的增加而增加，否则不可避免地产生相互遮挡，严重影响聚光效率。若定日镜采用平面镜则接收器的面积相应增大，会增加成本，增加热损；如改用弧形镜面，接收器的面积可不增加，但定日镜制造成本增加，一样导致系统成本增加。

② 与塔式和碟式热发电系统相比，槽式系统单位面积所需要的钢材和玻璃材料最少，根据现有实践经验，$1m^2$ 阳光通径面积仅需要 18kg 钢材和 12kg 玻璃。相比塔式系统，槽式

系统有灵活、机动的优势，容量根据设计可大可小，而塔式系统必须保证大容量才有较好的经济效益；槽式系统的各个组分均可安置于地面上，便于安装维护。

抛物面槽式聚光装置（也包括线性菲涅尔反射式装置）可以批量化生产，降低成本；在槽式系统中，所有的聚光集热器可以同步跟踪，从而大大降低跟踪和能量收集成本，解决了塔式系统由于聚光斑不均匀而导致的光热转换效率不高的问题，将光热转换效率提高到70%左右。而在塔式和碟式系统中，跟踪系统在总成本中占有很大比例。

槽式系统的不足之处与其优势可以说是一枚硬币的两面。由于槽式系统采用的是线聚焦形式，在降低成本的同时，聚光比也较低，并且散热面积也比较大，效率相应降低。

槽式系统无法实现固定目标下的跟踪，由于太阳能接收器（中间聚焦管线）固定在槽式反射镜上，与其一起运动，而热管的链接节又必须是活动性的，导致绝热困难又易损坏。

槽式系统接收器的受光处无法做绝热处理，所以存在一定的对流损失。虽然已经采用真空层或透明盖板以抑制对流热损，但辐射损失会因温度升高而随之增大，引起系统效率降低。由于放置环境不同，如风沙肆虐、镜面沙尘较多，致使反射率大大降低，故槽式系统不适于沙漠和扬尘严重地区。

与塔式太阳能热电站的定日镜相比，槽式太阳能热发电聚光系统制造难度相对更大：a. 抛物面镜曲面比定日镜曲面弧度大；b. 平放时，槽式聚光器迎风面比定日镜大，抗风能力要求更高；c. 运动性能要求更高。

③ 线性菲涅尔反射式系统是对槽式系统的改进。线性菲涅尔反射式系统也可以制成类似塔式电站的二次反射向下反射，从而保证了较高聚光比，也降低了塔顶热损和安全维护成本。这也是太阳能热电站的研究方向。

a. 抛物面槽式发电系统的镜面是曲面，而且面积很大，不容易加工，而线性菲涅尔反射式发电系统的镜面是平面，镜面相对较小，加工方便，成本低。

b. 线性菲涅尔反射式发电系统的每面镜面都自动跟踪太阳，相互之间可以实现联动，控制成本低。

c. 线性菲涅尔反射式发电系统镜场之间的光线遮挡较小，场地利用效率高。

d. 线性菲涅尔反射式发电系统的聚光比为50～100，比相同场地的抛物面槽式发电系统的聚光比高。

10.7.2 两种技术的效率和环境影响

（1）太阳能热发电系统分类

从性能上来看，用集热器可获得高温热，构成集热器光学材料的特性值包括太阳光的透过率、反射率、吸收率等，都可以影响整体性能。另外，无论何种聚光集热方式都需要跟踪太阳，其误差（跟踪误差）也对性能有影响。在这里，定义透射率为t、反射率为r、吸收率为a、跟随精度为T，这些值的乘积可以概略地表示前面介绍的系统的性能。从集热过程来看，把入射到集热器的太阳光定义为Q_0，集热器吸收的热量为Q，可有式（10-1）和式（10-2）。

塔式、碟式：
$$Q=raTQ_0 \tag{10-1}$$
槽式：
$$Q=rtaTQ_0 \tag{10-2}$$

由于r、a、t、T的值比1小，因此这些值的个数越少，能得到的太阳光就越多。在这里，Q 和 Q_0 相除得到的值如下。

塔式、碟式：

$$Q/Q_0 = raT \tag{10-3}$$

槽式、线性菲涅尔式：

$$Q/Q_0 = rtaT \tag{10-4}$$

这个比值被称为聚光效率。从这个值可以看出塔式、碟式的效率要好于槽式。

此外，将集热器实际得到的热量定义为 Q_h、集热器的热损失定义为 Q_1，有式（10-5）。

$$Q_h = Q - Q_1 \tag{10-5}$$

Q_h 和 Q_0 的比值为

$$Q_h/Q_0 = (Q - Q_1)/Q_0 \tag{10-6}$$

此比值为集热效率。

关于设备的设置条件，塔式、槽式（接收器）的定日镜和接收器的设置需要宽阔平坦的用地；而碟式不需要这样的用地。

关于热的收集，塔式、碟式使用一个接收器集中地吸收热；而槽式、线性菲涅尔式是从分布广泛的接收器中回收热，因此热性传输过程中管线的热损失要比其他类型多。

从发电的动力转换过程来看，塔式、槽式是设置了多个定日镜和接收器，用太阳能热产生蒸汽从而发电的大型系统；而碟式是利用斯特林发电机等进行发电的小型系统。

（2）槽式和塔式太阳能热发电对环境的影响

蔡国田用生命周期评价方法对太阳能热发电的环境影响和热效率进行了系统的分析，可为太阳能热发电的技术途径优化和推广提供判断的依据。另外，可以证明两者比煤电具有明显的节能和环保效应。

分析研究对象是以 LUZ 公司 SEGS Ⅵ槽式太阳能热发电和美国的 Solar One 塔式太阳能热发电为研究对象，以 1MW・h 作为全生命周期评价的功能单元。

生命周期共分为五个单元阶段：原材料获取阶段、电站建设阶段、运输阶段、电站运行阶段和废弃处理阶段。

清单数据：就枯竭性资源消耗、全球变暖潜力、酸化潜力等几类环境潜值进行分析评价。各个阶段的能耗和排放清单分析：生产阶段考虑电站设备及厂房建设等的能耗和排放。运输阶段考虑两个部分的能耗和排放：一部分是原材料运到电站所需设备的制造工厂；另一部分是电站建设材料运送到电站。

将太阳能热发电整个生命周期所需要的能耗都以标煤核算，按此核算两种太阳能热发电系统消耗的能源、污染物和温室气体排放量都大大低于煤电。但由于塔式和槽式电站聚光器在不同温度下工作，跟踪系统获取的能量不同，比较时也没有考虑获取相同能量时占用土地成本等因素方面的影响。结果表明槽式太阳能热发电在能耗和环境排放控制上优于塔式。

10.7.3 对我国槽式和塔式发电技术的一些思考

还有学者从更广阔的角度比较槽式和塔式技术的前景。何祚庥院士提及两种系统各有“知难行易”和“知易行难”的特点。因为有不少推荐塔式电站的人认为，塔式没有特别难于解决的技术难题，而槽式的柱形长管以及相应的保温用的真空管可能成为技术的瓶颈；由于塔式装置集热温度高，热效率高，将来改进的余地较大，价格下降的空间也较大。至于碟式距技术成熟还有很长一段距离。

世界各国也在大力推广槽式技术，重要原因是其结构简单。延绵达 12km 的抛物镜面和吸热管都是同一结构，非常适宜产业化；放弃东西位向跟踪，仅采用南北轴向跟踪，极大地简化了跟踪系统，也极大地降低了产业化的难度。其难点在于如何生产出能经受 400～500℃高温、长达几十米或 100m 的钢管和保温用的真空管，但这一难题在以色列已被解决。而塔式热发电技术由于结构特别复杂（甚至比碟式还要复杂），虽然在技术方面没有特别难以解决的问题，但是在产业化方面，显然面临困难。

塔式系统的重大困难仍是定日镜场。

“863 计划”所支持的是电功率达 1MW 的“塔式”太阳能热发电技术。其塔高约 100m，定日镜至少为 10000m^2，现在正在研发中的定日镜是 10m×10m 的定日镜，将放置在东西为 200m、南北为 300m 的广场上。每一镜面均要实行双轴跟踪，共有 12 组不同焦距。其重大难点是，如何能保证这些镜面安置在“不同地区，不同纬度”，“一年四季，自晨至晚”均能做到不会互相遮挡，而且大体均匀地聚光在集热器上。做一台试验是可以的，但要推广到各“不同地区，不同纬度”，是困难的。

重要的问题是定日镜的价格。现有设计定日镜造价已占电站总投资的 50%以上。严陆光院士、徐建中院士、金红光博士在研讨会上均说造价“显得有些高”。严陆光院士还特别强调“太阳能热发电的造价一定要降下来，要分析什么影响造价最大，尤其是定日镜的造价。”

国家“863 项目”规定定日镜的“精度大于 3.5mrad”（否则会聚焦到集热板外产生漏光），“可在 64km/h 风速下工作”。由于这是高精度的镜面，要求其能抗 6 级大风，并且在盛夏、隆冬、狂风冲击下仍能正常工作，就必须加大强度、增加重量，就又提高了跟踪体系的难度，加大了制作成本。而如果希望这类定日镜能抵御 10～12 级大风，现场制作人员认为每台定日镜造价还要增加 50%以上。即为电站总投资的 75%。

重要的问题是塔式太阳能热电站还很难走向大规模。目前功率为 1MW 的塔式电站，塔高是 100m，如果扩展到 10MW，塔高将是 315m。如果扩展到 100MW，塔高就将是 1km 高了。这里存在镜场设计、建筑、接收、储热方面等诸多技术难题。

按现在设计人员的乐观估计，塔式电站每千瓦的投资费用仍为核发电的 3 倍左右，是火力（加脱硫设备）的 6 倍，这还只是未把土地、运输、经营、管理、利润、税收等因素包括在内的商业化“预计投资”。

通常核电和火力发电年运转 6000h，而一类地区的太阳能热发电为 3000h。

有几位两院院士强调指出：“从国家层次考虑，各类太阳能热发电必须实现大规模化。在中国兆瓦级别没有推广前途，要做到百万千瓦级，真正大规模要达到千万千瓦级。别指望在 1 兆瓦基础上就可以产业化。”

处于世界领先地位的西班牙 Abengoa 公司指出，考虑到太阳能热发电站的商业化运行，对应于槽式和塔式电站较为经济的电站容量分别是 50MW 以上和 70MW 以上。

有关争论还会延续一段时间，这也是任何一种正在开发的全新技术都不可避免的遭遇。有一种可能是塔式或槽式技术率先在某一重大技术上取得突破，解决现在诸多难题，取得比对方更明显的优势，实现大规模的聚光集热和接收，取得经验积累，运行可靠和经济，从而成为太阳能热发电的主流技术。另一种可能是两种技术都取得重大进展，分别在各自最适宜的场合实现商业运行。还存在第三种可能，即除塔式、槽式、碟式三种现在认为主流的太阳能热发电技术仍在不断研发、探索之外，新的技术异军突起，很快后来居上，令现有技术望尘莫及。如有人认为，源自槽式技术但制造较为简单的线性菲涅尔式技术、不需聚焦的低温太阳能热发电技术和不需动力装置的太阳能热发电技术，以及更被人们看好的空间太阳能热发电技术等。这些技术在21世纪都有龙腾虎跃的广阔舞台。

以上重要置疑意味着，塔式技术还需要一番努力才能承担重任，进入新的境界。塔式技术需要从总体上重新设计，才能优化太阳能镜场、塔和接收器，可考虑应用大规模的蒸汽轮机（如高效率超临界技术），提升包括提高太阳能接收器在内的能流密度，采用低成本的定日镜（如采用弹性、持久的薄玻璃和轻量级拉伸膜，可膨胀式或旋转式定日镜），提高定日镜尺寸。

例如，国际能源署（IEA）太阳能热发电组织执委会、澳大利亚国家太阳能中心Wes Stein教授等正致力于研制适合大批量生产的定日镜技术。该研究机构的定日镜设计非常简单，只需将背面的钢板按设计曲率弯曲，再将玻璃板粘贴在由钢板组成的框架上即可。同时，澳大利亚国家太阳能中心在定日镜的光学性能测试与评价方面及太阳能热发电系统设计方面都积累了一定的经验，指出太阳能聚光系统的设计要综合考虑定日镜场的光学效率、吸热器的热效率以及化学转换效率。有专家指出，以上技术取得突破，将会降低塔式太阳能电站的制造成本。同样，槽式技术也面临重大改进，如以色列研制的新型OVAC集热技术会使集热场热效率提升20%，先进的集热系统将热传输流体温度提高到1500℃左右，以及完善DSG技术等。

也有人提出两个环保问题：塔式太阳能热发电的大型镜场造成的光污染，飞鸟临近中心塔时会受到烘烤等生态影响。大型塔式电站的光污染确实高于其他发电装置，不过电站大多修建在高原、沙漠等人烟稀少地带，光污染很少危害到人的健康和交通运行。在中心塔周围运用声波警报器就可以驱散飞鸟和偶然闯入的动物。人们正从更大范围结合太阳能热发电改良环境，如张家口塞北“农光互补+智慧能源”特色小镇项目。该项目技术支持单位为北京工业大学，将采用北京工业大学低熔点熔盐传热储热技术、线性菲涅尔太阳能集热与谷电互补的清洁能源供能技术，晚上执行蓄热+供热运行模式，白天执行放热供热运行模式。据悉，本项目供暖面积达30万平方米，镜场面积为16.8万平方米，熔盐用量3900t，蓄热容量300MW·h，覆盖现代农业1400亩（1亩=667m^2），蒸汽供应能力为23t/h。该项目采用“农光互补”模式，上面布置集热镜场，下面进行农业种植，实现了清洁能源与现代农业的融合，充分契合当地可再生能源示范区与现代农业示范区的发展理念，在兼顾经济效益的同时，解决了当地居民的供暖民生问题。

另外，人们还在探讨融汇槽式、塔式等几类发电技术的长处，研制新的发电方式。

10.8 一种超低温太阳能发电技术

“超低温发电技术”是指热源温度在（30±10）～90℃之间的特殊发电技术，适合在太阳能光热发电领域施展拳脚。

以“超低温发电技术”为核心的太阳能超低温光热发电技术，研究时重新审视、思考朗肯循环模式，并加以改进、突破和创新，废除高塔冷却循环，实现不用水冷，并对冷凝过程释放的热量回收再利用来提高热利用率；采用“超低温发电技术”，无需聚光集热，可方便地采取独特的低温、超低温技术路线，以降低设备投资成本，实现度电成本的降低。如果在实践中达到预想效果，将具有很大现实意义。

新的热力学循环对朗肯循环的冷凝过程做了改进、突破，由等压放热改进为等容放热，所以它是由 2 个等熵过程加 1 个等压吸热过程和 1 个等容放热过程组成，是一种新型的热力学循环。

超低温光热发电系统图和中高温光热发电系统图类似，还是呈现原来的双循环形式（可参考图 10-40）。只不过原内循环工质是水/水蒸气，现在改为非水有机质；原外循环传热介质用的是高温导热油、熔盐等，现在是水；原来采光集热，系统为聚光型槽式、塔式、碟式或菲涅尔式系统中的一种，现在可采用类似太阳能热水器的集热管阵列系统，无需聚光和日光跟踪系统辅助；原储罐容量现在可以适当做大；原（非直排型）冷却系统必须附带循环冷却高塔，现在这样的高塔可完全废除。

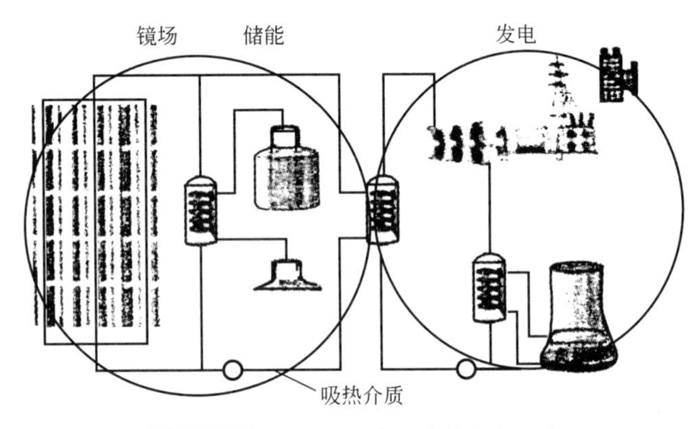

图 10-40 太阳能中高温光热发电示意

采用新技术路线后，中高温光热发电困扰的 3 大技术难题将有可能被化解，至少表现出以下 5 个方面独特的优越性，具体可参照图 10-41。

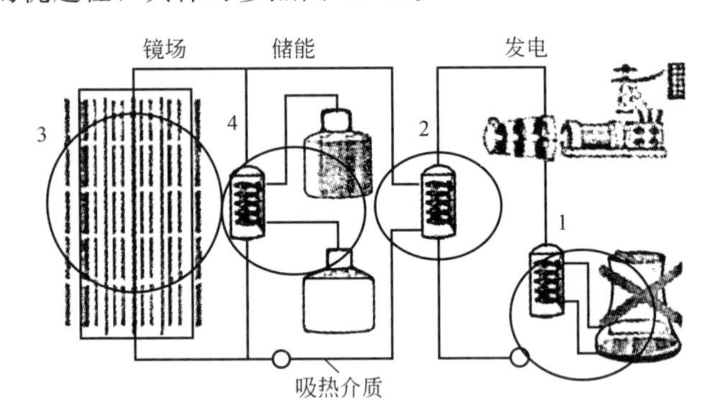

图 10-41 超低温发电技术的特点和性能优势

1—废除了高塔冷却；2—热源端温度可下移至常温范围；3—聚光集热方式为非必须；4—储热罐可改为储水池

① 废除高塔循环，破解高效空冷设备技术难题，可提高热机热利用率。

新技术路线就是对发电系统朗肯循环的改进和突破，不用水冷是其亮点，而回收利用冷凝过程释放的潜热提高热利用率是其独有的显著特色。

我国热机发电的热利用率仅在 35%左右，系统所产生的热量极大部分是在尾气冷凝过程中被高塔循环冷却水带走。如果是利用燃煤、燃油，那么这些石化能源燃烧产生的热量就全部浪费了；如果是利用太阳能光热，那么光热利用率就会明显降低。一般对低温、超低温发电技术来说，吸热过程中工质汽化要吸收两部分热量，潜热（R_{m}）和显热（$cm\Delta t$），而所吸收的潜热热值往往远大于所吸收的显热热值。所以，若能回收利用冷凝液化过程释放的一部分潜热（在一般讨论中我们将汽化热和液化热热值视为等同，也不考虑不同温度点上的差异），热效率就可明显提高。显热部分最后是在膨胀做功中做出贡献，而潜热部分在做功过程并未直接做出贡献，进入透平机的是气体，排出透平机的还是气体，最后需在放热过程中放出潜热液化。传统朗肯循环等压放热过程中需利用60～120倍的水流量来承受工质液化放出的潜热，最终使冷却水受热升温10℃左右，结果形成的冷却水热品位不高，而这种品位的热能很难用以往技术得以回收再利用，相反需要用泵机抽水通过高塔循环强迫其冷却下来，额外耗电、耗水。而在新技术系统中，工质尾气中的潜热是被特殊冷凝器抽取、剥离，形成较高品位热能，吸热的载体不是量大的循环冷却水而是另外某种气体，气体吸热后升温实际上形成了第二热源。这不但实现了真正“空冷”，而且其功效远远超越了中高温光热发电系统所期盼的高效空冷设备所具有的功能。也可由热机循环体系内被低温汽化为10～30℃的工质气体来吸收，低温汽化的，工质气因获取该热量后升温过热。假设某工质汽化热R（或液化热）为1250 kJ/kg，其比热容c为4.5kJ/（kg·℃），那么从潜热和显热的算式中可知，释放出的潜热即使因吸收过程效率大打折扣，以目前水平也足以使工质温度Δt上升到100℃。若选用的工质汽化热R（或液化热）为300 kJ/kg，其比热容c为1.5kJ/（kg·℃），同样可使工质温度Δt上升100℃。因此在新技术中利用特殊冷凝器抽取、剥离的部分热量可获得很好的重复利用，使热利用率提升。这完全不同于火力发电中的回热、再热技术，是现有热机朗肯循环发电系统技术所不具备的。

如果外循环水温远高于120℃，热管式集热器集热温度可超过超低温设定的范围，如果大中功率汽轮机采取多级膨胀做功，那么工质初次蒸发温度可提高，可高于30℃蒸发，回热、再热可以重新设计而无需创造性技术便能实现。回收冷凝过程的热量可由内循环工质吸收，也可由外循环传热介质吸收，变化很多，但都有现成的技术可借鉴。

新技术路线中的冷凝技术不依靠循环冷却高塔的水来释放尾气潜热，这样就可避免建高塔，不但节省投资成本，平时也不需要耗电利用大功率水泵向几十米高的冷却高塔上送大量循环冷却水，水雾也不会因此在高塔顶端聚集飘散，节电、节水一举两得。

② 攻克超低温发电的难题，使超低温光热发电成为可能。

如图10-41中2，如果发电系统采用的是传统朗肯循环，那么根据卡诺循环热效率公式，若要提高发电热效率，就要求等压吸热过程的工质温度提高，所以火电站热发电通常采用的是临界、超临界温度技术，在太阳能光热发电中采用的是中高温技术路线。而采用中高温技术路线后就必须面对如何提高集热管性能、降低集热管成本，以及如何研发出性能更好的高温吸热器，如何解决空冷设备问题以应对光热发电基地的缺水问题。到目前为止，所有这些问题在中高温光热发电技术路线中都还没有给出一个较好的应对方案。若改变思路，采用新技术，才有可能从根本上解决中高温光热发电技术路线所遇到的技术难题，使超低温光热发电成为可能。

从理论上讲，若要实现热功转换，热源端和冷源端之间必须要有合适的温差值，而热源端温度要求明显受冷源端冷却水温的制约。一般热发电技术认定冷源端冷却水温约为20℃，那么热源端温度不可能低于20℃；若考虑冷凝过程热交换必须有的温度梯度，假设这个温度梯度值一般掌握在15℃，那么热源端温度不可能低于35℃；若需要在透平机内实现热功转换，并有一定的效率和经济性，那么热源温度要求至少为90℃才可能获得约55℃的温差值，所以一般认为超低温发电是不可能的。现在利用新技术的特点是冷源端不用水冷，那么热源端温度要求就无冷却水温的制约而有明显的下降空间。如果冷源端温度可以达到零下几十度（这是有可能的），那么热源端温度要求甚至可降至室温。外循环水温无论是90℃还是30℃，内循环非水有机质蒸发均控制在10～30℃。蒸发温度之所以要控制在10～30℃的范围，是为了便于吸收冷凝过程释放的潜热，这时内循环工质对应的气压一般在几个兆帕。当它吸收冷凝过程释放的潜热再热升温至100℃时，工质气压将进一步上升而具有较大做功能力。工质气体蒸发温度不同，过热蒸汽的品质也不同。经过简单计算可知，实现热功转换的温差值理论上至少可达120℃，这是原工艺55℃的两倍多，热效率提高幅度相当明显，使超低温发电成为可能。

如果按常规海洋温差能发电技术，热源25℃（海水表温），冷源5℃（深海层水温），再考虑冷凝需要的温度梯度，常规海洋温差能发电技术可利用的温差值仅在10℃左右，它的发电效率实际在1.5%～2.5%之间，所以若能提高到3.5%，是非常了不起的进步。可是若将本技术应用到海洋温差能发电上，不仅不需要抽深层海水，可大幅降低自耗电比例和作业成本，而且其可利用温差值将有可能达到100℃，实际发电效率将得到大幅提高。

由于超低温发电技术有很好的热效率，因此，采用超低温新技术路线后光热发电的集热器结构可发生较大变化而无需聚光，甚至采用一般太阳能热水器集热管阵列系统即可实现光热的有效收集。中高温光热发电中面对的如何研发高温吸热器的技术难题也找到了相应的解决方法。

③ 化解低成本聚光器技术难题，降低投资综合成本。

现在针对图10-41中3做说明。现行太阳能中高温光热发电的集热手段，是借助太阳能槽式、塔式、碟式和菲涅尔式系统，所有这些系统都必须要借助聚光自动跟踪系统和精准的控制系统才能起到较好的作用，但这些系统的成本和光场反射镜系统成本相加约占据太阳能光热发电站总投资的60%。不仅如此，还因为太阳能光热发电站大都处在恶劣环境中，使用了无数传感器，使得设备维护复杂化，运行可靠性明显降低。

而新技术系统对热源品位要求不高，如上文所述，传热介质温度仅要求在30～90℃之间，平均60℃左右，一般利用太阳能热水器的低温集热管都能做到，所以可采用类似于太阳能热水器的低温集热管阵列系统，无需中高温光热电站必需的控制精细的日光跟踪系统，直接消解了中高温光热发电中还需研发“低成本聚光器”的技术难题。这不仅有效降低了投资成本，方便日常维修，而且还使系统运行可靠性和生产安全性获得提高。

太阳能热水器集热管在我国已经形成了规模巨大的产业链，是一项非常成熟的产品，目前这种集热管产品品质较高，尤其是效率理想、维护简单的热管式集热管非常有利于降低光热发电投资成本和运行成本；事实上，由于这种太阳能热水器的大量推广和价格竞争，已迫使其销售价格回归到了相对合理的区间。利用太阳能热水器集热管的低温集热手段不仅适合高日照的地区，也适合日照不足但气温较高的地区。因此，超低温发电技术不仅能创造“经济效益”，还能带来环保生活，是对节能减排、科学发展、低碳经济理论的具体实施。

④ 可利用常温水储热，实现24h不间断运行发电。

太阳能光热发电中储热是个关键，如图 10-41 中 4。中高温光热发电模式中需储存的是高温传热介质，如高温导热油或混合物熔盐，储热罐设计不仅要求保温性能好，而且要求绝对不泄漏，建造规格自然要求提高，建造成本就是一个很大问题。因此，一般储热罐容量设计大部分只考虑无阳光后能保证机组运行 3～4h，若为延长单独稳定发电时间而不利用其他补充热源手段就需增加蓄热量，那么投资成本将急剧飙升；同时储存大量高温液体对运行安全来说也是一个相当大的问题，若使用不当造成泄漏势必引发火灾而成为隐患；更有高温蓄热介质如高温导热油容易老化，更换一次费用很高，非常不利于运行成本的降低。而新技术系统中储热采取以蓄常温水为手段，饱和蒸气压并不高，所以储热系统建造技术要求明显比储高温导热油的低，建造造价较低，因此也更经济、更安全；简单地说，若地形允许，可以将储热罐建成一个地下大水窖，加贴聚酯类泡沫保温材料，可以做得很大，以解决 24h 不间断运行发电；而且蓄热介质本身是常温水，较少添加剂，在封闭体系内基本无老化、无缺失问题，可反复使用，节约人力、财力。因此，新技术系统中的太阳能光热储热系统具有非常明显的经济优势和安全性。

⑤ 新技术系统成功地挑战了在干旱、缺水的沙漠、荒滩地区大规模推广的可能性。这一点图中虽未显示，但却很重要。这是太阳能光热发电能有效、持续、长久发展的关键。

特殊冷凝技术的优势在于不需要利用外来的冷却水冷却，便能使工质尾气中的热量获得满意的抽取、剥离、释放，直接消解了中高温光热发电技术面临的如何研发高效空冷设备的难题，从而成功挑战了沙漠等干旱、缺水地区大规模推广太阳能光热发电站并实现可持续化发展的大问题，使新技术成为光热发电领域中可持续发展的唯一选择，发展前景十分广阔；同样也可使火电站、核电站建在沙漠、荒山深处，而非必须集中在东南沿江、沿海丰水地区，使电站建设布局更趋合理化。

新技术是对中高温太阳能热发电技术的补充和完善。其不但可应用于光热发电领域，而且还可应用于传统余热发电领域、海洋温差能发电领域、中低温地热井发电领域等，还可以应用于火电厂、核电厂冷却水余热发电，协同电厂节能减排、减少污染、提高综合效率，应用市场广泛。

11 太阳能热气流发电/太阳能半导体温差发电

11.1 概述

11.1.1 太阳烟囱发电技术的发展过程

太阳能热气流发电常被形象地称为太阳烟囱发电（Solar Chimney Power，SCP），是一种非聚焦型、低温太阳能热发电（温度常在70℃以下），太阳烟囱是一种将风力透平发电、温室技术、烟囱技术合为一体的太阳能热发电技术。

根据热压差效应，利用热烟囱中向上抽吸流动的热气流驱动风轮机做功，早在20世纪以前就有这样的提法。由于现代技术和材料科学的发展，可以实际建造高大的热烟囱，使得太阳烟囱热气流动力发电在技术上变得可行。

太阳烟囱热气流动力发电的实际工程技术概念，最早是由两位德国工程师于1976年提出的。

1981年，联邦德国政府在西班牙马德里南部投资建造了一座峰值发电功率为50kW的太阳烟囱发电站。太阳烟囱高150m，直径为10m，太阳能采光大棚直径达240m，采光大棚采用塑料薄膜建成。风轮机转速为100r/min，太阳烟囱发电站效率达83%，设计温升为20K，发电机转速为1000r/min，白天及晚上输出功率分别为100kW和40kW。建于西班牙的这座实验性电站从1982年开始运行，直至1989年。实验结果表明，运行可靠，提出的设计概念在技术上是可行的。1983年计算的发电成本为0.098美元/(kW·h)。

该太阳烟囱热力发电试验电站自1982年投用后，共运行15000h。试运行结果显示，该发电站实际运转率为95%。一次因受风暴袭击损坏了部分塑料大棚，但是边修复边运行，并未因故停机。运转率为95%的主要原因是周末西班牙电网限制发电。在此以后，许多国家构建了不同规模和形式的太阳能热气流发电的小型实验装置，并展现出了可观前景。如美国康州的一座庭院式装置，烟囱高10m，集热棚直径达6m，输出功率达10W。

借助于计算机模拟技术、计算机辅助设计，可以设计出200MW及以上的太阳烟囱发电站。计算机模拟运行结果显示，设计的太阳能发电站的建造和运行都非常可靠。以100MW的太阳发电烟囱为例，气流进入烟囱底部时温度提高了35℃，烟囱底部的气流速度为16m/s。图11-1为某太阳烟囱发电站示意。

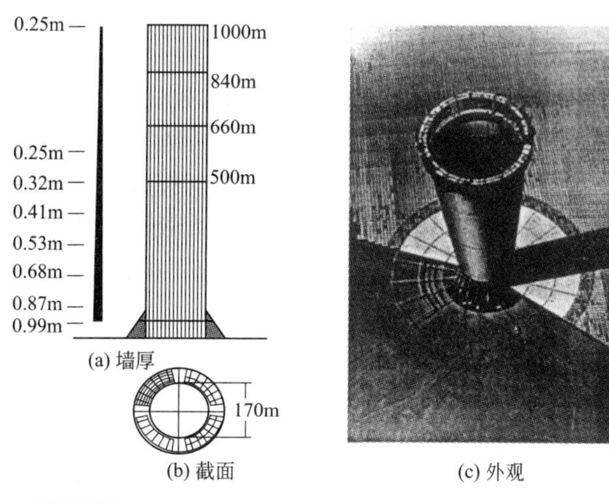

图 11-1 高 1000m、直径为 170m 的太阳烟囱发电站示意

11.1.2 太阳烟囱发电技术的优点

太阳烟囱发电技术之所以受到广泛关注，主要是因为它具有以下优点。

① 太阳烟囱的采光大棚可以利用全部太阳辐射，不仅可以采集直射光，还可以采集散射光。这对于阴雨天频繁的热带地区非常重要。而其他太阳能发电装置只能在直射光的照射下才有较高的效率。

② 太阳烟囱技术采用了储热设施，保证太阳烟囱发电站可以 24h 连续运行。

③ 与其他太阳能发电装置相比，太阳烟囱发电站十分可靠，几乎不会出现因故停机。风力涡轮发电机组是该系统中唯一的运转设备，只要有稳定的气流，就能稳定发电。

④ 建造太阳烟囱的原料主要是混凝土和玻璃。太阳烟囱的规模可根据需要设计建造。建造费用包括采光大棚、烟囱、涡轮机等的费用。设计建造太阳烟囱发电站时要综合考虑各种因素。

⑤ 容易实现低密度太阳能的大面积收集。能量密度低、日照波动大是太阳辐射的基本特征，也是人类在大规模开发和利用太阳能时必须逾越的障碍。但是，太阳能热气流发电系统通过建造大尺度的温室，很容易实现对低密度太阳能的大面积、低成本收集。

⑥ 储能方便，可实现在夜间不间断发电。集热棚底部铺设采用土壤、沙、石等储能材料，在太阳直射或天空散射条件下，系统储能材料照样可以吸收并储存能量，可以保证在日照变化条件下以及在夜间向集热棚内的空气传热，从而保持系统持续稳定的发电。

⑦ 系统做功介质仅为不发生相变的空气。中国西部地区太阳辐射充沛，但大部分地区严重缺水，无法大规模建设需要以水作为介质或水冷却装置的发电系统，但太阳能热气流发电系统的工作介质仅为空气，没有相变，不需要水或其他有机介质，也不需要冷却装置，这大大降低了系统的复杂性，同时也提升了在西部缺水地区实施的可行性。

⑧ 技术可行，运动部件仅为涡轮机/发电机。由于系统的运动部件仅为涡轮机和发电机，此外没有需要更换的零件和集中维修的部件，因此电站建成后的运行成本和维护费用低，不需要难以掌握的尖端技术，而且可以解决大量的劳动力问题，这是发展中国家建设此类型电站最独特的优势。

⑨ 利用西部的荒漠土地，没有移民问题。与大型水电站相比，太阳能热气流发电系统不会造成地面环境和气候的显著变化，也不会造成移民问题。

⑩ 改善缺水缺电、生态脆弱的西部环境，无污染，替代相同规模的燃煤燃油电厂可减少 CO_2、SO_2、NO_x 排放量，还可利用其温室效应等改善局域环境，具有较好的社会效益。

⑪ 投资和运行成本低。设计简单，施工方法和建材（玻璃、水泥、钢材）均可在当地获得，因此电站的建设成本不高，一次性投资预计与建造相同装机容量的水电站相当；温室内的土地没有浪费，可以与农业相结合，改善了温室内空气的品质，从而形成系统发电和农作物种植与栽培互补综合利用系统。

国内外学者已就烟囱高度、集热棚直径、烟囱内气体流动和守恒方程、集热系统、日照辐射，以及储热系统烟囱内壁摩擦力、气流、热量与烟囱高度、涡轮机压等进行深入探讨，建立各类传热模型和数字模拟。

11.2 太阳烟囱发电原理和进展

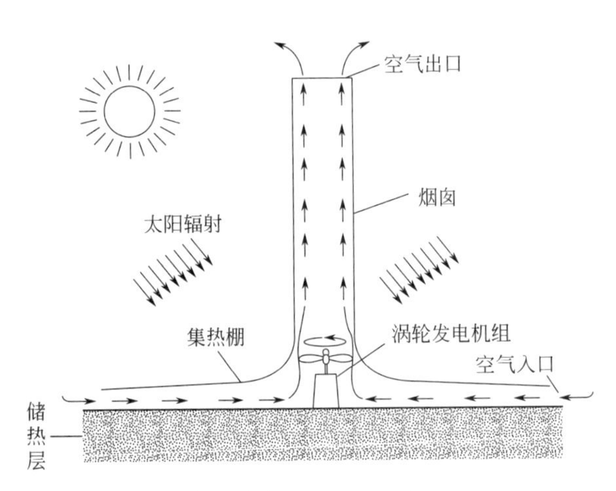

图 11-2 太阳烟囱发电原理

太阳烟囱发电系统主要包括烟囱、集热棚、储热层、涡轮发电机组四部分及监控系统。如图 11-2 所示，系统以烟囱为中心，透明面盖和支架组成的集热棚呈圆周状分布，并与地面储热层保持一定距离。透光集热棚相当于一个巨大的温室，其地表储热层吸收太阳光短波辐射后温度迅速升高并加热集热棚中的空气，空气吸热后，温度升高、密度降低，与外界环境形成密度差，从而形成压力差，起负压管作用的烟囱加大了系统内外的压力差，形成了强大的上升气流，驱动位于烟囱底部中央的空气涡轮发电机组；而冷空气在压差作用下从四周缝顺流进入烟囱内形成热气流，驱动风轮发电机组发电，从而将太阳能转换为电能。

11.2.1 原理

太阳能空气集热棚本质上就是简易太阳能空气加热器，其结构原理如图 11-3 所示。太阳辐射透过接收器（集热棚）的透明顶棚照射在储热表面上，使其温度升高，加热集热棚内空气，在烟囱作用下受热空气影响形成强烈上升气流。许多研究人员将此称为太阳-空气-重力效应（HAG 效应）。

2000 年，有两位学者在《太阳能工程》杂志上撰文，将整个太阳能热气流发电系统的工质流动视为标准形式、理想的定压加热式布雷顿（Bryton）循环。工质在整个集热棚内，即从接收器（集热棚）进口至出口是定压吸热过程，自烟囱底部至烟囱出口为绝热膨胀过程，自烟囱出口温度冷却到高空温度为定压放热过程，自高空下降进入接收器进口之前可视

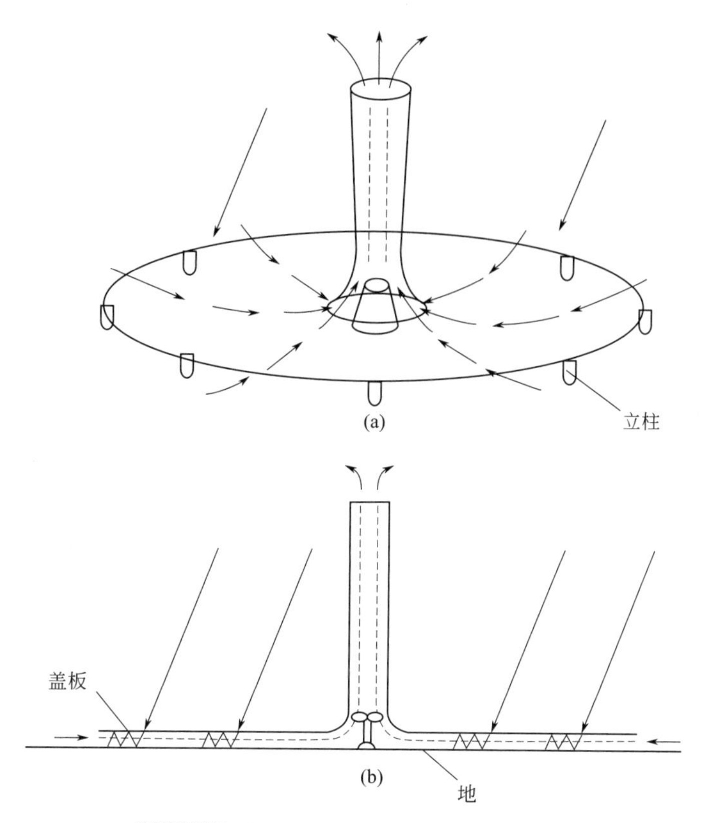

图 11-3　太阳能空气集热棚的结构原理示意

为绝热压缩过程。由上述 4 个过程可获系统各过程的过程参数和过程方程，得出系统循环效率。由于大部分的循环净功要用于在烟囱内克服重力做功，只有一部分通过轴功输出，因此太阳能热气流发电系统理想循环热效率低于相同增压比下的常规布雷顿循环。

太阳能集热棚的高度 H 正比于集热棚入口高度 H_2 和集热棚半径 R_c，与集热棚地面水平坐标成对应半径。集热棚盖板不同的倾角指数用 b 表示，概念如同太阳能集热器中的安装倾角，由太阳烟囱安装地区地理纬度决定，但通常取 $b=1$。已有研究表明，太阳烟囱高度随电站容量的增大而增高，而单位电站容量所需烟囱高度的相对值（电站比功率烟囱高度）却按非线性关系快速下降。

11.2.2　太阳烟囱技术

（1）采光大棚

采光大棚实际上相当于一个巨大的温室。采光大棚由透光的棚顶和支撑结构组成。棚顶主要由薄膜或玻璃等透明材料建成。温室的高度为 0.6～2m，周围较低，越接近烟囱越高，这样更有利于棚内气体的流动。

（2）储热设施

简易的储热设施和太阳能热水器中的集热器相似，采用黑色的水管。在采光大棚的地面整齐地铺设几排水管，管内充满水，并将水管密封。如图 11-4 所示，白天，黑色水管储存的水吸收热量；夜间，当棚内气温下降，这些已经储满热量的水将热量释放出来，加热棚内空气，从而保证夜间烟囱内的气流强度。因为不同于塔式、槽式太阳的高温储热，太阳烟囱可直接使用与建筑相同的相变材料储热，从而大幅提高储热能力，保证夜间释放热量，电机连续发电。

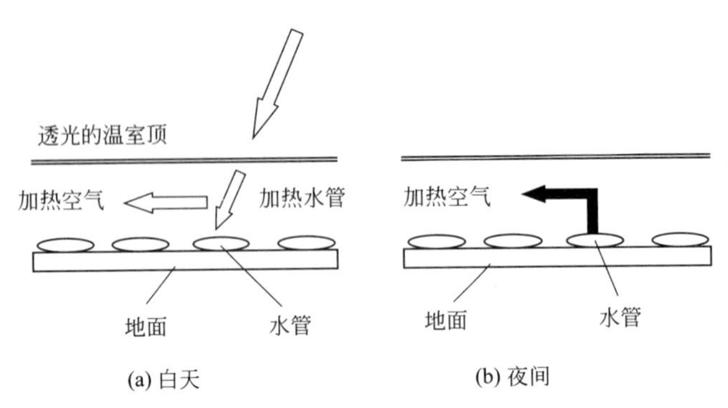

图 11-4 储热设施工作原理示意

（3）烟囱

超高耸的烟囱是太阳能热气流发电系统的重要组成部分和标志，其意义与塔式太阳能热发电系统中的太阳塔相似。烟囱的作用是形成压差，为电站提供热动力。太阳能热气流发电技术的发电效率与烟囱高度紧密相关。烟囱能使其内部气体向上流动。流动气体的温度越高，烟囱底部内部气体的压力与外界空气的压力差越大，则烟囱内的气流速度越高。面积较大的采光大棚可以使气流的温度在烟囱底部升高 35℃以上，达到 50～70℃，此时烟囱内气流上升的速度可达 15m/s。烟囱的效率随其高度线性增大，并几乎恒定地下降到温差只有几度时的效率值。为提高烟囱效率，应该尽可能增加烟囱高度。要使太阳能热气流发电可用功率达到 200MW，烟囱高度将达 1000m。

烟囱的建造材料有很多，常用的是钢筋混凝土，也可以采用钢材或玻璃钢等材料建造。这些方案都是比较成熟的技术，在热电厂建造冷却塔时曾经被广泛采用。国外著名塔结构专家认为建筑由烟囱底部气流源分布形式决定，太阳烟囱具有不同于其他高耸的钢筋混凝土壳体结构的独特进气口和基础，需在其内部置许多钢辐条支撑加强环，以增加超高薄圆柱壳体结构的稳定性。

（4）风力涡轮机

在太阳烟囱中，风力涡轮机的作用是将气流的动能转化为电能。风力涡轮机安装于烟囱底部，由烟囱中的循环气流驱动。太阳烟囱采用的风力涡轮机作用是将气流动能转换为电能，其原理与水力发电机采用的涡轮机相似，同属封闭管道内安装的涡轮机。相同直径的涡轮机比开放式风力涡轮机输出功率要大 7 倍，因此太阳烟囱发电技术中涡轮机的设计关键是扩大应用范围，使气流在合理范围内输出功率最大化。

实现以上目的的关键之一是把握涡轮机叶片角度。根据计算，当涡轮机可以引起气流能量减少 2/3 时，涡轮机的输出功率最大。与风力发电机采用压力级叶轮机不同，太阳烟囱发电采用速度叶轮机。空气流和整个系统中的空气速度由风机叶片的斜度控制。经过 CFD 仿真分析，可得叶片表面的相对速度和压力分布，经过优化，涡轮机的效率可达 90%。

（5）集热棚

集热棚是太阳烟囱发电系统中最重要的部分，它的作用类似于空气集热器，主要收集太阳能加热棚内的空气，以获得推动空气涡轮机发电的动力。集热棚的覆盖层一般为透明的材料，如玻璃、塑料等，这类材料能够使太阳辐照中最主要的短波辐射进入，并很好地阻止地面散热发射的长波透出，因此起到集热的效果。集热棚的效率跟当地气象状况（雨雪、沙尘、风速）及地质状况有关，与集热棚直径有很大关系，集热棚的直径越大，集热效率越高。根据卡诺循环，烟囱发电系统的效率与集热棚出口温度有很大的关系，集热棚出口空气的温度越高，整个系统的效率就会越高。但就目前的集热棚集热效果来看，一般出口温度只能提升30℃左右，整个系统提高的效率很难达到1%，因此要提高整个系统的效率，不仅要增大集热棚的直径，也要提高集热棚的出口温度。采用空气集热器作为集热棚的集热部分是一种很好的方法，空气集热器可以将空气加热到80℃左右，并且空气集热器也具有比集热棚更高的集热效率，可达到50%左右（见图11-5）。

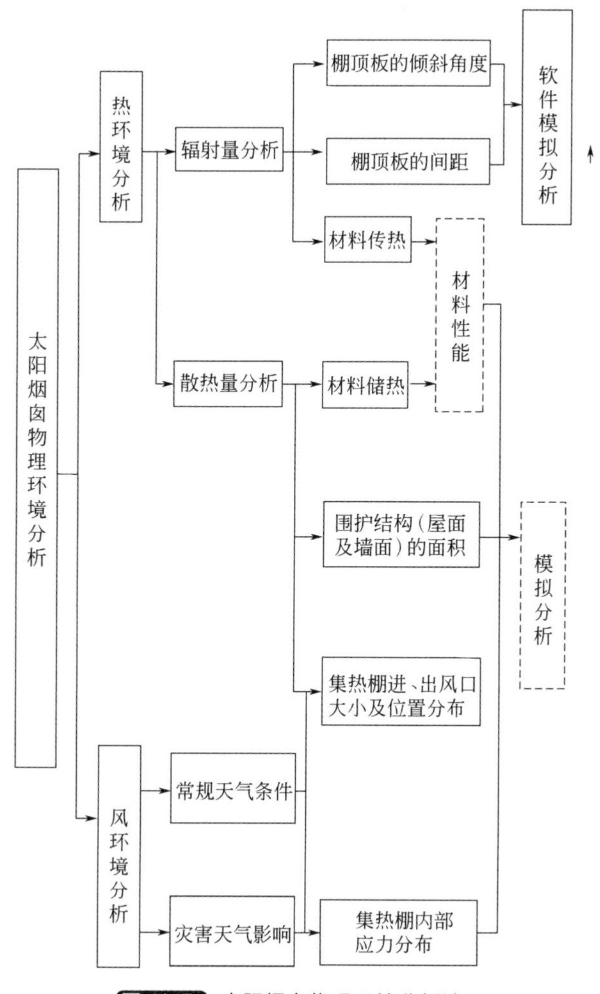

图11-5 太阳烟囱物理环境分析流程

目前集热棚覆盖层的使用寿命为5～7年，如通过选用新的耐候材料将寿命延长到30年，太阳烟囱发电成本就会降低。根据总太阳辐射能、涡轮机压降与工质的质量流量、总输出功率等参数综合计算得出的10MW级太阳能气流的集热棚直径为烟囱高度的5倍，烟囱高度为烟囱直径的5～20倍，烟囱越高，烟囱高径比越小（见图11-6）。

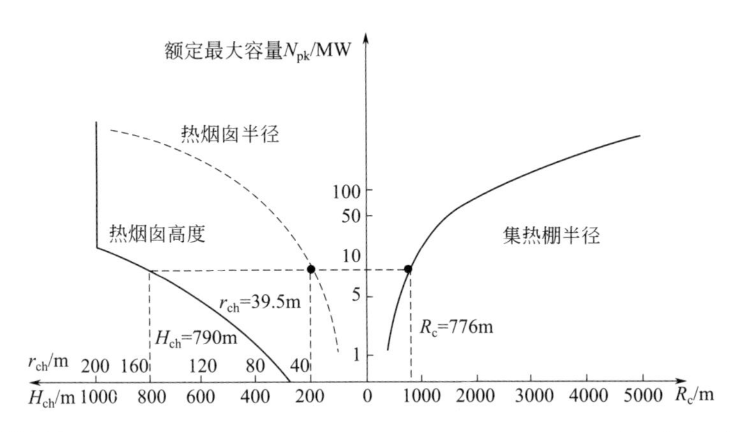

图 11-6 兆瓦级太阳烟囱热气流动力发电站的主要尺寸与其容量之间的关系曲线

11. 2. 3 进展

意大利的一座太阳烟囱电站，烟囱高 215m，气流速度达 13m/s，可使风轮以150r/min的速度旋转，发电量为 500kW，可满足当地一个小镇用电。1995 年，Stinnes 的研究团队在南非边远的沙漠城锡兴附近建造了一座实用规模的太阳能热气流发电站。该电站的发电能力为 200MW，烟囱高度为 1500m，集热棚直径为 4000m，工程耗资 2. 5 亿英镑。2003 年，澳大利亚 Enviro Mission 公司在澳大利亚的 Mildura 建造了一个 200MW 的太阳能热气流电站，该电站烟囱由 Schlaich 设计，设计高度为 1000m，直径为 130m，集热棚直径为 7000m，投资 3. 95 亿美元。我国主要西北地区和青藏高原等地区具有兴建热气流电站的优势，2009 年我国第一座发电量为 1MW 的太阳能热气流电站在宁夏开始兴建，填补了我国利用太阳能热气流发电技术的空白。电站每年可节约标准煤 2000t，减排 $SO_2$30t、$CO_2$7300t。在乌海金沙湾地区的一座 200kW 太阳能热风发电站，其集热棚呈椭圆状布置，面积为 6170m^2，集热棚出口面积为 251. 4m^2，烟囱高度为 53m，烟囱直径为 18m，其工程规划装机容量为 27. 5MW。

由于太阳烟囱热气流动力发电站的土建工程浩大，相对效益并不十分明显。近年来，不少学者根据其自身的研究兴趣，提出了一些不同商用规模的太阳烟囱热气流动力发电站的概念设计，容量大多是兆瓦级。其中最大容量设计为 200MW，澳大利亚 Mildura 动工建设的热烟囱高为 1000m，直径为 130m，太阳能空气集热棚直径为 7000m，可谓庞然大物。此外，有人提出在中国的西北地区建设多座太阳烟囱热气流动力发电站，热烟囱高度为 200m，直径为 10m，太阳能集热棚直径为 1000m，可能的发电功率为 110～190kW。另外南非北开普省沙漠城锡兴已建造出了主体高达 1500m 的太阳烟囱。

现在对于兆瓦级太阳烟囱电站的典型概念设计数据如下：烟囱高度 850～1000m；烟囱直径 110～115m；集热棚直径 3. 6～5km；年发电量 280～320GW·h。

美国计划用 4 年的时间，在亚利桑那州西部沙漠中建造一座利用太阳能热气流发电的巨型太阳烟囱电站，烟囱高近 800m，塔身直径与足球场不相上下，周围温室遮篷直径约 3. 2km，使用寿命超过 50 年。在阳光充足的日子里，烟囱顶部温度为 20℃时，地面温室温度可达 70℃，当热空气以 15m/s 的速度沿烟囱上升时，32 台涡轮发电机将生产 200MW 电能；太阳落山后，太阳烟囱电站仍可继续工作（见图 11-7）。电站建成后，预期能为 20 万户家庭提供充足的电力供应，而且不会产生温室气体，非常环保。

图 11-7 美国亚利桑那州太阳烟囱电站

11.3 太阳烟囱发电新技术

SCP 属于一种非聚光太阳能发电技术，收集太阳能光能量密度低，因此占地面积大，初期投资高，并且满足要求的烟囱在建造上也具有一定难度。近年来为了克服这些困难，学者们提出了各种烟囱发电的新技术。

11.3.1 强热发电技术

强热发电技术目前有两种形式：一种是采用内插式真空管集热器，利用鼓风机将空气鼓入真空管集热器中，将空气加热，然后通过常规集热棚形成较高温空气，密度变小，形成对流气流流动发电，提高太阳烟囱的效率；另一种是在地热资源丰富的地方，利用水泵将高温水抽出，在太阳烟囱的集热棚下方地面上设置环形水盘管换热器，利用地热水加热空气，这样集热棚中的空气温度可显著提高，从而达到提高电厂效率的目的。

11.3.2 浮动烟囱太阳能热风发电

浮动烟囱太阳能热风发电（简称 FSCP）采用热气球或者高空飞艇材料作为制作烟囱单元的主要基材。烟囱单元是充注有氢气或者氦气、有一定高度的环形圆圈（圆柱体），通过轻质结构将多个圆柱体连接起来形成很长的烟囱结构，在浮力作用下，烟囱飘浮在空中，而热空气能够从烟囱的中间通道飘向空中。由于采用成熟而大量工业生产的飞艇外壳材料，大大降低了烟囱的建设成本，从而降低了太阳能热风发电厂的造价（见图 11-8）。

11.3.3 斜坡太阳烟囱发电

因太阳烟囱发电受集热棚和烟囱高度的限制，为提高其发电效率，同时降低其工程造价，提出斜坡太阳烟囱发电系统。在高纬度地区，利用南向山坡建造集热棚，同时将烟囱建造在山顶上，充分利用南坡吸收太阳光的有利条件，同时还可利用上山风提高集热棚入口出风的速度，烟囱高度提高也有利于发电效率提高（见图 11-9）。

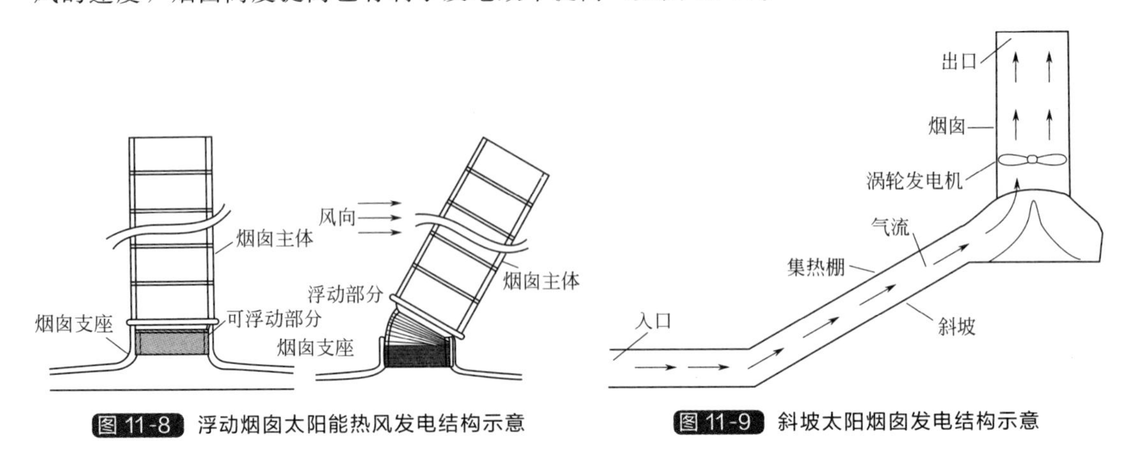

图 11-8 浮动烟囱太阳能热风发电结构示意

图 11-9 斜坡太阳烟囱发电结构示意

11.3.4 太阳烟囱发电技术在建筑中的应用

相对于其他类型的太阳能发电途径，太阳烟囱发电原理简单，设备成熟，被誉为“沙漠中的水电厂”，受到国内外能源界的广泛关注。目前，许多国家都已经对太阳烟囱发电进行了较为深入的研究，各种规模的示范电站甚至商业电站也有所建立，但由于电站一般位于沙漠等较为恶劣的环境中，烟囱维护具有很大的难度。设想热风发电烟囱借用都市高楼的部分结构，一方面可对建筑物进行保温隔热，改善建筑的通风性能；另一方面在结构上更加安全牢固，大大降低了运行维护的难度，投资成本也大大降低，同时又可将产生的电力直接用于建筑本身，是非常有意义的工作，国内外的科研界也做了部分探索性的工作。

太阳烟囱电站与建筑一体化的主要形式有两种：一种是与现代城市高楼的立面墙体相结合，利用建筑物向阳面的墙体修建一条供气体流通的通道，墙体的外立面为集热棚，涡轮发电机放置于楼层底部；另一种是与人字形屋顶相结合，沿着屋顶修建空气通道，涡轮发电机放置于屋顶顶部，这种形式与斜坡太阳烟囱发电有类似之处。2011 年，K. V. Sreejaya 等在稳态条件下建立了屋顶式太阳烟囱的模型，并模拟了白天系统短暂的运行情况，对于 $15m^2$ 的模型面积，烟囱内气流最高速度可达 0.17m/s，并且最大流量随着太阳辐射的增大而增大。在国内，周艳、李庆玲等进行了基于太阳墙技术的太阳能热气流电站的建模与仿真，主要针对城市高楼的立面墙壁与太阳能热气流发电结合的研究，探讨了太阳辐照、立面高度等条件对太阳烟囱发电效果的影响。研究表明，同传统的太阳烟囱电站一样，建筑一体化烟囱电站的效率与烟囱的高度及太阳辐照度成正比，而且烟囱的高度与宽度之间存在一个最佳比值使得系统发电效率最高。

目前对于太阳烟囱电站与建筑一体化的研究还比较有限，但是从技术层面上来说，利用太阳烟囱为建筑提供新风或者地板采暖，已经在许多建筑上得到成功的应用并行之多年。因此适合城市高楼一体化的热风利用技术从原理上来讲，并无太大困难。

维修费用低和运行时间长是太阳烟囱发电的特点。太阳烟囱发电站在运行过程中不排出 SO_2 等有害气体，不排放温室气体 CO_2，也不排出固体废弃物，有利于生态环境。荒漠地区适合建造太阳烟囱电站。

研究表明，影响电站运行特性的因素有云遮、空气中的尘埃、集热器的清洁度、土壤特性、环境风速、大气温度叠层、环境气温及大棚和烟囱的结构质量等。大气红外辐射对电站的总能量平衡起很重要的作用。在阴天且太阳辐射为全散射时，电站仍可在低功率水平下运行。空气中的尘埃成分降低太阳辐照度，影响电站单位功率输出。附着在大棚上的尘土影响棚顶的清洁度。专门选择的棚顶材料，例如具有适当自清洁及防尘附着性能的玻璃，就能减少尘土附着，保持覆盖材料的阳光透过率。尘土覆盖在棚顶上的最大影响是降低其透过率12%左右，但可以通过清除尘土的办法恢复。

太阳烟囱的发电功率取决于烟囱的高度和温室场地的面积，这意味着不存在物理方面的优化，而只有经济方面的优化。

这使太阳烟囱可以走出沙漠荒原，参加城市建设。

可以设想在一座几百米、甚至上千米高的山岭四周建造透明材料大棚，那么整个山岭就成为一个巨大温室（集热器），即山坡上可以种植，山头又成了热空气上升的烟囱，解决了建造高烟囱的难题。有人测算，这种竖式烟囱发电系统投资已与火电系统相当，且建在荒山丘陵，社会效益显著，一次投资，长期受益。

还有人设想利用陆续出现的高楼实现太阳能热气流发电。有人设想了一种住宅-太阳烟囱电站（见图 11-10），即建造一座 60 层楼以上的中空住宅高楼（即四合院），利用高楼的中空筒体兼作太阳烟囱电站的大烟囱，在楼外建涡轮发电机房，机房外建塑料或玻璃太阳棚，用热风道连接发电机房与大楼的中空筒体，这样，太阳烟囱电站只花很少的费用，就得到一个“长命百岁”的大烟囱，大幅度降低发电成本，使太阳烟囱电站步入实用化进程。还可以在玻璃太阳棚内安装太阳能光伏组件，使太阳光在光伏发电的同时产生热空气，不断流动的空气既能给光电池降温，又可用于热气流发电，光热并用，提高效率。太阳烟囱电站的太阳棚占用大片土地，若再进一步改进，可考虑把住宅高楼建在高耗能工厂的斜坡上方，把厂房的上半部封严，用热风道将工厂的余热废气引入涡轮发电机发电，不仅节约土地成本，还将进一步降低发电成本，推进太阳烟囱电站的商业化进程（见图 11-11）。三结合方案产生了互动效应。它使住宅高楼成为电站的主体设备，又给高耗能工厂提供了一个偌大的烟囱，使工厂的余热废气争先恐后地往大烟囱里跑，大大改善工厂的空气质量；住宅高楼从电站方面得到补偿，能以较低的售价为工厂提供住房，方便工人上下班；工人又给住宅高楼提供市场需求，避免建筑投资风险；工厂还给电站提供免费的能源和免费的太阳棚地面，从而使太阳烟囱电站具有高收益。

太阳能热气流与太阳能光伏结合，利用太阳能热气流温室系统内的空间布置光伏阵列，以节约土地资源，在相同发电量前提下减少集热棚面积，又利用光伏发电优点，克服光伏发电规模小、分散的弱点，系统的能量转换与利用效率显著提高。另外我国王一平和朱丽等提出太阳烟囱综合利用海水系统。

采用现代技术和材料建造高大的烟囱，使得太阳能热气流发电在技术上已然可行。相信会逐渐成为人们开发利用新能源的一个值得探索的途径。但其不足之处在于，大烟囱需要耗费大量的薄钢板，而薄钢板在室外日晒雨淋，容易生锈，使用寿命短。建造经久耐用的大烟囱成为推进太阳能热气流发电的一个课题。

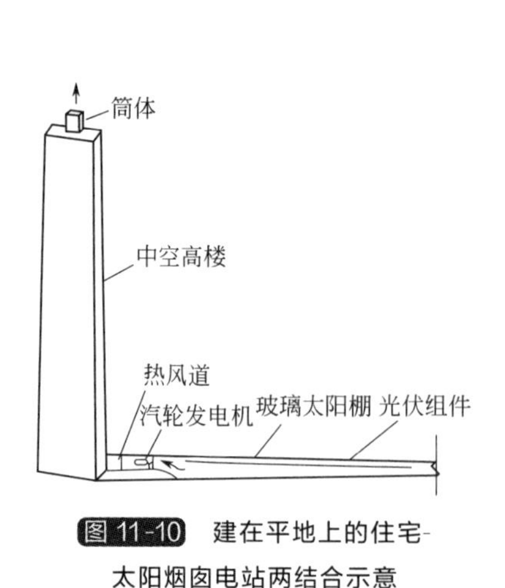

图 11-10　建在平地上的住宅-太阳烟囱电站两结合示意

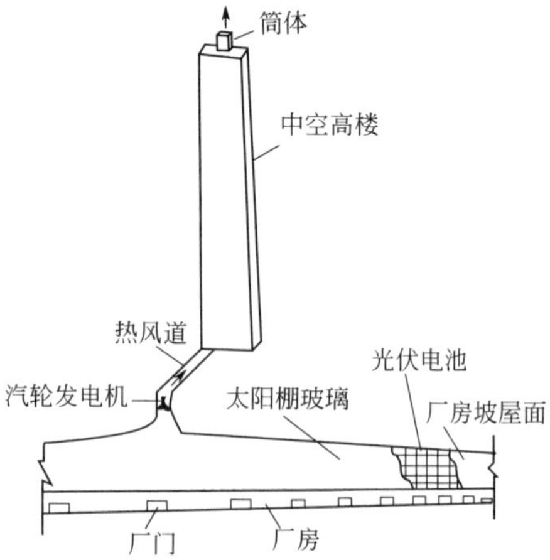

图 11-11　建在坡地上的住宅-工厂-太阳烟囱电站三结合示意

11.4 太阳烟囱发电展望

11.4.1 太阳烟囱的生态环境优势

在各类太阳能热动力发电系统中，太阳烟囱发电是唯一不需要用水，同时不需要复杂聚光、跟踪、储热系统，能够利用全部辐射的发电形式，并且可与干燥、空气取水、热水、空调和建筑太阳能一体化技术结合。虽然在技术上还有诸多问题尚待解决，但它的发展前景为各国学者看好，进入 21 世纪，每年发表的有关论文都在 100 篇以上。太阳烟囱本身就是一个巨大温室。

能量密度小、能流波动大和开发成本高是新能源发电的 3 个最主要难题。建设太阳能热气流发电系统有望有效解决上述难题，从而实现对化石能源的大规模替代。

太阳能热气流发电系统的能量转换效率不高，所以装机容量大的系统其建筑规模很大。计算表明，建造一座功率为 10～100MW 的太阳能热气流发电系统，集热棚直径为 1～6km，烟囱高度为 400～1000m。但应当注意到，新能源发电技术不耗费化石燃料，有良好的生态效应和环境优势，不需要辅以大量的废气洁净技术设备和措施，具有节约资源、环境友好的优势。目前，能量转换效率低是所有新能源发电技术共有的一个问题，但这不是新能源发电技术的关键问题所在，这个问题完全可以通过新能源发电的其他优点来弥补。因此，不能以此来否定太阳能热气流发电技术的应用前景。

中国西部太阳能资源十分丰富，平均日照时间高达 2800～3300h，又有大量可供选址使用的荒地、戈壁滩和沙漠，因而特别适合建造大型太阳能热气流电站。再者，基于西部大部分地区同时拥有丰富的季节互补型、气候互补型和昼夜互补型的风能资源，若实施太阳能热气流发电与风力发电的联合开发，势必产生更加巨大的资源利用效益，并提高供电质量和供电能力，应用前景十分广阔。

荒漠化问题是影响中国西部大发展的核心问题，也是威胁人类生存和发展的环境问题。由于不恰当的人类活动引起干旱、半干旱地带的土地退化是目前土地荒漠化的主要原因。据联合国环境组织1991年的现状调查推断，约有1/4的世界陆地面积，即约相当于干旱地区70%的540亿亩（1亩≈666.6m^2）土地正在荒漠化，并有1/6的世界人口受到直接影响。中国西部大部分地区亦属沙漠化脆弱生态环境，应用太阳能热气流发电技术，在有地下水地区使用电力抽水灌溉，可使荒漠化得到更有效的治理。同时，电站的集热棚除收集太阳能外，又是一个巨大的温室，大约有2/3的温室面积可用于植物、蔬菜甚至农业作物的种植等用途，是西部地区设施农业的一个发展方向。

由于太阳能热气流发电系统涉及能源、环境、电力、土木建筑等许多重要领域，关于其经济性、可行性的研究从来就没有间断过。其主要原因之一是系统总效率很低，国际上也有相关的研究人员对此提出过质疑。但目前，国际上关于太阳能热气流发电系统的经济性已经取得一致的意见，即从系统的总投资成本、运行成本、环境友好性等方面来讲，太阳能热气流发电系统是经济、可行的。

11.4.2 太阳烟囱与超高建筑

太阳烟囱可以和正在兴起的天篷式建筑和超高建筑配合使用，这是太阳烟囱的巨大优势。

太阳烟囱不仅可以提供电力，而且可以在集热棚中种植各类作物，养殖家禽，其功能远远超过单纯发电，而且有利于推动大范围内生态环境的改善。现在已有学者提出，如果一个兆瓦级太阳烟囱电站占地7km^2，那么建造数万个这样的电站，将会对我国西部开发和城市建设产生重大影响。

由于发电能力取决于烟囱高度和内外温差，所以高度（集热棚面积也与其相关）成为太阳烟囱发电的重点。

兆瓦级的太阳烟囱电站，烟囱高度在1000m左右，在修建技术上确有难度，但是太阳烟囱中间只有热气流，通过比较，修建数百米甚至千米、需要承载接收器和众多管道、与定日镜阵列保持精确位置的太阳塔，与设计1000m以上的高楼相比，其技术相应要简单许多。

现在，世界各地都在设计超高建筑（立体城市），而不单独建造烟囱，将其作为超高建筑组成，同时成为这些建筑的外护部分，无疑是理想选择。使这些建筑承担充当太阳烟囱支撑的功能，并与太阳能电池、太阳能温差发电、风力发电相互配合，无疑是未来建筑的一个发展方向。

高数十米的太阳烟囱只能在合适的天气中进行发电，而高达2000～20000m的烟囱可以实现全天候发电，风速持续稳定，全年可以实现8000h以上的满负荷发电，而一般风力发电全年只有2000h左右的有效发电，并且还不能保证满负荷运转。

超高太阳烟囱内部可以形成30～60m/s的高速气流，其风速已经达到台风级别，可以带动约100个风力发电机组满负荷地高速运转，其发电量已经与一座大型火力电站不相上下，而造价却不及同级火力电站的1/10，同时可以种植草木，改善生态，与污染环境的火力电站形成鲜明对比。

众多超高烟囱通过上部可以相互连接、固定，形成一个整体。这增强了太阳烟囱抗击疾风、沙暴的能力，结合天篷式建筑技术，人们可以对某一数万平方公里甚至更大规模的沙漠进行整体治理设计。

11.4.3 太阳烟囱与天篷式建筑

天篷式建筑（或称膜材、充气建筑）体现了未来建筑的趋势，是名副其实的21世纪建筑，是能创造某一人工小气候的巨型建筑，也是建筑史和建材史上意义深远的革命。

11.4.3.1 天篷式建筑特点

天篷式建筑近年在国外已陆续出现，它以设计简单、安装方便、体积（覆盖面积）巨大、形状颜色变化万端而引人注目。与从古到今的各类建筑相比，天篷式建筑具有如下特点。

① 轻质、易于安装。天篷式建筑所用膜材是直径2μm左右的玻璃纤维（又称β纱）增强聚四氟乙烯或硅聚酯塑料，单位面积质量仅为0.5～2.5kg/m^2，比以往任何建材都轻，节约了建筑结构所需支撑材料和建造费用，只需几根简单支架铺设，极为方便。在日本京都有一个直径为250m的高尔夫球场天篷式建筑，仅在门口设置2台功率不大的空压机使内部维持微小正压（由于保温效应，天篷式建筑均能维持正压），就使建筑保持25m高度，20万平方米的建筑中不需任何支撑。

② 可塑。玻璃纤维增强膜材料较柔软，又不易被破坏，便于运输和安装，制造、安装过程中损坏很少。可以突破传统设计模式和施工方法，制造出超越各种力学理论、形状美观的建筑。

③ 耐老化性能好。玻璃纤维增强膜材料能经受较大范围的温度波动，抗烈日、紫外线照射，耐腐，抗雨雪风沙袭击，可在热带到寒带广大地区铺设，室外寿命达25年。沙特阿拉伯的国际机场天篷式建筑位于长年地表温度接近70℃的沙漠地带，号称沙漠丛林，能容纳10万人，历时十多年，安然无恙，无风化开裂现象。

④ 有效利用太阳能。玻璃纤维增强膜材料均属可设计性复合材料，能根据需要调整生产工艺，以及玻璃纤维与聚四氟乙烯或硅聚酯塑料的比例、颜色、厚度，生产出对阳光反射率为30%～75%、透射率为0～70%的制品，并可按实际需要进行单层或多层组合。如上述的沙特阿拉伯国际机场，阳光透射率约7%，使室内温度明显低于室外，从而使内部照明空调用电大大减少。

天篷式建筑已在一些先进国家陆续出现，并且产生一批著名建筑，如美国佐治亚州克拉公园园艺中心、芝加哥市长廊办公室、加拿大温哥华展览中心、美国洛杉矶奥林匹克露天运动场及沙特阿拉伯沙漠丛林等。2008年北京奥运会，水立方流光溢彩，美轮美奂，成为代表性的天篷式建设。

11.4.3.2 天篷式建筑的作用

天篷式建筑是和以往建筑迥然不同的建筑，它的突出优势是能覆盖巨大面积，并能制造比当地自然气候更适于生活、生产的人工气候。随着覆盖数万到数百万平方米的天篷式建筑大量出现，会对气候产生有利影响。人们甚至已经可以探讨直径在30～50km，面积覆盖方圆数千平方公里的巨型天篷式建筑。这种天篷式建筑无疑会在我国西部开发中发挥难以替代的作用。

在天山南北沙漠地区，气候干燥，白天炎热，终年无雨，空中雨水尚未落到地面就又化成蒸汽。土壤挥发水分甚至高于降雨和河流补充水分的数倍甚至十余倍。显然通过单纯引水灌溉和种植已无法扭转土壤日益沙漠化的过程。如果采用天篷式建筑，使雪山流水不会立即蒸发被风吹散，能在“室内”形成温润气候，可以想象，昔日丝绸之路将恢复绿荫遍布的景色。

黄土高原、蒙古高原气候恶劣，风沙弥漫，气温落差很大。采用天篷式建筑能将沙漠、黄土分割成小块，有效阻止沙丘移动，侵吞农田。在建筑内种草植树，避免水土流失。

青藏高原冰雪逞威，空气稀薄，采用密封性能较好的天篷式建筑，并且充压，能在高原中形成一个气压较大、温度适宜的人工气候，适于人类（尤其是来自平原地区居民）生活和各类植物、动物的生长繁衍。

天篷式建筑在国防军工中也有重要作用：其一，它能在很短的时间（几小时内）覆盖巨大面积；其二，如玻璃纤维经表面处理（如镀铝、涂铅、镀碳），可使整个结构具有电屏蔽功能，能有效保护目标，防止敌方卫星、飞机的侦察。

天篷式建筑在广大范围内的使用将会改变西部“六月飘雪”“春风不度”“瘴疫之地”的现状，使大片荒沙干旱地带生机勃勃。它还能够模仿地球中比较富裕的生态循环，如前所述，要能改造10万平方公里土地，即近2亿亩耕地，这对于一个近16亿人口，仅有16亿亩耕地（人均耕地面积不足世界平均水平的1/3），而且不断遭受风沙侵蚀的国家，具有重大的意义。

天篷式建筑已在发达国家陆续出现，尽现风华。随着功能、形式、经济效益方面的优势逐步显示，天篷式建筑很快将会成为流行模式，并且成为改良沙漠、冻土、荒原和人类生存环境的有力工具。在我国，天篷式建筑的材料和生产工艺已有突破，制造成本正在降低。天篷式建设技术和太阳烟囱技术的结合有着广阔的应用舞台，形状各异的天篷式建筑会在中国出现。

11.5 其他太阳能热发电技术简介

在现有的各类太阳能热发电系统中，塔式和槽式系统用的是传统的蒸汽轮机作原动机，这样的系统在大容量发电的场合才能获得良好的技术经济指标；点聚焦-斯特林系统的容量可以小到几千瓦，而且可以达到高效率，但是需要用氢或氦作工质，工作压力高达150个大气压，增加了斯特林热机的制造难度。不仅如此，所有这些带有运动部件的系统都包含了可观的维护工作量和必需的运行维护费用。

把无运动部件、无声而且不需要维护的直接发电器件用来替代上述能量转换部件，显然是一种创新的思路。这里所说的热电直接发电器件，有温差半导体及金属材料温差发电、真空器件中热离子或热电子发电、光伏发电、磁流体发电和碱金属热电转换。四种器件的工作原理各不相同，运用的热源温度亦有差异。碱金属热电转换是四种直接发电器件中最年轻的分支，它的概念由美国福特汽车公司和美国宇航局于1968年提出，大约经过10年的探索，完成了原理试验，建立了基本理论。由于它在中等的热源温度范围就能达到30%左右的效率，远高于热电半导体发电的效率（5%左右），又不必使用像光伏发电器那样的高温材料，器件结构也比热电子发电器简单，因而颇受人们的关注。

11.5.1 碱金属热电转换

碱金属热电转换是利用 Al_2O_3 固体电解质的离子导电性，用钠做工质，以热再生浓度差电池过程为工作原理的热电能量直接转换技术。碱金属热电转换器（AMTEC）是一种面积型发电器件，可以和温度在600～900℃范围内的任何热源结合，构成模块组合式发电装置，满足不同容量负载的要求，热电转换效率可超过30%，而且具有排热温度较高（达300℃上下）的特点。

热离子能量转换器（TEC）是20世纪50年代才开始发展的一种新型电子器件，它的原理与真空二极管（电子管）类似。

如果把点聚焦-斯特林系统中的斯特林热机或发电机组用碱金属热电转换发电器件取而代之，即构成了点聚焦太阳热直接发电系统。由碟式集能器聚焦的太阳辐射被位于抛物面焦点处的热管传热单元接收，并输入到碱金属热电转换器，后者使热能直接转换成直流电。必要的支持系统有太阳辐射集能器跟踪子系统和储能装置，还有和热电转换器件的冷却及余热利用有关的设备。采用点聚焦集能是非常合适的，因为它有很高的聚光比，容易达到高效率。碱金属热电转换器能量转换效率可以同斯特林机组匹敌，还可以考虑与其他器件串级集合，有效利用排热来增加系统的效率。此外，点聚焦系统容量范围宽，在我国发展可以避开占地、选点的难题，降低建设费用。

11.5.2 磁流体发电

磁流体发电的概念甚至比使用旋转发电机的历史还要古老。早在1831年，电动力学的创始人法拉第就曾做过玻璃管中水银流过横截磁场的实验；1838年，他又设想利用地球磁场和江河及海峡之间海水的流动发电，即使今天人们还为这个领先时代的宏伟设想赞叹不已。

1910年，世界上有了磁流体发电机专利。1942年美国通用电气公司首先提出以燃烧气体为工质的磁流体发电机。

随着喷气技术的发展，到20世纪50年代末，经美国康奈尔大学等开拓性的工作，人们掌握了相当完整的高温热气体电导理论。火箭和空间技术需求促进了耐高温陶瓷材料和金属材料的发展，建立了相应等离子体发生器和磁流体通道；计算机为求解描述流动过程的复杂微分方程提供了可能。

1959年美国研制出世界上第一台能够发出实际有用电功率的磁流体发电机。在此之后，人们又开始从研究短时间磁流体发电转向研究长时间发电。

经过数十年的研究开发，磁流体技术的应用范围已扩展到航空、航天、电子、化工、机械、能源、冶金、仪表、环保、医疗等各个领域。磁流体发电新技术受到了许多国家的关注。美国、俄罗斯、日本、印度、澳大利亚等国开始进行这项研究工作，有的国家正在兴建新的试验装置。

磁流体发电机的原理是直接加热气体，形成在高温下电离、正离子的电荷总数和负离子的电荷总数相等的气体。将这样的等离子气体射入磁场，根据左手定则可知，正、负离子在磁场中所受的洛伦兹力方向相反，正离子受力向下，而负离子受力向上，因此上板带负电，下板带正电，上下板间产生电压。倘若不停地将等离子体射入磁场，电路中就会不断地通过直流电（见图 11-12、图 11-13）。

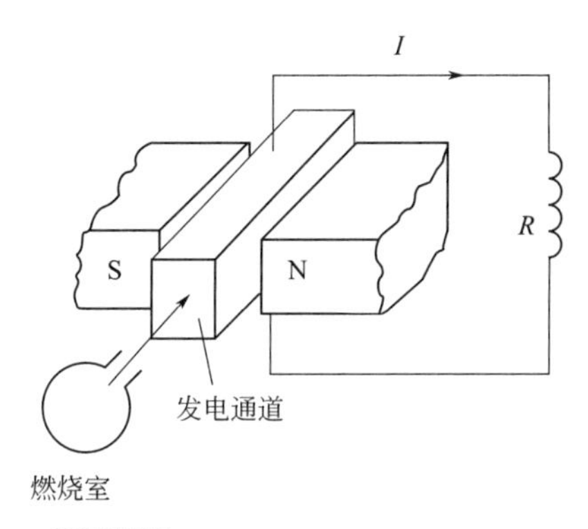

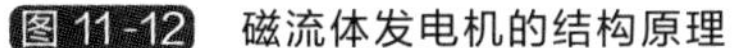
图 11-12 磁流体发电机的结构原理

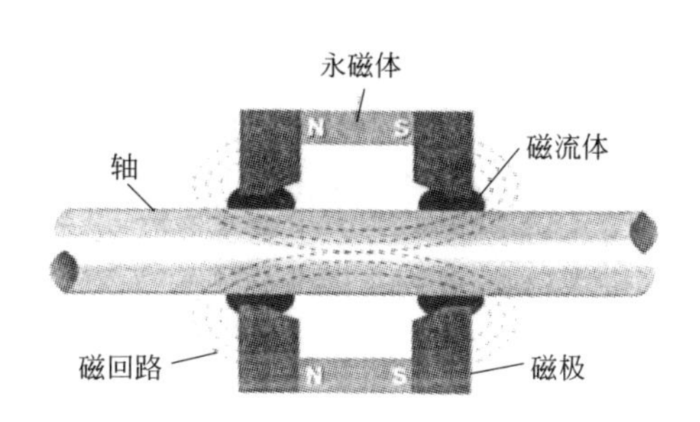

图 11-13 磁流体发电示意

磁流体发电有以下几个优点。

① 污染少。虽然由于气体里可能掺着少量的钾、钠和铯等物质，当气体进行高温电离时，会发生化学反应，生成硫化物等化合物。但是磁流体发电以后，回收这些金属时，就把硫元素也回收了，并不会对环境产生很大的危害，而且它的热效率高，排放废热少。

② 启动快。与其他任何发电装置相比，磁流体发电装置在几秒内就能达到满功率运行。因此，磁流体发电可以作为高峰负荷电源和特殊电源使用。

③ 费用低。磁流体发电装置中没有高速旋转部件，结构比较简单，体积小，重量轻，装置易于移动，因而大大降低了各方面的费用。

④ 磁效率高（指磁流体发电机和常规火力发电涡轮机组构成联合循环的时候，从整个热循环的角度考虑，系统的效率比较高）。按采用超导磁体、磁密度为 5～6T 计算，磁流体电厂的效率为 20%，联合循环效率达 50%～60%，当然这在技术上还有未定因素。

1959 年，美国阿伏柯公司研究成功了 11.5kW 的磁流体发电试验装置，指出磁流体和蒸汽联合发电站的热效率可以达到 60%以上，证实了磁流体发电的实用性。21 世纪 60 年代中期，美国建成了准备用在激光武器上作脉冲电源和用在风洞试验上作电源的磁流体发电装置。

磁流体发电大规模工业性试验阶段已初步获得成功，因为还有许多理论问题和技术问题需要解决，要建成能长期可靠运行的大功率工业应用的磁流体发电站，短时间里还很难实现。

但有的科学家预测，随着磁流体发电技术日趋成熟，超导技术也在不断发展，相信在不久的将来，利用磁流体发电就会被广泛应用在矿物燃料发电站中。这必将对整个能源产业的发展产生重大影响。

现在，许多国家都把对磁流体发电的研究列入国家能源重点项目，强调先建设万千瓦级的试验电站，为将来建设百万千瓦级的高效率、大功率工业电站打基础。

磁流体发电所用的热源，可以是石油、天然气和燃煤等常规能源，也可以是核能，但在这种情况下，磁流体电机也只是常规电机的替代产品，并不能减少化石能源和核能造成的污染及温室效应。而用磁流体电机置换汽轮电机以后，可以产生等离子气体的高温塔式和碟式太阳能热发电系统几乎不需要进行更改，就能照常运行。不以矿物燃料和核能，而以太阳能热的磁流体发电技术，远期前景应该更好。

11.5.3 热离子发电

热离子发电是利用金属表面热电子发射现象提供电能的一种发电方式。加热某种金属材料达到一定温度后，金属中的电子获得足够的动能，可以克服金属表面“势垒”的障碍，摆脱金属原子核的束缚，逸出金属表面而进入外部空间。此现象是爱迪生在 1878 年发现的，称为爱迪生效应。这就是热离子发电的基本原理。

热离子发电装置由发射器和收集器组成，两者由一个小空间分隔开。发射器经加热后逸出电子，电子通过中间空间到达收集器，并在发射器和收集器之间形成电位差，接通外部负载，就成为低压直流电源。

加热发射极的电源可以有多种形式，例如矿物燃料、核能、太阳能等。热离子发电的转换效率是由理想的热机卡诺效率所决定，发射器和收集器的温度相当于进口和出口温度，转换效率为 15%～25%，功率密度可达 $50W/cm^2$。利用热离子能量转换器将聚集的太阳能直接转换成电能的发电方式称为太阳能热离子发电。热离子能量转换器（TEC）是 20 世纪 50 年代才开始发展起来的一种新型电子器件。它最简单的模型如同一个真空二极管（电子管），一种液态金属冷却的聚焦型太阳能热离子发电装置包括热离子发电模块、位于模块电极上方的太阳光聚光器及液体金属散热器。不同的是，它的收集极逸出功比发射极逸出功低，极间距离很小，约为 0.01～1mm；管内要先抽成真空，然后充以一定的铯蒸汽，其压强 $P \leqslant 1Torr$（1Torr＝133.32Pa）。

逸出功是表征金属材料特性的一个物理量，它表示把一个电子从该材料内部取出所需要做的功，其值一般为几个电子伏特。当发射极和收集极由负载连接起来时，由于逸出功的不同，在两个电极之间就存在一个外接触电位差，其值为 1～2eV，逸出功大的发射极电位为负，逸出功小的收集极电位为正。当发射极被加热到一定的温度（如 1000℃以上）时，发射极内的一部分电子就得到了大于逸出功的动能，便被发射出来，这些电子受到收集极的吸引，加速跑向收集极，于是形成了电流。电流流过负载时，对负载做功，这样就把加热发射极的部分热能转变成了负载上消耗的电能。液体金属散热器包括直接与发电模块低温端接触的导热片、安装在一电磁泵基底内槽道内的电磁泵。电磁泵由平放在电磁泵基底上下表面的一对永磁片和安装在电磁泵基底内槽道相对的两壁上的一对电极片组成，该对电极片平面与所述该对永磁片平面垂直。与电极片引线相连通的导热片内的空心流道、电磁泵基底内的槽道以及肋片式散热器的散热基底内的空心流道内装有流动的液体金属。热离子发电装置为无运动部件的自维持、自适应型、高效太阳能发电装置，结构简单、可靠性高、维护方便、噪声较低、节能并清洁。

热离子发电容量较小，太阳能热离子发电用蜂窝式电极时，聚焦的高温阳光照在有黑腔效果的蜂窝状发射极上，光-热转换好，如果配套的六角钉板接收极与热管或静态混合器连接，可有效增大两电极的温差，从而提高热离子发电效率。热离子发电用蜂窝板及插入蜂窝板的六角钉板或正、负电极，这样的蜂窝式电极表面积大，可大幅提高热离子发电的效率。

一种集光、温差和热离子电转换于一体的空间微型发电模块包括：平行放置的一个光收集器和一块散热板，以及放置在光收集器和散热板之间的一个光电薄膜层、一个热离子电薄膜层、一个半导体电薄膜层和一个高密度发热模块层，放置在所述光收集器上方的太阳光聚焦的聚光器。所述光电薄膜层包括密闭真空环境及放置在该密闭真空环境中的阴极和阳极，阴极和阳极之间通过负载电路连接。所述光电薄膜层为钻石、类钻、ITO、多晶硅、氮化钛、锌、钨材质的透明导电膜，其工作温度为 100～1500K。所述热离子电薄膜层包括充有 Cs 气体的密闭空间或真空度在 1Torr 的真空空间，及放置于密闭空间或真空空间的集电极和射电极，集电极和射电极之间通过负载电路连接。所述射电极材质为 W、Re 或 Mo，其工作温度为 1600～2000K。集电极材质为 Nb 或 Mo，其工作温度为 800～1100K。半导体热电薄膜层上部紧贴热离子电薄膜层的集电极，下部处于环境温度中，上部和下部通过负载电路连接。热电薄膜层为 GeTe、$AgSbTe_2$ 或 SiGe 材质的热电薄膜层。高密度发热模块层为 Po-235 同位素燃料、石油或液化天然气燃料制作的发热模块层。该空间微型发电模块的总体尺寸在 1mm×1mm×1mm～100cm×100cm×100cm 的范围内。

由于 TEC 具有不需要工作媒介、要求的热源和排出的废热温度适中、没有机械转动部件、体积小、结构紧凑、可以多个单元串并联使用、转换效率比较高（理论上可达 40%以上）等优点，因而受到了苏、美等各国的重视。20 世纪 70 年代初，它已成功地应用到空间技术上，为人造卫星和宇宙航行供能，近来又把它作为火力发电厂的前级，利用高温余热发电，能提高电厂总效率的 8%～10%。此外，它还可为微波中继站、边远地区火车站和居民点等供电。TEC 可以用核燃料、放射性同位素、矿物燃料等多种方式加热，也可以用太阳能加热 。

热离子能量转换器：如同一个电子管，其发射极可用钨、钼、钽、铼、铱、INCONEL 671、L605 等制作，收集极可用镍、钼、氧化钨、六硼化镧等制作。为了增加 TEC 的输出功率，管内还充有电离电位很低的铯蒸气。转换系统：TEC 的输出电压很低，只有 1V 左右，而输出电流比较大，达几安甚至上百安，而且是直流的。这样低的电压不但无法使用，传输过程中损失也很大，因此，必须把几十个 TEC 串联起来，组成一个单元，让电压上升到 20～40V，才能供用户使用。或者进一步采用变流器和升压调节器将直流电变为交流电，并把电压提高到几百伏。

热离子发电容量较小，效率较低，还存在许多问题妨碍商业应用。当前主要在研究以核燃料为热源，用于星际考察等空间技术的热离子发电装置。

热离子能量转换装置不同于传统的热机装置。它以电子作为工质，没有机械转动的部件，可以直接将部分热能转化为电能，且具有较大的功率密度。真空热离子发电器的阴极和阳极之间的距离一般设计在几个微米数量级，这样可以降低空间电荷对热离子发电器的影响，获得更高的效率。随着技术的发展和高效电极材料的发现，在高温情况下，实际的真空热离子装置可达到较高的效率。此外，将真空热离子设备应用于太阳能电池中，可突破传统 PN 结太阳能电池的理论效率局限。同时将真空热离子设备与其他能量转换器耦合，可获得更好的性能。例如，将真空热离子发电器与热电器耦合，可提高能量的转化效率 。

在地面上太阳能比较丰富的地方，或者不方便建立其他能源供应装置的地方，如沙漠等，该装置尤其会发挥重要作用。值得指出的是，将此发电模块进一步微型化后，还可作为一些微电子机械系统的高效、长寿命供能装置使用。

11.5.4 半导体温差发电

半导体热电材料（semiconductor thermoelectric material）指具有较大热电效应的半导

体材料，亦称温差电材料。它能直接把热能转换成电能，或直接由电能产生制冷作用。这是一种可直接将太阳能热转换为电能的材料。

半导体温差发电技术是一项正在兴起的能源利用方式，应用范围越来越广。

半导体是一种电阻率因结构和组分具有敏感性，易在很广范围内变化的材料，是导电性明显依赖于材料状况和环境（温度、光照、磁场、电场），因而可以灵活改变的一类材料。不同外界因素会产生各种半导体效应，如强场效应、霍尔效应、光电导效应、光伏效应、热电效应、表面电场效应等，其中热电效应具有重要的物理意义和实用价值。

半导体热电相比上述需要较高温度的磁流体发电、热电子热离子发电和碱金属热电，半导体及金属材料具有应用范围较广的优势。

热电效应（Thermoelectric Effect）是指物体中的电子或空穴在温度梯度的驱使下由高温区向低温区移动时形成电流或电动势，或因电流而产生温度差的一类现象。典型的热电效应主要包括塞贝克效应（Seebeck Effect）、珀尔帖效应和汤姆逊效应。若要严格讨论这些效应，需要在电场与温度梯度同时存在的条件下求解玻耳兹曼方程，涉及较多的数学计算。

（1）塞贝克效应

如图 11-14 所示，当两种不同的导体或半导体 a 和 b 两端相接组成一闭合回路时，若两个接头 1 和 2 具有不同的温度，回路中就有电流和电动势产生。该电动势称为温差电动势，其数值一般只与两个接头的温度有关。这个现象最先被德国物理学家塞贝克发现，因此称为塞贝克效应。

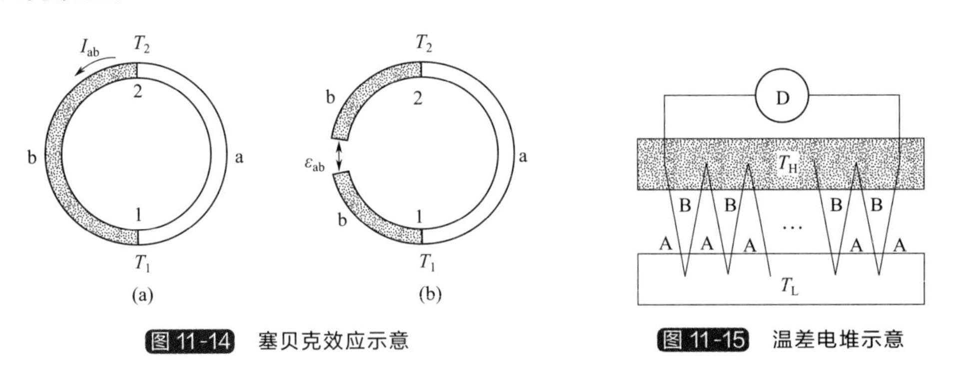

图 11-14　塞贝克效应示意

图 11-15　温差电堆示意

在讨论温差电动势时，常令系统处于开路状态，如图 11-14（b）所示。设接头 1 和 2 的温度分别为 T_1 和 T_2，将金属 b（或金属 a）从中断开并接入电位差计，就可测得这个电动势 ε_{ab}，它的大小与两接头的温差和材料有关。ε_{ab}与材料的关系可以用单位温差产生的塞贝克电动势即温差电动势率（塞贝克系数）来描述，选用不同材料构成温差电偶，会有不同的温差电动势率 α_{ab}。对于两种确定的材料，只要两接头间的温差 $\Delta T = T_1 - T_2$ 不是很大，温差电动势就与温差（$T_1 - T_2$）成正比，温差电动势 ε_{ab}的正负取决于温度梯度的方向和塞贝克系数的正负。通常规定：若电流在接头 1（热接头）处由金属 a 流入金属 b，其塞贝克系数 α_{ab}就为正；而在同一接头处，若电流由金属 b 流入金属 a，则塞贝克系数 α_{ab}就为负。显然，塞贝克系数的数值及其正负取决于所用金属 a、b 的温差电特性，而与温度梯度的大小和方向无关。

半导体的塞贝克效应一般比金属显著得多。一般金属的温差电动势率约为几千 μV/℃，而半导体一般为几百 μV/℃，甚至达到几千 μV/℃，高数百倍至数千倍。因此金属的塞贝克效应主要用于温度测量，而半导体则可用于温差发电。

（2）热电转换系统

适合于温度测量和温差发电的基本热电转换系统是一个用若干温差电偶串联而成的温差电堆（图 11-15）。与单个温差电偶相比，温差电堆若用于温度测量可以提高灵敏度，若用于温差发电则可增加功率输出。测量温度时，温度 T_L是固定的标准温度，如冰水混合体的温度为 0℃，T_H为待测温度；而装置 D 为可测量塞贝克电动势的电位差计。若用于发电，温度 T_L和 T_H则分别代表两个热源的温度，D 则表示负载，A 和 B 分别代表 p 型和 n 型半导体。

携带电荷和热量的载流子可以像气体分子一样在金属和半导体中自由移动，由此产生热电效应。当物体中存在温度梯度时，热端的可动电荷载流子向冷端扩散，而冷端电荷载流子的堆积导致净电荷出现（载流子为电子时产生负电荷 e^-；载流子为空穴时产生正电荷 h^+），从而产生了静电电势（电压）。扩散的化学势和由内建电荷引起的排斥作用相互平衡。这种塞贝克效应是温差发电的基础。

热电器件由多对热电偶组成（见图 11-16），热电偶由 n 型热电元件（含自由电子）和 p 型热电元件（含自由空穴）构成，电学上它们彼此串联，热学上它们彼此并联。最好的热电材料是重掺杂的半导体。

如图 11-17 所示，R_{load}是连接到热电器的元件或电路（负载）电阻。在图 11-17 中，只给出了一个热电偶（由单个 p 型和单个 n 型热电臂组成）。多数热电器件由多个热电偶组成，它们在电学上串联连接，而在热学上并联连接。在各方程中，N 表示电学上串联连接的热电偶数目。

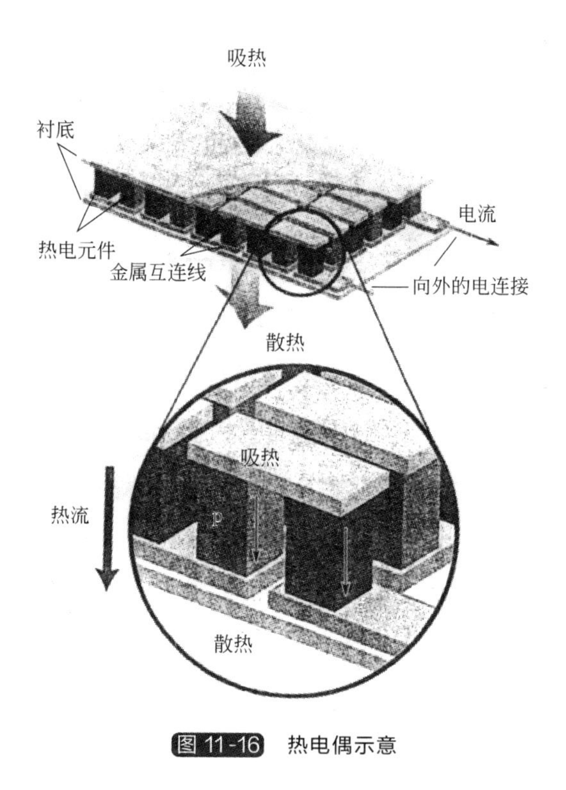

图 11-16　热电偶示意

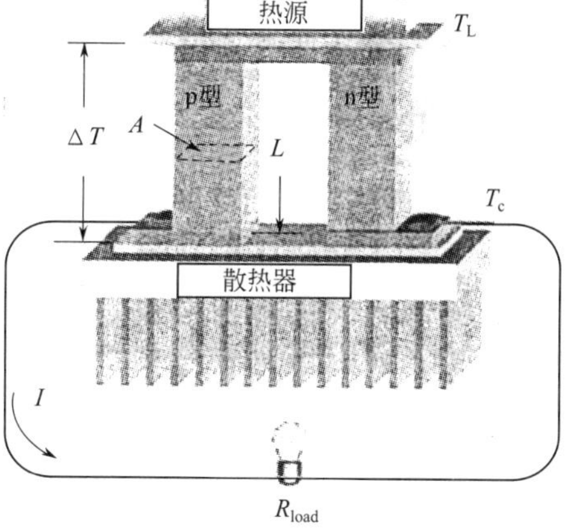

热源
T_L
p型
n型
ΔT
A
L
T_c
散热器
I
R_{load}

图 11-17　热电发电器

温差发电可以分为3类：①高温温差发电，热端温度在700℃以上，典型温差材料有硅锗合金（SiGe）；②中温温差发电，热端温度在400～700℃，典型温差材料有锑化铅（PbTe）；③低温温差发电，热端温度在400℃以下，典型温差材料有碲化铋（Bi_2Te_3）等。

（3）温差发电材料

1996年，美国橡树岭国家实验室的Sales等发现了RM_4X_{12}（R：La，Ce，Nd等；M：Fe，Ru等；X：As，Sb等）型化合物具有很好的热电性能，其用以表征热电转换能力优劣的无量纲因子ZT值达到了1.4，为半导体热电转换材料的研制注入了活力，此后各种高性能材料不断涌现，目前主要有以下几类。

① Bi-Sb-Te-Se体系材料，适用于250～500K低温区。300K以下的ZT值约为1.0。

② Skutteraldites结构型材料，适用于600～800K中温区，ZT值大于1.0。

③ Clathrates结构型材料，Ⅰ型Ge-clathrates在300K时的ZT值为0.34，但温度超过700K后，ZT值就会大于1.0。

④ Half-Heusler结构型合金，ZT值一般小于Bi-Sb-Te-Se体系材料。

⑤ Pentatellurides结构材料，通过适当掺杂也能获得不错的ZT值。

⑥ 无公度准晶体材料，在室温下ZT值理论上可以达到1.6，但目前研究进展缓慢。

⑦ 薄膜及纳米结构材料，这是一种低维材料，研究表明降低维数可以提高热电材料的ZT值。例如提高费米能级附近的状态密度、提高载流子迁移率以及增加声子散射以降低晶格热导率等后，薄膜热电材料的ZT值可以达到2.0，甚至有可能超过3.0。

（4）半导体热电材料的制备方法

① 粉末冶金法。宜用于大批量生产，材料的机械强度高且成分均匀，易于制成各种形状的温差电元件，其缺点是破坏了结晶方位，材料密度较小，从而不能获得高的热电性能。

② 熔体结晶法。设备操作简单，严格控制可获得单晶或由几个大晶粒组成的晶体，材料性能较好。缺点是不宜大批量生产，材料的机械强度差，切割的材料耗损较大。

③ 连续浇铸法。宜用于大批量生产。缺点是设备费用大，且不易控制。

④ 区域熔炼法。可获得高质量的单晶材料，杂质分布均匀。缺点是价格昂贵，不宜大批量生产。

⑤ 单晶拉制法。可获得高质量的单晶，但单晶炉的结构比较复杂。缺点是不适宜大批量生产。

⑥ 外延法制取薄膜。该法目前用于Bi_2Te_3薄膜生长。

热电材料种类繁多，如PbTe、ZnSb、SiGe、$AgSbTe_2$、GeTe、CeS及某些Ⅱ-Ⅴ族。Ⅱ-Ⅵ族、Ⅴ-Ⅵ族化合物和固溶体，目前已有一百余种。按工作温度分类，可分4大类。

a. 低温材料：工作温度约为200℃，主要是Bi_2Te_3及以Bi_2Te_3为基的固溶体合金材料，常用于温差制冷，小功率的温差发电器（如心脏起搏器）和级联温差发电机的低温段。温差电材料的转换效率一般为3%～4%。以Bi_2Te_3为基的温差电材料具有最佳的优值和最大的温度降。

b. 中温材料：工作温度约为500～600℃，主要是PbTe、GeTe、$AgSbTe_2$或其合金材料。PbTe早已用于工业生产，是较成熟的材料，它制备工艺较简单，且可制成n型和p型材料。$AgSbTe_2$具有极低的晶格热导率，前景看好。中温材料可用于温差制冷（如PbTe等），而主要用于温差发电机和级联温差发电机的中温段，工作温度的上限由材料的化学稳定性决定。材料的转换效率一般为5%左右。

c. 高温材料：工作温度约为900～1000℃，主要有SiGe、$MnSi_2$、CeS等。SiGe合金是较成熟的合金材料。虽然制备工艺有一定难度，但机械强度高，工作温度范围宽，从室温到900℃间的平均优值可达8.5×10^{-3}/℃，SiGe合金材料的理论转换效率可达10%。

d. 液态材料：工作温度可高达数千度，主要使用于极高温度的热源。主要材料有$Cu_2S\cdot Cu_8Te_2S$等。目前，液态材料还处于研究阶段。按功能分类，可分为两大类。

ⅰ. 温差发电材料。主要有ZnSb、PbTe、GeTe、SiGe等合金材料。半导体温差发电机的特点是无噪声、无磨损、无振动，可靠性高、寿命长；维修方便，易于控制和调节，可全天候工作；可替代电池。半导体温差发电机的热源，可用煤油、石油气以及利用Pu—238、Sr—90、Po—210等放射性同位素。

ⅱ. 温差制冷材料。主要是铋、锑、硒、碲组成的固溶体，通常是由Bi-Sb-Te组成p型材料，Bi-Se-Te组成n型材料。目前，半导体制冷器所用材料是Bi_2Te_3、Sb_2Te_3、Bi_2Se_3及其固溶体，其优值系数z为$(2\sim3)\times10^{-3}$/℃。通常把若干对温差电偶排列成阵、组成半导体制冷电堆或组成级联式制冷电堆。目前，一级半导体制冷电堆可达－40℃，两级或三级的制冷器，其制冷温度可达－80℃到－100℃。当然，制冷温度越低，效率和产冷量就越低。

（5）国外应用实例

美国能源部所支持的一项利用热电器件在冷、热端温差为180℃时，输出电压为13.5V，输出功率为1kW。日本大阪大学与英国威尔士大学合作以373K的循环水为热源、温度约为300K的冷却水为冷源，整个循环的发电效率在8%～10%。美国喷气推进实验室研制出一种高效分段温差热电对，在热端温度为700℃和冷端温度为室温时，发电效率达到了15%，几乎可以与现在的小功率内燃机电站媲美。

半导体热电发电机工作于冷、热源之间，其热端从热源吸热，然后由冷端向冷源放热，同时将热能转化为电能，以温差电动势或电流的形式输出。以暖风机为例，由于通常用在比较寒冷的季节，周围环境温度低而排烟温度达到250℃左右，正常运行时波动很小，可利用的温差很大，利用温差发电也应该能驱动暖风机的正常运行。

半导体温差发电机发电模块是由若干个p型和n型半导体材料组成的热电对的集合，各个热电对通过一定的串联或并联方式连接起来，从而构成一个发电模块。根据需要，将大量这样的模块组合起来，使其冷、热端处在不同的温度场中，就能得到所需的电能了。具体到暖风机，可以将发电模块布置在排烟管周围，固定并且两端密封，就能组成一个简单的半导体温差发电机。

（6）存在的困难

① 冷、热端温差维持困难。

热电转换装置正常工作时需要维持一定的冷、热端温差，否则将难以持续运行。但在导热、汤姆逊效应和珀尔帖效应等综合作用下，冷、热端温度有趋同一致的倾向，因此必须采取一定措施将两端温度控制在适当水平。通常采取的手段是增大端面换热面积或采取强制对流换热。

② 适体发电器件制造困难。

③ 成本增加，限制推广。

塞贝克效应提供了太阳能热发电的另一种方式。只要在两半导体间加以一定温差，就可获得电流。而阳光直接照射与多物体遮阻的区域温度存在差异，这种温差可大可小，无处不在，为太阳能热半导体温差发电提供诸多选择可能。

半导体温差发电具有很宽的适用范围，既可在钢水熔化的高温中表现不俗，又能在常温中展示风采。

图 11-18 是一种利用人体热量供电的温差手表。人体皮肤表面温度在 30℃左右，不会超过温带地区的夏季气温，完全可以在阳光照射之下发电，如果通过太阳集热器提高温度，则发电效果更加理想。

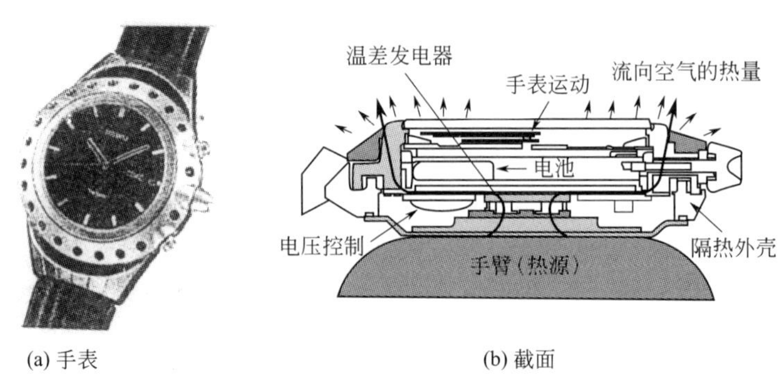

(a) 手表　　(b) 截面

图 11-18　利用人体热量供电的温差手表

（版权：Seiko Instruments Inc.）

21 世纪 50 年代末到 60 年代初空间技术急需发展一种长寿命、抗辐照电源，有一批放射性同位素温差发电器（RTG）成功应用于空间、地面和海洋。温差发电具有其他电源尚不具备的优点，如寿命很长、应用环境和热源不受限制、可以利用太阳能热等低级热发电等，是月球表面和深太空探测首选。90 年代后随着环境保护和经济可持续发展的需要，在全球范围内掀起研发这种绿色能源的热潮。

太阳电池也是一种半导体材料，太阳热电器件在应用上与其相似。在许多正在设计、安装的主动式太阳建筑中，将光伏发电材料改换成为太阳热电器件可以达到同样效果。同时太阳能热半导体温差发电还有自身的一些优点，如多气候条件影响较小，在浮云蔽日但气温较高时，可以将冷端放于地下凉水或者雪山冰川之上获取更大温差，在没有阳光、温度很低、易于获得其他废热（例如太阳能集热储热管道、装置的散热）时，热电器件都有优势。

半导体温差发电具有没有可动的部件、无噪声、无污染、性能稳定等特点。同时与太阳能热发电与光伏发电相比，它可以利用的太阳光光谱更宽，更能够有效地利用太阳光，所以从某种意义上来说，可能比现有的太阳能热发电技术更有发展前景。

如果半导体温差材料能够把热电转换的效率提高，不仅可以利用太阳光，其他的一些热能浪费也能够利用起来，这样就可以充分利用一些工厂排出的热能，来产生足够多的电能。

（7）太阳能温差发电应用展望

在沙漠地区每天太阳直晒时地面温度可以高达 70℃以上，而在热导率很低的几米黄沙层下，温度可能降至一二十度。还有学者指出，在月球表面阳光直射场合温度可以达到 100℃以上，而在几乎布满粉尘的月球土壤中，因为月球岩石反射能力很弱，在没有大气的空间不存在热对流，甚至就在与阳光邻近的岩石阴影中，温度就直线下降，只要在沙漠（月球）表面与沙土层下分别安置半导体两极连接导线就能产生电流。可在沙漠地区或月球铺设这类温差发电装置。

温差发电机组的热端可以选择太阳能热水器，而冷端可以选用地下水。地下水的平均水温约为12℃，如热端温度达85℃时，就有足够的温差产生电动势。而用热水器作为温差组件的热端时，必须要抽水进行加热，使用冷水作为冷端，不需要增加成本，同时开采成本不高。

太阳能温差发电屋顶结构：在屋顶上设置热电转换器，太阳辐射到集热板上，使温差发电器热端温度升高，与接地的冷端形成温差，从而发电。在环境温度为30～35℃时，辐射强度为800W/m^2。

温差发电更可以成为太阳能热发电系统的组成，直接连接到各类太阳能聚焦发电系统，利用热交换后的余热以及自身吸收的太阳辐射，从而提高太阳能热发电的效率。

另外，20世纪后期开发的热管技术、热泵技术在太阳能热直接发电技术中也会发挥重要作用。

太阳能热直接发电尚处于研究探索阶段，由于另辟蹊径，提供了一条不同于太阳电池的发电方式，使分散、能量密度很低的太阳辐射不仅可以用于干燥、热水、温室，也可直接转换成为电能，应该有着广泛的发展前景。

随着半导体温差发电技术的飞速发展，人们甚至在探讨体温发电等温差很小状况下的发电形式，那么太阳能直接发电的前景无疑会更加光明。可以设想，太阳能热直接发电开始阶段，规模不会太大，可能是在特殊需要的场合，如在太空中运行的人造卫星——在日光照射的正反面，面温差有一百多度，用其发电，既可延长卫星使用寿命，又可提供动力；在建筑上使用太阳能热直接发电材料为太阳能和建筑一体化提供了新的思路，随着技术进步，建立大型太阳能热直接发电站也有可能。

人们也正在研究将温差发电技术应用到卫星。人造卫星在运行过程中，向阳面和背阳面经常变换，这种温度不均匀性对卫星状态很有影响。此时可以利用热管的均温性，缩小温差。美国卫星ATS-E应用热管技术或半导体温差技术使向阳面温度由47℃降至7.5℃。

国际无线电科学联合会，太阳能发电卫星（SPS）白皮书强调，这种系统（相比太阳光伏和太阳能热碟式发电）具有更长的寿命和更好的抗辐射特性。温差发电和碱金属热电转化（AMTEC）组合装置具有代表性，可以用于大型载荷（如SPS）轨道间运输器的供电系统。

12 太阳池热发电和海水温差发电

太阳池热发电和海水温差发电都是利用盐水（海水）吸收太阳辐射形成水的纵向温差，进行低温发电的技术。两者都不再需要集光和跟踪系统，都是盐水（海水）同时承担集热、储热功能。两者不同之处是太阳池较浅，热水在下；而海洋深邃，热水在上。现在人们已在探讨将两者综合利用的方案。

12.1 太阳池热发电技术简史

大约在19世纪末，罗马尼亚特兰西瓦亚地区的一个医生发现了一个奇异的、令人迷惑不解的小湖。这个小湖一到冬天，湖面就结成冰，但在冰下的湖水深处，湖水的温度却高达60℃。调查表明湖底并无地下热源。于是这奇异的湖水温度之谜便成为一件悬案遗留给世人。

20世纪初，匈牙利物理学家凯莱辛斯基在做资源考察时，发现该小湖湖水的温差之谜并不是绝无仅有的，在另一些天然湖泊中也可以看到，其中位于匈牙利的迈达尔湖更加明显。在夏季，该湖面水下1.32m处的水温竟达70℃。

为什么这些地下并无额外热源的小湖，深度仅仅1～2m的湖水会出现明显温差？经过反复研究，人们注意到这些怪湖都是盐水湖，且湖泊中不同深度的水的含盐量也不同。湖水越深，含盐量越高；近湖面处则因有降水补给，使盐分浓度降低，几近淡水。这种盐水湖因深部湖水含盐高，密度也较大，就不会和浅部密度小的表层淡水发生对流。这样被太阳晒热了的湖水，表面虽会因夜晚或季节等环境温度下降而散热降温，但深部的湖水却因密度大不会对流，并受到浅部水层的保护而不会散热，日积月累就使深部的水温越来越高。换句话说，盐水湖的深部湖水具有储蓄太阳能的作用。

1948年，以色列科学家鲁道夫·布洛赫率先意识到，盐水湖实际上就是一个太阳能集热器，可以作为能源来开发。在他的倡导下，以色列便在死海的海岸旁建造了一个面积为625m^{2}的实验盐水池，这个用盐水收集太阳辐射的集热装置被命名为太阳池。经亚热带阳光曝晒一段时间以后，该湖面下80cm深处的湖水的水温就高达90℃。20世纪70年代末，以色列又建造了另一个面积为7000m^2、深2.5m的人工盐水湖。同样在太阳的热力作用下，深部的湖水也很快升温到90℃。为了让这些已被加热了的湖水能用来发电，人们在湖中布设了许多U形管，然后在U形管一端灌入一种低沸点的液态氯化烷。在90℃的高温下，氯化烷迅速汽化，从 U 形管另一端上升逸出，冲击连接着的汽轮发电机，使其发电。1979 年 12 月 19 日这个盐水湖太阳能发电站正式发电，功率达到 150kW。

以色列科学家的成功，使意大利、日本、美国等国的科学家也纷纷加入对这种能储蓄太阳能的盐水湖的研究。日本科学家更形象地称其为“热量银行”。他们也建造了一个面积为 $1500m^2$、深 3m 的人工盐水湖。尽管处于较高纬度区，他们也成功地使水深 1.5m 处的水温上升到 80℃。而意大利一位叫赞格拉多的女物理学家，更创造了一项世界纪录。她建造的一个小型盐水湖，竟使深部水温高达 105℃。

储热盐水湖不仅可以用来发电，也可以用于其他需要热源的项目，如还可以在水下布设一些管道，然后注入冷水，经湖水加热以后，就可将管道中的水用于取暖、供热、温室栽培等领域（湖水因含盐，具有腐蚀性，不宜直接抽取使用）。

世界上第一座太阳池热发电站的建成，预示了太阳池作为季节性储能装置的可行性和经济性。由于第一座试验电站的成功，1983 年秋，以色列在死海北角开始建造一座额定功率为 5MW 的太阳池热发电站，其太阳池面积为 $25hm^2$，于 1985 年投入并网发电。以色列在 10～20 年间，在死海沿岸建造了多座 25MW 和 50MW 太阳池热发电站，同时计划将死海 $4000hm^2$ 的海域全部用于建造太阳池热发电站，目标是发电功率达到 2000MW，提供以色列能量需求的 20%。从此“死海”之滨生气勃勃，一片光明。

美国也曾计划将加州南部萨尔顿海的一部分建成太阳池，用以建造 800～6000MW 太阳池热发电站。以色列和美国的尝试，开启了太阳池热发电的篇章。

12.2 太阳池热电站系统

12.2.1 电站系统组成

太阳池热发电站由六部分组成，即太阳池、蒸发器、低沸点工质汽轮发电机组、工质汽-水分离器、水轮机盐水泵机组和监控系统（见图 12-1）。

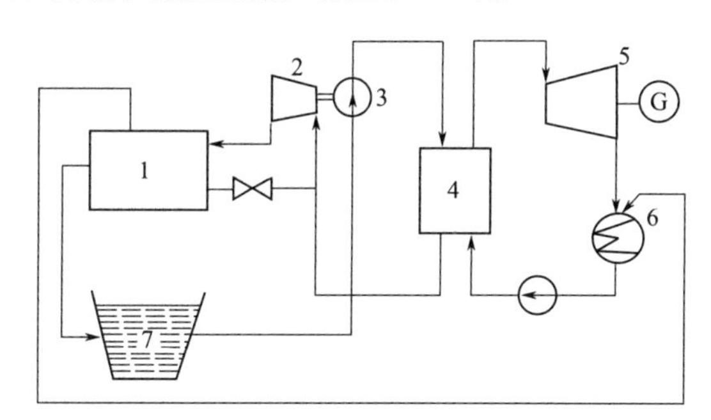

图 12-1 典型太阳池热发电站系统原理

1—工质分离水箱；2—水轮机；3—盐水泵；4—蒸发器；5—汽轮发电机组；6—凝汽器；7—太阳池（监控系统）

太阳池热发电系统由加热循环和热动力循环两部分组成，故称双循环系统，通过直接接触式蒸发器将两个系统组成一个电站整体。加热系统包括太阳池、盐水泵、工质分离水箱和水轮机，其工作流体为太阳池中的盐水。盐水泵将池底部的热盐水抽送到蒸发器，加热动力循环中的工作流体，经水轮机盐水泵机组回收部分动力后，再经工质分离水箱，分离出盐水中所溶解的部分有机工质，冷盐水返回太阳池，完成加热循环。热动力系统包括汽轮发电机组、凝汽器、水泵和蒸发器，其工作流体为低沸点有机工质。工质在蒸发器中与热盐水进行直接接触热交换，产生高压饱和蒸气，推动低沸点有机工质汽轮发电机组发电，从而完成全部热动力发电过程，构成普通有机工质朗肯循环发电，将太阳能转换为电能。

此外，从工质分离水箱分离出的有机工质蒸气，经由蒸气回收管道送入凝汽器进行再凝结回收。

12.2.2 太阳池工作原理

太阳池表层为清水，底层为接近饱和的浓盐水溶液，中间各层盐水浓度按阶梯式变化，通常 1m 深的太阳池可以分为 6～8 层。投射到池面上的太阳辐射，其中大部分透过表面清水层透射到水体深处，被池底深层吸收，由此底层水体温度升高，形成一层热水层。若底层水体由于温升所产生的浮力还不足以扰乱池内盐水浓度梯度的稳定性，则其浓度梯度可以有效地抑制和消除因水体浮力而可能产生的池水混合的自然对流趋势，从而得以保持热水层的稳定，这是构造太阳池的理论基础。这时热水层的热能只能以导热的方式向四周散热。水的热导率较低，所以上层可以看作隔热层。水体四周的土壤比热容很大，可以储存可观的热量，是个巨大的储热体。此时太阳池就可以看作是一台具有巨大储热能力的闷晒式太阳能热水器。若从池底部将热水层的热水抽出，经换热器加热工质后再返回热水层，构成取热循环，如图 12-2（a）所示。人们将这种太阳池称为非对流型太阳池。

实际上，上述的非对流型太阳池在运行中总会存在一定的对流过程。例如在池的表面，由于风吹与水面蒸发，会形成表面对流层；而从池底取热时，也会形成底部的对流层。这些都将在一定程度上影响太阳池的性能。设想在太阳池中对流层和非对流层的界面处，人为地设置一层透明隔层，如图 12-2（b）所示。上部隔层可以防止风吹和表面蒸发所产生的扰动，下部隔层可以将底部对流区和非对流区分开。这样一方面可以提高太阳池的运行稳定性，有利于提取热量；另一方面可以增厚对流区，改善太阳池的储热性能。1979 年，美国设计建造了一座这种薄膜隔层型太阳池，池面积为 2000m^2，夏季用于加热游泳池水，并将多余的热能储存在池内，用于冬季房屋采暖，取得了良好的效益。薄膜隔层型太阳池是对典型非对流型太阳池性能上的一种改进，而基本工作原理则完全一样，人们称之为对流型太阳池，也称隔层型太阳池。其典型分层参数大致是：顶部上层对流区厚度占整个池深的 10%～20%，中部厚度占 50%～60%，底部下层对流区厚度占 30%～40%。

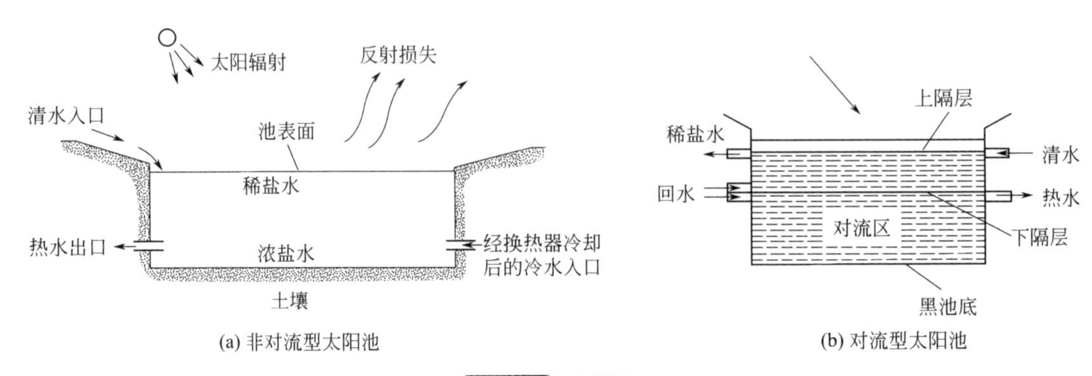

图 12-2 太阳池

由于盐水溶液的浓度梯度阻止了自然对流发生，因此保持了池水的稳定性。图 12-3 为太阳池发电系统的原理示意。它的工作过程是：先把池底层的热水抽入蒸发器，使蒸发器中低沸点的有机工质蒸发，产生的蒸气推动汽轮机做功；排气再进入冷凝器冷凝。冷凝液通过循环泵抽回蒸发器，从而形成循环，太阳池上部的冷水则作为冷凝器的冷却水，因此整个系统十分紧凑。

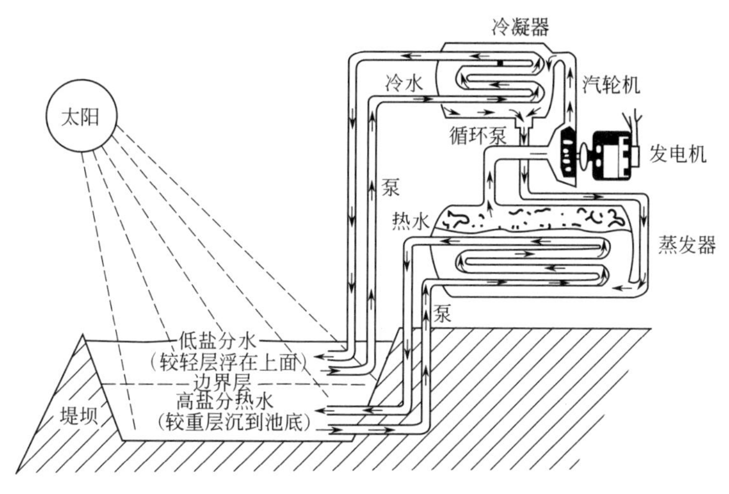

图 12-3 太阳池发电系统原理示意

12.3 太阳池系统稳定运行的影响因素

（1）影响太阳池稳定运行的自然因素

① 太阳辐射资源比较丰富，要求在 1 类地区。

② 盐水资源比较丰富。

③ 气候条件比较适宜，全年日平均气温低于 0℃的时间少于 60 天；全年暴雨（日降水量 50mm 以上）天数少于 5 天；全年平均大风（风力 8 级以上）的天数少于 50 天。

④ 地下水文地质状况：地下水流速度低于 1m/d，地下水位深度 5m。

罗莎莎等提出，太阳能资源、盐资源、气候条件、水利与地质状况是影响太阳池建造和运行的主要因素，而其所占的比例为：太阳能资源 50%，盐资源 30%，环境和水力资源各 6%，年降雨量和风力各 4%。

（2）浓度和池深度

在太阳池的稳定运行中非对流区的浓度梯度必须保持相对稳定，浓度梯度的变化将对整个太阳池的吸热和储热产生巨大影响。一旦池内的盐浓度发生变化，就需要周期性地向池底注入浓盐水溶液，同时用清水冲洗表面以防池顶部浓度增加（这会造成热损）。

还可将较热液体从底层抽出，通过低压快速蒸发，同时进行热交换使液体浓度提高，然后重新送入池底。

试验证明，太阳池水越深，温度波动越小，而可能达到的最终温度越高；反之，池水越浅，则周期时间温度波动越大，可能达到的最终温度越低，而且达到的天数越短。对于一座水深 80cm 的太阳池，一天中的水温波动值为 6℃。

12.4 太阳池储热能力和效率

（1）太阳池储热能力

以一定速率从太阳池底部连续提取热量时，底层温度的变化幅度被称为太阳池的储热能力。储热能力与太阳池底对流层存在与否有关。若底部没有对流层，池底温度每月变化为±7℃。底部有 20cm 深的对流层，则每天温度变化降为±2.5℃。由此可见，非对流型太阳池由于对流区很薄，通常只有数天的储热能力。对流型太阳池的对流区可以隔得很厚，因此池底温度每天变化较小，可能实现长期储热。干燥土壤是个极好的储热体。设计良好的太阳池，不但可以跨季度储热，同时每天池底温度的变化幅度也很小。太阳池特别适合于选建在太阳辐射资源好而气候干燥的地区。是否在太阳池底部增加集热器是一有争议的问题，虽然大多数人认为没有必要增加成本，但也有人坚持。而对于置于屋顶等处面积较小的太阳池在其附近放置集热器增补池中热水，也是可以考虑的方案。

太阳池按其储能介质分为盐梯度太阳池和无盐太阳池，前者为被动式，后者为主动式或被动式。由于盐梯度太阳池对周边环境可能造成盐污染，盐梯度层的稳定性很难持久维护，以及需采用防腐管路和防腐换热器等缺点，大大地阻碍了推广应用。自 20 世纪 80 年代末期以来，太阳池的研究开始侧重于无盐的淡水太阳池。淡水太阳池解决了盐水池固有的上述弱点，但其池水上热下冷的分层增大了热损。为了克服这个弱点，必须对池边和池面进行各种改进。为此，淡水太阳池主要可分为以下 6 类：①池内薄膜分层淡水太阳池；②池内凝胶分层淡水太阳池；③多层薄膜盖层淡水太阳池；④蜂窝盖层淡水太阳池；⑤多孔介质型淡水太阳池；⑥漂浮集热器型淡水太阳池。要使淡水太阳池实现长期储热，必须对整个池体保温，尤其是池表面的保温。

（2）热量的提取

从太阳池底层提取热量的常用方法是选择性抽取法。流体力学原理已经证明，当流体中存在竖直方向的密度梯度时，流体中的某种水平流动，对其上、下层不会产生扰动。根据这一原理，利用太阳池中稳定的密度分层，可以直接从底层提取热量，而不影响其正常工况。隔层型太阳池更不存在提取热量时可能产生扰动的问题。

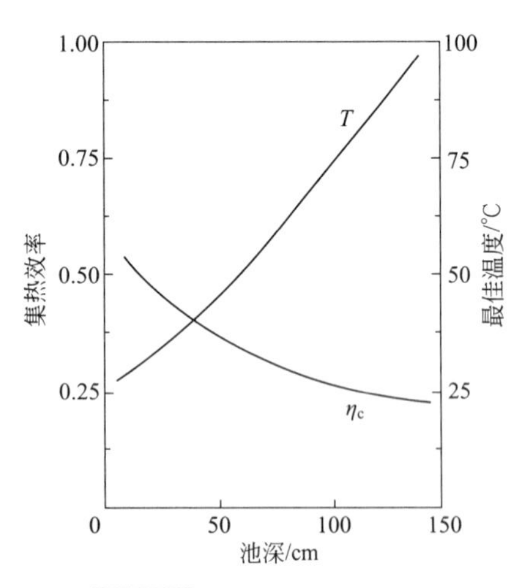

图 12-4　最佳提取温度和太阳池效率与池深的计算曲线

另一种提取热量的方法是在太阳池底层设置热交换器，但需增加投资，并加大损耗。

（3）太阳池效率

太阳池效率为单位时间内从底层所提取的热量与投射到池面上的平均太阳辐射能之比值。理论上讲，影响太阳池效率的因素很多，如太阳入射辐射强度、各种热损失，以及取热温度和取热速度等。研究表明，对一定的提取温度，有一个最佳的取热池水深度，这时热量提取率最大。最佳的能量提取量应该等于到达池底的太阳辐射能。

对以色列的一座太阳池进行计算，结果见图 12-4。表明当计算用环境温度为 26℃时，年平均水平入射太阳辐射强度为 2114J/(cm^2·d)，在 1m 深处，最佳提取温度为 73℃，太阳池效率为 27%，提取温度也可在 90℃，但效率为 23%。90℃的最佳提取深度为 1.2m，此时效率为 24.6%。提高太阳池热效率的方法有以下几种。

① 维护水的透明度。池水被污染后水体浑浊，透明度下降，阳光的吸收减少，导致藻类滋生。

② 控制风的混合效应。大风可以扰动太阳池梯度层，影响太阳池稳定运行，风效应可以用表查询。

③ 地下绝热层。在地下水较浅的地区不宜建太阳池，为防止地下热量流失，可在池底加绝热层或增加池深以形成温度稳定的绝热层。池浓度分布的测量方法有比重计法、光学折射率法、超声波测量法、电导法及激光光纤技术。

12.5 太阳池的维护

(1) 表面盖层

太阳池表面可加盖层，盖层在夜间有较好的保温效果，但因透射率低，太阳辐射会降低 25%，甚至更多。此外，盖层上的灰尘沉积也要定期清除。现在对于 1000m^2 以上的大型太阳池，可以使用分子膜盖层，而对中小型太阳池使用移动式塑料薄膜盖层，可减少入射能量损失，也可防止风沙和保温，在冬季结冰和遇大风沙时，可将盖层封严。

(2) 太阳池中热量的储存

目前比较成熟的建立稳定的盐浓度梯度区的技术是先把含高盐量的盐水注入池内，然后通过一个置于浓溶液中的扩散器定时注入淡水，随着淡水注入，扩散器上方的盐水逐渐稀释，而扩散器也随之上升，当扩散器到达水面时，恰好也是太阳池最终池面。而对已有盐水的地域，可直接注入不同浓度的盐水形成盐水梯度。

(3) 太阳池的衬热垫材料

太阳池底温度可以达到 90～100℃，但这样对周围空气和土壤的热损失较大，储热时间相对较短，太阳池一般使用的衬垫材料有人造橡胶、高密度聚乙烯（HDPE）、聚氯乙烯（PVC）等防水材料三元乙丙橡胶（EDPM）与高岭石、蒙脱石三明治式衬垫，美国开发出两种 XR-5 和 Hypalon 有机复合衬垫性能很好，但价格较贵，超过太阳池总价的1/4。现在为防太阳池热量通过地下土壤流失，在池体外围填充聚苯乙烯板（EPS 或 XPS）珍珠岩等绝热材料能获较好效果。而阻尼装置有浮动塑料管、聚丙烯阻尼网和独立浮环控制，另一方式是利用池周围树木、山坡和天然防护物建立风障。

(4) 热力循环工作流体

太阳池的集热温度多在 90℃以下，因此太阳池热发电站热力循环工作流体选用低沸点有机工质。

用作太阳池发电热力循环工作流体的有机工质选择标准包括：①具有良好的热力循环性能；②与盐水不产生化学反应，在盐水中的溶解度很低；③对容器不产生腐蚀；④无毒，对人体不产生伤害。

考虑到输出功率、热循环效率、系统效率等因素以及质量流量、温度的影响，采用己烷、戊烷、丁烷和制冷剂 R113 作为工作流体的有机工质可以获得的最大系统效率达 7%～8.5%。

12.6 太阳池热发电技术的展望

太阳池作为一种既能收集又能储存热量的装置，其特点是能够长久、稳定、廉价、简洁地提供常温电能，所以引起广泛重视。据统计自 20 世纪 60 年代到 20 世纪结束，世界各地已发表有关学术论文 200 余篇，进入 21 世纪更有增多的趋势。

太阳池热发电提供了一种与聚光式热发电迥然不同的思路，它可应用在狭小范围，也适宜广大地域，它投资相对较少，使用常规发电设备，发展前景为各国学者普遍看好。

在干旱少雨、阳光强烈的地区（例如中亚），人们在屋顶上建造太阳池，除使用盐水以外，这种太阳池实质上与水深 1.3m 左右的屋顶游泳池没有差别。

据哈萨克斯坦的学者试验，一座 70m^2 屋顶太阳池，就可以提供五口之家生活所需的全部电力，而屋顶储水又能有效降低室内温度，使人们居住舒适，并节省能源，由于水分蒸发量很大，需要在太阳池表面覆盖一层薄膜。

太阳池的原型就是盐水湖泊，这意味着诸多盐水湖泊都具有潜在发电能力。

葛洪川等运用模糊数学方法，对我国建造太阳池的自然条件做了定量的综合分析，进而提出我国建造太阳池的适宜区域。

① 适宜区域主要分布在中国华北、青藏高原、长江以南沿海各省、海南等干燥而阳光充沛地区。但是综合考虑各种因素，拥有众多天然盐湖的青藏高原无疑是首选之地。

② 池体结构，为防止池壁顶部土壤移动和坍塌，池壁要做成坡形，一般采用坡度比为 1∶1，而太阳池深度的选择取决于对储存热量的要求。因为盐水溶液的太阳辐射透过率与清水相近，即辐射强度随水深按指数规律衰减，在液面下 80cm 处的辐射强度仅为池面的 27.6%，显然较浅的太阳池能够将更多的太阳辐射能量传送到池底，但是它只能提供一个较薄的隔热层；反之较深的太阳池虽然池底接收的太阳辐射较少，但其隔热层较厚，保温性能更好。水深 80cm 的太阳池一天中的温度波动值为 6℃。

太阳池依靠盐水的浓度梯度维持系统的热稳定性，盐水池中扩散传质和非稳定导热影响热稳定性，池中必须采取保持浓度梯度稳定性的措施。

由于对流区很薄，非对流型太阳池通常只有几天的储热能力，对流型太阳池的对流区可以隔得很厚，池底温度变化小，可以实现长时间储热。

如明镜镶嵌的青藏高原是世界盐水湖最密集的地区之一。据不完全统计，盐水湖数量在 1500 个以上。其中最大的青海湖，湖面面积达 4583km^2，深 32.8m。还有位于西藏的纳木错，面积为 1920km^2，是我国的第二大盐水湖。这些湖虽然都处于较冷的高原地区，但具有很长的日照时间。在它们深部的水体里积蓄有大量的热能。

中国学者在藏北考察时发现错尼湖湖水的盐度和温度自上向下逐步升高，湖表冰下表层盐度为 1.5%～2.5%，而湖底 42.5m 处的盐度达 14%，在气温为－15℃的条件下，湖水中下层温度保持在 18℃，温差达 33℃，这个发现证实了太阳池效应。

中国科学院在巴颜喀拉山旁的一个盐水湖发电实验已取得成功。我国青藏高原中星罗棋布的盐水湖，正展现出千百个能源基地的前景。

12.7 海水温差发电技术概述

海水温差能源是一种由于太阳照射地球表面，形成海洋表面到底部的垂直温度差而产生的新型能源。

海水温差发电技术就是以海洋受太阳能加热的表层海水（一般为25～28℃的海水）作为高温热源，而以500～1000m深处的海水（一般为4～7℃）作为低温热源，用热机组成的热力循环系统进行发电的技术。

太阳不仅加热表面海水，同时也融化地球两极的冰雪，冰冷的雪水由两极向海洋的深处流去，形成大洋下部的寒流。海水中的温差主要由于海水表面所拥有的热位能差产生，而这些热位能主要来自太阳辐射，另外还有地球内部向海水放出的热量、海水中放射性物质的放热、海流摩擦产生的热，以及其他天体的辐射能，但99.99%来自太阳辐射。

海洋表层海水温度与深层海水温度之间存在温度差，世界大洋的面积浩瀚无边，热带洋面也相当宽广，海洋热能用过后即可得到补充，因此，辽阔的海洋犹如一个巨大的“储热库”，大量地吸收太阳能，所得到的能量达60TW左右。

经过长期观测，科学家发现到达水面的太阳辐射能，大约有60%透射到1m的水深处，有18%可以到达海面10m以下深处，少量的太阳辐射能甚至可以透射到水下100m的深处。海水温度随水深而变化，一般深海区大致可以分为三层：第一层是从海面到深度为60m左右的地方，称为表层，该层海水一方面吸收着太阳的辐射能，另一方面受到风浪的影响使海水互相混合，海水温度变化较小，在25～27℃；第二层水深60～300m，海水温度随着深度加深急剧递减，温度变化较大，称为主要变温层；第三层深度在300m以上，海水因为受到从极地流来的冷水的影响，温度降低到4℃左右（见图12-5）。表层海水和深层海水之间存在着20℃以上的温差，是巨大的能量来源。利用海水温差发电，必须选择温差在20℃以上的海域。古巴、巴西、安哥拉、印尼和我国南部沿海等低纬度海域，是利用海水温差发电的理想场所。我国海域可利用的海水温差能达1.2亿千瓦。

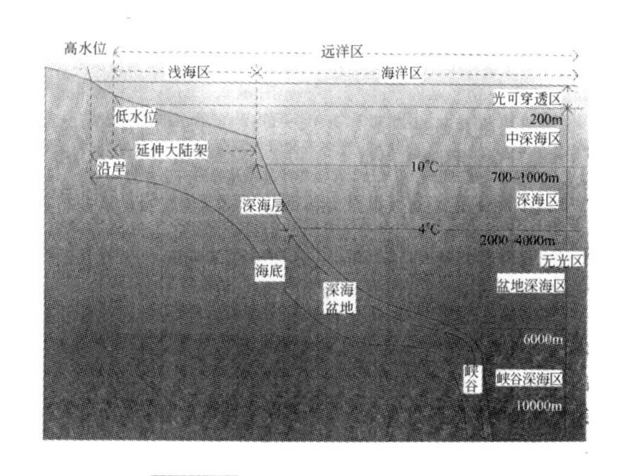

图12-5 海洋及其温度分布

地球各大洋海水平均盐度达34.48%，这使海水冰点降至零下1.9℃，海水的密度随盐度增加而降低，而且降低速率高于冰点随盐度增加而降低的速率。所以海水达到冰点时，尚未达到海水的最大密度，因而海水的对流混合作用并不停止，大大妨碍了海水的结冰。此外，海洋受洋流、波浪、风暴和潮汐影响很大，这些因素一方面加强了海水混合作用，另一方面也使冰晶难以形成。

这样，从高温热源到低温热源，可以获得总温差15～20℃的有效能量。最终可能获得具有工程意义的11℃温差的能量。

海水温差发电有着长达100多年的历史。早在1881年9月，法国生物物理学家德·阿松瓦尔就提出了利用海洋温差发电的设想。1926年11月，法国科学院建立了一个试验温差发电站，证实了阿松瓦尔的设想。1930年，阿松瓦尔的学生克洛德在古巴附近的海中建造了一座海水温差发电站，终于实现了老师的一个夙愿。之后在1961年，法国在西非海岸建成两座3500kW的海水温差发电站。美国和瑞典于1979年在夏威夷群岛上共同建成装机容量为1000kW的海水温差发电站，美国还计划21世纪初建成一座100万千瓦的海水温差发电装置，以及利用墨西哥湾暖流的热能在东部沿海建立500座海洋热能发电站，发电能力达2亿千瓦。

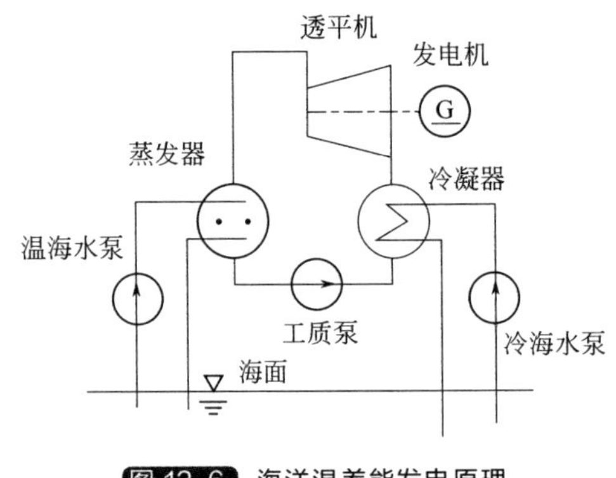

图12-6 海洋温差能发电原理

以上的各种温差发电都遵循相同的循环过程，一般情况下，分为以下4个过程（见图12-6）。

① 将海洋表层的温水抽到常温蒸发器，在蒸发器中加热氨水、氟利昂等流动媒体，使之蒸发成高压气体媒体。

② 将高压气体媒体送到透平机，使透平机转动并带动发电机发电，同时高压气体媒体变为低压气体媒体。

③ 将深水区的冷水抽到冷凝器中，使由透平机出来的低压气体媒体冷凝成液体媒体。

④ 将液体媒体送到压缩器加压后，再将其送到蒸发器中去，进行新的循环。

在经历以上4个过程的循环转化后，通过温差能发电装置就可实现温差能到电能的转换，实现发电的愿望，从而使得海洋温差能为人类造福。

12.8 海水温差发电技术原理

将海水中的温差能量转化成为电能的过程要用到不同的转换装置，其中涉及热力学、动力学、统计学、海洋科学等学科的多种原理。应用热力学原理，以表层、深层的温、冷海水为热、冷源，将温差能转换成电能的发电方式叫做温差发电，国际上通常称为海洋热能转换（OTEC）。

12.8.1 循环方式

根据所用工质及流程的不同，一般可将海水温差发电装置分为开式循环、闭式循环和混合式循环3种装置，而目前接近实用化的是闭式循环方式（见图12-7）。

开式循环发电系统主要由真空泵、冷水泵、温水泵、冷凝器、蒸发器、透平机、发电机组等组成（见图12-8）。在这种装置系统里，真空泵将系统内抽到一定真空，启动温水泵把表层的温海水抽入蒸发器，由于系统内已保持有一定的真空度，所以温海水就在蒸发器内沸腾蒸发，变为一定量的蒸汽。这些蒸汽通过管道由喷嘴喷出，所蕴含的大量能量推动透平机运转，带动发电机发电。然后将透平机排出的废气通过管道系统进入冷凝器，再被由冷水泵从深层海水中抽出的冷海水冷却，重新凝结为水，并排入大海。由于作为工作介质的海水从由泵吸入蒸发器蒸发到回归大海，并未循环使用，故该工作系统称为开式循环系统。在开式循环系统中，其冷却水基本上是去盐水，可以满足淡水供应的需要。因为以海水作工作流体和介质，蒸发器与冷凝器之间压力很小，必须充分注意管道和设备的压力损失，同时为了获得预期输出功率，必须使用很大的透平机。

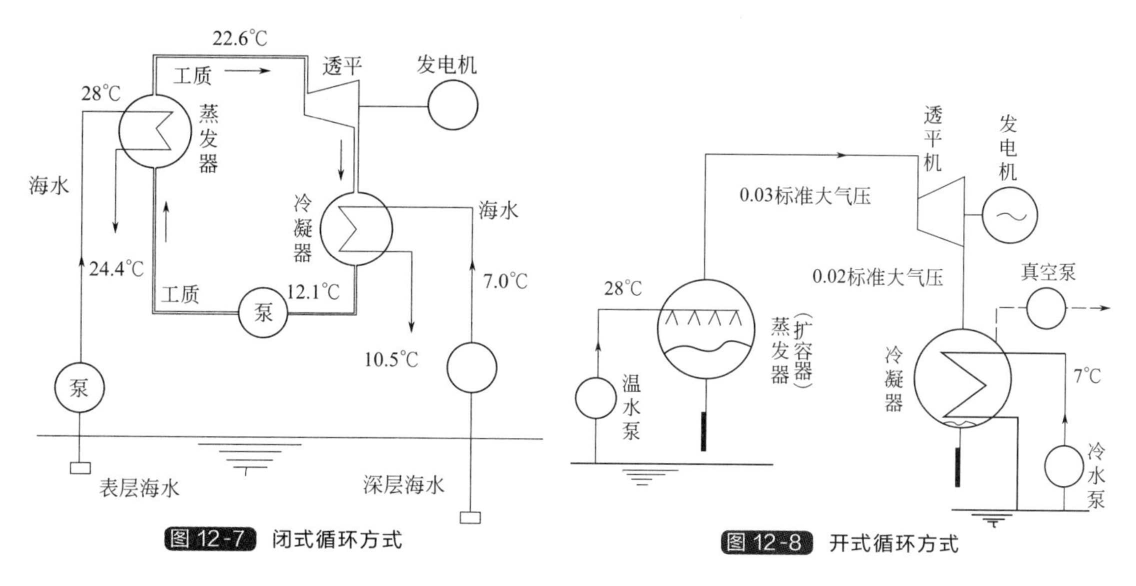

图 12-7 闭式循环方式

图 12-8 开式循环方式

在温差闭式循环发电系统中，放弃用海水作为工作介质，而采用一些低沸点的物质（如丙烷、异丁烷、氟利昂、氨气等）作为工作流体，在闭合回路中反复进行蒸发、膨胀和冷凝。因为系统使用低沸点工作流体，蒸气的压力将会得到进一步的提高。系统工作时，温水泵把表层温海水抽上送往蒸发器，通过蒸发器内的盘管把一部分热量传递给低沸点的工作流体，例如氨水，氨水从温海水吸收足够的热量后，开始沸腾并变为氨气（氨气压力约为9.5×10^{4}Pa）。氨气经过透平机的叶片通道膨胀做功，推动透平机运转，最终获得电能。透平机排出的氨气进入冷凝器，被冷水泵抽上的深层冷海水冷却后重新变为液态氨，用氨泵把冷凝器中的液态氨重新压进蒸发器，以供循环使用。

闭式循环系统的工作流体要根据发电条件（涡轮机条件、热交换器条件）以及环境条件等来决定。现在已用氨、氟利昂、丙烷等工作流体，其中氨在经济性和热传导性等方面有突出优点，很有竞争力，但在管路安装方面还存在一些问题。

但是，相对于开式循环系统来讲，闭式循环系统有着以下优点。

① 可采用小型涡轮机，整套装置可以实现小型化。

② 海水不用脱气，免除了这一部分动力需求。

当然，它的缺点是因为蒸发器和冷凝器采用表面式换热器，导致这一部分体积巨大，金属消耗量大，维护困难。

虽然混合循环发电系统基本与闭式循环相同，但它用温海水蒸发出来的低压蒸汽来加热低沸点物质。这样做的好处在于减少了蒸发器的体积，可节省材料，便于维护。

12.8.2 设备

（1）温差发电设备形式

从海洋温差发电各种设备的设置形式来看，大致分成陆上设备型和海上设备型两类。

其中，陆上设备型是把发电机设置在海岸，而把取水泵延伸到500～1000m或更深的深海处。例如，1981年11月，日本在太平洋赤道地区的瑙鲁共和国修建的世界上第一座功率为100kW的岸式热能转换站，即采用一条外径为0.75m、长1250m的聚乙烯管深入580m的海底设置取水口，这种设置形式很有发展前途。海上型是把吸水泵从船上吊挂下去，发电机组安装在船上，电力通过海底电缆输送。

海上设备型又可分成三类，即浮体式（包括表面浮体式、半潜式、潜水式）、着底式和海上移动式。例如，1979年在美国夏威夷建成的“mini OTEC”发电装置，即安装在一艘268t的海军驳船上，利用一根直径为0.6m、长670m的聚乙烯冷水管垂直伸向海底吸取冷水。

（2）锚固

能量转换器的固定是限制技术中的薄弱环节，但又是最重要的部分。安装成本中的很大一部分都花费在了设备固定上，设备的成功与否完全由是否将其成功固定于海底决定。固定系统需要满足以下要求。

① 在正常工作条件和预先定义风暴潮条件下能够维持设备在原位。

② 在保证成本效益率的情况下能够承受各种作用于结构上的载荷。

③ 要能够抵御腐蚀和生物污损，自身能够提供足够的力量和耐力以延长固定设备的使用寿命。

④ 要有足够的冗余以最小化灾难性事故发生的可能性。

⑤ 允许对所有部件，特别是承受周期载荷的部件定期进行检查。

⑥ 允许成本效益变低，而且在需要的后续维修最小的情况下将设备退役。

适用于固定转换器的基本固定系统有重力基座、重力锚、吸力/爆抓/钻孔桩锚以及通过水翼利用潮流的动力学原理实现的固定系统。

重力基座的质量很大，以至于能以可接受的安全系数充分抵抗作用于转换器上的垂直载荷和水平载荷。

（3）生物污损

任何淹没或部分淹没在海水中的设备都会吸引海水中的生物在其表面生长，产生了腐蚀的可能性，增加了支撑结构的阻力，减少了执行器表面的水动力效率。在不同深度的光强和潮汐流本身的温度都会影响生物的种类和数量，也会对周围的水体产生不同的热特征。除了增加阻力，生物污损往往会导致传感器的故障，并可以在设备上产生一个新的食物链，增加了鱼类咬坏或者其他食肉动物破坏绳索和液压管路的概率。因此有必要提高装备的保护等级，但因为现有常用的防污剂都具有毒性，所以抑制生物污损可能会带来很大的环境问题。

目前已被查明的生物污损有2000多种，但不可能采用危害海洋环境的有毒涂料来防止生物污损，如现在在海船底部常用的三丁基锡自抛光共聚物（TBT-SPC涂料）就会危害海洋生物。

12.8.3 主要技术

海水温差发电在循环过程、热交换器、工质以及海洋工程技术等方面均取得了很大进展。从技术上讲，已没有不可克服的困难，且大部分技术已接近成熟。存在的问题主要是经济性和长期运行的可靠性。热交换器是温差发电系统的关键部件，占总生产成本的20%～50%，直接影响了装置的结构和经济性。提高热交换器的性能关键在于交换器的形式和材料。研究结果表明，钛是较优材料，其传热及防腐性能均较好。板式热交换器因体积小、传热效率高、造价低，适合在闭式循环中应用。工质也是闭式循环中的重要课题。从性能的角度，氨被证明是理想的工质，但从环保的角度，还需寻求新的工质。在海洋工程技术方面，对冷水管、系留、输电等技术均进行研究，特别是冷水管的铺设技术，目前已对多种连接形式进行了试验，已有较成熟的成果。

由于海水温差能的开发受海洋地理位置、海水深度、国家的经济状况以及电力需求的限制，欧洲国家以及一些赤道附近的小国并不能进行海水温差能方面的研究和开发。目前开展温差能研究的国家主要有美国、日本、印度等。

海水温差能开发的主要技术问题有如下几方面。

① 高效热力循环的机理研究。海水温差能由于热效率较低，系统自用电占总发电量的比例较高。如 1979 年海上运行的单工质“mini OTEC”发电功率为 50kW，净功率仅为15kW，热效率为 30%。1983 年，Kalina 研究的混合工质低温循环，热效率可以达到 50%。随着热效率的提高，除系统发电能力得到提高外，水泵的自用电量也大幅下降，净发电量可以达到全部发电量的 50%。因此，继续考虑热循环效率的提高，将会大大降低系统的造价和提高净发电量。

② 系统高效设备的工程研制。海水温差能净输出功率除了受循环效率的影响外，还受到透平效率、循环泵和工质泵的用电功率影响。循环泵的用电功率与换热器的换热性能及其内部阻力有关。要减少换热器和汽轮机体积，降低成本，提高系统净输出功率，换热设备、透平、循环泵、氨泵都要做到高效。

③ 温差能资源选区和水文气象环境条件、水深地形地貌及选址调查研究。温差能系统的方案研究、设计、海上安装需要温差能资源条件、温差能资源选区、水文气象环境条件、工程地质条件和选址论证。目前这些资料还相当匮乏，亟须开展温差能资源调查评价与选区、水文气象环境条件观测、水深地形地貌调查及选址研究。

④ 由于海水具有腐蚀性、生物污损性，海水温差发电设备应考虑使用耐腐蚀、少污染材料。

我国海水温差能资源蕴藏量大，在各类海洋能资源中占居首位，主要分布在南海和台湾以东海域。南海中部的西沙群岛海域具有日照强烈、温差大且稳定、全年可开发利用、冷水层与海岸距离小、近岸海底地形陡峻等优点，开发利用条件良好。

海水温差能属于自然能源，海水温差发电的最大优点是可以不受时间、季节、气候等条件的限制，不受潮汐变化和海浪的影响而连续工作，能量供应稳定。但海水温差较小，能量密度较低，属于低品位能量，最大转换效率仅 4%，转换装置必须动用大量的水方可弥补自身效率低的缺点，海水温差发电的发展前景还有赖于传热传质技术的改进与强化。实际上，20%～40%的电力都用在了循环海水上。尽管闭式循环海水温差发电装置仍存在不少工程技术和成本方面的问题，但有很大潜力，有学者认为它是全世界从石油时代向太阳能时代过渡的重要组成部分，并可能提供人类所需的全部能量。

12.8.4 组合利用

现在新型的海水温差发电装置是把海水引入太阳能加温池，也就是浮在海水表面的太阳池中，把海水加热到 45～60℃，有时可高达 90℃，然后再把温水引进保持真空的汽锅蒸发进行发电。用海水温差发电，还可以得到副产品——淡水，所以说它还具有海水淡化功能。一座 10 万千瓦的海水温差发电站，每天可产生 378m^3 的淡水，可以用来解决工业用水和饮用水的需要。另外，由于电站抽取的深层冷海水中含有丰富的营养盐类，因而发电站周围就会成为浮游生物和鱼类群集的场所，可以增加近海捕鱼量。

现在已有浮动式 OTEC 装置的技术协议。

此外，Saitoh 和 Yamada（2003）描述了同时利用太阳能和海洋温差能的多朗肯循环系统的概念模型。

Straatman 和 van Sark（2003）描述了一个连接离岸太阳能水池的独特的 OTEC 装置，称之为 OTEC-OSP 混合系统。

Noboru Yamada（2009）等介绍了一种 SOTEC 装置，如图 12-9 所示。该装置不仅利用海洋温差能，同时也利用太阳能作为热源。通过 SOTEC，海水通过一种低成本的太阳能集热器进一步提高了温度。Noboru Yamada 等将一个包括了三个太阳能集热器的 100 kW 的 SOTEC 装置在日本南部的 Kumejima 岛实际海况中进行了试验。试验结果显示，安装了太阳能集热装置后，OTEC 的热效率得到了提高。在 Kumejima 岛的试验中，在白天正常海况下，SOTEC 的净热效率较 OTEC 提高了 2.7 倍，较之传统的 OTEC 装置，SOTEC 的年均热效率提高了 1.5 倍左右。而太阳能集热器完全可以通过在海水表面设置太阳池来实现，从而将太阳池和海水温差发电两项技术完美结合起来。

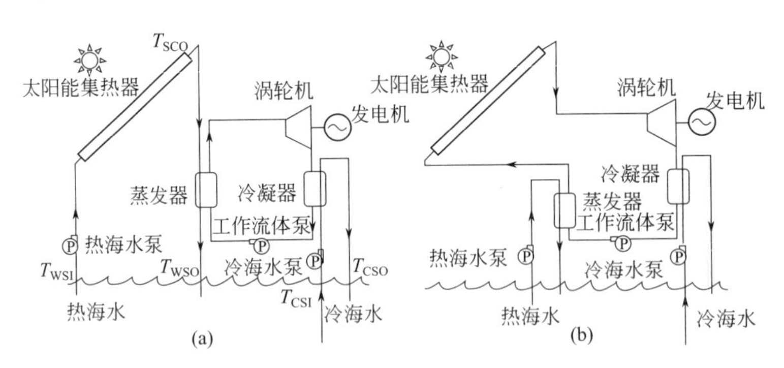

图 12-9 SOTEC 装置示意

12.8.5 海水温差能与海洋波浪能结合的技术

为了吸收、储存由海洋热能转化系统产生的电能，海洋波浪能驱动两个水泵和一个工作液体泵，它们都由摆式波浪能量转换器的液压发动机驱动，能量就来自发动机产生的波浪。图 12-10 所示的摆式波浪能量转换器在海洋热能转化系统中只用作发动机，具有以下优缺点。

(1) 海洋热能转化系统的优点

① 波浪能几乎是通过最短的能量转换路径来驱动泵，即从一种机械能转化为另一种机械能。驱动装置是简单且有效的。

② 这个方法可比海洋热能转化系统和摆式波浪能量转换器独立运作时产生更多的电能，因此这个方法提高了产生能量的效率。

③ 如果海洋热能转化系统提供的摆式波浪能量转换器固定在它周围环境的海洋热能转化系统上，摆式波浪能量转换器能吸收波浪的压力而保护海洋热能转化系统。

通过传统技术建立海洋热能转化系统已经有所发展，因此将它付诸实施就无太大困难。

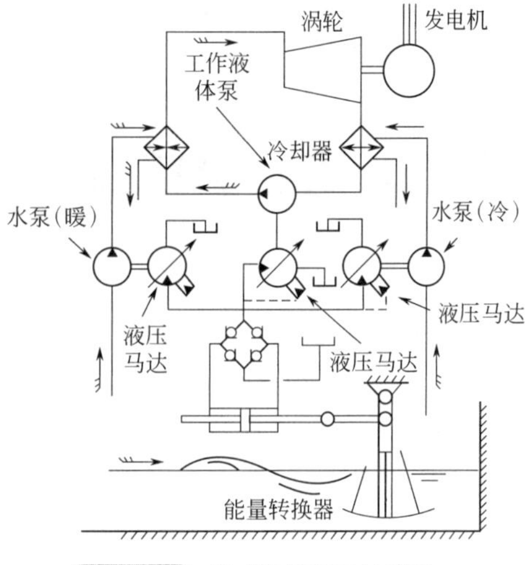

图 12-10　摆式波浪能量转换器

(2) 海洋热能转化系统的缺点

① 既然海洋热能转化系统的产出依赖于波浪能潜在的能量，那么选址将要受到地域限制，所需地域不仅需要有足够的海洋热能，还要有足够的海洋波浪能。

② 设备的要求随地域不同、气候波浪的变化而变化。

海洋热能转化系统和摆式波浪能量转换器在阻抗匹配的情况下能良好工作。为了使泵达到最佳的工作状态，通过控制液压马达排量，取得摆式波浪能量转换器和液压泵的负载匹配，使摆式波浪能量转换器在最佳状态下工作。

12.9　海水温差发电技术特点

① 海洋温差能发电主要是利用海面海水和海洋深处的冷海水之间的温度差发电。海洋面积占地球表面的70%，能量巨大，可以说取之不尽、用之不竭。

② 海水温度差只有20℃且属于低品位能量，最大转换效率只有4%左右。

③ 海洋温差能属于自然能源，不会造成环境污染，与其他自然能源相比，可以不分昼夜，不受时间季节气候等条件的限制，能量供应稳定。

④ 由于海水具有腐蚀性、生物污损性，因此温差发电设备应考虑使用耐腐蚀、少污染的材料，同时要考虑耐生物污损的对策。海洋热能转换装置最大优点是可以不受潮汐变化和海浪影响而连续工作。

热带海面的水温通常约在27℃，深海水温则保持在冰点以上几度。这样的温度梯度使得海洋热能转换装置的能量转换只能达到3%～4%。因此，海洋热能转换装置必须动用大量的水，方可弥补自身效率低的缺点。实际上20%～40%的电力用来把水通过进水管道抽入装置内部和热能转换装置四周。

由于海洋能密度比较小，要得到比较大的功率，海洋能发电装置要造得很庞大，而且还要有众多的发电装置，排列成阵，形成面积广大的采能场，才能获得足够的电力。这是海洋能利用的共同特点。海洋温差发电仍是一项高科技项目，它涉及许多耐压、绝热、防腐材料问题，以及热能利用效率问题（效率现仅 2%），且投资巨大。但是，由于海洋温差能开发利用的巨大潜力，海洋温差发电普遍受到各国重视。

12.10 海水温差技术应用前景

海洋温差能是海洋能中能量最稳定、密度最高的一种。海洋温差能资源丰富，对大规模开发海洋来说，它可以在海上就近供电，并可同海水淡化相结合。从长远角度看，海洋热能转换是有战略意义的；从技术发展前景看，除现有闭式朗肯循环路线外，还有开式和混合式循环，以及新概念的泡沫提升法和雾滴提升法等技术，因此，技术潜力较大。

虽然海洋热能开发的困难和投资都很大，但是由于它储量巨大，发电过程中不占用土地、不消耗燃料、不会枯竭、不受昼夜和气候变化影响，因此实现海洋温差能源的综合利用是开发利用海洋温差能的发展趋势。于是，在常规能源日益耗减的严峻形势下，世界各国投入大量人力和资金，积极进行探索和研究。目前在印度洋、加勒比海地区、南太平洋、夏威夷海域都较好地应用了温差能发电技术，取得了较大进展。除发电外，海洋温差能利用的主要途径还有如下几种。

（1）海水淡化

海水淡化与利用 OTEC 发电同等重要，尤其是对淡水和电力都匮乏的地区来说，这些资源都非常珍贵，如南太平洋的一些岛屿，利用 OTEC 进行海水淡化比其他方法（反渗透法等）成本要少很多。例如，联合国环境规划署在“地中海行动计划”中指出，淡水短缺具有地域性特点，如马耳他每年要接待约 100 万游客，干旱季节的淡水供应严重不足，因此这种海水淡化技术的需求量非常大，市场前景很广阔。

（2）发展养殖业和热带农业

深海水中氮、磷、硅等营养盐十分丰富，而且无污染，对海洋生物没有危害，这种海水的上涌，如同某些高生产力海洋环境中的上升流，营养丰富，可以提高海洋种植场的生产力，有利于海水养殖。

（3）在海岛上的利用

对于海岛来说，OTEC 在很多方面都对中小岛（SIDS）的可持续发展起到了推动作用。海洋温差能为这些岛屿提供廉价的、取之不尽、用之不竭的能源，节省运送燃料的费用，通过海水淡化为岛上的生活和生产提供大量的淡水，保证人们的饮水安全，合理开发利用能源，缓解环境压力。夏威夷从 20 世纪 70 年代起在自然能源实验室（NELHA）进行了 OTEC 的试验。1979 年美国投资 300 万美元在夏威夷海域建成全球第一座闭路循环的海水温差能发电站，发电机组的额定功率为 53.6kW；2006 年美国的一家公司开始在夏威夷建造一个 1000kW 的 OTEC 发电站，是世界上最大的海洋热能转换系统之一。

总之，海水温差发电以超越各个大陆面积的浩瀚海洋作为地球上最庞大的集热器，开创了太阳能热发电的广阔领域，由于存在巨大的、多样的资源基础，国内外开发者提出多种设计思想和方案，将海水淡化、养殖、发电等多种用途有机结合，实现综合利用的目标。地理适宜性、能源需求、发展经济、保护环境等很多方面都为 OTEC 的发展提供了良好的契机，市场前景十分广阔。如美国洛克希德马丁公司希望与中国合作，在中国南方沿海建立一座 10MW 的海水温差发电站。大规模的海水温差发电工程更有降低污染和减轻地球温室效应的功能，其应用价值远远大于电能的获得。

12.11 太阳能热水力发电

与 8 世纪法国物理学家发明的太阳水泵（太阳喷泉）有些类似（见图 12-11），太阳能热水力发电的概念是和太阳水泵一样，先将太阳辐射转换成水力能，然后再转换成为电能。倘若一个闭合的容器，除与大海有一个通管道外，与海之间完全密封，由于蒸发，容器的水平面逐步降低，容器水平面的下降引起海水流动，可以利用不同水平面的位能，在容器与大海连接管的一端安装发电机。按照上述方法，这种系统可以借助选择适当的水平面和动力装置连续工作。那么设想在阳光猛烈、没有河流和其他水源注入的内海，将其封闭以后，由于太阳能热的蒸发作用，内海的海面高度将长期低于堤栏外的海面，按此方法就能获得巨大的电力。沙特阿拉伯学者凯特尼对此进行了广泛研究，测量了蒸发率，并且与气象数据进行对比。现在，人们探讨在阳光充沛又终年少雨的沙特沿海修筑一座横跨巴林湾大坝的可能性，以便利用整个密封的海湾从事太阳能热水力发电。当然，这个计划能否成功，除技术条件外，风云变幻的中东局势也有很大影响。

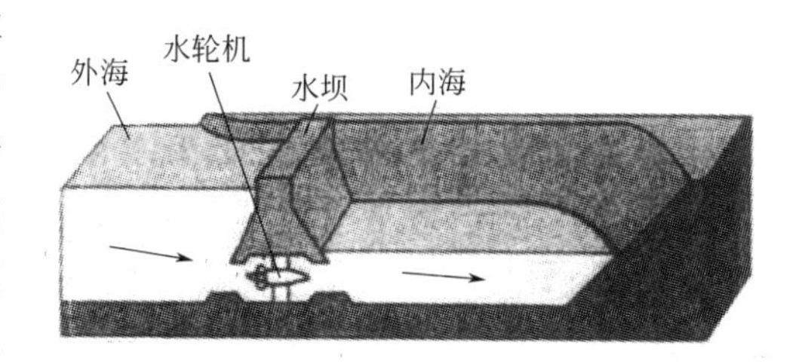

图 12-11 太阳水泵原理示意

12.12 太阳能热土壤温差发电

太阳普照大地和海洋，和太阳能热海水温差发电一样，也可以利用太阳能热土壤温差发电。土壤温差发电，除可应用温差半导体外，因为土壤受季节变更影响产生的温差大于海洋温差，故还涉及太阳能热的跨季节储存技术和土壤热泵技术。

土壤蓄热是把地球当作一个大的蓄热体，将一年四季的太阳能储存于深层土壤之中以使太阳能与深层土壤蓄热结合，把夏季容易收集的太阳能储存到土壤之中，冬季采用热泵技术取出来用于供热或其他用途，夏季用同一个系统从土壤中取冷，这样就实现了太阳能移季利用的目的。太阳能土壤蓄热实际上就是把太阳能与深层土壤蓄热、土壤源热泵技术结合在一起。

12.12.1 太阳能-土壤源热泵系统（SESHPS）

SESHPS 根据所采用的低位热源的不同可以分为白天利用太阳能热泵、夜间运行土壤源热泵的交替运行模式及同时采用太阳能集热器与土壤埋地盘管提供热泵热源的联合运行两种模式，各运行模式中据热源组合的不同又有不同的运行流程。SESHPS 各运行模式中，热源的组合及运行时间的分配对系统的设计、运行及系统的经济性与可靠性等有很大的影响。

SESHPS 交替运行模式研究的主要内容是确定太阳能热泵与土壤源热泵在供暖运行周期内最佳的运行时间分配比例。

根据 SESHPS 本身的特点、功能及其运行模式，系统可根据日照条件和热负荷变化情况采用多种不同的运行模式，如太阳能热泵供暖、土壤源热泵供暖与空调（夏季）、太阳能和土壤源热泵联合（串联或并联）供暖及太阳能集热器集热土壤或储热水箱储热等，每一流程中太阳能集热器和土壤热交换器运行工况分配与组合不同，模式的切换可通过阀门的开与关来灵活实现。

SESHPS 的运行模式是指 SESHPS 在供暖运行期间热泵热源的选取以及每一热源运行时间的分配比例，最基本的包括两种：一是太阳能热泵和土壤源热泵昼夜交替运行的交替运行模式，主要体现在太阳能热泵与土壤源热泵昼夜间的相互切换上；二是同时采用太阳能和土壤热作为热泵热源的联合运行模式，集热器根据日照条件由控制机构来实现自动开停，而土壤埋地盘管则在供暖期间始终投入运行。

（1）交替运行模式

交替运行模式主要是指白天采用太阳能热泵、夜间采用土壤源热泵的运行方式。采用该运行模式的主要出发点是可以克服土壤源热泵因连续运行造成土壤温度逐渐降低而导致热泵性能低下这一致命弱点。土壤源热泵由于太阳能的加入便可实现间歇运行，使得土壤温度场在白天使用太阳能热泵期间能够得到一定程度的恢复，从而使得夜间土壤源热泵的运行效果比连续运行时要好，太阳能热泵也由于土壤热源的加入而使得系统在阴雨天及夜间仍能够在适宜的热源温度下运行，同时还可省去或减小储热水箱或辅助热源的容量。

（2）联合运行模式

SESHPS 联合运行模式是指同时采用太阳能和土壤源为热泵复合热源的运行方式。该模式的主要优点是白天由于太阳能的加入可提高热泵进口流体的温度，从而提高其运行效率，同时亦可减少日间埋地盘管从土壤中的净吸热量，并且因土壤本身具有短期储能作用，可将日间富余的太阳能自动地储存于土壤中，夜间时再取出利用，从而有利于夜间土壤源热泵的运行。

根据热源组合方式的不同，联合运行模式有太阳能集热器与埋地盘管并联和串联两种形式。对于串联运行模式，又可分为载热流体先经集热器后经埋地盘管及先经埋地盘管后经集热器两种情况。对于并联运行模式，流量的分配比例又有多种情况。

12.12.2 有机朗肯循环

（1）有机朗肯循环效率

在研制低温太阳能热发电中，有机朗肯循环（Organic Rankine Cycle，ORC）是当前热点之一（见图 12-12）。

朗肯循环需要在高参数条件下才能获得较高效率，计算表明当热源温度低于 370℃时，采用水蒸气朗肯循环并不经济。采用低沸点有机工质的有机朗肯循环，在较低温度下可以获得相对较高的换热效率，如美国联合技术公司采用有机朗肯循环发电系统，在热源温度为

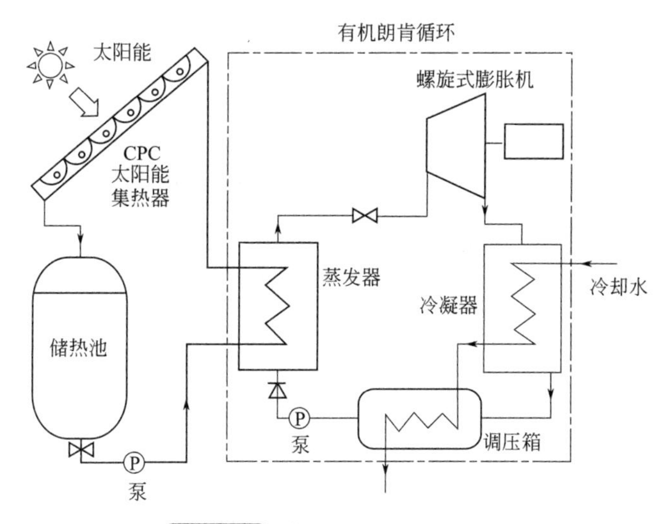

图 12-12 有机朗肯循环系统示意

74℃的条件下获得连续稳定 8.2%的发电效率。

(2) 有机朗肯循环过程

在装置和循环的构成方面，太阳能有机朗肯循环与水蒸气朗肯循环并没有本质区别，只是用低沸点有机物代替了水作为循环工质。类似于水蒸气朗肯循环，理想的有机朗肯循环过程包括以下 4 个过程（见图 12-13）。

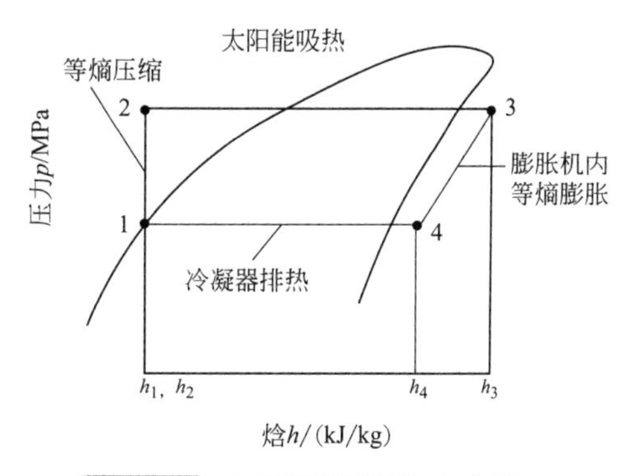

图 12-13 有机朗肯循环的 p-h 图

① 绝热压缩（1→2）：经过冷凝器冷却之后的过冷有机物工质液体，在工质泵中被绝热加压至高压，以进入蒸发器进行加热。

② 定压加热（2→3）：高压的有机物工质液体，在蒸发器中被加热，经历了预热、沸腾和过热 3 个过程后，产生的过热有机物蒸气进入膨胀机做功。

③ 绝热膨胀（3→4）：来自蒸发器的高温高压有机物蒸气在膨胀机中绝热膨胀。

④ 定压冷却（4→1）：经过膨胀机膨胀之后的较低温度、较低压力的有机物蒸气，在冷凝器中冷却成过冷液体，同时将热量排到冷却物体中。

有机朗肯循环由于焓降较低，压力对系统设备的要求不高。循环工质密度大于水蒸气减少了膨胀机、管路和换热器的体积、重量和空冷冷凝器的尺寸，无液膨胀，即饱和有机工质蒸气膨胀不会出现液体，冷凝压力高，不需抽真空设备，同时凝固点低于−50℃，无需担心冬季冻堵。其膨胀机设计相对较为简单，这也导致了输出同样的功率，有机朗循环需要的工质流量更大，带来了较大的流动损失和泵功率消耗。但是，综合考虑上述优点，有机朗肯循环比水蒸气朗肯循环在利用低品位热能方面具有更大的优势。

由于有机物朗肯循环在回收中、低品位热能方面的优势，国内外对 ORC 进行了大量的研究，早期主要集中在 ORC 技术在发动机余热及太阳能热电技术上的应用。从 20 世纪 90 年代后期至今，考虑到《蒙特利尔协议》的限制，需要有机朗肯循环采用对臭氧层无损害、大气温室效应低、同时安全（包括毒性、易燃性、化学稳定性等）、适合临界参数并且廉价的工质。对新型膨胀机的开发也是研制的重要内容。

（3）明托热机

明托热机（Minto Engine），俗称明托转轮，它是通过液体活塞在转轮中不停地变换位置，产生不同的动力矩，从而驱动转轮旋转的机器。明托热机最早于1975年被维利·明托（Wally Minto）发明。早期的明托热机结构十分简单，效率也很低，但由于它能将低品位热能转变成高品位的动力，因而一下子吸引了许多科学家的注意。之后，许多学者对明托热机进行了研究，提出了许多改进的方向和应用领域，推动了明托热机的发展。

尽管传统的明托热机的热功转换效率很低，但它能利用温度较低的低品位热源，而且所需要的冷、热源温差不高，而所提供的却是品质很高的机械能，因此人们依然对它感兴趣，投入的研究仍然很多。近年的研究主要围绕在工质的选择，转轮直径加大，改变腔室结构，加大热源温差，利用太阳能特别是太阳光直接聚焦照射、加热驱动等方面。

有文献指出，将明托热机的各腔室分别制成非轴线对称柱体，有利于溶液在其中产生不同的力矩，即使转轮轴上相对的两个腔体装有相同的液体，那么液体也会产生一个向所需方向的力矩，这样就可防止转轮的倒转，提高效率。

在与太阳能结合方面，明托热机的发展也十分值得注意，太阳能可以为明托热机提供热源。有研究指出，如果明托热机是用透明材料制成的，可以将太阳能直接聚焦至腔内的液体中，如果液体中掺有高吸光材料，那么用高密度强光加热液体的速率将比传导换热的速率提高10倍以上。如此，腔中液体的相互转移速率就可以极大提高，转轮的旋转速率也就有望得到较大提升。也有设想指出，如果将太阳能热水用换热器定时、定量给各充满溶液的腔室供应热能，也同时给其对应的腔室供冷，使各腔室的热频率正好与转轮旋转的频率相同，也能极大地提高转轮的功输出能力。特别当转轮直径变得相当大时，这种利用换热器供热的方式具有较大优势。

（4）其他发电方式的探索

入射地球的太阳辐射的能量中约有40%（40PW）被转换为蒸发、降雨、势能和热能，其中降雪量为$(2\sim3)\times10^{16}$kg/a，其中2/3降落地面。故日本在20世纪80年代开始展开雪利用的相关研究，如干旱时期水资源利用、食品储藏、用冰雪进行发电的研究。

当时设想是用泵将氨和氟利昂等低沸点工质压入蒸发器，用集热器等获取的太阳热能使之汽化，从而推动电机使之运转，膨胀以后的工质（热媒）再被冰雪凝结形成朗肯循环。但是因为高温热源和低温热源的温差不大，计算发电效率被限定在10%左右。

另外，利用温差驱动低沸点工质的热虹吸现象，再利用凝结液自由落体产生冲力的发电技术也在探讨之中。例如，氟利昂是一种适宜工作流体，但不利环保，需要寻找替代材料。

第 4 篇

太阳能热发电技术的发展趋势

13 太阳能热发电技术的集成整合及未来

13.1 当前太阳能热发电技术的特点及现状和面临的问题

13.1.1 太阳能热发电技术的特点及类型与技术的比较

（1）特点

在近一二十年之间太阳能热发电技术已经走过乍暖还寒的季节，迎来阳春三月的勃勃生机。

国际太阳能热发电技术的水平、相关基本投资、发电成本都在发生引人瞩目的变化。

20 世纪 80 年代以来，美、欧、澳等地区相继建起不同类型的示范装置，促进了太阳能热发电技术的发展，并呈现如下鲜明特点。

① 几类聚光类太阳能热发电技术通过相互竞争、相互比较，都各自有所进展。各种类型的商业规模的太阳能热电站将在世界很多地区投产运行，太阳能热电站的经济效益（如成本低于光伏发电 40%左右）更会凸现。

② 各种新兴技术开始进入试验阶段。其他新增技术领域的投资也在不断增加。特别是在美国和西班牙，新型的塔式太阳能热发电和菲涅尔热发电项目已经开始试运行，应用其他技术的太阳能热发电站也已经开始建设。低温太阳能热发电和太阳能温差发电等新技术，开拓了一种全新的发展之路，这些孕育重大变革的技术可能会后来居上，带领太阳能热发电行业进入一个崭新阶段。例如，很多一直对太阳能热气流发电系统经济性和可行性进行跟踪报道的学者分析世界能源形势、环境以及人口对经济的影响，提出建设太阳能热气流发电是解决欠发达国家和地区及干旱、半干旱地区能源的重要措施，技术上行之有效。印度学者将煤电、太阳能槽式发电、塔式发电、碟式发电及太阳烟囱发电的经济性，印度能源形势和太阳能分析进行深入比较分析提出太阳能热气流发电是印度最经济、最可行的方案。本书作者曾提出在中国西部推广天篷式建筑的观念，太阳烟囱完全可与天篷式建筑结合起来改造西部生态。

③ 太阳能热发电技术是应用极广的太阳能热利用的组成部分（也可以说是其中高级形式），太阳能发电技术，如特有的储热技术可以为很多太阳能热利用技术提供能量、技术借鉴，也会成为海水淡化、改善生态环境、热力工程、空调等众多技术的重要组成。太阳能热

发电技术会更多地与常规能源利用技术耦合、互补，会更多地与风能、地热、生物质能、海洋能等各类可再生能源左提右挈。

④ 太阳能热发电技术将继续受惠于宇航技术、海洋技术、材料技术和计算机技术的勇猛精进，并且也是相关技术的重要应用领域。超导电网、月球太阳能热电站等人们期望许久的神奇技术都有望在近二十年间实现。

⑤ 如从能源利用的整体观点考虑，太阳能热发电仅仅是太阳能热利用中的一小部分，太阳能热利用对于国家、世界能源所做的贡献，决不应该单纯以发电量来考核，而应该以节能折算成标准煤（吨）来计算，这样太阳能热利用所占比例将是所有可再生能源中最多的，而且以后比例还将进一步提高。

太阳能热发电技术是太阳能热聚焦、储存的高级形式，相对于光伏、风能等新能源，太阳能热利用具有一个相当大的优势：它不一定要发电，可以合理利用太阳能高、中、低温段，效率显著提高。太阳能热发电技术可以综合利用，既可发电，又可直接供热；在一些需要热源的场合（空调、海水淡化、取暖）可直接提供热水、蒸汽；也可在发电的同时向外界供热，大大提高系统热利用效率（热利用效率达70%以上，光热效率在40%以上）；而太阳能光伏和风能只能直接来发电。

⑥ 从世界范围来看，2010年太阳能热发电的装机容量近1000MW，建设中的项目超过2000MW。据2009年Today&Altran公司发布的市场报告，至2020年，聚光类太阳能热发电的装机容量将达到24GW。这主要将集中在两个关键的市场：西班牙和美国。全球太阳能热发电工业报告指出，在安装能力方面，美国是全球最大市场，占市场份额的63%，其次是西班牙，占32%，这两大市场在今后10年内仍将继续起重要作用。目前西班牙在建项装机容量占世界首位，接近89%。而其他具有市场潜力的国家预计在中东和北非，如以色列、阿联酋、约旦、摩洛哥、阿尔及利亚和埃及，中国也具有发展商机。

（2）聚光类太阳能热发电系统的类型及技术比较

从输入端能源转化利用模式看，太阳能热发电系统的发展经历了三个不同的阶段，逐步形成三大种类的系统：单纯太阳能发电系统、太阳能与化石能源综合互补系统和太阳能热化学重整复合系统。当然，若从系统输出目标看，这三类系统还都有不同功能类别的系统，如单纯发电、热电联产或冷热电多联产，以及化工（或清洁燃料）电力多联产等系统。

13.1.2 单纯太阳能热发电技术现状及面临的问题

（1）全球范围内的发展现状

早期的太阳能热发电技术多采用单纯太阳能利用模式，但由于太阳能利用的不连续性和间歇性，往往需将储热集成到系统中，以提高系统的稳定性。美国加州兴建的9座抛物槽式太阳能热发电站中的SEGSⅠ就属于这种情况，其中SEGSⅠ利用昂贵的导热油作为储热介质，增加了系统的开发成本。商业化的SEGS系列电站的开发成功，大大激励了人们开发太阳能热发电的热情。于是，美国、西班牙、德国、以色列、日本、法国等纷纷兴建了一系列实验和示范电站，同时还对太阳能热发电系统中的关键过程和部件进行了开发和实验，如开发高性能的真空管、塔式吸热器、熔盐传热工质等多种集热介质和储热介质。这些电站的运行为太阳能电站的进一步商业化发展积累了宝贵的经验。但是，如Solar One塔式电站，由于其热系统仅仅在220～305℃运行，而吸热器的出口蒸汽温度为516℃，故热系统不能提供足够的蒸汽用于汽轮机发电。这个电站最主要的运行模式是将太阳能吸热器和汽轮机耦合起来，储热系统设置为旁路，系统所产生的多余蒸汽进入储热系统实现能量储存，储热系统只产生辅助蒸汽，用于系统启停和离线运行时保温。Solar One塔式电站年可用率为96%，太阳能转化为电能的峰值效率为15%，年平均效率为7.3%。

早期，世界兴建了多个单纯太阳能热发电实验示范装置，虽然在技术上验证了太阳能热发电的可行性，但同时也暴露出了不少问题：太阳能集热温度由于效率的限制，一般不超过600℃，汽轮机入口参数低等原因导致整个系统的太阳能热发电效率较低；为了解决太阳能的不连续性，单纯太阳能系统往往将储热装置集成到系统中，同时也增加了太阳能热发电成本。

技术水平方面，槽式技术仍然占主流，但其他技术形式也在并行发展。在已安装的电站中，槽式技术占比约94.6%，塔式4.4%，碟式和菲涅尔式约1%。世界首座商业化碟式斯特林电站在美国投入运行。此外，越来越多的热发电站带有长时间的储热系统。西班牙商业化运行电站50MW Andasol电站储热能力长达7.5h，采用熔盐储热。

在投资成本和发电成本方面，建在不同辐照条件下，采用不同技术参数电站的投资成本和发电成本不尽相同。但通过西班牙政府开始下调对热发电补贴的事实可以判断，国际上太阳能热发电的成本已经开始下降。根据西班牙太阳能热电力协会Protermosolar测算，2013年期间，新电价将导致政府对太阳能热发电的补贴削减近10亿欧元。西班牙2007年对太阳能热发电电价进行调整，确定固定上网电价约27欧分，仅仅3年时间，西班牙政府就开始重新调整上网电价，足以看出太阳能热发电大规模实现后，发电成本会显著下降。

太阳能热发电技术的特点在于通过光热的转换、集中和储存，利用常规的发电技术，将太阳辐射能转换为电能，这一电能是常规发电机发出的电力，因此输出电压高、输送距离远，适应于大规模发电。在太阳能量的转换过程中，利用的是钢材水泥、机械设备等常规材料及设备，特别适合像中国这样的以机械制造为主的大国发展，从而得到长期廉价、无污染的电能。

除美国和西班牙外，其他国家共投运的太阳能热发电站规模约为100MW。阿尔及利亚、泰国和印度分别有25MW、9.8MW和2.5MW的太阳能热发电项目投运，这些项目均为其国内第一个项目。北非和地中海周边地区的太阳能热发电项目均是燃气联合循环，采用太阳能集热场与大型火力发电厂联合发电。印度第一个10MW太阳能热发电站于2013年投入运行。南非开展了太阳能热发电项目的招标，已经授权150MW的合同，南非国家电网公司正在规划另外100MW的项目。其他国家，如意大利、以色列、墨西哥、智利和沙特，已经表示打算建设太阳能热发电站或者开始立法支持太阳能热发电。

(2) 我国太阳能热发电现状

2018年全球太阳能热发电（CSP）累计装机容量5.5GW，是2010年的4.3倍，转化为电力成本（LCOE）下降46%。

我国太阳能热发电多种技术类型并举发展，槽式热发电率先进入商业运行的前期工作。2019年，内蒙古鄂尔多斯50MW槽式太阳能热发电项目、宁夏盐池哈纳斯92.5MW太阳能热发电实验电站、甘肃敦煌100MW太阳能热发电项目投产。2011年6月国电吐鲁番180kW光热发电并网投运。2011年，中科院电工所承担的国家“863计划”项目延庆太阳能热发电站1MW示范项目建成发电，该项目是我国自主研发的亚洲首座兆瓦级太阳能塔式热发电站。2011年，海南三亚1MW太阳能热发电示范工程开工建设，成为我国首座开发建设的碟式太阳能热发电站，填补了国内空白。

13.1.3 降低太阳能热发电成本的途径

太阳能热发电目前在国外已经进入商业化发展的阶段。然而，与传统的化石燃料电站相比，太阳能热发电的发电成本仍然很高。在现有技术条件下，太阳能热发电的成本为0.19～0.25美元/(kW·h)。相对较高的发电成本在一定程度上影响了太阳能热发电大规模化的进程，因此降低发电成本是推进太阳能热发电发展的首要任务。

13.1.3.1 太阳能热发电系统的性能指标

(1) 集热场面积

集热器面积限定了太阳能集热场的面积大小，可用简化式来估算，即

$$C = kWd \times CF \times \frac{h}{\eta I}$$

式中，C为聚光器面积，m^2；kWd为电站设计容量，kW；CF为容量因子，其值等于实际的kW·h/(kW×8760)；h为一年的小时数，即8760；η为净年光电转换效率；I为年辐射量，$kW \cdot h/m^2$。对于一个给定尺寸和容量因子的电站，其集热场面积由净年效率决定，当效率增大时，集热器面积可在原来比例的基础上相应减小。

(2) 年均光电效率

通常用年平均电站光电转换效率来评价槽式太阳能热发电站的整体性能。年均光电效率E_{net}由下式计算，即

$$E_{net} = SFE \times TPPE \times ST \times P \times A$$

式中，SFE为集热效率；$TPPE$为太阳能场与汽轮机之间的换热及热量传递效率；ST为蒸汽循环效率；P为供电率，即供电量占发电量的比率；A为电站可用率。

(3) 太阳能场光学效率

太阳能场光学效率是考虑了入射角影响、集热场可用度、集热器跟踪误差、镜面聚焦几何精确度、镜面反射率、镜面清洁度、吸热器遮挡、玻璃外管的透射率、玻璃外管清洁度、吸热器对太阳能的吸收、末端损失、不同排的遮挡效应等因素后的综合效率。

(4) 集热器热效率

集热器热效率即集热效率，表征了集热器热损失的影响。热损失与吸热管表面选择性吸收涂层的发射率（辐射热损）和环状空间的真空度（对流热损）有关。如果环状空间的真空度能得以保持，对流热损则可忽略。辐射热损也可表示成吸热管表面温度四次方的函数。涂层发射率表征了涂层对吸收的太阳能的辐射散热能力，因此，涂层发射率越低，辐射热损失越小。

(5) 集热场管道热效率

集热场管道热效率与集流管和传热工质管系统热损失有关。管道热损失是管内温度与环境间温差的函数，Nexant提出了不同布局的槽式集热场的管道模型，此模型已经被用于不

同参数下的热损。管道模型也是评价集热场热性能的基础。

(6) 储热效率

储热效率是表征储热系统热损失大小的参量。储热热损是储热罐表面积和罐中流体温度与环境间温差的函数。SEGS Solar Two 塔式电站已经应用了高温大储量储热系统。这些系统的储热热损失很小,储热效率接近 100%。Nexant 提出了储热系统设计模型,可以评估热损失大小。此模型是依据 Solar Two 储热系统设计和运行经验而建立的。

(7) 汽轮机年循环效率

汽轮机年循环效率由汽轮机设计工况点循环效率、开机启动损失,部分负荷运行和运行在最小负荷需求工况下(特别是对于无储热系统的电站)的热损失来决定。

(8) 供电率

电厂主要的耗电设备为导热工质泵、给水泵、凝结水泵和循环水泵等泵的电动机,冷却塔及辅助加热器锅炉的风机,其他的耗电负载有仪表、控制系统、计算机、阀门驱动装置、空气压缩机和照明用电。此外,集热场还有集热器驱动和通信用电项。

(9) 电站可用率

电站可用率受电力的强制或计划中断及电站配额值改变的影响。具有代表性的就是当电站电力中断供应或电网配额值降低时,集热场吸收的太阳能会相应减少,电站可用率会降低。

(10) 循环温度

从长期来看,趋势往高温、高效方向发展,因为更高的循环温度,可以减少聚光场的面积,实现更低的成本。在蒸汽循环温度为 600℃时,循环效率达 48%;700°C 超临界二氧化碳循环,效率可达 50%以上。需要研究超过 600°C 的高温吸热器,以及合适的耐高温传热介质,包括新型熔盐、液体金属、固体颗粒等。吸热器材料方面,采用铝土矿物颗粒等,最高可用于 1000℃。DLR 开发了一种直接吸收式吸热器:离心旋转吸热器,利用太阳能强弱控制转速。经过在太阳炉的测试,10kW 旋转吸热器效率高达 90%,温度可达到 900℃以上。

13.1.3.2 太阳能热发电系统效率

发电成本是影响太阳能热发电发展的最关键因素。国际能源署(IEA)曾公布一种计算可再生能源系统发电成本的简化公式,在式中发电成本与电站的初始投资、贷款利率、年运行维护费用以及年净发电量等密切相关。其中,初始投资和电站年净发电量(年发电量一用电量)是关键。降低太阳能热发电站的初始投资,提高太阳能热发电站的年净发电量是降低太阳能热发电成本的有效途径。

太阳能热发电站的初始投资成本主要包括太阳能部件(太阳能镜场、太阳能吸热器、储热系统)以及常规热力循环部件(蒸汽发生、发电模块)的费用。降低初始投资的成本可通过降低各种部件的成本来实现。太阳能热发电站的年发电量与系统年均效率、投射在镜场上的年太阳直射辐照量相关,在相同的太阳辐照量下,系统年均效率越高,则电站的年发电量就越多。

经过初步测算发现,系统效率每提高 1%,相当于初投资降低 5%~7%。因此,提高系统效率是降低发电成本的重要途径。太阳能热发电的发电成本、初始投资和系统效率的关系如图 13-1 所示。

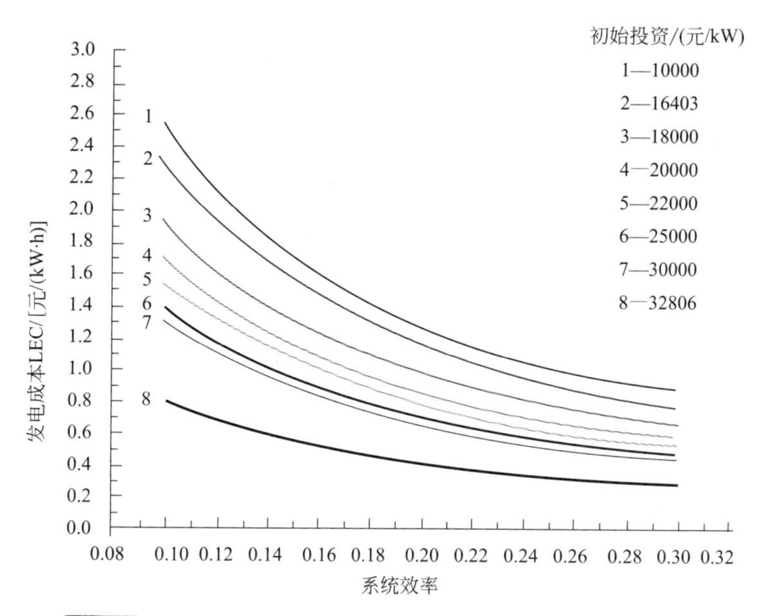

图 13-1 太阳能热发电的发电成本、初始投资和系统效率的关系

太阳能热发电系统的效率，即光电转换效率，取决于集热效率和热机效率两个参数。这两者又与聚光比和吸热器的工作温度密切相关（见图 13-2）。当聚光比一定时，随着吸热器工作温度升高，集热效率会下降，而汽轮机的效率提高，系统效率曲线会出现一个“马鞍点”。因此单纯提高吸热器的工作温度，并不一定能提高系统效率，反而可能会降低光电转换效率。只有聚光比与吸热器的温度协同提高，才是降低发电成本的有效途径。

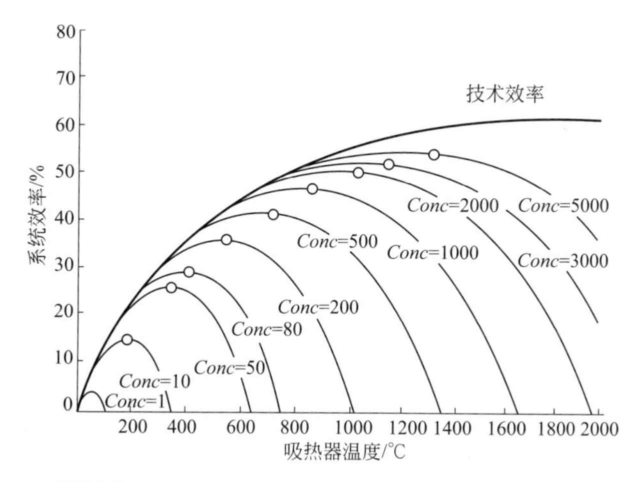

图 13-2 聚光比 ***Conc***、吸热器温度和系统效率的关系

（1）提高太阳能热发电系统效率的途径

提高太阳能热发电系统的效率主要可从以下几个方面进行。

① 尽量提高太阳能热发电聚光集热装置及光热转换装置的光热转换效率。

② 尽量提高太阳能热发电载热介质的传输效率。

③ 尽量提高太阳能热发电蒸汽发生器的效率。

④ 尽量提高太阳能热发电的汽轮发电机组的效率。

（2）系统运行模式

现在，人们已针对不同需求，因地制宜设计出多种有关太阳能热系统运行模式，各类模式优化系统参数、工艺方案和设备的方法考虑如下。

① 介质运行压力和温度是系统中最重要的参数。

② 调节系统压力难度不高，最难的是系统温度调节，介质压力和温度越高，系统效率越高，但温度越高技术难度越大，投资越大，优化温度是关键。

③ 正确选择不同的运行模式，简化和优化不同运行模式。

④ 优化镜场的反射镜镜面积和反射镜结构，降低总重。

⑤ 优化镜场面积、机组额定容量和各系统的容量配置，优化镜场的控制方案。

⑥ 正确选择储热器的储热设备容量。

⑦ 通过机组的变负荷和滑参数运行，优化和减少储热器的容量。

⑧ 通过汽轮机的接受不同温度变化的能力，承受由于储热器运行带来的温度变化。

⑨ 提高储热器的储热和放热速率。

⑩ 提高机组整体控制水平，使变工况运行过程处于自动运行过程中，减少人为控制，甚至达到全自动运行。

⑪ 通过以上的方法，减少机组总投资，提高运行可靠性，保证机组的连续运行。

（3）SHINLA（森罗）涡轮机

虽然常规发电设备已很成熟，人们也根据太阳能热的特点提出新的设想。如有日本科技人员提出利用3D-CPC（复合抛物面聚光）集热器和被称为SHINLA（森罗）涡轮机的圆盘涡轮机用于提高数千瓦规模的小型太阳能热小型发电系统。通用的翼型涡轮机没有叶片，输出功率较小，效率低下，导致成本升高。而现在采用的这种SHINLA（森罗）圆盘涡轮机带有叶片，可将100～1000枚同样形状的盘状物体在100μm内的间隔组装起来。3D-CPC太阳能集热器产生100～200℃的高温、高压蒸汽，涡轮机由于在圆盘的顶端开有切槽，受黏性力、上升力、离心力接受喷臂的超音速流可以有效利用其冲击力和反作用力。

为了改善涡轮机的输出状况和效率，可将多个涡轮机组成双重流体的朗肯循环系统。这个以太阳能为热源的系统发电效率可能达到16%～20%，远远超过目前其他太阳能热发电系统的平均效率。由于SHINLA（森罗）圆盘涡轮机输出的是动力，该系统使用的能源不仅局限于太阳能热，具有很强的可扩展性能，见图13-3、图13-4。

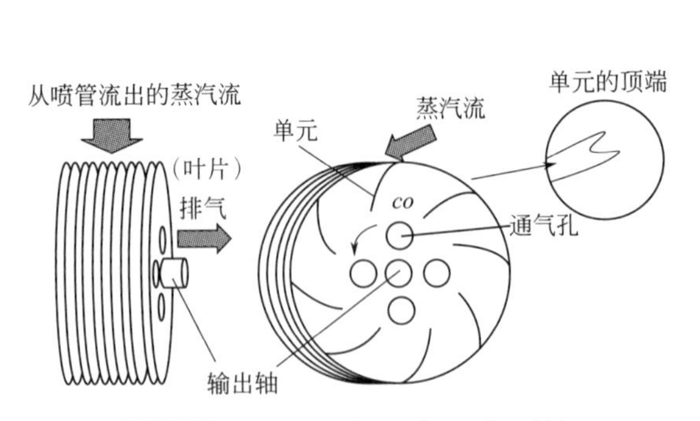

图13-3 SHINLA（森罗）圆盘涡轮机

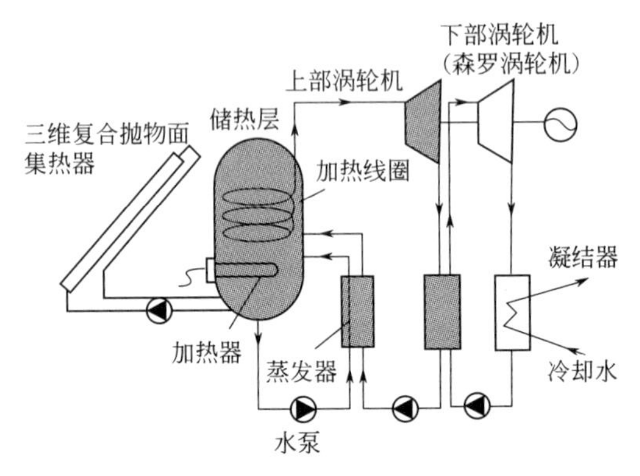

图13-4 双重流体朗肯循环发电系统

（4）太阳能热发电技术面临的问题

① 聚光过程一次投资高，光学效率低。太阳辐射的高密度聚集是太阳能热发电的基本过程。塔式和槽式系统中聚光器的成本占一次投资的45％～70％，聚光场的年平均效率一般为58％～72％。因此聚光过程的研究对系统效率和成本有着巨大影响。

聚光过程的能量损失主要有余弦损失、反射损失、空气传输损失和由于聚光器误差带来的吸热器截断损失等几个方面。另外，在工作环境条件和寿命的约束下，要保证聚光器的精度，聚光器的成本降低目前受到了很大的限制。综合这两个方面中的诸多因素，需要从光学、力学和材料学等方面对光能的收集和高精度聚集进行深入的探索，克服由聚光面形的像差及跟踪误差等对能流传输效率的影响和由于能流矢量时空分布不满足吸热器的要求导致光热转换效率低的问题，需要建立基于能流高效传输的聚光与吸热的一体化设计方法。

② 热功转换效率低。传统的热功转换效率随工质参数的提高而提高。提高循环效率的基本方法是提高做功工质的温度和压力，但在太阳能热发电过程中，光热转换部分的效率随传热介质的参数提高而降低，且伴随着强烈的时间上的非稳态、空间上的非均匀及瞬时的强能流冲击。因此提高热功转换效率不能完全依照常规热力循环的方法来解决，流动和传热过程的规律也与常规的流动和传热过程有差别，要大幅度地提高效率，也不可能采用传统的材料体系。这些都对目前使用的传统技术提出了挑战。开展太阳辐射能流高效聚集、吸收、高温传热、储热机理及材料设计和太阳能热发电系统可靠性影响机制等方面的研究，既是能源技术领域中的前沿性课题，也是规模化、高效率太阳能热发电技术发展提出的迫切需求。

③ 节水发电技术。由于电站选址的因素，无水冷、热力发电技术是热发电技术能商业化推广的重要基础。

国际上普遍认为，太阳能热发电系统发电效率每提高1％，太阳能热发电成本LEC将降低8％，相对一次投资降低5％～6％。系统效率对太阳能热发电成本有显著的影响。今后的技术发展应以稳定运行为主线，以提高系统效率为目标，侧重于发展规模化太阳能热发电系统中的重大技术装备技术、系统集成技术、设备性能评价方法和测试平台、技术标准和规范。

（5）我国提高效率的方法

要降低太阳能热发电产业的成本，提高热效率和发电效率是关键。

① 关键设备国产化迫在眉睫。例如塔式的吸热器、储热器以及槽式的真空吸热管，包括反射镜，这些关键设备的国产化的研制迫在眉睫，这也是降低热发电成本的一个很重要的因素。

② 要开发具有自主知识产权的热发电技术，要坚持自主开发、设备的国产化，降低项目工程成本。

③ 降低成本。要关注热发电的前置和末端的技术开发，例如在前端的预热，还有尾部的余热利用，这样能提高太阳能热发电效率。

④ 降低整个项目成本的因素还有一个是与化石燃料互补，就是联合循环，做混合电站，要用化石能源的电站做补气，这种混合型的电站也是一种途径。

13.2 聚焦太阳能热发电（CSP）技术的发展

13.2.1 发展趋势

聚焦太阳能热发电从技术角度可分为两类：一类是发电形式不依赖规模的系统，如碟式太阳能热发电装置，适用于分散使用或建设分布式能源系统，也可多个碟式并联使用；另一种是依赖于规模化的热发电系统，如槽式系统、单塔和多塔系统，其介质参数越高、单机容量越大，系统效率就越高，发电成本越低。

从太阳能热发电技术发展趋势上看，主要向3个方面发展。

① 大容量：单机容量有1MW、10MW、20MW、50MW，目前已投运最大单机容量为80MW，在建有130MW和200MW等级。

② 高参数：汽轮机入口参数决定机组的效率，蒸汽温度有230℃饱和蒸汽，400℃、450℃、510℃等过热蒸汽，目前已投运的最高温度达550℃，以空气为介质的运行温度更高。

③ 工质/介质：分为储热介质和发电介质，由于水/水蒸气的品质和广泛存在的形式，发电一般以水/水蒸气作为介质，但水有两个特性，不同温度段和不同状态形式下，水/水蒸气的比热容差别很大，这会影响到不同区间的吸热/放热过程，水/水蒸气需要加压才能储存更多的能量，因此，水/水蒸气作为发电介质难胜任，小容量储热尚可，但大容量储热需要花费更大的能量和设备投资。导热油作为储热介质，克服了水/水蒸气不连续的热容问题，因而得到了大量的应用，但导热油在运行过程中为防止汽化，需要加一定的压力，另外导热油的价格比较贵。因此，人们进一步研究采用熔盐作为储热介质。熔盐具有较大的单位热容量、较好的导热性和流动性，无毒、无腐蚀性，对环境影响小，特别是在储热过程中不需要加压，这使大规模储热的容器制备成为可能。唯一欠缺的是熔盐的低温凝固点很高，一般都在200℃左右。

太阳能热发电在大容量、高参数和有效储热材料的条件下，在技术上将得到进一步的提高。太阳能热发电在系统优化和简化的基础上，槽式系统分为无储热发电和有储热发电两类。无储热（少蓄热）发电可直接采用水/水蒸气发电技术，其难点在于集热管中蒸汽温度的控制；有储热发电是在无储热发电的基础上直接采用蒸汽发电，或采用导热油吸热，中间增加熔盐储热和放热。

塔式系统可直接将熔盐作为吸热和储热材料，以单模块的塔式系统并联，形成大规模的塔式电站，蒸汽循环部分可采用高参数，包括超临界参数的应用，其年均效率可达20%～25%。以空气作为介质的燃气涡轮机发电的塔式系统，储热介质可采用更为便宜的混凝土储热块，以沙漠、戈壁地区的沙漠沙作为基本原料的陶瓷储热材料等。碟式斯特林热发电系统不需要水作为冷却介质，在批量和规模化条件下，突破成本高的困难，解决储热问题后才能有应用的空间。

13.2.2 当前发展目标

（1）致力于实践太阳能热动力联合循环发电

以色列LUZ公司的槽式太阳能热动力发电与天然气相结合，组成双能源联合循环发电；澳大利亚太阳热和动力工程公司应用线性菲涅尔聚光集热系统为燃煤热力发电厂锅炉给水预热。这种联合全都取得了明显的效益，足以说明努力实践太阳能-常规能源联合循环发电，对发展太阳能热动力发电技术的至关重要性。目前，不少学者提出了多种形式的太阳能-常规能源联合循环发电方案，如双能源、双工质、双循环等，这些都有待于深入研究和实验评估。

（2）不断地开发先进的单元技术

为了提高太阳能热动力发电站的工作性能和降低电站比投资，人们已提出了不少新的技术概念，着力研发先进的太阳能聚光集热系统。研究关键部件技术，如对槽式太阳能热动力发电，研发复合空腔集热管，以及发展直接产生蒸汽技术；对塔式太阳能热发电，研发双工质复合容积接收器以提高聚光集热装置的效率、工作温度和运行可靠性，开发新型定日镜镜架结构，发展镜面面积为 200m^2 的超大型定日镜，以求降低定日镜阵列的比投资。

碟式太阳能斯特林循环热发电系统自身所特有的技术优势和应用前景，尤其是太阳能自由活塞式斯特林循环热发电系统，技术发展优势十分明显。但作为其组成部件的聚光系统，目前技术上仍相对比较落后。碟式太阳能热动力发电装置的比投资大约是槽式太阳能热动力发电站的 2 倍，降低其比投资的方向是降低斯特林热机和旋转抛物面聚光器的制造成本。为此，当前该技术发展工作的主要目标是转向开发大型自由活塞式斯特林发电机组和新型结构的旋转抛物面聚光器。

(3) 推进槽式太阳能直接产生蒸汽热动力发电技术的商业应用

2006 年西班牙和德国完成槽式抛物面聚光集热器直接产生蒸汽技术的研发，为槽式太阳能热动力发电技术商业应用奠定了坚实的基础。2008 年又着手设计 100MW 槽式太阳能直接产生蒸汽热动力商用示范电站，拟定建于西班牙 Almenia。并正在 Seville 和 Ciudad Real 附近，建设数座同形式的 50MW 槽式太阳能直接产生蒸汽热动力发电站，总计划建设 500MW 以上。

(4) 推进建设大型碟式太阳能斯特林热发电场

EuroDish 10kW 发电装置造价为 10000 美元/kW，这里不包括运输、安装和基础建设费用。批量生产造价要便宜得多，每年生产 500 台，造价为 2500 美元/kW，每年生产 5000 台，造价为 1500 美元/kW。这就是说，碟式太阳能斯特林循环热动力发电装置批量生产的经济指标已可与常规能源发电相竞争。

为此，目前美国对 Kocktlms 研发的 75kW V4-275 RMKⅢ型和同形式 30kW 太阳能斯特林循环发电机组着手进行小型化研究，计划今后 4 年间，在 Mojave 沙漠地区安装20000～43000 台 75kW V4-275 RMKⅢ型机组，总装机容量为 500～850MW，组建商用大型盘式太阳能斯特林循环热动力发电场。但还应该看到，碟式太阳能斯特林热动力发电技术的发展优势在于其自激运行和不依靠电网，因此这类机组还有待于更长期的运行考验。

(5) 建立高效率、大容量、高聚光比的太阳能热发电系统

此方法是降低发电成本的主要研究方向。为此，需要尽快解决系统材料、中高温储热材料、中高温传热换热等方面的相关技术问题，解决以聚光器和吸热器为主要代表的单元技术问题，同时通过系统优化、模拟与仿真等技术手段，进一步探索降低能耗、提高系统效率、提高系统运行可靠性和稳定性的技术措施。

高温传热工质材料及其传输系统，高温储热材料及其系统技术是提高热发电效率的核心问题。

另外，为了推动太阳能热发电技术的商业化，需考虑太阳辐照的不连续性，可采取与化石燃料互补的联合发电途径。考虑到今后大规模化塔式电站的选址，采用汽轮发电机组空冷技术可以解决沙漠地区的缺水问题。

(6) 提高运行可靠性

为推动太阳能热发电技术的商业化，需要考虑投资和电价的关系，并从优化系统参数、工艺方案和设备等方面来着手，减少机组总投资，提高运行可靠性，保证机组的连续运行。同时，还需要从简化生产运行的维护检测上着手，确保太阳能热发电系统的高度自动化和运行可靠性。

(7) 为降低太阳能热发电技术的发电成本，必须将研发与示范工作共同推进

发电成本的降低一方面取决于系统容量和规模的扩大，另一方面取决于技术的改进。由太阳能聚光系统的相应曲线可以看出，随着装机容量的增加，发电成本显著降低。从对应于400MW容量的0.18欧元/(kW·h)降低到对应于130000MW的0.038欧元/(kW·h)左右。在太阳能热发电系统中，聚光系统的投资成本最大，因而研制低成本的定日镜成为降低投资成本的主要目标。

(8) 建立太阳能热发电标准体系

在科技研究过程中标准制定应紧随其后，实际上标准制定、修改、完善本身就是科技研究的内容之一。目前为止，包括ISO和IEC等世界标准权威组织在内仍然没有太阳能热发电技术标准，这也是新兴学科的特点。

一般而言，应根据研究和之前实践结果制定各自企业标准、行业标准以及国家标准和国际标准。

我国中科院电工所、皇明太阳能集团、中国标准化研究所等部门，正建立我国太阳能热发电标准体系，撰写有关研究报告。其中“太阳能热发电术语”已发布。

我国学者参与制定我国乃至世界太阳能热发电标准，是为太阳能热发电技术的标准打下基础。按照标准体系，术语显然只是初始标准之一，太阳热发电标准体系标准数量(包括塔式、碟式、槽式、线性菲涅尔反射式、太阳烟筒、太阳池等系统及各相应子系统部件和材料的应用工程标准、产品标准、测试方法标准，形成各自系列)，总数在数十个甚至100个以上。建立并且不断丰富标准体系的系统工程，需要较长时间。

标准的制定和实施为太阳能热发电产品的质量控制与评定，工程设计，施工的指导和质量评定工作提供了重要的参数和依据。参与太阳能热发电标准体系的制定，标志着我国在这一欣欣向荣的朝阳产业中有了话语权，但参与前提仍是我国相关技术有明显突破，能够接近或赶上世界先进水平。

13.2.3 中国太阳能热发电技术的发展目标

(1) 我国有比较初步的太阳辐射资源调查

我国在太阳能热发电技术方面已基本形成了包括材料、关键器件、关键设备、专用测量仪器仪表、关键设备性能测试与评价、太阳能热发电技术发电成本的经济环境评价等在内的研究体系，为我国太阳能热发电技术发展的规范化和标准化奠定了基础。

在技术上，在包括干涉吸收型金属陶瓷太阳能选择性涂层材料、采用二金属靶真空磁控溅射沉积高温金属陶瓷、纳米或纳米-微米多尺度晶粒复合等选择性太阳能涂层材料、1200℃高温吸热材料、700～950℃高温混凝土和三元硝酸盐储热材料、采用玻璃保护其背面和采用封边漆保护其边缘的高反射率玻璃反射镜的防护技术等方面都进行了大量的尝试，并取得了一定的成果。在各种聚光设备、定日镜光学性能测试与评价、过热型腔式吸热器等方面也积累了很多经验。目前已研制出灵敏度和测试精度均较高的定日镜误差测试仪器和定日

镜拼接角度检测仪，测试精度较高的能流密度测试设备。研制出的高温槽式真空管实现了高温吸收膜层技术、玻璃与金属封接技术和波纹管技术等技术的集成。很多大型的电力企业和投资商也开始介入太阳能热发电站技术。

（2）关键技术问题

为进一步探索大规模发电的方法，需要解决聚光和跟踪、高温传热和储热、高参数热力循环等方面的关键技术问题，以提高效率和降低成本。为实现可再生能源与化石能源互补，可考虑将太阳能与多种化石燃料相结合，并重视太阳能热化学方面的研究，采用新型太阳能热发电循环技术，提高发电效率。可再生能源技术的发展需要从规划、系统、方法、技术与管理、政策、法律等多个层面进行努力。人们需要运用新思路、新技术、多领域交叉和综合的战略，大力解决系统集成和关键技术问题，以促进我国太阳能热发电技术的规模化和商业化。

（3）发展路线

有的专家描绘出我国太阳能热技术发展的路线。当然，路线随科技、经济的突破将会有重大调整。

“十二五”期间（2011～2015年），水和油作为集热系统换热介质进入产业化推广阶段，以熔盐为传热介质的集热系统进入规模化示范阶段，而以空气为换热介质的集热系统从基础研究进入应用基础研究阶段，并逐步进行中试。

“十三五”期间（2016～2020年），第一代技术继续大规模商业化，第二代技术开始进入市场，发电效率提高到20%。由于熔盐的使用，传热介质温度大大提高，超临界太阳能热发电技术也开始进入中试。

“十四五”期间（2021～2025年），第三代以空气为传热介质和发电工质的技术进入市场，系统年发电效率达到30%，并且无需耗水。但由于高温空气传输的原因，该类电站的容量受到制约，此时第四代以固体颗粒作为传热介质的吸热过程进入高新技术示范阶段。

“十五五”期间（2026～2030年），第四代太阳能热发电技术进入市场，系统年发电效率达到35%，并且突破第三代技术的系统容量问题，高温储热问题也得到解决，超临界太阳能热发电站也将出现。

（4）设计技术方面的目标

① 太阳能热发电系统建模以及效率优化和仿真。掌握太阳能热发电全工况动态仿真技术，可以仿真系统随太阳运动和各种外界扰动情况下的系统响应和控制的动态变化情况。该模拟仿真系统可通过对延庆电站的模拟和实证，完善其可靠性和可多工况运行的功能，为大规模太阳能热电站的设计提供基本手段。目前世界上还没有一个国家完全掌握该项技术。成功突破该技术，将使我国在百兆瓦级大型电站优化设计能力方面处于世界领先地位。

② 聚光方面。在前一阶段以高精度和长寿命为研究重点的基础上，侧重以降低定日镜成本为目标的研究，包括使用新材料、新的空气动力学结构以及新的反射面光学结构等，使我国的定日镜在技术性能和成本方面在国际市场上具有竞争力。

③ 吸热器方面。

a. 建立槽式真空管批量生产线，使我国具备槽式发电的核心技术和产品的生产能力。

b. 在塔式方面，对水/水蒸气吸热器进行技术放大，吸热功率从兆瓦级电站放大到5MW级电站。该吸热器可作为百兆瓦级电站的模块。

c. 掌握在高密度非均匀热流密度情况下，可以安全可靠运行的5MW级电站熔盐吸热器技术。该电站吸热功率从100kW放大到兆瓦级。通过该技术的实施，使我国成为少数掌握高温吸热器设计、制造和运行技术的国家之一，占领该领域的国际制高点，具备低成本产业化能力和国际竞争力。

（5）系统方面的目标

建立兆瓦级槽式聚光电站实验系统：该系统的主要功能是作为真空管真空和机械性能考验的平台，规模化真空管安装和系统运行测试。掌握槽式聚光设备的集成以及电站运行方式。

在塔式方面，建立5MW级的水/水蒸气塔式模块化太阳能热发电系统，研究多塔运行技术，并在我国西部推广该技术，建立百兆瓦级水/水蒸气电站。

建立兆瓦级熔盐太阳能热发电系统。通过研究建立太阳能高精度聚集方式的理论及聚光与吸热的一体化设计方法，确定规模化太阳能中、高温热发电系统可靠性影响机制，研制高效的传热和储热材料，建立大规模发电市政系统，使我国在太阳能热发电的研究方面具备太阳能电站所有重大装备的研究开发和性能测试方面的全面能力，使我国太阳能热发电的研究和产业化与世界接轨。

从根本上来说，相对较高的发电成本阻碍了太阳能热发电大规模发展的进程。降低太阳能热发电的成本主要有两个途径：降低初投资和提高系统效率。据测算，系统效率每提高1%，相当于初投资降低5%～6%，因此提高太阳能热发电站的系统效率是降低发电成本的重要途径。从热力学的角度讲，发电工质的参数（温度、压力）会对系统效率产生重要影响，而发电工质的参数与聚光、光热转换、储热过程中的材料、热学和力学等问题密切相关。通过四代太阳能热发电技术的逐步发展，太阳能热发电技术在成本上将更具有竞争性。

13.3 太阳能互补发电系统

13.3.1 太阳能互补发电系统的概念

鉴于早期利用储热系统的以单纯太阳能模式运行的太阳能热电站存在许多问题，特别是考虑到开发太阳能热发电系统的投资和发电成本以及目前的储热技术还不够成熟等，将太阳能与常规的发电系统整合成多能源互补的系统得到了广泛应用。太阳能与其他能源综合互补的利用模式，不仅可以有效地解决太阳能利用不稳定的问题，同时可利用成熟的常规发电技术，降低开发利用太阳能的技术和经济风险。对化石燃料锅炉或核动力锅炉等进行有益的补充，这称为集成太阳能联合循环（ISCC），在这种模式下，对传统发电站增加太阳能区，如图13-5所示。太阳能区以水为输入，对其加热产生过热蒸汽，并在最高温度（高温操作）或低于最高温度（中低温操作）处提供这些蒸汽。

ISCC的一个显著优点是在有限的额外投资下，利用传统的发展成熟的发电技术构建太阳能组件，从而充分利用太阳能。同时，ISCC也可在不影响正常运行的条件下通过增加太阳能组件来对现有的化石燃料发电厂进行改造。因此，ISCC是传统发电厂和太阳能发电厂的共赢结合，既可降低资金成本又能持续供电。ISCC的另一个优点是在每日用电高峰时或

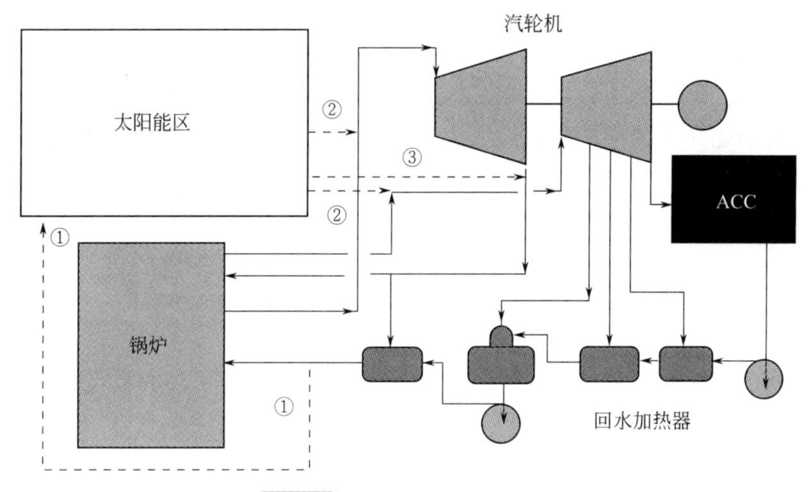

图 13-5 太阳能集成组合示意

对传统汽轮机组火力发电站增加太阳能区，就可实现太阳能的低成本应用；
在高温 ISCC 中，利用太阳光产生高温蒸汽，如图中虚线所示；
①水回流到太阳能区，在高温时通过路径②或在低于最高温度下经过路径③向汽轮机提供过热蒸汽

年度空调满负荷运行时发电。因此，通过增加太阳能区，对某一地区的同一设备，发电厂的额定容量可大幅降低。自 2008 年以来，全球已建立 8 座 ISCC 发电厂，主要分布在北非。太阳能发电比例从 5%升至 20%。

蒸汽轮机最高温度只能达到 800K，但放热过程接近环境温度。如果将布雷顿循环放热过程排出的热量用于加热朗肯循环的吸热过程，布雷顿-朗肯联合循环的热效率可近似达到 70%，而单个循环中的最高热效率为 56%。

循环的平均吸、放热温度及等效卡诺热效率计算值。各种单循环的工作温度范围是构成联合循环时必须考虑的因素。高温循环适合作联合循环的顶循环，中、低温循环适合作联合循环的底循环。按照高、低温循环的温度范围，联合循环可以设计成下面几种组合：布雷顿-朗肯联合循环、布雷顿-卡林纳联合循环、布雷顿-斯特林联合循环、蒸汽朗肯-有机朗肯联合循环、朗肯-卡林纳联合循环等。各种理论联合循环都得到了广泛研究，特别是在太阳能和余热等中、低温热源利用技术中，但还都存在一定技术瓶颈。布雷顿-朗肯联合循环是各种联合循环中技术最为成熟的一种，在太阳能热利用领域也得到了广泛关注。

太阳能由于其自身能源特点，目前在联合循环中利用的主要形式是作为一种混合热源，辅助循环中的加热过程。中温槽式太阳能集热系统可以与底部朗肯循环联合，而高温碟式太阳能集热系统可以通过煤气化与顶部布雷顿循环联合。

13.3.2 互补系统的形式

太阳能与化石能源互补系统有多种不同的互补形式，根据所集成的常规化石燃料电站的不同，可以分为三类。第一类是将太阳能简单地集成到朗肯循环（汽轮机）系统中（见图 13-6），这样将太阳能集成到燃煤电站中可以有效地减少燃料量，节约常规能源和减少污染物排放。第二类是将太阳能集成到布雷顿循环（燃气轮机）系统中（见图 13-7），利用太阳能来加热压气机出口的高压空气，以减少燃料量。这类电站的典型代表为 REFOS 工程，太阳能将空气加热到 800℃，然后进入燃烧室再经过燃料加热到 1300℃，最后进入燃气轮机膨

胀做功，实现太阳能向电能的转化。该系统的太阳能净发电效率高达20%，对应的太阳能份额为29%。该类电站发展的难点在于吸热器的设计上需要耐高温和热冲击的材料，另一个难点在于高压空气经过吸热器时压力损失要小。一种新的容积腔式吸热器可以直接将高压空气加热到1300℃，太阳能在系统中的份额将大大提高。第三类是将太阳能集成到联合循环中，即ISCCS。根据所采用的太阳能集热技术和集热温度，可以实现不同温度的太阳能热的注入方式，其中最为典型的方式是将太阳能注入余热锅炉中或者直接产生蒸汽注入汽轮机的低压级。

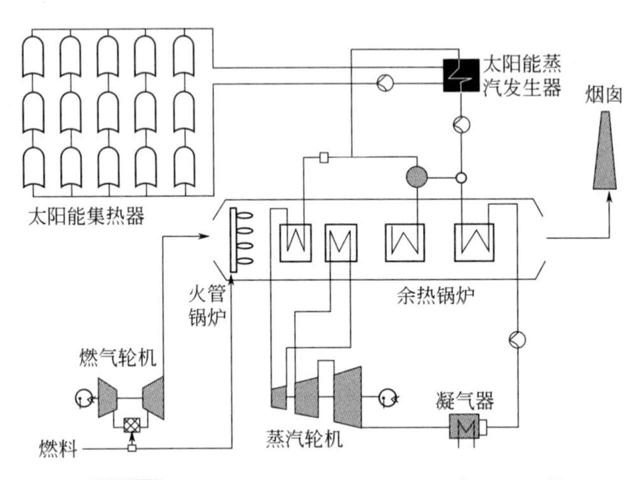

图 13-6 太阳能与化石能源互补的联合循环系统

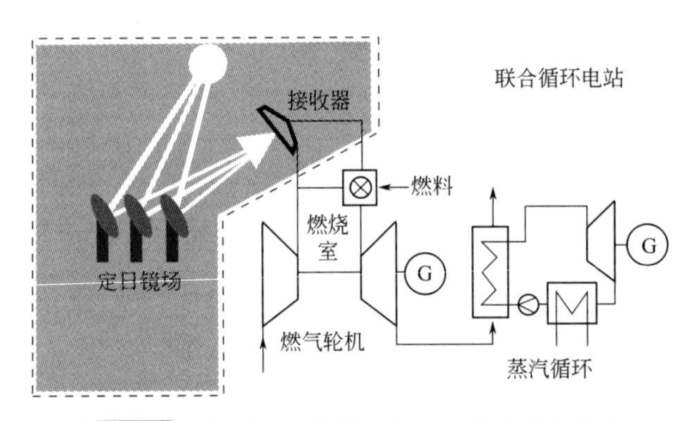

图 13-7 太阳能预热空气的多能源互补发电系统

前一种模式即系统的输出功率基本保持不变，不受太阳能输入的影响，这意味着太阳能可以利用时，顶部循环的燃料将减少，而顶部和底部的功率之和不变，系统节省了燃料。后一种模式是指燃气轮机满负荷运行，太阳能所产生的蒸汽加入到底部循环增大系统的输出功率。但是，当太阳能不能利用时，ISCCS底部汽轮机必须在部分负荷下运行，相应的效率较低，对于承担基本负荷的联合循环电站当没有储热系统时太阳能年贡献仅为10%。因此，需要对ISCCS电站进行进一步的优化，使得系统的底循环在部分负荷运行时的效率降低减小。

13.3.3 太阳能-燃气-蒸汽整体联合循环系统

太阳能整体联合循环系统（ISCCS），是在燃气-蒸汽联合循环的基础上投入太阳能集热系统取代蒸汽朗肯循环中的某一段来加热工质的热发电系统。在燃气-蒸汽联合循环系统中，加入利用太阳能预热空气的集成系统，压气机出来的空气进入太阳能集热场加热后再进入燃烧室燃烧，可节省化石燃料的使用。在此系统中，一般选用塔式集热装置，可以将空气加热到更高的温度。随着中国以天然气替代煤炭为主要燃料，定会加强相关技术的研究。

槽式太阳能与整体联合循环系统集成的系统示意见图 13-8。从槽式太阳能集热场来的热量被输送到太阳能过热器、太阳能预热器、太阳能再热器等几个装置。从凝汽器来的给水，经除氧后被送至余热回收系统（即余热锅炉）及太阳能集热器场中实现预热、蒸发及过热，生产的过热蒸汽进入汽轮机高压缸进行发电。

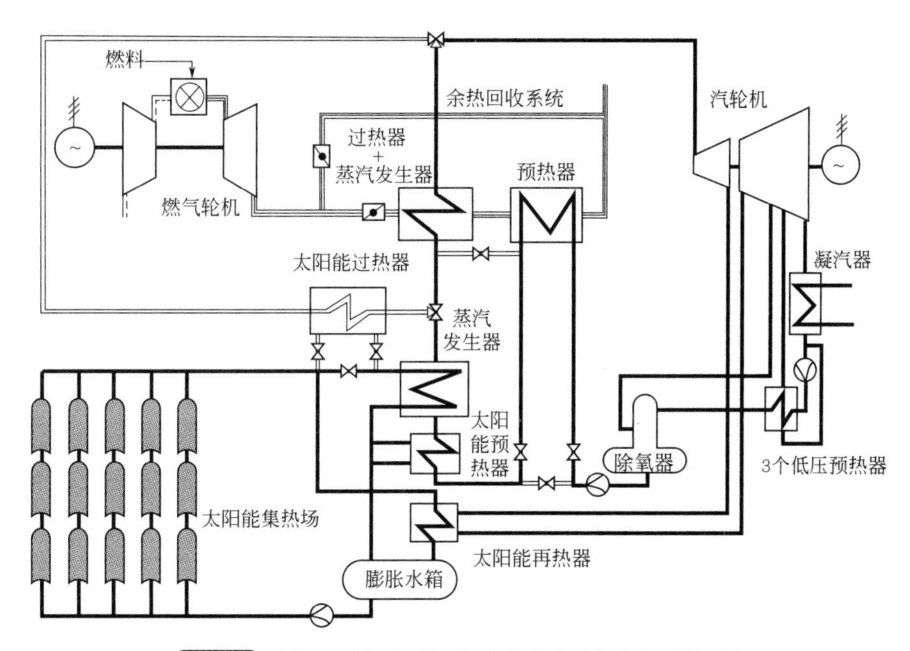

图 13-8 槽式太阳能与整体联合循环系统集成的系统示意

燃气机排气与太阳热能共同完成给水的预加热以及蒸汽的过热。因此，与常规的联合循环电厂相比，在 ISCC 电厂中，因为有额外的太阳能的帮助，所以能够产生压力更大、温度更高的蒸汽。与单纯的太阳能槽式集热电厂相比，蒸汽参数也有明显提高。因此，ISCC 电厂的效率要高于单纯的太阳能槽式集热电厂和常规的联合循环电厂。

位于西班牙南部的 PSA 太阳能研究所成功地实施了欧共体第五计划的“SOLGATE”工程。该工程采用塔式集热装置，串联有 3 个压力容积的接收器，热容量为 0.3MW。压缩空气分成 3 个阶段被太阳能加热，最终被加热到 810℃。该系统的总发电效率为 58.1%，其中太阳能转换效率为 77%。

与太阳能与朗肯循环的集成相比，预热空气系统中，工质被加热到更高的温度，太阳能部分的发电效率提高。工质做功能力增强，系统热效率增加，系统投资的回收期限也进一步降低，但是接收器高温运行对设备的材质要求比较高。

图 13-9 是中科院电工所进行燃气/燃油与太阳能槽式和塔式电站互补运行的北京八达岭太阳能热发电试验电站方案。

ISCCS 发电技术将槽式太阳能热发电与燃气-蒸汽联合循环发电技术结合在一起，这种

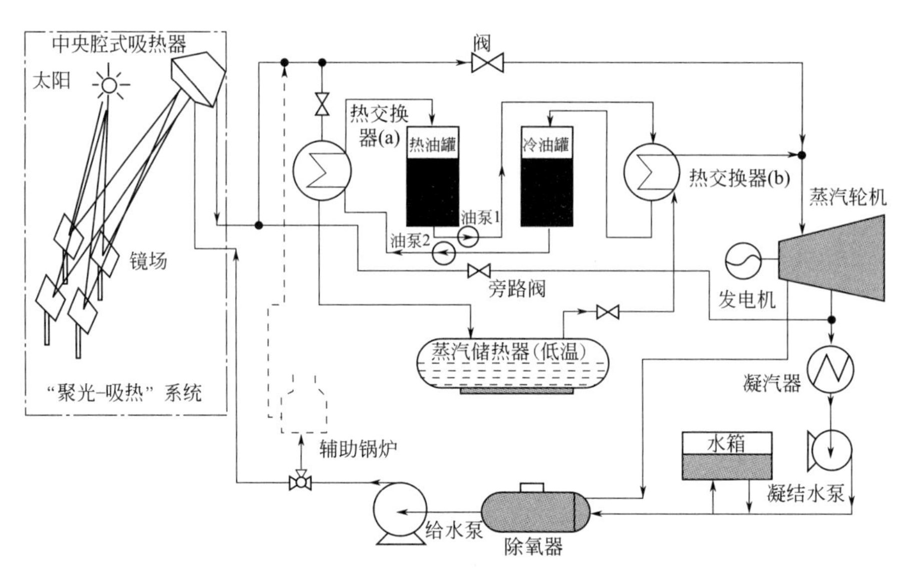

图 13-9 八达岭太阳能热发电试验电站的方案

整体联合循环系统具有如下特点。

① 发电热效率高。目前采用 ISCCS 的电厂净热效率可达 60%以上，比常规大型天然气-蒸汽联合循环发电厂的热效率（一般为 45%～50%）高 15%～20%，有望达到65%～70%。

② 优越的环保特性。ISCC 系统采用天然气作为主要燃料，利用太阳能，对周边环境无任何污染物排放，而天然气作为清洁能源其各种污染物排放量都远低于国际先进的环保标准，能满足严格的环保要求。

③ 燃料适应性广。可燃用满足燃气轮发电机组的各种燃料，包括天然气、LNG、煤制天然气等。

④ 节水。ISCC 项目用于多处干旱、沙漠等太阳能资源丰富的地区，机组冷凝系统均采用空冷系统。且 ISCC 机组中蒸汽循环部分占总发电量的 1/2，使 ISCC 机组比同容量的常规天然气-蒸汽联合循环发电机组的发电水耗大大降低，约为同容量常规天然气-蒸汽联合循环发电机组的 60%。

⑤ 可以实现多联产。ISCC 项目本身为太阳能热发电与天然气联合循环发电的结合体，通过利用太阳能热，还可以引入生物质燃料作为辅助热源，使资源得以充分综合利用，从而使 ISCC 项目具有延伸的产业链。

⑥ 替代常规能源实现 CO_2 减排。ISCC 项目利用可再生能源太阳能以及清洁能源天然气，可减少大量温室气体，有助于申请 CDM 项目，获得技术或资金支持。

⑦ 减少对电网影响。ISCC 项目利用燃气轮发电机组作为稳定负荷，可避免纯槽式太阳能热发电项目受外部环境影响，负荷变化大，对电网产生较大冲击。

ISCC 项目作为槽式太阳能热发电系统的一种新兴形式，已越来越多地受到国际社会关注。ISCC 太阳能一体化装置效率加倍。尽管太阳光每日每时的强度不同，但太阳能的发电效率提高了。与常规燃气发电机发电率（50%～55%）相比，这种联合体装置在高峰时间的发电率可以达到 70%。

目前，国际上埃及的 Kuraymat 项目和摩洛哥的 AinBeniMather 项目进入了实施阶段，其中埃及的 Kuraymat 项目已投产运行。亚洲首个槽式太阳能-燃气联合循环 ISCC 发电站于 2011 年 10 月 12 日在宁夏回族自治区破土动工，2014 年 12 月建成，为中国太阳能热发电产业的发展提供了新模式。

两者在高温太阳能聚光集热系统部分的设计是完全一样的，只是在常规能源系统部分有所不同。燃气热力发电厂应用燃气轮发电机组发电，燃气轮机的尾气排入余热锅炉，再作余热利用，加热工质，产生蒸汽，推动汽轮发电机组发电。这种太阳能-常规能源联合循环发电方式具有以下的特点。

① 适用于以太阳能为主、天然气为辅的双能源联合循环发电。这样，电站中将不再设置储热系统，从而降低电站初次投资。

② 对天然气做到了充分的余热利用。

③ 主要适用于和新建燃气、蒸汽热力发电厂组成的太阳能-常规能源联合循环发电。

总之，太阳能双能源联合循环发电系统具有其自身所独有的特点。它是自然能源和常规能源联合循环发电的新概念，能够充分发挥不同能源各自的特点与作用，其节能减排效益十分明显。

13.4 太阳能热的应用

13.4.1 太阳热动力水泵、海水淡化

（1）太阳能热动力水泵

太阳能热发电中的聚光、接收系统可以直接作为其他装置的供热动力。图 13-10 中，槽式太阳能热系统直接为水泵提供动力，在有双罐储热的条件下可以满足水泵在灌溉季节 24 小时连续运转。

建在沙漠干旱地区的 KISR 太阳能热发电站除供电外，还可从凝结水中取得 80～100℃ 热水，以供海水淡化、吸收式空调制冷等（见图 13-11）。其吸热器表面结构呈球形。其中废热利用，还可以与半导体温差发电装置进一步利用能源。

（2）海水淡化

海水淡化是解决淡水紧缺的途径之一。

我国 90%的地表水、地下水受到不同程度的污染，利用和淡化海水是有效解决水资源匮缺和污染的措施之一。海水淡化是实现水资源利用的开源技术，也是世界各国竞相开发的朝阳产业。目前世界淡化水的日总产量已达到4000万吨，并以 10%～30%的年增长率攀升。世界海水淡化的市场年成交额已超百亿美元，预计 2025 年达 700 亿美元。发展海水淡化产业，向海洋要淡水是世界各国的共同趋势。

从经济上考虑，海水淡化也有竞争能力。现在我国南水北调的水成本在 4～20 元/t，海水淡化成本在 4 元/t 左右，苦咸水淡化成本在 2 元/t 以下。

蒸馏法模仿大自然中最常见的太阳加热、蒸发海水的过程，是世界各地普遍采用的海水淡化方法。

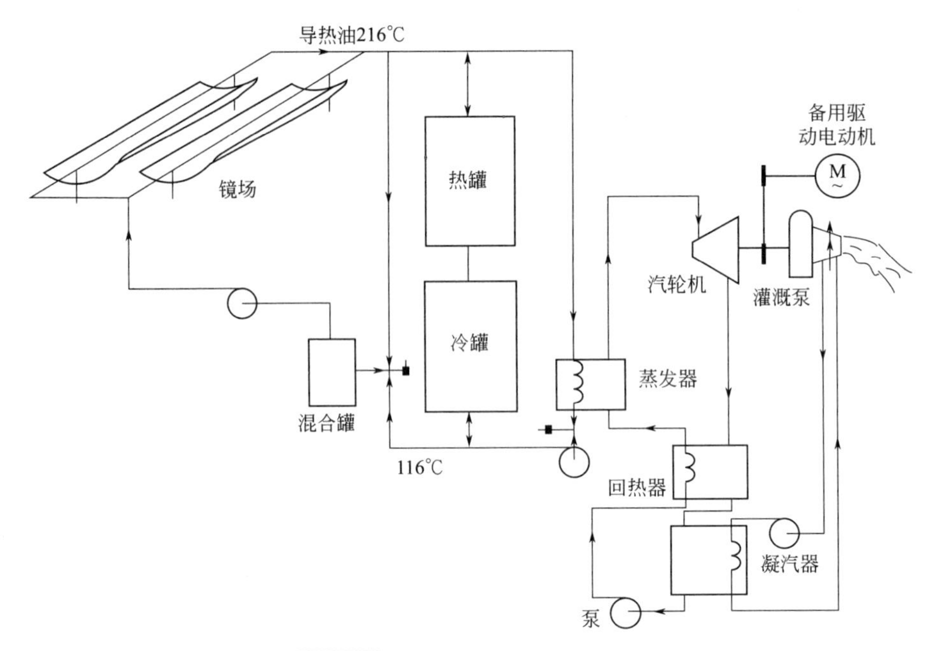

图 13-10　太阳能热动力水泵站系统

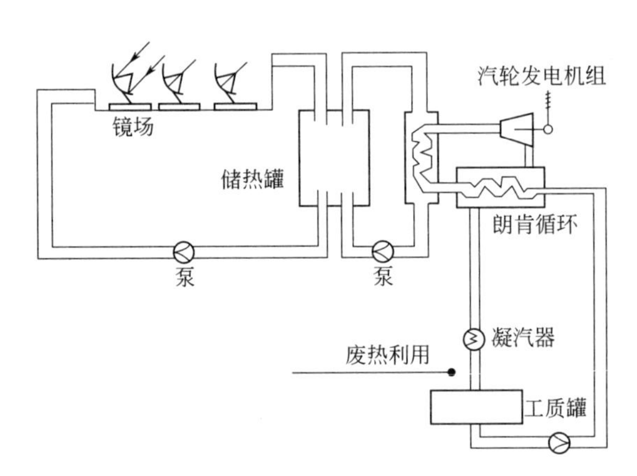

图 13-11　KISR 太阳能热发电站系统

蒸馏法有多级闪蒸法（MSF）和多效蒸馏法（MED），主要能源有蒸汽、热能和电能，目的是为加热海水。太阳能热发电技术中的聚光集热系统完全能够满足供热需求。

冷热电分布式供能系统与海水淡化相结合包括：太阳能集热场和 MED 多效蒸馏法结合系统；太阳能/风能发电和 RO（反渗透法）结合并供电系统；太阳能热发电和余热 MED 并供电系统；太阳能热发电综合 MED＋RO 海水淡化系统。其作用效果如图 13-12 所示。

在现代蒸汽动力循环中，尽管采用高参数、再热、回热等措施，循环热效率仍小于 50％，燃料中大约 1/2 的能量在冷凝器中白白释放给了环境。尽管能量数不少，但是却因为品位太低不能用来转换成机械能。MED 海水淡化系统需要提供 70℃ 左右的低温热源。为了充分利用能源，将太阳能发电和海水淡化系统进行耦合，实现水电联产。能量利用系数：

$$K = \text{已利用能量/工质从热源得到的能量}$$

已利用的能量应该包括功量和供给用户的热量。理想情况下，$K=1$，实际情况下，由于各种热损失等造成的浪费，一般能达到70%以上。

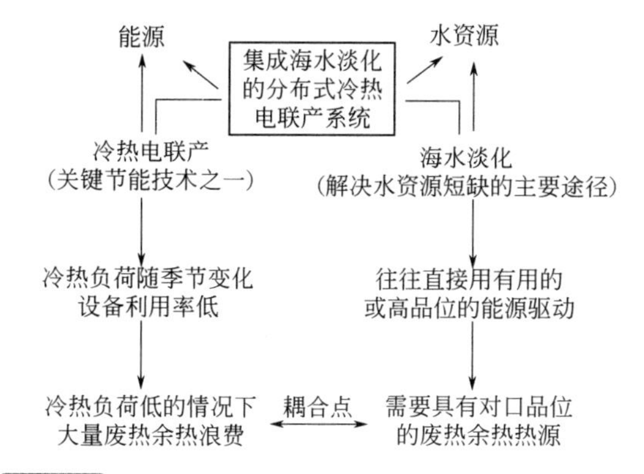

图13-12 冷热电分布式供能系统与海水淡化相结合效果

耦合运行的特点和效益包括如下几点。

① 水电联产系统获得水电双重效益，解决电力资源短缺的同时，减缓淡水资源短缺问题。

② 后续卤化处理过程可以提高相应的经济效益和环境效益等。

③ 水电联产系统提高了整场的热利用效率，综合降低了电力和淡水投资和生产成本，更有利于提升新能源发电技术的经济可行性和竞争力。

我国皇明集团用H-D法太阳能海水淡化以质量扩散原理为基础，利用干空气蒸发海水从而加湿空气。淡水由冷凝的水汽产生。这种工艺在能量效率上有显著的优势。

13.4.2 太阳能热与火力发电耦合

太阳能热与化石燃料发电系统耦合可降低太阳能热利用的难度。有关方案有多种，最简单的是将太阳能热作为用于加热系统蒸汽和给水的前置级。

由于储能设备成本高等原因阻碍了太阳能光热发电的推广应用。根据太阳能光热发电和火力发电的各自特点，对二者进行耦合互补。在原有火力发电机组的基础上只建设太阳能光热发电的集热场系统，省去了建设储能设备的昂贵投资，降低了原有火力发电厂的千瓦时耗煤量（见图13-13)。

太阳能光热与火力发电耦合互补是指以温度对口、能源阶梯利用为原则，将太阳能光热发电与常规火力发电厂的热力系统通过不同方式进行耦合互补。在机组发电量不变的前提下，采用太阳能光热系统替代部分燃煤消耗，降低耗煤量。

太阳能辅助燃煤电厂可在原有火力发电机组基础上集成，也可在新建电厂中考虑集成方案。将太阳能应用到燃煤机组中，不仅可以减少化石能源消费，还可以大大降低电厂的建造成本。在太阳能辅助燃煤系统中，太阳能聚光集热器可以用来加热给水，或者是与锅炉的某一加热段并联来加热蒸汽。

现代火力发电机组均采用汽轮机的抽汽用于加热给水，提高进入锅炉的给水温度，以提高循环热效率。但回热抽汽存在做功不足的问题，因此使单位工质的做功量减少，汽耗率增加。若采用技术相对成熟且较经济的槽式太阳能聚光储热设备生产出相同品位的蒸汽，用于替换某一段回热抽汽，将使汽轮机在同样的发电功率下少耗新蒸汽，从而减少工质在锅炉中的吸热量，使单位发电的煤耗量降低，实现火力发电机组节煤减排的目标。

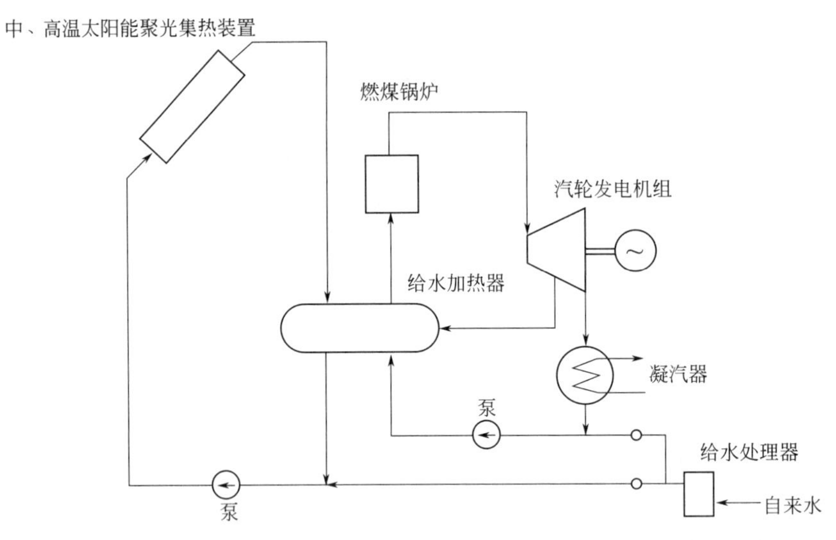

图 13-13　中、高温太阳能聚光集热装置作为燃煤热力发电厂给水加热的联合循环发电系统原理

现代火力发电机组的回热系统一般配置三台高压加热器、四台低压加热器及一台除氧器。为了保证给水稳定的除氧效果，不宜对除氧器的回热抽汽进行替换，可考虑对三台高压加热器或四台低压加热器中的某一段或几段回热加热蒸汽进行替换。

结合工程实例，人们采用槽式太阳能热发电系统作为火力发电厂的补充能源，由于槽式太阳能光热系统的参数较低，传热介质温度约在400℃。根据“温度对口，能源阶梯利用”的原则提出了三种太阳能光热与火力发电耦合互补方式，并以电厂的千瓦时耗煤量为指标对三种太阳能光热与火力发电耦合互补方式进行了分析，得出了采用四级换热的太阳能光热与火力发电互补方式的千瓦时耗煤量最低的结论。

第一种方法采用集热场收集的热量代替低压加热器和高压加热器产生高温给水，一部分给水进入空气预热器加热空气，然后进入烟气冷却器冷却烟气，使得尾部烟道温度不变。

第二种方法采用集热场收集的热量代替高压加热器，并加热一部分高压给水产生与第一、第二级抽气蒸汽参数相同的过热蒸汽，进入第一、第二级抽气口对汽轮机进行补汽。

第三种方法利用集热场收集的热量经过四级换热器，通过前两级加热器加热部分给水产生与第一、第二级抽气蒸汽参数相同的过热蒸汽，进入第一、第二级抽气口对汽轮机进行补汽。后两级加热器分别替代高压加热器加热给水和低压加热器加热凝结水。

太阳能集热器甚至可以直接与化石燃料锅炉共同使用，考虑到各种太阳能发电技术的特点，槽式太阳能技术是最常见的中温太阳能技术，可以产生约380℃饱和蒸汽的塔式太阳能技术可以生成温度达545℃的高压过热蒸汽。太阳能集热器生成的过热蒸汽允许直接并入汽轮机高压蒸汽管道。此外，汽轮机的高压缸排汽也可在塔式太阳能集热器中再热。这样，太阳能集热器将具备产生过热和再热蒸汽的能力。

鹏飞等提出一种由抛物面槽式太阳能集热器构成的蒸发段＋塔式太阳能集热器构成的蒸汽过热段＋塔式太阳能集热器构成的再热段的方案，它和锅炉的功能类似，把这种太阳能集热器的组合布置方式称作“太阳能锅炉”。

化石燃料锅炉与汽轮机组成单元制，在太阳能锅炉解列后按原机组运行，化石燃料锅炉和太阳能锅炉按母管制连接（见图 13-14）。

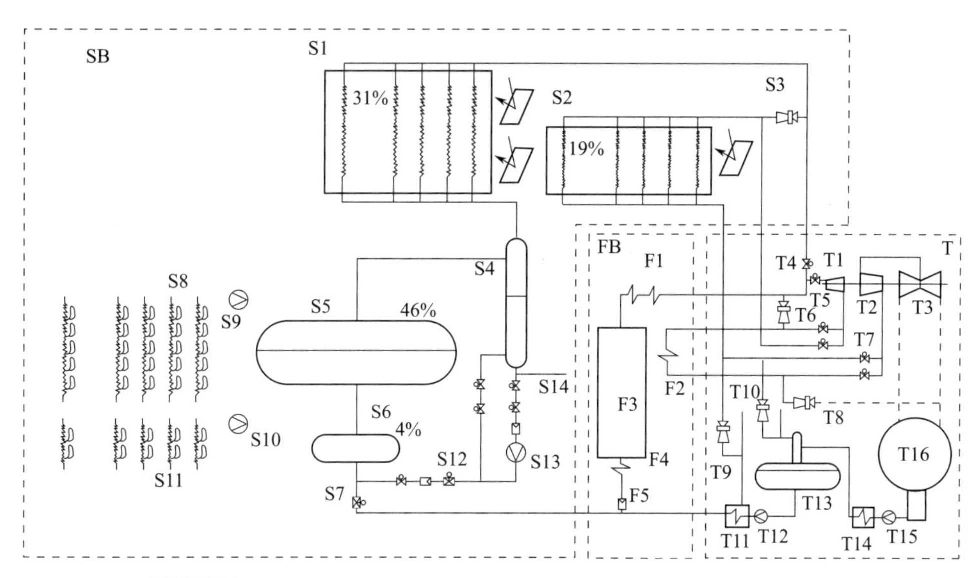

图 13-14 太阳能锅炉与化石燃料锅炉组成母管共同使用同一台汽轮机

从目前的研究来看，太阳能与燃煤机组集成发电系统主要有三种集成方式，即太阳能与机组回热系统集成、太阳能与锅炉集成、太阳能与机组回热系统以及锅炉集成。

在三种集成方案中，太阳能与锅炉并联方案可用的太阳能热量达到最大，经济性能最好，但想要与单纯燃煤机组竞争发电，还要考虑到太阳能集热器成本问题。与锅炉并联，太阳能集热场需要产生参数更高的蒸汽；与回热系统并联虽然经济性略差，但太阳能的热电转换效率仍然相当高；与 300MW 机组结合时，效率可达 20%，更重要的是所需的太阳能集热器产生的蒸汽参数低，使得太阳能集热器成本低而且效率高。

集热器热效率随着流体温度的升高而降低，随着太阳辐射强度的增加而提升，随着大气温度的升高而升高，风速过大时对集热器热效率影响不大。所以，要合理选择流体温度、太阳辐射强度和大气温度，以保证足够高的集热器效率。

当太阳能辐射低于 250W/m^{2}时，太阳能集热器场退出运行，混合发电机组中的备用锅炉全负荷投入运行。最佳太阳能辐射强度的选取原则为最佳辐射强度与当地辐射资源分配有一定的对应关系，各个地区大于其最佳辐射的辐射时间大约为全年运行小时数的 20%～30 %。

当用太阳能代替燃煤机组回热抽汽时，对每一个不同的太阳辐射强度都有一个最佳的替代方式，随着辐照强度的增加，集热器的最佳工作温度随之增高，最佳替代方式向着抽汽品位高的方向移动。

太阳能瞬时直射辐射强度（DNI）直接影响太阳能集热器场和联合发电系统的运行及成本，如取代最高级加热器抽汽集成方案与 300MW 燃煤机组集成时，拉萨地区的太阳能热发电成本为 0.570 元/(kW・h)，在呼和浩特地区的热发电成本为 0.793 元/(kW・h)。所以，选择高 DNI 地区建设集成电厂可以提高联合发电系统经济性。

太阳能与燃煤机组集成发电在太阳能光热发电里具有广阔的发展前景，不仅利于减少化石燃料的使用，实现节能减排，还可以降低光热发电的成本。

自2014年年初，世界已投运装机量达3370个，而2013年即增加616个，其中西班牙和美国的已投运装机量占有的份额很大，西班牙已投运光热电站有48个，美国有17个。目前装机容量最大的光热电站是美国Ivanpah塔式电站，总装机达392MW，于2014年2月13日并网投运。

表13-1是CSPPLAZA研究中心统计的主要的光热与燃煤电站配套的混合发电项目。

表13-1　光热与燃煤电站配套的混合发电项目

项目名称/状态	技术路线	光热装机/煤电厂装机	简介
Sundt项目：尚在建设中	菲涅尔光热	5/156	为美国亚利桑那州Tucson电力公司的Sundt煤电厂配置光热，采用AREVA的菲涅尔集热技术
Kogan Creek项目：尚在建设中	菲涅尔光热	44/750	为澳大利亚CS能源公司昆士兰州Kogan Creek燃煤电厂配置光热，采用AREVA的菲涅尔集热技术
Liddell项目：于2012年10月投运	菲涅尔光热	9.3	位于澳大利亚新南威尔士州，为麦格理电力Liddell火电厂配套的一个太阳能蒸汽发生互补发电项目，采用Novatec太阳能公司的菲涅尔集热技术
Cameo项目：已退役	槽式光热	2	位于美国科罗拉多州，2012年1月建成，是Xcel Energy公司开发的以试验为目的的项目，项目因其所配套的燃煤电厂退役而退役
大唐天威项目：一期1.5MW项目已建成投运	槽式光热	10	位于甘肃嘉峪关，为甘肃矿区大唐803电厂配套的一个太阳能蒸汽发生互补发电项目，一期建设1.5MW

位于美国科罗拉多州的Cameo电站是全球第一个太阳能与燃煤联合电站，于2012年5月投产发电，该电站的太阳能与燃煤发电系统Cameo 2号机组经改造建成。

澳大利亚当前在建的装机44MW的Kogan Creek项目是世界上在建的规模最大的太阳能煤炭互补发电项目。

2010年1月9日，美国太阳能发电供应商Esolar公司与山东蓬莱电力设备制造有限公司签订在我国建立2000MW太阳能聚光热电机组的总代理协议，将为正在运行的火力发电厂、生物发电厂进行技术嫁接。这是我国第一次大规模发展聚光式太阳能热力发电的标志性事件。

2011年1月，天威太阳能热发电开发有限公司联合大唐在甘肃嘉峪关开工建设一个10MW的光热燃煤互补发电项目，这是我国首个光煤互补示范项目，一期1.5MW项目已于2013年9月中旬投运。

13.4.3　一种太阳能加热站集中供暖系统

在太阳能热发电和集中供暖的启发下，提出了太阳能加热站集中供暖系统（见图13-15）。通过太阳能集热器将白天太阳光的能量收集起来，加热介质并将其温度提高到300～500℃，高温介质与巨型储热罐中的储热介质进行热交换，将热量传递给储热介质并储存在巨型储热罐中，巨型储热罐内的热量即可视为暖气的热源，即使在晚上没有太阳光的情况下，也可持续而平稳地加热暖气供用户使用，从而实现全天候持续集中供暖。通过经济性分析发现，随着年限的推移，太阳能加热站集中供暖系统的经济优势越来越明显。

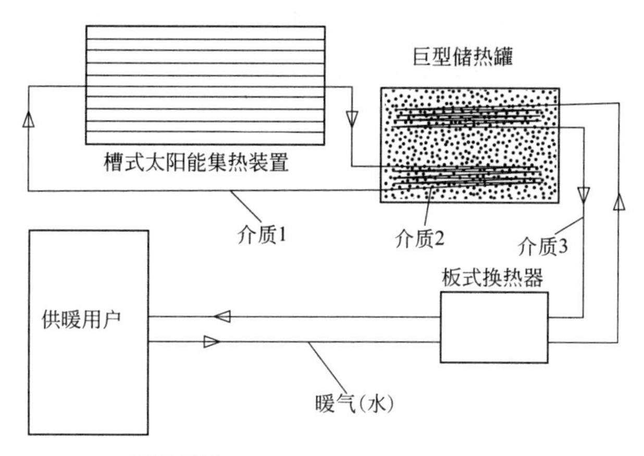

图 13-15 太阳能加热站集中供暖系统

该系统利用太阳能集热装置将管道中的介质（油）加热到 300～500℃，高温介质 1 通过循环将热量传递给巨型储热罐中的介质 2（盐溶液），巨型储热罐又与介质 3（水）换热，加热介质 3，介质 3 最后通过板式换热器加热暖气，供用户使用。

整个系统中的关键环节就是太阳能集热装置和储热罐。太阳能集热装置要尽可能多地收集太阳的能量来加热介质 1，其结构形式可以是塔式的，也可以是槽式或碟式，根据热量需求和投资多少可进行适当的选择。本加热站系统对热能品质的要求较低，250℃左右的低压蒸汽即可，所以建议选择槽式太阳能集热装置。槽式太阳能集热装置是利用多个槽式抛物面反射镜将太阳能聚焦在一条线上，在聚焦线上安装有管状集热器来吸收聚焦后的太阳辐射能的设备。

聚光集热设备是本系统的核心，储热罐的作用主要是将白天收集的太阳热量储存起来，实现晚上没有太阳光时的持续供暖，储热罐的大小可根据所需储热量的多少来进行设计。开发储热装置需解决的首要问题就是寻找合适的储热材料。德国开发人员选中的是含钾、钠的硝酸盐，并在储热材料里分层铺设石墨导热管。白天太阳能集热设备生产的热量通过石墨管道被输送到储热材料里，作为储热材料的固态盐吸收热量而转化成液态。太阳落山后再向石墨管道注水，水吸收液态盐的热量而变成蒸汽，液态盐因释放了能量而变成固体状态。如此循环往复，每天不需增加新的原料就可不断地利用太阳能。储热罐的建造也需投入大量资金，其占地面积是次要的，但是其容积必须足够大，可建造在地面上，也可建造在地面下。

换热器、管道、阀门和循环泵等设备均采用传统的设计和安装方式，在技术上已经相当成熟。

13.4.4 线性菲涅尔式太阳能热联合循环发电

在线性菲涅尔式太阳能热联合循环发电站系统中，线性菲涅尔形聚光装置的输出接至常规热力发电厂的给水加热器，组成联合循环发电。

按此方案建设在澳大利亚 Liddell 燃煤热力发电厂近旁的线性菲涅尔聚光集热装置取得了成功。产生温度为 265℃、压力为 5MPa 的湿蒸汽，接至该厂给水加热器，取代一级汽轮机抽汽，为锅炉给水预热，聚光器输送峰值热功率为 1000MW，年输送热能为 51000MW，年容量系数（太阳能依存率）达 14.5%。已有其他公司准备效仿，应用这一技术建造容量为 20～200MW 的线性菲涅尔式热系统与热电站配合。

13.5 太阳能热化学复合系统

13.5.1 太阳能天然气重整发电

（1）太阳能重整与燃料提升系统

德国和以色列等提出太阳能热化学重整的系统集成概念，即利用太阳能高温热来重整天然气，制得的合成气再进入动力系统进行发电。太阳能与替代燃料互补热电循环的关键组成是太阳能与替代燃料热化学过程，联合循环发电系统关键集成技术有太阳能甲醇热化学技术、变压吸附氧气分离技术、联合循环发电技术等。在常规的联合循环电站中，燃料（通常为天然气）直接进入燃气轮机燃烧室燃烧。而在太阳能热重整与燃料提升系统中，天然气与水蒸气进行混合，然后进入太阳能重整器中发生催化重整反应，该过程是一个强吸收反应，将太阳能转化为燃料的化学能，反应后的产物（合成气）热值得以提升。冷却后的合成气再送入燃烧室替代天然气的直接燃烧。太阳能热化学重整发电系统流程如图 13-16 所示。该系

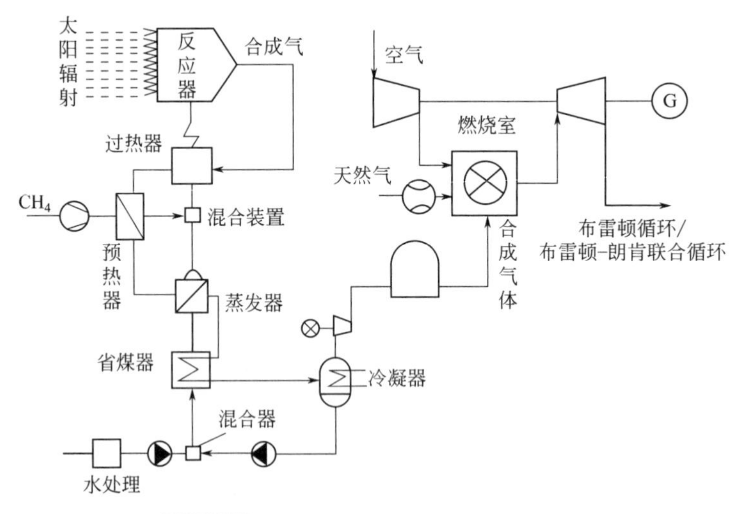

图 13-16 太阳能热化学重整发电系统流程

统选用水与甲烷发生重整反应。系统循环过程首先分为两路：一路是甲烷，重整前的甲烷在预热器中预热后进入混合装置；另一路是水，经过水处理的给水与冷凝器过来的冷凝水混合，先后经过省煤器、蒸发器预热、蒸发，生成饱和气体后进入混合装置。其中，预热由上级的合成气体来完成。预热后汇成一路进入过热器。最终进入反应器，在太阳能的作用下重整。生成的合成气体 H_2、CO_2 和 CO 预热下一级的反应物后，经冷凝器进入燃烧室，然后通过布雷顿循环或者布雷顿-朗肯联合循环发电。基于这种概念，系统集成的主要优点在于，

只需要对常规的联合循环进行较小的修改（主要是燃烧器），化石能源电站系统和太阳能利用系统没有直接的刚性关联，太阳能利用系统可以再添加到现存的联合循环电站中，后者可利用储存系统，以储存低温合成气形式收集、储存、利用太阳能。这样，太阳能利用系统和化石能源电站甚至可以分别建立在不同地点。但是，由于燃料必须作为基本的输入，太阳能对系统年发电量的贡献被限制在约25%。另外，甲烷重整反应运行温度通常为800～1000℃，可达到较好的甲烷转化率，整个电站的化石燃料将节省近17%。

（2）中温太阳能热解甲醇

太阳能甲烷重整需要800～1000℃的高温，对重整器的要求很高，同时需要庞大的定日镜场，不利于工程应用。为此，中科院工程热物理所金红光研究员等提出了中温太阳能热解甲醇的动力系统，如图13-17所示。系统中太阳能热化学反应装置是通过低聚光比的抛物槽式集热器，将聚集中温太阳热能与烃类燃料热解或重整的热化学反应相整合，可以将中低温太阳热能提升为高品位的燃料化学能，从而实现了低品位太阳热能的高效能量转换与利用。与常规中低温太阳能热利用形式不同，该热化学反应突破了太阳热能热转换的物理能利用方式，实现从低品位的热能转换为高品位化学能的能量转换模式。而低聚光比的抛物槽式集热装置被用来收集200～300℃的太阳热能。抛物槽式集热装置的吸热器可以分为两个部分的串联：太阳能-预热段和太阳能-反应段。这样，该系统将低品位的太阳热能转化为高品位的燃料化学能，再利用高温燃气轮机布雷顿热力循环，实现了低品位的太阳热能的高效热转功，获得了中低温太阳热能的高价值利用，使得系统循环效率为60.7%，太阳能热份额为18%。太阳能净发电效率高达35%。该系统与抛物槽式的SEGS和ISCCS的太阳能热发电系统相比（其热效率为15%～17%），热转功效率高18%左右，效率高6.5%。

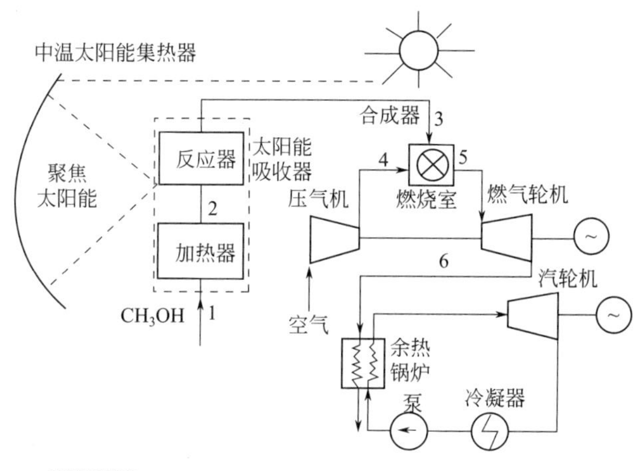

图13-17　中温太阳能与甲醇热解互补的联合循环系统

与常规太阳热能的蒸汽朗肯循环相比，新系统通过中温太阳热能与甲醇吸热分解性的有机集成，使低品位的中温太阳热能转换为高品位化学能，以合成气（CO、H_2）的形式被储存。又随着合成气的燃烧，中温太阳热能在高温下释放，并且以高温热的形式通过燃气轮机布雷顿循环实现热转功。可见，中低温太阳热能与化学反应相整合的能量转换过程不仅使物理能的品位提升到化学能品位，而且打破了常规的物理能量转换利用范围；同时也为其与燃气轮机热力循环相结合提供了一个新的途径。值得注意是：由于新型太阳热能发电系统采用了低聚光比的抛物槽式的太阳能集热器，大幅度减小了聚光和集热部件的成本，大大提高了与化石能源发电系统的竞争力。

（3）新型中温太阳能化学链燃烧互补联合循环系统

还有另一种新型中温太阳能化学链燃烧互补的联合循环系统，如图 13-18 所示。该系统主要由太阳能提供热量的化学链燃烧子系统和带 CO_2 回收、分离的联合循环热功转换子系统等组成。它利用 450～550℃ 的太阳能高温热能，提供给化学链燃烧中吸热的还原反应。该系统的特点是，所聚集的 450～550℃ 的太阳能热能，经过反应转化为化学能并且储存在固体 Ni 颗粒中，可以作为类太阳能燃料使用。在这一过程中，低品位的太阳热能通过化学反应得以提升，提升了这一温度水平的太阳能热能的做功能力。值得注意的是，这种化学链燃烧利用太阳能的方式与太阳热化学重整系统等相比较，所需要的太阳热能温度水平相对较低，可以减小太阳能集热系统投资，也降低发电技术和经济风险。系统的总效率为 60％，太阳能净发电效率高达 30％；而在相同参数下，太阳能重整 CH_4 发电系统中太阳能净发电效率仅为 28.4％，ISCCS 系统只有 24.4％。

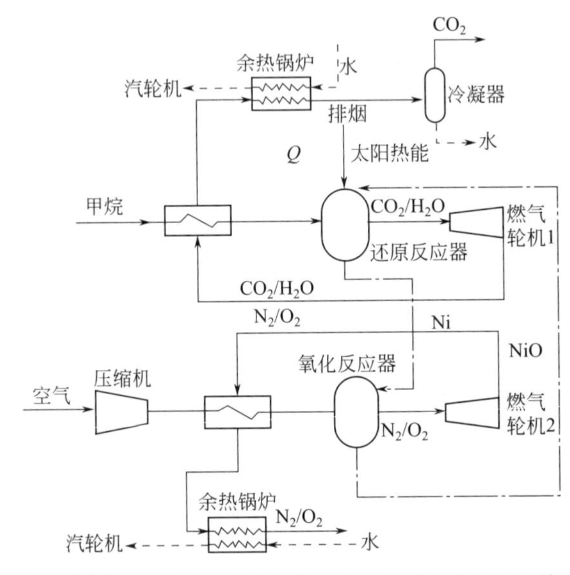

图 13-18 中温太阳能化学链燃烧互补的联合循环系统

匹配太阳热能的品位与化学反应的品位的一项重要技术是使接收器与反应器结构一体化，接收器不但承担热能接收功能，还必须同时促进化学反应。

太阳能与化石能源互补的分布式供能系统，有望应用于建筑、工业园区等，提供电、冷、热等多种能源。

太阳能氢-电联产系统有望应用于小型耗氢产业，如医院、化工厂、金属冶炼、玻璃加工等。

（4）太阳能-煤气化联合发电循环

此类联合发电系统中，太阳能的热量并不直接用于发电，而是用来提供煤气化所需要的热量，通过太阳能煤气化系统生成的合成煤气，再通过布雷顿循环来联合发电。太阳能-煤气化联合发电循环是化石燃料高效利用的重要途径之一。这种混合发电系统的流程如图

13-19所示。其中，A为太阳能煤气化系统，B为朗肯循环系统，C为布雷顿-朗肯联合循环系统。A+B、A+C分别组成与朗肯循环、布雷顿-朗肯循环的联合系统。不管是和哪种循环联合的系统，都可分为煤气化过程和发电过程两个过程。

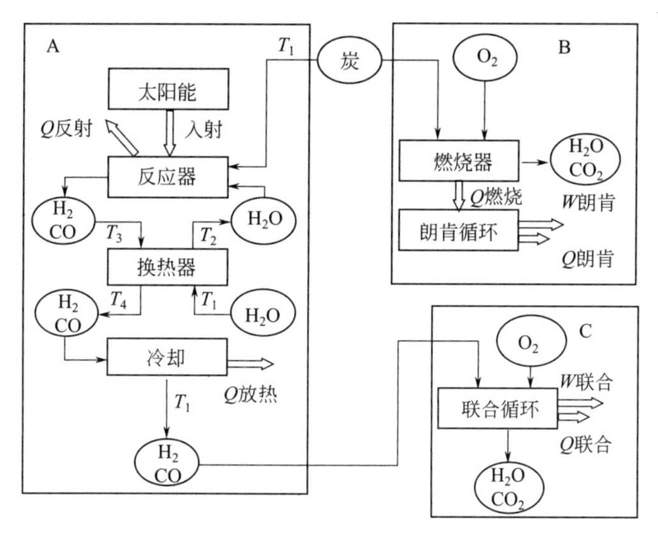

图13-19 太阳能-煤气化联合发电循环系统

① 煤气化过程。煤在太阳能热反应塔内吸收高温太阳能，发生反应为

$$C（固）+CO_2 \longrightarrow 2CO；C（固）+2H_2 \longrightarrow CH_4$$

$$CH_4+H_2O \longrightarrow CO+3H_2；CO+H_2O \longrightarrow CO_2+H_2$$

② 发电过程。生成的合成气体送入燃烧室与氧气混合燃烧，进入燃气轮机发电，最后排出气体H_2O和CO_2。文献中，对煤气化布雷顿-朗肯循环发电系统进行分析。系统中太阳能聚光比为2000，接收器运行温度为1077℃，最后得到的系统的效率为50%。

太阳能煤气化系统特点是完全消除了CO_2污染。在太阳能高温作用下，煤发生气化反应，生成了纯净的燃气。其次，系统布置灵活，煤气化系统和发电系统可以布置在不同的地点。煤气化系统可以布置在太阳能相对更丰富的地区，生成的燃气经过储存，运输到发电系统，分离布置尤其适用于弱辐射地区和国家。此外，煤气化过程是燃料品质提高的过程，能量利用率的提高使系统的效率会有所提高。

埃及新能源和可再生能源局（NREA）150MW太阳能+燃气机联合循环电站位于北纬29°16′41″，东经31°14′54″。总占地91km^2，太阳镜场面积为225000m^2，燃气机组容量为80MW，汽轮机组容量为70MW（带太阳能发电）和38MW（不带太阳能发电）。全厂总出力为150MW，厂用电率为2.7%，全年发电量9.8亿千瓦时，接受太阳辐射量225GW·h/a，实际利用64.5GW·h/a，实际太阳能利用效率达到28.7%。

13.5.2 太阳能双工质联合循环发电

塔式或碟式太阳能热动力发电聚光集热装置的集热温度都可以达到1000℃以上。现代大型汽轮机的蒸汽入口温度为540℃，凝汽温度约为40℃，所以常规热力发电厂的发电效率只有38%左右。这就是说，由于汽轮机蒸汽入口温度的限制，尽管集热装置的集热温度可以很高，但起不到提高热动力循环初始温度的目的。理论阐述，就是目前还没有可以完成温差为960℃的单工质蒸汽凝汽循环。为了大幅提高太阳能热动力发电系统的循环效率，已有学者提出太阳能双工质联合循环发电系统的设计概念，目的就是突破上述汽轮机蒸汽入口温度的制约，采用双工质循环以提高热力循环初始温度，从而提高系统的热力循环效率，具有重要的现实意义。

目前，具有实际应用发展前景的太阳能双工质联合循环发电系统，有以下两种组合方案，即太阳能氦气-蒸汽双工质联合循环和太阳能钾蒸气-蒸汽双工质联合循环。

（1）太阳能氦气-蒸汽双工质联合循环

已知氦气轮机的固有效率低于凝气式汽轮机的效率。但组成太阳能氦气-蒸汽双工质联合循环，却可大幅提高太阳能热动力发电站的热力循环效率，氦气经高温聚光集热装置加热后，直接推动氦气轮发电机组发电。氦气轮机的排气经氦气-蒸汽换热器加热水产生蒸汽，去蒸汽循环回路，推动汽轮发电机组发电，如此完成太阳能氦气-蒸汽双工质联合循环发电。

太阳能热动力发电氦气-蒸汽联合循环，不同的初始温度将有不同的联合循环总效率。如初始温度为1050℃，则联合循环总效率为45.7%；初始温度为1150℃，联合循环总效率为48.7%；初始温度为1250℃，联合循环总效率为50.7%。电站容量越大，则联合循环总效率也越高。如400MW联合循环电站，初始温度为1350℃，循环总效率为57%。

研究表明，若氦气轮机的氦气入口温度为1200℃，则太阳能氦气-蒸汽双工质联合循环总效率可达50%。

（2）太阳能钾蒸气-蒸汽双工质联合循环

太阳能钾蒸气-蒸汽双工质联合循环是一个新的设计概念。近年来，美国和俄罗斯正在进行的太阳能钾蒸气循环试验表明，在不久的将来，钾蒸气循环作为太阳能热动力发电的地面应用，已不存在重大的技术难题。

碱金属蒸气的循环效率受循环初始温度的影响要比蒸汽循环敏感得多。对蒸汽循环，若初始温度从550℃提升到650℃，则循环效率从42.3%提高到43.9%，效率相对提高只有4%。相同情况下，对钾蒸气循环，其循环效率则从11.2%提高到18%，效率相对提高61%。

可以用作金属蒸气循环的碱金属有钾、铯、铷，从循环性能上讲，铷最好，铯次之，但铯、铷的价格昂贵，所以多不选用，而首先选用钾。

太阳能钾蒸气-蒸汽双工质联合循环发电系统原理为液态钾经高温聚光集热装置加热后，去高压蒸发器蒸发，再经低压蒸发器蒸发，产生不同温度和压力的钾蒸气，分别推动不同蒸气入口参数的钾蒸气汽轮发电机组发电。钾蒸气汽轮机的排气分别经高压凝汽器、低压凝汽器与水进行换热，加热水产生蒸汽去蒸汽循环回路，推动汽轮发电机组发电，如此完成太阳能钾蒸气-蒸汽双工质联合循环发电。

系统在高温端设置高压蒸发器和低压蒸发器，两级蒸发的目的是为了降低热源和转换系统之间的温差。而在低温端设置高压凝汽器和低压凝汽器，分别进行钾蒸气凝结，其目的是为了求得蒸汽循环对热的需求与钾蒸气排热之间的良好匹配。

高压蒸发器的钾蒸气出口温度约比高温聚光集热装置工质（液态钾）的出口温度低200℃。假设高温聚光集热装置集热工质的出口温度为1000℃，则高压蒸发器钾蒸气出口温度为800℃，这时钾蒸气循环效率为23%，相应的联合循环效率为56%；若集热装置集热工质出口温度为1100℃，则钾蒸气温度为900℃，其循环效率为27%，联合循环效率为58.2%。

联合循环系统设计时必须考虑到结合储热和辅助能源的因素，这样才能有效提高电站的总循环效率，得到比较理想的结果。

俄罗斯开发了一种昼间高倍聚光加热及夜间发电系统的STPV系统，见图13-20。

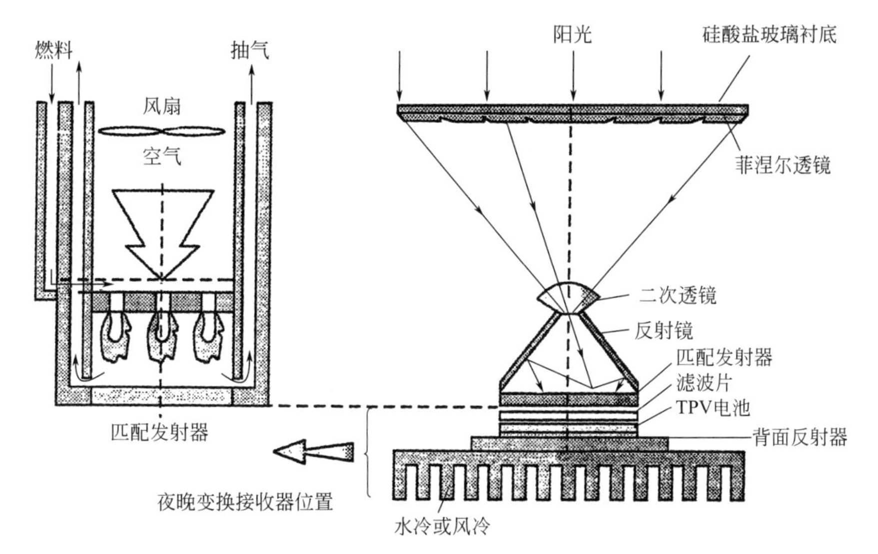

图13-20 太阳光与燃料混合型STPV系统示意图

原理是聚光加热钨丝，使其发光照射TPV电池，夜间TPV电池吸收锅炉热能（红外）发电。

13.5.3 太阳能与其他几类能源的集成

（1）太阳能与地热混合系统

地热能是地球内部隐藏的能量，是驱动地球内部一切热过程的动力源。地热的蕴藏量很丰富，单位成本比开采化石燃料或核能低。建造地热电厂时间短且容易，但热效率低，仅有30%的地热能用来推动涡轮发电机，且地热井的热流具有不同的热力学特性，而且产量很不稳定。所以，在有地热源且日照比较充足的地方建立太阳能-地热集成发电系统能够保证原有的地热循环持续稳定的供电，而且还可以增加日产电量。

太阳能与地热集成的发电系统可采用3种方式，见图13-21。集成系统由地热井、汽-水分离器、汽轮机以及发电机组成。

在方案一中，将太阳能集热场置于地热井和第一个分离器之间，从热井中流出气体和液体的混合物流经太阳能集热场而被加热，加热后的流体流经汽-水分离装置，分离出其中的蒸汽用来发电。

方案二与方案一不同的地方是，将太阳能集热场置于第一个与第二个分离器之间。从地热井流出的混合物经过第一个汽-水分离装置，分离出来的气体进入汽轮机，带动发电机发电；分离出来的液体进入太阳能集热器，被加热为气体，进入第二个汽-水分离装置，而后发电。

方案三中，地热井中的汽-水混合物经汽-水分离器后，蒸汽进入汽轮机发电，冷却塔的冷却水被送入太阳能集热场中吸热，然后再进入汽-水分离器，而后进入汽轮机，带动发电机发电。

对比3种方案可见，方案二比方案一多一台汽-水分离器、汽轮机及发电机。很显然，方案二较方案一复杂，但是系统效率明显会比方案一高。方案三不同的地方是多使用了一台水泵，并且将冷却塔应用到系统中。

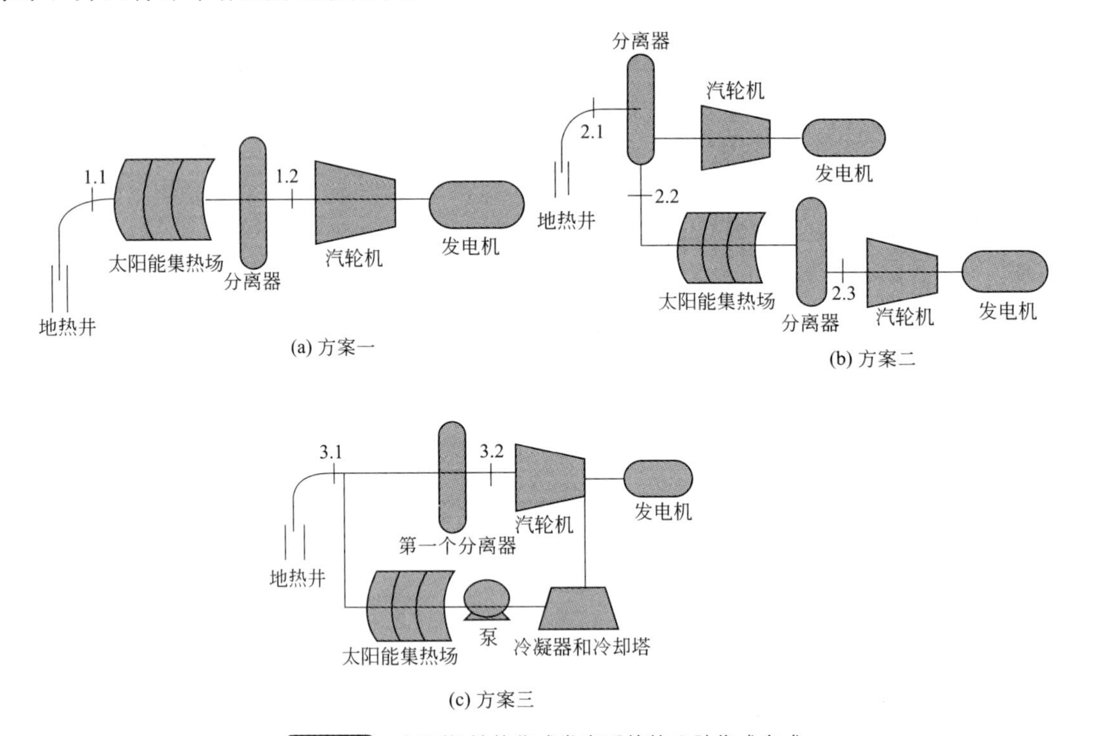

图 13-21 太阳能-地热集成发电系统的 3 种集成方式

因为地热源会持续地提供热量，可以保证汽轮机在太阳光不充足时能够安全运行，所以储热装置可以不再使用，这将增加混合电厂的灵活性，例如以蒸汽为介质的无储热发电。

墨西哥 Prieto 太阳能和地热的联合循环电站，地理坐标为北纬 32°39′，西经 115°21′。地热电站总容量为 100MW，带有 4 台 25MW 汽轮机。汽轮机入口压力分别为 1.3MPa 和 1.5MPa。汽轮机消耗蒸汽量约 183t/h，由于地热量不足，而当地太阳能辐射条件优越，因此，选择太阳能槽式装置补充热量。抛物面聚光镜开口宽度为 5.77m，长度为 2×99.5m，开口面积为 1090m^2，太阳能光热转换效率约为 70%。太阳能集热器介质为水和蒸汽，集热管出口压力为 6MPa，最大出口温度为 200℃，出口蒸汽流量为 0.82t/h。

(2) 太阳能和风能集成系统

对风能和太阳能电池集成发电的研究较早，并有实际的应用。由于太阳能热发电成本低于太阳能光伏发电，因此太阳能热发电与风能集成的系统逐渐受到人们的关注。

模拟结果表明，在风力发电场的基础上添加太阳能热发电，而不是额外扩充风电场的容量，能够使成本和效益达到均衡，而且能够促进两种能源的共同进步。

(3) 太阳能光热发电与光伏发电集成发电系统

从单纯的发电效率来讲，利用太阳能光伏发电，只能使波长较短的光得到利用，波长较长的光完全被浪费，且使电池的温度升高，导致电池的效率下降。利用太阳能光热发电，可以充分利用整个波长的太阳光，但其发电效率比较低。如果可以将光伏发电与光热发电集成使用，能够增加发电效率。

太阳能热泵的热电综合能效比COP大于直膨式太阳能热泵的COP，有利于降低系统的能耗，提高光伏组件的光电转化效率，增加电能产量。太阳能光热发电技术让阳光充足的地区可实现灵活可调的可再生能源发电模式，科技人员已计划将两者结合起来，白天光伏发电，晚上释放储存的太阳能热能发电。

有关专家认为光伏和光热的结合将会是未来太阳能发展的方向。通过不同比例的配置，可以开发出3种组合模式：高CSP低PV，此种模式中，光热昼夜运行；CSP和PV平均分配，白天光伏用于发电，光热仅在部分时间发电，夜间光热满负荷发电；高PV和低CSP的模式，光伏白天发电，光热储能用于夜间发电。这种太阳能混合发电的概念正逐渐在全球范围内被广泛认识。也许，未来太阳能热发电和太阳能光伏发电的概念更会相交相容，成为统一太阳能发电技术的组成。

太阳能光热发电与光伏发电集成的发电系统包括聚焦子系统、分光子系统、热电子系统和光电子系统。它是利用波长分离器将聚焦后的太阳光在某一波长处分开，将波长比较长的光用于光热发电，波长比较短的光用于光伏发电，使整个太阳光谱的光都能得到充分利用，从而提高太阳能的发电效率。太阳能光热发电与光伏发电集成发电如图13-22所示。

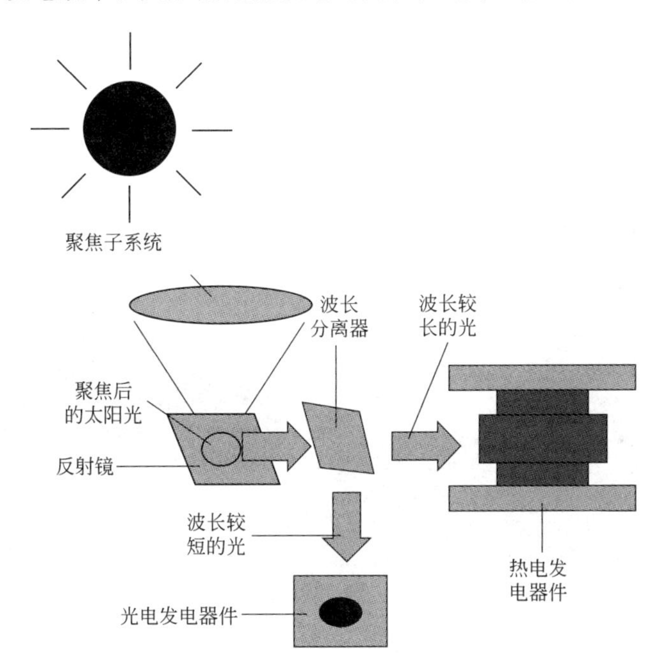

图13-22　太阳能光热发电与光伏发电集成发电

(4) 光热发电＋光伏发电＋风电＋储能

光热发电与光伏发电形成互补效应，建设“光热＋光伏”的综合电站：在同一个发电区域内平衡光热和光伏之间的电力生产和输送，可消除光伏的间歇性问题，这两大技术的结合从总体上可有效降低整体系统的发电成本。美国的新月沙丘项目是“光热＋光伏”全集成的项目，该电站向需要全天候电能供给的矿业供电。建立分布式发电系统，有助于解决偏远山区的供电问题。蝶式发电系统最适合，但由于其发电技术还不成熟，因此多采用槽式发电系统。

太阳能中高温热利用：太阳能热发电站的聚光镜场，可以用来产生蒸汽供工业应用，比如用于海水淡化、纺织行业、化工和稠油开采等，国内已有部分示范项目。海南乐东、临高有太阳能海水淡化的示范项目，广东番禺有太阳能中温产生蒸汽供纺织厂用的示范工程，新疆克拉玛依太阳能预热天然气蒸汽锅炉用于稠油开采等。在此类项目中，光热发电往往利用其出色的调峰能力担任辅助角色，但随着光热发电技术的发展进步，有望不断提升自己的比重。

鲁能海西州 700MW 风光热储多能互补项目由西北电力设计院设计，位于青海省海西州格尔木市境内，总装机容量 700MW，其中风电 400MW，光伏发电 200MW，光热发电 50MW，储能 50MW。该项目于 2017 年 6 月开工，成为国家首个正式建设的集风光热储于一体的多能互补科技创新项目。

13.6 太空太阳能发电

13.6.1 太阳塔、太阳碟与太阳盘

就在世界各国竞相在地球表面热火朝天地开发利用太阳能的时候，已有科学家把目光聚焦到大气层外，开始了具有划时代意义的太空太阳能发电设计，引起了全世界的瞩目。太空太阳能发电是人类迈向太阳能时代的标志性工程，已成为各国关注的 21 世纪新产业技术，美国、日本和欧洲各国都制定了卫星太阳能发电研究计划。这意味着，人造卫星发出的电力，不仅能够满足自身需求，还可以不断为地球提供能源。宇宙太阳盘见图 13-23。

图 13-23　宇宙太阳盘

在太空利用太阳能发电具有许多在地球表面发电不可比拟的优势。在大气层外，地球以外上万千米的地方是静寂的、近乎真空的世界。那里没有云雾，没有尘埃，没有大气的吸收、散射和反射，不受气候和季节的影响，更没有飞扬的灰尘沾污太阳能收集器。若进入卫星轨道，能自始至终“跟踪”太阳，可以终年接收强度是地面 5～7 倍的太阳辐射，一天 24 h 连续发电。

自 1968 年美国人彼得·格拉泽提出了卫星太阳能电站的大胆设想后，又经过各方面专家的论证，逐渐形成了从发电到输电的一整套方案：发电环节利用现代空间技术在低地球轨道上组装一颗庞大的发电卫星，然后利用推进器把卫星送到距离地球赤道上方 35800km 的同步轨道上，这样，这个发电卫星就好像固定地悬挂在了空中，展开的太阳能电池阵列面积

巨大，每天24h不间断发电。发电卫星产生的电能经过转换变成频率为2.45GHz的微波，经由直径达1km的巨大碟形天线射向地球；微波束好似手电筒射出的光柱，到达地球时的微波束直径达7.4km，将覆盖43km²的面积，地面巨型天线接收微波能量后转换成电能，再输送到千家万户。

日本从1987年就开始研究太空太阳能发电，并于1990年成立了SPS2000太空太阳能发电系统实用化研究小组，原计划到2000年在围绕地球的轨道上组建输出10MW的太阳能发电卫星，发射轨道为赤道上空1100km处，轨道倾角为0°。该卫星为一个正三棱柱体，边长336m，柱高303m，总重为240t，采用火箭分16次发射，然后由机器人和自动组装机在太空中进行组装，建成后也由机器人维修保养。SPS2000太空太阳发电系统未列入国家计划，但研制工作一直没有中断过，是世界上唯一一个连续工作的系统。从2010年开始发射太阳能发电站部件，直至2040年，预计将建成1GW级和5GW级的巨大太阳能空间发电站。太空太阳能电站将电能转化为微波，通过直径1km的天线将微波能发射到地球上。

美国准备在21世纪初期建造60个太阳能发电卫星，每颗卫星的发电功率为5000MW，总发电量能够满足美国的电能需要。美国航空航天局构想在太空建造两种大型太空太阳能发电站，分别称为“太阳塔”和“太阳碟”。太阳塔由一组人造卫星构成，每颗卫星的发电功率为200～400MW，全长6.5～13km，投资估计为80亿～150亿美元，在赤道上空12000km的低轨道运行，可以同时向几个不同的地面位置提供能量，供应全国所需的电力，发出的电流通过超导材料制成的中央缆线输送到发射天线。太阳碟的外形与太阳塔相似，但发电量可达2000MW，投资估计为170亿美元，在距离地面36000km的地球同步轨道上运行，可以24h不间断地将太阳能输送到地面的一个指定地点。卫星地面接收天线的直径达3km，置于沙漠或海洋。这两种太空太阳能发电站将由大量的标准件构成，可以在太空中自动装配，不需航天员做任何帮助。计划在120年内投入运行。

在月球上建太阳能基地，因为月球表面没有大气，太阳辐射可以长驱直入，连续照射辐射时间和强度远高于地球表面，并且容易满足太阳能发电需要占用大片光照充足的土地的要求。

国际无线电科学联合会（URSI）在有关太阳能发电卫星（SPS）的白皮书中指出：“与光伏发电相比，由于具有更高的效率且更为紧凑，太阳能热发电在未来可能更具有潜力。但是必须要解决高精度太阳指向、聚光、散热和长寿命技术”。

在热发电技术中，布雷顿热发电技术是最有可能实现的技术，也得到了最多的研究。通过NASA为国际空间站研发的太阳能热发电技术研究表明，该项技术是可行的。布雷顿循环系统通过涡轮、压缩机和旋转交流发电机，利用惰性流体工质发电，并且利用涡轮出口和接收器入口的热交换器提高循环效率。单元转化效率为28%，系统转化效率在目前技术状态下可以达到17%。

美国、欧洲和日本的学者还就微波能量传输技术、微波器件、波束控制、整流天线、微波与大气之间相互作用，对人类健康和生物效应等课题进行了研究。

13.6.2 月球太阳能电站

在月球上建造太阳能电站可以巧妙利用月球上得天独厚的特点。

一是月球的旋转轴基本上垂直于地球的黄道平面。在月球的南极和北极，每时每刻都是一个朝阳、另一个背阴。阳面的温度可高达121℃，背阴面的温度会低至－157℃。这是最理想不过的天然热源和天然冷源，两面温差达数百摄氏度，这巨大的温差大于海水温差的10倍，可以引发介质高速流动，带动涡轮发电机发电。在月球上，能够终年昼夜不停地发电，全天时、全天候地发电。

二是月球有一个极为可贵的特点，在它面对地球一面安置激光发生器或微波发生器的自转周期与绕地球的公转周期相同，也就是说，月球始终以它的一面对着地球，有利于将电能以激光光束形式或微波光束形式传送到地球。

1979年6月，在美国航空航天局召开的讨论会上，有人提出在月球上建造太阳能电站的设想。与会专家学者一致认为这种设想不仅可能实现，而且前景广阔。这次会议也因提出“月球发电站”而闻名。

戴维·克甲斯威尔博士设想，月球太阳能电站可由20～40个月球太阳能基地组成，一般设置在月球的东西部边缘区域，每个太阳能基地中都装有一系列电池，电能经地下电缆传送至微波发射机，以微波形式向地球发送。

月球太阳能发电站可以看作是空间太阳能电站的进一步发展和完善，估计它的出现要到2030年以后。

太空环境天然真空和失重，十分有利于生产性能卓越的特种材料。太空太阳能电站产生的大量电能，为在月球土壤中开采矿产和在太空生产合金、半导体材料带来了希望。

但月球开发的第一步，还是建造碟式太阳能热发电站，为月球基地和大型温差发电站提供最初的动力。预计到21世纪中期，中国等国家的宇航员就会在月球建造永久性的开发基地，而获取能源成为首要的任务。月球电站开始是满足建造基地、开发水源、冶炼矿产，合成大气、种植、养殖等可供人类生存的环境的需要，随后就是向地球提供电力。

月球电站需要解决的课题有适应巨大温差的高速流动介质、管道和涡轮发电机、超导电缆、自动控制微波发送和接收装置等，这些技术在近20年间会取得突破。

克里斯威尔估计，到2050年，生活在地球上的100亿人口需要20TW的电能，而月球可从太阳那里获取的电能高达13000TW，只要对其中1%的太阳能加以利用，并将其传送回地球，就可以取代地球上一切发电厂。

介绍月球太阳能热电站的光明前景，人们的概念已有悄悄变化：一方面这是真正的太阳热能；另一方面，这已不是地球表面，甚至不是地球附近太空所接受到的太阳辐射。人类已不满足仅仅利用太阳辐射的$1/(22\times10^8)$，而正试图索取更多能量。

除月球轨道，在近地点的一些小行星情况应该类似，捕捉太阳发射的快速电子（太阳风，是太阳热能的一种形式）的设想也引人注目。这种在太阳日冕层100×10^4℃以上高温状态下产生的电子，可以挣脱太阳引力束缚，速度为16.7km/s。

美国学者研究表明，用铜线制成的接收器可以捕获快速电子。一个8400km的太阳帆可以产生相当地球今日能源14亿倍的电力。

这种发电也是一种不需要聚光的热发电形式，其中绝大多数技术已经存在，但一大缺陷是卫星距离地球太远，激光和微波都会大量发散。可以设想沿途设立多个接收-转发卫星，这样只要有亿分之一能量传回地球，就能满足世界人口对能源的各种需求，并为人类探索、开发其他行星提供能源保证。

13.6.3 地球太阳能电力网络

将电能由月球传输回地球也在进行之中。如日本宇宙航空研究开发中心（JAXA）一直研究空间太阳能发电系统（SSPS）的能量输送。研究人员将微波和激光看作传输太阳能的可能选择。他们表示：由于微波传输技术依托于当前的通信卫星，所以它更为先进。但如果用聚焦光束传输大量太阳能，太空中传输天线的直径需达到 2km 左右。地球上也必须建造一条同等规模或更大规模的接收天线。

太空太阳能发电的另一选择就是使用激光。这一选择的优势在于，激光所需的传输和接收设备是微波所需设备的 1/10 外，激光不像微波存在干扰通信卫星的风险。然而，激光又不能像微波那样可以闯过云层，使用激光时会中途损失约半数的射束能量。据称，在太空太阳能发电系统初步建成后，采取微波和激光两种方式共同进行传输的方案，在地面上还需要设置长度至少 2km 的微波接收天线。

2019 年 1 月中国实现的“嫦娥四号”探月任务（图 13-24），首次实现人类探测器在月球背面登陆的壮举，欧美科技人员也宣布在月球上发现水的存在。这都展现出月球太阳能热电站威武雄壮的大幕即将开启。

图 13-24 嫦娥四号

随着科学技术的发展，超电导电缆的发明与应用，世界各地大型、巨型太阳能电站陆续建立，科学家提出了地球规模的太阳能发电系统，或称地球太阳能电力网络，即在地球上的各地分散设置太阳能发电站，用超电导电缆将太阳能发电站连接起来构成地球规模的太阳能发电系统（GENESIS）。

地球规模的太阳能发电系统可以克服目前的太阳能发电系统的弱点。如果全世界的太阳能发电站连接成一个网络，可以将昼间地区的电力输往夜间地区使用。若将该网络扩展到地球的南北方向，无论地球上的任何地区下雨或在夜间，都可以从其他地方得到电能，可以使电能得到可靠、合理的使用，保证在 24h 内最佳接受阳光地点的电力能够输送至所需地点。

实现这一计划还面临许多问题，从技术角度看，需要研究并开发高性能、低成本的太阳电池以及常温下的超电导电缆等。

实现这一设想可以分三步进行：第一步建设小规模太阳能发电系统，由家庭或工厂屋顶安装的太阳能发电系统构成的局部地域网络；第二步将邻国之间的网络连接起来，形成各国间网络；第三步如古代丝绸之路一样将网络扩展到全世界，预计到 2030 年左右，将会形成地球规模的太阳能发电系统。

在 2008 年召开的欧洲科学基金大会上，各国学者特别对于建立全球性太阳能电网有相当大的兴趣，因为阳光始终照耀着地球。

在纳米科技中，染料敏化太阳电池（DSCe）和仿生技术深受欢迎，它们表现出捕获、储存太阳能的良好前景。

人们可以直接捕获太阳能用于发电和生产燃料，诸如用于发动机的氢。这种燃料也可以反过来在常规电厂中间接发电。主持这次会议的瑞典查尔姆理工大学教授本特卡塞莫教授表示：太阳能发电潜力比风能大得多。

太阳能和风能一样，跨地区和时间的差异很大。太阳能仅局限在白天，在斯堪的纳维亚半岛和西伯利亚等高纬度地区不充沛，于是人们越来越关注构建全球太阳能电网。

卡塞莫教授说："如果在太阳能最丰富的地区进行捕获，然后在全球网络进行分配，它将足以取代目前很大一部分以化石燃料为基础的电力。"

和新的发电系统平行，全球发电系统正开始规划和局部实施。如日本东京大学在智利阿塔卡马沙漠开始沙漠发电计划，所发出电力用超导电力输送，向城镇供电。

建立环地球规模的太阳能发电系统，即使用正在开发的超导电缆连接分布于各个角落的太阳能发电（其中包括太阳能热发电和光伏发电，但适于大规模、远距离传送的是太阳能热发电）成为网络，就可以将某个地区已是昼间产生的电能输往另一还是在夜间或阳光强度不足的地区。如果网络能够遍布全球，则可保证在某一需要电能的地区，在夜间或风霜雨雪的时刻接收到另一阳光最佳辐射区产出的电能。

环球电网的第一阶段可能是正在修建的横跨北部非洲的撒哈拉沙漠的非洲-欧洲电网。这里是世界上阳光最为强烈的地区，常年骄阳似火，日照强度高于云遮雾绕的欧洲 1 倍以上，是开发太阳能的首选之地。现在，欧盟各国的科技人员已经提出，只要能够利用撒哈拉沙漠阳光能量的 0.3%，就能满足整个欧盟的能源需求。

他们提议在撒哈拉建设大型光伏或光热电站，预计到 2050 年，可生产电力 1000 亿千瓦时，总投资 4500 亿英镑，这个提案受到英国首相和法国总统的大力支持，也受到有关非洲国家的热烈响应。规划中的电网采用高压直流电缆输送电力，以减少损耗。

当然，欧洲的电力传输基础设施在此之前要进行重大结构改造。一些非洲国家已闻风而动，如阿尔及利亚就已着手建立一座大型太阳能发电站，已开始部分投入运转，目标是在 2020 年向欧洲输出 60 亿千瓦太阳能电力。

预计第一阶段建造区域的太阳能电网，将非洲撒哈拉地区大型太阳能热电站的电力西经直布罗陀海峡，东穿地中海西西里岛，分两路送达欧洲各地；第二阶段是几个区域电网（主要是非洲-欧洲电网、中国本部-中亚电网、美国西南阳光地带电网、日本电网等）逐步分段连接；第三阶段是全球阳光丰富宜用太阳能热发电的一类地区（含海洋）电网形成；而第四阶段，则是包括来自太空和月球的太阳能热发电。有学者认为，全球电网到 21 世纪 30 年代可以建成。

参考文献

[1] 李启明，等．线性菲涅尔式太阳能热发电技术发展概况．太阳能，2012，(7)．

[2] 丁秀艳．如何提高太阳能热发电系统的效率．太阳能，2011，(12)．

[3] 黄湘．太阳能热发电技术在国内外的应用．太阳能，2011，(20)．

[4] 杜风丽．降低聚光太阳能热发电技术成本的途径．太阳能，2011，(7)．

[5] 鹏飞．太阳能热发电七问．太阳能，2010，(9)．

[6] 刘建明，陈革，章其初．太阳能斯特林发电机性能分析和发展趋势．太阳能，2011，(17)．

[7] 何祚庥．彻底解决我国未来能源问题是依靠核能还是依靠可再生能源．太阳能，2006，(6)．

[8] 刘建平，陈少强，刘涛．智慧能源：我们这一万年．北京：中国电力出版社，2013.

[9] 谭军毅，姚莉，余国保，等．太阳能烟囱发电技术研究现状及在建筑中的应用展望．太阳能，2013，(12)．

[10] 杨传波，刘忠臣，胡晓菲，等．太阳能烟囱在节能建筑中的应用．太阳能，2011，(5)．

[11] 夏君铁．大规模日照跟踪技术的研究．太阳能，2013，(10)．

[12] 李忠东．瑞士建造用太阳能发电的浮动实验室．太阳能，2013，(8)．

[13] 朱教群，李圆圆，周卫兵，等．太阳能热发电储热材料研究进展．太阳能，2009，(6)．

[14] 申少青，杜春旭，王普．太阳能利用中太阳位置算法研究．太阳能，2012，(7)．

[15] 徐志斌，殷占民．内置反射镜真空集热管光学设计与应用试验分析．太阳能，2008，(9)．

[16] 朱明星．太阳能用硼硅玻璃3.3及其性能检测方法．太阳能，2009，(10)．

[17] 谷伟，张耀明，余雷，等．热管式真空集热管的研制与应用．太阳能，2009，(9)．

[18] 黄鑫炎，侯鹏，郝梦龙，等．槽式太阳能热发电真空集热管．太阳能，2009，(4)．

[19] 谢光明．太阳能光热转换的核心材料．太阳能，2009，(10)．

[20] 王军舰，黄晓明．基于PLC的双轴闭环太阳能跟踪模型．太阳能，2013，(8)．

[21] 张耀明，张文进，刘德有，等．70kW塔式太阳能热发电系统研究与开发（上）．太阳能，2007，(10)．

[22] 张耀明，张文进，刘德有，等．70kW塔式太阳能热发电系统研究与开发（下）．太阳能，2007，(11)．

[23] 王军，张耀明，刘德有，等．CPU在太阳能利用中的应用．太阳能，2007，(8)．

[24] 彭长清，彭佑多，谢伟华，等．碟式太阳能聚光器跟踪系统研究（上）．太阳能，2012，(3)．

[25] 彭长清，彭佑多，谢伟华，等．碟式太阳能聚光器跟踪系统研究（下）．太阳能，2012，(4)．

[26] 李时润，徐熙平，李刚，等．中高温太阳能选择性吸收涂层．太阳能，2010，(3)．

[27] 范志林，张耀明，刘德有，等．塔式太阳能热发电站接收器．太阳能，2007，(1)．

[28] 邱国佺，李业发．喷射集热器型淡水太阳池的试验研究．新能源，1999，2(1)．

[29] 罗莎莎．太阳池的研究与应用．能源研究与信息，2004，(1)．

[30] 牛永贺．荒漠中的发电站——太阳能烟囱发电站．太阳能，2009，(12)．

[31] 崔海亭，袁修干，邢玉明，等．空间站太阳能热动力发电系统研究进展．中国空间科学技术，2002，(12)．

[32] 侯欣宾，袁修干，崔海亭．国外空间站太阳能热动力发电系统发展及建议．太阳能学报，2003，(1)．

[33] 于军胜，王军，曾红娟．太阳能应用技术．成都：电子科技大学出版社，2012.

[34] 侯长来．太阳跟踪装置与技术．沈阳：辽宁科学技术出版社，2012.

[35] 奚同庚．无所不在的材料．上海：上海科学技术文献出版社，2011.

[36] ［英］Trevor M Letcher. 未来能源：对我们地球更佳的、可持续的和无污染的方案．潘庭龙，吴定会，沈艳霞，译．北京：机械工业出版社，2012.

[37] 高虹，张爱黎．新型能源技术与应用．北京：国防工业出版社，2007.

[38] 薛中华，卢小泉，饶红红．无限丰富的海洋能．兰州：甘肃科技出版社，2012.

[39] 于华明，刘容子，鲍献文，等．海洋可再生能源发展现状与展望．青岛：中国海洋大学出版社，2012.

[40] 钱伯章．新能源——后石油时代的必然选择．北京：化学工业出版社，2007.

[41] 王军，张耀明，金保升，等．太阳能热发电中的聚光器．太阳能，2007，(9)．

[42] 熊永刚，刘玉卫，陈洪晶，等．太阳能高温热发电反射式线性菲涅尔技术简介．太阳能，2010，(6)．

[43] 刘鉴民．太阳能热动力发电技术．北京：化学工业出版社，2012.

[44] 李启明，郑建涛，徐海卫，等．线性菲涅尔式太阳能热发电技术发展概况．太阳能，2012，(7)．
[45] 成松，刘晓晖，成佰新，等．高倍聚光光伏的系统构成概况．太阳能，2010，(7)．
[46] 环球科学杂志社．能源与环境．北京：电子工业出版社，2011.
[47] 张长江，王杰，蔡朝刚．定日镜自动控制系统设计应用．太阳能，2009，(3)．
[48] 张宏丽，Daniel Favrat，Xavier Pelet. 塔式太阳能热发电系统定日镜场的设计思考．太阳能，2007，(11)．
[49] 范志林，陈强，张耀明，等．新型双立柱支撑定日镜的研制．太阳能，2007，(12)．
[50] 臧亚琴，柯惟力．世界首座商业化运营的太阳能塔式热发电站．太阳能，2009，(9)．
[51] 宋永兴，王君，杜侠明，等．新型反射塔底太阳能集热装置建模与性能研究．太阳能，2013，(22)．
[52] 路阳，马榕彬，王智平，等．太阳能选择性吸收涂层的研究进展．材料导报，2012，(1)．
[53] 陈成钧．太阳能物理．北京：机械工业出版社，2012.
[54] 魏秀东，王瑞庭，张红鑫，等．太阳能塔式热发电聚光场的光学性能分析．光子学报，2008，(11)．
[55] 闾耀保．海洋波浪能综合利用：发电原理与装置．上海：上海科学技术出版社，2013.
[56] 赵争鸣，陈剑，孙晓瑛．太阳能光伏发电最大功率点跟踪技术．北京：电子工业出版社，2012.
[57] URSI SPS 国际委员会工作组．太阳能发电卫星白皮书——URSI SPS 国际委员会工作组报告．侯欣宾，刘长军，等译．北京：中国宇航出版社，2013.
[58] 宋记锋，丁树娟．太阳能热发电站．北京：机械工业出版社，2013.
[59] 张军，孟祥睿，马新灵．低品位热能利用技术．北京：化学工业出版社，2011.
[60] 熊亚选，Modibo Kane Traore，吴玉庭，等．槽式太阳能聚光集热技术．太阳能，2007，(6)．
[61] 胡其颖．太阳能热发电技术的进展及现状．能源技术，2005，(5)．
[62] 张健．发现新能源．太原：北岳文艺出版社，2014.
[63] 日本太阳能学会．太阳能利用新技术．宋永臣，宁亚东，刘瑜译．北京：科学出版社，2009.
[64] 国家高技术研究发展计划（十一五 863 计划）先进能源技术领域专家组．中国先进能源技术发展概论．北京：中国石化出版社，2010.
[65] 李响，李旭．槽式聚光太阳能系统的热电能量转换与利用．北京：科学出版社，2011.
[66] 郭苏，刘德有，王沛，等．DSG 槽式太阳能热发电系统建模与控制研究进展．太阳能，2014，(11)．
[67] 宋坤卿，高明，董沛鑫．太阳能与燃煤机组集成发电系统的研究现状．能源工程，2014，(5)．
[68] 杜诗民，刘业风，熊月忠．复合式土壤源热泵的研究现状及发展趋势．能源工程，2014，(4)．
[69] 杨小平，杨晓西，丁静，等．太阳能高温热发电蓄势技术研究进展．热能动力工程，2011，(1)．
[70] 丁秀艳．太阳能热发电蓄势材料的选择计算．华电技术，2012，(7)．
[71] 何梓年，李炜，朱敦智．热管式真空太阳能集热器及其应用．北京：化学工业出版社，2011.
[72] 张耀明，邹宁宇．太阳能科学开发与利用．南京：江苏科学技术出版社，2012.
[73] 黄素逸，黄树红，等．太阳能热发电原理及技术．北京：中国电力出版社，2012.
[74] 刘鉴民．太阳能热动力发电技术．北京：化学工业出版社，2012.
[75] 王志峰，等．太阳能热发电站设计．北京：化学工业出版社，2014.
[76] 杜诗民，刘业风，等．复合式土壤源热泵的研究现状及发展趋势．能源工程，2014，(4)．